水稻高温危害预警及应对关键技术研究

申双和　郭建茂　江晓东　谢晓金
王　军　杨沈斌　杨太明　著

气象出版社
China Meteorological Press

内 容 简 介

本书是在国家公益性科研(气象)行业专项(GYHY201506018)“水稻对高温发生发展过程的响应机制及应对技术研究”的基础上进行的成果总结。全书主要阐述了我国长江中下游地区水稻高温热害的时空分布规律，水稻生长发育进程中高温临界期和危害关键期的试验和分析方法，不同发生时段、不同发生强度和不同持续时间的高温对水稻生长发育、冠层特征、生理生化和光合产物分配的影响机制，水稻高温热害的综合指标确定方法和指标体系，高温发生发展过程影响水稻生长发育进程的模拟模型方法和高温胁迫的定量影响与风险评估方法，水稻高温热害的遥感监测方法，应对水稻高温热害的技术措施。

本书可供从事农业、气象、生态等相关研究和业务部门的科技人员阅读，也可作为相关专业的教师、学生参考书。

图书在版编目(CIP)数据

水稻高温危害预警及应对关键技术研究 / 申双和等著. -- 北京 : 气象出版社, 2023.9
ISBN 978-7-5029-8055-9

Ⅰ. ①水… Ⅱ. ①申… Ⅲ. ①水稻－防高温－预警－研究 Ⅳ. ①S165

中国国家版本馆CIP数据核字(2023)第189449号

水稻高温危害预警及应对关键技术研究

Shuidao Gaowen Weihai Yujing ji Yingdui Guanjian Jishu Yanjiu

---

出版发行：气象出版社
地　　址：北京市海淀区中关村南大街 46 号　　**邮政编码**：100081
电　　话：010-68407112(总编室)　010-68408042(发行部)
网　　址：http://www.qxcbs.com　　**E-mail**：qxcbs@cma.gov.cn
责任编辑：隋珂珂　　**终　　审**：张斌
责任校对：张硕杰　　**责任技编**：赵相宁
封面设计：楠竹文化
印　　刷：北京建宏印刷有限公司
开　　本：787 mm×1092 mm　1/16　　**印　　张**：19.5
字　　数：508 千字　　**彩　　插**：8
版　　次：2023 年 9 月第 1 版　　**印　　次**：2023 年 9 月第 1 次印刷
定　　价：138.00 元

前　言

水稻是世界三大粮食作物之一，我国水稻种植面积占粮食种植总面积接近30%，而产量则达到粮食总产量的三分之一。高温热害和低温冷害是我国水稻生产中遇到的主要自然灾害，随着全球气候变暖，水稻高温热害发生更频繁、危害加重，已构成我国重大农业气象灾害之一。因此，如何客观评估我国水稻主产区——长江中下游地区水稻高温热害发生的时间空间分布规律，研制水稻高温热害综合指标体系，明确高温发生发展过程对水稻生长发育、光合生理和产量结构的影响机制，实现高温对水稻生长影响的动态模拟、遥感监测和风险评估，研制水稻高温热害的防灾减灾技术，以提升通过水稻安全生产的气象服务水平和保障能力是本书写作的主要目的。

本书是在国家公益性科研(气象)行业专项(GYHY201506018)“水稻对高温发生发展过程的响应机制及应对技术研究”的基础上进行的成果总结，本书的撰写人也都是该项目的承担者或参加人员。书中既有对历史数据的处理与分析，又结合大量的田间试验和人工气候箱试验；既有机理剖析又有定量表达；既运用动态模型预测又包括卫星遥感监测；既考虑风险评估又提出应对技术。其内容系统，数据翔实，方法先进，结果可信，能够作为农业、气象、生态、林业等相关领域或部门科研、业务或教学人员的一部好的工具书。

当然，由于我们知识和水平的局限，书中不免存在不足甚至错误，敬请读者谅解并提出宝贵意见。

全书共分8章：

第1章　绪论，由申双和撰写；

第2章　水稻高温热害危害机理及指标研究，由谢晓金、申双和撰写；

第3章　水稻高温热害应对技术研究，由江晓东、申双和撰写；

第4章　基于通量数据和遥感观测的水稻光能利用率研究，由郭建茂、王迁、费敦悦、刘俊伟撰写；

第5章　基于田间温度和台站温度的水稻高温热害评判研究，由郭建茂、王阳阳、王星宇、金淑媛撰写；

第6章　水稻高温热害风险评价，由郭建茂、谢晓燕、申双和、王军、杨太明撰写；

第7章　基于ORYZA2000模型对江苏不同播期水稻高温热害的评估，由郭建茂、吴越、杨沈斌、江晓东撰写；

第8章　基于卫星遥感与气象站数据的水稻高温热害监测和评估模型研究，由郭建茂、王锦杰、王星宇、白玛仁增撰写。

作者

2023年10月

目 录

第 1 章　绪　论

水稻是世界各国特别是亚洲国家的主要粮食作物，全世界约有一半以上的人口以水稻作为主食，水稻作为一种粮食作物对中国乃至整个世界都具有重要的意义，就其种植面积来说，可占世界耕地面积的 15%(吴双，2017)，而在我国，其种植面积可达全国粮食种植面积的 21.3%，产量接近粮食总产的 20.8%(田孟祥 等，2017)，这些都决定了水稻的重要性，它不仅关系到一个国家人民的温饱，同时关乎着国家的安全、稳定和发展，因此，适时、准确地评估水稻产量的特征和变化对制定合理的种植制度和管理方式具有重要的参考意义。

水稻起源于低纬度地区，水稻作为一种短日照高温作物，在其生长发育过程高度依赖于环境，对水分、光照等外界环境都有一定要求，尤其对温度条件非常敏感。水稻在生长发育各个阶段都有其最低适宜温度和最高临界温度，适宜的温度有助于水稻正常的生长发育，当外界环境温度过高或过低都不利于干物质的累积，使得水稻生长发育受阻，从而导致水稻减产，甚至绝收。日平均气温在 25～30 ℃被认为是水稻生长发育的最适温度。

1.1　水稻高温热害

水稻高温热害是指水稻在生长发育过程中，环境温度超过水稻适宜温度的上限，对水稻的生长发育造成危害，导致产量降低的自然灾害。高温引起的热害是中国稻作的主要农业气象灾害之一。近年来高温热害愈演愈烈，已成为水稻生产及粮食安全上不可忽视的重大农业气象灾害之一，而且随着全球气候变暖还将可能进一步加剧。

随着全球生态环境的持续变化，尤其是温室效应的加重，全球气温上升，世界种植业都面临着高温挑战。政府间气候变化专门委员会(IPCC)第五次评估报告指出，自 20 世纪 50 年代以来，地球气候系统观测到的很多变化在几十年乃至上千年时间里都是空前未有的，大气和海洋变暖，积雪和结冰减少，海平面上升，温室气体浓度增加。目前地球处于过去千年以来温度最高的时期。这就对我国农业气象灾害的发生与变化规律产生了显著的影响。据相关报道指出，在气候变暖的全球变化背景下，中国大部分地区都出现温度升高(王阳阳，2018)，极端高温强度和频率增加、持续时间延长等情况(冯灵芝，2015)，此外，根据 IPCC 第五次报告对未来气温的预估，全球平均气温到 2016—2035 年期间相较于 1986—2005 年可能还会上升 0.3～0.7 ℃，并且当地表均温上升，将意味着大多数地方在平日与季节性的时间尺度下出现更多高温日数(沈永平 等，2013)，而作物在生长期所处的气温环境比适宜温度每高出 1 ℃，作物的收获量就会降低 10%(王小宁，2008)。

在全球气候变暖的背景下，近年来农业作为受气候影响最为敏感的领域之一，作物遭受极端高温天气的概率逐渐增加，中国水稻主要生产区高温热害发生的次数和强度均明显增加，特别是长江流域，高温热害已严重影响了水稻生产，农业灾损逐年上升，农业生产不确定性和粮食生产波动性进一步增强，这使得粮食生产安全问题日益严峻。

1.2 水稻高温热害指标

水稻的生长过程中存在 3 个高温敏感期：一是花粉母细胞减数分裂期，该时期是造成颖花退化的重要时期，而颖花退化会导致水稻籽粒库容减小，干物质分配由穗向其他器官转移；二是抽穗开花期，开花期是水稻受高温影响最敏感的时期，也是高温危害最严重的时期，特别是开花当天若遇高温，最易诱发小花不育，从而造成受精障碍，进而导致结实率下降（蔡晶 等，2009）；三是灌浆初期和中期，灌浆期高温使灌浆期缩短，光合速度和同化产物积累量降低，秕谷粒增多、粒重下降，导致水稻减产。

20 世纪 70 年代以来，国内外对于水稻高温热害划分指标进行了大量研究。上海植物生理研究所人工气候室研究发现，籼稻花期在相对湿度为 70％的条件下，若 30 ℃高温处理 5 d 对开花结实已有明显影响，而 38 ℃高温处理 5 d 则全部不能结实。谭中和等（1985）在杂交籼稻开花期的研究中，通过人工气候箱控制水稻开花受精温度得出了当温度＞35 ℃，水稻不结实率随温度升高而急剧增加，通过研究自然高温条件下杂交籼稻开花受精试验，提出了日平均气温≥30 ℃，日最高温度≥35 ℃可作为高温的致害指标。森古国男等（1992）研究认为，当温度处在 30 ℃以下范围时，水稻灌浆速率随日平均气温的升高而增加，灌浆期也相应缩短，而千粒重会降低，而当温度超过 35 ℃，水稻籽粒接受光合产物能力降低。汤日圣等（2006）对水稻不同品种在其抽穗期用 35 ℃高温进行胁迫处理，结果表明 35 ℃胁迫 1 d，供试品种的花粉萌发率、花粉活力和结实率均下降。对于高温热害持续时间，魏丽（1991）认为，当日最高气温≥35 ℃时，粒重增长速度明显受到抑制；连续 3 d 最高气温≥35 ℃时，水稻千粒重明显下降；连续 7 d 最高气温≥35 ℃，水稻受害明显加剧；连续 10 d 以上千粒重降到最低值。汤昌本等（2000）认为连续 5 d 及以上日最高温度≥35 ℃可作为水稻抽穗至灌浆期高温热害指标。杨太明等（2007）从安徽实际情况出发，将中稻抽穗开花期连续 5 d 及以上日最高气温≥35 ℃作为造成水稻大田空壳率发生的高温热害指标。

1.3 高温热害的影响

1.3.1 高温热害对水稻生长发育的影响

水稻在不同的发育阶段对高温的响应表现不同，当水稻在营养生长期间遇 35 ℃以上高温，地上部和地下部的生长发育将受到抑制，会导致叶鞘变白及出现失绿等症状，分蘖将减少，株高增加缓慢。对于生殖生长期，若遭遇高温胁迫，其影响要远大于营养生长期。

穗分化期若遇到 35 ℃以上高温，会使花药开裂率及花粉育性降低，花药中的正常花粉数减少，从而导致结实率下降，高温持续时间越长，其危害越重。孕穗期高温主要影响水稻花器官生长发育，主要表现为花粉发育异常，花粉活力下降，花粉粒不充实，小花形成及生长发育受阻，最终导致花粉育性、花药开裂率、每穗颖花数和千粒重下降。抽穗扬花期受到高温胁迫，主要影响水稻颖花授粉受精和籽粒灌浆结实过程，从而增加水稻空、秕粒率，而且这种伤害随胁迫时间的延续而加剧，表现出高温伤害的累加效应。灌浆期遭受高温将对籽粒灌浆、籽粒外形与充实度造成不利影响，最终表现为籽粒变小、粒重下降。

花期是高温影响水稻结实率最敏感的阶段，此时过高的温度主要导致花粉数量减小、花药不能正常开裂以及花粉在柱头上不能萌发，而且随着温度的不断升高和胁迫时间的延长，花粉不育度明显增加而结实率显著下降。其次为花粉减数分裂期和灌浆成熟期，这两个时期高温影响水稻籽粒库容以及结实率，从而导致稻谷品质的下降。一般以开花当天或之后 1 d 对高温敏感度最高，随开花日序的后移其敏感度越低。张桂莲等(2007)的试验观察到水稻花期受高温胁迫会导致花药开裂率、花粉活力、花粉萌发率和柱头上花粉粒数显著下降，花粉粒直径增大，进一步分析发现高温处理下花药壁的表皮细胞形状不规则，细胞间隙大，排列疏松，药隔维管组织受到很大程度破坏，维管束鞘细胞排列紊乱，形状异常，木质部和韧皮部界限不清，从而引起输导功能障碍，使花粉粒得不到充足的物质供应，导致花粉败育。

1.3.2 高温热害对水稻产量和品质的影响

水稻产量形成受到水稻源、库、流强弱及三者相互之间协调程度的影响，而高温主要通过以下两种途径影响水稻产量：一是高温影响花器官，主要表现为影响其分化、发育及花器官行为，即高温限制库容；二是高温下影响同化物合成、积累、转运及分配等过程，源供应和流转运能力受到阻碍。从水稻产量构成的角度来看，高温主要通过影响水稻的结实率、穗粒数、千粒重和株穗数等，造成水稻产量下降，其中高温对水稻结实率的影响最大，而高温造成的水稻减产一方面是由于高温损害水稻开花受精，导致空粒率增加；另一方面，高温影响水稻灌浆，导致秕粒率增加，千粒重下降。

灌浆期高温会影响水稻的产量和稻米的品质。灌浆期是形成垩白米的主要时期，而水稻垩白率和垩白面积作为稻米外观品质的两个主要衡量指标，温度越高，稻米垩白粒率、垩白度越大。水稻在灌浆期若遭受高温胁迫，将对籽粒灌浆、籽粒外形与充实度造成不利影响，最终表现为籽粒变小、粒重下降；从籽粒外形上分析，灌浆期遭受高温对水稻籽粒粒型的影响主要表现在降低了粒长和粒宽，使粒重下降。一般认为，抽穗至成熟阶段遇到高温，会加快灌浆速率，缩短灌浆的时间，从而使得籽粒光合产物不足，淀粉及其他有机物积累减少，因而籽粒的充实度受到影响，米粒垩白增加，透明度变差。

1.3.3 对不同种植区的影响

水稻是我国重要的粮食作物之一，其种植面积占全国粮食作物的 21.3%，而其产量则占 20.8%，除此之外，水稻也是我国重要的经济作物，长江中下游地域包含湖北、湖南、安徽、江西以及江苏等，是我国最大的水稻种植区，水稻种植面积占全国水稻总面积的 70%左右，然而这些区域所种植的水稻包括单季稻以及双季早稻其重要的生长时期——抽穗开花期以及灌浆期主要集中在盛夏高温时节，水稻常经受高温热害，导致其光合能力降低，造成水稻产率下降及稻谷品质变劣，严重影响水稻生产，高温热害是水稻所遭受的主要农业气象灾害之一。水稻高温最容易出现的时间是在每年 7 月下旬—8 月中旬。

在全球气候变暖的大背景下，夏季频繁的 35 ℃以上高温天气对我国长江中下游稻区的双季早稻和中稻的生长及籽粒充实已造成严重影响。很显然，高温热害已成为限制我国南方稻区水稻优质安全生产的瓶颈。安徽省与江苏省位于长江中下游地区，该区域热量资源充足，河网密布。水稻是安徽主要粮食作物之一，水稻种植面积和单位面积产量均居安徽全省粮食作物首位，省内水稻生产虽多种熟制并存，但以种植一季稻为主；江苏省水稻种植面积、总产均在全国水稻中排第四位，20 世纪 90 年代以来，江苏各地区主要以一季稻为主。由于苏、皖两省位于亚热带、暖温带气候过渡带，夏季受到副热带高压的控制，高温天气频发，而此时正值中稻孕穗—抽穗开花期，此时水稻对高温敏感，高温热害严重制约水稻安全与稳定。

目前，水稻高温热害已成为我国重大的农业气象灾害之一。据统计，2003 年夏季江淮平原爆发的水稻高温热害，仅安徽一省受高温热害的水稻栽植面积就高达 500 万亩①，平均减产 3～7 成，有些田块平均结实率仅为 10%，水稻基本绝收，给当地农民带来巨大的经济损失。2003 年武汉市种植水稻 516 万 hm^2，其中有 217 万多公顷呈现大量空壳，占中稻面积的 48% 以上，其空壳率一般在 60%左右，更有严重田块甚至超过 90%，产量损失在 5 成以上。2013 年 7 月、8 月，我国南方 8 省遭受有气象记录（1951 年）以来最严重的高温干旱天气，对农业生产构成极大的危害，而 7 月、8 月正是水稻抽穗开花的关键阶段，对水稻的影响最为严重，导致南方一季稻和中晚籼稻减产明显，据部分地区调查和统计，水稻减产 20%以上，一些地区甚至高达 30%～50%。

因此，水稻产量与品质对保障国家的粮食安全具有至关重要的作用。因而，在全球气候变暖的背景下，针对高温热害的发生发展机理，开展水稻高温热害的监测评判研究以及采取合理的措施，减轻高温热害对水稻的危害，对于实现水稻的稳产高产、维护我国粮食安全和农业可持续发展具有重要意义。

参考文献

蔡晶，李西明，季芝娟，等，2009. 我国水稻普通矮缩病的研究进展[J]. 中国稻米，(1)：10-15.

冯灵芝，2015. 气候变化背景下水稻高温热害风险及其对产量的可能影响[D]. 北京：中国农业科学院.

森谷国男，徐正进，1992. 水稻高温胁迫抗性遗传育种研究概况[J]. 杂交水稻(1)：47-48.

沈永平，王国亚，2013. IPCC 第一工作组第五次评估报告对全球气候变化认知的最新科学要点[J]. 冰川冻土，35(5)：1068-1076.

谭中和，蓝泰源，任昌福，等，1985. 杂交籼稻开花期高温危害及其对策的研究[J]. 作物学报(2)：103-108.

汤昌本，林迢，简根梅，等，2000. 浙江早稻高温危害研究[J]. 浙江气象科技(2)：15-19.

汤日圣，郑建初，张大栋，等，2006. 高温对不同水稻品种花粉活力及籽粒结实的影响[J]. 江苏农业学报(4)：369-373.

田孟祥，陶发先，袁忠益，等，2017. 浅谈简便剪药喷水去雄法在水稻杂交育种中的应用[J]. 农业科技通信(1)：47-50.

王小宁，2008. 不同增温处理下水稻的光合特性和高光谱特征的响应研究[D]. 南京：南京信息工程大学.

王阳阳，2018. 基于田间温度和台站温度的水稻高温热害评判研究[D]. 南京：南京信息工程大学.

魏丽，1991. "高温逼熟"和"小满寒"对江西省早稻产量的影响[J]. 气象(10)：47-49.

吴双，2017. 浅析我国水稻育种的发展趋势[J]. 河北农业(9)：58-59.

杨太明，陈金华，2007. 江淮之间夏季高温热害对水稻生长的影响[J]. 安徽农业科学，35(27)：8530-8531.

张桂莲，陈立云，张顺堂，等，2007. 抽穗开花期高温对水稻剑叶理化特性的影响[J]. 中国农业科学，40(7)：1345-1352.

① 1 亩＝666.67 m^2。

第 2 章　水稻高温热害危害机理及指标研究

虽然水稻起源于热带，属于耐高温类作物，但过高的气温同样制约着水稻的生长发育，最终影响水稻的产量。例如，邓运等(2010)指出，减数分裂期高温处理导致水稻花粉量减少、花粉活力以及花粉萌发力下降，是水稻产量下降的主要原因。廖江林等(2013)发现，水稻在灌浆初、中期遭遇高温不仅严重影响光合产物和茎鞘贮存物向水稻籽粒的运输和积累，降低籽粒充实度，而且会加快灌浆进程，缩短灌浆期，从而导致籽粒质量下降。李兴华等(2019)报道：抽穗期温度升高会显著降低水稻产量，该时期平均温度每升高 1 ℃会造成水稻减产 15.30%。

不同水稻品种对抽穗期高温的响应表现出显著的差异，父本丰新占所配组合对抽穗期高温的耐热能力较差，表现为结实率较低(40.5%～59.3%)，而父本 GR560 所配组合对抽穗期高温有一定的耐热能力，结实率较高(64.9%～75.6%)。高温影响水稻最终产量，其影响机制主要分为两个方面：一是影响水稻花器官的形成和发育，如颖花数减少，花粉内容物不充实，花粉囊不开裂等；二是，影响水稻籽粒的受精和充实过程，如不受精或受精不良等。目前，花粉活力、花粉萌发率、结实率，千粒重及产量的测定已成为水稻耐高温鉴定的最基本也是最主要的鉴定指标(雷东阳，2014)。其中，结实率是对高温最敏感的指标之一，可综合反映颖花开放、散粉和受精的综合受害程度。以结实率降低率为指标，对今后水稻耐热性品种的选育具有重要意义(文绍山 等，2019)。此外，热敏指数和经济系数等，也已被一些研究者用作评价作物高温热害的重要指标(谢晓金 等，2010)。另外，更多研究指出，研究水稻高温热害应考虑花期时的最高温度，因为小穗不育率不仅受制于日平均温度，更受制于日最高温度。GB/T 21985—2008《主要农作物高温危害温度指标》指出，孕穗期至抽穗开花期，连续 3 d 最高温度≥35 ℃或平均温度≥30 ℃时，花粉发育及开花授粉受到影响。而陶龙兴等(2007)研究认为，花期温度应以 40 ℃为条件，伤害温度远高于 GB/T 21985—2008 的指标温度。

近年来，由于气候变暖，长江中下游地区早稻的生育期也在不同程度的缩短(刘娟，2010)。通常，在正常播种时间播种，生育期将缩短，主要表现在营养生长期的拔节期，而生殖生长期变化不大。有模型研究表明，气候变暖 2 ℃，水稻生育期将缩短 14～15 d(宁金花 等，2009)。另有模型预测，到 2100 年我国南方早稻生育期将平均缩短 4.9 d，晚稻生育期将平均缩短 4.4 d(张建平 等，2005)。Xiao 等(2017)发现，全天增温、白天增温和夜晚增温分别使水稻的生育期从移栽到抽穗分别缩短了 3.5 d、2.5 d 和 3.0 d。水稻生育期间温度的高低影响生育期的长短，进而可能引起干物质总量及其在器官间的分配比例。高温胁迫下穗的干物质的分配比例下降，而茎鞘的干物质分配比例升高(马宝 等，2009)。董文军等(2011)用开放式昼夜不同增温得出，增温使水稻始穗期提前，但对始穗至成熟期的生育期基本不变，地上部分生物量降低，收获指数全天增温和白天增温增加而夜间增降低。陈金(2013)在中国东北发现，全生育期冠层夜间温度平均升高 0.7～1.0 ℃，水稻始花期提前 2～3 d，而灌浆时间延长 1～2 d，但显著提高剑叶面积、花后总绿叶面积和叶面积指数。谢晓金等(2012)研究表明，高温胁迫显著降低了干物质积累量和 SPAD 值，提高了茎鞘物质输出率和转运率，但品种间差异显著。

此外，水稻器官在高温胁迫下遭受伤害，往往会发生膜脂过氧化作用，丙二醛（MDA）是膜脂过氧化作用的最终产物之一，其含量的高低是反映细胞膜过氧化作用强弱和质膜破坏程度的重要指标（Goel et al.，2003）。雷东阳（2014）研究表明，水稻开花期高温胁迫下，叶片中的丙二醛含量呈上升趋势，耐高温品种中丙二醛的积累比敏感品种的积累要少，认为丙二醛的变化趋势能反映水稻的耐高温能力，可作为高温胁迫的鉴定指标。自 1972 年 Snlivan 首先将测定细胞膜稳定性的电导率法应用于高粱和大豆耐高温品种的选择，并认为细胞膜的热稳定性提高是抗性遗传变异的适宜指标，此后细胞膜的稳定性一直被作为植物逆境条件下的一个重要评价指标。郑小林和董任瑞（1997）研究表明，通过对电解质伤害性渗透量百分率进行回归分析，得到的耐热折点温度能较准确地评估水稻品种耐高温能力。黄英金等（2004）认为，由于 50 ℃热致死时间是电解质伤害性渗透量为 50%的时间，且受害组织的电解质相对渗透量是热胁迫时间的函数，以 50 ℃热致死时间所表示的细胞膜热稳定性来评定品种灌浆期耐高温的强弱与根据农艺性状和品质性状为依据的耐高温综合评判结果是完全一致，稳定性好。因此高温胁迫下水稻叶片中的 MDA 和电解质相对渗透率也可以作为高温热害指标。

渗透调节是植物在逆境下降低渗透势和抗逆境胁迫的一种重要方式。植物体内渗透调节物质（如可溶性糖和可溶性蛋白质等）的存在有利于植物在逆境下维持细胞的结构和功能。汤日圣等（2005）认为，植物体内的可溶性糖起着渗透调节和降低细胞冰点的作用。除少数植物外，可溶性糖含量与植株抗逆境之间存在着相关性，是一个普遍现象，测定植株体内的可溶性糖含量，可作为鉴定植物抗逆性的一个生化指标。谢晓金等（2009）在高温处理下发现水稻叶片中可溶性糖含量显著增加。张桂莲等（2007）认为，逆境下可溶性糖在细胞内积累可以降低细胞的渗透势以维持细胞的膨压，防止细胞内大量的被动脱水。然而对于逆境下植物体内的蛋白质含量，诸多研究的看法也不尽相同。

光合作用被认为是对高温最敏感的过程之一，在其他胁迫症状出现之前，将被抑制。高温会使水稻光合速率下降且在不同品种中程度各不相同。具体表现在水稻植株体内 CO_2 的扩散。CO_2 的光合吸收是光合作用对高温最敏感的过程之一。首先影响 CO_2 吸收的是气孔导度，高温会降低气孔导度，并有可能会因此降低光合速率。由于高温对气孔导度的影响而导致光合速率的降低称为气孔限制。由于外界高温导致环境水分下降甚至引起干旱，为了减少气候势必须关闭气孔从而引起光合速率下降。如果高温没有引起外界水分下降，气孔导度会随叶片温度升高而增加，甚至在光系统已经遭到破坏的情况下，气孔仍然是开放的。另外，高温还会影响类囊体的物理化学性质和结构组织，导致细胞膜的解体和细胞组分的降解。郭培国等（2000）研究认为，夜间高温胁迫引起水稻叶片叶绿素蛋白复合体的结合度和叶绿素含量下降，光合效率降低，出现氧化伤害症状。任昌福等（1990）研究认为，高温下水稻叶片叶绿素总量下降。张桂莲等（2007）研究表明，高温胁迫下 2 个材料的剑叶光合速率迅速降低，其中热敏感品种比耐热品种下降幅度大。张桂莲等（2007）进一步指出，高温显著减少了热敏感水稻品种的剑叶叶绿素含量、降低了净光合速率和气孔导度，而耐热品种仍能保持较高的光合速率。赵玉国等（2012）研究表明，随着昼间（10：00—15：00）高温处理天数的增加，水稻叶片净光合速率和胞间 CO_2 浓度在 13：00 就越低，而气孔导度和蒸腾速率就越高，并指出高温影响拔节期水稻光合作用，是由非气孔限制因素引起的，且蒸腾作用增强可以降低叶温。Lv 等（2013）报道，高温胁迫虽没有降低净光合速率，但降低了收获指数，影响了干物质向穗部的分配。

水稻产量为有效穗数、每穗粒数、结实率和千粒重的乘积。前期高温影响分蘖发生，进而影响有效穗数的形成，但由于有效穗数和每穗粒数在一定范围内可以互相补偿，后期高温尤其是在水稻抽穗开花期后，因颖花分化已经完成，总颖花量也基本确定，此时高温主要影响结实率和千粒重(Fu et al.,2012)。众多的学者对高温影响结实分裂期，对 2 个耐热性不同的籼稻品种进行 35 ℃以上的高温处理，结果显示高温处理显著降低了热敏感品种“双桂 1 号”的花药开裂率及花粉育性，对耐热品种“黄华占”影响较小；明显降低了热敏感品种结实率和千粒重，从而显著降低了产量。Fu 等(2012)以中国常用的 15 个水稻保持系和 26 个丰产性较好的恢复系为材料，在抽穗当天起连续 15 d 进行高温处理(09:00—15:00,39～43 ℃)，结果表明高温胁迫指数与胁迫环境下结实率和空壳率的相关性均达极显著水平，花期高温胁迫致使水稻保持系和恢复系结实率、空壳率大幅度上升。李万成等(2013)以耐热性不同的水稻品种为材料，采用分期播种对不同生育时期进行了高温(高于田间最高温度 10 ℃)处理，结果显示在孕穗期高温处理致使耐热型、中间型和热敏感型的结实率分别降低 69.00%、53.00%和 54.00%，在抽穗开花期结实率分别降低 69.00%、91.00%和 84.00%，在灌浆结实期结实率分别降低 8.10%、25.40%和 63.60%。周建霞等(2014)在水稻抽穗开花期，对 2 个耐热性不同的籼稻品种进行 38 ℃以上的高温处理，结果显示随着高温处理时间的延长，热敏感型品种受精率下降就越大，并指出高温处理花时较对照提前，耐热型品种较热敏感型品种花时集中。高温通过加速早期灌浆，缩短灌浆的持续时间，从而影响籽粒的灌浆进程，最终影响千粒重。此外，Peng 等(2004)通过连续 12 a 对多季水稻进行田间试验观察发现，夜间平均最低气温每升高1 ℃，水稻产量就下降 10.00%。

总体来说，近年来，我国学者在高温对水稻危害机理、水稻高温热害指标等方面取得了大量成就，而选用鉴定水稻高温热害的指标也多种多样。

2.1　材料与方法

2.1.1　研究区概况

试验于 2015—2016 年在南京信息工程大学农业气象试验站(118°42′35″E,32°12′16″N)内进行。该站处于亚热带湿润气候区，年平均降水量约 1100 mm，多年平均温度为 15.6 ℃，平均日照时数超过 1900 h，无霜期为 237 d。土壤为潴育型水稻土，灰马肝土属，耕层土壤质地为壤质黏土，黏粒含量为 26.10%，土壤 pH 值为 6.1，有机碳、全氮的含量分别为 19.50 g/kg 和 11.50 g/kg。

2.1.2　试验材料和设计

供试品种为南京地区当家水稻品种两优培九(两系籼型杂交稻)和南粳 46(迟熟中粳稻)，两年试验的播种和移栽时间一致，均于 5 月 20 号播种，6 月 20 号移栽于塑料桶中，塑料桶的规格为直径 26 cm×高 20 cm，每桶装入 8.00 kg 常规水稻土，移栽时每桶施 5 g 复合肥作基肥，其 N、P、K 含量均为 15.00%。移栽时选取长势一致的秧苗，籼稻每桶 1 穴，粳稻每桶 2 穴，每个品种移栽 50 桶，共 100 桶。移栽 10 d 后每桶施 0.70 g 尿素(分蘖肥)，倒 4 叶期施 0.70 g 尿素(穗肥)。其他管理措施按南京地区水稻高产栽培方案进行。

本研究利用人工气候箱进行高温处理试验(2 台 RXZ1000 型智能多段编程人工气候箱)。试验设置 2 个温度梯度:32 ℃(最高 37 ℃,最低 27 ℃,最高温度设置在 14 时,最低温度设置在夜间 02 时,即 14 时至夜间 02 时,人工气候箱中温度变化从 37 ℃下降到 27 ℃,从第二天 02 时至 14 时,温箱中温度变化从 27 ℃逐渐上升到 37 ℃,以下温度设置相似)和 34 ℃(最高 39 ℃、最低 29 ℃),4 个高温持续天数(1 d、3 d、5 d 和 7 d),在孕穗期、开花期与灌浆期,选取长势一致两优培九和南粳 46 的植株放入箱内。2015 年两优培九、南粳 46 抽穗期开始时间分别为 8 月 20 日和 23 日,开花期时间为 8 月 25 日和 8 月 30 日,灌浆期开始处理时间为 9 月 15 日和 20 日;2016 年两优培九、南粳 46 的抽穗期开始时间分别为 8 月 20 日和 25 日,开花期为 8 月 27 日和 30 日,灌浆期开始处理时间为 9 月 20 日和 22 日,湿度设置为 85%,白天光照均设置为 H1,即 100%lx,夜间关闭光照灯光,每个处理 2 桶,以自然环境为对照。高温处理期内,自然环境平均最高温度分别为 31.7 ℃(2015 年)、32.0 ℃(2016 年),无大于 35 ℃的高温胁迫。高温处理结束后,放回自然条件下生长。图 2.1 为人工气候箱温度控制试验图片。

图 2.1 人工气候箱温度控制试验

2.1.3 测定方法

2.1.3.1 花粉活力与花粉萌发率测定

开花期时每个处理取 20～24 个来自不同穗子颖花的花粉,一部分用于花粉活力测定,另外一部分用于花粉萌发率测定。其中花粉活力测定采用过氧化物酶法;花粉萌发率测定采用人工培养基培养法,之后在显微镜下观察并统计花粉萌发情况,本试验人工培养基的配方为 0.60%琼脂、18.00%蔗糖、60.0 mg · L^{-1} H_3BO_3 与 300.0 mg · L^{-1} $Ca(NO_3)_2$。

2.1.3.2 叶绿素含量测定

称取鲜叶样 0.20 g,共 3 份,分别放入研钵中,加少量石英砂和碳酸钙粉及 2～3 mL 95%乙醇,研成匀浆,再加乙醇 10 mL,继续研磨至组织发白。将所有的匀浆转移到 25 mL 棕色容量瓶中进行定容。把叶绿体色素提取液倒入比色杯内,以 95%乙醇为空白,在波长 665 nm、

649 nm 和 470 nm 下测定吸光度（李合生，2000）。

Ca＝13.95 OD665－6.88 OD649

Cb＝24.96 OD649－7.32 OD665

Cx. c＝(1000 OD470－2.05 Ca－114.8 Cb)/245

叶绿体色素的含量(mg/g)＝(Ca＋Cb＋Cx. c)×提取液体积×稀释浓度/样品鲜重

其中，OD665、OD649 和 OD470 分别代表 665 nm、649 nm 和 470 nm 波长下的光密度值。Ca、Cb、Cx. c 为叶片中叶绿素 a、叶绿素 b 和类胡萝卜素的含量。

2.1.3.3　细胞膜透性的测定

称取鲜叶样 0.5 g，加蒸馏水 60 mL，室温下浸提 30 min，用上海精密科学仪器有限公司产 DDS-307A 型数显电导率仪直接测其电导率(C1)，再将样品在沸水浴上浸提 10 min，冷却，测定其电导率(C2)，叶片质膜透性采用相对电导率表示。

相对电导率＝C1/C2×100％

2.1.3.4　丙二醛(MDA)含量和可溶性糖含量的测定

称取 0.5 g 鲜叶样，置于冰浴中的研钵内，加入 2 mL 10％三氯乙酸(TCA)和少量石英砂研磨至匀浆，再加入 8 mL 10％TCA，匀浆以 4000×g 离心 10 min，上清液为样品提取液。吸取上清液 2 mL(CK 加 2 mL 蒸馏水)，加入 2 mL 0.67％TBA(用 10％三氯乙酸配置)，混匀物于沸水浴上反应 15 min，迅速冷却后再以 4000 r/min 下离心 10 min。取上清液测定 450 nm、532 nm 和 600 nm 波长下的 OD 值，代入下式可计算 MDA 含量和可溶性糖含量。

MDA 浓度(nmol/mL)＝6.45×(OD532－OD600)－0.56×OD450

可溶性糖浓度(μmol/mL)＝11.71×OD450

其中，OD450、OD532 和 OD600 分别代表 450 nm、532 nm 和 600 nm 波长下的光密度值。

2.1.3.5　可溶性蛋白含量测定

称取鲜叶样 0.5 g，置于冰浴中的研钵内，加入 5 mL30 mol/L 的 Tris-HCl(PH8.7)预冷提取液，研磨成匀浆。匀浆在 4 ℃经 4000 r 离心 15 min，上清液定容。吸取上清液 100 μL，加入 1 mL 水、5 mL 考马斯蓝 G250 试剂，在 595 nm 下测吸光度。然后将混合物在沸水浴上反应 15 min，迅速冷却后再以 4000 r 下离心 10 min。取上清液测定 595 nm 波长光密度(OD)值，从标准曲线查得相应蛋白质含量。

2.1.3.6　叶片绿色度值(SPAD)与叶面积指数(LAI)的测定

分别于不同处理时期选取每组试样中有代表性的 4 株水稻，采用日本产 SPAD-502 型叶绿素仪测定水稻剑叶中部位置的叶片绿色度（Soil and plant analyzer development ，SPAD）值，求平均值。与 SPAD 值测定同步，采用美国产 LI-3000 叶面积仪测得单穴叶面积，依据种植密度计算叶面积指数（Leaf area index ，LAI）。

2.1.3.7　地上部干物质重的测定

分别于孕穗期和成熟期每处理取代表性的 3 株，剪去根后，分叶、茎鞘、穗测定地上部干物重。按照杨建昌等（1997)计算方法，茎鞘物质输出率(％)＝(A－B)/A×100％，茎鞘物质转换率(％)＝(A－B)/C×100％。式中：A 为孕穗期茎鞘干物质量；B 为成熟期茎鞘干物质量；C 为成熟期穗干物质量。

2.1.3.8 净光合速率测定

在孕穗、抽穗、开花、灌浆与蜡熟期，于天空无云小风的条件下，在 09:3—11:30 之间，采用美国生产的 LI-6400 便携式光合测定系统测定水稻剑叶的净光合速率，光照强度 1000 μmol E · m^{-2} · s^{-1}。在每种处理中选择 3 片具代表性的剑叶进行测定，每叶重复测定 5 次。

2.1.3.9 产量与产量构成要素测定

水稻成熟后，进行考种，调查每盆的穗数、穗粒数，将每个处理所有水稻全部收获，脱粒测得实际产量。并用乙醇区分实粒和空秕率，记录每个处理的水稻结实率、空秕率、产量及地上生物量等，计算高温相对结实率(Heat relative fertility rate, HRFR)，热敏指数 (Heat sensitive index, HSI)，减产率，经济指数等。计算公式如下：

HRFR＝高温结实率/对照结实率×100％

HSI＝ (对照结实率－高温结实率)/对照结实率

减产率＝(对照产量－高温产量)/对照产量×100％

经济指数＝实际产量/生物产量×100％

2.1.3.10 氮磷测定

植物样品经过硫酸和过氧化氢消煮后，通过全自动定氮仪测全氮含量，通过钼锑黄吸光光度法测定全磷含量。

2.1.3.11 NY/T 2915—2016 水稻高温热害鉴定与分级

(1)早稻

抽穗开花期：连续 3 d T_{max}(最高气温)≥35 ℃或 T_{ave}(平均气温)≥30 ℃时，并且每天高温持续时间≥5 h，造成花粉发育不良和开花授粉受精不良。

灌浆结实期：连续 3 d T_{max}≥35 ℃或 T_{ave}≥30 ℃时，并且每天高温持续时间≥5 h，造成灌浆结实期缩短，成熟期提前，千粒重下降，空秕率增加，产量和品质变差。

(2)中稻

孕穗期至抽穗开花期：连续 3 d T_{max}≥38 ℃或 T_{ave}≥33 ℃时，并且每天高温持续时间≥5 h，造成花粉发育不良、开花授粉受精不良和空秕率增加。

灌浆结实期：连续 3 d T_{max}≥38 ℃或 T_{ave}≥33 ℃时，并且每天高温持续时间≥5 h，造成灌浆结实期缩短，成熟期提前，千粒重下降，空秕率增加，产量和品质变差。

表 2.1 水稻高温耐性分级方法及标准

耐热性	级别	HRFR/％	高温热害的植株症状。
强耐热型	1 级	HRFR≥95	指供试品种或组合在始穗至灌浆初期(以下简称花期)非常耐热，与对照相比，高温胁迫对其结实率影响甚微，其相对结实率到 95％及以上
耐热型	2 级	75≤HRFR<95	指供试品种或组合在花期比较耐热，与对照相比，高温胁迫对其结实率有轻微影响，其相对结实率小于 95％，但达到 75％及以上
中间型	3 级	55≤HRFR<75	指供试品种或组合在花期比较耐热，与对照相比，高温胁迫对其结实率有较大影响，其相对结实率小于 75％，但达到 55％及以上
不耐热型	4 级	35≤HRFR<55	指供试品种或组合，在花期遭遇高温胁迫后结实率大减，其相对结实率小于 55％，但达到 35％及以上
极不耐热型	5 级	HRFR<35	指供试品种或组合对花期高温非常敏感，在花期遭遇高温胁迫后几近丧失结实能力，其相对结实率小于 35％以下

2.2 结果与分析

2.2.1 花粉活力和萌发率

表 2.2 和表 2.3 为开花期高温胁迫下水稻花粉活力和萌发率的变化。由表可知，随着胁迫温度的提高和胁迫时间的延长，花粉活力降幅急剧加大。如胁迫温度分别为 32 ℃和 34 ℃，持续时间仅为 1 d 时，两优培九的花粉活力分别比 CK 下降 10.52%和 51.18%，南粳 46 的花粉活力分别比 CK 下降 16.11%和 56.07%，差异均达极显著水平（$p<0.01$），说明在极端高温下（≥39 ℃高温）南粳 46 花粉活力受高温的影响大于两优培九。相同温度不同胁迫时间（如 32 ℃/(1 d)，32 ℃/(3 d)，32 ℃/(5 d)与 32 ℃/(7 d)），或者相同胁迫时间不同温度处理间（如 32 ℃/(1 d)与 34 ℃/(1 d)），2 个水稻品种的花粉活力差异均达显著水平（$p<0.05$）。此外，高温还影响花粉的萌发。两个品种均表现为：胁迫温度越高，胁迫时间越长，花粉萌发率越低。而且，相同温度不同胁迫时间或者相同胁迫时间不同温度处理间，两品种花粉萌发率的差异均达到显著水平（$p<0.05$）。如胁迫时间为 1 d、3 d 和 5 d，胁迫温度为 32 ℃时，两优培九的花粉萌发率分别比 CK 下降 13.17%、27.44%和 43.11%，南粳 46 的花粉萌发率分别比 CK 下降 15.52%、24.04%和 45.25%，说明在日平均气温≥30 ℃下（≥32 ℃/(3 d)高温）南粳 46 的花粉萌发率受高温的影响程度稍大于两优培九。图 2.2 为 34 ℃高温胁迫下两优培九花粉活力的变化。

表 2.2　不同高温胁迫下两优培九花粉活力与花粉萌发率的变化

胁迫处理	花粉活力/%	减少率/%	花粉萌发率/%	减少率/%
CK	93.20aA		89.30aA	
32 ℃/(1 d)	83.40bB	10.52dD	77.54bB	13.17eC
32 ℃/(3 d)	77.90cC	16.42dD	64.80cC	27.44dB
32 ℃/(5 d)	61.30dD	34.23cC	45.20eE	49.38cA
32 ℃/(7 d)	45.50fF	51.18bB	40.80fE	54.31cA
34 ℃/(1 d)	55.90eE	40.02cC	50.80dD	43.11cA
34 ℃/(3 d)	38.25fF	58.96bB	33.90gF	62.04cA
34 ℃/(5 d)	19.90gH	78.65aA	22.30gG	75.03bA
34 ℃/(7 d)	17.40iH	81.33aA	16.40iH	81.63aA

注：表中以大小写字母的值分别在 0.01 或 0.05 水平差异显著，标相同字母者差异不显著，下同。

表 2.3　不同高温胁迫下南粳 46 花粉活力与花粉萌发率的变化

胁迫处理	花粉活力/%	减少率/%	花粉萌发率/%	减少率/%
CK	95.60aA		91.50aA	
32 ℃/(1 d)	80.20bB	16.11dD	77.30bB	15.52dD
32 ℃/(3 d)	78.30cC	18.10dD	69.50cC	24.04dD
32 ℃/(5 d)	59.90dD	37.34cC	35.25eE	48.74cC
32 ℃/(7 d)	36.58fF	61.74bB	41.30dD	54.86cC
34 ℃/(1 d)	42.00fF	50.84bB	50.10dD	45.25cC
34 ℃/(3 d)	47.00eE	56.07bB	35.25eE	61.48cC
34 ℃/(5 d)	18.20gG	80.96aA	23.70fF	74.10bB
34 ℃/(7 d)	11.40hG	88.08aA	14.60gG	84.04aA

注：表中相同字母表示差异不显著，不同字母表示差异显著，大写字母表示在 $p=0.01$ 水平上差异显著，小写字母代表在 $p=0.05$ 水平上差异显著。a、b、c、d、e、f、g、h 是方差分析中的常见表示，下同。

表 2.4 高温热害指标(以花粉活力减少率和萌发率减少率为标准)

胁迫处理	两优培九				南粳 46			
	花粉活力减少率/%		花粉萌发率减少率/%		花粉活力减少率/%		花粉萌发率减少率/%	
	32 ℃	34 ℃	32 ℃	34 ℃	32 ℃	34 ℃	32 ℃	34 ℃
无(0～5%)	—	—	—	—	—	—	—	—
轻(5%～25%)	1～3 d	—	1 d	—	1～3 d	—	1～3 d	—
中(25%～45%)	4～5 d	1～2 d	2～3 d	1～2 d	4～5 d	—	4～5 d	1 d
重(45%～65%)	6～7 d	3～4 d	4～7 d	3～4 d	6～7 d	1～4 d	6～7 d	2～4 d
巨(65%～)	—	5 d—	—	5 d—	—	5 d—	—	5 d—

将水稻花粉活力与萌发率下降幅度分成 5 级，其中减产率 0～5%为无伤害，为 1 级伤害；5%～25%定为轻度伤害，为 2 级伤害；25%～45%定为中度伤害，为 3 级伤害；45%～65%定为重度伤害，为 4 级伤害，65%以上损失率定为巨大伤害，为 5 级伤害。以花粉活力下降幅度为标准，均温 32 ℃下 1～3 d 为轻度伤害，6～7 d 为重度伤害。均温 34 ℃下 1～2 d，中度伤害，3～4 d 重度伤害，5 d 及以上为巨大伤害。以花粉萌发率下降幅度为标准，伤害程度更为严重(表 2.4)。

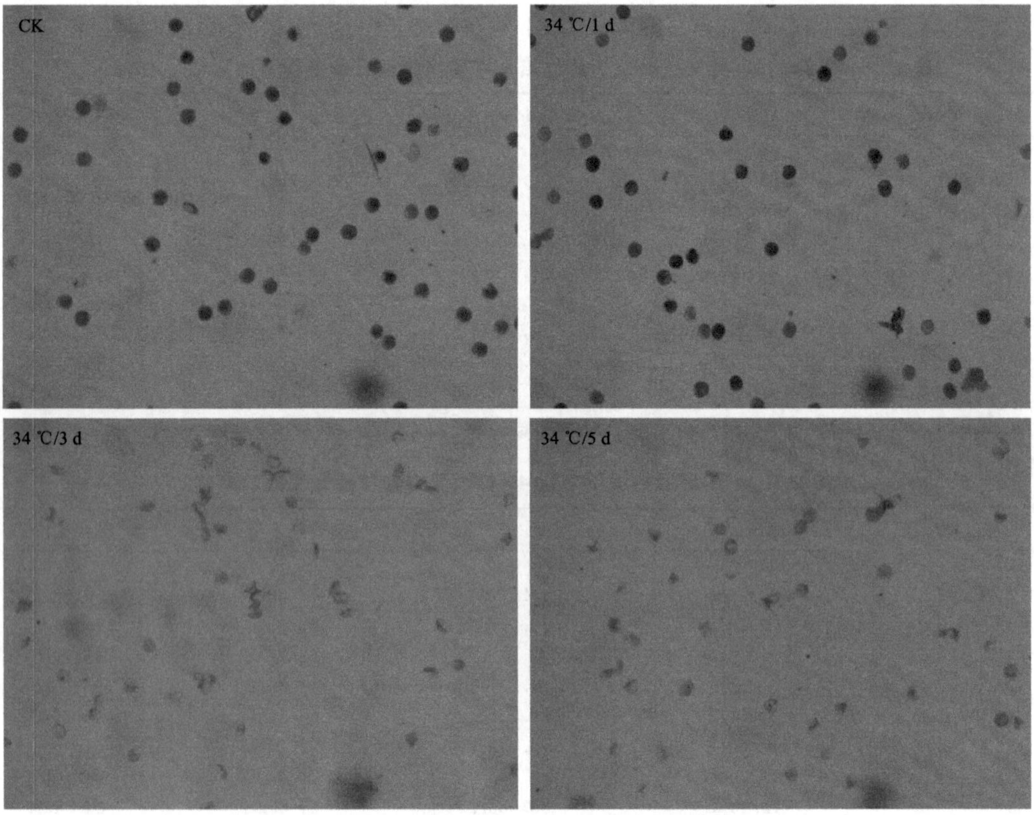

图 2.2 34 ℃高温胁迫下两优培九花粉活力的变化

2.2.2 产量

2.2.2.1 不同生育期高温胁迫下水稻产量的变化

从表 2.5～表 2.7 可以看出，三个生育期高温胁迫下，各处理的水稻产量均低于 CK，且水稻减产程度与高温强度和持续时间。同一温度处理下，高温处理 7 d 时的水稻产量明显低于其他时间段，说明两个品种水稻产量均随高温强度增强、持续时间延长而降低，并且两优培九的抗高温能力强于南粳 46。此外，表 2.5、表 2.6 与表 2.7 相比，灌浆期高温对水稻产量的影响明显小于孕穗期和开花期，如 34 ℃/(7 d)处理后，孕穗期的两优培九和南粳 46 产量分别为 39.77 g·桶$^{-1}$与 30.54 g·桶$^{-1}$，开花期的两优培九和南粳 46 产量分别为 21.48 g·桶$^{-1}$与 17.15 g·桶$^{-1}$，而灌浆期同样温度处理下，两优培九和南粳 46 产量分别为 59. 34 g·桶$^{-1}$与 50.01 g·桶$^{-1}$。

表 2.5 孕穗期高温对水稻实际产量的影响

胁迫处理	两优培九		南粳 46	
	产量/(g·桶$^{-1}$)	减产率/%	产量/(g·桶$^{-1}$)	减产率/%
CK	90.29a		82.20a	
32 ℃/(1 d)	86.21b	4.51e	78.01b	5.10e
32 ℃/(3 d)	79.01c	12.49e	61.23d	25.51d
32 ℃/(5 d)	66.33e	26.54d	47.99d	41.62c
32 ℃/(7 d)	50.09f	44.52b	32.55f	60.40a
34 ℃/(1 d)	83.00b	8.07e	72.19c	12.18e
34 ℃/(3 d)	71.42d	20.90d	63.05d	23.30d
34 ℃/(5 d)	54.59f	39.54c	39.01e	52.54b
34 ℃/(7 d)	39.77g	55.95a	30.54f	62.85a

表 2.6 开花期高温对水稻实际产量的影响

胁迫处理	两优培九		南粳 46	
	产量/(g·桶$^{-1}$)	减产率/%	产量/(g·桶$^{-1}$)	减产率/%
CK	90.29a		82.2a	
32 ℃/(1 d)	80.25b	11.12d	69.23b	15.78e
32 ℃/(3 d)	74.13c	17.90d	54.63c	33.54b
32 ℃/(5 d)	70.63c	33.54c	45.23d	44.98b
32 ℃/(7 d)	52.36e	42.01c	29.63e	63.95a
34 ℃/(1 d)	60.01d	21.77d	50.23c	38.89b
34 ℃/(3 d)	45.23e	49.91c	40.96d	50.17b
34 ℃/(5 d)	30.23f	66.52b	20.22f	75.40a
34 ℃/(7 d)	21.58g	76.10a	17.15f	79.14a

表 2.7　灌浆期高温对水稻实际产量的影响

胁迫处理	两优培九		南粳 46	
	产量/(g·桶$^{-1}$)	减产率/%	产量/(g·桶$^{-1}$)	减产率/%
CK	90.29a		82.20a	
32 ℃/(1 d)	88.23b	2.28c	78.30b	4.74c
32 ℃/(3 d)	85.01b	5.84c	69.21b	15.80b
32 ℃/(5 d)	73.45c	18.65b	61.45c	25.24b
32 ℃/(7 d)	59.32d	34.30a	50.93d	38.04a
34 ℃/(1 d)	84.45b	6.47c	74.33b	9.57c
34 ℃/(3 d)	75.60c	16.27b	65.45c	20.38b
34 ℃/(5 d)	69.11c	23.46b	59.34c	27.81b
34 ℃/(7 d)	59.34d	34.28a	50.01d	39.16a

此外,孕穗期处理 1 d 时,32 ℃与 34 ℃处理下两优培九减产率分别为 4.51%与 5.10%,说明在相同高温持续时间内,温度越高,水稻减产越严重;且同一温度下,高温处理 7 d 时,水稻产量明显低于 1 d、3 d、5 d 处理。两优培九和南粳 46 在 34 ℃/(3 d)处理后,水稻减产率分别为 20.90%与 23.30%,而当处理 7 d 时水稻产量降幅分别为 55.95%与 62.85%,表明孕穗期高温导致水稻减产程度与高温强度、持续时间均密切相关,且温度越高、持续时间越长,水稻减产越严重、产量越低。同样的是,开花期与灌浆期高温明显减低了水稻产量,减产率随温度加剧与时间延长而增加。32 ℃/(1 d)时,与 CK 相比,开花期时的两优培九减产率为 11.12%,而南粳 46 的减产率达到 15.78%,且持续 3 d、5 d 以及 7 d 处理后,两优培九减产率也低于南粳 46,说明两优培九的耐热性在一定程度上强于南粳 46。同一处理下,两个水稻品种在开花期减产更为严重,孕穗期其次,灌浆期最后。如 34 ℃/(3 d)时,两优培九在孕穗期、开花期以及灌浆期,与对照相比,减产率分别是 20.90%,49.91%和 16.27%。表明开花期高温对水稻产量影响更为直接。

根据表 2.5,表 2.6,表 2.7 的水稻减产率的变化,制成表 2.8。将水稻产量损失程度同样分成 5 级,由表 2.8 可以看出,32 ℃处理下 1 d, 孕穗期两优培九没有伤害, 而南粳 46 为轻度

表 2.8　不同生育期高温热害指标(以减产率为标准)

胁迫处理	孕穗期				开花期				灌浆期			
	两优培九		南粳 46		两优培九		南粳 46		两优培九		南粳 46	
	32 ℃	34 ℃	32 ℃	34 ℃	32 ℃	34 ℃	32 ℃	34 ℃	32 ℃	34 ℃	32 ℃	34 ℃
无(0~5%)	1 d	—		—	—	—	—	—	1 d	—	1 d	—
轻(5%~25%)	2~3 d	1~3 d	1 d	1~3 d	1~3 d	1~2 d	1~2 d	1 d	2~5 d	1~5 d	2~3 d	1~3 d
中(25%~45%]	4~7 d	4~5 d	2~5 d	4~7 d	4~7 d	3~4 d	3~5 d	2~4 d	6~7 d	6~7 d	4~7 d	4~7 d
重(45%~65%)	—	6~7 d	6~7 d	—	—	5 d—	6~7 d	5 d—	—	—	—	—
巨(65%~)	—	—	—	—	—	—	—	—	—	——	—	—

伤害。同样处理下，如小于 3 d，开花期两优培九是轻度伤害，但南粳 46 却为中度伤害。最为严重是 34 ℃处理下 1 d 以上，开花期南粳 46 以是巨大伤害。

2.2.2.2 不同生育期高温胁迫下水稻结实率的变化

水稻热害指数是水稻耐高温能力一项重要指标，其中热害指数越小，表明水稻耐高温能力越强。从表 2.9、表 2.10、表 2.11 可以看出，受高温影响，各处理水稻结实率的变化总体表现为，随温度增高和胁迫时间延长，结实率呈减少趋势。当 34 ℃高温持续 5 d 时，孕穗期处理下两优培九和南粳 46 的结实率分别为 61.43%与 54.09%，比对照分别下降了 34.66%与 42.61%。热害指数为 0.35 和 0.43。开花期处理下两优培九和南粳 46 的结实率分别为 45.97%与 40.68%，热害指数为 0.51 和 0.57。灌浆期处理下两优培九和南粳 46 的结实率分别为 70.19%与 65.12%，热害指数为 0.25 和 0.31。与南粳 46 相比，两优培九热害指标偏小。与灌浆期相比，开花期热害指数最大，孕穗期居中。

表 2.9 孕穗期高温对水稻结实率及热害指数的影响

胁迫处理	两优培九			南粳 46		
	结实率/%	HIS	HRFR/%	结实率/%	HIS	HRFR/%
CK	94.01a			94.25a		
32 ℃/(1 d)	88.55b	0.06d	94.19	87.42b	0.07e	92.75
32 ℃/(3 d)	81.24c	0.14c	86.42	78.15d	0.17e	82.92
32 ℃/(5 d)	67.93d	0.28b	72.26	65.32f	0.31c	69.31
32 ℃/(7 d)	56.78e	0.40a	60.40	54.33g	0.42b	57.64
34 ℃/(1 d)	85.17b	0.09d	90.60	81.56c	0.13e	86.54
34 ℃/(3 d)	80.00c	0.15c	85.10	73.35e	0.22d	77.82
34 ℃/(5 d)	61.43d	0.35b	65.34	54.09g	0.43b	57.39
34 ℃/(7 d)	52.35e	0.44a	55.69	45.13h	0.52a	47.88

表 2.10 开花期高温对水稻结实率及热害指数的影响

胁迫处理	两优培九			南粳 46		
	结实率/%	HIS	HRFR/%	结实率/%	HIS	HRFR/%
CK	94.01a			94.25a		
32 ℃/(1 d)	80.25b	0.15d	85.36	78.55b	0.17c	83.34
32 ℃/(3 d)	70.77c	0.25c	75.28	69.01b	0.27c	73.22
32 ℃/(5 d)	60.33d	0.36c	64.17	54.54c	0.42c	57.87
32 ℃/(7 d)	41.76e	0.56b	44.42	39.33d	0.58b	41.73
34 ℃/(1 d)	76.11b	0.19d	80.96	74.39b	0.21c	78.93
34 ℃/(3 d)	69.34c	0.26c	73.76	59.19c	0.37c	62.80
34 ℃/(5 d)	45.97e	0.51b	48.90	40.68d	0.57b	43.16
34 ℃/(7 d)	30.15f	0.68a	32.07	26.13e	0.72a	27.72

表 2.11 灌浆期高温对水稻结实率及热害指数的影响

胁迫处理	两优培九			南粳 46		
	结实率/%	HIS	HRFR/%	结实率/%	HIS	HRFR/%
CK	94.01a			94.25a		
32 ℃/(1 d)	89.25b	0.05c	94.19	88.31b	0.06c	92.75
32 ℃/(3 d)	77.43c	0.18b	86.42	77.05c	0.18b	82.92
32 ℃/(5 d)	69.30d	0.26a	72.26	68.21d	0.28a	69.31
32 ℃/(7 d)	65.42d	0.30a	60.40	62.98d	0.33a	57.64
34 ℃/(1 d)	86.45b	0.08c	90.60	86.02b	0.09c	86.54
34 ℃/(3 d)	78.31c	0.17b	85.10	76.90c	0.18b	77.82
34 ℃/(5 d)	70.19d	0.25a	65.34	65.12d	0.31a	57.39
34 ℃/(7 d)	58.00e	0.38a	55.69	60.12e	0.36a	47.88

根据表 2.9、表 2.10、表 2.11 的结果制成表 2.12。HRFR 标准分级参考于 NY/T 2915—2016 水稻高温热害温度指标标准。孕穗期，水稻在 32 ℃处理 1～3 d，为 2 级，4～7 d 为 3 级；34 ℃处理 1～3 d，两优培九是 2 级，4～7 d 同样是 3 级，而南粳 46，处理 1～3 d 为 2 级，4～5 d 为 3 级，6～7 d 为 4 级，开花期，34 ℃处理 1～3 d 为 2 级，4～5 d 为 3 级，5～6 d 是 4 级，7 d 为 5 级。灌浆期，处理 1～3 d 为 2 级，4～7 d 为 3 级。

表 2.12 不同生育期高温热害指标(以 HRFR 为标准)

胁迫处理	孕穗期				开花期				灌浆期			
	两优培九		南粳 46		两优培九		南粳 46		两优培九		南粳 46	
	32 ℃	34 ℃	32 ℃	34 ℃	32 ℃	34 ℃	32 ℃	34 ℃	32 ℃	34 ℃	32 ℃	34 ℃
1 级	—	—	—	—	—	—	—	—	—	—	—	—
2 级	1～3 d	1～3 d	1～3 d	1～3 d	1～3 d	1～2 d	1～2 d	1～2 d	1～3 d	1～3 d	1～3 d	1～3 d
3 级	4～7 d	4～7 d	4～7 d	4～5 d	4～5 d	3～4 d	3～5 d	3～4 d	4～7 d	4～7 d	4～7 d	4～6 d
4 级	—	—	—	6～7 d	6～7 d	5～6 d	6～7 d	5～6 d	—	—	—	7 d—
5 级	—	—	—	—	—	7 d—	—	7 d—	—		—	—

HIS 分级参考于花粉活力下降幅度、花粉萌发率下降幅度以及产量下降幅度，孕穗期达到巨大伤害，32 ℃高温的时间要持续 7 d 或以上，而 34 ℃高温只要持续 5 d 或以上。开花期水稻热害指数达到 5 级程度，32 ℃高温的时间要持续 5 d 或以上，34 ℃高温的时间要持续 5 d 或以上(两优培九)，3 d 或以上(南粳 46)(表 2.13)。

表 2.13 不同生育期高温热害指标(以 HIS 为标准)

胁迫处理	孕穗期				开花期				灌浆期			
	两优培九		南粳 46		两优培九		南粳 46		两优培九		南粳 46	
	32 ℃	34 ℃	32 ℃	34 ℃	32 ℃	34 ℃	32 ℃	34 ℃	32 ℃	34 ℃	32 ℃	34 ℃
无(0～5%)	—	—	—	—	—	—	—	—	1 d	—	—	—
轻(5%～25%)	1～3 d	1～3 d	1～2 d	1～3 d	1～3 d	1～3 d	1～2 d	1～2 d	2～3 d	1～5 d	1～2 d	1～2 d
中(25%～45%]	4～7 d	4～7 d	4～7 d	4～5 d	4～5 d	4～5 d	3～4 d	3～4 d	4～7 d	6～7 d	3～7 d	3～7 d
重(45%～65%)	—	—	—	6～7 d	6～7 d	6～7 d	5～7 d	5～6 d	—	—	—	—
巨(65%—)	—	—	—	—	—	—	—	7 d—	—	——	—	——

2.2.2.3　不同生育期高温胁迫下水稻经济系数的变化

经济系数是指作物的经济产量与生物产量的比例。作物经济系数越高,表明作物转运到经济产品器官中的比例越大。

孕穗期高温胁迫对水稻经济系数的影响如表 2.14 所示。从表中可见,孕穗期高温处理后,两个水稻品种的经济系数均低于 CK。在相同高温处理时,两优培九的经济系数均略高于南粳 46。两个水稻品种在同一高温处理下均表现为,随着胁迫持续时间的延长,经济系数逐渐减小,如两优培九和南粳 46 在 34 ℃/3d 处理下的经济系数分别为 0.42 与 0.41,均小于 34 ℃/(1 d)的处理。而相同高温胁迫时间,却随高温强度的增加,经济系数呈显著减少趋势。如当高温时间为 7 d 时,32 ℃与 34 ℃处理的两优培九的经济系数分别为 0.39 和 0.33。

表 2.14　孕穗期高温处理下水稻经济系数的比较

品种 胁迫处理	两优培九	南粳 46
CK	0.52a	0.51a
32 ℃/(1 d)	0.49a	0.48a
32 ℃/(3 d)	0.45a	0.43a
32 ℃/(5 d)	0.43a	0.40a
32 ℃/(7 d)	0.39b	0.37b
34 ℃/(1 d)	0.45a	0.44a
34 ℃/(3 d)	0.42a	0.41a
34 ℃/(5 d)	0.40a	0.35b
34 ℃/(7 d)	0.33c	0.32c

与孕穗期相比,开花期高温处理下两种水稻的经济系数较小(表 2.15)。但相似的是,两优培九的经济系数降幅仍然高于南粳 46,两种水稻均表现为,随着胁迫持续时间的加长,胁迫温度升高,其经济系数逐渐下降。两优培九和南粳 46 在 32 ℃/(5 d)处理下的经济系数分别为 0.39 与 0.35,大于 32 ℃/(7 d)处理下的数值。而相同高温胁迫时间,随高温强度的增加,经济系数呈逐渐下降。如当高温时间为 3 d 时,32 ℃与 34 ℃处理的两优培九的经济系数分别为 0.43 和 0.35。

表 2.15　开花期高温处理下水稻经济系数的比较

品种 胁迫处理	两优培九	南粳 46
CK	0.48a	0.47a
32 ℃/(1 d)	0.46a	0.46a
32 ℃/(3 d)	0.43a	0.40b
32 ℃/(5 d)	0.39a	0.35b
32 ℃/(7 d)	0.40a	0.39b
34 ℃/(1 d)	0.37a	0.35b
34 ℃/(3 d)	0.35a	0.34b
34 ℃/(5 d)	0.33a	0.32b
34 ℃/(7 d)	0.30b	0.30b

表 2.16 为灌浆期高温胁迫下水稻经济系数。由此可见，灌浆期高温处理下，两个水稻品种的经济系数下降趋势与表 2.14、表 2.15 相似，同一温度处理下，灌浆期高温下的水稻经济系数稍高于孕穗期和开花期处理。同样的是，在相同温度处理下，随着高温持续时间的延长，水稻经济系数逐渐减小，如，两优培九和南粳 46 在 32 ℃/(7 d)处理下的经济系数分别为 0.46 与 0.40，均小于 32 ℃/(3 d)的处理(0.49 与 0.47)。另外，相同高温持续时间下，随着高温强度的增加，经济系数也不断下降，但各处理间差异不显著($P>0.5$)。此外，同一处理条件下，南粳 46 的经济系数小于两优培九。

表 2.16　灌浆期高温处理下水稻经济系数的比较

品种 胁迫处理	两优培九	南粳 46
CK	0.52a	0.51
32 ℃/(1 d)	0.50a	0.49
32 ℃/(3 d)	0.49a	0.47
32 ℃/(5 d)	0.48a	0.45
32 ℃/(7 d)	0.46a	0.40
34 ℃/(1 d)	0.49a	0.48
34 ℃/(3 d)	0.47a	0.45
34 ℃/(5 d)	0.46a	0.44
34 ℃/(7 d)	0.44b	0.42

2.2.2.4　不同生育期高温胁迫下水稻产量结构的变化

受高温影响，水稻产量构成要素的变化呈现不同的特征。孕穗期高温对水稻穗数基本无影响，对穗粒数而言，在 32 ℃和 34 ℃高温处理下 1 d 时两个品种穗粒数变化不大，但当高温持续时间延长后，穗粒数明显减小，但与对照相比无显著差异，而 34 ℃高温下水稻穗粒数的减少程度大于 32 ℃高温处理，表明穗粒数减少量与高温强度和持续时间也有关。各处理水稻结实率的变化总体表现为，随温度增高和胁迫时间延长，结实率呈减少趋势。当 34 ℃高温持续 5 d 时，两优培九和南粳 46 的空秕率分别为 38.57%与 45.91%。受高温影响千粒重的总体变化趋势为，随着高温强度和持续时间的增加，千粒重也逐渐减小，但其降幅程度小于空秕率。如 34 ℃/(3 d)时，两优培九与南粳 46 的千粒重降幅分别为 21.71%与 21.82%(表 2.17～2.20)。

表 2.17　孕穗期高温处理对两优培九产量结构的影响

品种 胁迫处理	穗数 /个	穗粒数 /个	千粒重 /g	空秕率 /%
CK	24.00	239.00	16.23	5.99e
32 ℃/(1 d)	23.00	229.00	15.95	11.45d
32 ℃/(3 d)	21.00	218.00	14.09	18.76c
32 ℃/(5 d)	21.00	215.00	12.51	32.07b
32 ℃/(7 d)	19.00	201.00	11.66	43.22a
34 ℃/(1 d)	21.00	226.00	15.85	14.83d
34 ℃/(3 d)	21.00	208.00	14.33	20.00c
34 ℃/(5 d)	20.00	195.00	12.19	38.57b
34 ℃/(7 d)	19.00	185.00	9.78	47.65a

表 2.18　孕穗期高温处理对南粳 46 产量结构的影响

品种 胁迫处理	穗数 /个	穗粒数 /个	千粒重 /g	空秕率 /%
CK	22.00	197.00	18.10	5.75e
32 ℃/(1 d)	21.00	189.00	16.85	12.58d
32 ℃/(3 d)	19.00	175.00	14.55	21.85c
32 ℃/(5 d)	18.00	162.00	12.55	34.68b
32 ℃/(7 d)	18.00	155.00	10.00	45.67a
34 ℃/(1 d)	19.00	182.00	15.52	18.44c
34 ℃/(3 d)	17.00	160.00	14.15	26.65c
34 ℃/(5 d)	17.00	154.00	11.75	45.91a
34 ℃/(7 d)	17.00	149.00	9.35	54.87a

表 2.19　开花期高温处理对两优培九产量结构的影响

品种 胁迫处理	穗数 /个	穗粒数 /个	千粒重 /g	空秕率 /%
CK	24.00	239.00	16.33	5.99e
32 ℃/(1 d)	22.00	228.00	15.55	19.75d
32 ℃/(3 d)	21.00	215.00	14.67	29.23d
32 ℃/(5 d)	20.00	203.00	12.15	39.67c
32 ℃/(7 d)	18.00	200.00	11.33	58.24b
34 ℃/(1 d)	20.00	219.00	15.35	23.89d
34 ℃/(3 d)	21.00	210.00	14.93	30.66d
34 ℃/(5 d)	20.00	191.00	11.78	54.03b
34 ℃/(7 d)	18.00	183.00	8.99	69.85a

表 2.20　开花期高温处理对南粳 46 产量结构的影响

品种 胁迫处理	穗数 /个	穗粒数 /个	千粒重 /g	空秕率 /%
CK	22.00	197.00	18.10	5.75e
32 ℃/(1 d)	20.00	185.00	16.95	21.45d
32 ℃/(3 d)	18.00	173.00	15.12	30.99d
32 ℃/(5 d)	17.00	162.00	13.23	45.46c
32 ℃/(7 d)	17.00	158.00	10.03	60.67b
34 ℃/(1 d)	18.00	179.00	14.12	25.61d
34 ℃/(3 d)	16.00	152.00	13.29	40.81d
34 ℃/(5 d)	16.00	149.00	10.98	59.32b
34 ℃/(7 d)	15.00	149.00	9.15	73.87a

同样的是，开花期与灌浆期高温明显减低了水稻产量构成要素。其中，各处理下水稻穗数，穗粒数及千粒重变化没有差异（$p>0.5$），温度处理下的空秕率，与对照相比均有差异，随温度的增加呈增加趋势。同一温度处理下，两优培九的产量结构降幅均小于南粳 46。

表 2.21　灌浆期高温处理下两优培九产量结构的比较

品种 胁迫处理	穗数 /个	穗粒数 /个	千粒重 /g	空秕率 /%
CK	24.00	239.00	16.33	5.99e
32 ℃/(1 d)	23.00	235.00	16.55	10.75d
32 ℃/(3 d)	22.00	220.00	15.33	22.57c
32 ℃/(5 d)	22.00	219.00	14.21	30.70b
32 ℃/(7 d)	20.00	210.00	13.00	34.58b
34 ℃/(1 d)	22.00	229.00	16.43	13.55d
34 ℃/(3 d)	21.00	221.00	15.51	21.69c
34 ℃/(5 d)	20.00	212.00	14.13	29.81b
34 ℃/(7 d)	19.00	200.00	12.53	42.00a

表 2.22　灌浆期高温处理下南粳 46 产量结构的比较

品种 胁迫处理	穗数 /个	穗粒数 /个	千粒重 /g	空秕率 /%
CK	22.00	197.00	18.10	5.75
32 ℃/(1 d)	20.00	192.00	17.55	11.69
32 ℃/(3 d)	18.00	179.00	16.45	22.97
32 ℃/(5 d)	19.00	171.00	16.10	31.79
32 ℃/(7 d)	18.00	168.00	15.20	37.02
34 ℃/(1 d)	21.00	190.00	16.35	13.98
34 ℃/(3 d)	20.00	175.00	15.75	23.10
34 ℃/(5 d)	19.00	164.00	15.14	34.88
34 ℃/(7 d)	18.00	160.00	12.43	39.88

2.2.2.5　不同生育期高温胁迫下水稻物质分配的变化

孕穗期高温对水稻植株物质分配的影响如表 2.23 和表 2.24。由表可见，高温处理后两优培九和南粳 46 的单株生物量均出现不同程度的降低。32 ℃、34 ℃处理时，随着高温持续时间的延长，水稻单株生物量逐渐减小；且同一持续时间下，34 ℃处理的单株生物量均小于 32 ℃处理，表明水稻植株物质积累量受孕穗期高温的影响，在一定温度范围内，随着温度升高、持续时间的延长，水稻光合物质积累量越少。其中与 CK 相比，在 32 ℃/(3 d)处理时，两优培九和南粳 46 的物质积累总量降幅分别为 11.53%、15.27%，而当温度为 34 ℃并持续 7 d 时，两优培九物质积累总量降幅达 25.95%，明显低于南粳 46 在同等条件下的下降幅度(38.77%)，表明孕穗期高温对南粳 46 的物质积累总量的影响大于两优培九。随胁迫温度和时间的增加，两个水稻品种的茎占比重和叶占比重呈增加趋势，而穗占比重却呈下降趋势。

表 2.23 孕穗期高温处理下两优培九物质分配的比较

品种 胁迫处理	总生物量 /(g·桶$^{-1}$)	茎占比重 /%	叶占比重 /%	穗占比重 /%
CK	300.96a	52.53	12.43	35.04
32 ℃/(1 d)	274.90b	54.72	15.97	29.32
32 ℃/(3 d)	266.25b	56.57	16.60	26.83
32 ℃/(5 d)	255.70b	59.12	17.38	23.50
32 ℃/(7 d)	248.23b	63.48	18.86	17.65
34 ℃/(1 d)	261.11b	51.87	15.56	32.57
34 ℃/(3 d)	253.51b	54.42	17.05	28.53
34 ℃/(5 d)	234.79b	56.45	17.56	25.99
34 ℃/(7 d)	222.87b	65.40	18.05	16.55

表 2.24 孕穗期高温处理下南粳 46 物质分配的比较

品种 胁迫处理	总生物量 /(g·桶$^{-1}$)	茎占比重 /%	叶占比重 /%	穗占比重 /%
CK	257.70a	49.28	12.05	38.68
32 ℃/(1 d)	230.09b	51.73	13.16	35.11
32 ℃/(3 d)	218.34b	53.05	14.53	32.42
32 ℃/(5 d)	196.42b	55.30	15.15	29.54
32 ℃/(7 d)	175.41b	57.94	16.07	25.98
34 ℃/(1 d)	205.74b	52.75	13.81	27.04
34 ℃/(3 d)	183.87b	54.27	14.49	28.09
34 ℃/(5 d)	168.94b	56.93	15.96	30.15
34 ℃/(7 d)	157.80c	60.75	18.22	29.33

表 2.25 开花期高温处理下两优培九物质分配的比较

品种 胁迫处理	总生物量 /(g·桶$^{-1}$)	茎占比重 /%	叶占比重 /%	穗占比重 /%
CK	300.96a	52.53	12.43	35.04
32 ℃/(1 d)	270.51b	57.77	15.11	27.12
32 ℃/(3 d)	252.34c	58.09	16.78	25.13
32 ℃/(5 d)	241.07c	59.32	18.23	22.45
32 ℃/(7 d)	230.11c	63.54	19.03	17.43
34 ℃/(1 d)	249.97c	55.08	16.45	28.47
34 ℃/(3 d)	230.15c	54.86	18.79	26.35
34 ℃/(5 d)	210.98d	56.62	19.05	24.33
34 ℃/(7 d)	200.12d	65.89	19.99	14.12

表 2.26 开花期高温处理下南粳 46 物质分配的比较

品种 胁迫处理	总生物量 /(g·桶⁻¹)	茎占比重 /%	叶占比重 /%	穗占比重 /%
CK	257.70a	49.28	12.05	38.68
32 ℃/(1 d)	220.34b	66.77	13.25	33.23
32 ℃/(3 d)	210.97b	69.11	14.44	30.89
32 ℃/(5 d)	193.21b	71.55	15.23	28.45
32 ℃/(7 d)	177.23b	75.22	16.78	24.78
34 ℃/(1 d)	189.67b	73.88	14.12	26.12
34 ℃/(3 d)	171.07b	73.66	15.01	26.34
34 ℃/(5 d)	158.45c	71.11	16.67	28.89
34 ℃/(7 d)	149.31c	72.95	18.99	27.05

表 2.25～表 2.28 是开花期与灌浆期高温下水稻植株物质分配的变化。相对于表 2.23 和表 2.24 可以看出，灌浆期高温后水稻生物总量值大于孕穗期高温后，但小于开花期高温后，说明开花期高温对水稻植株物质分配的影响大于孕穗期和灌浆期。但三个生育期在高温处理下水稻生物总量的变化趋势基本一致，均随高温强度的增强、胁迫时间的延长，生物量不断下降。以灌浆期为例，如 32 ℃/(3 d)和 5 d 处理时，与 CK 相比，两优培九的生物量降幅分别为 4.57%与 8.22%；南粳 46 的生物量降幅分别为 12.48%与 16.79%，南粳 46 降幅稍大于两优培九。与孕穗期高温相比，灌浆期高温下，两个水稻品种生物量降幅有所减小。

表 2.27 灌浆期高温处理下两优培九物质分配的比较

品种 胁迫处理	总生物量 /(g·桶⁻¹)	茎占比重 /%	叶占比重 /%	穗占比重 /%
CK	300.96	52.53	12.43	35.04a
32 ℃/(1 d)	298.42	53.17	12.62	34.21a
32 ℃/(3 d)	287.20	55.43	13.13	31.44a
32 ℃/(5 d)	276.23	57.93	13.78	28.30a
32 ℃/(7 d)	261.23	62.10	14.82	23.08a
34 ℃/(1 d)	296.65	54.07	16.16	29.77a
34 ℃/(3 d)	281.41	57.07	17.05	25.88a
34 ℃/(5 d)	273.17	58.89	17.90	23.22a
34 ℃/(7 d)	258.57	62.46	19.04	18.50b

表 2.28 灌浆期高温处理下南粳 46 物质分配的比较

品种 胁迫处理	总生物量 /(g·桶⁻¹)	茎占比重 /%	叶占比重 /%	穗占比重 /%
CK	257.70	49.28	12.05	38.68
32 ℃/(1 d)	246.35	51.62	12.75	35.62
32 ℃/(3 d)	225.53	53.14	13.14	33.72
32 ℃/(5 d)	214.42	54.12	14.56	31.32
32 ℃/(7 d)	202.41	55.95	15.51	28.54
34 ℃/(1 d)	192.74	50.93	13.34	35.74
34 ℃/(3 d)	189.87	52.64	14.05	33.31
34 ℃/(5 d)	177.94	54.34	15.23	30.42
34 ℃/(7 d)	165.80	56.86	16.51	26.62

高温胁迫下，水稻干物质的生产和积累速度减慢，积累量减少(表 2.29)。与 CK 相比，两个水稻品种在孕穗期高温胁迫后，茎鞘物质输出率、转运率均明显增加，除南粳 46 在 32 ℃/(5 d)和 34 ℃/(5 d)差异达到显著水平 ($p<0.05$) 外，其余差异均未达到显著水平。并且随胁迫时间的延长与胁迫温度的升高，茎鞘物质输出率、转运率均处于增加趋势。

如在 32 ℃/(5 d)和 34 ℃/(5 d)胁迫下，两优培九的茎鞘物质输出率依次比 CK 增加 5.01%和 11.67%点，茎鞘物质转运率依次比 CK 增加 10.35%和 21.44%。南粳 46 的茎鞘物质输出率依次比 CK 增加 32.38%和 40.06%，茎鞘物质转运率依次比 CK 增加 49.06%和 66.35%。这说明高温胁迫下植株始穗后生产的干物质分配到籽粒的比例大幅度增加，这可能是水稻为维持正常生长，自身调节的结果。

表 2.29　不同高温胁迫下水稻干物质积累和转运的变化

水稻品种	胁迫处理	干物重/(g·株$^{-1}$)				茎鞘物质转运	
		孕穗期茎鞘干重	成熟期茎鞘干重	成熟期穗干重	始穗后总干物质增加量	茎鞘物质输出率/%	茎鞘物质转运率/%
两优培九	CK/(3 d)	41.99	25.06	51.71	36.56a	38.94	32.99
	32 ℃/(3 d)		23.51	48.88	26.13a	44.70	38.89
	34 ℃/(3 d)		23.27	47.11	31.23a	44.79	40.37
	CK/(5 d)		23.04	48.05	28.45a	44.16	38.18
	32 ℃/(5 d)		22.74	47.66	27.44a	46.55	42.45
	34 ℃/(5 d)		21.19	45.07	19.98a	48.98	46.40
南粳 46	CK/(3 d)	35.59	22.95	46.73	25.50a	35.72	27.78
	32 ℃/(3 d)		22.33	45.56	20.19a	36.78	30.15
	34 ℃/(3 d)		22.05	42.56	25.46a	39.24	32.33
	CK/(5 d)		23.02	44.05	11.79b	37.05	24.81
	32 ℃/(5 d)		18.05	39.02	11.96b	48.44	44.73
	34 ℃/(5 d)		16.75	37.14	10.03b	51.96	49.21

2.2.2.6　花粉活力、萌发率与产量与产量构成要素的相关性

将受高温影响比较显著的几个指标进行相关分析，进一步了解与水稻产量与产量构成要素密切相关的前期因素 (花粉活力与花粉萌发率)，将开花期处理获得的水稻花粉活力和花粉萌发率与开花期处理后测定的产量、产量构成要素进行分析，结果表明(表 2.30)，高温胁迫和常温 CK 下两优培九与南粳 46 的产量、结实率与柱头上花粉活力和培养基上的花粉萌发率均呈极显著正相关，其中两优培九的产量与花粉活力和花粉萌发率的相关系数分别为 0.95 和 0.93(r0.059=0.60，r0.019=0.73)，结实率与花粉活力和花粉萌发率的相关系数分别为 0.60 和 0.68；而南粳 46 的产量与柱头上花粉活力和培养基上的花粉萌发率均呈极显著的正相关关系为 0.86 和 0.93，结实率与花粉活力和花粉萌发率的相关系数分别均为 0.73 和 0.83，达到极显著水平($p<0.01$)。两优培九的空秕率与花粉活力和花粉萌发率的相关系数分别为 0.60 和 0.70，南粳 46 的与花粉活力和花粉萌发率的相关系数分别为 0.68 和 0.77。两优培九的穗粒数与花粉活力和花粉萌发率的相关系数分别为 0.74 和 0.80，南粳 46 的与花

粉活力和花粉萌发率的相关系数分别为0.76和0.86。两优培九的千粒重与花粉活力和花粉萌发率的相关系数分别为0.53和0.60，南粳46的与花粉活力和花粉萌发率的相关系数分别为0.65和0.71。两优培九的穗数与花粉活力和花粉萌发率的相关系数分别为0.65和0.71，南粳46的与花粉活力和花粉萌发率的相关系数分别为0.85和0.91。相比几个指标，千粒重与花粉活力和萌发率相关系数最小，而产量与花粉活力和萌发率相关系数最大。

表2.30 不同高温胁迫下的水稻花粉活力、花粉萌发率与产量、产量构成要素的相关性

项目		花粉活力		花粉萌发率	
		方程	r	方程	r
产量	两优培九	$y=0.83x+12.90$	0.95**	$y=0.91x+13.77$	0.93**
	南粳46	$y=0.70x+9.07$	0.86**	$y=0.83x+4.20$	0.93**
结实率	两优培九	$y=9.76x^{0.47}$	0.60*	$y=7.93x^{0.54}$	0.68*
	南粳46	$y=8.71x^{0.49}$	0.74**	$y=5.10x^{0.63}$	0.83**
空秕率	两优培九	$y=-0.58x+68.83$	0.60*	$y=105.15e^{-0.03x}$	0.70*
	南粳46	$y=-25.32\ln x+135.86$	0.68*	$y=127.26e^{-0.03x}$	0.77**
穗粒数	两优培九	$y=180.60e^{0.01x}$	0.74**	$y=179.78e^{0.01x}$	0.80**
	南粳46	$y=141.71e^{0.01x}$	0.76**	$y=138.00e^{0.01}$	0.86**
千粒重	两优培九	$y=5.29x^{0.24}$	0.53	$y=4.74x^{0.27}$	0.60*
	南粳46	$y=4.66x^{0.27}$	0.61*	$y=3.43x^{0.36}$	0.81**
穗数	两优培九	$y=0.01x^2-0.08x+20.38$	0.65*	$y=0.01x^2-0.04x+19.61$	0.71*
	南粳46	$y=0.01x^2-0.01x+15.56$	0.85**	$y=0.01x^2+0.01x+15.04$	0.93**
生物量	两优培九	$y=1.04x+186.07$	0.85**	$y=1.19x+184.40$	0.91**
	南粳46	$y=1.13x+133.11$	0.93**	$y=1.32x+126.15$	0.97**
茎占比重	两优培九	$y=-2.89\ln x+69.36$	0.67*	$y=-3.76\ln x+72.36$	0.64*
	南粳46	$y=-0.01x^2+0.55x+64.87$	0.88**	$y=-0.01x^2+0.61x+63.19$	0.91**
叶占比重	两优培九	$y=-0.01x^2+0.61x+63.19$	0.80**	$y=-0.01x^2+0.024x+19.28$	0.87**
	南粳46	$y=0.01x^2-0.08x+18.79$	0.74**	$y=-0.07x+18.89$	0.82**
穗占比重	两优培九	$y=0.01x^2-0.06x+21.09$	0.60*	$y=0.01x^2+0.04x+19.00$	0.68*
	南粳46	$y=0.01x^2-0.28x+31.09$	0.94**	$y=0.01x^2-0.28x+31.34$	0.93**

注：$r0.059=0.60$，$r0.019=0.73$。

花器官是与水稻产量关系最为密切的器官，它的正常发育是水稻获得高产的关键。而花器官也是水稻关键生育期对高温影响最敏感、最易受损伤的器官（张桂莲 等，2008；Matsui，2002）。关于高温胁迫引起水稻结实率降低的原因，前人已做了大量研究，高亮之等（1992）和Prasad等（2006）认为，可能是由于高温胁迫会造成水稻的雄性器官受到危害，进而使花药不开裂或开裂受阻，造成散发到柱头上的花粉数减少，同时，高温还可能使代谢过程遭到破坏，降低了花粉活力与萌发能力，使授粉和受精过程受到破坏，从而形成了大量的空粒，导致结实率降低，这与本章的研究结果基本一致。

花粉活力和花粉萌发率与两个水稻品种的生物量、茎占比重、叶占比重以及穗占比重也有一定正相关性。其中，花粉活力和花粉萌发率与生物量极显著正相关，与两优培九的生物量相关系数分别为 0.85、0.91,与南粳 46 的生物量相关系数分别为 0.93、0.97,而与茎占比重、叶占比重以及穗占比重显著相关或极显著相关。

2.2.2.7　生育期

表 2.31 数据显示,高温影响了两优培九的生育进程。通过对 2015 年和 2016 年两年的数据分析发现,2015 年,32 ℃处理 1 d、3 d、5 d、7 d 后,分别使水稻从移栽到抽穗的日期平均缩短了 0.5 d、1 d、2 d 和 3 d,全生育期缩短了 1 d、3 d、4 d 和 5 d;34 ℃处理 1 d、3 d、5 d、7 d 后,使两优培九从移栽到抽穗的日期平均缩短了 0.5 d、1 d、2 d 和 3 d,全生育期缩短了 1 d、3 d、4 d 和5 d。2016 年数据表明:32 ℃处理 1 d、3 d、5 d、7 d 后,使水稻从移栽到抽穗的日期平均缩短了 0.5 d、1 d、2 d 和 3 d,全生育期缩短了 0.5 d、1 d、2 d 和 3 d;34 ℃处理 1 d、3 d、5 d、7 d 后,使两优培九从移栽到抽穗的日期平均缩短了 2 d、2.5 d、3 d 和 5 d,全生育期缩短了 3 d、5 d、5 d 和 8 d。

表 2.31　高温胁迫对两优培九生育期的影响

年份	处理	移栽期(月/日)	移栽后的天数(括号内为到 6 月 20 日的间隔日数,单位:d)	
			抽穗期(月/日)	成熟期(月/日)
2015 年	CK	06/20	08/21(62)	10/20(122)
	32 ℃/(1 d)		08/21(62)	10/19(121)
	32 ℃/(3 d)		08/20(61)	10/17(119)
	32 ℃/(5 d)		08/19(60)	10/16(118)
	32 ℃/(7 d)		08/18(58)	10/15(117)
	34 ℃/(1 d)		08/20 (61)	10/16(118)
	34 ℃/(3 d)		08/19(60)	10/15(117)
	34 ℃/(5 d)		08/17(58)	10/14(116)
	34 ℃/(7 d)		08/15(56)	10/12(112)
2016	CK	06/20	08/23(64)	10/21(123)
	32 ℃/(1 d)		08/23(64)	10/20(122)
	32 ℃/(3 d)		08/22(63)	10/20(122)
	32 ℃/(5 d)		08/21(62)	10/19(121)
	32 ℃/(7 d)		08/20(61)	10/18(120)
	34 ℃/(1 d)		08/21(62)	10/18(120)
	34 ℃/(3 d)		08/21(62)	10/17(119)
	34 ℃/(5 d)		08/20(61)	10/16(118)
	34 ℃/(7 d)		08/18(59)	10/13(115)

表 2.32 表明,高温同样缩短了南粳 46 的生育进程。2015 年,32 ℃处理 1 d、3 d、5 d、7 d 后,分别使水稻从移栽到抽穗的日期平均缩短了 0.5 d、1 d、2 d 和 3 d,全生育期缩短了 1 d、2 d、3 d 和 4 d;34 ℃处理 1 d、3 d、5 d、7 d 后,使南粳 46 从移栽到抽穗的日期平均缩短了 1 d、2 d、3 d 和 5 d,全生育期缩短了 3 d、5 d、5 d 和 7 d。2016 年数据表明:32 ℃处理 1 d、3 d、5 d、7 d 后,使水稻从移栽到抽穗的日期平均缩短了 0.5 d、1 d、2 d 和 3 d,全生育期缩短了 1 d、

1 d、2 d 和 3 d；34 ℃处理 1 d、3 d、5 d、7 d 后，使南粳 46 从移栽到抽穗的日期平均缩短了 1 d、3 d、4 d 和 5 d，全生育期缩短了 3 d、4 d、5 d 和 6 d。其中高温对抽穗前的影响比抽穗后期大。

表 2.32　高温胁迫对南粳 46 生育期的影响

年份	处理	移栽期(月/日)	移栽后的天数(括号内为到 6 月 20 日的间隔日数，单位:d)	
			抽穗期(月/日)	成熟期(月/日)
2015 年	CK	06/20	08/23(64)	10/30(132)
	32 ℃/(1 d)		08/23(64)	10/29(131)
	32 ℃/(3 d)		08/22(63)	10/28(130)
	32 ℃/(5 d)		08/21(62)	10/27(129)
	32 ℃/(7 d)		08/20(61)	10/26(128)
	34 ℃/(1 d)		08/22 (62)	10/27(129)
	34 ℃/(3 d)		08/21(62)	10/26(128)
	34 ℃/(5 d)		08/20(61)	10/25(127)
	34 ℃/(7 d)		08/18(59)	10/23(125)
2016	CK	06/20	08/25(66)	10/29(131)
	32 ℃/(1 d)		08/25(66)	10/29(131)
	32 ℃/(3 d)		08/24(65)	10/27(129)
	32 ℃/(5 d)		08/23(63)	10/26(128)
	32 ℃/(7 d)		08/22(62)	10/25(127)
	34 ℃/(1 d)		08/24(65)	10/26(128)
	34 ℃/(3 d)		08/23(64)	10/25(127)
	34 ℃/(5 d)		08/21(62)	10/24(126)
	34 ℃/(7 d)		08/20(61)	10/23(125)

2.2.3　光合生理指标

2.2.3.1　净光合速率

孕穗期不同强度和持续时间高温对两种水稻叶片净光合速率(Pn)的影响见表 2.33。可以看出，与 CK 相比，孕穗期不同程度高温处理结束后，水稻叶片的 Pn 均出现不同程度的降低，同一高温处理下，7 d 处理的 Pn 降低幅度显著大于 3 d、1 d 处理，表明孕穗期高温持续时间越长，Pn 降低幅度越大。当高温处理 5 d 时，两优培九 34 ℃处理的 Pn 降幅(26.18%)大于 32 ℃(23.91%)；南粳 46 也呈现类似规律，说明孕穗期高温导致水稻光合速率下降，且处理温度越高，Pn 降幅越大。

高温对水稻 Pn 的影响与高温强度、高温持续天数有关，且温度越高，持续时间越长，水稻 Pn 降低幅度越大。在相同高温条件下两品种的降低幅度略有区别。具体来看，在正常(CK)条件下，两优培九(籼型杂交稻)的叶片 Pn 大于南粳 46(迟熟中粳稻)。从不同程度高温处理后叶片 Pn 比 CK 减少的百分率具体数值看，两优培九在 32 ℃和 34 ℃高温处理 3 d 和 5 d 后 Pn 下降百分比均小于南粳 46，说明了两优培九耐高温能力高于南粳 46，也进一步说明水稻

Pn 对高温的响应差异不仅与温度有关，与水稻品种也有关。

开花期高温对水稻叶片 Pn 的影响见表 2.34，其变化趋势与孕穗期相似，同一温度处理下(32 ℃)，胁迫 3 d 和 7 d 后，两优培九的 Pn 下降百分比为 14.97%与 29.00%。在相同胁迫时间(5 d)，不同处理温度下(32 ℃和 34 ℃)，两优培九的 Pn 下降百分比分别为 22.55 和 24.96，其中，南粳 46 Pn 的下降百分比分别为 27.23%和 37.36%。

灌浆期不同强度和持续时间高温对两种水稻叶片 Pn 的影响见表 2.35，由表可见，其变化趋势与孕穗期，开花期相似，灌浆期高温也降低了水稻叶片 Pn，并随胁迫温度增加以及胁迫时间的延长，水稻的 Pn 下降百分比越大。与对照相比，同一温度处理下(34 ℃)，胁迫 1 d 和 5 d 后，两优培九的 Pn 下降百分比为 6.85%与 23.91%。在相同胁迫时间(7 d)，不同处理温度下(32 ℃、34 ℃)两优培九的 Pn 下降百分比分别为 24.77%、28.93%，其中，南粳 46 Pn 的下降趋势变化与两优培九一样。

根据表 2.33～表 2.35 的结果制成表 2.36。同上类似将光合速率减少率分为 5 级。孕穗期达到重大伤害，32 ℃高温的时间要持续 7 d 或以上，而 34 ℃高温只要持续 5 d 或以上。开花期水稻热害指数达到 5 级程度，32 ℃高温的时间要持续 7 d 或以上，34 ℃高温的时间要持续5 d 或以上。

表 2.33　孕穗期高温处理下水稻叶片光合速率(Pn)的比较

处理		两优培九		南粳 46	
温度/℃	持续天数/d	Pn/(μmol · m⁻² · s⁻¹)	比 CK 减少/%	Pn/(μmol · m⁻² · s⁻¹)	比 CK 减少/%
CK		24.25a		21.35a	
32	1	22.85ab	5.77f	19.53b	8.52e
	3	20.74b	14.47d	17.01c	20.33d
	5	18.45c	23.91b	16.00c	25.06c
	7	17.54c	27.67b	15.03d	29.60c
34	1	21.74b	10.35e	18.09bc	15.27d
	3	19.05bc	21.44c	16.00c	25.06c
	5	17.90c	26.18b	13.59e	36.35b
	7	15.32d	36.82a	12.90e	39.58a

表 2.34　开花期高温处理下水稻叶片光合速率(Pn)的比较

处理		两优培九		南粳 46	
温度/℃	持续天数/d	Pn/(μmol · m⁻² · s⁻¹)	比 CK 减少/%	Pn/(μmol · m⁻² · s⁻¹)	比 CK 减少/%
CK		23.75a		21.12a	
32	1	21.45a	9.68d	18.35b	13.12d
	3	19.33ab	18.61c	16.45c	22.11c
	5	17.64bc	25.73b	15.37c	27.23b
	7	15.32bc	35.49a	14.23c	32.62b

续表

处理		两优培九		南粳 46	
温度 /℃	持续天数 /d	Pn /(μmol · m^{-2} · s^{-1})	比 CK 减少 /%	Pn /(μmol · m^{-2} · s^{-1})	比 CK 减少 /%
34	1	17.33bc	27.03b	16.23c	23.15c
	3	16.09bc	32.25a	14.23c	32.62b
	5	14.67bc	38.23a	13.23c	37.36a
	7	14.11bc	40.59a	12.34c	41.57a

表 2.35　灌浆期高温处理下水稻叶片光合速率(Pn)的比较

处理		两优培九		南粳 46	
温度 /℃	持续天数 /d	Pn /(μmol · m^{-2} · s^{-1})	比 CK 减少 /%	Pn /(μmol · m^{-2} · s^{-1})	比 CK 减少 /%
CK		19.70		17.94	
32	1	19.00	3.55c	17.67	1.51c
	3	17.05	13.45b	15.35	14.44b
	5	15.32	22.23a	14.65	18.34a
	7	14.82	24.77a	13.42	25.20a
34	1	18.35	6.85c	16.78	6.47c
	3	16.87	14.37b	15.98	10.931b
	5	14.99	23.91a	15.56	13.26b
	7	14.00	28.93a	13.90	22.52a

表 2.36　三个生育期高温热害指标(光合速率减少率为标准)

胁迫处理	孕穗期				开花期				灌浆期			
	两优培九		南粳 46		两优培九		南粳 46		两优培九		南粳 46	
	32 ℃	34 ℃	32 ℃	34 ℃	32 ℃	34 ℃	32 ℃	34 ℃	32 ℃	34 ℃	32 ℃	34 ℃
无(0～5%)	—	—		—	—	—	—	—	1 d	—	1 d	—
轻(5%～25%)	1～5 d	1～3 d	1～3 d	1 d	1～3 d	—	1～3 d	1～3 d	2～7 d	1～5 d	2～5 d	1～7 d
中(25%～45%)	6～7 d	4～7 d	4～7 d	2～7 d	4～7 d	1～7 d	4～7 d	4～7 d	—	6～7 d	6～7 d	—
重(45%～65%)	—	—	—	—	—	—	—	—	—	—	—	—
巨(65%～)	—	—	—	—	—	—	—	—	—	——	—	—

表 2.37 以 34 ℃高温为例，进一步探讨同一高温胁迫下，不同生育期南粳 46 叶片净光合速率的变化。可以看出，孕穗期时的净光合速率大于开花期和灌浆期时的净光合速率。此外，随着高温的进行，高温天数的增加，南粳 46 的净光合速率在逐渐减小。说明高温对其具有负效应，且时间越长负效应越显著。例如，同在 34 ℃/(1 d)处理下，孕穗期时两水稻的净光合速率为 18.09 μmol · m^{-2} · s^{-1}，而开花期和灌浆期时分别为 16.23 μmol · m^{-2} · s^{-1}和 16.78 μmol · m^{-2} · s^{-1}。同时，在孕穗期时，与 CK 相比，34 ℃/(1 d)、34 ℃/(3 d)、34 ℃/(5 d)和 34 ℃/(7 d)

的净光合速率分别下降 21.41%、25.15%、27.12%和 34.90%，且均达到显著性水平($p<0.05$)。在灌浆期时分别较对照下降 6.47%、10.93%、13.27%和 22.52%，差异不显著。

表 2.37　不同生育期 34 ℃高温对南粳 46 净光合速率的影响

单位：$\mu mol \cdot CO_2 \cdot m^{-2} \cdot s^{-1}$

处理	孕穗期	开花期	灌浆期
CK	21.35a	21.12a	17.94
34 ℃/(1 d)	18.09b	16.23b	16.78
34 ℃/(3 d)	16.00b	14.23b	15.98
34 ℃/(5 d)	13.59b	13.23b	15.56
34 ℃/(7 d)	12.90b	12.34b	13.90

2.2.3.2　气孔导度

由表 2.38～表 2.39 可看出，气孔导度的变化趋势与净光合速率几乎一致。最大值出现在孕穗期，开花期其次，灌浆期的值略小。且胁迫天数越长，下降越快。孕穗期时，与对照相比，高温处理下的气孔导度有差异($p<0.05$)，其中两优培九在 32 ℃/(1 d)、32 ℃/(3 d)、32 ℃/(5 d)、32 ℃/(7 d)分别相比对照减小 12.38%、14.29%、30.48%、31.42%；而南粳 46 分别下降 10.89%、27.72%、28.71%、35.64%。开花期时，与对照相比，两优培九在 34 ℃/(3 d)、34 ℃/(7 d)分别减小 35.00%、30.00%，南粳 46 分别下降了 31.57%和 42.11%。

表 2.38　不同生育期高温对两优培九气孔导度的影响　单位：$mmol \cdot m^{-2} \cdot g^{-1}$

处理	孕穗期	开花期	灌浆期
CK	1.05a	0.20	0.15
32 ℃/(1 d)	0.92b	0.19	0.14
32 ℃/(3 d)	0.90b	0.17	0.13
32 ℃/(5 d)	0.73c	0.16	0.11
32 ℃/(7 d)	0.72c	0.15	0.10
34 ℃/(1 d)	0.79c	0.19	0.12
34 ℃/(3 d)	0.72c	0.13	0.11
34 ℃/(5 d)	0.51d	0.17	0.10
34 ℃/(7 d)	0.26e	0.14	0.07

表 2.39　不同生育期高温对南粳 46 气孔导度的影响　单位：$mmol \cdot m^{-2} \cdot g^{-1}$

处理	孕穗期	开花期	灌浆期
CK	1.01a	0.19	0.14
32 ℃/(1 d)	0.90b	0.17	0.13
32 ℃/(3 d)	0.73c	0.16	0.12
32 ℃/(5 d)	0.72c	0.14	0.11
32 ℃/(7 d)	0.65c	0.13	0.10
34 ℃/(1 d)	0.70c	0.14	0.12c
34 ℃/(3 d)	0.69c	0.13	0.07
34 ℃/(5 d)	0.51c	0.12	0.07
34 ℃/(7 d)	0.44d	0.11	0.07

2.2.3.3 胞间 CO_2 浓度

由表 2.40 和表 2.41 可得，孕穗期时的胞间 CO_2 浓度大于开花期与灌浆期时的胞间 CO_2 浓度。在孕穗期和灌浆期时，高温组与对照组相比，胞间 CO_2 浓度在逐渐增加。而在开花期时，高温胁迫下胞间 CO_2 浓度逐渐减小。例如，灌浆期时，相比于对照，两优培九在 34 ℃/(1 d)、34 ℃/(3 d)、34 ℃/(5 d)和 34 ℃/(7 d)分别增加 49.84%、59.51%、68.16%、77.91%，南粳 46 分别下降 28.59%、38.84%、61.27%、74.03%，均差异显著($p<0.05$)。

表 2.40 不同生育期高温对两优培九胞间 CO_2 浓度的影响 单位：μmol · mol^{-1}

处理	孕穗期	开花期	灌浆期
CK	314.66b	183.04	114.79d
32 ℃/(1 d)	327.67b	189.57	126.19d
32 ℃/(3 d)	333.08b	192.83	140.72c
32 ℃/(5 d)	336.63b	204.40	173.31b
32 ℃/(7 d)	344.94	221.81	153.80c
34 ℃/(1 d)	335.01	211.89	172.03b
34 ℃/(3 d)	339.75b	223.66	183.10b
34 ℃/(5 d)	355.15b	229.82a	193.03b
34 ℃/(7 d)	382.51a	260.57	204.22a

表 2.41 不同生育期高温对南粳 46 胞间 CO_2 浓度的影响 单位：μmol · mol^{-1}

处理	孕穗期	开花期	灌浆期
CK	303.52c	172.51b	110.45d
32 ℃/(1 d)	313.45b	179.57b	116.13d
32 ℃/(3 d)	329.03b	183.45b	135.24c
32 ℃/(5 d)	339.86b	198.40b	153.91c
32 ℃/(7 d)	349.13b	215.33b	169.08b
34 ℃/(1 d)	330.09b	201.80b	142.03c
34 ℃/(3 d)	340.90b	215.60b	153.35c
34 ℃/(5 d)	343.25b	220.42b	178.12b
34 ℃/(7 d)	363.80a	245.75a	192.22a

2.2.3.4 蒸腾速率

由表 2.42 和表 2.43 可得，孕穗期时的蒸腾速率大于开花期和灌浆期时的蒸腾速率。例如，两优培九在孕穗期时 32 ℃/(1 d)的蒸腾速率为 10.28 mmol · m^{-2} · s^{-1}，而开花期和灌浆期时的蒸腾速率分别为 7.99 mmol · m^{-2} · s^{-1}、6.06 mmol · m^{-2} · s^{-1}。高温影响最大的是孕穗期，其次是开花期和灌浆期高温胁迫下的蒸腾速率小于对照值，两优培九的蒸腾速率与对照存在显著差异($p<0.05$)。南粳 46 蒸腾速率在开花期与灌浆期时与对照没有差异，但是比对照值小。比如开花期时，两优培九在 32 ℃/(1 d)、32 ℃/(3 d)、32 ℃/(5 d)、32 ℃/(7 d)分别相比对照增加 8.58%、21.62%、34.78%、23.23%，南粳 46 分别增加了 4.94%、16.05%、22.95%、31.94%。

表 2.42　不同生育期高温对两优培九蒸腾速率的影响　单位：mmol · m^{-2} · s^{-1}

处理	孕穗期	开花期	灌浆期
CK	10.76a	8.74a	6.81a
32 ℃/(1 d)	10.28b	7.99b	6.06b
32 ℃/(3 d)	9.85b	6.85b	5.92b
32 ℃/(5 d)	8.36c	5.70c	5.79b
32 ℃/(7 d)	8.00c	6.71b	4.45c
34 ℃/(1 d)	9.52b	6.23b	5.85b
34 ℃/(3 d)	8.34c	5.94b	5.74b
34 ℃/(5 d)	7.96c	5.18c	4.23c
34 ℃/(7 d)	6.45d	4.79c	4.05c

表 2.43　不同生育期高温对南粳 46 蒸腾速率的影响　单位：mmol · m^{-2} · s^{-1}

处理	孕穗期	开花期	灌浆期
CK	8.54a	6.23	5.42
32 ℃/(1 d)	8.25b	5.95	5.05
32 ℃/(3 d)	7.98c	5.23	4.39
32 ℃/(5 d)	7.62c	4.80	4.21
32 ℃/(7 d)	7.00c	4.24	3.51
34 ℃/(1 d)	7.85c	4.01	4.85
34 ℃/(3 d)	6.94c	5.94	4.12
34 ℃/(5 d)	5.96d	5.18	3.23
34 ℃/(7 d)	5.30c	4.79	3.01

2.2.3.5　SPAD 值

表 2.44 和表 2.45 可以看出，两个水稻品种开花期时的 SPAD 值最大，显著高于孕穗期和灌浆期。而且，无论是孕穗期、开花期还是灌浆期，34 ℃高温处理下的 SPAD 值均比对照值小。但总体来说变化不大，差异均未达到显著。例如，开花期时，两优培九在 32 ℃/(1 d)、32 ℃/(3 d)、32 ℃/(5 d)、32 ℃/(7 d)、34 ℃/(1 d)、34 ℃/(3 d)、34 ℃/(5 d)、34 ℃/(7 d)与对照相比，下降率分别是 0.61%、0.90%、7.74%、11.19%、6.46%、9.68%、11.50%、13.51%，而南粳 46 下降率分别是 2.42%、3.09%、4.06%、7.15%、4.66%、6.70%、2.06%、5.23%。但各处理之间关系不显著($p>0.5$)。

表 2.44　不同生育期高温胁迫对两优培九 SPAD 值的影响

处理	孕穗期	开花期	灌浆期
CK	48.60	52.17	47.35
32 ℃/(1 d)	48.40	51.85	46.55
32 ℃/(3 d)	47.73	51.70	45.42
32 ℃/(5 d)	46.12	48.13	43.09
32 ℃/(7 d)	44.27	46.33	42.09
34 ℃/(1 d)	45.50	48.80	44.12
34 ℃/(3 d)	43.57	47.12	43.34
34 ℃/(5 d)	42.27	46.17	42.98
34 ℃/(7 d)	42.00	45.12	38.27

表 2.45　不同生育期高温对南粳 46 SPAD 值的影响

处理	孕穗期	开花期	灌浆期
CK	46.55	48.50	45.00
32 ℃/(1 d)	46.00	47.32	44.19
32 ℃/(3 d)	45.18	47.00	44.23
32 ℃/(5 d)	44.96	46.53	43.56
32 ℃/(7 d)	42.71	45.03	41.78
34 ℃/(1 d)	43.75	46.24	42.00
34 ℃/(3 d)	43.00	45.25	40.79
34 ℃/(5 d)	42.23	44.32	39.05
34 ℃/(7 d)	41.00	42.00	38.54

2.2.3.6　LAI 值

从表 2.46 和表 2.47 可以看出，以人工气候箱孕穗期处理为例，两优培九、南粳 46 在不同高温处理下，水稻植株的叶面积指数发生相应的变化。与对照相比，32 ℃/(3 d)、34 ℃/(3 d)，两优培九的叶面积指数降低了 4.62%、16.05%，南粳 46 的叶面积指数分别降低了 9.74%、10.78%。以 32 ℃处理为例，两优培九的叶面积指数在处理 5 d、7 d，分别减少了 8.07%、23.50%，南粳 46 的叶面积指数分别减少了 5.25%、20.15%。总体来说，温度延迟时间越长，叶面积下降越大，但各处理之间关系不显著($p>0.5$)。

表 2.46　不同生育期高温胁迫对两优培九 LAI 值的影响

处理	孕穗期	开花期	灌浆期
CK	8.55	7.50	6.00
32 ℃/(1 d)	12.03	11.45	8.16
32 ℃/(3 d)	11.79	10.70	7.42
32 ℃/(5 d)	11.52	9.13	7.00
32 ℃/(7 d)	10.99	9.00	6.75
34 ℃/(1 d)	11.50	9.75	7.31
34 ℃/(3 d)	10.89	9.42	7.14
34 ℃/(5 d)	10.33	8.56	6.98
34 ℃/(7 d)	9.21	8.23	6.27

表 2.47　不同生育期高温对南粳 46 LAI 值的影响

处理	孕穗期	开花期	灌浆期
CK	8.55	7.50	6.00
32 ℃/(1 d)	8.41	7.32	5.71
32 ℃/(3 d)	8.18	7.00	5.53
32 ℃/(5 d)	7.63	6.55	5.06
32 ℃/(7 d)	6.71	6.03	4.78
34 ℃/(1 d)	7.75	7.24	5.17
34 ℃/(3 d)	7.39	6.93	5.00
34 ℃/(5 d)	7.00	6.32	4.92
34 ℃/(7 d)	6.25	5.31	4.54

2.2.3.7 净光合速率与产量、其他光合生理指标的相关性

将受高温影响的净光合速率、产量与其他相关光合生理指标进行分析，了解水稻光合速率与产量和其他因素的关系。结果表明（表 2.48），可以看出，高温胁迫下两个水稻品种净光合速率和产量、结实率呈极显著正相关，其中两优培九的产量与结实率和净光合速率的相关系数分别为 0.57 和 0.63 ($r_{(26,0.05)}=0.37$, $r_{(26,0.01)}=0.48$)，南粳 46 的产量与结实率和净光合速率的相关系数分别为 0.77 和 0.82；而水稻的生物量、茎占比重、叶占比重、穗占比重与净光合速率存在相关性，但有些关系不显著，如两优培九的生物量、叶占比重，南粳 46 的茎占比重与各自的净光合速率关系不显著，而水稻的穗占比重与净光合速率存在极显著正相关性，相关系数分别为 0.52 和 0.58；水稻的 SPAD 值、LAI 值、胞间 CO_2 浓度、蒸腾速率、气孔导度与净光合速率某些存在显著相关性，而大部分关系不显著，如两个水稻品种的 SPAD 值和胞间 CO_2 浓度、南粳 46 的 LAI 值、胞间 CO_2 浓度、蒸腾速率与各自的净光合速率关系不明显。从表可以看出，与净光合速率密切相关的指标为产量、结实率和穗占比重。

表 2.48 不同高温胁迫下的净光合速率与产量、其他光合生理指标的相关性

项目		净光合速率	
		两优培九	南粳 46
产量	方程	$y=-0.39x^2+19.46x-152.55$	$y=-0.66x^2+29.07x-236.62$
	r	0.57**	0.77**
结实率	方程	$y=-0.32x^2+16.426x-118.35$	$y=-0.68x^2+29.33x-223.84$
	r	0.63**	0.82**
生物量	方程	$y=81x^{0.41}$	$y=11.45x+16.43$
	r	0.34	0.72**
茎占比重	方程	$y=138.33x-0.31$	$y=263.96x-0.55$
	r	0.49**	0.29
叶占比重	方程	$y=-8.72\ln x+41.51$	$y=-0.66x+25.24$
	r	0.36	0.75**
穗占比重	方程	$y=26.44\ln x-50.01$	$y=1.29x+10.20$
	r	0.52**	0.58**
SPAD 值	方程	$y=8.70\ln x+22.45$	$y=0.63x+33.86$
	r	0.22	0.35
LAI 值	方程	$y=-0.0066x^2+0.7531x-1.9844$	$y=0.02x^2-0.22x+6.01$
	r	0.61**	0.35
胞间 CO_2 浓度	方程	$y=100.68\ln x-51.26$	$y=2.56x^2-87.47x+960.87$
	r	0.04	0.04
蒸腾速率	方程	$y=0.55x-2.99$	$y=0.37x-0.45$
	r	0.75**	0.31
气孔导度	方程	$y=1.0\times10^{-5}x^{3.35}$	$y=0.05x-0.53$
	r	0.40*	0.17

注：$r_{(26,0.05)}=0.37$，$r_{(26,0.01)}=0.48$。

2.2.4　其他生理生化指标的变化

2.2.4.1　叶绿素

由图 2.3 可以看出，水稻抽穗过程中，随着叶片渐渐衰老，其叶绿素含量也在渐渐降低。但高温胁迫后，两优培九与南粳 46 剑叶叶绿素含量显著下降，并且随着胁迫温度的加剧和胁迫时间的延长，两个水稻品种的叶绿素含量继续下降，但不同品种的下降程度有差异，耐热性强的品种下降幅度明显低于耐热性差的品种。如在 32 ℃/(1 d)胁迫下，与 CK 相比，两优培九与南粳 46 的叶绿素含量分别下降了 2.73％和 3.62％，在 34 ℃/(1 d)胁迫下，两优培九与南粳 46 的叶绿素含量分别下降了 6.59％和 6.96％，而在 34 ℃/(7 d)胁迫下，两优培九与南粳 46 的叶绿素含量分别下降了 9.29％和 11.99％。2 个水稻品种，不同胁迫时间之间叶绿素含量差异不显著，而不同胁迫温度之间差异显著（$p<0.05$）。

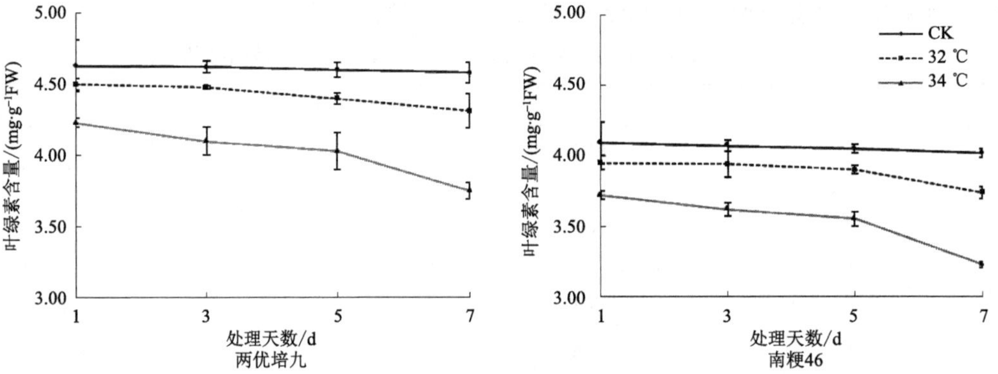

图 2.3　抽穗期高温胁迫对水稻剑叶叶绿素含量影响

叶片的相对电导率大小可直接反映出细胞膜的伤害程度以及所测植物抗逆性的大小，通常叶片的相对电导率越大，细胞膜的结构越不稳定，植物的抗逆性越差。两个水稻品种叶片的细胞膜透性（即相对电导率）随胁迫时间的延长与胁迫温度的增加，相对电导率也逐渐增多（图 2.4）。如 32 ℃胁迫温度下，胁迫 1 d 时，两优培九的相对电导率比 CK 增加了 5.37％，胁迫 7 d 时，则比 CK 增加了 32.34％。而在 34 ℃胁迫温度下，胁迫 1 d 时，两优培九的相对电导率比 CK 增加了 16.43％，胁迫 7 d 时，则比 CK 增加了 140.32％，远远高于 CK 的相对电导率。因此高温胁迫扰乱了叶片细胞膜内外环境的渗透平衡，破坏细胞膜结构与功能，从而影响了植物正常生理代谢。2 个水稻品种，不同胁迫时间和不同胁迫温度下叶片相对电导率差异都达到显著水平（$p<0.05$）。

2.2.4.2　丙二醛

MDA 含量膜脂过氧化作用的最终产物，其含量的高低是膜脂过氧化作用的重要标志。在高温胁迫下，叶片中的 MDA 含量稍有差异，随着高温处理时间的增加，叶片中的 MDA 含量处于增加的趋势，但不同胁迫时间和不同胁迫温度下叶片中的 MDA 含量差异不明显（图 2.5）。在高温胁迫条件下，南粳 46 的相对电导率与 MDA 含量比 CK 的增加幅度明显高于两优培九。

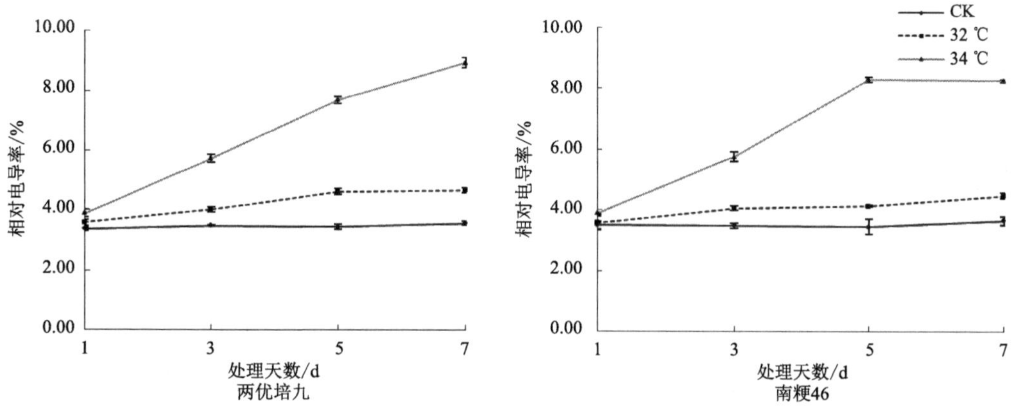

图 2.4　抽穗期高温胁迫对水稻剑叶细胞膜透性影响

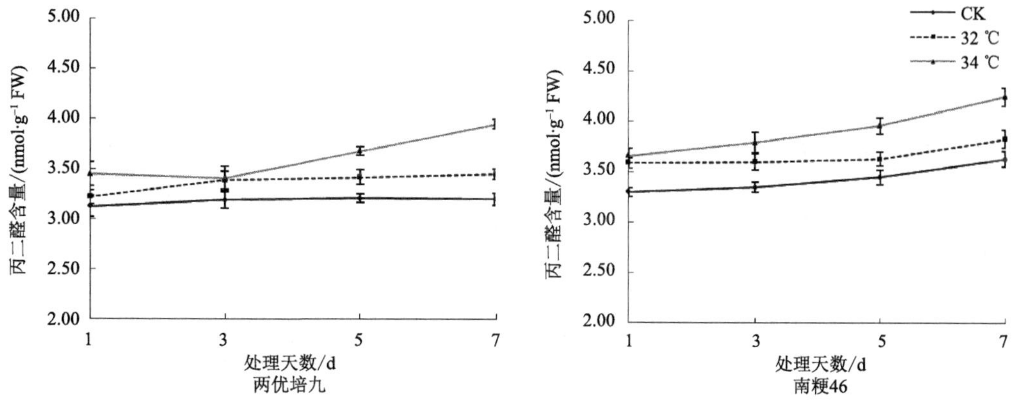

图 2.5　抽穗期高温胁迫对水稻剑叶 MDA 含量的影响

2.2.4.3　可溶性蛋白质和可溶性糖

在抽穗过程中，两个水稻品种 CK 叶片中的可溶性蛋白质和可溶性糖含量降低幅度较小，而高温胁迫下的植株，其叶片中的可溶性蛋白质和可溶性糖含量降低较为明显，且随着胁迫温度的加剧和胁迫时间的延长降低幅度就越大，特别是在 34 ℃胁迫温度下变化较为显著(图 2.6，图 2.7)。如 34 ℃胁迫温度持续 1 d，两优培九叶片中可溶性蛋白质和可溶性糖含量比 CK 降低幅度分别为 6.31%与 5.36%，南粳 46 叶片可溶性蛋白质和可溶性糖含量比 CK 降低幅度分别为 14.23%与 10.44%，而持续 7 d，两优培九叶片中可溶性蛋白质和可溶性糖含量比 CK 降低幅度分别为 14.44%与 16.95%，南粳 46 叶片中可溶性蛋白质和可溶性糖含量比 CK 降低幅度分别为 21.73%与 18.44%。在高温胁迫条件下，南粳 46 可溶性蛋白质和可溶性糖含量比 CK 的降幅明显高于两优培九。

2.2.4.4　高温胁迫对水稻株高与分蘖数的影响

以两优培九为例，图 2.8 为孕穗期高温胁迫下两优培九的株高与分蘖数的变化。从图可以看出，孕穗期高温处理对水稻的株高以及分蘖有一定影响，其中与对照相比，34 ℃/(3 d)、34 ℃/(5 d)处理达到显著差异($p<0.05$)。而分蘖数随处理时间的加长分蘖数有所减少，但

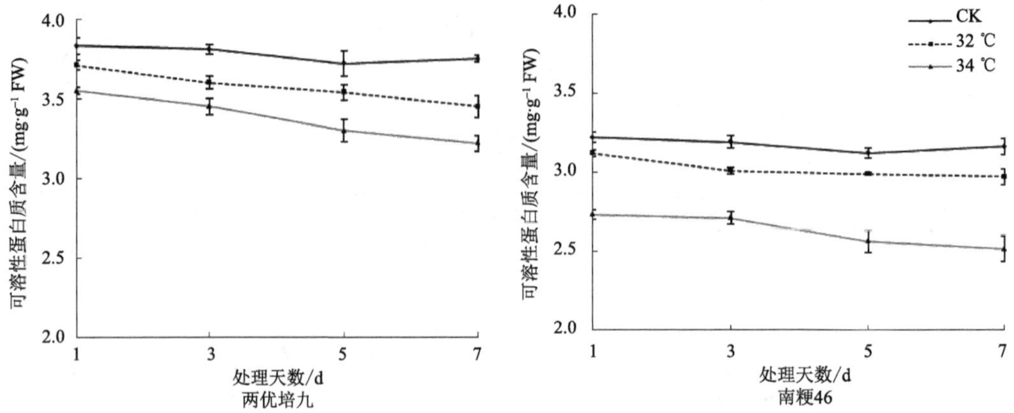

图 2.6　抽穗期高温胁迫对水稻剑叶可溶性蛋白含量的影响

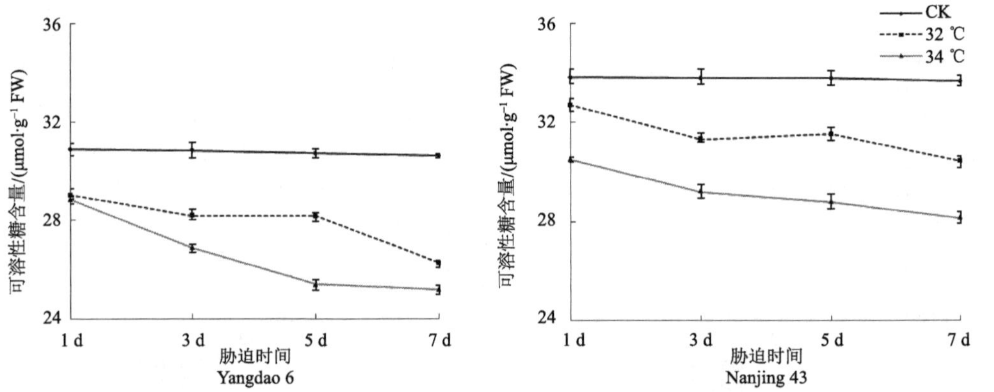

图 2.7　抽穗期高温胁迫对水稻剑叶可溶性糖含量的影响

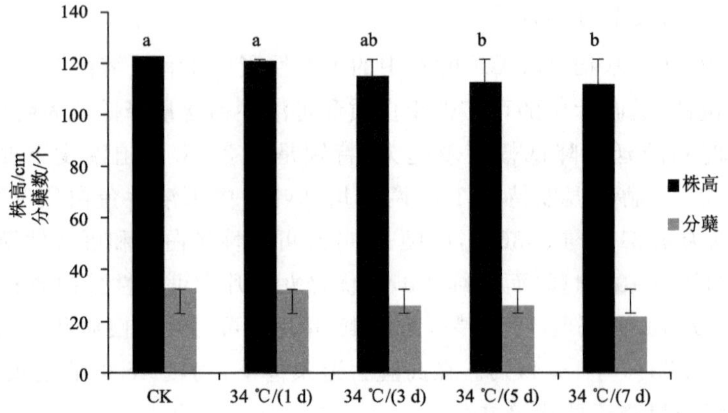

图 2.8　孕穗期高温胁迫下两优培九株高与分蘖的变化(人工气候箱)

是各处理之间差异未达到显著($p>0.05$)。图 2.9 为开花期高温胁迫下南粳 46 的株高的变化,从图可以看出,高温影响了水稻的伸长,通常高温处理时间越长,水稻的株高越小。与对照相比,各温度处理下南粳 46 的株高达到显著差异($p<0.05$),而不同温度处理之间没有差异。

图 2.10 为孕穗期高温处理下南粳 46 最大分蘖数的变化，由 2015—2016 年两年数据可以看出，高温减少了水稻分蘖数，但是各处理间水稻最大分蘖数没有差异($p>0.05$)，但与对照差异明显，其中对照下南粳 46 的最大分蘖数在 630 个·桶$^{-1}$，高温处理下，最大分蘖数减少为 474～400 个·桶$^{-1}$。图 2.11 为孕穗期高温处理下南粳 46 的有效分蘖数的变化，由两年的数据可以明显看出，有效分蘖数的变化趋势与最大分蘖数非常相似，其中与对照相比，各处理下的有效分蘖数达到显著水平($p<0.05$)，而各温度处理间的有效分蘖数未达到差异($p>0.05$)。对照情况下，南粳 46 的有效分蘖数在 485 个·桶$^{-1}$，高温处理下有效分蘖数在 395～293 个·桶$^{-1}$。

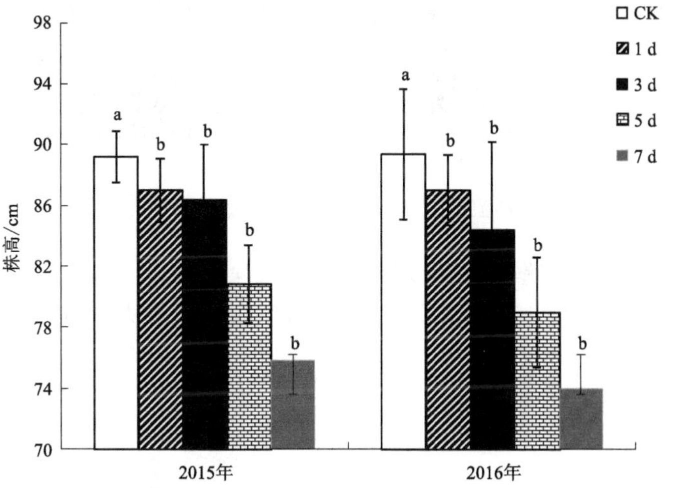

图 2.9　开花期高温胁迫下南粳 46 的株高变化(人工气候箱)

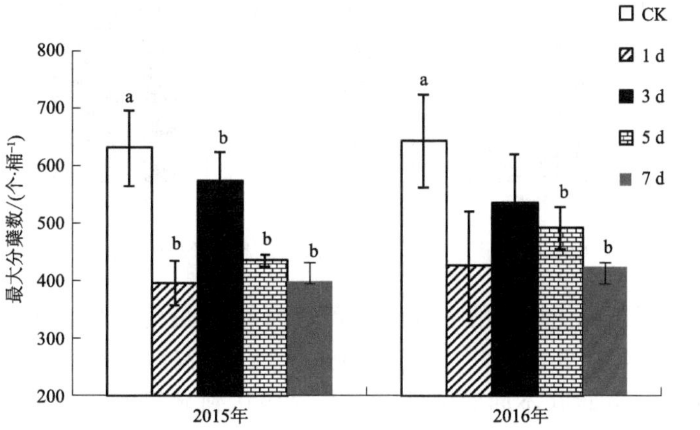

图 2.10　孕穗期高温胁迫下南粳 46 最大分蘖数的变化(人工气候箱)

2.2.4.5　孕穗期处理下水稻植株体内 N 的积累与转运

以孕穗期处理的两优培九为例，在人工气候箱 34 ℃下，三个主要生育期水稻植株体内总氮(N)的积累量如图 2.12 所示。由图可以明显看出，高温胁迫明显增加了两优培九总氮的积累量($p<0.05$)，然而各温度处理间差异并不显著。在孕穗期时，在处理 1 d、3 d、5 d、7 d 下，

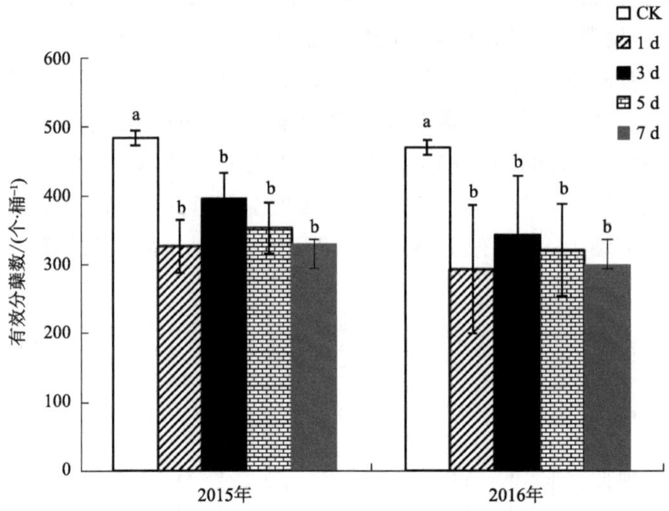

图 2.11 孕穗期高温胁迫下南粳 46 有效分蘖数的变化(人工气候箱)

植物体内总 N 的增加量与对照相比,分别是 0.44%、2.74%、5.31%、5.99%。三个生育期相比,孕穗期水稻 N 积累量低,开花期有所提高,成熟期积累量最大,表明 N 积累随着生育期的进行是不断增大的。

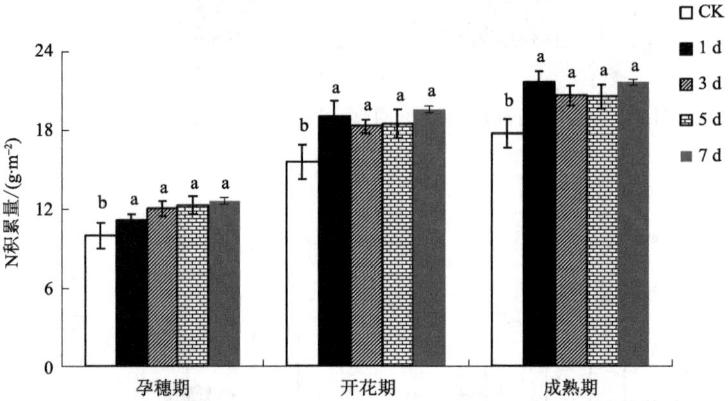

图 2.12 高温胁迫下不同生育期时水稻总 N 积累量的变化

图 2.13 为成熟期时两优培九的不同组织器官内 N 含量的变化。由图可以了解,水稻的 N 含量最大的器官是米粒,其次是叶与茎,最后是稻壳。在高温胁迫下,水稻体内的 N 含量有所提高,其中茎内的 N 含量在不同温度处理下与对照达到显著水平($p<0.05$),而叶、壳以及米粒中的 N 含量在不同处理下未达到显著差异。

图 2.14 为成熟期时两优培九不同组织器官内 N 积累量的变化。可以看出,水稻体内的 N 的积累量与含量变化基本一致,加温可以提高水稻体内的 N 积累量。同样的是,水稻的 N 积累量最大的器官是米粒,其次是叶与茎,最后是稻壳。在高温胁迫下,水稻茎内的 N 积累量在不同温度处理下与对照达到显著水平($p<0.05$),而叶、壳以及米粒中的 N 积累量在不同处理下未达到显著差异($p>0.05$)。

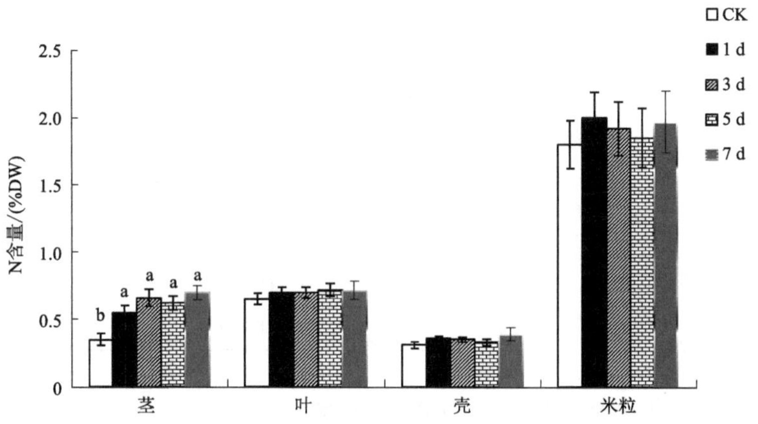

图 2.13 高温胁迫下成熟期时水稻不同器官 N 含量的变化

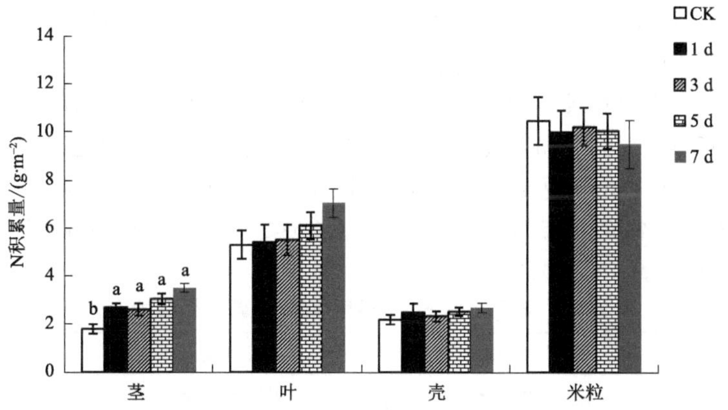

图 2.14 高温胁迫下成熟期时水稻不同器官 N 积累量的变化

高温增加两优培九的 N 转运量，并显著提高了 N 从营养器官转运到谷物中的贡献率。但高温处理 N 的转运率有所下降。以 1 d、3 d、5 d 处理为例，两优培九的转运率与对照相比分别下降了 10.12%、11.72%与 16.35%(表 2.49)。

表 2.49 高温胁迫下 N 转运量、转运率

处理	N 转运量/$(g \cdot m^{-2})$	N 转运率/%	N 贡献率/%
CK	6.72b	47.81a	63.73b
1 d	7.10a	37.91b	72.57
3 d	7.89a	42.68b	78.84a
5 d	7.87a	42.97b	76.96a
7 d	7.93a	40.47b	78.81a

2.2.4.6 孕穗期处理下水稻植株体内 N 的利用率

高温显著降低了 N 收获指数、基于产量 N 利用率以及基于生物量的 N 利用率(表 2.50)。其中与对照相比，N 收获指数、基于产量 N 的利用率呈现显著差异($p<0.05$)。而基于生物量

N利用率没有差异($p>0.05$)。以基于产量利用率为例,在处理1 d、3 d、5 d后,与对照相比,下降幅度分别为9.10%、13.50%以及16.06% 。

表2.50 高温胁迫下N收获指数、利用率

处理	N收获指数	基于产量N利用率	基于生物量N利用率
CK	0.53a	58.35a	86.96
1 d	0.49b	50.59b	83.33
3 d	0.49b	52.91b	83.15
5 d	0.46b	48.97b	82.06
7 d	0.42	41.69b	80.00b

2.2.4.7 孕穗期处理下水稻植株体内P(磷)的积累

温度升高影响了两优培九营养器官总磷积累量的变化,在生育期中期有促进作用,后期相对抑制。表2.51中,开花期时,1 d、3 d处理下营养器官总磷积累量较对照分别提高了7.08%和10.76%,差异不显著($p<0.05$);成熟期时,1 d、3 d处理下的营养器官总磷积累量较对照分别降低了42.52%和39.77%,差异不显著($p<0.05$)。

温度处理下,叶、茎含磷量在开花期明显增加,在成熟期明显降低,而穗的含磷量无显著变化。表2.52中,开花期时,1 d、3 d处理下水稻叶含磷量较对照均增加了16.67%,茎的含磷量较对照均增加了5.26%,均未达到差异显著水平($p<0.05$);而在成熟期时,叶的含磷量较对照分别降低了35.29%和23.53%,差异不显著($p<0.05$),茎的含磷量较对照均降低了46.15%,差异不显著($p<0.05$)。

表2.51 高温胁迫下水稻营养器官总磷积累量的变化 单位:g

处理	孕穗期	开花期	成熟期
	叶+茎	叶+茎+穗	叶+茎+穗
CK	0.04 a	0.26 a	0.57 a
1 d	0.03 a	0.28 a	0.32 a
3 d	0.05 a	0.29 a	0.34 a
5 d	0.06 a	0.30 a	0.35 a
7 d	0.06 a	0.31a	0.34 a

表2.52 高温胁迫下水稻营养器官总磷含量的变化 单位:g

处理	孕穗期		开花期			成熟期		
	叶	茎	叶	茎	穗	叶	茎	穗
CK	0.02a	0.01a	0.06a	0.19a	0.01a	0.17a	0.39a	0.01a
1 d	0.02a	0.01a	0.07a	0.20a	0.01a	0.11a	0.21a	0.01a
3 d	0.02a	0.02a	0.07a	0.20a	0.01a	0.13a	0.21a	0.01a
5 d	0.03a	0.03a	0.09a	0.20a	0.01a	0.13a	0.21a	0.02a
7 d	0.04a	0.02a	0.08a	0.20a	0.03a	0.13a	0.21a	0.01a

2.2.4.8 孕穗期处理下水稻植株体内P的转运

在作物生长发育时,磷素会向新生的组织和细胞中转移,参与蛋白质的合成。当温度升高时，各营养器官的磷素转移率也会发生变化。表 2.53 中，1 d、3 d 处理下叶的磷素转移率Ⅰ较对照分别降低了 9.49%和 9.84%，差异不显著($p<0.05$)；茎的磷素转移率Ⅰ较对照分别降低了 2.21%和 3.81%，差异不显著($p<0.05$)；而组中穗的磷素转移率Ⅰ较对照分别增加了 42.43%和 54.99%，未达到差异显著水平($p<0.05$)。

表 2.53　高温胁迫下水稻营养器官磷素转移率的变化

处理	叶		茎		穗
	转移率Ⅰ/%	转移率Ⅱ/%	转移率Ⅰ/%	转移率Ⅱ/%	转移率Ⅰ/%
CK	87.36a	60.47a	96.08a	52.14a	36.88a
1 d	79.07a	35.82c	93.96a	39.94b	52.53a
3 d	78.76a	50.97b	92.42a	52.18a	57.16a
5 d	60.88b	47.39b	84.58a	35.89b	46.13a
7 d	62.25b	31.96c	76.58a	31.86b	31.56a

2.2.5　结论

(1)开花期高温降低两优培九的花粉活力，随胁迫时间的增加，降幅增大，与对照相比，34 ℃/(1 d)处理下花粉活力下降近 70%，34 ℃/(5 d)处理之上花粉全部失活。

(2)孕穗期高温降低两个水稻品种叶片的 SPAD 值，随胁迫时间的增加，降幅增大，34 ℃/(3 d)处理之上南粳 46 与对照之间差异显著($p<0.05$)，而两优培九各处理间的差异不显著($p>0.05$)；开花期高温使南粳 46 的 SPAD 值、株高、最大分蘖数、有效分蘖数、叶面积指数逐渐降低，5 d 处理之上南粳 46 的 SPAD 值与对照之间差异显著($p<0.05$)，各处理间的株高与分蘖数差异不显著。

(3)孕穗期高温降低两个水稻品种叶片的 NPn，与 SPAD 值相似，随胁迫时间的增加，降幅增大，34 ℃/(3 d)处理之上两个水稻品种的 NPn 与对照相比，差异显著($p<0.05$。开花期高温降低南粳 46 的 NPn，随胁迫时间的增加，降幅增大；Tr，Ci 与 Gs 随胁迫增加其变化趋势不明显。

(4)孕穗期高温主要影响两优培九的穗数和生物量，使其穗数减少，生物量减轻，而对两优培九的结实率和千粒重等并没有造成明显的影响($p>0.05$)。在开花期，高温使两优培九穗数减少和生物量减轻的同时，更重要的是明显降低了结实率和产量，这在许多研究也得到同样的证明，此外，开花期高温使两优培九的理论产量大幅下降，这与实际产量下降相呼应。灌浆期高温胁迫仍然继续影响着两优培九的生物量、产量和产量构成要素。本研究表明，当胁迫温度为 32 ℃时，胁迫时间需达到 5 d 以上才会对两优培九的结实率和千粒重造成显著影响 ($p<0.05$)；但是胁迫温度为 34 ℃时，胁迫时间达到 1 d 以上，就会使两优培九的产量、理论产量、结实率和千粒重严重下降，并且都达到了显著水平($p<0.05$)。以 5 d 胁迫为例，综合孕穗期、开花期和灌浆期三个生育期高温胁迫的产量、理论产量、穗数、结实率和千粒重进行比较发现，两优培九的产量、理论产量、结实率和千粒重影响最大的是开花期 34 ℃的高温胁迫处理，影响最小的是孕穗期 34 ℃高温胁迫处理，该处理下，只有产量和穗数与对照组之间的差异达

到显著水平($p<0.05$)。相同的 34 ℃胁迫温度下,高温胁迫的两优培九产量和产量构成要素的影响程度从大到小的顺序为开花期、灌浆期和孕穗期,而且开花期和灌浆期两个生育期之间产量和各产量构成要素之间也存在显著差异($p<0.05$),换言之,相同的 34 ℃胁迫温度下,两个不同的生育期之间的处理效果差异明显($p<0.05$)。在灌浆期,当胁迫时间相同而胁迫温度不同时,如 32 ℃与 34 ℃,胁迫温度为 34 ℃实验组的产量和各产量构成要素较胁迫温度为 32 ℃实验组低,所以,相同的胁迫时间下,胁迫温度越高,对两优培九产量与产量构成要素的影响越大,且处理效果的差异达到显著水平($p<0.05$)。

(5)不同生育期高温处理均降低水稻产量与相应产量构成要素。人工气候箱中,开花期的高温处理较其他两个时期对水稻产量影响更为明显,与对照相比,降幅更大。加温开顶式气室比未加温开顶式气室中水稻产量、生物量变化更为明显。5 d之上处理的产量与对照之间差异显著,而 3 d之上处理的生物量与对照之间差异显著。

(6)温室中开花期温度处理对水稻产量与产量构成要素也有一定影响,随处理时间的延长而各数值逐渐减小,3 d之上处理的每穗粒数、产量与对照之间差异显著,1 d之上处理的结实率与对照之间差异显著,而各处理间的千粒重与生物量没有差异。

(7)高温胁迫下,水稻干物质的生产和积累速度减慢,积累量减少,与 CK 相比,两个水稻品种在孕穗期高温胁迫后,茎鞘物质输出率、转运率均明显增加,这说明高温胁迫下植株始穗后生产的干物质分配到籽粒的比例大幅度增加,这可能是水稻为维持正常生长,自身调节的结果。

(8)高温胁迫明显增加了两优培九 N 的积累量($p<0.05$),然而各温度处理间差异并不显著。三个生育期相比,孕穗期水稻 N 积累量低,开花期有所提高,成熟期积累量最大,表明 N 积累随着生育期的进行是不断增大的。成熟期时两优培九体内 N 的含量最大的器官是米粒,其次是叶与茎,最后是稻壳。在高温胁迫下,水稻体内的 N 含量有所提高,其中茎内的 N 含量在不同温度处理下与对照达到显著水平($p<0.05$),而叶、壳以及米粒中的 N 含量在不同处理下未达到显著差异。成熟期时两优培九体内 N 的积累量与含量变化基本一致,加温可以提高水稻体内的 N 积累量。同样的是,水稻的 N 积累量最大的器官是米粒,其次是叶与茎,最后是稻壳。高温增加两优培九的 N 转运量,并显著提高了 N 从营养器官转运到谷物中的贡献率。但高温处理下,N 的转运率有所下降。高温显著降低了 N 收获指数、基于产量 N 利用率以及基于生物量的 N 利用率。其中与对照相比,N 收获指数、基于产量 N 的利用率呈现显著差异($p<0.05$)。而基于生物量 N 利用率没有差异($p>0.05$)。

(9)温度升高影响了两优培九营养器官总磷积累量的变化,在生育期中期有促进作用,后期相对抑制。温度处理下,叶、茎含磷量在开花期明显增加,在成熟期明显降低,而穗的含磷量无显著变化。在作物生长发育时,磷素会向新生的组织和细胞中转移,参与蛋白质的合成。当温度升高时,各营养器官的磷素转移率也会发生变化。其中温度升高降低了磷素转移率。

参考文献

陈金,2013.冬小麦生产力对气候变暖的响应与适应及其区域差异[D].南京:南京农业大学.

邓运,田小海,吴晨阳,等,2010.热害胁迫条件下水稻花药发育异常的早期特征[J].中国生态农业学报,18(2):377-383.

董文军,邓艾兴,张彬,等,2011.开放式昼夜不同增温对单季稻影响的试验研究[J].生态学报,31(8):

2169-2177.
高亮之，李林，1992. 水稻气象生态[M]. 北京：农业出版社：457-458.
郭培国，李荣华，2000. 夜间高温胁迫对水稻叶片光合机构的影响[J]. 植物学报，42(7)：673-678.
黄英金，张宏玉，郭进耀，等，2004. 水稻耐高温逼熟的生理机制及育种应用研究初报[J]. 科学技术与工程，4(8)：655-658.
雷东阳，2014. 开花期高温胁迫对水稻花粉粒性状及结实率的影响[J]. 中国农学通报，30(18)：35-39.
李合生，2000. 植物生理生化实验原理和技术[M]. 北京：高等教育出版社.
李万成，朱启升，王云生，等，2013. 高温胁迫条件下水稻生理生化指标与产量性状的相关性研究[J]. 中国农学通报，29(9)：5-10.
李兴华，张盛，周强，等，2019. 抽穗期高温对不同品种水稻产量的影响及差异[J]. 中国农学通报，35(9)：1-6.
李映雪，2010. 抽穗期高温胁迫对水稻产量构成要素和品质的影响[J]. 中国农业气象，31(3)：411-415.
廖江林，肖小军，宋宇，等，2013. 灌浆初期高温对水稻籽粒充实和剑叶理化特性的影响[J]. 植物生理学报，49(2)：175-180.
刘娟，2010. 气候变化对长江中下游地区水稻生产的影响[D]. 南京：南京信息工程大学.
马宝，李茂松，宋吉青，等，2009. 水稻热害研究综述[J]. 中国农业气象，30(1)：172-176.
宁金花，申双和，2009. 气候变化对中国农业的影响[J]. 现代农业科技(12)：251-255.
任昌福，陈安和，刘保国，1990. 高温影响杂交水稻开花结实的生理生化基础[J]. 西南农业大学学报，12(5)：440-443.
孙正玉，霍金兰，孙明，等，2014. 2013 年夏季高温对盐城水稻生产的影响[J]. 大麦与谷类科学(3)：12-14.
陶龙兴，谈惠娟，王熹，等，2007. 超级杂交稻国稻 6 号对花期结实期高温热害的反应[J]. 中国水稻科学，21(5)：518-524.
汤日圣，郑建初，陈留根，等，2005. 高温对杂交水稻籽粒灌浆和剑叶某些生理特性的影响. 植物生理与分子生物学报，31(6)：657-662.
文绍山，张林，焦峻，2019. 抽穗开花期耐热性水稻恢复系鉴定筛选[J]. 湖北农业科学，57(4)：15-18.
谢晓金，李秉柏，朱红霞，等，2012. 抽穗期高温对水稻叶片光合特性和干物质积累的影响[J]. 中国农业气象，33(3)：457-461
张建平，赵艳霞，王春乙，等，2005. 气候变化对我国南方双季稻发育和产量的影响[J]. 气候变化研究进展，1(4)：151-156.
张桂莲，陈立云，张顺堂，等，2007. 抽穗开花期高温对水稻剑叶理化特性的影响[J]. 中国农业科学，40(7)：1345-1352.
张桂莲，陈立云，张顺堂，等，2008. 高温胁迫对水稻花粉性状及花药显微结构的影响[J]. 生态学报，28(3)：1089-1097.
赵玉国，王新忠，吴沿友，等，2012. 高温胁迫对拔节期水稻光合作用和蒸腾速率的影响[J]. 贵州农业科学，40(1)：41-43.
郑小林，董任瑞，1997. 水稻热激反应的研究 I 幼苗叶片的膜透性和游离脯氨酸的含量变化[J]. 湖南农业大学学报，23(2)：109-112.
周建霞，张玉屏，朱德峰，等，2014. 高温下水稻开花习性对受精率的影响[J]. 中国水稻科学，28(3)：297-303.
BERRYJ, BJORKMAN O, 1980. Photosynthetic response and adaptation to temperature in higher plants [J]. Annual Review Plant Physiol, 31: 491-543.
FU G F, SONG J, XIONG J, et al, 2012. Thermal resistance of common rice maintainer and restorer lines to high temperature during flowerin and early grain filling stages original research article[J]. Rice Science, 19(4): 309-314.
GOEL A, GOEL A K, SHEORAN I S, 2003. Changes in oxidative stress enzymes during artificial ageing in

cotton (*Gossypium hirsutum L.*) seeds [J]. Journal of Plant Physiology,160(9):1093-1100.

LV G H, WU Y F, BAI W B, et al,2013. Influence of high temperature stress on net photosynthesis, dry matter partitioning and rice grainyield at flowering and grain filling stages[J]. Journal of Integrative Agriculture,12(4):603-609.

MATSUI T, OMASA K,2002. Rice (*Oryza sativa L.*) cultivars tolerance to high temperature at flowering anther characteristics [J]. Annals of Botany,89:689-687.

PENG S, HUANG J, SHEEHY J E, et al,2004. Rice yields decline with higher night temperature from global warming[J]. Proceedings of the National Academy of Sciences,101(27):9971-9975.

PRASAD PVV, BOOTE K J, ALLEN LH,et al,2006. Species,ecotype and cultivar differences in spikelet fertility stress[J] . Field Crops Research,95:398-411.

XIAO J X,ZHANG Y H,WANG L,et al,2017, Effect of asymmetric warming on rice (*Oryza sativa*) growth characteristics and yield components under a free air temperature increase apparatus[J]. Indian Journal of Agricultural Sciences,87(10):1384-1390.

第 3 章　水稻高温热害应对技术研究

3.1 引言

IPCC(2013)第五次报告指出,1880—2012 年间全球地表温度平均上升 0.85 ℃,受全球气候变暖的影响,我国在 21 世纪极端高温、热浪等事件的发生频率很可能继续增加(史军 等,2008)。冯灵芝等(2015)基于 1981—2009 年长江中下游历史气象数据和全球气候模式 HadGEM2-ES,输出了 2021—2050 年 RCP2.6 和 8.5 情景下的气候数据,发现长江中下游大部分地区水稻生育期间日最高气温持续升高,高温日数增多,持续时间延长,高温强度继续增强。长江中下游地区是我国水稻主产区之一,水稻产量占全国产量的 50%左右,受中高纬度大气环流和西太平洋副热带高压等天气系统的控制,该地区水稻生产易受高温热害的影响(王春乙 等,2016),严重影响水稻生产(张彬 等,2007;陶龙兴 等,2008;曹云英 等,2009;杨军 等,2014)。因此,针对高温热害的发生发展机理,采取合理的措施,减轻高温热害对水稻的危害,对维持水稻产量的稳定性,保障国家粮食安全具有重要意义。

3.1.1 高温热害对水稻生理特性的影响

水稻高温热害是我国长江中下游水稻生产常见的农业气象灾害之一,一般以平均气温≥30 ℃或日最高气温≥35 ℃持续 3 d 及以上作为一次高温热害过程(谭中和 等,1985;金志凤 等,2009)。受中高纬度大气环流和西太平洋副热带高压等天气系统的影响,长江中下游地区的高温热害多集中于 7 月中、下旬和 8 月上旬(谢晓金 等,2009b;包云轩 等,2012;杨炳玉 等,2012),此时正值水稻抽穗扬花期,对温度变化较为敏感(Wassmann et al.,2009)。不同品种的水稻对高温热害的耐受力存在差异。研究表明,耐热性强的品种优于热敏感品种(曹云英 等,2009),杂交稻优于常规稻(王前和 等,2004.),粳稻优于非粳稻品种(Matsui et al.,2005)。高温热害对不同的稻作类型影响程度不同,江敏等(2010)的研究表明,当前气候条件下,受高温危害最为严重的是单季稻,其次为早稻,最后是后季稻。不同地区的高温热害存在明显差别,谢晓金等(2010)的研究表明,平原地区长时高温概率大于短时高温概率,山区则相反;沿海地区高温概率较小,内陆地区高温概率较大。

光合作用是对高温最敏感的生理过程之一(Mombeini et al.,2014)。叶绿素是参与光合作用光能吸收、传递和转化的重要色素,与光合速率密切相关,温度升高会显著降低水稻剑叶叶绿素含量,并抑制水稻的光合作用(Rodomiro et al.,2008;Porter et al.,2015)。杨再强等(2014)在水稻灌浆初期设置了 35 ℃的高温胁迫试验,发现剑叶叶绿素含量和净光合速率均随高温胁迫天数的增加而下降。杜尧东等(2012)的研究表明,当最高温度大于 38 ℃,水稻剑叶叶绿素含量和净光合速率大幅下降。任昌福等(1990)的研究发现,当温度高于 32 ℃,水稻剑叶叶绿素总量和叶绿素 a、b 的含量都随温度的升高而下降，从而导致光合效率降低。核酮糖－1，5－二磷酸羧化酶(Rubisco)是植物可溶性蛋白中含量最高的蛋白质，同时也是光合碳同化的关键酶。有研究认为，光合相关酶活性的降低及光合器官损伤是高温下光合作用降低的主要原因(Allakhverdiev，et al.，2008；Kotak，et al.，2007；Hüve，et al.，2011)。李萍萍等(2010)的研究表明，高温胁迫能够引起水稻剑叶可溶性蛋白含量下降。赵森等(2013)的研究结果也证实，高温胁迫造成爪哇稻叶绿素含量和可溶性蛋白含量降低，最终导致水稻净光合速率下降，并随着胁迫时间的延长呈逐渐下降趋势。

正常条件下，植株体内的活性氧处于平衡状态，当植物受高温胁迫时，体内的活性氧产生与清除的平衡机制被打破，导致植物体内活性氧大量积累，对细胞膜系统造成伤害。过氧化物歧化酶(SOD)是植物抗氧化系统中的一个关键酶，能够将 O_2^- 歧化成 H_2O_2 和 O_2，从而减少逆境对植物的伤害(王娟 等，2001)。过氧化氢酶(CAT)是植物体内 H_2O_2 等活性氧的清除酶，它与 SOD 协同作用维持体内活性氧代谢平衡(Gechev，et al.，2003)。过氧化物酶(POD)也是植物体内抗氧化酶系统的重要成分，可催化 H_2O_2 转化为活性较低的 H_2O，从而使植物体免受过氧化伤害。丙二醛(MDA)是膜质过氧化的产物，其含量越高代表叶片受损越严重。研究表明，高温加速了水稻叶片中 SOD 活性的降低，以及 MDA 含量和质膜透性的增加(刘媛媛 等，2008；李萍萍 等，2010)。高温胁迫下 SOD、POD 和 CAT 等抗氧化酶的活性降低，导致活性氧大量积累，从而对细胞膜系统造成伤害。但也有研究表明，高温逆境条件下植物会通过提高抗氧化酶活性降低高温的伤害。王艳等(2015)发现，高温胁迫使"Ⅱ优 838"剑叶 SOD、POD 和 CAT 这 3 个基因的表达量显著升高。张桂莲等(2008)的研究发现，水稻剑叶中超氧化物歧化酶、过氧化氢酶、过氧化物酶和抗坏血酸过氧化物酶活性在高温胁迫初期均有明显增加，尔后快速下降。

作物产量形成的实质是其与环境之间物质—能量的转化，以及受到环境影响的物质积累、分配及运转的过程(Wang，2002)。研究表明，水稻产量形成有赖于所积累的干物质有 90%以上来自光合产物(Dordas，2009)，高温能够显著抑制水稻叶片的光合作用(Rodomiro et al.，2008；Porter et al.，2015)，从而影响干物质的积累、分配与转运。杨惠杰等(2001)的研究表明，籽粒干物质一部分来自茎叶于抽穗前贮积而于抽穗后转运到穗部的非结构性碳水化合物，一部分来自抽穗后叶片的光合作用。高温能够影响水稻干物质积累转运，但不同生育时期高温对水稻干物质积累的影响不同。刘奇华等(2016)的研究表明，孕穗期高温导致结实期水稻叶片、茎鞘干物质分配率增加和穗部干物质分配率的降低。王亚梁等(2016)的研究表明，减数分裂期高温显著降低茎鞘和穗部干物质积累，但高温导致高节位分枝发生，整体上单茎干物质积累量并没有显著下降。王敞梅等(2015)的研究表明，营养生长期高温处理能促进了地上部干物质的积累。王连喜等(2015)的研究证实，水稻在抽穗扬花期遭遇高温，干物质增加率甚至减小为 0，可能是温度过高促使气孔关闭，光合作用受阻，阻碍了干物质积累。可以看出，营养生长期高温可以促进水稻生长发育，增加地上部干物质积累，而生殖生长期对高温比较敏感，会降低水稻茎叶干物质积累。

高温影响叶片的光合作用，导致水稻合成和积累的光合产物减少，是造成水稻籽粒充实度降低，最终造成水稻减产的生理原因之一(郑飞 等，2001；廖江林 等，2013)。吕艳梅(2014)等的研究表明，灌浆期高温导致成熟期水稻籽粒蔗糖含量升高，但蔗糖合成酶、淀粉合成相关酶的活性降低，最终导致籽粒淀粉含量下降，千粒重降低。陶启波等(2004)研究表明，高温胁迫下水稻结实率的降低主要是由于高温影响了影响花粉育性、花粉管萌发、柱头活性等导致的。谢晓金等(2010a)研究表明，相对于结实率，高温对每穗总粒数的影响不明显，可能是由于抽穗开花期水稻的颖花分化基本完成，因此高温对穗粒数的影响较小。

3.1.2　不同农艺措施对水稻高温热害的缓解作用

高温热害严重影响了水稻正常的生理过程，但高温热害有一定的时间分布、空间分布和周期性特点。根据高温热害发生的特点，配合适当的农业措施，可有效减轻高温热害对水稻生产的影响。研究表明，喷施外源化学制剂、田间排灌、选用耐高温品种和调整播期等都可以在一定程度上缓解高温热害的影响。

化学制剂能够通过调节细胞活性和激素水平等方式影响植物生长和发育进程(刘永红等，2009)，是农业生产中抗逆保收的重要措施，也是提高作物抗高温的重要措施。目前，生产上常用的抗高温化学制剂主要有氯化钙($CaCl_2$)、磷酸二氢钾(KH_2PO_4)、次硅酸钠($Na_2SiO_3 \cdot 9H_2O$)和水杨酸(SA)等。钙不仅是植物生长发育过程中所必需的一种大量营养元素，同时钙离子作为偶联胞外信号与胞内生理反应的第二信使，参与植物对外界的反应与适应(Batistic et al.，2010)。逆境胁迫下，外源 Ca^{2+} 对细胞膜表面电荷具有屏蔽作用(Weis，1982)，同时，Ca^{2+} 能结合固定膜上的组分从而减少质膜的流动性(Cooke et al.，1986.)。研究表明，外源 Ca^{2+} 对与植物抗热机制密切相关(Gong et al.，1998；李慧聪 等，2014)。郑秋玲(2010)等的研究表明，喷施 $CaCl_2$ 显著提高了高温胁迫下葡萄叶片的净光合速率(Pn)，光系统Ⅱ(PSⅡ)维持较高的活性。钾在促进酶的活化、蛋白质合成、光合作用，维持渗透压、电荷平衡、调节气孔运动和细胞伸长等过程中起着重要作用(王强盛，2009)，高温条件下施用 KH_2PO_4 可增加水稻结实率和产量(赵决建，2005；陈平福，2014；朱聪聪 等，2015)。硅在地壳中含量位居第二位，它不仅是水稻细胞结构成分和组成物质，还参与调节水稻各种生理生化代谢过程(龚金龙等，2012)。在水稻生长前期施硅，在热胁迫时和热胁迫后均能提高净光合速率(吴晨阳 等，2011)，Datnoff 等(1997)发现，在水稻关键生殖生长期遭遇高温时，施硅田块减产较轻。SA 是一种酚类内源生长调节剂，是能够激活植物过敏反应和系统获得性抗性的内源信号分子(Malamy et al.，1990)，SA 对提高高温胁迫下水稻的净光合速率、抗氧化酶活性、穗粒数和产量等方面效果显著(Mohammed et al.，2009；吕俊 等，2009；符冠富 等，2015)。因此，通过合理喷施化学制剂在一定程度上能够减缓高温热害对水稻造成的伤害。

合理的水分管理也可在一定程度上缓解高温热害。张彬等(2008)的研究表明，与不灌水相比，在抽穗期开花期灌水，有利于降低水稻群体温度，且深水(10 cm 以上)效果最好，浅水(2～4 cm)次之。宋忠华等(2006)的研究也表明，高温条件下灌水能提高水稻产量和结实率，提高的效果与灌水深度及水稻所处发育时期有关。段骅等(2012)的研究表明在高温胁迫下，轻干湿交替灌溉能够显著增加结实率、千粒重和产量，增加出糙率、精米率和整精米率，降低垩白米率和垩白度。因此，合理的灌溉方式可以减轻高温对水稻造成的伤害。王华等(2017)的研究表明，11:00—12:00、13:00—14:00 和 15:00—16:00 喷水处理均能改善稻田小气候温湿度，从而提高水稻产量。

选用耐热性的水稻品种也是减轻高温热害的有效措施之一。不同水稻品种的耐热性存在差异，与高温敏感品种相比，耐热品种的耐热系数较大，受高温热害的损失较小(肖辉海 等，2000)。曹云英等(2009)发现，高温处理显著降低了热敏感品种的花药开裂率及花粉育性、结实率和千粒重。李敏等(2007)的研究表明,与热敏品种相比,耐热性强的水稻品种,在开花期高温胁迫处理后剑叶叶绿素含量下降幅度小,SOD 活性增加幅度大,MDA 含量增加小。黄英金等(1999)的研究表明,高温胁迫下耐热性强的品种剑叶光合速率下降幅度明显较小,胁迫解除后恢复的程度也更高。穰中文等(2012)的研究结果表明,在高温胁迫下,水稻感热品种花药开裂显著受阻,柱头上萌发的花粉数显著减少,主穗日结实率的下降速率显著加快。

根据热害发生发展规律,适当调整播期不仅可以避开高温热害,也有利于实现优质高产。通过调整播期使水稻抽穗开花期避开高温时段,也可减轻高温热害对水稻造成的危害(褚家银,1995)。李守华等(2007)通过对 1954—2003 年近 50 a 江汉平原的气象观测数据分析,发现高温天气集中发生在每年的 7 月中、下旬和 8 月上旬,7 月下旬—8 月上旬一般高温热害发生的概率超过 100%,重度高温热害发生的概率也达到 62%。因此,生产上应采取适当调整播期以避开花期高温高发期和培育抗高温品种等技术措施,以减轻和避免高温引起的危害。黄义德等(2004)指出,江淮地区单季中籼稻最佳抽穗期在 8 月中旬,为了避开高温热害可将其播种期调整到 4 月下旬至 5 月初。

目前,有关喷施外源化学制剂、灌溉措施、播期调整、选用耐高温品种等农艺措施对缓解水稻高温热害的效果已有大量报道,但不同应对措施之间的综合对比研究较少,为此,本研究综合对比喷施外源化学制剂、不同灌溉、田间喷雾等常见的水稻抗高温热害的技术,旨在从水稻生理生化活性、干物质积累与转运、产量等方面,对比研究不同农艺措施对缓解水稻高温热害的效果,进而筛选出最优的应对措施,以期为长江中下游水稻抗逆栽培管理措施提供理论依据。

3.2 试验设计和测定方法

3.2.1 试验地概况

本试验在江苏省南京市南京信息工程大学农业气象试验站(32.2°N,118.7°E)进行。试验地属于亚热带季风气候,多年平均降水量为 1100.0 mm,年平均温度为 15.6 ℃,年极端最高温度为 39.7 ℃,最低温度为 −13.1 ℃,年平均日照时数超过 1900 h,无霜期 237 d。耕层土壤的质地为壤质黏土,全氮以及有机碳的含量分别为 1.5 $g \cdot kg^{-1}$ 和 19.4 $g \cdot kg^{-1}$。试验期间气象要素变化见图 3.1。

3.2.2 试验设计

试验于 2016 年 4—11 月进行,在水稻抽穗开花期利用人工辅助加热(08:00—18:00,35±0.5 ℃)或自然的高温过程,研究了不同应对技术对水稻高温热害的缓解效果。试验供试品种为两优培九(晚籼稻)和陵两优 268(早籼稻)。采用薄膜湿润技术育秧,移栽后按照高产田管理措施进行水肥和植保管理。移栽密度为 23 穴 · m^{-2},每穴 1 苗,株距 17 cm,行距 26 cm。

人工气候箱控制试验

以杂交早籼稻陵两优 268 为供试品种进行盆栽试验,于 2016 年 4 月 20 日播种,3 叶 1 心期选择均匀一致的壮苗移栽于内径 20 cm、高 30 cm 的塑料盆中,每盆 3 株,等边三角形种植,植株离盆边缘 5 cm。在水稻拔节期(6 月 20 日)连续 3 d 每日 17:00 对处理植株分别喷施 4

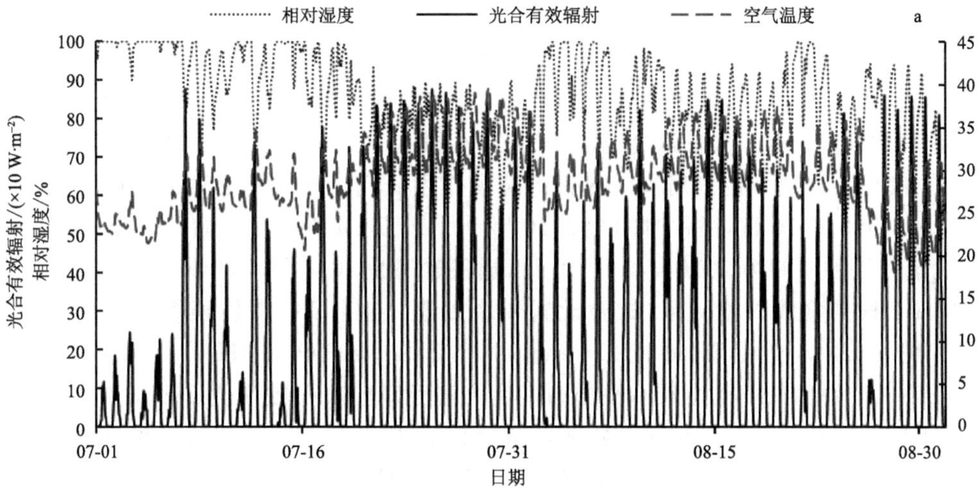

图 3.1 试验期间气象要素变化(附彩图)

种不同的化学制剂,每种试剂采用两种不同的浓度,以喷施蒸馏水为对照(CK),共计 9 种处理,每处理种植 12 盆。处理分别为:SA1(0.50 mol·L^{-1} SA 溶液)、SA2(1.50 mmol·L^{-1} SA 溶液);Si1(1.50 mmol·L^{-1} $Na_2SiO_3 \cdot 9H_2O$ 溶液)、Si2(2.50 mmol·L^{-1} $Na_2SiO_3 \cdot 9H_2O$ 溶液);K1(22.04 mmol·L^{-1} KH_2PO_4 溶液)、K2(36.74 mmol·L^{-1} KH_2PO_4 溶液);Ca1(10.00 mmol·$L^{-1}$$CaCl_2$ 溶液)、Ca2 (20.00 mmol·L^{-1} $CaCl_2$)溶液,以喷施蒸馏水为对照(CK)。2016 年 6 月 23 日 09:00 将所有盆栽植物放入人工气候箱(TPG1260,Australian)进行连续 5d 的高温处理(06:00—18:00,40±0.5 ℃;18:00—次日 06:00,30±0.5 ℃,日平均气温为 35 ℃),之后将所有植株移至室外自然生长。

大田试验

采用分期播种的方法,分别对水稻品种陵两优 268(早籼稻)和两优培九(晚籼稻)进行了 4 个播期的水稻种植,并在水稻抽穗期进行了试验,试验处理分别为:

试验一:不同灌溉深度对高温热害的缓解作用研究。本试验水稻品种陵两优 268 播种时间为 2016 年 4 月 20 日,插秧时间为 2016 年 5 月 20 日,始穗期为 2016 年 7 月 17 日,试验日期为 2016 年 7 月 18—22 日;水稻品种两优培九播种时间为 4 月 30 日,插秧时间为 2016 年 5 月 30 日,始穗期为 2016 年 8 月 15 日,试验日期为 2016 年 8 月 15—24 日。试验设置 4 个处理:A1(池塘水灌溉,田间保持 10 cm 水层,日灌夜排,加热)、A2(池塘水灌溉,田间保持 5 cm 水层,日灌夜排,加热)和 A3(池塘水灌溉,田间保持 10 cm 水层,加热),以 CK(试验处理前用池塘水灌溉稻田至 10 cm 水层深,试验中始终保持 10 cm 水层,不加热)为对照。以上处理稻田灌水在早晨 08:00 进行,灌溉至试验设计深度停止,稻田排水在 18:00 进行,直至处理稻田田间水层排干,加热时间为 08:00—18:00。

试验二:不同来源灌溉水灌溉对高温热害的缓解作用研究。本试验水稻品种陵两优 268 播种时间为 2016 年 4 月 30 日,插秧时间为 2016 年 5 月 30 日,始穗期为 2016 年 7 月 22 日,试验日期为 2016 年 7 月 22 日—8 月 1 日;水稻品种两优培九播种时间为 2016 年 4 月 20 日,插秧时间为 2016 年 5 月 20 日,始穗期为 2016 年 8 月 12 日,试验日期为 2016 年 8 月 12—20 日。

试验设置 4 个处理：B1(地下水灌溉，田间保持 10 cm 水层，日灌夜排)、B2(池塘水灌溉，田间保持 10 cm 水层，日灌夜排)、B3(田间不保持水层)和 CK(试验处理前用池塘水灌溉稻田至 10 cm 水层深，试验中始终保持 10 cm 水层)。以上处理稻田灌水在早晨 08:00 进行，灌溉至试验设计深度停止，稻田排水在 18:00 进行，直至处理稻田田间水层排干。由图 3.1 可知，第二期开花期间日平均温度≥30 ℃，日最高温度≥35 ℃，因此，田间未进行人工加热处理。

试验三：喷施不同化学制剂对高温热害的缓解作用研究。本试验水稻品种陵两优 268 播种时间为 2016 年 5 月 10 日，插秧时间为 2016 年 6 月 10 日，陵两优 268 始穗期为 2016 年 7 月 30 日；两优培九播种时间为 2016 年 5 月 10 日，插秧时间为 2016 年 6 月 10 日，始穗期为 2016 年 8 月 23 日。根据盆栽试验结果，试验设置 4 个处理：包括 CK(喷施蒸馏水)、C1(喷施 20 $mmol \cdot L^{-1}$的 $CaCl_2$溶液)、C2(喷施 2.5 $mmol \cdot L^{-1}$ 的 $Na_2SiO_3 \cdot 9H_2O$ 溶液)和 C3(喷施 22.04 $mmol \cdot L^{-1}$的 KH_2PO_4溶液)，喷施时间为高温处理前 5 d，陵两优 268 试验处理日期为 2016 年 6 月 25—30 日，两优培九试验处理日期为 2016 年 8 月 17—22 日，各种外源化学制剂的喷施量为每小区 0.1 m^3。试验三中根据天气状况，对 C1、C2、C3 和 CK 都进行了人工辅助加热，其中陵两优 268 加热日期为 2016 年 8 月 2—8 日，两优培九加热日期为 2016 年 8 月 24—29 日。

试验四：不同喷雾时间对高温热害的缓解作用研究。本试验水稻品种陵两优 268 播种时间为 2016 年 5 月 20 日，插秧时间为 2016 年 6 月 20 日，始穗期为 2016 年 8 月 7 日，试验日期为 2016 年 8 月 7—13 日，两优培九播种时间为 2016 年 5 月 20 日，插秧时间为 2016 年 6 月 20 日，始穗期为 2016 年 8 月 29 日，试验日期为 2016 年 8 月 29 日—9 月 4 日。试验设置 4 个处理：包括 CK(不喷雾)、D1(08:00 蒸馏水喷雾)、D2(12:00 蒸馏水喷雾)和 D3(14:00 蒸馏水喷雾)四项技术措施对高温热害的缓解效果。采用电动喷雾器对冠层叶面喷施蒸馏水，喷雾量为每小区 0.1 m^3。试验四中对 D1、D2、D3 和 CK 都进行了人工辅助加热。

以上试验均采用裂区实验设计，主区为不同的水稻品种，副区为不同的灌水深度、灌溉水来源、不同的化学制剂或不同的喷雾时间处理，每个处理重复 3 次，每个试验小区面积为 5 m×5 m。采用红外灯管对试验小区进行加热，在试验小区的四角和中间放置 5 个温度传感器，通过温度控制器对 5 个温度传感器的数据进行平均作为红外灯管是否工作的依据，控制红外灯管的工作状态，以保证加热效果。每个小区人工辅助增温系统放置在小区中间，有效加热面积为 2 m×2 m。

3.2.3　测定项目和方法

①气象数据观测：冠层不同高度的气温和相对湿度由温湿度记录仪(HOBO U23-001, Onset, USA)记录，冠层上方的温度、相对湿度、风速由自动气象站(U30-NRC, Onset, USA)记录，冠层上方的太阳总辐射及净辐射由四分量净辐射传感器(CNR4, Kipp&Zonen, NED)获取，观测高度为距离地面 150 cm，观测数据由数据采集器(CR3000, Campbell Scientific, USA)自动采集，采集频率为 1 Hz。

②生育时期：按照《农业气象观测规范》(黄健 等，1993)进行。

③干物质重量：从返青期开始，每隔 7 d，从每个小区选取长势均匀的水稻植株，按叶、茎和穗(孕穗期开始)分离，分装后先置于 105 ℃烘箱中杀青 30 分钟，之后置于 75 ℃烘箱中烘至恒重，最后称重，直至收获。

④考种：在收获期，每个小区选取长势均匀的 20 株水稻单茎，测量穗长、穗粒数、空粒数、秕粒数、饱粒数和千粒重。

⑤叶绿素含量：采用 SPAD502 测定剑叶叶绿素（SPAD 值）；采用 95%乙醇提取测定叶绿素含量（李合生，2000）。

⑥可溶性总糖含量：采用蒽酮比色法（於新建，1985）测定叶片、茎秆的可溶性总糖含量。

⑦氮含量：采用半微量凯氏定氮法（鲍士旦，2005）测定叶片、茎秆和籽粒的氮含量。

⑧光合作用：采用美国 LI-COR 公司生产的 LI-6400 便携式光合作用测定仪。

⑨抗氧化系统：参照李合生（2000）的《植物生理生化实验原理和技术》，采用硫代巴比妥酸法测定剑叶 MDA 含量、NAT 光照还原法测定剑叶 SOD 活性、愈创木酚氧化法测定剑叶 POD 活性、过氧化氢氧化法测定剑叶 CAT 活性，考马斯亮蓝法测定可溶性蛋白质含量。

⑩水稻干物质的积累与转运：

干物质转运量（$g \cdot 茎^{-1}$）＝抽穗期某器官的干物质积累量－成熟期该器官的干物质积累量

干物质转运率（%）＝植株某器官的干物质的转运量/抽穗期某器官的干物质积累量×100%

干物质贡献率（%）＝茎和叶片的干物质转运量之和/籽粒干物质积累总量×100%。

3.2.4　数据处理

采用 Microsoft Excel、MATLAB 和 SPSS 进行数据处理。

3.3　喷施不同外源化学制剂对水稻抗高温胁迫的效果分析

化学制剂能够通过调节细胞活性和激素水平等方式影响植物生长和发育进程（刘永红等，2009），是农业生产中抗逆保收的重要措施，也是提高作物抗高温的重要措施。目前，生产上常用的抗高温化学制剂主要有次硅酸钠（$Na_2SiO_3 \cdot 9H_2O$）、水杨酸（SA）、氯化钙（$CaCl_2$）和磷酸二氢钾（KH_2PO_4）等。研究表明，高温条件下叶面喷施 0.5 $mmol \cdot L^{-1}$和 1.5 $mmol \cdot L^{-1}$SA 溶液能够提高水稻植株抗热性（吕俊 等，2009；杨岚 等，2013）；喷施 10 $mmol \cdot L^{-1}$和 20 $mmol \cdot L^{-1}$$CaCl_2$ 溶液能够提高高温胁迫下叶片抗氧化酶活性，降低 MDA 含量（张建霞等，2005；李天来 等，2009）；喷施 1.5 $mmol \cdot L^{-1}$ $Na_2SiO_3 \cdot 9H_2O$ 能显著提高高温下水稻花药的开裂率和柱头授粉率（李文彬 等，2005），喷施 2.5 $mmol \cdot L^{-1}$ $Na_2SiO_3 \cdot 9H_2O$ 能显著提高水稻的结实率（吴晨阳 等，2013）；喷施浓度为 0.3%和 0.5%的 KH_2PO_4 溶液皆对植株的生长有促进作用（齐红岩 等，2005 谭瑞坤 等，2017）。然而，目前研究大多基于单一化学制剂，对不同种类化学制剂之间的对比研究较少，如何在众多化学制剂中进行有效筛选有待进一步探讨。因此，本研究选取 SA、$Na_2SiO_3 \cdot 9H_2O$、$CaCl_2$ 和 KH_2PO_4 4 种常用化学制剂，在前人研究的基础上各筛选出两种常用浓度，比较喷施不化学制剂对水稻高温热害的缓解作用，以期为水稻生产提供参考依据。盆栽试验处理设置如表 3.1 所示。

表 3.1 盆栽试验处理设置

处理	试剂名称	浓度/(mmol · L^{-1})
SA1	SA	0.50
SA2	SA	1.50
Si1	$Na_2SiO_3 \cdot 9H_2O$	1.50
Si2	$Na_2SiO_3 \cdot 9H_2O$	2.50
Ca1	$CaCl_2$	22.04
Ca2	$CaCl_2$	36.74
K1	KH_2PO_4	10.00
K2	KH_2PO_4	20.00
CK	H_2O	0

3.3.1 高温热害下喷施不同制剂对水稻叶片叶绿素含量的影响

叶绿素是衡量作物光合能力的重要指标。由表 3.2 可知，经过高温处理 72 h、120 h 以及恢复 120 h 后，CK 的叶绿素含量由 3.00 降至 2.60 mg · g^{-1}和 2.45 mg · g^{-1}，表明高温胁迫导致叶片叶绿素含量明显降低，且高温结束恢复 120 h 后叶绿素含量仍持续降低。对比喷施不同制剂的各处理可见，高温处理 72 h 后，K1 和 Si1 处理其水稻叶片叶绿素含量显著高于其他处理，分别达到 4.59 mg · g^{-1}和 4.62 mg · g^{-1}；高温处理 120 h 后，K1、SA1 和 K2 处理叶片叶绿素含量较高，分别为 3.62 mg · g^{-1}、3.68 mg · g^{-1}和 3.69 mg · g^{-1}；室外恢复 120 h 后，Si2 处理的叶片叶绿素含量最高，Ca2 次之。表明喷施 22.04 mmol · L^{-1} KH_2PO_4 有利于提高高温胁迫下水稻叶片叶绿素的合成功能，喷施 20 mmol · L^{-1} $CaCl_2$ 溶液和 2.5 mmol · L^{-1} $Na_2SiO_3 \cdot 9H_2O$ 的合成机能恢复效果最好。

表 3.2 喷施不同化学制剂后高温胁迫期和恢复期叶片叶绿素含量的比较(mg · g^{-1})

处理	高温处理时数/h		处理结束后恢复 120 h
	72	120	
CK	3.00d	2.60e	2.45d
SA1	3.64c	3.68a	2.98c
SA2	3.16d	3.44bc	2.96c
K1	4.59a	3.62ab	3.32b
K2	4.02b	3.69a	3.41b
Ca1	3.99b	3.51abc	3.35b
Ca2	4.23b	3.58abc	3.44ab
Si1	4.62a	3.00d	3.06c
Si2	4.06b	3.41c	3.55a

注：表中数据为平均值，小写字母表示处理间在 0.05 水平上的差异显著性，下同。

3.3.2 高温热害下喷施不同制剂对水稻叶片 SOD 活性的影响

由表 3.3 可知，高温处理过程中以及高温处理结束后，各处理叶片 SOD 活性均呈现先增加后下降的趋势。高温处理 72 h 后，K1 处理的 SOD 活性 394.87 U · g^{-1}FW，显著高于其他处理；高温处理 120 h 后，叶片 SOD 活性继续增加，Ca2 处理的 SOD 活性最高，达到 691.06 U · g^{-1}FW，Si2 处理次之，为 666.28 U · g^{-1}FW。表明高温胁迫下水稻叶片活性氧产生过多，植株通过自身防御机制增加 SOD 活性对其进行清除。高温处理结束后，自然条件下室外恢复 120 h，K1、Ca2 和 Si2 处理叶片 SOD 活性显著高于其他处理，分别为 559.01 U · g^{-1}FW、548.09 U · g^{-1}FW 和 547.85 U · g^{-1}FW。因此，认为，22.04 mmol · L^{-1} KH_2PO_4(K1)、20 mmol · L^{-1} $CaCl_2$(Ca2) 和 2.5 mmol · L^{-1} $Na_2SiO_3 \cdot 9H_2O$(Si2) 溶液处理更能提高叶片 SOD 活性。

表 3.3　喷施不同化学制剂后高温胁迫期和恢复期叶片 SOD 活性的比较(U · g^{-1}FW)

处理	高温处理时数/h		处理结束后恢复 120 h
	72	120	
CK	104.60d	412.27e	178.3f
SA1	116.68d	538.42d	193.34f
SA2	129.31cd	624.69bc	248.68e
K1	394.87a	617.41bc	559.01a
K2	143.02c	542.86d	467.18c
Ca1	148.41c	579.40cd	501.80b
Ca2	221.40b	691.06a	548.09a
Si1	205.51b	435.56e	344.17d
Si2	145.97c	666.28ab	547.85a

3.3.3　高温热害下喷施不同制剂对水稻叶片 CAT 活性的影响

由表 3.4 可知，随着高温胁迫时间增加，各处理 CAT 活性呈上升趋势，在温度恢复正常后 CAT 活性有所降低。高温处理 72 h，除 SA2 处理外，其余处理的 CAT 活性皆显著高于 CK；高温处理 120 h，Ca1 和 K2 处理 CAT 活性显著高于其他处理，分别比 CK 高出 22.83% 和 22.75%。各高温处理结束后，自然条件下室外恢复 120 h，K2 和 Ca1 处理的 CAT 活性最高，且两者无显著差异。因此认为，36.74 mmol · L^{-1} KH_2PO_4 溶液和 10 mmol · L^{-1} $CaCl_2$ 溶液能够显著提高水稻叶片 CAT 活性。

表 3.4　喷施不同化学制剂后高温胁迫期和恢复期叶片 CAT 活性的比较(U · g^{-1}FW)

处理	高温处理时数/h		处理结束后恢复 120 h
	72	120	
CK	8.40b	12.00d	9.64d
SA1	10.86a	13.14c	11.60c
SA2	8.94b	12.33d	9.82d
K1	10.53a	12.96c	11.78c
K2	11.08a	14.73a	13.05a
Ca1	10.92a	13.96b	11.60c
Ca2	10.21a	14.74a	12.80ab
Si1	10.49a	13.25c	11.68c
Si2	10.88a	14.06b	12.42b

3.3.4 高温热害下喷施不同制剂对水稻叶片 POD 活性的影响

由表 3.5 可知，高温处理 72 h 后，K1 处理 POD 活性最高，达到 78.43 U·g^{-1}FW。高温处理达到 120 h 后，各处理 POD 活性均较 72 h 显著增加，其中 Ca1 处理的 POD 活性最高，达到 116.95 U·g^{-1}FW，其次是 Si2 处理，为 108.38 U·g^{-1}FW。高温处理结束后，自然条件下室外恢复 120 h，各处理 POD 活性有所下降，其中 Ca1 处理的 POD 活性最高，达到 95.56 U·g^{-1}FW，其次是 K1 处理，为 84.10 U·g^{-1}FW。由此可见，在高温处理前期，22.04 mmol·L^{-1} KH_2PO_4 更能显著提高 POD 活性；而在高温处理后期和恢复 120 h 后，10 mmol·L^{-1} $CaCl_2$ 溶液更能显著提高水稻叶片 POD 活性。

表 3.5 喷施不同化学制剂后高温胁迫期和恢复期叶片 POD 活性的比较(U·g^{-1}FW)

处理	高温处理时数/h		处理结束后恢复 120 h
	72	120	
CK	49.56e	76.16g	65.69e
SA1	55.08cd	90.83de	80.89bc
SA2	56.82c	87.38ef	78.48c
K1	78.43a	96.69c	84.10b
K2	73.62b	94.31cd	69.67de
Ca1	50.88de	116.95a	95.56a
Ca2	57.39c	84.84f	70.57d
Si1	69.35b	79.59g	68.08de
Si2	59.97c	108.38b	79.52bc

3.3.5 高温热害下喷施不同制剂对水稻叶片 MDA 含量的影响

由表 3.6 可知，高温处理 72 h 后，K1 和 SA2 处理叶片 MDA 含量显著低于其他处理，分别为 4.86μmol·g^{-1} FW 和 5.00 μmol·g^{-1} FW；高温处理 120 h 后，各处理 MDA 含量较 72 h有所上升，CK 达到最大，表明高温加剧了水稻叶片的膜脂过氧化程度，但此时除 SA2 和 Si2 处理外，其他处理间 MDA 含量无显著差异；高温处理结束后，自然条件下室外恢复 120 h，各处理 MDA 含量均显著低于对照，其中 Ca1、K1、Ca2 和 Si1 处理的 MDA 含量最低，分别比对照降低 28.86%、28.73%、28.48%和 27.47%，表明喷施 4 种化学制剂均能显著减轻水稻叶片膜脂过氧化程度。

表 3.6 喷施不同化学制剂后高温胁迫期和恢复期叶片 MDA 含量的比较(μmol·g^{-1}FW)

处理	高温处理时数/h		处理结束后恢复 120 h
	72	120	
CK	6.86a	9.46a	7.90a
SA1	6.81a	7.68cd	7.09bc
SA2	5.00f	8.02c	6.77cd
K1	4.86f	7.25d	5.63e
K2	5.78cd	7.54d	6.66d
Ca1	6.15b	7.32d	5.62e
Ca2	5.52de	7.68cd	5.65e
Si1	5.33e	7.30d	5.73e
Si2	6.00bc	8.47b	7.20b

3.3.6 高温热害下喷施不同制剂对水稻叶片可溶性蛋白质含量的影响

由表 3.7 可知，随高温处理天数的增加，可溶性蛋白质含量呈现增加趋势，表明高温促使植株产生可溶性蛋白以提高对高温的耐受力，在高温处理结束后，其含量有所下降。高温处理 72 h 后，Ca1 和 Ca2 处理的可溶性蛋白含量显著高于其他处理，分别比 CK 高出 29.59% 和 27.18%；高温处理 120 h 后，Ca2 和 K1 处理可溶性蛋白含量显著高于其他处理，分别达到 21.82 mg · g^{-1}FW 和 20.94 mg · g^{-1}FW；高温处理结束后第 5 d，Si2、K1 和 Ca2 处理的可溶性蛋白含量最高，分别为 18.59 mg · g^{-1}FW、18.53 mg · g^{-1}FW 和 17.87 mg · g^{-1}FW，且三者之间无显著差异。结合高温过程及恢复过程，认为 2.5 mmol · L^{-1} Na_2SiO_3 · $9H_2O$、20 mmol · L^{-1} $CaCl_2$ 和 22.04 mmol · L^{-1} KH_2PO_4 更能提高水稻植株可溶性蛋白质含量。

表 3.7　喷施不同化学制剂后高温胁迫期和恢复期叶片可溶性蛋白含量的比较(μmol · g^{-1}FW)

处理	高温处理时数/h		处理结束后恢复 120 h
	72	120	
CK	11.59d	14.09d	13.66d
SA1	12.82bc	15.34d	13.01de
SA2	12.66bc	15.67d	12.24e
K1	13.19b	20.94a	18.53a
K2	13.13b	18.73bc	16.69b
Ca1	15.02a	17.76c	15.20c
Ca2	14.74a	21.82a	17.87a
Si1	13.31b	17.78c	15.11c
Si2	12.18cd	20.35ab	18.59a

3.3.7 高温热害下喷施不同制剂对水稻叶片干物质积累的影响

以上研究表明，Ca1 和 K2 溶液喷施后水稻叶片抗衰老效果最好，以下分析两种溶液对水稻植株碳氮代谢的影响。图 3.2 为不同处理对高温胁迫下水稻叶片干物质积累的影响，由图可以看出，在高温处理 5 d 后，K2 和 Ca1 处理的水稻叶片干重显著高于 CK 处理，其中 K2 溶液处理叶片干重最大，比 CK 高 0.099 g · 茎$^{-1}$，也显著高于 Ca1 处理，说明 K2 溶液处理的水稻叶片的抗高温能力强，光合作用高，干物质积累能力强，而 CK 处理的水稻叶片受高温胁迫影响大，干物质生产和积累受到抑制。恢复 5 d 后，K2 和 Ca1 处理的水稻叶片干重仍显著高于 CK 处理，但 K2 和 Ca1 处理之间差异不显著，说明 Ca1 溶液处理的水稻叶片在高温胁迫后机能恢复较快，CK 处理恢复缓慢。在水稻成熟期，CK 处理的叶片干重分别高于 K2 和 Ca1 溶液处理 0.043 g · 茎$^{-1}$和 0.034 g · 茎$^{-1}$，差异到达显著水平，表明 K2 和 Ca1 处理，可促使水稻叶片积累的干物质在成熟期向籽粒中的转移，提高水稻产量。

不同处理对水稻茎秆干物质积累的影响见图 3.3。从图中可以看出，在高温处理 5 d 后，K2 和 Ca1 处理的水稻茎秆干重显著高于 CK 0.105 g · 茎$^{-1}$和 0.820 g · 茎$^{-1}$，表明在高温胁迫下，K2 和 Ca1 处理的水稻茎秆生长较 CK 受抑制小，而且能贮存更多的有机物。高温处理

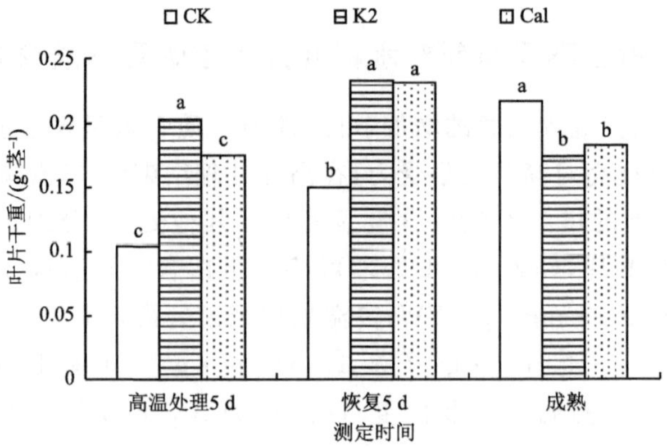

图 3.2　不同处理对水稻叶片干物质积累的影响

注:不同的小写字母代表差异显著性不同($p<0.05$),下同

结束恢复 5 d 后,K2 溶液和 Ca1 溶液处理的水稻茎秆干重仍显著高于 CK 处理,分别比 CK 高 0.157 g·茎$^{-1}$和 0.107 g·茎$^{-1}$,K2 处理也显著高于 Ca1 处理,说明 K 处理更能促进恢复期水稻茎秆的生长,有利于茎秆中有机物的运输和存储,茎秆生长健壮。在成熟期,CK 的茎秆干重显著高于 K2 和 Ca1 处理,分别比 K2 和 Ca1 处理高 0.375 g·茎$^{-1}$和 0.223 g·茎$^{-1}$,K2 溶液处理的茎秆质量最低,这表明,喷施外源化学制剂,能够显著促进水稻茎秆积累干物质的再分配到籽粒中,有利于产量的增加。

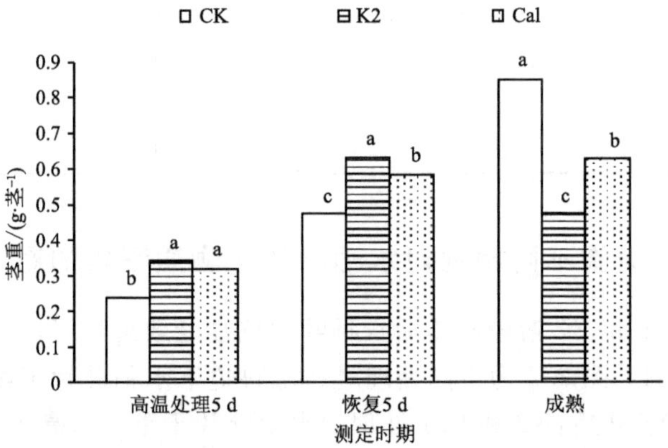

图 3.3　不同处理对水稻茎秆干物质积累的影响

喷施不同化学制剂对水稻植株茎叶干物质积累影响显著(图 3.4)。在高温处理 5 d 后,水稻茎秆干物质质量 K2＞Ca1＞CK,处理之间差异显著,表明 K2 和 Ca1 处理水稻植株受高温胁迫影响小,K 处理的水稻植株受影响程度最小。恢复 5 d,三个处理茎叶干物质积累量高于高温处理 5 d,表明水稻在进行恢复性生长,干物质积累量仍然为 K2＞Ca1＞CK,处理之间差异显著,说明 K2 处理水稻受高温胁迫后恢复速度最快,植株生长量最大,Ca1 处理次之。在成熟期,K2 和 Ca1 处理水稻植株茎叶干物质积累量分别比 CK 低 0.218 g·茎$^{-1}$和 0.116 g·茎$^{-1}$,说明 K2 和 Ca1 处理可以茎叶积累的干物质更多的转运到了籽粒中,处理之间比较,K2 溶液处理的对茎秆运转量的促进作用大于 Ca1 处理。

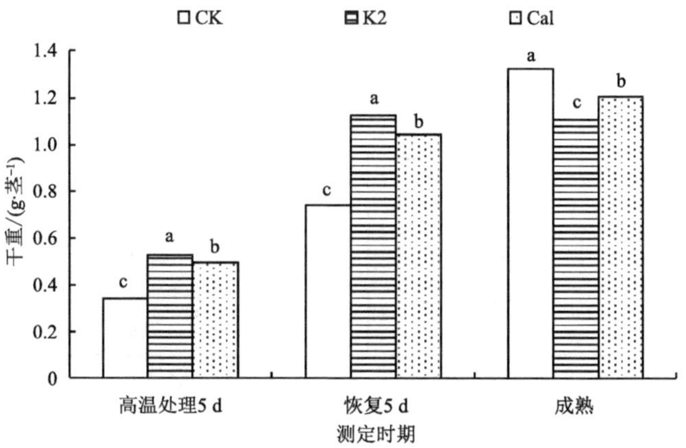

图 3.4　不同处理对水稻茎叶干物质积累的影响

3.3.8　高温胁迫下不同化学制剂对水稻光合特性的影响

喷施不同化学制剂对高温胁迫处理下和恢复期的水稻剑叶净光合速率(Pn)产生了显著的影响。由图 3.5 可见,抽穗期高温胁迫处理 5 d,K2 和 Cal 处理 Pn 的分别比 CK 高 14.00 和 10.58 μmol·m^{-2}·s^{-1},说明喷施不同化学制剂后水稻叶片在高温胁迫下仍能保持较高的光合速率。在恢复 5 d,各处理的 Pn 较高温胁迫处理 5 d 时有明显提高,K2 和 Cal 处理的净光合速率显著高于 CK,分别比 CK 高 10.43 μmol·m^{-2}·s^{-1}和 5.68 μmol·m^{-2}·s^{-1},说明喷施不同化学制剂能够促进水稻叶片在遭受高温胁迫伤害后快速恢复光合机能。不同化学制剂之间比较,K2 处理叶片受高温胁迫的影响最小、叶片光合速率最高。

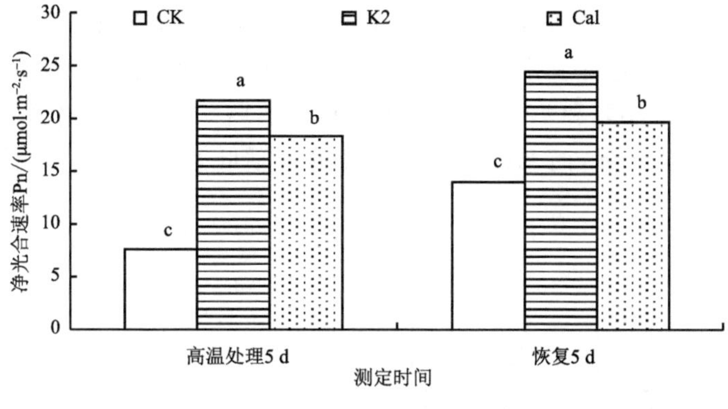

图 3.5　不同处理对水稻剑叶净光合速率的影响

喷施不同化学制剂同样对水稻剑叶蒸腾速率(Tr)产生显著影响(图 3.6)。高温胁迫处理 5 d,KH_2PO_4 溶液、$CaCl_2$ 溶液处理的 Tr 显著高于 CK,分别比 CK 高 16.99 mmol·m^{-2}·s^{-1}和 12.45 mmol·m^{-2}·s^{-1};在高温处理结束后恢复 5 d,各处理的 Tr 皆有提高,K2 和 Cal 处理叶片 Tr 仍显著高于 CK,分别比 CK 高 15.45 mmol·m^{-2}·s^{-1}和 15.91 mmol·m^{-2}·s^{-1}。可见,喷施不同化学制剂可以提高高温胁迫时和恢复时叶片的 Tr,降低叶片温度,提高水稻叶片的耐高温能力,K2 溶液处理效果最显著。

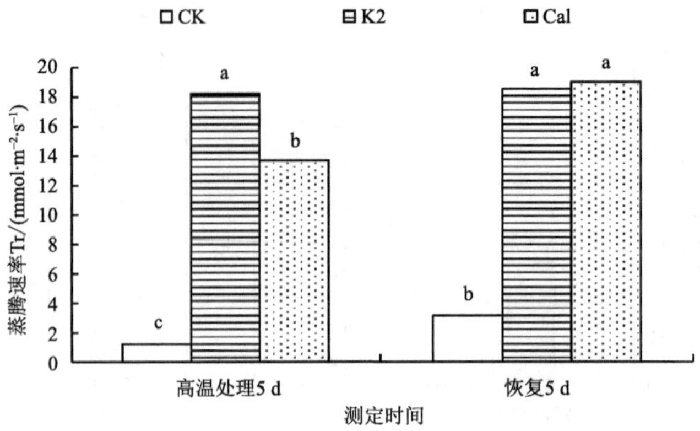

图 3.6　不同处理对水稻剑叶蒸腾速率的影响

3.3.9　高温胁迫下不同化学制剂对水稻植株氮素含量的影响

氮是植物体内蛋白质、氨基酸、酰胺、核酸、辅酶、叶绿素等的组成元素，其含量可以指征植物的生理代谢活性。高温胁迫显著影响了水稻植株氮代谢过程。从图 3.7 可以看出，不管是在高温处理后还是在恢复期，CK 叶片和茎秆的氮含量都显著低于 K2 和 Ca1 处理，表明高温胁迫严重抑制了水稻的氮素代谢活性，喷施不同化学制剂可以显著促进水稻植株的氮代谢。在高温处理 5 d 后，K2 和 Ca1 处理水稻叶片和茎秆的氮含量显著高于 CK 处理，叶片氮含量分别比 CK 高 13.59%和 11.96%，茎秆氮含量分别比 CK 高 21.11%和 14.44%，表明喷施化学制剂可以显著提高高温胁迫条件下水稻的氮素积累，减缓氮素的分解，植株生理活性高。在恢复 5 d 后，水稻叶片和茎秆的氮含量仍高于 CK，说明喷施化学制剂可以促进恢复期水稻植株的氮素吸收与蛋白质的合成，提高植株的氮素代谢能力。在成熟期，K2 和 Ca1 处理水稻叶片和茎秆中的氮含量仍显著高于 CK，叶片氮素含量分别比 CK 高 58.99%和 40.29%，茎秆中氮含量分别比 CK 高 44.23%和 42.31%，这表明在成熟期 CK 植株中叶片和茎秆的含氮物质大量分解代谢，植株衰老严重，而 K2 和 Ca1 处理的水稻叶片和茎秆仍然保持一定的生理活

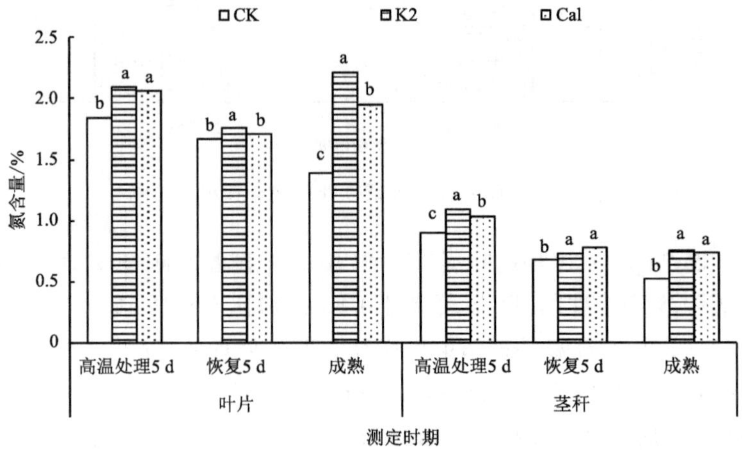

图 3.7　不同处理对水稻植株氮含量的影响

性，保证了稻穗正常的落黄和成熟。总体而言，K2 处理对促进高温胁迫下水稻氮代谢的能力高于 Ca1 处理。

3.3.10 高温胁迫下不同化学制剂对水稻植株可溶性糖含量的影响

植物组织中的可溶性糖主要包括葡萄糖、果糖（单糖）和蔗糖（双糖），是光合作用碳反应的主要产物，还是植物体内碳水化合物转化、输运、储藏和再利用的主要形式。喷施不同化学制剂同样影响了高温胁迫下水稻的碳代谢。由图 3.8 可知，在高温处理 5 d 后，K2 处理显著提高了水稻叶片和茎秆的可溶性糖含量，分别比 CK 高 24.40 $\mu g \cdot g^{-1}$ 和 108.51 $\mu g \cdot g^{-1}$，叶片光合性能高，并且转运效率高，茎秆中贮藏的可溶性糖高，Ca1 处理与 CK 处理无显著差异。在恢复 5 d 后，K2 和 Ca1 处理叶片可溶性糖含量分别显著高于 CK 191.50 $\mu g \cdot g^{-1}$ 和 105.87 $\mu g \cdot g^{-1}$，表明两种化学制剂显著促进了水稻植株在高温热害后的恢复，叶片光合碳代谢旺盛；K2 处理茎秆可溶性糖显著高于 CK，而 Ca1 处理与 CK 无显著差异，这可能指示 Ca1 处理叶片输出的光合产物较少。在成熟期，K2 和 Ca1 处理叶片可溶性糖和茎秆显著高于 CK，说明 K2 和 Ca1 处理水稻叶片在生育末期仍保持较高的光合活性，保证了水稻籽粒后期籽粒灌浆的需要。从植株碳代谢的角度分析，K2 处理对提高水稻抗高温能力的促进作用大于 Ca1 处理。

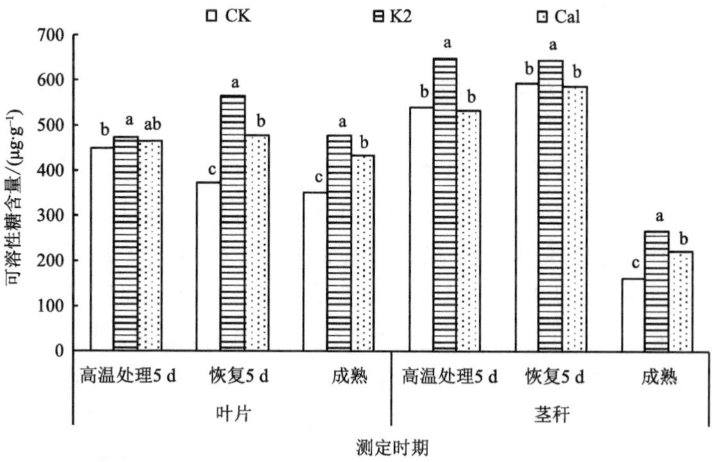

图 3.8 不同处理对水稻植株可溶性糖含量的影响

3.3.11 高温胁迫下不同化学制剂对水稻产量的影响

K2 和 Ca1 处理显著改变了高温胁迫下水稻的产量构成因素。分析表 3.8 可以发现，不同处理之间千粒重无显著差异，但穗粒数和结实率处理之间差异显著。K2 和 Ca1 处理的穗粒数分别比 CK 多 21.00 粒 · 穗$^{-1}$和 18.66 粒 · 穗$^{-1}$，结实率分别比 CK 高 10.83%和 5.90%。穗粒数和结实率的改变之间影响了水稻的穗重，K2 和 Ca1 处理的穗粒重分别高于 CK 0.44 g · 穗$^{-1}$和 0.36 g · 穗$^{-1}$，3 个处理间差异显著。这说明，高温胁迫下喷施不同化学制剂，水稻产量的提高主要原因是穗粒数和结实率的提高，K2 处理对产量的促进作用大于 Ca1 处理。

表 3.8 不同处理对水稻产量及产量构成因素的影响

处理	穗粒数/(粒·穗$^{-1}$)	结实率/%	千粒重/(g·千粒$^{-1}$)	穗粒重/(g·穗$^{-1}$)
CK	71.67 b	62.33 c	20.68 a	0.92 c
Ca1	90.33 a	66.01 b	21.42 a	1.28 b
K2	92.67 a	69.08 a	21.28 a	1.36 a

3.3.12 小结

本研究表明，SA、$Na_2SiO_3 \cdot 9H_2O$、$CaCl_2$ 和 KH_2PO_4 四种化学制剂均能提高水稻的抗氧化酶活性、叶绿素含量和可溶性蛋白含量，降低膜质过氧化程度，以 KH_2PO_4 和 $CaCl_2$ 的抗高温效果更好。KH_2PO_4 制剂的作用时期在高温处理的 72 h、120 h 和高温结束自然状态下恢复 120 h 后，而 $CaCl_2$ 作用时期在高温处理的 120 h 和高温结束后恢复 120 h，以浓度为 20 mmol·L^{-1} $CaCl_2$ 和 22.04 mmol·$L^{-1}$$KH_2PO_4$ 效果最好。

在高温胁迫下和高温结束后的恢复过程，喷施 22.04 mmol·L^{-1} KH_2PO_4 溶液和 20.00 mmol·L^{-1} $CaCl_2$ 溶液均能提高水稻叶片和茎秆的干物质积累量、含氮量和可溶性糖含量、叶片的 Pn 和 Tr，植株受高温胁迫损伤小，光合速率高，碳氮代谢活跃；喷施 2 种化学制剂均能提高水稻的穗粒数和结实率，提高水稻产量。喷施 22.04 mmol·L^{-1} KH_2PO_4 溶液提高水稻抗高温热害的能力好于 20.00 mmol·L^{-1} $CaCl_2$ 溶液。

3.4 不同水源灌溉对水稻高温热害影响的微气象学分析

灌溉是抵御水稻高温热害的有效措施，史宝忠等(1998)研究表明，灌溉比不灌溉日平均温度降低 0.3 ℃；张彬等(2008)研究表明，灌溉深度越大，冠层降温越显著。段骅等(2012)研究表明，抽穗灌浆期高温胁迫下实施轻干湿交替灌溉，虽然水稻冠层温度与水层灌溉无显著差异，但可以提高产量和品质；程建平等(2006)研究表明，全生育期间歇灌溉可以提高水稻水分利用效率、品质和产量。稻田能量交换与温度变化密切相关，植物冠层能量平衡耦合了土壤、植被和大气之间的能量交换过程，稻田气象要素的变化与能量分配之间关系密切(Saptomo et al.，2009)，能量平衡方程中各分量数值的大小可指征稻田中能量流动的特征(Twine et al.，2000；Sakai et al.，2001；Wilson et al.，2002；闫人华 等，2013)。灌溉会影响稻田中的水热环境(史宝忠 等，1998；张彬 等，2008； Saptomo et al.，2009)。在实际生产中，地下水、池塘水及河水是主要的灌溉水源，但不同水源水温不同，对稻田小气候有何影响，有待分析研究。为了研究不同灌溉水源对稻田小气候的影响，在水稻抽穗开花期高温热害发生期间，对稻田进行池塘水和地下水灌溉处理，测定稻田的辐射通量、土壤热通量、水稻冠层不同层次的温湿度和不同层次的土温和水温，分析稻田的小气候及能量传输特征，以期为抵御水稻高温热害，提高水稻产量提供理论依据。

本研究在试验二中进行，供试水稻品种为两优培九，2016 年 4 月 15 日播种，大田旱育秧，秧龄 30 d，5 月 15 日移栽，8 月 12 日始穗，9 月 28 日成熟。大田移栽密度为 1.4×10^5 穴·hm^{-2}，每穴 1 苗，株距 0.17 m，行距 0.26 m。试验在 2016 年 8 月 12—18 日(抽穗期)高温热害发生期间开展，设置 3 个灌溉处理，分别为：T1，用池塘水每日 08:00 灌溉，田间水层达 10 cm 后停止，18:00 排干，持续 7 d，灌溉时水温平均 30.5 ℃；T2，用井水每日 08:00 灌溉，田间

水层达 10 cm 后停止，18:00 排干，持续 7 d，灌溉时水温平均 18.2 ℃；对照(CK)，试验开始当天用池塘水灌溉至田间水深达 10 cm 后停止，夜晚不排放，当田间水深低于 5 cm 时补充灌溉至 10 cm，持续 7 d，试验期间每日 08:00 田间平均水温 27.2 ℃。每个处理 3 个重复，每个重复小区面积为 5 m×5 m。池塘水灌溉处理和井水灌溉处理在 8 月 11 日夜间已排去田间水层，对照处理保留田间水层。试验期间除灌溉条件外，其他田间管理措施按照高产田进行。

试验期间的气象数据见图 3.9，由图可见，8 月 12—18 日，稻田日平均气温分别为 32.1 ℃、33.0 ℃、33.0 ℃、32.6 ℃、32.0 ℃、31.4 ℃和 32.2 ℃，平均为 32.3 ℃；日最高气温分别为 36.7 ℃、36.7 ℃、37.3 ℃、36.9 ℃、36.6 ℃、35.9 ℃和 37.0 ℃，平均为 36.7 ℃，水稻遭受严重的高温热害。由于每天的气温变化规律相同，因此将试验期间 7 d(8 月 12—18 日)每天的太阳辐射、气温、水温、土温等物理量和能量平衡分量做平均处理，数据均取 7 d 的平均值。

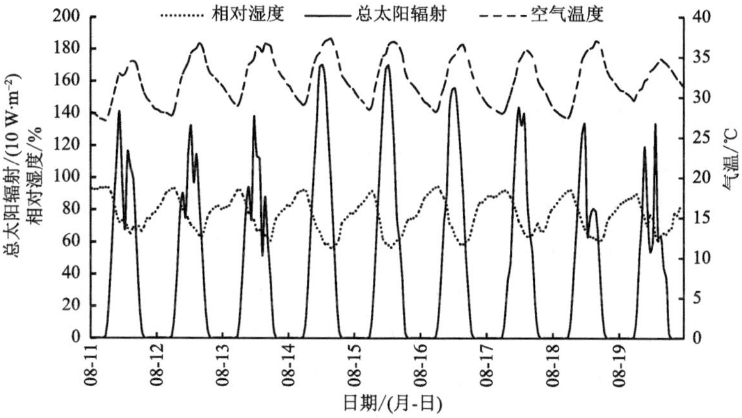

图 3.9 试验期间气象数据

3.4.1 能量平衡的计算方法

以 Penman-Monteith 的冠层阻抗模型为基础，建立各层子模式(胡凝 等，2007)。将稻田在垂直方向上划分为两层，分别为植物冠层和水层，在忽略系统内能前提下，冠层吸收的净辐射全部用于显热和潜热交换(用于冠层生长所需的辐射可忽略不计(王纯枝 等，2008)，即

$$\mathrm{Rn}_1 = H_1 + H_f + \mathrm{LE}_1 + \mathrm{LE}_f \tag{3.1}$$

$$H_f = \frac{\rho C_p (T_f - T_1)}{r_f} \tag{3.2}$$

$$\mathrm{LE}_f = \frac{\rho C_p (e_f^* - e_1)}{\gamma (r_f + r_s)} \tag{3.3}$$

$$H_1 = \frac{\rho C_p (T_1 - T)}{r_{a_{H_1}}} \tag{3.4}$$

$$\mathrm{LE}_1 = \frac{\rho C_p (e_1 - e)}{r_{a_{\mathrm{LE}_1}} \gamma} \tag{3.5}$$

式中，Rn_1 为冠层吸收的净辐射(W · m^{-2})；H_f 为叶片(120 cm)与空气(130 cm)的显热通量(W · m^{-2})；H_1 为冠层高度空气(120 cm)与冠层上方空气(130 cm)的显热通量(W · m^{-2})；LE_f 为冠层高度叶片(120 cm)与空气(130 cm)的潜热通量(W · m^{-2})；LE_1 为冠层高度空气

(120 cm)与冠层上方(130 cm)空气的潜热通量(W·m^{-2});ρ 为空气密度(g·m^{-3});C_p 为定压比热(J·g^{-1}·℃$^{-1}$);γ 为干湿球常数(0.667 hPa·℃$^{-1}$);T_f 为冠层高度(120 cm)叶温(℃);T 为冠层上方(130 cm)气温(℃);T_1 为冠层高度(120 cm)气温(℃);e 为冠层上方(130 cm)实际水汽压(hPa);e_1 为冠层高度(120 cm)实际水汽压(hPa);e_f^* 为温度为 T_f 时的饱和水汽压(hPa),r_f 为叶片边界层阻力(s·m^{-1});r_s 为冠层气孔阻力(s·m^{-1})。

水层的能量平衡可由下列方程表示

$$\mathrm{Rn}_2 = H_2 + \mathrm{LE}_2 + G + Q \tag{3.6}$$

$$H_2 = \frac{\rho C_p (T_2 - T_1)}{r_{a_{H_2}} \gamma} \tag{3.7}$$

$$\mathrm{LE}_2 = \frac{\rho C_p (e_2^* - e_1)}{r_{a_{\mathrm{LE}_2}} \gamma} \tag{3.8}$$

$$Q = C_w \rho_w D_w \frac{\mathrm{d}T_w}{\mathrm{d}t} \tag{3.9}$$

式中,Rn_2 为水层吸收的净辐射(W·m^{-2});H_2 为水层与冠层空气(120 cm)的显热通量(W·m^{-2});LE_2 为水层与冠层空气(120 cm)的潜热通量(W·m^{-2});T_2 为田间 5 cm 水层温度(℃);e_2^* 为温度为 T_2 时的饱和水汽压(hPa);$r_{a_{H_1}}$ 和 $r_{a_{\mathrm{LE}_1}}$ 以及 $r_{a_{H_2}}$ 和 $r_{a_{LE_2}}$ 为冠层和水层显热通量和潜热通量的空气动力学阻力(s·m^{-1}),在中性层结下两者相等,统一为 r_{a_1} 和 r_{a_2};G 为土壤热通量(W·m^{-2}),由热通量板(HFT03,Campbell Scitific,USA)测得;Q 为水体含热量的变化(W·m^{-2}),以每小时变温计算;C_w 为水的比热(4200 J·kg^{-1}·℃$^{-1}$);ρ_w 为水的密度(1000 kg·m^{-3});D_w 为灌水深度(10cm);T_w 为水温(℃)。

将冠层和水层能量平衡方程合并可得出稻田总能量平衡方程,即

$$\mathrm{Rn} = H + \mathrm{LE} + G + Q \tag{3.10}$$

式中,Rn 为稻田净辐射(W·m^{-2}),由四分量辐射传感器(CNR4,Kipp & Zonen,NED)测得;H 为稻田显热通量(W·m^{-2}),为 H_1 、H_2 、H_f 的和;LE 为稻田潜热通量(W·m^{-2}),为 LE_1、LE_2、LE_f 的和。阻力项可由以下各式求得

$$r_f = 167.4\,[W/u]^{0.5} \tag{3.11}$$

式中,W 为叶片的特征尺度(水稻叶片为 0.02);u 为冠层高度(120 cm)风速(m·s^{-1})。

气孔阻力的影响因子很多,在水分充足的条件下,可只考虑太阳辐射对其的影响,即

$$r_s = 120 + (3520 - 120)\exp(-0.0186S) \tag{3.12}$$

式中,S 为到达冠层的总太阳辐射强度(W·m^{-2})。

冠层上方的空气动力学阻抗采用 Thom 等(2010)的公式,即

$$r_{a_1} = \ln^2[(Z_a - d)/Z_0]/(\kappa^2 u_0) \tag{3.13}$$

式中,Z_a 为参考高度(120 cm);d 为零平面位移(m);Z_0 为粗糙度(m),一般与植株高度 h(120 cm)有关;d=0.63 h;Z_0=0.13 h。κ 为卡门常数,取 0.4,u_0 为参考高度 Z_a 的风速(m·s^{-1})。

冠层顶的湍流交换系数 $K(h)$ 由下式求得(L'homme et al.,1992):

$$K(h) = \kappa^2 (h - d)u/\ln[(h - d)/Z_0] \tag{3.14}$$

冠层内部的空气动力学阻抗为

$$r_{a_2} = \frac{h}{\alpha K(h)}\{\exp[\alpha(1 - \frac{Z_2}{h})]\} - \exp[\alpha(1 - \frac{Z_1}{h})]\} \tag{3.15}$$

式中，α 为衰减系数，这里取 2.5；Z_1 和 Z_2 分别为两层的高度(120 cm 和 5 cm)。

3.4.2　不同水源灌溉后稻田温度的垂直分布

由图 3.10a 可见，高温期间用不同水源灌溉后，田间从地下 20 cm 到地上 130 cm 垂直范围内，其温度分布状况按白天和夜间分别统计后差异有所不同。图 3.10a 显示，由于灌溉时池塘水(T_1，灌溉水温平均 30.5 ℃)、井水(T_2，灌溉水温平均 18.2 ℃)与田间水(CK，08:00 平均水温 27.2 ℃)的温度明显不同，因此，灌溉当天稻田内水层平均温度间出现明显差异，白天(08:00—18:00)T_1、T_2 和 CK 处理平均水温(图中 5 cm 处)分别为 29.6 ℃、27.9 ℃、和 28.7 ℃，池塘水处理最高，井水处理最低。水层以上，地上 40 cm、80 cm、120 cm 和 130 cm 处各处理冠层内空气温度均表现出池塘水处理(T_1)最高，井水处理(T_2)最低，CK 居中的特点，且随着高度增加处理间气温差异逐渐减小，由 40 cm 处 T_1 比 CK 高 0.4℃、T_2 比 CK 低 0.5℃逐渐降到 130 cm 处的 T_1 比 CK 高 0.2 ℃、T_2 比 CK 低 0.1 ℃。水层以下，各处理地表以及地下 5、10 和 20 cm 土壤温度间也表现出同样的规律，即 T_1>CK>T_2，其中 0 cm 地温差异最明显，差值分别为 1.0 ℃和 0.6 ℃，土层往下温差逐渐减小，5 cm 处差值分别为 0.6 ℃和 0.5 ℃，10 cm 处为 0.5 ℃和 0.3 ℃，20 cm 处为 0.3 ℃和 0.1 ℃。

由图 3.10b 可见，夜间(18:00—次日 08:00)，T_1、T_2 处理由于田间排干水层，因此，地下 5 cm 到地上 80 cm 处温度分布出现与白天明显不同的变化。池塘水(T_1)和井水(T_2)处理温度均下降较快，明显低于 CK 处理，其中井水(T_2)处理中温度下降更快，5 cm 地温处理间差异最大，T_2 比 CK 低 1.0 ℃，T_1 比 CK 低 0.5 ℃，其次为冠层 40 cm 处，T_2 比 CK 低 0.5 ℃，T_1 比 CK 低 0.4 ℃。地下 10 cm、20 cm 温度特点与白天大致相同，仍然表现为 T_1>CK>T_2；地上 120 cm、130cm 处的差异已不明显。

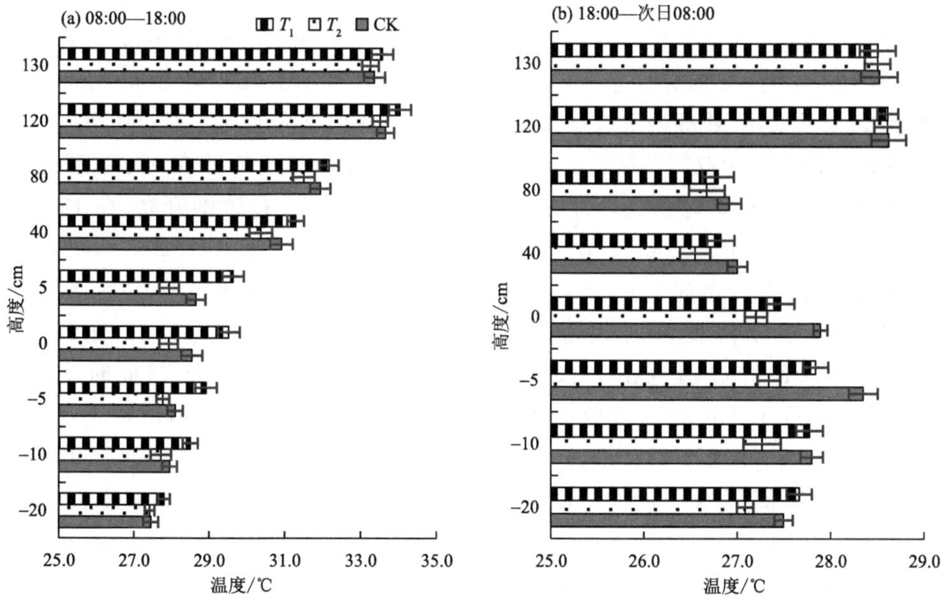

图 3.10　试验期间(8 月 12—18 日)不同灌溉处理稻田垂直剖面温度分布均值

(短线表示标准差，下同)

可见，高温期间向田间引入温度较高的池塘水和温度较低的井水灌溉后，对稻田生态系统地下 20 cm～地上 130 cm 范围内垂直剖面的温度分布具有明显影响，特别是地下 5 cm～地上 80 cm 处的影响更大。池塘水灌溉提高了稻田生态系统垂直方向各层次的温度，而井水则降低了各层次的温度。

3.4.3 不同水源灌溉后稻田能量平衡分析

高温期间向田间引入温度较高的池塘水和温度较低的井水灌溉后，各处理温度垂直剖面分布影响了能量的传导特点。由图 3.11a 可见，各处理稻田的净辐射通量(Rn)变化呈单峰曲线，均在 12:00 达到最大值，不同处理间 Rn 差异不明显。

由图 3.11b 可见，不同处理间显热通量(H)的日变化差异明显，在 08:00—17:00 稻田的 H 皆表现为 T_1－CK－T_2，T_1 和 CK 的 H 均呈单峰曲线变化，T_2 的 H 呈双峰曲线变化。T_1 在 12:00 时达到日最大值 150.79 W · m^{-2}，比 T_2 高 67.95 W · m^{-2}，比 CK 高 31.67 W · m^{-2}；T_2 的 H 在 9:00 达到低谷－34.44 W · m^{-2}，这是由于井水温度较低(18.2 ℃)，改变了稻田热量流动方向，使稻田热量向水中传递。在 12:00 时达到日最大值 82.84 W · m^{-2}。各处理 H 在 18:00－次日 06:00 的 H 数值在 10 W · m^{-2}附近波动，处理间无明显差异。整日 T_1 显热交换传递热量为 4.20 MJ · m^{-2}，T_2 为 2.09 MJ · m^{-2}，CK 为 3.53 MJ · m^{-2}。

图 3.11c 表明，各处理稻田潜热通量(LE)的日变化均呈单峰曲线，各处理间 LE 值有一定差异。08:00—17:00 各处理 LE 皆表现为 T_1－CK－T_2，8:00 灌溉后 T_1 的 LE 高于 CK 是由于 T_1 水温较高(30.5 ℃)，使得田间温度上升，促进潜热交换。所有处理均在 12:00 达到日最大值，T_1、T_2 和 CK 的 LE 分别为 326.00 W · m^{-2}、294.62 W · m^{-2}和 310.95 W · m^{-2}。T_1、T_2 处理的 LE 值在 05:00—06:00 由负值转变为正值，在 18:00 稻田灌溉水排干后变为负值，而 CK 的 LE 值始终为正值。在 19:00—次日 05:00，CK 处理 LE 高于 T_1、T_2。8:00—18:00，T_1、T_2 和 CK 的 LE 值分别为 7.03 MJ · m^{-2}、6.09 MJ · m^{-2}和 6.78 MJ · m^{-2}；19:00—次日 08:00，T_1、T_2 和 CK 的 LE 值分别为－0.12 MJ · m^{-2}、－0.16 MJ · m^{-2}和 0.48 MJ · m^{-2}。

由图 3.11d 可见，各处理稻田水体含热量(Q)的日变化差异明显。T_1 与 CK 的 Q 表现为单峰曲线变化规律，T_2 为双峰曲线。T_1 处理灌溉水温较高(30.5 ℃)，在 08:00 灌溉后由于水体向外放热而使水温降低，Q 达到低谷值－7.43 W · m^{-2}，而后 Q 逐渐升高，在 13:00 达到峰值 56.38 W · m^{-2}，比 CK 低 14.01 W · m^{-2}；T_2 处理灌溉水温较低(18.2 ℃)，在 08:00 灌溉后由于水体吸热，促使 Q 迅速上升，09:00 达到日最大值 130.43 W · m^{-2}，之后水温上升导致水体吸热减慢使得 Q 降低，10:00 达到低谷 90.48 W · m^{-2}，在 13:00 达到第 2 峰值 109.43 W · m^{-2}，CK 的 Q 值也在 13:00 达到日最大值 70.39 W · m^{-2}，此时 T_2 比 CK 高 39.04 W · m^{-2}。T_1 和 CK 处理的 Q 值在 15:00—16:00 开始发生转折，由正值变为负值，T_2 变为负值的时间较 T_1 和 CK 明显延后，发生在 16:00—17:00。而 19:00—次日 07:00 期间由于 T_1 和 T_2 处理田间无水层，因此 Q 为 0 W · m^{-2}。08:00—18:00，水体吸热量 T_1 为 0.57 MJ · m^{-2}，T_2 为 2.46 MJ · m^{-2}，CK 为 0.93 MJ · m^{-2}。19:00—次日 08:00，T_1 和 T_2 田间无水，水体吸热量均为 0，CK 为－0.59 MJ · m^{-2}。

T_1 和 T_2 处理的土壤热通量(G)的日变化也呈双峰曲线，CK 则呈单峰曲线变化(图 3.11e)。在 09:00—17:00 各处理 G 值皆表现为 T_1－CK－T_2，18:00—次日 06:00 呈现相反规律，即 T_2－CK－T_1。T_1 处理在 09:00 由于灌溉水体温度较高(30.5 ℃)加大了热量向土壤传递，水体中的热量被土壤吸收，达到第一峰值 28.08 W·m^{-2}，造成 T_1 处理地温升高。在 14:00达到日最大值 36.80 W·m^{-2}。T_2 处理在 08:00 达到第一峰值 3.61 W·m^{-2}，在灌入井水后，由于井水温度较低(18.2 ℃)，土壤中的热量向水中传递，改变了 G 的方向，在 09:00 时 G 迅速变为负值(−6.48 W·m^{-2})，土壤中大量热量传递至水中被水体吸收，从而降低了土壤温度，15:00 时 G 达到日最大值 22.27 W·m^{-2}。CK 处理在 14:00 达到日最大值 27.90 W·m^{-2}。在 00:00—06:00，T_1 和 CK 的 G 值为负值，T_2 处理在 02:00 以后下降为负值，在 07:00—08:00，所有处理 G 值由负值转变为正值。整日 T_1 向土壤传递热量 0.89 MJ·m^{-2}，T_2 为 0.66 MJ·m^{-2}，CK 为 0.75 MJ·m^{-2}。

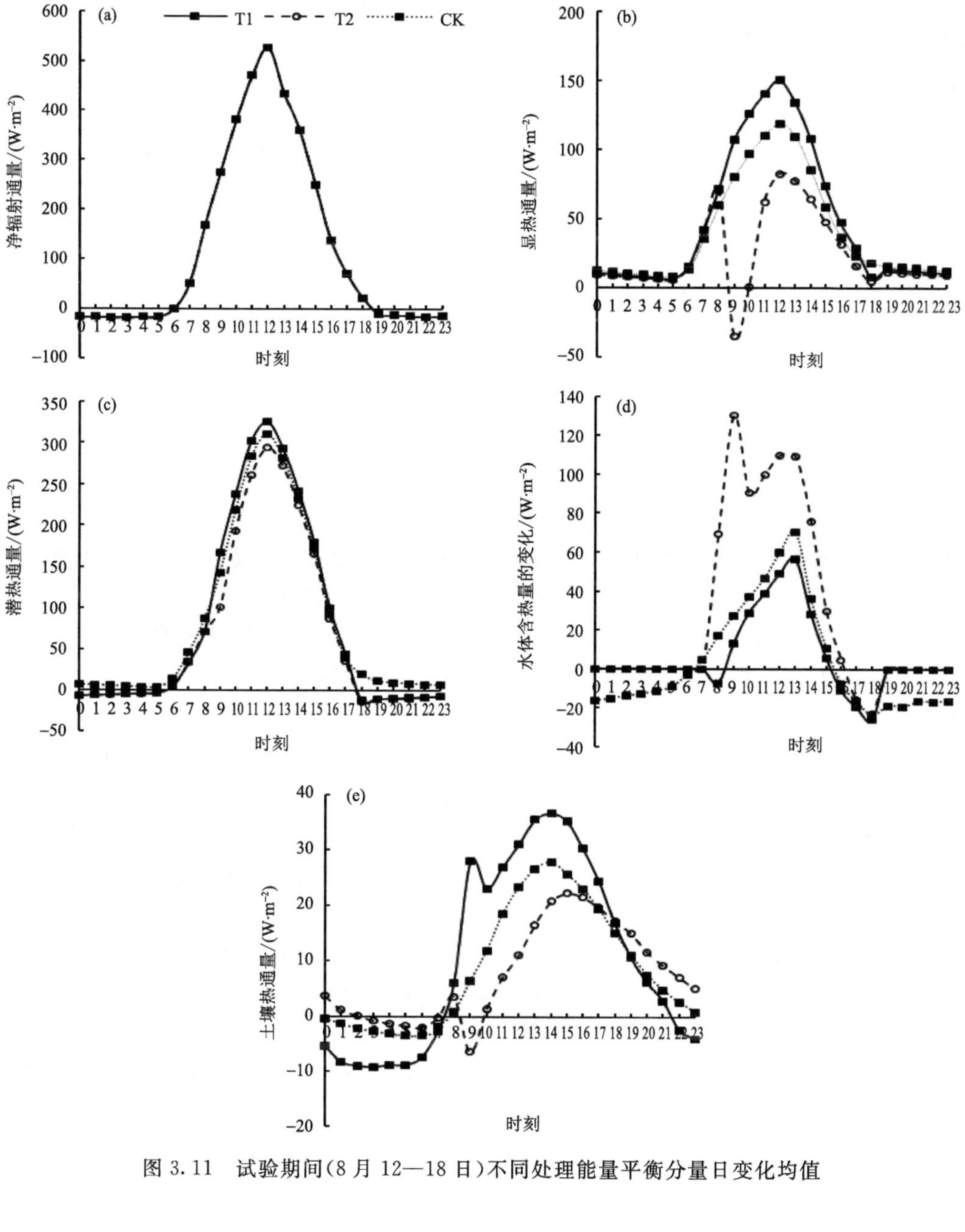

图 3.11　试验期间(8 月 12—18 日)不同处理能量平衡分量日变化均值

3.4.4　不同水源灌溉后稻田能量平衡分量与净辐射之间的比例关系

研究不同水源灌溉能量平衡分量与净辐射之间的比例关系可得知稻田热量的主要耗散项以及水温对各分量的影响程度(刘笑吟 等,2015)。不同灌溉水源处理稻田的能量平衡分量与净辐射之间的比例关系见表 3.9。由表可见,各处理潜热通量占净辐射的比例(LE/Rn)最大,说明 LE 是稻田能量输出的最主要途径。显热通量占净辐射的比例(H/Rn)为第二大项,表明 H 也是稻田能量输出不可忽视的重要途径。而不同水源灌溉对各能量分量造成的差异以 Q 最为明显,水体含热量的变化占净辐射的比例(Q/Rn) T_1 比 CK 低 41.13%,T_2 比 CK 高 166.36%。水体热量变化使得稻田温度呈现不同的小气候特征,进而影响了田间潜热、显热及土壤热通量的分配比例,具体表现为 T_1 的 LE/Rn 比 CK 低 7.80%,T_2 比 CK 低 10.53%;T_1 的 H/Rn 比 CK 高 15.00%,T_2 比 CK 低 40.53%;土壤热通量占净辐射的比例(G/Rn) T_1 比 CK 高 15.97%,T_2 比 CK 低 11.08%。

表 3.9　试验期间(8 月 12—18 日)能量平衡日总量占净辐射的比例均值

处理	H/Rn	LE/Rn	Q/Rn	G/Rn
T_1	37.89%	62.39%	5.11%	8.06%
T_2	19.60%	55.82%	23.12%	6.18%
CK	32.96%	67.67%	8.68%	6.95%

3.4.5　小结

开花期是水稻产量器官建成的关键时期,也是受高温热害影响最敏感的时期(Monneveux et al.,2003;Teixeira et al.,2013;Tao et al.,2013),是防御高温热害的关键时期之一。本研究结果表明,灌溉温度较低的井水可以降低稻田气温和土壤温度,减轻高温热害对水稻的伤害,而灌溉温度高的池塘水则会使稻田升温,加重水稻的高温热害。

能量平衡各分量受气象要素的影响(闫人华 等,2013),从不同灌溉水源灌溉对稻田温度及能量传输特征的影响可知,稻田冠层温度升高会加大稻田潜热通量、显热通量和土壤热通量。

受不同灌溉水源水温的影响,稻田水体含热量(Q)是本试验中直接受试验处理影响的物理量,也是处理间差异最大的分量,其他能量平衡分量皆因 Q 的改变而发生变化。在 08:00—18:00 灌溉温度较高的池塘水处理(T_1)其水体吸收热量低于 CK 0.36 $MJ \cdot m^{-2}$,而灌溉温度较低的井水处理(T_2)其则高于 CK 1.53 $MJ \cdot m^{-2}$,且 T_2 的 Q 值变为负值的时间较 T_1 和 CK 延后 1 h,说明 T_2 处理稻田水体吸收了较其他处理更多的热量,可延长水体吸热时间,使稻田冠层气温和土壤温度维持较低值。而夜间 CK 处理 Q 为负值说明水体向稻田放热,成为田间热源,这与高志球等(2004)研究一致。由此可断定夜晚将含热量高的水排去可降低稻田温度,保持夜间稻田低温。

受灌溉水温影响,各处理土壤热通量(G)也发生明显变化。09:00—18:00,灌溉温度较低的井水(T_2)处理土壤热通量小于灌溉温度较高的池塘水处理(T_1)和 CK,这也是 T_1 处理 0～20 cm 土壤的升温幅度小于 T_1 和 CK 的原因。在 18:00 排水以后,因为 CK 田面仍有的水体覆盖,且水温高于 40 cm 和 80 cm 处的冠层温度和 0～20 cm 的土壤温度,因而水体向土壤和空气中继续放热，使得夜间 CK 0～20 cm 各层土壤温度和 0～80 cm 冠层温度均为各处理最高值，这与黄锐等(2016)的研究结果一致，而 T_1、T_2 处理田间无水层覆盖，其土壤温度和气温下降较快。

稻田水体含热量 Q 的改变还影响了稻田显热交换，灌溉温度较高的池塘水(T_1)处理通过显热交换耗散能量比 CK 高 0.67 $MJ \cdot m^{-2}$，而灌溉温度较低的井水(T_2)处理比 CK 低 1.44 $MJ \cdot m^{-2}$，这是由于 T_1 水温较高，使冠层气温上升，加大了冠层与冠层上方的温度梯度，促进热量向上传递，使显热交换加强；而 T_2 则由于水温较低，降低了冠层气温，使冠层与冠层上方的温度梯度减小，降低了显热交换。夜间，所有处理的 H 为正值，说明稻田气温高于冠层上方气温，水稻冠层在向环境释放能量，这是由于土壤中的热量向外释放所致。

潜热交换是稻田能量转化的重要途径(刘笑吟 等，2015)，本研究亦表明，潜热通量 LE 是稻田能量耗散的主要途径。稻田的潜热受蒸散影响(程建平 等，2006)，Q 的改变也影响了稻田的潜热交换。灌溉温度较高的池塘水(T_1)灌溉后使冠层温度升高，而灌溉温度较低的井水(T_2)冠层温度降低，冠层气温升高有利于蒸散过程，使不同灌溉处理下稻田系统潜热交换产生差异(刘媛媛 等，2008)。故白天 T_1 的 LE 比 CK 高 0.25 $MJ \cdot m^{-2}$，T_2 比 CK 低 0.69 $MJ \cdot m^{-2}$。夜晚受田间水层的影响，CK 田间较高的温湿度是维持 LE 为正值的主要因素。

总体而言，从本试验结果来看，高温热害发生时，池塘水受太阳辐射升温，将热量带入稻田系统，使稻田气温和土壤温度上升，促进稻田潜热和显热交换，加大土壤热通量，加重了高温热害；而温度较低的井水灌溉，降低了稻田气温和土壤温度，降低稻田潜热和显热交换，减小土壤热通量，热量流入水体，夜晚将高热量水体排去，对抵御高温有良好效果。

3.5　高温热害条件下不同应对技术对水稻剑叶光合作用和衰老的影响

近年来，我国长江中下游地区高温天气频繁出现，且持续时间延长，对水稻生长发育造成严重影响，高温热害已经成为制约我国水稻产量提高的一个重要限制因子。植物的光合作用极易受到各种环境因素影响，温度是其中的重要影响因子之一。研究表明，温度升高会显著降低水稻剑叶中叶绿素含量，并对水稻光合作用产生抑制作用(Rodomiro et al.，2008；Porter et al.，2015)。李萍萍等(2010)在抽穗扬花期对水稻进行 12 d 的高温处理(39 ℃)，结果表明 SOD 活性随高温胁迫时间的延长不断下降。由此可见，高温打破了植株体内自由基的平衡状态，水稻自身清除活性氧的能力下降，活性氧的大量增加导致膜结构和功能破坏，从而影响了水稻叶片的生理生化机能。但有研究表明，高温胁迫下水稻自身的生理和生化过程发生调整，能在一定程度上来消除高温胁迫导致的活性氧增加和膜系统过氧化。马廷臣等(2015)对 11 个参试品种进行了 6 d 高温处理，结果发现，各品种水稻剑叶 SOD、CAT 活性均表现为先增加到峰值后才开始下降，表明在高温处理前期，水稻可以通过自身防御机制减少高温对植株的伤害。

本研究以陵两优 268 和两优培九为试验材料，研究抽穗期高温条件下不同的灌溉方式(灌溉水深、灌溉水来源)、喷施不同的化学制剂、不同时间喷雾对水稻光合和抗氧化系统的影响，以期为气候变暖背景下水稻的生产措施提供参考和依据。

3.5.1　高温热害条件下不同应对技术对水稻剑叶叶绿素含量的影响

试验一中，采取人工辅助加热的方式在抽穗期对 A1、A2 和 A3 处理进行了高温处理。由

图 3.12 可知，抽穗期遭遇高温，各处理叶绿素含量均低于 CK，表明高温降低了水稻植株的叶绿素含量，但不同灌水深度对叶绿素含量影响不同。抽穗期 A1、A2、A3 的叶绿素含量分别比 CK 降低 4.44%、6.72%、10.01%(陵两优 268)和 1.52%、5.80%、7.18%(两优培九)。乳熟期 CK、A1、A2、A3 的 SPAD 分别为 47.13、45.10、43.43、43.1(陵两优 268)和 43.10、41.37、41.60、39.63(两优培九)。成熟期 CK、A1、A2、A3 分别为 38.03、37.2、35.07、32.8(陵两优 268)和 35.10、33.80、32.87、32.13(两优培九)。可以看出，除 CK 之外，A1 处理叶片的叶绿素含量最高。因此，A1 更能够有效缓解高温热害对水稻叶片叶绿素合成机能的伤害。

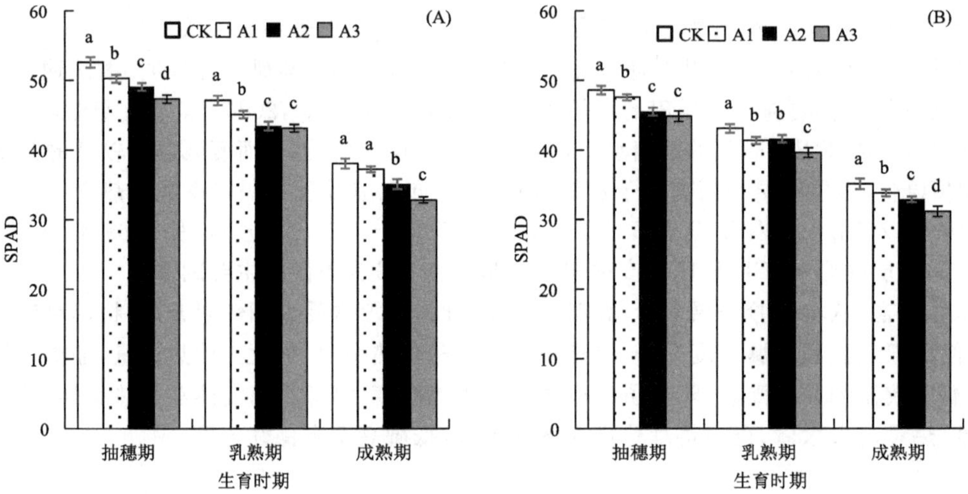

图 3.12　高温热害条件下不同灌水深度对水稻剑叶叶绿素含量的影响

(图 A 和 B 分别代表水稻品种陵两优 268 和两优培九，小写字母表示处理间在 0.05 水平上的差异显著性，下同)

试验二中，环境温度在水稻开花期达到高温热害条件，因此，未采取人工辅助加热。由图 3.13 可知，CK 处理叶片的叶绿素含量一直低于 B1 处理，表明高温降低了水稻叶绿素含量，但 B1 处理能够降低高温对叶绿素合成功能的伤害。抽穗期、乳熟期和成熟期 B1 处理叶片的叶绿素含量分别比 CK 增加了 3.06%、3.19%、4.66%(陵两优 268)和 3.26%、3.39%、4.38%(两优培九)；而 B2 和 B3 的叶绿素含量一直低于 CK。这是由于试验期间池塘水的温度高于环境温度，导致水稻植株热害严重。因此，B1 处理对水稻叶绿素合成机能恢复较好。

试验三采取人工辅助加热的方式，对 CK、C1、C2 和 C3 进行了加热处理。由图 3.14 可知，喷施化学制剂的各处理叶绿素含量一直高于 CK 处理。表明，喷施化学制剂可以提高高温下水稻的剑叶叶绿素含量。在抽穗期遭遇高温，C1、C2、C3 的叶绿素含量分别比 CK 增加了 6.13%、1.97%、4.63%(陵两优 268)和 5.17%、3.02%、6.02%(两优培九)。乳熟期各处理叶绿素含量较抽穗期有所下降，乳熟期 C1、C2、C3 的叶绿素含量分别比 CK 增加了 4.64%、2.13%、5.52%(陵两优 268)和 6.56%、3.55%、7.26%(两优培九)。在成熟期 C1、C2、C3 的叶绿素含量分别比 CK 增加了 8.60%、3.66%、8.10%(陵两优 268)和 7.98%、2.17%、6.90%(两优培九)。总体来看，喷施 3 种化学制剂都可以减缓高温下叶绿素含量的降解速率，其中 C1 和 C3 效果最好。

试验四采取人工辅助加热的方式，对 CK、D1、D2 和 D3 进行了加热处理。由图 3.15 可

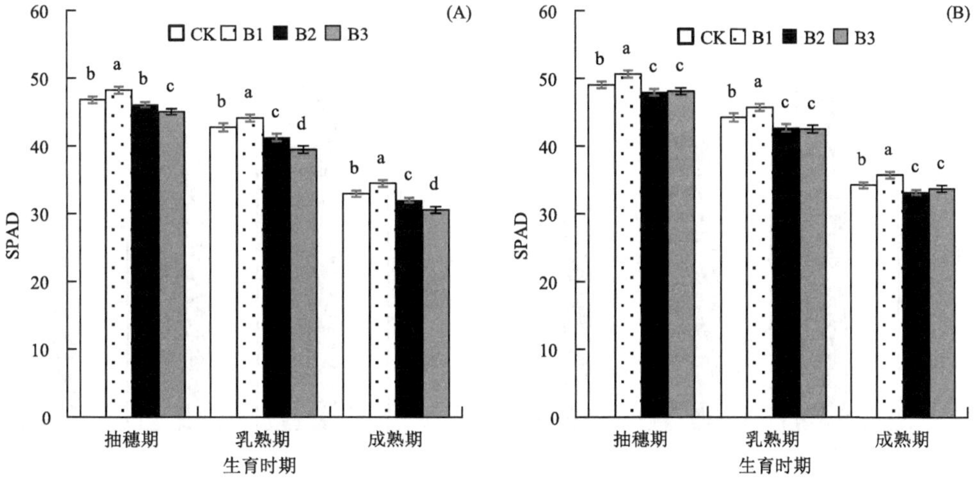

图 3.13　高温热害条件下不同来源灌溉水灌溉对水稻剑叶叶绿素含量的影响

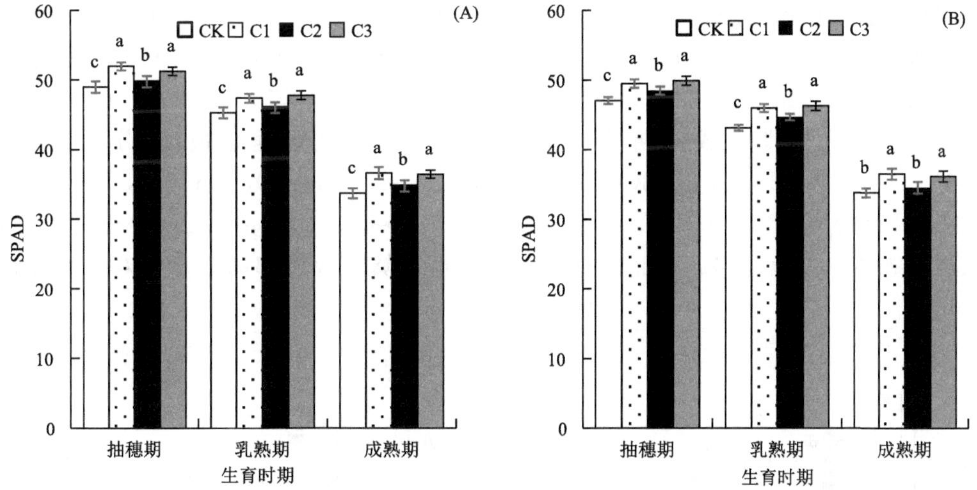

图 3.14　高温热害条件下喷施不同化学制剂对水稻剑叶叶绿素含量的影响

知，不同时间喷雾对水稻剑叶叶绿素含量影响效果存在差异。抽穗期 CK、D1、D2 和 D3 的叶绿素含量分别为 46.50、48.03、49.87、48.43（陵两优 268）和 47.83、48.67、50.37、49.13（两优培九）。乳熟期两品种表现一致，均为 D2 的叶绿素含量最高，比 CK 增加了 9.49%（陵两优 268）和 6.24%（两优培九）。成熟期 D1、D2 和 D3 的叶绿素含量分别比 CK 增加了 2.83%、6.71%、3.56%（陵两优 268）和 4.94%、8.74%、2.87%（两优培九）。由此可知，与 D1 和 D3 相比，D2 叶绿素一直保持在较高水平，表明在 D2 时间喷雾更能有效缓解水稻叶片叶绿素的降解。

3.5.2　高温热害条件下不同应对技术对水稻剑叶净光合速率的影响

自然条件下，水稻抽穗期和乳熟期光合速率较高，在成熟期较低。由图 3.16 可知，试验一中，抽穗期遭遇高温各处理的净光合速率均低于 CK，表明高温降低了水稻植株的净光合速

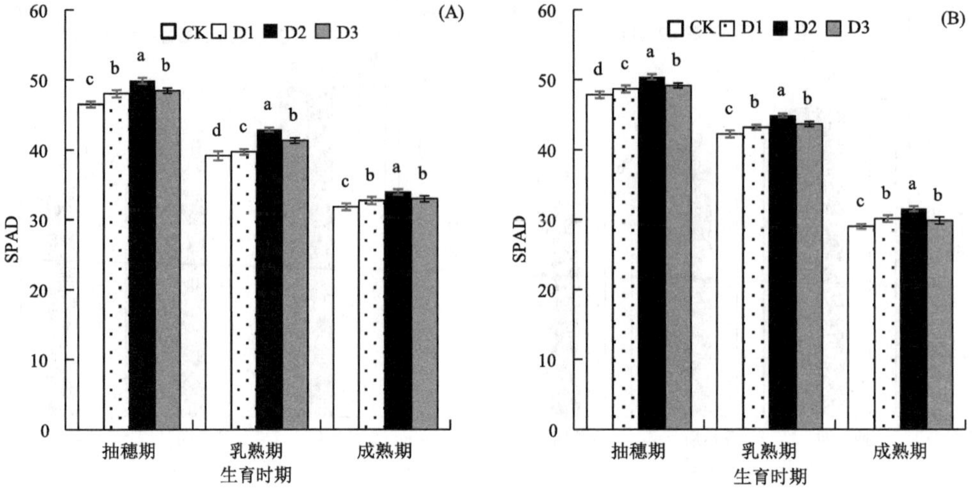

图 3.15　高温热害条件下不同时间喷雾对水稻剑叶叶绿素含量的影响

率。抽穗期、乳熟期和成熟期，两品种 CK 的净光合速率一直高于其他处理，分别达到 22.90 $\mu molCO_2 \cdot m^{-2} \cdot s^{-1}$、20.23 $\mu molCO_2 \cdot m^{-2} \cdot s^{-1}$、9.16 $\mu molCO_2 \cdot m^{-2} \cdot s^{-1}$（陵两优 268）和 23.35 $\mu molCO_2 \cdot m^{-2} \cdot s^{-1}$、20.01 $\mu molCO_2 \cdot m^{-2} \cdot s^{-1}$、8.55 $\mu molCO_2 \cdot m^{-2} \cdot s^{-1}$（两优培九）。抽穗期、乳熟期和成熟期，除 CK 之外，A1 的净光合速率最高，分别达到 21.82 $\mu molCO_2 \cdot m^{-2} \cdot s^{-1}$、19.53 $\mu molCO_2 \cdot m^{-2} \cdot s^{-1}$、8.643 $\mu molCO_2 \cdot m^{-2} \cdot s^{-1}$（陵两优 268）和 22.54 $\mu molCO_2 \cdot m^{-2} \cdot s^{-1}$、18.98 $\mu molCO_2 \cdot m^{-2} \cdot s^{-1}$、8.27 $\mu molCO_2 \cdot m^{-2} \cdot s^{-1}$（两优培九），皆显著高于其他处理。由此可见，A1 处理更能够有效缓解高温热害对水稻叶片光合作用的伤害。

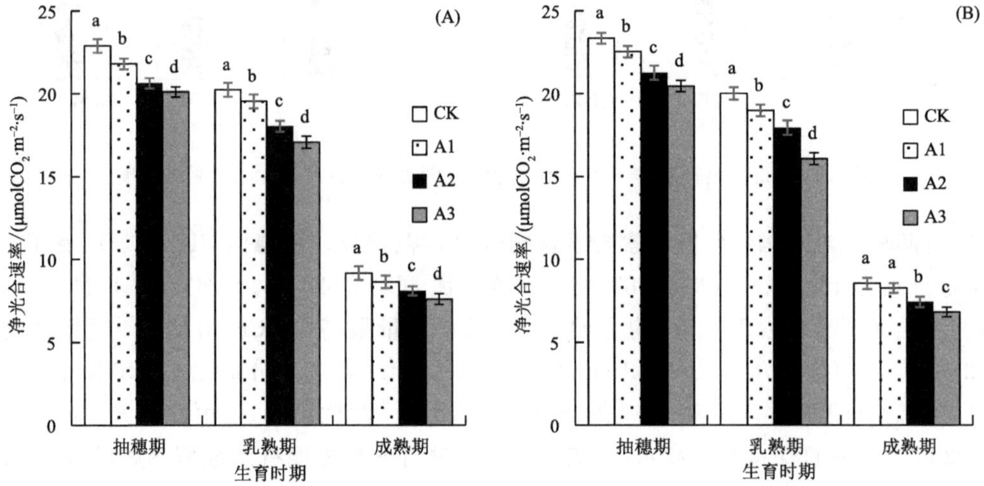

图 3.16　高温热害条件下不同灌水深度对水稻剑叶净光合速率的影响

由图 3.17 可知，抽穗遭遇高温，B1 处理的净光合速率最大，CK 次之，B2 和 B3 最低。B1 在抽穗、乳熟和成熟期的净光合速率分别比 CK 增加了 6.22%、5.20%、9.45%（陵两优 268）和 4.58%、5.71%、9.77%（两优培九）。B2 在抽穗、乳熟和成熟期分别比 CK 降低了 7.99%、

10.31%、6.80%(陵两优 268)和 6.06%、9.18%、17.05%(两优培九)。B3 在抽穗、乳熟和成熟期分别比 CK 降低了 4.75%、6.80%、11.24%(陵两优 268)和 10.49%、5.58%、9.86%(两优培九)。由此可知,与 B2 和 B3 相比,B1 处理可以有效缓解高温对净光合系统的伤害。

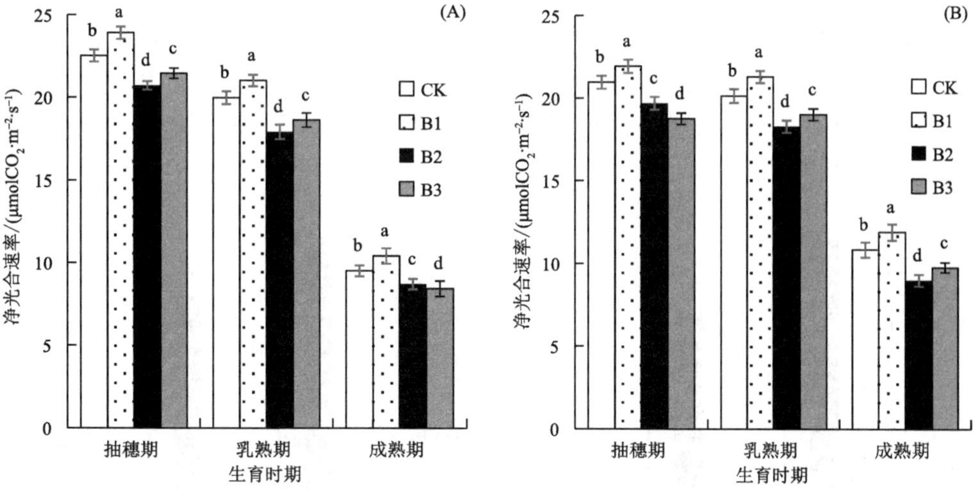

图 3.17　高温热害条件下不同来源灌溉水灌溉对水稻剑叶净光合速率的影响

由图 3.18 可知,抽穗期遭遇高温,C1、C2、C3 处理剑叶的净光合速率都高于 CK,但不同应对技术之间效果存在差异。在抽穗期,C1、C2、C3 的净光合速率分别比 CK 增加了 8.97%、2.46%、5.74%(陵两优 268)和 9.35%、3.16%、8.37%(两优培九)。在乳熟期 C1、C2、C3 的净光合速率分别比 CK 增加了 10.80%、2.66%、9.04%(陵两优 268)和 7.01%、2.60%、6.89%(两优培九)。成熟期 C1 和 C3 处理的净光合速率达到最大,分别为 10.57 $\mu molCO_2 \cdot m^{-2} \cdot s^{-1}$、10.48 $\mu molCO_2 \cdot m^{-2} \cdot s^{-1}$(陵两优 268)和 9.41 $\mu molCO_2 \cdot m^{-2} \cdot s^{-1}$、9.45 $\mu molCO_2 \cdot m^{-2} \cdot s^{-1}$(两优培九)。总体来看,抽穗期高温能够降低水稻剑叶净光合速率,但 C1 和 C3 可以有效改善高温热害对水稻光合系统的伤害。

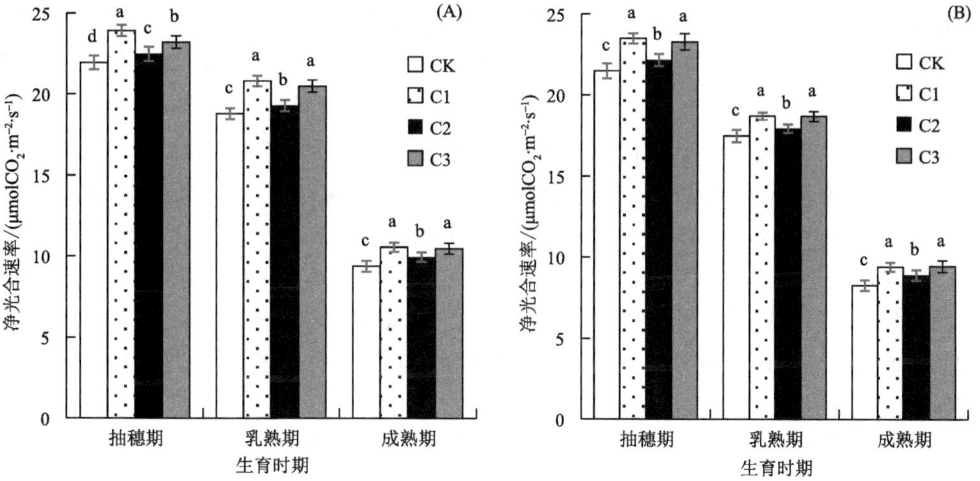

图 3.18　高温热害条件下喷施不同化学制剂对水稻剑叶净光合速率的影响

由图 3.19 可知，水稻剑叶净光合速率在抽穗期达到最高，乳熟期次之，成熟期最低。抽穗、乳熟和成熟期，各处理净光合速率均值均高于 CK，表明抽穗期高温会严重影响水稻光合作用。抽穗期 D1、D2 和 D3 的净光合速率分别比 CK 增加了 4.00%、11.30%、5.12%（陵两优 268）和 1.65%、13.20%、5.53%（两优培九）；乳熟期分别比 CK 增加了 3.68%、13.07%、7.72%（陵两优 268）和 3.15%、15.01%、8.18%（两优培九）；成熟期分别比 CK 增加了 7.00%、15.00%、7.29%（陵两优 268）和 1.22%、14.69%、8.78%（两优培九）。总体来看，在抽穗、乳熟和成熟期，D2 净光合速率显著高于 D1 和 D3，表明 D2 处理更能有效缓解水稻叶片的净光合速率的降低。

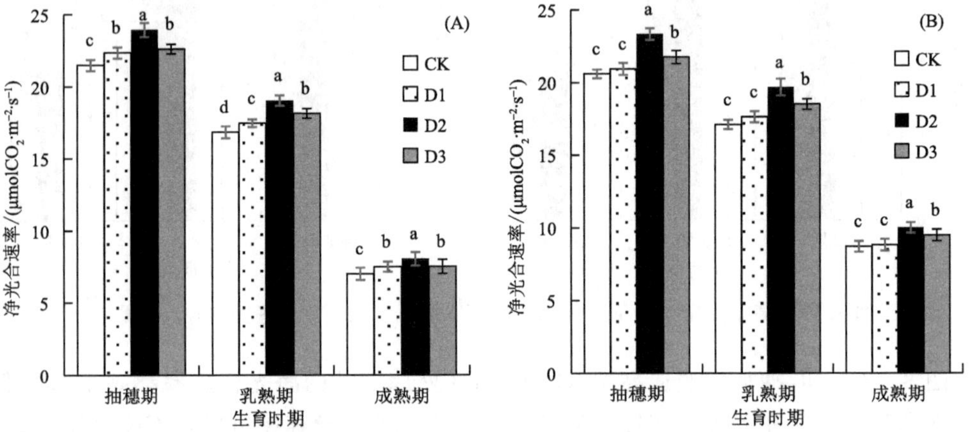

图 3.19　高温热害条件下不同时间喷雾对水稻剑叶净光合速率的影响

3.5.3　高温热害条件下不同应对技术对水稻剑叶 SOD 活性的影响

由图 3.20 可知，抽穗期遭遇高温导致水稻叶片 SOD 活性急剧增加，A1、A2、A3 处理的 SOD 活性分别比 CK 高 14.17%、7.23%、2.97%（陵两优 268）和 9.70%、7.09%、5.32%（两优培九），表明高温条件下，植株可以通过自身防御机制增加 SOD 活性对其进行清除。在乳熟期水稻植株通过自然恢复，SOD 活性开始下降。成熟期与乳熟期趋势一致，各处理 SOD 活性表现为 CK＞A1＞A2＞A3。从乳熟期到成熟期各处理 SOD 活性基本都低于 CK，表明高温降低了水稻 SOD 活性，加速了水稻的衰老进程，其中 A1 处理更能有效缓解水稻的衰老。

由图 3.21 可知，抽穗、乳熟和成熟期，B1 处理 SOD 活性分别比 CK 增加了 3.12%、3.10%、6.22%（陵两优 268）和 4.35%、2.48%、8.84%（两优培九）；B2 处理的 SOD 活性分别比 CK 降低 3.37%、1.40%、8.84%（陵两优 268）和 2.92%、2.58%、6.96%（两优培九）；B3 处理的 SOD 活性分别比 CK 降低 5.90%、6.74%、4.34%（陵两优 268）和 7.48%、0.53%、3.40%（两优培九）。从总体上来看，两水稻品种叶片 SOD 活性表现为 B1＞CK＞B2＞B3。高温处理过后的恢复期，即乳熟期—成熟期 B1 处理的 SOD 活性一直高于其他处理，表明 B1 处理更能延缓高温下水稻叶片衰老进程。

由图 3.22 可知，抽穗期 C1、C2、C3 处理的剑叶 SOD 活性均高于 CK，表明喷施化学制剂有利于提高水稻剑叶 SOD 活性，从而增强植株清除活性氧的能力。抽穗期，C1、C2、C3 处理的 SOD 活性分别比 CK 增加了 9.95%、6.13%、8.52%（陵两优 268）和 9.84%、3.78%、

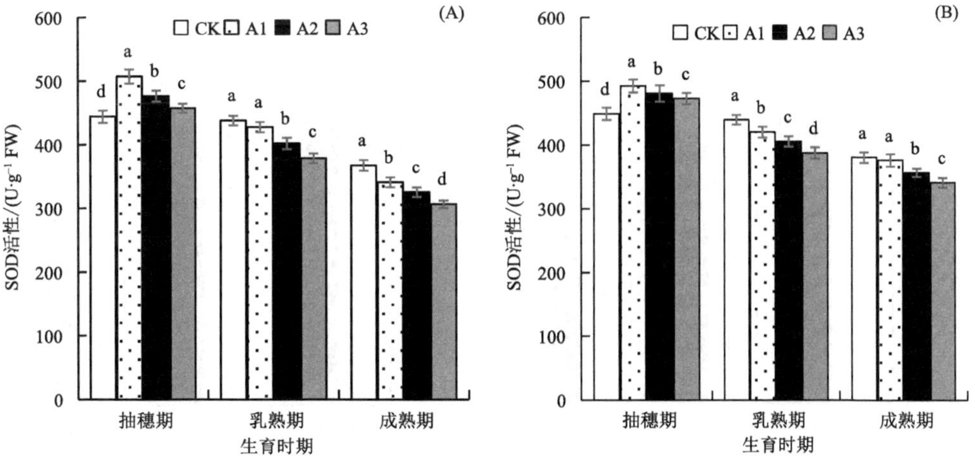

图 3.20　高温热害条件下不同灌水深度对水稻剑叶 SOD 活性的影响

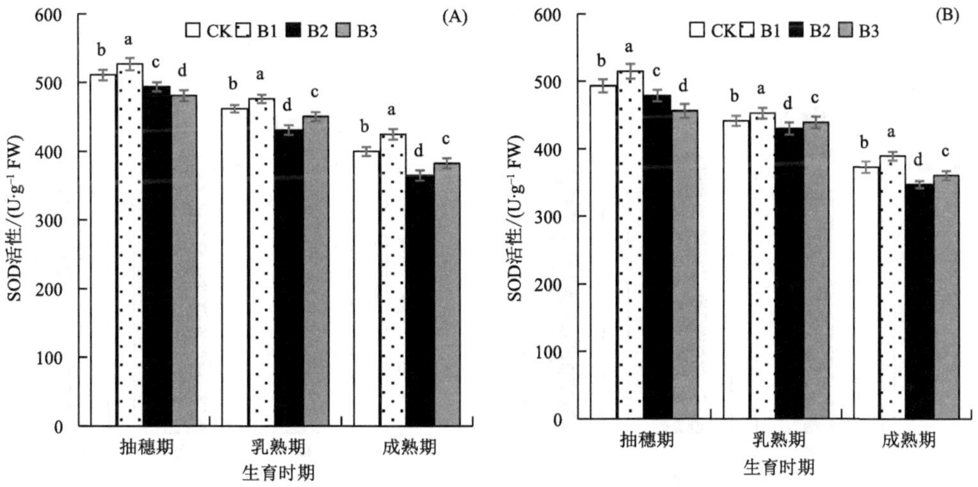

图 3.21　高温热害条件下不同来源灌溉水灌溉对水稻剑叶 SOD 活性的影响

8.47%(两优培九);乳熟期分别比 CK 增加了 8.10%、3.47%、10.28%(陵两优 268)和 7.59%、3.43%、10.44%(两优培九);成熟期分别比 CK 增加了 10.92%、6.12%、11.37%(陵两优 268)和 10.98%、5.42%、10.56%(两优培九)。抽穗期、乳熟期和成熟期各处理 SOD 活性都高于 CK,表明喷施化学制剂可以增加水稻叶片 SOD 活性,延缓叶片衰老,其中 C1 和 C3 的 SOD 活性最大,且两者无显著差异。

不同时间喷雾对水稻叶片 SOD 活性影响不同,由图 3.23 可知,抽穗期遭遇高温,D1、D2、D3 处理叶片的 SOD 活性分别比 CK 增加了 6.51%、13.63%、9.16%(陵两优 268)和 8.30%、14.33%、10.15%(两优培九);乳熟期分别比 CK 增加了 4.07%、7.71%、4.62%(陵两优 268)和 4.61%、9.57%、3.35%(两优培九);成熟期分别比 CK 增加了 6.09%、11.14%、3.88%(陵两优 268)和 5.74%、11.85%、6.64%(两优培九)。总体上看,成熟期 D2 处理的 SOD 活性始终高于 D1 和 D3,表明 D2 更能有效延缓水稻叶片衰老。

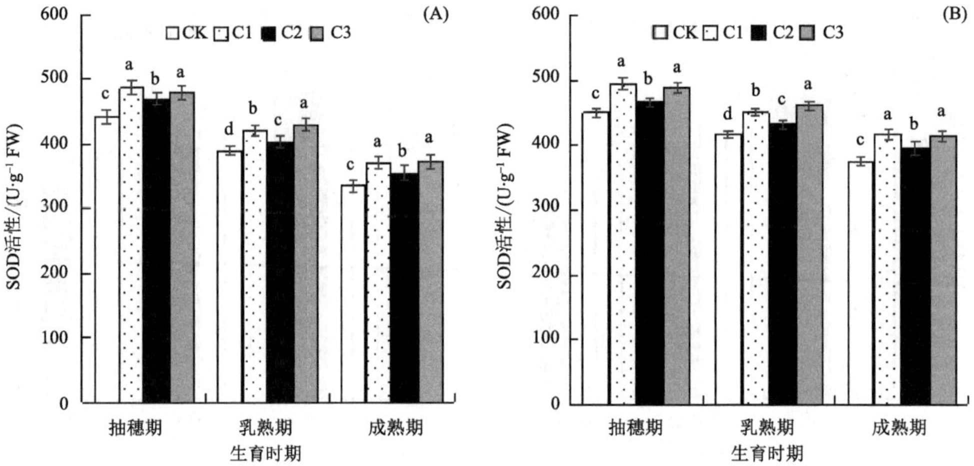

图 3.22　高温热害条件下喷施不同化学制剂对水稻剑叶 SOD 活性的影响

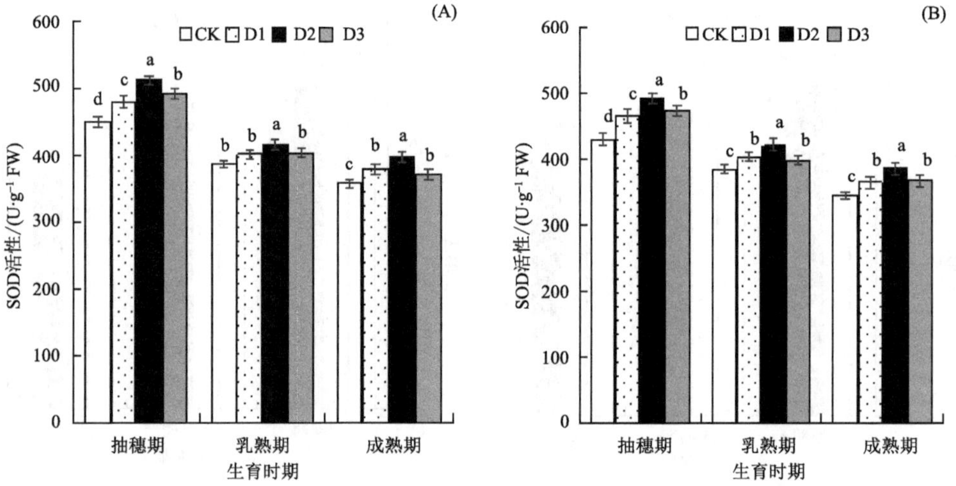

图 3.23　高温热害条件下不同时间喷雾对水稻剑叶 SOD 活性的影响

3.5.4　高温热害条件下不同应对技术对水稻剑叶 POD 活性的影响

POD 也是植物体内抗氧化酶系统的重要成分，可催化 H_2O_2 转化为活性较低的 H_2O，从而使植物体免受过氧化伤害。由图 3.24 可知，抽穗期高温导致水稻叶片 POD 活性显著增加，高温结束后略微下降，品种间表现一致。在抽穗期遭遇高温时，水稻叶片 POD 活性急剧增加，A1、A2、A3 分别比 CK 增加 29.38%、14.23%、10.27%（陵两优 268）和 21.57%、15.33%、7.92%（两优培九）；在乳熟期分别比 CK 降低 8.12%、13.63%、18.01%（陵两优 268）和 5.17%、10.61%、14.01%（两优培九）；在成熟期分别比 CK 降低 5.34%、10.92%、15.50%（陵两优 268）和 4.46%、9.51%、15.30%（两优培九）。总体上看，成熟期水稻叶片 POD 活性表现为 CK＞A1＞A2＞A3，表明 A1 处理更能有效延缓水稻衰老。

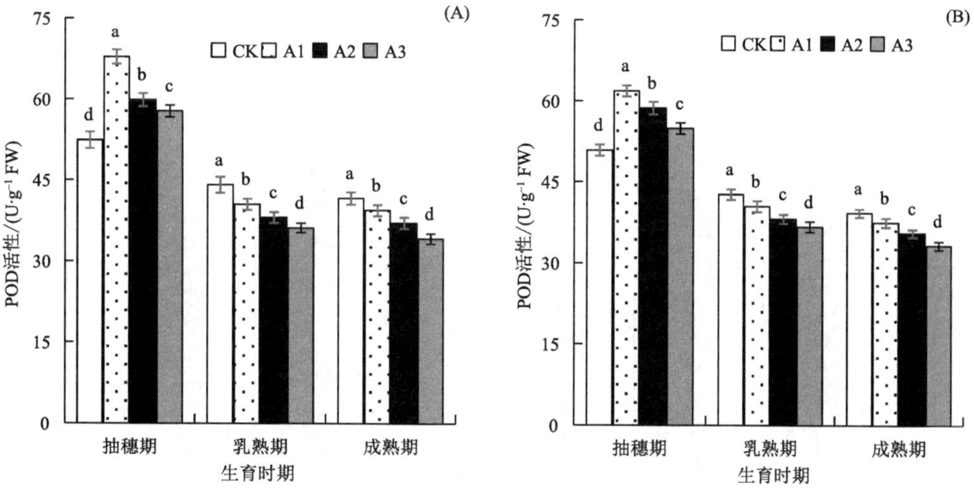

图 3.24 高温热害条件下不同灌水深度对水稻剑叶 POD 活性的影响

由图 3.25 可知，在抽穗期遭遇高温时，水稻叶片 POD 活性急剧增加。抽穗、乳熟和成熟期 B1 分别比 CK 增加 4.05%、6.95%、9.10%(陵两优 268)和 5.86%、5.92%、6.32%(两优培九)；B2 分别比 CK 降低 9.23%、8.67%、6.54%(陵两优 268)和 10.80%、9.90%、10.55%(两优培九)；B3 分别比 CK 降低 6.19%、3.59%、4.32%(陵两优 268)和 6.06%、6.80%、7.25%(两优培九)。总体上看，从抽穗、乳熟和成熟期各处理 POD 活性表现为，B1>CK>B3>B2，表明 B1 处理更能有效延缓水稻衰老。

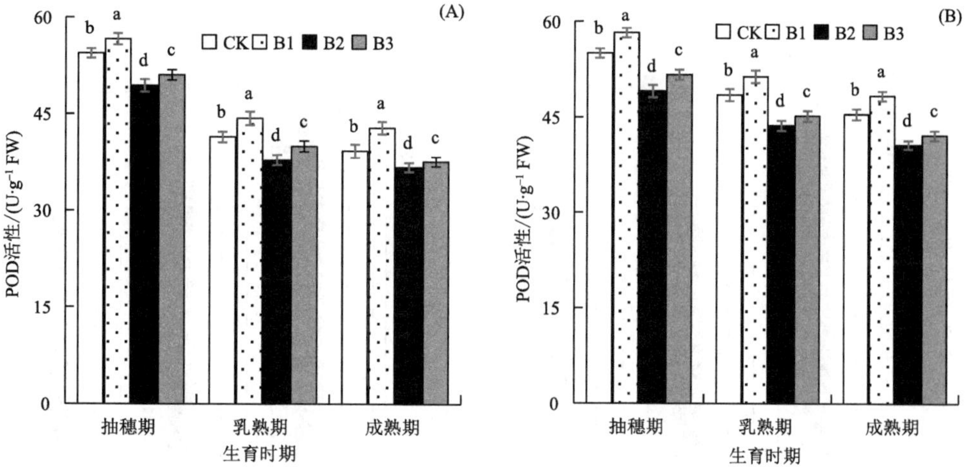

图 3.25 高温热害条件下不同来源灌溉水灌溉对水稻剑叶 POD 活性的影响

由图 3.26 可知，在抽穗期遭遇高温时，水稻叶片 POD 活性急剧增加，C1、C2、C3 分别比 CK 增加 21.65%、6.17%、25.78%(陵两优 268)和 19.01%、11.42%、16.51%(两优培九)；在乳熟期分别比 CK 增加 9.13%、5.85%、8.00%(陵两优 268)和 8.07%、5.40%、9.64%(两优培九)；在成熟期分别比 CK 增加 13.95%、5.27%、9.35%(陵两优 268)和 14.21%、6.99%、11.64%(两优培九)。总体上看，抽穗、乳熟和成熟期 C1 和 C3 的 POD 活性最高，C2 次之，CK

最小。因此，C1 和 C3 更能有效缓解水稻叶片衰老。

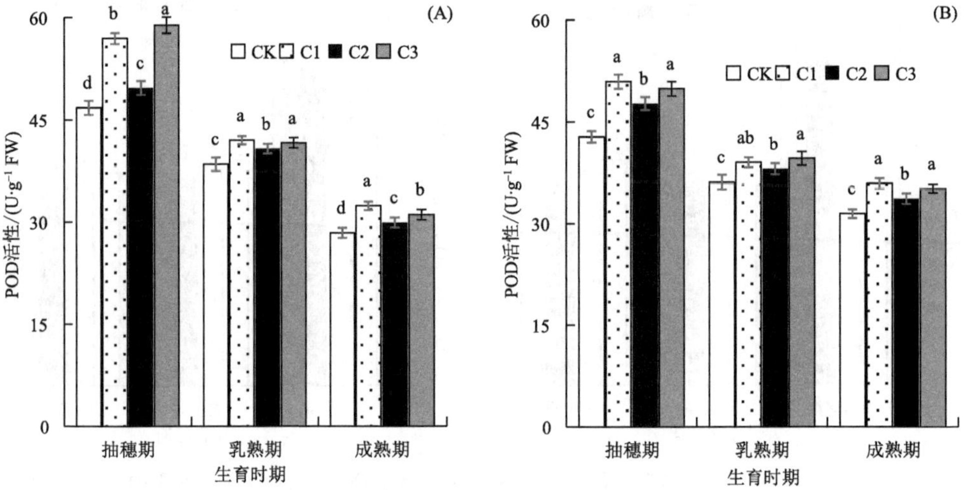

图 3.26　高温热害条件下喷施不同化学制剂对水稻剑叶 POD 活性的影响

由图 3.27 可知，水稻植株在抽穗期遭遇高温时，叶片 POD 活性急剧增加，抽穗期 D1、D2、D3 分别比 CK 增加 10.84%、18.42%、11.73%(陵两优 268)和 10.34%、17.57%、6.56%(两优培九)。可以看出，与抽穗期相比，乳熟期各处理的 POD 活性较 CK 增幅变慢。在乳熟期 D1、D2、D3 分别比 CK 增加 2.91%、10.43%、6.09%(陵两优 268)和 3.31%、10.47%、6.33%(两优培九)。在成熟期，两品种 POD 活性表现基本相同，均表现为 D2 最大，表明 D2 处理能有效延缓水稻衰老。

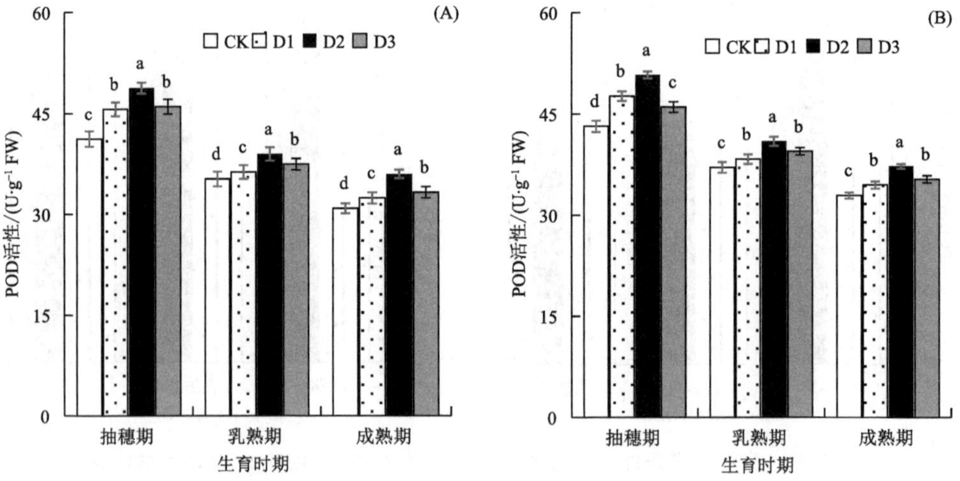

图 3.27　高温热害条件下不同时间喷雾对水稻剑叶 POD 活性的影响

3.5.5　高温热害条件下不同应对技术对水稻剑叶 CAT 活性的影响

由图 3.28 可知，抽穗期 A1、A2、A3 处理叶片的 CAT 活性分别比 CK 增加 11.50%、3.84%、4.79%(陵两优 268)和 19.16%、16.74%、3.64%(两优培九)；乳熟期分别比 CK 降低

3.68%、12.97%、21.67%(陵两优 268)和 2.72%、13.38%、16.66%(两优培九);成熟期分别比 CK 降低了 6.13%、15.51%、26.65%(陵两优 268)和 7.57%、11.79%、23.98%(两优培九)。总体上看,两品种成熟期水稻叶片 CAT 活性表现为,CK>A1>A2>A3,可知,A1 处理更能提高高温下水稻叶片 CAT 活性。

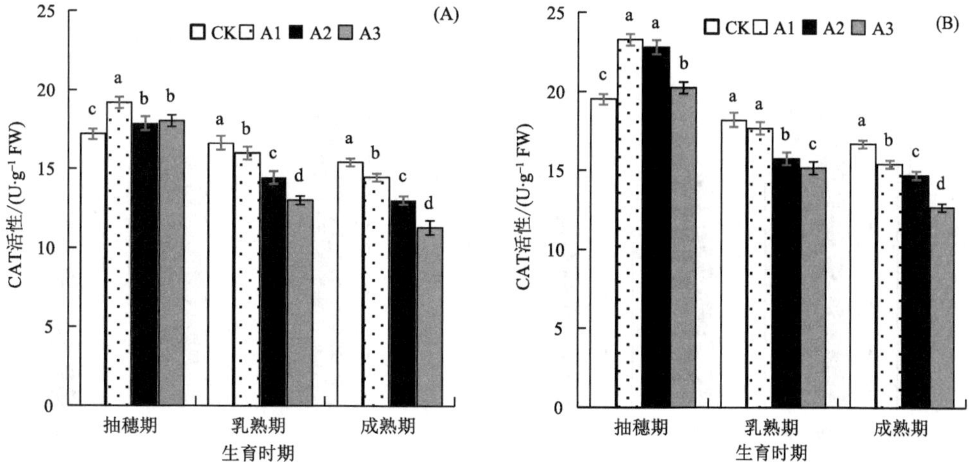

图 3.28　高温热害条件下不同灌水深度对水稻剑叶 CAT 活性的影响

由图 3.29 可知,在抽穗期遭遇高温时,水稻叶片 CAT 活性增加,CK、B1、B2、B3 的 CAT 活性分别为 20.81 U·g^{-1}FW、22.18 U·g^{-1}FW、19.81 U·g^{-1}FW、20.35 U·g^{-1}FW(陵两优 268)和 22.83 U·g^{-1}FW、24.21 U·g^{-1}FW、21.47 U·g^{-1}FW、20.78 U·g^{-1}FW(两优培九)。乳熟期和成熟期各处理 CAT 活性变化趋势基本一致,均表现为 B1>CK>B3>B2。总体上看,B1 处理一直能保持较高的 CAT 活性,表明 B1 处理更能有效延缓水稻衰老。

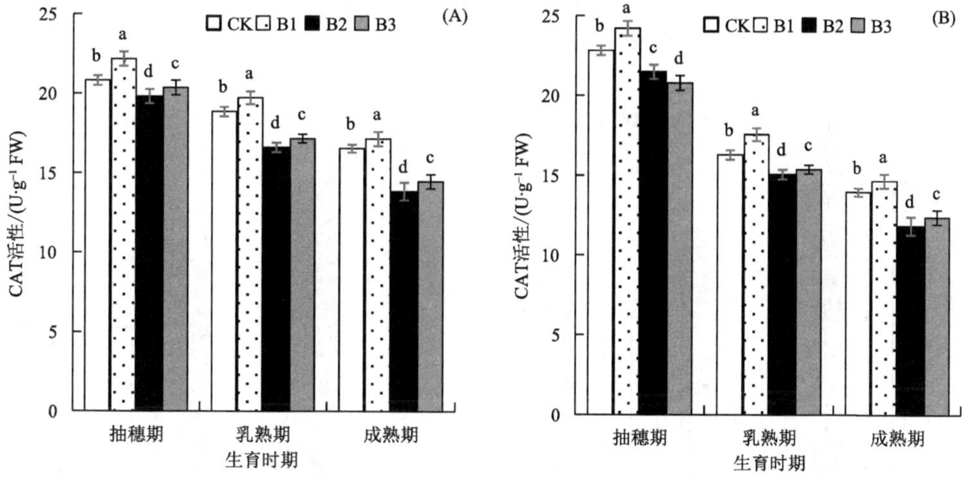

图 3.29　高温热害条件下不同来源灌溉水灌溉对水稻剑叶 CAT 活性的影响

由图 3.30 可知,在抽穗期遭遇高温时,水稻叶片 CAT 活性急剧增加,C1、C2、C3 分别比 CK 增加 13.23%、5.32%、12.72%(陵两优 268)和 12.10%、3.89%、17.01%(两优培九)。乳熟期 C1、C2、C3 分别比 CK 增加 13.75%、7.97%、13.48%(陵两优 268)和 12.85%、4.16%、

6.69%(两优培九);成熟期 C1、C2、C3 分别比 CK 增加 18.48%、3.89%、15.34%(陵两优 268)11.52%、3.18%、10.80%。两品种抽穗期、乳熟期和成熟期水稻叶片 CAT 活性都表现为,CK>C1>C3>C2,但 C1 和 C3 之间无明显差别,表明在 C1 和 C3 处理更能有效延缓水稻衰老。

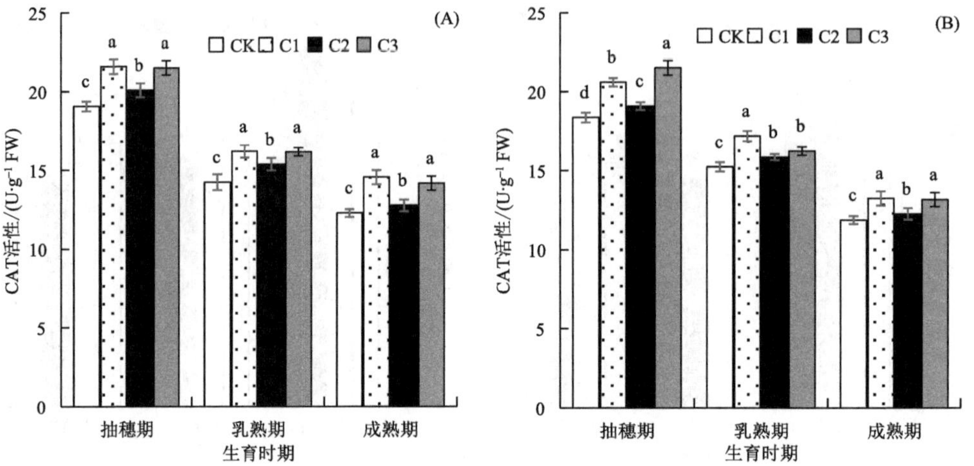

图 3.30　高温热害条件下喷施不同化学制剂对水稻剑叶 CAT 活性的影响

由图 3.31 可知,高温导致抽穗期水稻叶片 CAT 活性急剧增加,D1、D2、D3 分别比 CK 增加 5.76%、19.04%、10.42%(陵两优 268)和 4.69%、13.69%、7.86%(两优培九)。在结束高温处理后,进入恢复期各处理 CAT 活性仍高于 CK。乳熟期 D1、D2、D3 分别比 CK 增加 3.41%、17.35%、10.08%(陵两优 268)和 4.38%、12.79%、7.26%(两优培九);成熟期 D1、D2、D3 分别比 CK 增加 6.21%、16.31%、8.59%(陵两优 268)和 6.50%、13.35%、10.85%(两优培九)。总体上看,从抽穗期到成熟期两品种水稻叶片 CAT 活性表现为 D2>D3>D1>CK,表明 D2 处理更能有效延缓水稻衰老。

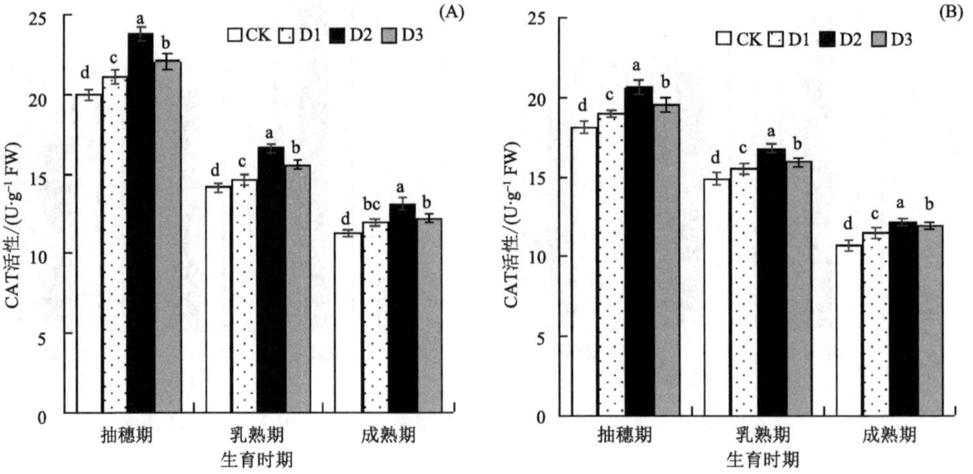

图 3.31　高温热害条件下不同时间喷雾对水稻剑叶 CAT 活性的影响

3.5.6 高温热害条件下不同应对技术对水稻剑叶 MDA 含量的影响

MDA 是膜脂过氧化的产物，通常用来表征细胞膜受损程度，其含量越高，代表叶片受损程度越严重。由图 3.32 可知，抽穗期遭遇高温，各处理 MDA 含量均大于 CK，表明高温加剧了水稻叶片的衰老程度。抽穗期 A1、A2、A3 处理分别比 CK 增加 9.69%、12.54%、14.99%（陵两优 268）和 6.55%、10.76%、16.16%（两优培九）；乳熟期分别比 CK 增加 7.01%、13.03%、18.59%（陵两优 268）和 5.15%、12.63%、14.53%（两优培九）；成熟期分别比 CK 增加 4.85%、11.38%、16.93%（陵两优 268）和 3.57%、10.07%、13.74%（两优培九）。可知，除 CK 之外，A1 处理的 MDA 含量一直保持在较低水平。因此，A1 处理更能够有效缓解抽穗期高温对水稻叶片造成的伤害。

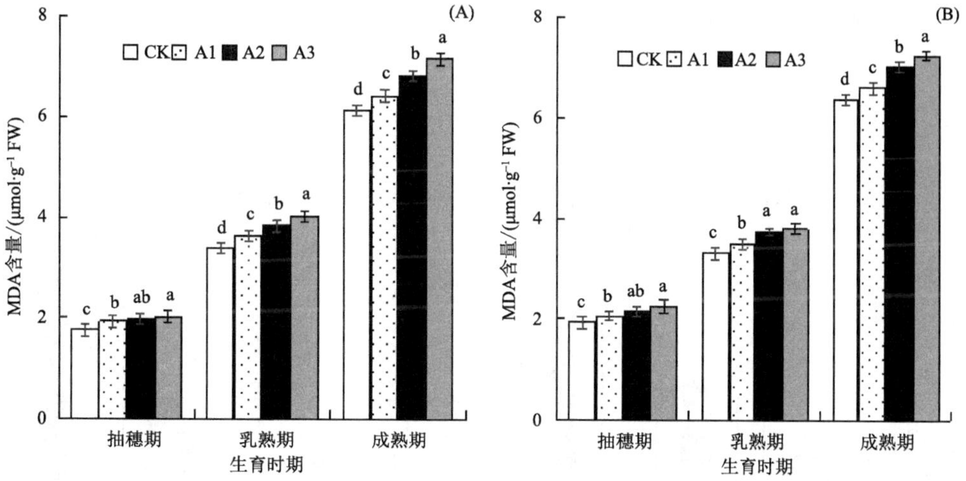

图 3.32　高温热害条件下不同灌水深度对水稻剑叶 MDA 含量的影响

由图 3.33 可知，抽穗、乳熟和成熟期，B1 处理 MDA 含量比 CK 降低 2.64%、7.44%、3.66%（陵两优 268）和 4.74%、9.49%、2.80%（两优培九）。从抽穗到成熟期，B2 和 B3 处理 MDA 活性一直高于 CK，B2 分别比 CK 增加 19.32%、12.74%、10.20%（陵两优 268）和 15.32%、14.24%、9.30%（两优培九）；B3 分别比 CK 增加 16.99%、11.12%、6.19%（陵两优 268）和 7.27%、3.94%、4.16%（两优培九）。从总体上来看，两水稻品种叶片 MDA 含量表现为 B2>B3>CK>B1。因此，B1 处理更能够有效降低 MDA 含量，降低植株细胞受损程度，调节细胞代谢水平。

由图 3.34 可知，抽穗期高温增加了水稻剑叶 MDA 含量。抽穗期 C1、C2、C3 处理的 MDA 含量分别比 CK 降低了 11.43%、15.91%、13.03%（陵两优 268）和 9.43%、4.12%、9.96%（两优培九）；在乳熟期分别比 CK 降低了 14.96%、7.71%、11.13%（陵两优 268）和 11.02%、4.13%、8.82%（两优培九）；在成熟期分别比 CK 降低了 9.08%、4.03%、7.77%（陵两优 268）和 11.05%、5.54%、8.80%（两优培九）。在抽穗、乳熟和成熟期，三个处理中 C2 的 MDA 含量最大，其次是 C1 和 C3，且两者之间无明显差异。表明，与 C2 相比，C1 和 C3 处理都更能够降低水稻膜质过氧化程度。

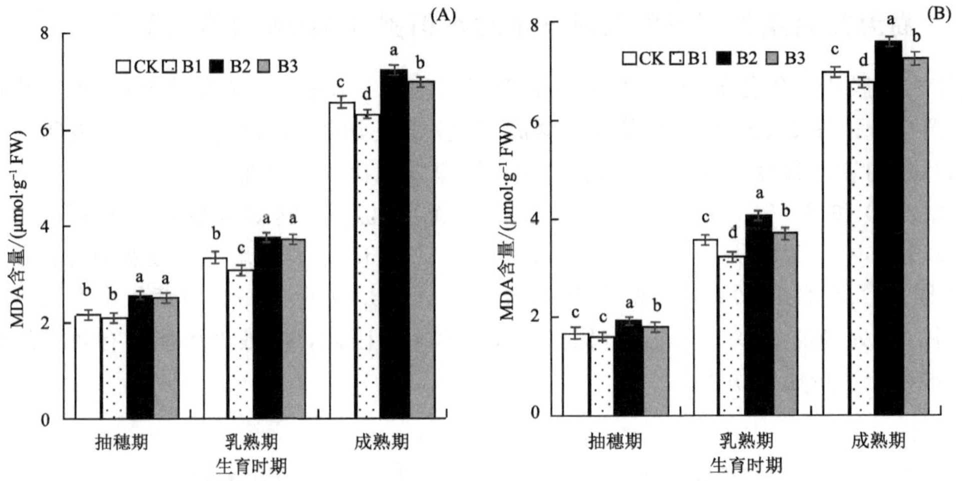

图 3.33　高温热害条件下不同来源灌溉水灌溉对水稻剑叶 MDA 含量的影响

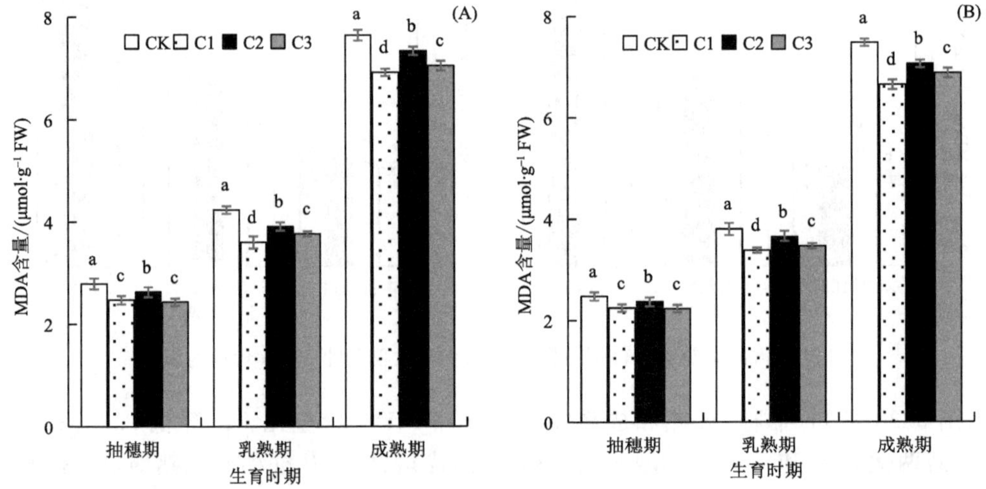

图 3.34　高温热害条件下喷施不同化学制剂对水稻剑叶 MDA 含量的影响

由图 3.35 可知，不同生育时期各处理叶片 MDA 含量均低于对照，表明高温影响了水稻植株的正常代谢，加速了水稻衰老进程，且不同时间段喷雾效果不同。由图 3.35 可知，抽穗期，D1、D2 和 D3 处理的叶片 MDA 含量分别比 CK 降低了 8.25%、15.67%、10.56%（陵两优 268）和 7.52%、15.30%、6.87%（两优培九）；在乳熟期分别比 CK 降低了 5.84%、14.35%、9.68%（陵两优 268）和 5.76%、14.38%、7.20%（两优培九）；在成熟期分别比 CK 降低了 3.41%、9.90%、5.12%（陵两优 268）和 5.48%、9.17%、6.08%（两优培九）。总体上看，各处理的水稻叶片 MDA 含量在品种间表现基本一致，D1 和 D3 处理 MDA 含量始终高于 D2 处理，因此，与 D1 和 D3 相比，D2 时间喷雾更能有效缓解高温对水稻造成的伤害。

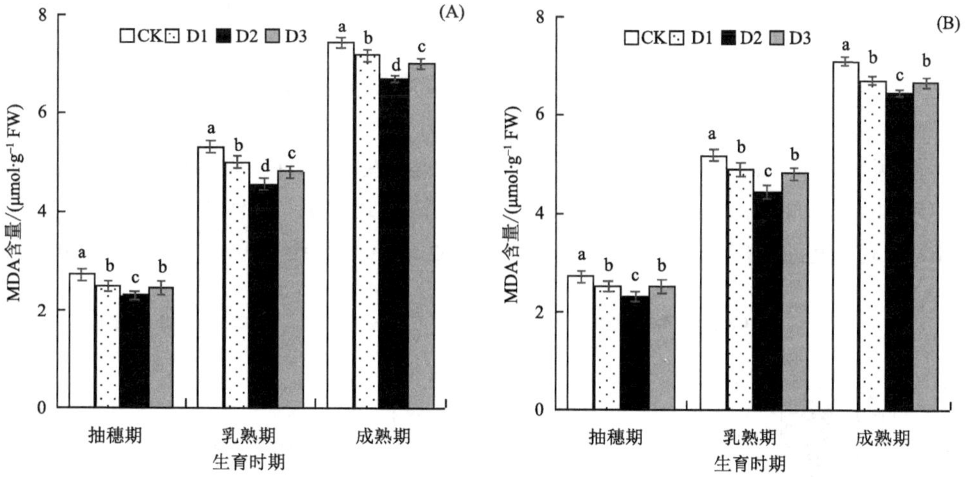

图 3.35　高温热害条件下不同时间喷雾对水稻剑叶 MDA 含量的影响

3.5.7　高温热害条件下不同应对技术对水稻剑叶可溶性蛋白质含量的影响

细胞可溶性蛋白质是植物代谢的主要调控和促进物质，其含量的变化反映了植物合成和代谢的能力。由图 3.36 可知，抽穗期高温导致水稻剑叶可溶性蛋白含量增加，表明植株受到高温胁迫时能够产生更多的可溶性蛋白以提高对高温的耐受力。在抽穗期遭遇高温时，水稻叶片可溶性蛋白含量急剧增加，A1、A2、A3 分别比 CK 增加 16.22%、10.48%、7.43%（陵两优 268）和 18.75%、13.30%、6.54%（两优培九）；在乳熟期 A1、A2、A3 分别比 CK 降低 7.44%、17.50%、23.43%（陵两优 268）和 3.96%、12.18%、14.76%（两优培九）；在成熟期 A1、A2、A3 分别比 CK 降低 5.67%、18.24%、25.59%（陵两优 268）和 7.88%、15.78%、19.57%（两优培九）。总体上看，与 A2 和 A3 相比，A1 处理更能够维持水稻植物合成和代谢能力。

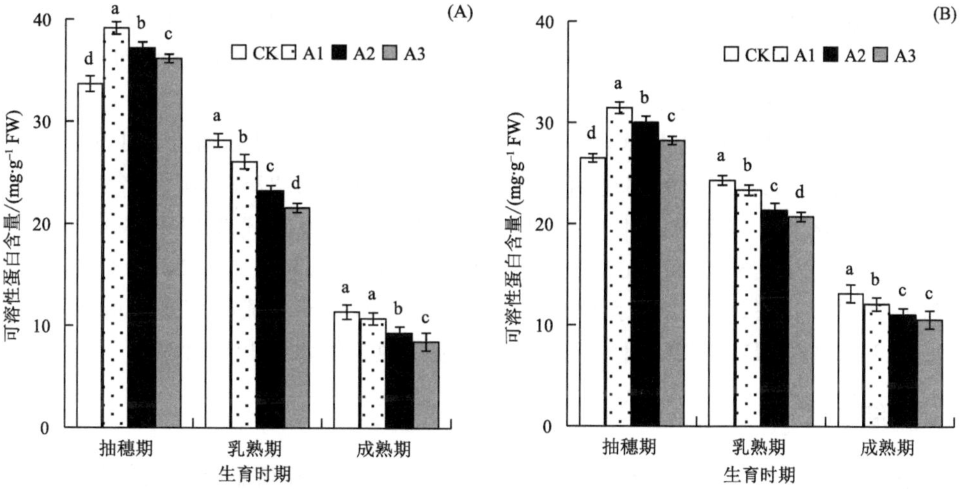

图 3.36　高温热害条件下不同灌水深度对水稻剑叶可溶性蛋白含量的影响

由图 3.37 可知，抽穗期高温导致水稻剑叶可溶性蛋白含量增加，抽穗期 B1、B2、B3 分别比 CK 增加 15.60%、5.22%、12.61%(陵两优 268)和 17.72%、5.94%、8.94%(两优培九)。在高温结束后进入恢复阶段，在乳熟期—成熟期 B2 分别比 CK 降低 24.19%、22.32%(陵两优 268)和 10.29%、22.23%(两优培九)；在乳熟期—成熟期 B3 分别比 CK 降低 21.07%、22.06%(陵两优 268)和 7.97%、10.72%(两优培九)。在乳熟期—成熟期 B1 分别比 CK 增加 3.04%、12.26%(陵两优 268)和 8.91%、12.67%(两优培九)。总体上看，与 B2 和 B3 相比，成熟期 B1 的可溶性蛋白含量最高，因此，表明 B1 处理更能够维持水稻植物合成和代谢能力。

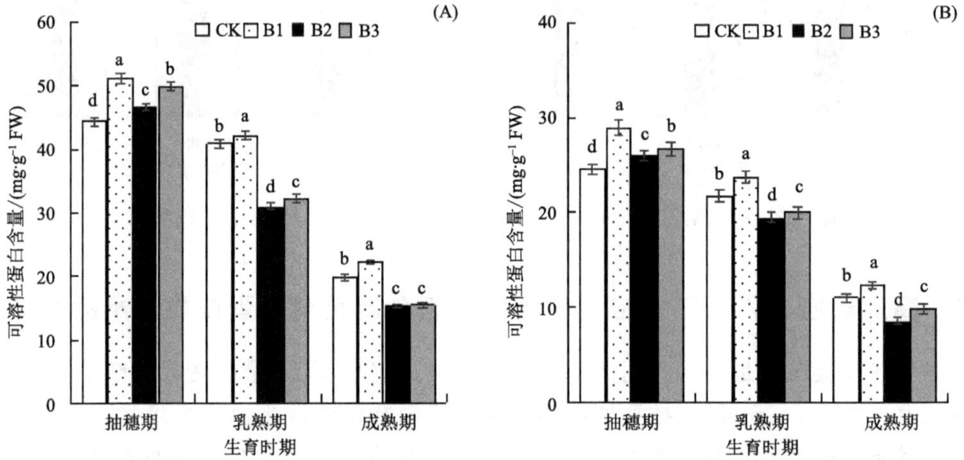

图 3.37 高温热害条件下不同来源灌溉水灌溉对水稻剑叶可溶性蛋白含量的影响

由图 3.38 可知，抽穗遭遇高温，各处理叶片可溶性蛋白含量均显著高于 CK，品种间表现一致。抽穗期 C1、C2、C3 分别比 CK 增加 13.90%、11.49%、15.59%(陵两优 268)和 9.54%、5.72%、12.20%(两优培九)。乳熟期各处理可溶性蛋白相较于抽穗期有所降低，C1、C2、C3 分别比 CK 增加 12.60%、6.46%、12.35%(陵两优 268)和 16.06%、4.47%、13.60%(两优培九)；成熟期 CK、C1、C2、C3 的可溶性蛋白含量分别为 25.82 、28.84 、26.96 、28.27 mg · g^{-1} FW(陵两优 268)和 14.55 、16.22 、15.29 、15.85 mg · g^{-1}FW(两优培九)。总体上看，两品种成熟期水稻叶片可溶性蛋白含量表现为，C1＞C3＞C2＞CK，且 C1 和 C3 之间无明显差别，表明 C1 和 C3 处理更能有效延缓水稻叶片衰老。

由图 3.39 可知，抽穗期高温导致水稻叶片可溶性蛋白含量显著增加，D1、D2、D3 分别比 CK 增加 8.37%、12.34%、9.49%(陵两优 268)和 12.46%、18.37%、10.63%(两优培九)；乳熟期 D1、D2、D3 分别比 CK 增加 4.62%、11.67%、6.08%(陵两优 268)和 5.04%、15.13%、10.27%(两优培九)；成熟期 D1、D2、D3 分别比 CK 增加 7.24%、13.88%、5.94%(陵两优 268)和 6.40%、18.14%、10.51%(两优培九)。总体上看，两品种成熟期水稻叶片可溶性蛋白含量表现为，D2＞C3＞D1＞CK，因此，D2 处理更能有效延缓水稻叶片衰老。

3.5.8 小结

温度是光合生产力的一个主要的环境决定因素。温度的升高影响了植物的光合作用，尤其影响了净光合速率(张建霞 等，2005)。大量研究表明，高温胁迫条件下，RuBP 羧化酶活性降低，叶绿素含量下降，显著降低水稻叶片的净光合速率(李文彬 等，2005；杜尧东 等，2012；

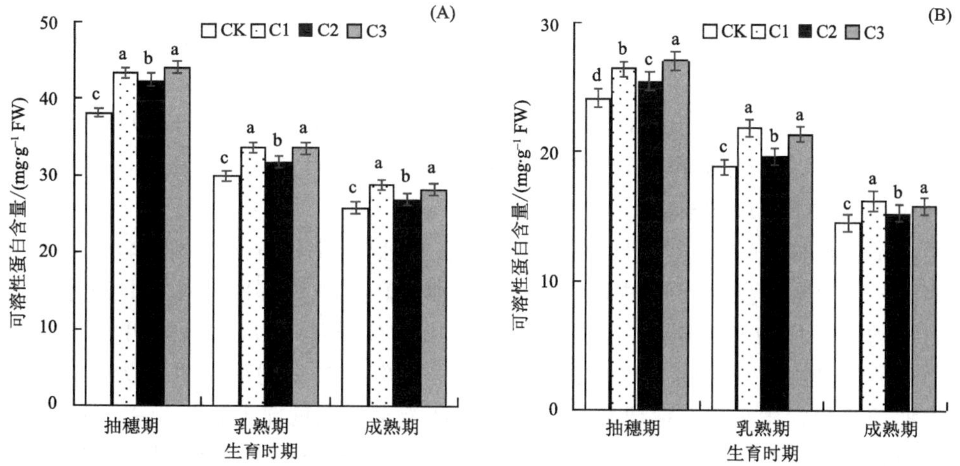

图 3.38 高温热害条件下喷施不同化学制剂对水稻剑叶可溶性蛋白含量的影响

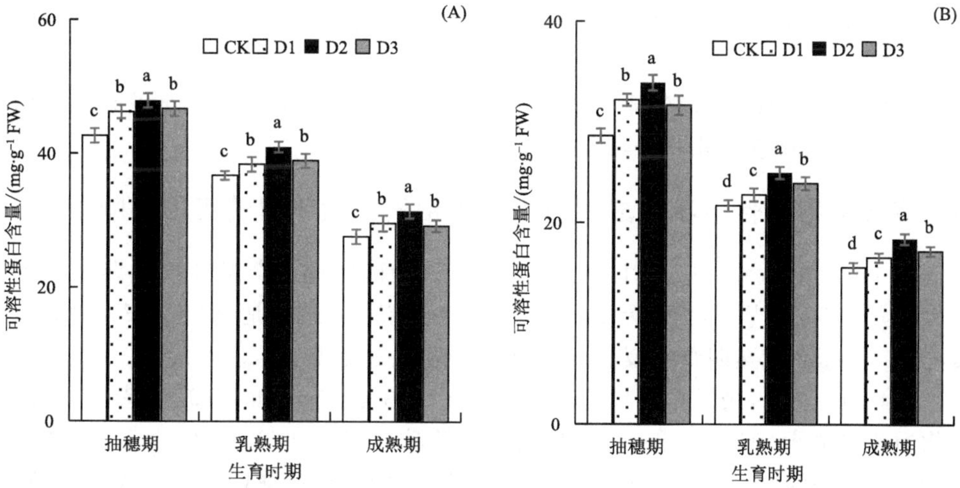

图 3.39 高温热害条件下不同时间喷雾对水稻剑叶可溶性蛋白含量的影响

杨岚 等,2013;赵森 等,2013)。当植物受逆境胁迫时,体内的活性氧产生与清除的平衡机制被打破,导致植物体内活性氧大量积累,对细胞膜系统造成伤害。POD、SOD 和 CAT 是清除植株体内活性氧的主要酶类,三者协同作用清除过剩自由基,维持植株体内活性氧代谢平衡。MDA 是膜质过氧化的产物,是衡量细胞膜系统氧化程度的指标。有研究表明,高温导致植株体内 SOD 和 POD 活性降低(任昌福 等,1990;杜尧东 等,2012),但也有研究认为,高温能够增加叶片 SOD 和 POD 活性(Allakhverdiev et al.,2008;Hüve et al.,2011;谭瑞坤 等,2017)。本研究表明,抽穗期高温降低乳熟期和成熟期水稻剑叶 SOD 活性、POD 活性和 CAT 活性,提高了 MDA 含量,使得剑叶衰老速度加快,导致剑叶净光合速率下降。但不同应对技术均可以通过提高 SOD、POD、CAT 的活性增强水稻植株的抗氧化能力,从降低了高温对水稻植株的伤害,延缓水稻的衰老进程。

3.6 高温热害条件下不同应对技术对水稻干物质分配的影响

IPCC(2013)第五次报告预估，全球平均气温在2016—2035年相较于1986—2005年可能还将上升0.3～0.7 ℃(沈永平 等，2013)。温度与作物的生长发育密切相关，全球气温不断升高必将会对水稻的干物质积累、产量品质等产生影响。

水稻产量是植株干物质积累、转运与分配的结果，受外界环境条件影响较大。研究表明，籽粒干物质一部分来自茎叶于抽穗前贮积而于抽穗后转运到穗部的非结构性碳水化合物，一部分来自抽穗后叶片的光合作用(杨惠杰 等，2001)。有研究认为，水稻前期干物质生产与中后期干物质的比例协调是达到高产的前提条件。马均等(2003)的研究则认为，高产水稻群体主要依靠抽穗后的物质积累。张洪松等(1995)则认为水稻抽穗前干物质积累与转运率高与水稻高产密切相关。因此，作物要达到高产不仅需要提高茎叶干物质积累和转运率，也需要抽穗后有较多的光合产物积累。研究发现，高温胁迫能够显著降低植株花后干物质积累量、花前干物质转运量、转运率和收获指数，从而导致产量降低(张姗 等，2017)。刘奇华等(2016)的研究也证实了孕穗期高温能够显著降低水稻结实期单茎干物质积累量、叶片和茎鞘干物质输出率和转化率。

本试验旨在研究抽穗期高温条件下不同的灌溉方式(灌溉水深、灌溉水来源)、喷施不同的化学制剂、不同时间喷雾对水稻干物质积累和产量的影响。

3.6.1 高温热害条件下不同应对技术对水稻干物质积累转运的影响

由表3.10可知，试验一中，对陵两优268来说，抽穗期遭遇高温，CK的茎叶干物质积累达到最大，为1.75 g·茎$^{-1}$，其次是A1，达到1.73 g·茎$^{-1}$，最后是A2和A3，分别为1.71和1.70 g·茎$^{-1}$。而在成熟期则相反，A3的茎叶干物质积累最大，达到1.47 g·茎$^{-1}$，其次是A2，达到1.44 g·茎$^{-1}$，最后是A1和CK，分别为1.38 g·茎$^{-1}$和1.39 g·茎$^{-1}$。成熟期CK籽粒干物质积累最大，A1、A2和A3分别比CK降低2.40%、9.60%和13.15%；物质转运率和物质贡献率表现为CK＞A1＞A2＞A3。对两优培九来说，抽穗期CK和A1的干物质积累量最大，达到3.88 g·茎$^{-1}$，其次是A2和A3，达到3.80 g·茎$^{-1}$；成熟期CK、A1、A2和A3的茎叶干物质积累量分别为3.31 g·茎$^{-1}$、3.32 g·茎$^{-1}$、3.49 g·茎$^{-1}$和3.59 g·茎$^{-1}$；成熟期A1、A2和A3的籽粒干物质积累量分别比CK降低1.70%、3.30%和5.02%；物质转运率和物质贡献率表现为CK＞A1＞A2＞A3。

试验二中，所有处理在抽穗期均遭遇自然条件下的高温热害。对陵两优268来说，成熟期B2的茎叶干物质积累最小，为1.47 g·茎$^{-1}$，其次是CK，1.51 g·茎$^{-1}$，最后是B2和B3。成熟期B1籽粒干物质积累最大达到，2.45 g·茎$^{-1}$，其次是CK，为2.25 g·茎$^{-1}$；最后是B2和B3，分别为2.20 g·茎$^{-1}$和2.18 g·茎$^{-1}$。物质转运率和物质贡献率表现为B1＞CK＞B2＞B3。对两优培九来说，抽穗期B1的干物质积累量最大，达到3.84 g·茎$^{-1}$；成熟期B2的茎叶干物质积累达到最大，为3.24 g·茎$^{-1}$，其次是B3，为3.15 g·茎$^{-1}$，最后是B1和CK，分别为2.78 g·茎$^{-1}$和2.99g·茎$^{-1}$；成熟期CK、A1、A2和A3籽粒干物质积累分别为4.05 g·茎$^{-1}$、4.25 g·茎$^{-1}$、3.71 g·茎$^{-1}$和3.72 g·茎$^{-1}$；物质转运率和物质贡献率变化趋势基本一致，大小排序为B1＞CK＞B3＞B2，但B3与B2之间无显著差异。

表3.10 高温热害下不同应对技术对水稻干物质积累和转运的影响

品种	处理	抽穗期	成熟期		物质转运率/%	物质贡献率/%
		茎叶干物质积累/(g·茎$^{-1}$)	茎叶干物质积累/(g·茎$^{-1}$)	籽粒干物质积累/(g·茎$^{-1}$)		
陵两优268	CK	1.75a	1.39c	2.44a	20.68a	14.80a
	A1	1.73a	1.38c	2.38b	19.98a	14.50a
	A2	1.71b	1.44b	2.21c	15.78b	12.24b
	A3	1.70b	1.47a	2.12d	13.56c	10.87c
	CK	1.75b	1.51b	2.25b	13.78b	10.68b
	B1	1.83a	1.47c	2.45a	19.80a	14.82a
	B2	1.73b	1.55a	2.20c	10.53c	8.27c
	B3	1.72b	1.55a	2.18c	9.84c	7.77c
	CK	1.71c	1.44a	1.76c	16.02c	15.60c
	C1	1.79a	1.32b	1.86a	26.46a	25.47a
	C2	1.77ab	1.43a	1.80b	19.20b	18.88b
	C3	1.81a	1.32b	1.84a	27.07a	26.62a
	CK	1.70c	1.52a	1.79c	10.46c	9.91c
	D1	1.77ab	1.48b	1.88b	16.02b	15.06b
	D2	1.80a	1.42c	1.96a	21.01a	19.31a
	D3	1.75b	1.47b	1.89b	16.29b	15.11b
两优培九	CK	3.88a	3.31c	3.82a	14.70a	14.94a
	A1	3.88a	3.32c	3.75b	14.29a	14.78a
	A2	3.80b	3.49b	3.63c	8.06b	8.44b
	A3	3.80b	3.59a	3.44d	5.47c	6.05c
	CK	3.77b	2.99b	4.05b	20.78b	19.32b
	B1	3.84a	2.78c	4.25a	27.56a	24.94a
	B2	3.77b	3.24a	3.71c	14.09d	14.34d
	B3	3.73b	3.15a	3.72c	15.60c	15.66c
	CK	3.55d	3.12a	3.31c	12.10c	12.95c
	C1	3.78b	2.81d	3.53a	25.61a	27.43a
	C2	3.65c	3.00b	3.42b	17.89b	19.13b
	C3	3.88a	2.91c	3.54a	24.91a	27.29a
	CK	3.43b	2.96a	3.62c	13.86d	13.15d
	D1	3.46b	2.92a	3.67c	15.65c	14.76c
	D2	3.52a	2.74c	4.07a	22.08a	19.08a
	D3	3.44 b	2.83b	3.75b	17.79b	16.31b

试验三采取人工辅助加热对CK、C1、C2和C3进行了高温处理。对陵两优268来说，抽穗期遭遇高温，C1和C3的干物质积累量最大，分别为1.79 g·茎$^{-1}$和1.81 g·茎$^{-1}$，其次是C2处理，为1.77 g·茎$^{-1}$，CK最小，为1.71 g·茎$^{-1}$；成熟期CK的茎叶干物质积累最大，为1.44 g·茎$^{-1}$，其次是C2，为1.43 g·茎$^{-1}$，C1和C3最小。成熟期CK的籽粒干物质积累最小，C1、C2、C3分别比CK增加5.72%、2.43%和4.70%；物质转运率和物质贡献率表现为C3>C1>C2>CK。对两优培九来说，抽穗期CK、C1、C2和C3的干物质积累分别达到3.55 g·茎$^{-1}$、3.78 g·茎$^{-1}$、3.65 g·茎$^{-1}$和3.88 g·茎$^{-1}$；成熟期CK的茎叶干物质积累达到最大，为3.12g·茎$^{-1}$，其次是C2，为3.00 g·茎$^{-1}$，最后是C1和C3，为2.81 g·茎$^{-1}$和2.91 g·茎$^{-1}$；成熟期C1、C2和C3籽粒干物质积累分别比CK增加6.46%、3.21%和6.82%；物质转运率和物质贡献率大小排序为C1>C3>C2>CK。

试验四采取人工辅助加热的方式，对 CK、D1、D2 和 D3 进行了加热处理。对陵两优 268 来说，抽穗期 D2 的干物质积累量最大，达到 1.80 g·茎$^{-1}$，其次是 D1 和 D3，分别为 1.77 g·茎$^{-1}$和 1.75 g·茎$^{-1}$，最后是 CK，为 1.70 g·茎$^{-1}$；成熟期各处理茎叶干物质积累大小排序为 CK＞D1＞D3＞D2；成熟期籽粒干物质积累、物质转运率和物质贡献率表现为 D2＞D3＞D1＞CK，且 D3 和 D1 之间无显著差异。对两优培九来说，抽穗期 D2 的茎叶干物质积累量最大，为 3.52 g·茎$^{-1}$，其次是 D1 和 D3，分别为 3.46 g·茎$^{-1}$和 3.44 g·茎$^{-1}$，最后是 CK，为 3.43 g·茎$^{-1}$；成熟期 CK 的茎叶干物质积累最大，为 2.96 g·茎$^{-1}$，其次是 D1，为 2.92 g·茎$^{-1}$，最后是 D2 和 D3，分别为 2.74 g·茎$^{-1}$和 2.83 g·茎$^{-1}$；成熟期 D1、D2 和 D3 籽粒干物质积累分别比 CK 增加 1.35%、12.52%和 3.71%；物质转运率和物质贡献率表现为 D2＞D3＞D1＞CK。

总体来看，高温降低了陵两优 268 和两优培九抽穗期茎叶干物质积累量、干物质转运率、物质贡献率和成熟期籽粒干物质积累，增加了成熟期茎叶干物质积累量。不同应对技术均可以提高水稻茎叶干物质转运率、物质贡献率和成熟期籽粒单茎干物质积累，但不同应对技术措施效果存在显著差异。其中试验一到试验四中，A1、B1、C3 和 D2 对提高水稻茎叶干物质转运率、物质贡献率和成熟期籽粒单茎干物质积累的效果最好。

3.6.2 高温热害条件下不同应对技术对水稻成熟期各器官干重分配比例的影响

由图 3.40 可知，成熟期各处理叶片干重分配比例大小排序为 A3＞A2＞A1＞CK。CK、A1、A2、A3 的茎鞘干物质占植株地上部干重的比例分别为 24.44%、24.77%、25.97%、26.79%（陵两优 268）和 32.05%、32.76%、33.12%、33.91%（两优培九）；两品种穗部干物质占植株地上干重的比例都表现为 CK＞A1＞A2＞A3。总体来看，高温导致水稻叶片和茎鞘干物质占地上干重的比例显著增加，而穗部干物质占地上部干重的比例降低。总体来看，除 CK 之外，A1 处理更能够提高高温下穗部干物质占地上干重的比例。

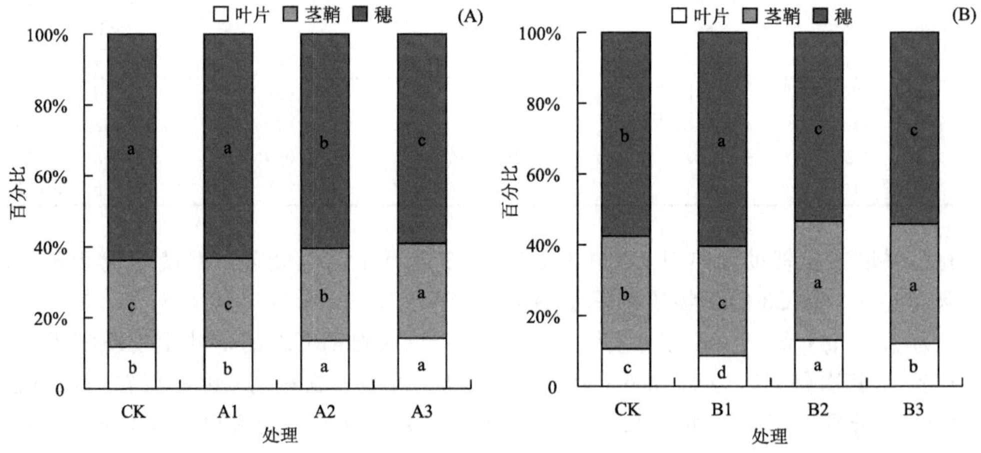

图 3.40 高温热害条件下不同灌水深度对水稻成熟期各器官干重分配比例的影响

由图 3.41 可知，成熟期 CK、B1、B2、B3 叶片干物质占水稻地上部总重的比例分别为 11.66%、10.93%、11.81%、11.92%（陵两优 268）和 10.60%、8.68%、13.05%、12.13%（两优培九）；两品种茎鞘干物质占水稻地上部总重的比例都表现为 B2＞CK＞B3＞B1；成熟期 CK、

B1、B2、B3 穗部干物质占水稻地上部总重的比例分别为 59.94%、62.49%、58.70%、58.41%(陵两优 268)和 57.58%、60.40%、53.35%、54.15%(两优培九)。总体来看,高温导致水稻叶片、茎鞘干物质占水稻地上部总重的比例显著增加,穗部干物质占水稻地上部总重的比例降低。与 B3 和 B2 相比,B1 更能够提高高温下水稻成熟期穗部干物质占地上部总重的比例。

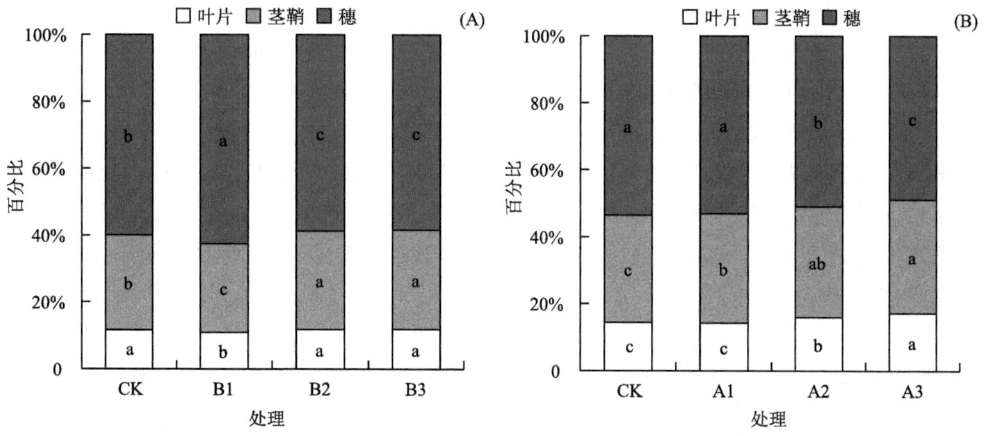

图 3.41　高温热害条件下不同来源灌溉水灌溉对水稻成熟期各器官干重分配比例的影响

由图 3.41 可知,成熟期 CK、B1、B2、B3 叶片干物质占水稻地上部总重的比例分别为 11.66%、10.93%、11.81%、11.92%(陵两优 268)和 10.60%、8.68%、13.05%、12.13%(两优培九);两品种茎鞘干物质占水稻地上部总重的比例都表现为 B2>CK>B3>B1;成熟期 CK、B1、B2、B3 穗部干物质占水稻地上部总重的比例分别为 59.94%、62.49%、58.70%、58.41%(陵两优 268)和 57.58%、60.40%、53.35%、54.15%(两优培九)。总体来看,高温导致水稻叶片、茎鞘干物质占水稻地上部总重的比例显著增加,穗部干物质占水稻地上部总重的比例降低。与 B3 和 B2 相比,B1 更能够提高高温下水稻成熟期穗部干物质占地上部总重的比例。

由图 3.42 可知,两品种成熟期叶片干物质占水稻地上部总重的比例表现为 CK>C2>C3>C1;成熟期 C1、C2、C3 茎鞘干物质占水稻地上部总重的比例分别比 CK 降低 7.01%、0.41%、5.26%(陵两优 268)和 8.45%、2.65%、5.92%(两优培九);C1、C2、C3 穗部干物质占水稻地上部总重的比例分别比 CK 增加 6.65%、1.53%、6.09%(陵两优 268)和 8.03%、

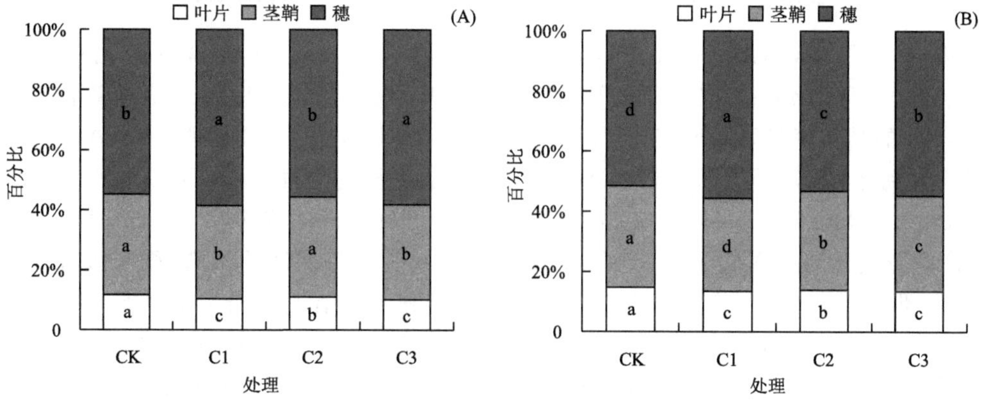

图 3.42　高温热害条件下喷施不同化学制剂对水稻成熟期各器官干重分配比例的影响

3.37%、6.50%(两优培九)。总体来看,高温导致水稻叶片、茎鞘干物质占水稻地上部总重的比例增加,穗部干物质占水稻地上部总重的比例降低。C1 和 C3 穗部干物质占水稻地上部总重的比例显著高于 C2,且 C1 和 C3 之间没有显著差异。表明,高温下 C1 和 C3 更能够提高成熟期穗部占水稻地上部分总重的比例。

由图 3.43 可知,成熟期水稻植株各部分干物质占水稻地上部总重的比例不同,表现为穗部>茎鞘>叶片。成熟期 D1、D2 和 D3 的叶片干物质占水稻地上部总重的比例分别 CK 降低 8.42%、14.19%、8.27%(陵两优 268)和 2.90%、13.22%、6.04%(两优培九);成熟期 D1、D2 和 D3 的茎鞘干物质占水稻地上部总重的比例分别比 CK 降低 2.34%、6.41%、3.62%(陵两优 268)和 1.05%、9.65%、3.91%(两优培九);成熟期两品种 CK、D1、D2、D3 穗部干物质占水稻地上部总重的比例大小排序为 D2>D3>D1>CK。总体来说,与 CK 相比,D1、D2、D3 都能够降低成熟期茎叶干物质占水稻地上部总重的比例,增加穗部干物质占水稻地上部总重的比例,但 D2 处理效果最好。

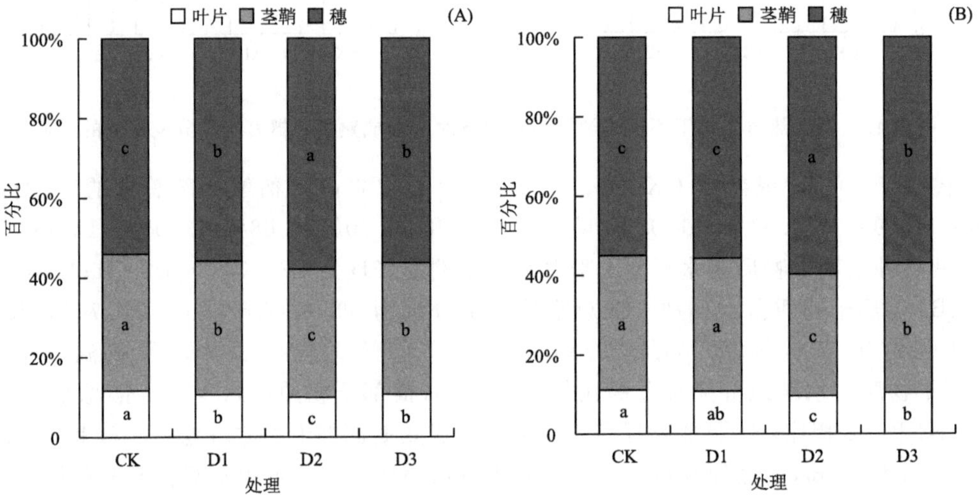

图 3.43 高温热害条件下不同时间喷雾对水稻成熟期各器官干重分配比例的影响

3.6.3 高温热害条件下不同应对技术对水稻产量及构成因素的影响

由表 3.11 可知,试验一中,对陵两优 268 来说,A1、A2、A3 产量分别比对照降低了 2.08%、3.20%和 7.49%。各处理的穗数、穗粒数和千粒重基本无差异,但各处理间结实率差异显著,CK 的结实率显著高于其他处理,其次是 A2 处理,最后是 A3 处理。A1、A2 和 A3 处理的结实率分别比 CK 降低了 1.73%、1.86%和 3.25%,对两优培九来说,CK、A1、A2 和 A3 产量分别为 8632.01 $kg \cdot hm^{-2}$、8602.60 $kg \cdot hm^{-2}$、8289.59 $kg \cdot hm^{-2}$和 8072.39 $kg \cdot hm^{-2}$,A1、A2 和 A3 产量分别比对照降低了 0.34%、3.97%和 6.48%。各处理的穗数、穗粒数和千粒重基本无差异,但结实率存在显著差异。其中 A1、A2 和 A3 结实率分别比 CK 降低 5.03%、1.61%和 4.28%。可知,试验一中高温造成的产量差异主要是结实率下起的。

试验二中,各处理均遭遇了自然条件下的高温热害,对陵两优 268 来说,B1 的产量最高,达到 8260.86 $kg \cdot hm^{-2}$,其次是 CK,达到 7961.20 $kg \cdot hm^{-2}$,B2 和 B3 最小,分别为 7461.65 $kg \cdot hm^{-2}$和 7572.05 $kg \cdot hm^{-2}$。各处理的穗数和千粒重基本无差异,但穗粒数和结实率之间存在显著差异。B1的穗粒数比CK增加了4.50%，而B2、B3的穗粒数分别比CK降低5.76%和4.50%；B1、B2、B3处理的结实率分别比CK降低0.67%、13.83%和6.59%。对两优培九来说，B1处理的产量最高，达到10236.42 kg·hm^{-2}，其次是CK，为9672.96 kg·hm^{-2}，B2和B3处理的产量最小，分别为8535.63 kg·hm^{-2}和8497.96 kg·hm^{-2}。各处理的穗数和千粒重基本无差异，但穗粒数和结实率之间存在显著差异。其中B1的穗粒数显著高于CK、B2和B3。B1的结实率显著高于其他处理，比CK增加8.71%，B2和B3比CK降低4.61%和5.01%。因此，试验二中高温造成处理间产量的差异主要是结实率和穗粒数引起的。

试验三中，对陵两优268来说，CK产量显著低于其他处理，表明高温降低了水稻产量。其中C1、C2和C3处理的产量分别比CK增加了18.75%、8.53%和17.21%。C1、C2和C3处理结实率分别比对照增加了12.94%、10.66%和6.93%。CK、C1、C2和C3的穗粒数分别为126.56粒·$穗^{-1}$、132.89粒·$穗^{-1}$、128.22粒·$穗^{-1}$和132.89粒·$穗^{-1}$。可以看出，各处理的穗数、千粒重基本无差异，但穗粒数和结实率差异明显。因此，试验三中高温造成的陵两优268产量差异主要是由穗粒数和千粒重下降引起的。对两优培九来说，CK的产量显著低于其他处理，表明高温降低了水稻产量，但喷施化学制剂在一定程度上缓解了高温热害对水稻产量造成的影响。CK、C1、C2和C3的产量分别为8054.56 kg·hm^{-2}、8994.85 kg·hm^{-2}、8558.72 kg·hm^{-2}和8872.22 kg·hm^{-2}。各处理结实率和穗粒数存在显著差异，而千粒重没有明显差异。其中CK的穗粒数为198.22粒/穗，显著低于C1、C2和C3。C1和C3结实率分别为79.25%和79.68%，显著高于C2和CK。因此，试验三中，高温造成的两优培九产量差异主要是结实率和穗粒数引起的。

试验四中，对陵两优268来说，D1、D2和D3处理产量分别比CK增加7.10%、13.74%和8.21%。各处理穗粒数和结实率差异显著，但千粒重无明显差异。其中D2处理结实率最大，达到84.74%，其次是D1和D3，分别为82.61%和82.30%，CK最小，为78.09%。CK、D1、D2和D3的穗粒数分别为130.33粒·$穗^{-1}$、131.78粒·$穗^{-1}$、136.11粒·$穗^{-1}$和132.89粒·$穗^{-1}$。因此，试验四中高温造成陵两优268产量的差异是由穗粒数和结实率共同作用的结果。对两优培九来说，CK的产量显著低于其他处理，表明高温降低了水稻产量，但不同时间喷雾处理均提高了高温热害对水稻的产量，其中D1、D2、D3处理产量分别比CK增加4.18%、13.65%和5.95%。各处理穗粒数和结实率差异明显，但千粒重无显著差异。因此，试验四中造成两优培九产量的差异是由穗粒数、千粒重和结实率共同作用的结果。

总体来看，高温显著降低了水稻产量，不同技术措施对缓解高温热害均有一定的效果，但不同技术措施之间存在明显差异。四个试验中，对提高高温热害下水稻产量效果最好的处理分别为A1、B1、C1和D2。

表3.11 高温热害下不同应对技术对水稻产量构成因素的影响(2016)

品种	处理	穗数 /(×10^4个·hm^{-2})	穗粒数 /(粒·$穗^{-1}$)	千粒重 /g	结实率 /%	产量 /(kg·hm^{-2})
陵两优268	CK	644.04a	129.20a	25.18a	90.29a	8318.78a
	A1	642.13a	127.40a	25.10a	89.02b	8146.15ab
	A2	642.13a	126.45a	25.18a	88.61b	8052.92b
	A3	636.45a	124.04a	24.88b	87.36c	7695.93c

续表

品种	处理	穗数 /(×10⁴个·hm⁻²)	穗粒数 /(粒·穗⁻¹)	千粒重 /g	结实率 /%	产量 /(kg·hm⁻²)
陵两优 268	CK	600.96a	130.78b	25.47a	89.14a	7961.20b
	B1	597.18a	136.67a	25.42a	88.54a	8260.86a
	B2	606.64a	123.25c	25.09a	76.81c	7461.65c
	B3	607.62a	124.89c	25.09a	83.27b	7572.05c
	CK	605.00a	126.56b	23.74a	73.75c	6033.24c
	C1	608.35a	132.89a	23.65a	83.29a	7164.19a
	C2	606.66a	128.22b	23.72a	78.86b	6548.11b
	C3	610.03a	132.89a	23.76a	81.61a	7071.82a
	CK	612.54a	130.33b	23.20a	78.09c	6998.74c
	D1	610.03a	131.78b	23.23a	82.30b	7495.98b
	D2	609.18a	136.11a	23.47a	84.74a	7960.65a
	D3	602.49a	132.89b	23.49a	82.61b	7573.02b
两优培九	CK	466.82a	218.78a	25.82a	79.53a	8632.01a
	A1	465.84a	215.89 a	25.97a	78.25ab	8602.60a
	A2	464.91a	215.11 a	25.86a	76.13bc	8289.59b
	A3	463.98a	213.89 a	25.98a	75.53c	8072.39c
	CK	489.94a	203.44b	25.67a	79.31b	9672.96b
	B1	496.61a	223.11a	25.85a	86.22a	10236.42a
	B2	482.38a	188.56c	25.74a	75.65c	8535.63c
	B3	483.31a	184.50c	25.67a	75.34c	8497.96c
	CK	451.16a	198.22c	26.13a	74.45b	8054.56c
	C1	439.77a	206.67a	26.13a	79.25a	8994.85a
	C2	448.32a	207.33a	26.12a	75.56b	8558.72b
	C3	448.32a	208.33a	26.08a	79.68a	8872.22a
	CK	482.65a	197.56c	26.28a	79.25d	8006.23c
	D1	480.97a	201.22b	26.14a	81.83c	8340.86b
	D2	486.00a	207.22a	26.43a	84.72a	9098.81a
	D3	478.46a	202.56b	26.24a	82.83b	8482.71b

3.6.4 小结

光合产物是水稻干物质积累和转运的基础,同时也是水稻产量形成的基础。高温抑制了水稻的光合作用,从而导致光合产物即干物质积累变少。张姗等(2017)的研究表明,高温能够显著降低植株花后干物质积累量、花前干物质转运量、转运率和收获指数。本研究表明,高温降低了水稻抽穗期植株茎叶干物质积累量、干物质转运率和物质贡献率、增加了成熟期茎叶干物质积累量,从而导致水稻植株成熟期叶片和茎鞘干物质占水稻地上部总重的比例增加,而穗部干物质占水稻地上部总重的比例降低,这与刘奇华等(2016)的研究结果一致。本研究还发现,不同应对技术措施均提高了水稻植株成熟期籽粒干物质积累、物质转运率和物质贡献率以及穗部占植株干物质总重的比例,试验一、二、三、四中,效果最好的分别为 A1、B1、C1 和 D2。

高温导致成熟期穗部干物质分配比率降低,从而导致产量的降低。骆宗强等(2016)的研究表明孕穗期高温导致水稻严重减产,且高温对结实率影响最大,穗粒数次之,千粒重受其影响最小。也有研究表明,高温主要是通过降低水稻的结实率,从而显著降低其产量,而对千粒重和穗粒数没有显著影响(郑建初 等,2005;曹云英 等,2009;段骅 等,2013;骆宗强 等,

2016）。本试验结果表明，抽穗期高温降低了水稻产量，且主要是由于穗粒数和结实率的降低引起的产量下降。高温热害条件下一、二、三、四中 A1、B1、C1 和 D2 能保持较高产量。

3.7 结论

（1）喷施外源 SA 溶液、$Na_2SiO \cdot 9HO$ 溶液、KH_2PO_4 溶液和 $CaCl_2$ 溶液均可降低高温热害对水稻的伤害，提高产量，但以喷施 22.04 $mmol \cdot L^{-1}$ KHPO 溶液的效果最好，喷施 20.00 $mmol \cdot L^{-1}$ $CaCl_2$ 溶液的效果次之。

（2）高温降低了水稻植株抽穗期茎叶干物质积累量、干物质转运率、干物质贡献率以及成熟期籽粒干物质占植株地上部分总重的比例，增加了成熟期茎叶干物质积累量和叶片和茎鞘干物质占植株地上部分总重的比例。在研究不同灌溉深度对水稻高温热害缓解作用的试验中，各处理成熟期籽粒干物质积累、干物质转运率、干物质贡献率、成熟期穗部占植株地上部总重的比例均表现为 CK＞A1＞A2＞A3。在研究不同灌溉水来源对水稻高温热害缓解作用的试验中，各处理成熟期籽粒干物质积累、干物质转运率、干物质贡献率、成熟期穗部占植株地上部总重的比例均表现为 B1＞CK＞B3＞B2。在研究喷施不同化学制剂对水稻高温热害缓解作用的试验中，各处理成熟期籽粒干物质积累、干物质转运率、干物质贡献率、成熟期穗部占植株地上部总重的比例均表现为 C1＞C3＞C2＞CK。在研究不同时间喷雾对水稻高温热害的研究中，各处理成熟期籽粒干物质积累、干物质转运率、干物质贡献率、成熟期穗部占植株地上部总重的比例均表现为 D2＞D3＞D1＞CK。其中四种技术措施中产量最高的处理分别为 A1、B1、C1 和 D2。

（3）水稻在抽穗期遭遇高温，短时间内叶片 SOD、POD 和 CAT 活性增加，而在高温处理结束恢复自然温度后，各处理叶片 SOD、POD 和 CAT 活性明显低于 CK。高温通过降低抗氧化酶活性、可溶性蛋白质含量、净光合速率和 SPAD，从而加快水稻叶片衰老速度。不同技术措施均可以缓解高温热害对水稻剑叶光合和抗氧化酶系统的伤害，四种技术措施中不同处理的效果为 CK＞A1＞A2＞A3、B1＞CK＞B3＞B2、C1＞C3＞C2＞CK、D2＞D3＞D1＞CK。因此，四项技术措施中，在高温热害下，A1、B1、C1 和 D2 的水稻的衰老进程。

参考文献

鲍士旦，2005. 土壤农化分析[M]. 北京：中国农业出版社.

包云轩，刘维，高苹，等，2012. 气候变暖背景下江苏省水稻热害发生规律及其对产量的影响[J]. 中国农业气象，33(2)：289-296.

曹云英，段骅，杨立年，等，2009. 抽穗和灌浆早期高温对耐热性不同籼稻品种产量的影响及其生理原因[J]. 作物学报，35(3)：512-521.

陈平福，2014. 不同时期生化制剂应用对水稻抗高温能力的影响[J]. 现代农业科技(4)：134-134.

程建平，曹凑贵，蔡明历，等，2006. 不同灌溉方式对水稻生物学特性与水分利用效率的影响[J]. 应用生态学报，17(10)：1859-1865.

褚家银，1995. 中杂Ⅱ优 63 的高温伤害与播期调整[J]. 湖北农业科学，34(2)：16-17.

杜尧东，李键陵，王华，等，2012. 高温胁迫对水稻剑叶光合和叶绿素荧光特征的影响[J]. 生态学杂志，31(10)：2541-2548.

段骅，傅亮，剧成欣，等，2013. 氮素穗肥对高温胁迫下水稻结实和稻米品质的影响[J]. 中国水稻科学，27

(6):591-602.

段骅，俞正华，徐云姬，等，2012. 灌溉方式对减轻水稻高温危害的作用[J]. 作物学报，38(1):107-120.

冯灵芝，熊伟，居辉，等，2015. RCP情景下长江中下游地区水稻生育期内高温事件的变化特征[J]. 中国农业气象，36(4):383-392.

符冠富，张彩霞，杨雪芹，等，2015. 水杨酸减轻高温抑制水稻颖花分化的作用机理研究[J]. 中国水稻科学，29(6):637-647.

高志球，卞林根，陆龙骅，等，2004. 水稻不同生长期稻田能量收支、CO_2 通量模拟研究[J]. 应用气象学报，15(2):129-140.

龚金龙，张洪程，龙厚元，等，2012. 水稻中硅的营养功能及生理机制的研究进展[J]. 植物生理学报，48(1):1-10.

黄健，成秀虎，等，1993. 农业气象观测规范[M]. 北京:气象出版社:10-11.

黄锐，赵佳玉，肖薇，等，2016. 太湖辐射和能量收支的时间变化特征[J]. 长江流域资源与环境，25(5):733-742.

黄义德，曹流俭，武立权，等，2004. 2003年安徽省中稻花期高温热害的调查与分析[J]. 安徽农业大学学报，31(4):385-388.

黄英金，罗永锋，1999. 水稻灌浆期耐热性的品种间差异及其与剑叶光合特性和内源多胺[J]. 中国水稻科学，13(4):205-210.

胡凝，吕川根，姚克敏，等，2007. 两系法杂交稻安全制种的水热传输模型及其应用[J]. 气象科学，27(2):196-201.

江敏，金之庆，石春林，等，2010. 长江中下游地区水稻孕穗开花期高温发生规律及其对产量的影响[J]. 生态学杂志，29(4):649-656.

金志凤，杨太明，李仁忠，等，2009. 浙江省高温热害发生规律及其对早稻产量的影响[J]. 中国农业气象，30(4):628-631.

李合生，2000. 植物生理生化实验原理和技术[M]. 北京:高等教育出版社:134-161.

李慧聪，李国良，郭秀林，2014. 玉米热激转录因子基因 ZmHSF-Like 对逆境胁迫响应的信号途径[J]. 作物学报，40(4):622-628.

李敏，马均，王贺正，等，2007. 水稻开花期高温胁迫条件下生理生化特性的变化及其与品种耐热性的关系[J]. 杂交水稻，22(6):62-66.

李守华，田小海，黄永平，等，2007. 江汉平原近50年中稻花期危害高温发生的初步分析[J]. 中国农业气象，28(1):5-8.

李萍萍，程高峰，张佳华，等，2010. 高温对水稻抽穗扬花期生理特性的影响[J]. 江苏大学学报:自然科学版，31(2):125-130.

李天来，李淼，孙周平，2009. 钙和水杨酸对亚高温胁迫下番茄叶片保护酶活性的调控作用[J]. 应用生态学报，20(3): 586-590.

李文彬，王贺，张福锁，2005. 高温胁迫条件下硅对水稻花药开裂及授粉量的影响[J]. 作物学报，31(1):134-136.

廖江林，肖小军，宋宇，等，2013. 灌浆初期高温对水稻籽粒充实和剑叶理化特性的影响[J]. 植物生理学报，49(2):175-180.

刘奇华，孙召文，信彩云，等，2016. 孕穗期施硅对高温下扬花灌浆期水稻干物质转运及产量的影响[J]. 核农学报，30(9):1833-1839.

刘笑吟，杨士红，李霁雯，等，2015. 南方节水灌溉稻田能量通量特征及其规律分析[J]. 农业机械学报，46(5):83-92.

刘永红，杨勤，何文铸，等，2009. 花期干旱和灌溉条件下植物生长调节剂对玉米茎流和光合生理的影响[J]. 西南农业学报,22(5):1305-1309.
刘媛媛, 滕中华, 王三根,等, 2008. 高温胁迫对水稻可溶性糖及膜保护酶的影响研究[J]. 西南大学学报:自然科学版, 30(2):59-63.
骆宗强, 石春林, 江敏,等, 2016. 孕穗期高温对水稻物质分配及产量结构的影响[J]. 中国农业气象, 37(3):326-334.
吕俊, 张蕊, 宗学凤,等, 2009. 水杨酸对高温胁迫下水稻幼苗抗热性的影响[J]. 中国生态农业学报, 17(6):1168-1171.
吕艳梅,谭伟平,肖层林,等,2014.高温对优质水稻籽粒淀粉形成及淀粉合成相关酶活性的影响[J].华北农学报,29(1):135-139.
马均, 朱庆森, 马文波,等, 2003. 重穗型水稻光合作用、物质积累与运转的研究[J]. 中国农业科学, 36(4):375-381.
马廷臣, 夏加发, 王元垒,等, 2015. 抽穗扬花期高温胁迫对不同耐热性水稻生理指标的影响[J]. 中国农学通报,31(24):25-32.
齐红岩,李天来,陈元宏,等, 2005.叶面喷施磷酸二氢钾与葡萄糖对番茄光合速率和蔗糖代谢的影响[J].农业工程学报, 21(s2):137-142.
穰中文, 周清明, 2012. 耐热水稻品种 Nagina22 高温胁迫下的生理响应[J]. 植物遗传资源学报, 13(6):1045-1049.
任昌福, 陈安和, 刘保国, 1990. 高温影响杂交水稻开花结实的生理生化基础[J]. 西南大学学报:自然科学版,12(5):440-443.
沈永平, 王国亚, 2013. IPCC 第一工作组第五次评估报告对全球气候变化认知的最新科学要点[J]. 冰川冻土, 35(5):1068-1076.
史宝忠,郑方成,1998.灌溉对农田地温和气温影响的实验研究[J].中国农业气象,19(3):34-37.
史军, 丁一汇, 崔林丽, 2008. 华东地区夏季高温期的气候特征及其变化规律[J]. 地理学报, 63(3):237-246.
宋忠华, 庞冰, 刘厚敖,等, 2006. 灌水深度对杂交稻生产中高温危害的缓解效果初探[J]. 杂交水稻, 21(2):72-73.
谭瑞坤, 王承南, 李凡松,等, 2017. 施用不同浓度的磷酸二氢钾对香椿生长及养分的影响[J]. 经济林研究, 35(2):161-165.
谭中和, 蓝泰源, 任昌福,等, 1985. 杂交籼稻开花期高温危害及其对策的研究[J]. 作物学报, 11(2):103-108.
陶龙兴, 谈惠娟, 王熹,等, 2008. 高温胁迫对国稻6号开花结实习性的影响[J]. 作物学报, 34(4):669-674.
陶启波,严昀,石继权, 2004. 农作物高温热害及其防御措施浅析[J] .安徽农学通报, 10(6) :56-57.
王春乙, 姚蓬娟, 张继权,等, 2016.长江中下游地区双季早稻冷害、热害综合风险评价[J]. 中国农业科学, 49(13):2469-2483.
王纯枝,宇振荣,毛留喜,等,2008.基于能量平衡的华北平原农田蒸散量的估算[J].中国农业气象, 29(1):42-46.
王华, 杜尧东, 杜晓阳,等, 2017. 灌浆期不同时间喷水降温对超级稻“玉香油占”产量和品质的影响[J]. 生态学杂志, 36(2):413-419.
王娟,李德全,2001.逆境条件下植物体内渗透调节物质的积累与活性氧代谢[J].植物学报,18(4):459-465.
王连喜, 许小路, 李琪,等, 2015. 不同时期高温胁迫对江苏省水稻生育期和产量的影响[J]. 作物杂志,35(2):95-100.
王敀梅, 李岩, 刘明,等, 2015. 营养生长期高温对水稻生长及干物质积累的影响[J]. 中国稻米, 21(4):33-37.

王前和，潘俊辉，李晏斌，等，2004. 武汉地区中稻大面积空壳形成的原因及防止途径[J]. 湖北农业科学，43(1)：27-30.

王强盛，2009. 水稻钾素营养的积累特征及生理效应[D]. 南京：南京农业大学.

王亚梁，张玉屏，朱德峰，等，2016. 水稻器官形态和干物质积累对穗分化不同时期高温的响应[J]. 中国水稻科学，30(2)：161-169.

王艳，高鹏，黄敏，等，2015. 高温对水稻开花期剑叶抗氧化酶活性及基因表达的影响[J]. 植物科学学报，33(3)：355-361.

吴晨阳，陈丹，罗海伟，等，2013. 外源硅对花期高温胁迫下杂交水稻授粉结实特性的影响[J]. 应用生态学报，24(11)：3113-3122

吴晨阳，马国辉，付义川，等，2011. 优马归甲对水稻高温下结实率降低的减轻效应[J]. 中国生态农业学报，19(6)：1483-1485.

肖辉海，陈良碧，2000. 温敏不育水稻热激条件下生理变化的初步研究[J]. 信阳师范学院学报：自然科学版，13(4)：421-424.

谢晓金，李秉柏，李映雪，等，2009. 长江流域近55年水稻花期高温热害初探[J]. 江苏农业学报，25(1)：28-32.

谢晓金，李秉柏，李映雪，等，2010a. 抽穗期高温胁迫对水稻产量构成要素和品质的影响[J]. 中国农业气象，31(3)：411-415.

谢晓金，李秉柏，王琳，等，2010b. 长江中下游地区高温时空分布及水稻花期的避害对策[J]. 中国农业气象，31(1)：144-150.

闫人华，熊黑钢，冯振华，等，2013. 绿洲-荒漠过渡带芨芨草地 SPAC 系统蒸散与多环境因子关系分析[J]. 干旱区地理，36(5)：889-896.

杨炳玉，申双和，陶苏林，等，2012. 江西省水稻高温热害发生规律研究[J]. 中国农业气象，33(4)：615-622.

杨惠杰，李义珍，杨仁崔，等，2001. 超高产水稻的干物质生产特性研究[J]. 中国水稻科学，15(4)：265-270.

杨军，陈小荣，朱昌兰，等，2014. 氮肥和孕穗后期高温对两个早稻品种产量和生理特性的影响[J]. 中国水稻科学，28(5)：523-533.

杨岚，师帅，王红娟，等，2013. 水杨酸对高温胁迫下铁皮石斛幼苗耐热性的影响[J]. 西北植物学报，33(3)：534-540.

杨再强，李伶俐，殷剑敏，等，2014. 灌浆初期不同时长高温胁迫对早稻叶片光合和荧光参数的影响[J]. 中国农业气象，35(1)：80-84.

於新建，1985. 植物生理学实验手册[M]. 上海：科学技术出版社：146-150.

张彬，芮雯奕，郑建初，等，2007. 水稻开花期花粉活力和结实率对高温的响应特征[J]. 作物学报，33(7)：1177-1181.

张彬，郑建初，黄山，等，2008. 抽穗期不同灌水深度下水稻群体与大气的温度差异[J]. 应用生态学报，19(1)：87-92.

张桂莲，陈立云，张顺堂，等，2008. 高温胁迫对水稻花粉粒性状及花药显微结构的影响[J]. 生态学报，28(3)：1089-1097.

张洪松，岩田忠寿，佐滕勉，1995. 粳型杂交稻与常规稻的物质生产及营养特性的比较[J]. 西南农业学报，18(4)：11-16.

张建霞，李新国，孙中海，2005. 外源钙对柑橘抗热性的相关生理生化指标的影响[J]. 华中农业大学学报，24(4)：397-400.

张姗，邵宇航，石祖梁，等，2017. 施镁对花后高温胁迫下小麦干物质积累转运和籽粒灌浆的影响[J]. 麦类作物学报，37(7)：963-969.

赵决建，2005. 氮磷钾施用量及比例对水稻抗高温热害能力的影响[J]. 中国土壤与肥料(5)：13-16.

赵森，于江辉，肖国樱，2013. 高温胁迫对爪哇稻剑叶光合特性和渗透调节物质的影响[J]. 生态环境学报，22(1):110-115.

郑飞，臧秀旺，黄保荣，等，2001. 灌浆期高温胁迫对冬小麦叶源、库器官生理活性的影响及调控[J]. 华北农学报，16(2):99-103.

郑建初，张彬，陈留根，等，2005. 抽穗期高温对水稻产量构成要素和稻米品质的影响及其基因型差异[J]. 江苏农业学报，21(4):249-254.

郑秋玲，谭伟，马宁，等，2010. 钙对高温下巨峰葡萄叶片光合作用和叶绿素荧光的影响[J]. 中国农业科学，43(9):1963-1968.

朱聪聪，邓建平，张洪程，等，2015. 生化试剂对机插水稻产量及生理生态特征的影响[J]. 中国稻米，21(6):28-31.

ALLAKHVERDIEV S I, KRESLAVSKI V D, KLIMOV V V, et al, 2008. Heat stress: an overview of molecular responses in photosynthesis. [J]. Photosynthesis Research, 98(1-3):541.

BATISTIC O, KUDLA J, 2010. Calcium: Not Just Another Ion. In: Hell, R., Mendel, RR. (eds), Cell Biology of Metals and Nutrients. Plant Cell Monographs [M]. Springer Berlin Heidelberg: 17-54.

COOKE A, COOKSON A, EARNSHAW M J, 1986. The mechanism of action of calcium in the inhibition of high temperature-induced leakage of betacyanin from beet root discs [J]. New Phytologist, 102:491-497.

DATNOFF L E, DEREN C W, SNYDER G H, 1997. Silicon fertilization for disease management of rice in Florida [J]. Crop Protection, 16(6):525-531.

DORDAS C, 2009. Dry matter, nitrogen and phosphorus accumulation, partitioning and remobilization as affected Ay N and P fertilization and source-sink relations [J]. European Journal of Agronomy, 30(2): 129-139.

GECHEV T, WILLEKENS H, VAN M M, et al, 2003. Different responses of to Aacco antioxidant enzymes to light and chilling stress[J]. Journal of Plant Physiology, 160(5):509-515.

GONG M, TREWAVAS A J, 1998. Heat-Shock-Induced Changes in Intracellular Ca^{2+} Level in Tobacco Seedlings in Relation to Thermotolerance[J]. Plant Physiology, 116(1):429-437.

HÜVE K, BICHELE I, RASULOV B, et al, 2011. When it is too hot for photosynthesis: heat-induced instability of photosynthesis in relation to respiratory burst, cell permeability changes and H_2O_2 formation. [J]. Plant Cell & Environment, 34(1):113-126.

IPCC, 2013. Climate Change 2013: The Physical Science Basis [M]. Cambridge: Cambridge University Press.

KANDA M, INAGAKI A, LETZEL M O, et al, 2004. LES study of the energy imbalance problem with eddy covariance fluxes[J]. Boundary-Layer Meteorology, 110(3):381-404.

KOTAK S, LARKINDALE J, LEE U, et al, 2007. Complexity of the heat stress response in plants [J]. Current Opinion in Plant Biology, 10(3):310-316.

L'HOMME J P, KATERJI N, BERTOLINI J M, 1992. Estimating sensible heat flux from radiometric temperature over crop canopy[J]. Boundary-Layer Meteorology, 61(3):287-300.

MALAMY J, CARR J P, KLESSIG D F, et al, 1990. Salicylic acid: a likely endogenous signal in the resistance response of tobacco to viral infection[J]. Science, 250(4983):1002-1004.

MATSUI T, KOAAYASI K, KAGATA H, et al, 2005. Correlation Aetween viaAility of pollination and length of Aasal dehiscence of the theca in rice under a hot-and-humid condition[J]. Plant Production Science, 8(2):109-114.

MOHAMMED A R, TARPLEY L, 2009. High nighttime temperatures affect rice productivity through altered pollen germination and spikelet fertility[J]. Agricultural & Forest Meteorology, 149(6):999-1008.

MOMBEINI M, SIADAT S A, LACK S, et al, 2014. Physiological responses to heat stress in rice (Oryza sativa. L): I. nitrogen status, chlorophyll content and cell membrane thermal stability (CMTS) of flag leaf [J]. Advances in Environmental Biology, 8(5):1420-1430.

MONNEVEUX P,PASTENS C,REYNOLDS M P,2003. Limitations to photosynthesis under light and heat stress in three high yielding wheat genotypes [J]. J Plant Physiology,160(6):657-666.

PORTER J R, GAWITH M, 2015. Temperatures and the growth and development of wheat: a review. [J]. European Journal of Agronomy, 10(1):23-36.

RODOMIRO O, KENNETHD S, BRAM G, et al, 2008. Climate change: Can wheat beat the heat[J]. Agriculture Ecosystems & Environment, 126(1-2):46-58.

SAKAI R, FITZJARRALD D, MOORE K E,2001. Importance of low frequency contributions to eddy fluxes observed over rough surfaces[J]. Journal Applied Meteorology,40(12):2178-2192.

SAPTOMO S K, SETIAWAN B I, YUGE K, et al,2009. Climate change effects on paddy field thermal environment and evapotranspiration [J]. Paddy and Water Environment,7(4):341-347.

TAO F, ZHANG S,ZHANG Z,2013. Changes in rice disasters across China in recent decades and the meteorological and agronomic causes [J]. Regional Environmental Change,13(4):743-759.

TEIXEIRA E I,FISCHER G,VAN VELTHUIZEN H, et al,2013. Global hot-spots of heat stress on agricultural crops due to climate change[J]. Agricultural and Forest Meteorology, 170:206-215.

THOM A S,OLIVER H R,2010. On Penman's equation for estimating regional evaporation[J]. Quarterly Journal of the Royal Meteorological Society,103(436):345-357.

TWINE T E, KUSTAS W P, NORMAN J M, et al,2000. Correcting eddy-covariance flux underestimates over a grassland[J]. Agricultural and Forest Meteorology 103:279-300.

WANG F T, 2002. Advances in climate warming impact research in China in recent ten years[J]. Journal of Applied Meteorological Science,13(6):755-766.

WASSMANN R, JAGADISH S V K, HEUER S, et al, 2009. Climate change affecting rice production: The physiological and agronomic Aasis for Possiale adaptation strategies[J]. Advances in Agronomy, 101(08): 59-122.

WEIS E, 1982. The influence of metal cations and pH on the heat sensitivity of photosynthetic oxygen evolution and chlorophyll fluorescence in spinach chloroplasts[J]. Planta, 154(1):41-47.

WILSON K, GOLDSTEIN A, FALGE E, et al,2002. Energy balance closure at FLUXNET sites[J]. Agricultural and Forest Meteorology, 113(1-4):223-243.

第 4 章　基于通量数据和遥感观测的水稻光能利用率研究

太阳辐射是绿色植被的能量之源。光能利用率是光合初级生产力(GPP)占植物截获光合有效辐射(PAR)的百分比，是植物光合作用的重要概念。本研究通过水稻田间试验观测获取大量生长发育数据，结合安徽寿县的气象观测数据、通量观测数据、梯度观测数据，对水稻光能利用率(LUE)进行估算；同时通过多角度高光谱自动遥感平台获取的太阳辐射和冠层反射光谱数据，分析水稻反射光谱特征，利用遥感数据计算得到 PRI(光化学反射植被指数)，探讨通过 PRI 对 LUE 的进行估算的方法，为农业生产提高光能利用率提供理论支持。主要研究结论为：

(1)LUE 具有明显的日变化，但在晴天、阴天条件下有很大的不同。在研究时段内，晴天 LUE 曲线呈现早晚高、中午低的特点，晴天 LUE 表现出了和 PAR、GPP 随时间变化相反的走势；阴天中 LUE 随时间的变化波动较大，其变化规律性不如晴天的规律性明显，阴天 LUE 表现出和 PAR、GPP 随时间变化曲线相似的走势；水稻的光能利用率一般在 2%～7%，晴天的 LUE 平均值接近 3.9%，而阴天的 LUE 平均值接近 5.3%，阴天的 LUE 数值较晴天的有所升高；这些变化规律说明 LUE 与 PAR、GPP 密切相关，研究认为水稻对散射辐射的利用率一般比直接辐射的利用率更高。

(2)在可见光波段，随着观测天顶角的增加，冠层反射率增加，但是变化幅度不大；随着太阳天顶角的增加，冠层反射率也在增加；随着观测方位角的变化，冠层反射率随观测的位置与太阳的相对位置的不同而发生改变，在“热点”位置出现冠层反射率的大值，在“暗点”位置出现反射率的小值，但是由于植被比较均一，下垫面总体变化幅度不大，使得可见光波段(尤其是 500～700 nm)对相对方位角的变化不敏感。

(3)一天中，早晚时刻因太阳高度角较小冠层反射率较高，而在正午 12 时左右，太阳高度角最大且伴有植物午休现象，冠层反射率最低；在水稻的生长后期，随着生长后期其体内的叶绿素含量和叶片水分含量是不断降低的，水稻对太阳辐射的吸收不断减弱，导致冠层反射率逐渐增加。

(4)在阴天，光谱仪正常工作状况下，PRI 与 LUE 呈正相关关系，研究认为，可以通过 PRI 进行 LUE 的估算；而在高温天气，因光谱仪本身温度已达工作上限，影响了获取数据的准确性和稳定性，PRI 与 LUE 关系不明显。

4.1　引言

4.1.1　研究目的及意义

地球上任何一种生命形式为维持自身的生命活动，都必须不断地从环境中吸取能量，其基本的能量源泉为太阳辐射能(祖元刚,1990)。绿色植物进行光合作用,其本质是把太阳能转化为化学能的过程,植物干物质百分之九十以上的产物是由于光合作用产生的。植物的光合作用维系着全球一切生态系统,是估算作物生产力和产量的基础。光能利用率(Light Use Efficiency,LUE)正是被用来表征植物吸收太阳能转换化学能的效率。研究太阳辐射对于研究植物的光合作用意义重大,通过熟知植物光合作用的具体过程,了解植物对光能的利用效率从而做出相应的改变,最大限度地使用太阳能这一免费清洁的能源。这对食物安全保障、区域经济的发展、生态环境建设与改善,以及农业产业结构调整都具有重要的意义。

水稻自古以来一直是我国的主要粮食作物之一,在全国各地基本上都能见到水稻的种植,其种植面积约占全国总耕地面积的三分之一,产量接近粮食总产量的一半。我国不仅是一个粮食的生产大国,同样也是一个粮食的消费大国。充足的粮食供应,对国民经济的稳定意义重大。因此,研究水稻光能利用,开展水稻光谱的分析与模拟对于进行农业生产十分重要。国内外学者一直在尝试用各种手段,对植被性质进行研究,在陆地生态系统的光合-呼吸过程方面,已建成多个不同尺度的植被初级生产力(GPP)和净初级生产力(NPP)的估算模型。如CASA, Bio-BGC, BEPS,GLO-PEM, TURC 等(Adams et al. ,1990)。在遥感模型监测植被初级生产力的众多要素中,LUE 作为表征植物体光合作用效果的一个重要指标,已成为其中的一个关键要素。在 LUE 的估算上,近年来,研究人员尝试根据水稻的光谱特征,采用作物参数反演的方法反演其 LUE,建立与作物光谱反射率之间的关系模型,用于预测作物产量、掌握水稻的生长发育过程等。

本研究利用安徽寿县国家气候观象台的通量观测资料及相关气象数据和大田试验数据,计算得出研究期内试验田水稻光能利用率;通过自动遥感平台获取大量水稻冠层的高光谱反射数据、太阳辐射数据,模拟水稻光谱反射率,建立与 LUE 的关系,探究利用遥感资料反演 LUE 的可行性,为农业生产提高光能利用率提供理论支持。

4.1.2 光能利用率研究现状

4.1.2.1 光能利用率的定义

光合作用是绿色植物利用 CO_2 和 H_2O 把光能转化为化学能并贮存在植物内的过程。自从 1977 年 Monteith 在研究湿热带森林和农作物中引入光能利用率的概念,用其表示地上部分每年吸收一个单位的太阳总辐射或光合有效辐射(PAR)所产生的干物质量或碳量(Waring et al. ,1998)以来,人们已经做了很多这方面的研究工作,但存在的问题仍旧很多,首先就是光能利用率的定义存在较多的不一致性(Gower et al. ,1999)。

植物光能利用率是指单位面积上,植物光合作用所积累的有机物中所含的化学能与光合有效辐射的百分比,是表征植物固定太阳能效率的指标。它不但是植物光合作用的重要概念,同时也是风、温度、湿度及生物因素等在生态系统内的综合反映。但是这个定义在时间上及光质上都没有作明确的规定,是个很宽泛的概念,因此在实际的应用中由于研究的侧重点不同,光能利用率的定义和实际含义都会有所不同,这也造成 LUE 数据的可比性差。

4.1.2.2 光能利用率影响因子的研究进展

光合过程是植物生产最重要的过程,也是 LUE 研究中的重要部分,对光合的研究已有许多。由于不同物种的内在生理机制对 LUE 的影响差异很大,当外界环境条件改变时光合速率改变也不同。影响 LUE 时空变异的因子包括植物内在因素，如叶形、梭化酶含量、光合途径；和外在环境因素，如光强、温度、大气 CO_2 和 O_3 浓度等（赵育民，2007）。

（1）光合途径对光合的影响

牛书丽等（2003）研究了内蒙古浑善达克沙地不同生境下 97 种不同科、属植物的光合速率、蒸腾速率和水分利用效率特征，表明 C4 光合碳同化途径或具固氮能力的植物种具有较高的光合能力，而大部分具 C3 途径和无固氮能力的植物种的净光合速率较低。

（2）气孔导度对光合的影响

牛书丽等（2003）等对羊柴、油篙、沙柳研究表明：羊柴和油篙分别比沙柳具有高的净光合速率（Pn）和气孔导度（gs），在光合速率日进程中，净光合速率的下降主要受气孔开度的影响，沙柳的光合作用在高温条件下受到严重的抑制，表现在光合产物的负积累（以呼吸消耗为主），在炎热夏季沙柳的光合净积累仅在早上进行。高温造成了沙柳光合作用的严重抑制，而羊柴和油篙则在相同的环境下更抗高温和强光辐射。

（3）辐射对光合的影响

植物冠层光合作用主要受冠层吸收的太阳辐射，尤其是光合有效辐射控制（Jarvis et al.，1976）。RUE 与辐射强度之间呈负相关关系（Kooman et al.，1996）。这主要是由于大部分叶片在辐射强度较大时出现光饱和，于是导致生长季内较强辐射下的 RUE 比较弱辐射下的 RUE 小（Kooman et al.，1996）。CO_2 吸收与入射辐射中的直接辐射和散射辐射的比例有关（Gu et al.，2002）。作物冠层对散射辐射比直接辐射的利用效率高（Roderick et al.，2001）。在相同辐射情况下，多云天气下光合作用较强（Urban et al.，2007），RUE 较大。Choudhury（2001）指出，阴天作物冠层 RUE 增加了 110%。这可能是：①晴天时叶片光合作用在高光强下容易达到饱和；②晴天太阳光大多以平行光的形式到达叶片（Farquhar et al.，2003）；③阴天散射辐射比较大，进入到下部冠层的光增加，叶片之间光的分布更加平衡；④阴天蓝光与红光之比的增加刺激了光化学反应和气孔的打开（Urban et al.，2007），从而增加 RUE；⑤阴天温度和 VPD 都比较低。晴天较低的土壤水分含量和较大 VPD 减小了气孔导度（Panek et al.，2001），降低了植物叶绿体和胞间 CO_2 浓度，从而减少了叶片对 CO_2 的吸收。作物冠层辐射截获率的增加也会导致 RUE 的增加（Gallagher et al.，1978）。Trapani 等（1992）发现，向日葵光合有效辐射（PAR）截获率超过 0.8 时 RUE 增加了 2 倍。对 1 年生作物来说，这种影响在作物生长早期比较明显，因为此时冠层辐射截获率较小（Kemanian et al.，2004）。通过改善作物种植密度或株型来增加作物冠层对辐射的截获可在一定程度上提高作物的 RUE，从而提高作物的产量。

（4）温度对光合的影响

光合作用与温度有关，因而温度也是影响 RUE 的重要因子之一（Lecoeur et al.，2003）。在一定温度范围内，RUE 随温度的升高而增加，温度由 6 ℃升到 18 ℃时，紫花苜蓿（Medicagosativa）的 RUE 由 $0.6\ g \cdot MJ^{-1}$ 增加到 $1.6\ g \cdot MJ^{-1}$（Brown et al.，2006）。对蓖麻（Ricinuscommunis）的研究表明，RUE 随温度升高而降低，一方面是由于高温加剧了作物的干旱胁迫，促使叶片老龄化；另一方面也是因为温度较高时呼吸作用增强使光合产物损失增加（Kumar et al.，1996）。温度过低时，RUE 会降低（Hammer et al.，1989）。Bell 等（1994）对豌豆进行了 2 a 的实验，发现温度每降低 1 ℃，RUE 减小 6%～12%。在生长季，低温（15.8～20.9 ℃）降低了玉米冠层的 RUE（Andrade et al.，1993）。这主要是由于：①温度过低时叶片中光合色素含量较低(Awal et al. ,2003),造成叶片光合速率(Larcher et al. ,1980)和净同化速率(Hardacre et al. ,1989)降低;②低温会降低气孔导度,影响 CO_2 的同化,引起 RUE 降低(Hammer et al. ,1989);③低温时光抑制也比较严重(Long et al. ,1983)。尽管许多研究表明,RUE 与温度之间有一定的相关性,但也有研究发现,在某些条件下 RUE 与温度相关性不大。如:Squire 等(1984)发现温度由 20 ℃升高到 30 ℃时,粟(Pennisetumglaucum)的 RUE 几乎没有变化。Kooman 等(1996)发现土豆(Solanum tuberosum)的 RUE 与温度无相关关系。Plénet 等(2000)对玉米研究发现,开花前 RUE 与气温有一定的相关关系,开花后 RUE 与温度不相关。

(5)大气中 CO_2 浓度对光合的影响

王淼等(2002)利用 CI-301PS 便携式 CO_2 分析系统测定三种针叶树光合响应曲线,结果表明,不同树种及同一树种的不同 CO_2 浓度处理间差异明显。

(6)蒸腾速率和水分亏缺对光合的影响

水分利用与碳循环通过叶片气孔紧密耦合,成为 LUE 影响中不容忽视的因素。黄振英等(2002)对沙柳光合作用和蒸腾作用日动态变化进行了初步研究,叶片的光合速率呈现出不规则的日动态变化,在 10:00—11:00 及 14:00 出现光合午休现象,蒸腾速率呈现出单峰型的日动态变化,蒸腾在午后 15:00 达到最大,认为水分亏缺是影响沙柳生长发育的主要限制因素。苏培玺等(2003)研究了荒漠植物梭梭和沙拐枣光合作用、蒸腾作用及水分利用效率特征,在湿润状况下梭梭和沙拐枣的光合速率呈单峰型,梭梭低于沙拐枣,蒸腾速率也是梭梭低于沙拐枣,梭梭和沙拐枣光合速率对光强的响应表明,水分条件好时光合速率明显增大,LUE 提高。王秋凤(2005)从水分利用率角度对此进行了系统研究,大量研究表明,植物光合作用与蒸腾速率之间存在显著的线性关系,与理论上二者的关系相符。

(7)植物体氮素水平对光合的影响

植物叶片内的氮素有一半以上用来构建植物的光合酶系统,而植物光合作用是生态系统生产力的来源,因而生态系统的氮素代谢也会影响生态系统固碳能力、碳循环过程以及其他生理过程(赵育民,2007)。净初级生产力与氮循环间的关系在过程模型中已经得到了很好的模拟,如 CENTURY 模型,CEVSA 模型等,但在现有的生产效率遥感模型中,由于氮素循环本身以及与碳循环混合关系的复杂性,而没有考虑氮对 LUE 的影响(Goetz et al. ,1999)。植物可以通过长期适应和驯化对环境变化做出响应,以环境的适应瞬时和缓慢变化,因此有可能找出一种简单地表示 LUE 的方法,这也为 LUE 模拟中考虑氮的影响提供了途径。在此基础上,Green 等(2003)以冠层总氮含量和单位面积上平均叶生物量构建了一种指数,并以光合有效辐射吸收率(FPAR)修正了该指数,结果表明该指数与 LUE 间存在显著正相关性。

(8)综合影响研究

在现实自然环境当中,各生态因子相互间是紧密联系在一起的,各生态因子联合共同构成了植物生存的环境,因此,在分析各生态因子对光合的影响中,应该分析生态因子的综合影响。温国胜等(2004)对臭柏的光合速率与生态因子进行分析,得出结论为:①臭柏的光合速率对生态因子的适应范围随着干旱胁迫程度的不同而变化,干旱胁迫加大了温度胁迫的影响范围,降低了光能利用率;增加大气相对温度,可以减轻干旱胁迫效应;②各个生态因子从大到小对光合速率影响的顺序依次为光照强度、相对湿度、叶温、气温;③干旱胁迫处理对光合速率的影响大小依次为强干旱胁迫区、弱干旱胁迫区、对照区,干旱胁迫加剧了臭柏的光合速率对生态因子变化的敏感性。土壤—植被—大气传输模型(SVAT)的提出使土壤—植被—大气间的能量、水、碳和氮等生物地球化学循环过程模拟成为可能。

与国外作物LUE的研究比较发现,国内对作物LUE的研究主要集中于单叶水平且以非豆科作物为主,我国大田作物领域系统性的研究也很少。目前农田LUE的常用研究方法主要在叶片和生态系统两种尺度上进行,生物量收获法所需仪器简单但工作量大,对植被有一定的破坏,不能反映短期LUE变化,且未考虑根系生物量,使所得LUE偏低。光量子效率法准确性高,实时性强,但个体及物种之间差异大,无法普遍适用。这两种方法均有较大的局限性,还需要多加研究。而近年来微气象观测技术的发展使得基于涡度相关的LUE计算法为大多数学者采用。涡度相关仪器灵敏度较高,能反映小时或日尺度的LUE变化特征,对植被干扰和破坏比较小。该方法的缺点是所用仪器比较昂贵,不适宜在不同处理的小区进行对比观测。同时,随着遥感技术的广泛应用,使得基于LUE的遥感模型普遍应用于区域尺度甚至全球尺度的各种生态系统的监测和评价中。利用遥感数据来模拟区域尺度的LUE已成为光能利用率研究的重要方向。

4.1.3 遥感估算光能利用率研究进展

近年来,遥感技术作为一门现代科技技术,以其快捷、非破坏性等特有的优势,在点面结合上得到很好的应用,光能利用率的遥感研究在估算植被初级生产力(GPP)和净初级生产力(NPP)方面有很大的需求。

在根据众多GPP和NPP估算模型中,基于LUE的估算模型应用最为广泛。基于LUE的植被初级生产力、净初级生产力模型由于具有机理明确、计算简便、生理生态参数需求较少和易于与遥感数据相结合的优点,现已成为大尺度植被初级生产力、净初级生产力估算的主要方法(Cramer et al. ,1999)。

在现有的净初级生产力模型中,一般通过考虑环境条件变化(温度、水分)对最大光能利用率的胁迫求取实际LUE(Running et al. ,1994)。这种估算是假定植物的最大LUE受大气温度、水分等诸要素的影响,并对大气温度,空气温度,土壤水分等进行订正。但是近年来,随着CO_2通量观测技术的发展和观测数据的分析表明(Potter et al. ,1993):环境条件与实际光能利用率的关系十分复杂,实际光能利用率不仅与温度、水分条件有关,而且与植被的种属、生态型、叶面积指数、光照强度、直射与散射光比例、植被的营养状况(叶氮含量)及植被的生长阶段等因素密切联系(Healey,1998;Medlyn,1998;Berbigier et al. ,2001;Turner et al. ,2003)。再者,实际中还存在诸如地下NPP难以测量,植物组织实时生长和死亡难以判断,瞬时生物量和NPP之间的差异难以区分等诸多困难。显然,现有模型中实际光能利用率的求取方法过于简单粗糙,因此也就可能极大地错误估计植被GPP和NPP。

鉴于上述问题的存在,促使生态遥感的研究人员考虑,是否可以通过遥感反演的方法来直接获取可靠的实际LUE,从而避免使用目前具有争议的实际LUE变化过程模型化的方法。

4.1.3.1 PRI估算LUE的机理

研究表明,光化学反射植被指数(Photochemical Reflectance Index,PRI))在直接估计实际LUE方面具有广阔的发展空间。PRI最初是由Gamon等(1992)对向日葵生化特性进行探测研究时提出的一项指标,认为它与净光合作用有关。当时PRI的原名为“Physiological Reflectance Index”,后来Penuelas等(1995)对其进行了修正,并改名为“Photochemical Reflectance Index”。PRI 定义如下：

$$PRI = \frac{(R_{531} - R_{570})}{(R_{531} + R_{570})} \tag{4.1}$$

式中，R_{531} 和 R_{570} 分别表示 531 nm(测量波段)和 570 nm(参照波段)处的反射率。

PRI-LUE 关系的生理机制可以做如下简单描述。当入射光强超过光合作用能够使用能量时，多余的光能，除了一小部分是通过荧光形式发散出去外，绝大部分会转换成热散失，以避免光合器官受到破坏。光能的热散失是叶黄素从环氧化状态转变为脱环氧化状态导致的结果(Demmig et al. ,1994;Punfele et al. ,1994)，而这种色素形态的变化导致了波长为 531 nm 处的光谱反射率下降，而波长为 570 nm 处的光谱反射率几乎没有发生任何变化。因此，LUE 越高，意味着热散失就越少，531 nm 处反射率的下降越少，PRI 相应越高。也就是说 PRI 与 LUE 成正相关关系。

4.1.3.2 PRI 估算 LUE 的研究进展

自从 Gamon 等(1997)发现 PRI 与 LUE 的相关性以来，大量针对 PRI 与 LUE 关系的研究不断涌现。研究表明：在叶片尺度(Penuelas et al. 1995;Gamon et al. 1997;Trotter et al. ,2001)，冠层尺度(Gamon et al. ,1992;Filella et al. ,1996;Penuelas et al. ,1997)，以及景观尺度(Nichol et al. ,2000;Penuelas et al,2000)上，PRI 与 LUE 均存在较好的相关关系，这使得 PRI 在利用遥感估计 LUE 方面具有巨大的应用潜力。

但是在诸如低 LAI 物种组成复杂等情况下，PRI 与 LUE 的关系则不尽如人意。另外，从叶片尺度到冠层尺度，从地面测量到机载传感器乃至航天传感器的测量，除人为操作和仪器校准误差因素外，还有许多冠层叶片的生理因素和非生理因素(Drolet et al. ,2005)。研究人员发现，影响 PRI 表现的因素越来越多，PRI 与 LUE 的关系更为复杂和不稳定。因此目前对 PRI-LUE 关系研究，更多地在于探索各种干扰因素对其的影响。

(1)利用生理机制探究 PRI-LUE 关系的进展

Evain 等采用不同光照强度，选取正常葡萄藤植株的单个叶片进行照射，并同时测量 PRI，CO_2 的交换量和叶绿素荧光 Fs。实验结果表明，PRI 的变化与光强的变化是正好相反的，并存在两个相：一个快相，当光强突然增加(或降低)的时候，PRI 突然降低(或增加)；一个慢相，在快相之后，持续数分钟。Evain 等(2004)又对注入了二硫苏糖醇的单个叶片做了相同的实验，结果发现，由于叶黄素发生变化而导致的热散失致使 PRI 值发生了变化。Evain 等(2004)又研究了 PRI 与叶黄素变化导致的非光化学荧光猝灭(NPQ)之间的关系，证实了 NPQ 和 PRI 存在很好负相关性，这也进一步表明 PRI 和 LUE 存在正相关关系。依据上述生理机制，Trotter 等(2002)对 PRI 指数定义中的测量波段和参照波段的选择进行了研究。选择不同参照波段和测量波段，分别计算 PRI-LUE 相关关系，结果表明，选择定义中的两个波段时，PRI-LUE 相关系数最高。此外，选择不同的波段宽度也会对 PRI-LUE 的关系产生影响。参照波段宽度对其关系影响较大，测量波段的影响较小(陈晋 等,2008)。

(2)利用遥感手段建立 PRI-LUE 关系的进展

由于 PRI 应用潜力巨大，国外科学家除在实验室内对 PRI 变化的生理机制和 PRI-LUE 关系进行理论上的模拟外，研究人员还利用地面、航空及航天传感器等各种遥感手段在不同的地区、植被类型、季节等情况下，展开了对 PRI-LUE 关系的应用研究。

在使用地面及机载传感器测量 PRI，并以此来探究 PRI 与 LUE 关系中，Nichol 等(2002)

在地面测量欧洲赤松林冠层 PRI 时发现，LUE 与 PRI 线性关系（$R^2=0.97, p<0.001$）极好。Louis 等(2005)利用地面传感器连续多日观察了在处于春季之交的欧洲赤松的冠层 PRI 变化，其结果也发现冠层尺度上 CO_2 吸收量与 PRI 之间有明显的相关性，而 CO_2 的吸收量可以明确反映植物光合作用的活跃程度。之后的研究中 Nichol 等(2002)又利用机载传感器对西伯利亚北部森林中 4 种植被类型处于春夏之交时的冠层 PRI 值进行的观测也显示，虽然 PRI-LUE 相关性的测量结果（$R^2=0.50$）与之前他们在同一地区地面测量的结果（$R^2=0.97$）有差距，但可以认为是受到大气和观测角度影响的，还是可以证明 PRI-LUE 有很好的相关性。Strachan 等(2002)也采用了机载传感器，对 3 种不同施氮量的玉米的 PRI 值进行了测量，同样发现 PRI 与 LUE 之间有很好的相关性。

在使用航天传感器测量 PRI，以此探究 PRI 与 LUE 关系的研究中，Drolet 等(2005)从航天传感器 MODIS 的数据中，分别提取了 2001 年、2002 年、2003 年加拿大萨斯喀彻温省颤杨国家公园内植被的 PRI 值。他们采用了 MODIS 的 11 波段作为测量波段，因为 531 nm 正好位于 11 波段(526～536 nm)的中心。在选取参照波段时，由于 MODIS 没有 570 nm 的相应波段，Drolet 分别采用了 MODIS 的 12 波段(546～556 nm)和 13 波段(662～672 nm) 进行了实验。另外，为保持 PRI 为正值，还使用了下面的数学公式进行了转换(Rahman et al.，2004)：

$$sPRI=\frac{PRI+1}{2} \tag{4.2}$$

Drole 通过计算发现，在前后向散射数据同时被使用的情况下，不论参照波段选用 12 波段还是 13 波段，sPRI 与 LUE 的相关性表现都很差。但是当只计算前向散射或只计算后向散射时，sPRI 与 LUE 均能表现出一定程度的正相关性，且使用后向散射数据表现出明显的正相关，尤其是在参照波段选为 13 波段时又更明显些。分析原因，是在进行大气校正后，消弱了 sPRI-LUE 的线性关系，而且无论是参照波段选择 12 波段或是 13 波段，在未做大气校正的 sPRI-LUE 相关性好于做大气校正之后的相关性。

综上可以发现，采用不同传感器，通过遥感手段直接观测并建立 PRI-LUE 的相关关系是可行的，但这种关系会受到大气状况、太阳—目标—传感器之间空间位置等多种因素的影响。且由于有大气干扰的存在，从地面到高空，随着传感器所处位置高度增加，PRI-LUE 关系会相应降低。

相对国外而言，国内对 PRI 以及 PRI-LUE 关系的研究才起步不久。吴朝阳等(2009)做了一些探索性工作，如通过观测实验，进而利用相关资料分析不同 N、K 肥处理对小麦 LUE-PRI 关系的影响；他们还利用 4 种植物叶片进行对比实验，研究低温和低辐射条件下 PRI 及 PRI-LUE 关系的变化等(吴朝阳 等，2008)；郑腾飞等(2014)利用实测不同观测天顶角光谱数据计算出的 PRI 值和实测 LUE 值分别建立相关关系，将 PROSAIL 模型模拟出的 PRI 值和实测 PRI 值进行误差分析，探究利用 PRI 估算实际 LUE 值的可行性。这些研究的结论都是具有重要意义的。

(3)影响 PRI-LUE 关系的各种因素探究进展

研究表明，叶片取向，物种数量，叶面积指数(LAI)和观测天顶角度等多种因素对 PRI 和 LUE 的相关关系都有影响。在叶片取向因素上，Barton 等(2001)发现，PRI 在水平上响应为 6.13%，垂直上响应为－7.72%。在物种数量因素上，Nichol 等(2006)发现，观测单一物种的 $R^2=0.965, p<0.001$；Trotter 等(2002)发现观测众多物种 $R^2=0.787, p<0.001$。在叶面

积指数因素上，Barton 等(2001)发现 1<LAI<3 时，PRI 对它的变化十分敏感；而在 LAI>6 时 PRI 对其变化将不敏感，在四季变化时，PRI 与 LAI 的响应指数分别为 1.0，3.0，3.0，5.0；在斜率、截距变化时，PRI 与 LAI 的响应分别为－142.875％和 21.89％。在几何关系上，Barton 等(2001)还发现太阳高度角在 45°，60°时，PRI 响应为 40.93％，太阳高度角在 45°，30°时，PRI 响应为－25.72％；观测天顶角在 0°，30°时，PRI 响应为 35.15％，观测天顶角在 0°，60°时，PRI 响应为－40.24％。

(4)PRI-LUE 在叶片尺度上的研究

在叶片尺度上，大多数的研究结果都是支持 PRI 与 LUE 的相关性的，但是某些研究结果表明(Gamon et al.，2001；Guo et al.，2004；Nakaji et al.，2006)，叶绿素含量和类胡萝卜素与 PRI 之间负相关比较明显的。尽管负相关比较弱，但是它的存在还是会影响 PRI 与 LUE 关系的，同时这也使得 PRI 与 LUE 的关系变得更加复杂。不过由于 PRI 随叶黄素的变化时间很短，只有短短几分钟，而随叶绿素含量和类胡萝卜素的变化时间很长，常是几天甚至几周。所以在短时间内测定 PRI 时可不考虑类二者的影响。Gamon 等(1992)的研究表明，仅在新生叶片中，PRI 和环氧化状态的叶黄素含量的关系表现较好，而在衰老的叶片中，就不能建立起相关关系。Nakaji 等(2006)在研究落叶松森林时发现 PRI 与 LUE 的相关关系会受到季节变化而变化，这就说明除非生理因素外，PRI-LUE 关系还受叶片的生理因素影响。因此，在研究 PRI-LUE 关系时需要考虑类胡萝卜素和叶绿素含量水平。

除叶片尺度上色素对 PRI-LUE 关系有影响外，光强变化也对其有明显影响。Penuelas 等(1995)通过对菜豆、柳叶石楠、花叶常春藤在叶片尺度上 PRI-LUE 的关系研究发现，PRI 随 LUE 的变化有一个饱和区，在 LUE 比较大时，随着 LUE 的增加，PRI 却几乎不变。这又表明，PRI-LUE 的相关性在于晴天光强较强、LUE 相对较低的情况表现较好，而在光强较弱的情形下，PRI-LUE 的相关性可能不一定存在。

(5)PRI-LUE 在冠层尺度上的研究

在冠层尺度上各种非生理因素中，太阳高度角、观测天顶角、LAI 等都会不同程度地对 PRI 的值以及 PRI-LUE 关系产生影响。Barton 等(2001)使用一系列辐射传输模型对这些因素进行模拟后发现：①太阳高度角、观测天顶角对 PRI 值影响是明显的，且观测过程中存在“热点效应”，PRI 值随太阳高度角的增加而减小，在观测天顶角与太阳天顶角基本重合时，PRI 值最小。②叶面积指数 1<LAI<3 时，PRI 对它的变化十分敏感；而在 LAI>6 时 PRI 对其变化基本没有反应。③叶倾角对 PRI 值的影响由观测天顶角决定，观测的天顶角越大，不同叶倾角下的 PRI 值差别也就越大，而且直立分布和球状分布的叶倾角下的 PRI 值要明显高于水平分布的叶倾角下的 PRI 值。同时，上述因素对 LUE 也是有影响的，但其对 LUE 值与 PRI 值的影响并不同步，这也因此影响到冠层尺度上 PRI-LUE 的关系。

(6)PRI-LUE 在景观尺度的研究

不少研究人员发现，在景观尺度上物种构成对 PRI-LUE 的关系影响比较明显。单个物种下观测得出的 PRI-LUE 关系强于多个物种下得出的 PRI-LUE 关系。Filella 等(2004)利用地面传感器，在 1999—2002 年四年中每个季节，测量了灌木林(两种灌木)在干旱，高温和无控制三种条件下的冠层 PRI。研究表明，PRI 和 LUE 只在对单种灌木观测的情况下才能保持有较好的相关性，而存在多种灌木品种的情况下，基本找不出 PRI 和 LUE 的相关关系。而造成这一现象的原因可能是由于不同物种对环境变化的反应机制不同(Filella et al.，2004)，这种对环境的不同反应过程会导致类叶氮、胡萝卜素与叶绿素含量之比发生变化，从而导致了不同物种的 PRI-LUE 关系差别大，无法显示相关性(Penuelas et al. ,1995;Filella et al. ,1996,2004)。

4.1.4　主要研究内容

(1)试验观测和数据获取

根据安徽省寿县国家观象台的通量观测资料，多角度高光谱自动遥感平台获取的太阳辐射和冠层反射数据及相关气象数据，结合同期获取的水稻田间试验数据。进行一系列的数据处理工作(如坐标轴旋转、校正、储存项计算、降水剔除、异常值剔除、夜间数据处理和缺失数据插补等)。对遥感数据进行分析，分类。

(2)计算水稻光能利用率

计算 CO_2 通量变化，建立植物自养呼吸模型，建立土壤异氧呼吸模型，得到 NPP；观察得到冠层光合有效辐射(PAR)，减去漏到地面的光合有效辐射部分，得到截获部分；二者相除得到 LUE。

(3)水稻反射光谱分析

进行光谱解析，再绘制出光谱曲线，对水稻反射光谱及太阳辐射在不同的时间、天气等条件下进行分析比较，找出影响水稻光谱和太阳辐射的时空变化规律及影响因素。

(4)遥感反演 LUE

通过冠层反射率观测数据和植被指数的分析和研究，建立植被指数 PRI 与 LUE 的关系，探讨通过 PRI 进行 LUE 的反演。

4.1.5　研究技术路线

本研究通过水稻田间试验观测获取大量生长发育数据，结合安徽寿县的气象观测数据、通量观测数据、梯度观测数据，对水稻光能利用率 LUE 进行估算；同时通过多角度高光谱自动遥感平台获取的太阳辐射和冠层反射光谱数据，利用遥感数据计算得到 PRI，探索通过 PRI 进行 LUE 的反演的方法，本研究技术线路如图 4.1 所示。

4.2　研究区概况与数据处理

4.2.1　研究区概况

研究试验在安徽省寿县国家观象台(农业气象试验站)进行。寿县位于安徽省中部，淮河南岸，八公山南麓。在 116°27′—117°04′E、31°54′—32°40′N 之间。东邻长丰县、淮南市，西隔淠水与霍邱县为邻，南与肥西、六安县毗连，北和凤台、颍上县接壤，面积为 2986 km^2，其中耕地面积为 183 万亩。寿县属亚热带北缘季风性湿润气候类型。各主要气候要素的变化均呈单峰型，有冬夏长，春秋短，四季分明的特点。年平均气温为 14.8～14.9 ℃。1 月最冷，平均气温为 0.7 ℃，一般年份最低温度均在－6 ℃以下，极值(1955 年 1 月 11 日)－24.1 ℃；7 月最热，平均气温 27.9 ℃，最高气温 35 ℃以上，极值(1959 年 8 月 21 日)达 40.4 ℃。平均最高地面温度为 31.9 ℃，地面极端高温(1958 年 6 月 25 日)69.9 ℃；地面温度平均最低温度为 9.3 ℃，地面极端低温(1955 年 7 月 11 日)－26.2 ℃。最冷为 1 月，最热 7 月，年较差27.2 ℃。寿县国家气候观象台试验站现站址面积 300 亩，观测场周围为大片农田，寿县国家气候观象台

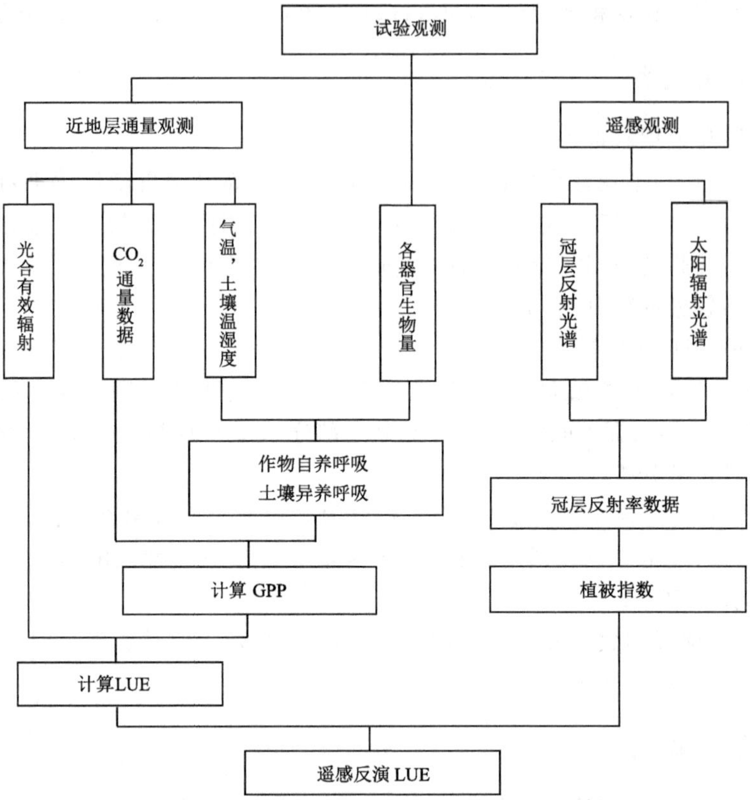

图 4.1　遥感反演水稻光能利用率研究技术线路

的气象探测环境保护已按国家基准气候站的要求纳入《寿县县城总体规划》。位于城区中心以南9 km处，北距现有站址 15 km，观测环境 30～50 a 不受破坏，下垫面平坦、开阔，为一致的农作物种植区，一年两熟，稻麦轮作，周边无污染源、无高层建筑。

近地面层通量观测系统和多角度高光谱自动遥感平台是寿县国家气候观象台气候综合探测系统的重要组成部分。主要包括近地层大气温度、风、湿度、气压、降水量、蒸发量、土壤温度、土壤湿度、土壤热通量、辐射、物质通量（水汽、碳通量）观测及热量、动量通量和冠层反射数据等要素观测。

4.2.2　观测及数据处理

试验的作物为水稻，试验区域的大田水稻长势正常，每平方米播种 20 穴，每穴约有 20 株水稻，视场范围内太阳直接照射。本次试验数据采集时间从 2013 年 10 月 1—21 日，并记录了每天的常规天气数据，观测期间水稻正处于生长后期，此试验分别在 10 月 3 日、10 月 10 日和 10 月 20 日进行了水稻生物物理参数的测定。

4.2.2.1　涡度数据的及采集与处理

从 2013 年 10 月 1—20 日，进行了连续 20 d 的水、热与 CO_2 通量的定位观测。传感器安装在距地面约 4 m 的高度，使用全自动涡度相关系统直接测定冠层的 CO_2 通量、潜热通量和显热通量。采用三维超声波风速温度计测定三维风速、风向、摩擦速度和温度；同时用非分散型红外分析计测定 CO_2 浓度和水汽含量脉动值，连续测量取样周期为 10 Hz，每 30 min 输出 1 组平均值。采用专用数据采集器来记录通量数据，并通过 PC 或无线电话进行数据的传输（王勤学 等，2004）。

本项研究利用涡动相关仪测量的原始 10Hz 数据，采用英国爱丁堡大学开发的 EdiRe 软件（http://www.geos.ed.ac.uk/research/micromet/EdiRe）对观测数据进行后处理，处理的步骤主要包括：野点值剔除、延迟时间校正、超声虚温转化为空气温度、坐标旋转（平面拟合）、空气密度效应修正（即 WPL 修正）、频率修正等。同时对观测数据进行了严格的质量控制，包括了阈值检查、摩擦风速检验、湍流强度、湍流相似性规律检验以及湍流的平稳性、发展的充分性、频谱分析等。

（1）CO_2 涡度相关通量数据处理方法

对实验期间观测数据的预处理如下：

坐标轴的旋转。由于通量观测需满足一个垂直平均风速为 0 的假设条件。而由于观测仪器安装非水平或下垫面不平坦等因素可能会对观测结果造成影响，这就需要通过坐标轴的旋转，对超声风速仪测得的风速来进行校正。目前主要的坐标轴旋转方法有三次坐标旋转、二次坐标旋转和平面拟合旋转（于贵瑞 等，2006；王介民 等，2007；王春林 等，2007）。本节采用最为常用的三次坐标旋转。经坐标轴旋转后 CO_2 通量为：

$$F_c = \overline{\omega'\rho_c'} \tag{4.3}$$

式中：ω 为旋转后的垂直方向风速（$m \cdot s^{-1}$）；ρ_c 为 CO_2 在空气中的密度（$mg \cdot m^{-3}$），撇号和横线分别表示脉动和平均值。

CO_2 气体密度的校正。当大气的水热条件发生变化时，会引起单位体积内 CO_2 质量密度发生改变，所以本系统采用 Webb-Pearman-Leuning (WPL)算法校正热量和水汽通量对观测项所造成的影响，其 CO_2 通量修正项可用下式表示（张雷明 等，2006）：

$$F_c\_WPL = \frac{m_a}{m_v}\frac{\overline{\rho_c}}{\rho_a}\overline{\omega'\rho'_v} + \left(1 + \frac{m_a}{m_v}\frac{\overline{\rho_c}}{\rho_a}\right)\frac{\overline{\rho_c}}{\overline{T}}\overline{\omega'T'} \tag{4.4}$$

式中：方程右边第一项和第二项分别表示水分和热量条件变化对 CO_2 通量产生的影响。ρ_a、ρ_c 和 ρ_v 分别是大气中的干空气、二氧化碳和水汽的质量密度（$mg \cdot m^{-3}$）；m_a 和 m_v 为干空气和水汽的摩尔质量（$g \cdot mol^{-1}$）；T 为空气位温（K）。

异常数据的剔除及缺失数据插补。由于仪器系统故障以及特殊天气条件的影响，在长期通量观测中往往会出现部分异常值。因此，首先应对观测数据进行严格的筛选。一般剔除的原则是从时间序列中剔除大于 3 倍方差（$\pm 3\sigma$）的数据（Falge et al.，2001）。目前，对缺失数据差补有以下几种方法：平均日变化法、根据特定气象条件查表法和非线性回归法。对于短时间内（3 h 内）数据的缺失，一般直接采用线性内插法进行；对于较长时间（>3 h）数据的缺失，则以 7～14 d 为窗口的相邻数据规律进行差补。

超声温度校正：

$$H = \left[\rho_a C_p \overline{\omega' T'_s} - \rho_a C_p \frac{0.514 R_d \overline{T}_a^2}{P} \overline{\omega'\rho'_v}\right] \cdot \frac{\overline{T_a}}{\overline{T_s}} \tag{4.5}$$

通过校正之后可以看出数据校正前与校正后对比关系如图 4.2。

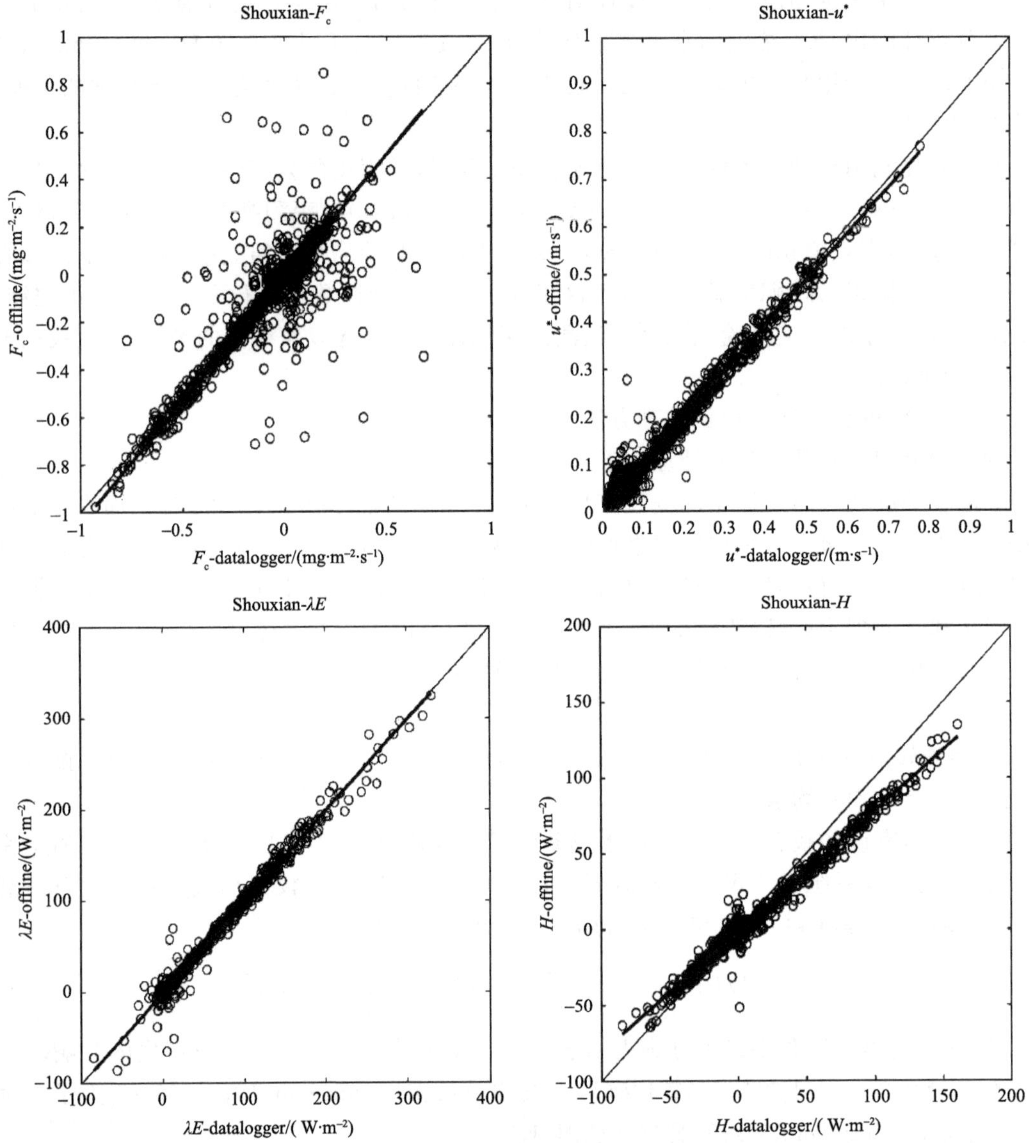

图 4.2　通量数据校正前后对比

(2)夜间 CO_2 通量数据处理过程以及异常值的去除

通常情况下,涡度相关方法在白天测量的结果是比较准确和可靠的,但在夜间由于各种复杂情况,所获得的数据就存在一些问题。因为夜间空气层结构比较稳定,用涡度相关仪器在离地较高的地方测定时,CO_2 通量有时不能完全真实地反映地气之间的 CO_2 交换。这就引起了一系列问题(李春 等,2008)。因此,就要对一些夜间 CO_2 通量负值(光合作用)数据进行剔除,同时有的正值(呼吸作用)数据,在其数据明显超过可能的最大呼吸强度(经验值)的数据时也是需要剔除的。理论上,生态系统的呼吸与空气的湍流强度应该是无关的,在湍流较弱的情况下,用涡度相关方法获得的结果不能很好地反映下垫面真正的交换。这是可以把空气的摩擦风速 U_* 当作空气湍流强弱的判断标准。即认为只有当摩擦风速 U_* 大于某个阈值 U_1 时,

该时段测定的 CO_2 通量数据才被看作是可信的，反之则需要剔除。关于 U_1 值的大小通常也是根据经验来确定。应用过程中（朱咏莉 等，2008），首先必须对所要分析的数据情况有一个基本的认识，确定一个合理的研究时段，不宜太长也不宜过短（一般以 3～6 个月为宜），再根据经验确定合理数据的上下限；然后在剩下的（即认为是可靠的）数据与气象数据之间建立一个经验统计模型；最后把那些缺失的 CO_2 通量数据（包括缺测的和认为数据质量不可靠的）用经验统计模型计算的结果来替换。同时，对是否为夜间数据的判断，可以使用总辐射强度，也可使用当地的日出日落时间进行选取。

(3)数据插补时段的选择

由于在不同季节，影响夜间 CO_2 通量的主导因子也有所不同。在生长季节，植被自身的呼吸占的比重比较大。而在非生长季节，土壤中的凋落物的分解和微生物数量就可能起了更大的作用。为了尽可能地提高估算精度，合理的分时段统计计算是有必要的。可以分时段按不同的季节分别进行计算，得到多个时段的估算模型。插补数据作为影响通量数据不确定性的一个主要因子，在通量数据处理过程中有着十分关键的作用。但生态系统的差异以及数据缺失原因和影响因素不同，又需要各种各样不同的方法予以提供选择。目前主要有平均昼夜变化法、查表法和非线性回归法等（周卫军 等，2007）一些常用方法。

平均昼夜变化法：缺失值可用临近几天相同时间的观测平均值来代替。

查表法：归纳总结研究站点在各种不同环境条件下（一般是代表采用光照和温度等因子）的数据值，并建立索引表，缺失值可根据缺失数据时的相同的气象条件查找该表中相似环境下的数据值来代替。

非线性回归法：该方法用有效正确的观测数据建立数据值和相关环境因子在一定时间段内的回归关系，再利用得出的回归函数和缺失数据时段的环境控制因子估算缺失的数据值。比如在白天的缺失数据值可以利用光响应方程进行数据拟合插补。

4.2.2.2　其他气象数据

采用风向风速计来测定风向、风速；静电容量压力计测定气压；阻抗性测温计和高分子静电容量型湿度计测定气温和湿度。红外辐射温度计测定冠层温度，翻转型雨量桶测定降雨量。利用光量子计、热电堆型辐射仪和净辐射计测定得到总辐射、光合有效辐射、长波辐射、短波辐射和净辐射。

4.2.2.3　土壤温湿度以及作物生物物理参数测定

土壤温湿度对土壤呼吸量、植物的生理活性有着较大的影响，使用常规气象要素观测系统（RMET）对不同深度土层内温湿度可以进行连续测定。在每次土壤呼吸速率测定时，使用 LI-6400R 光合作用分析系统配的温度探针同步测量得到与土壤呼吸作用关系密切的浅层土壤温度（5～10 cm 深度），用中子仪在测点附近定期测定逐层土壤湿度（0～200 cm 深度，10 cm/层）的季节变化值。

作物生物物理参数包括水稻器官生物量、形态结构、生化组分数据和部分生理过程数据。需要测定水稻的根、茎、叶、穗生物量，水稻冠层高度。采用的取样方式为随机取样，取样频率为 7 d，每次选取 10 株。每次在有根土壤环中，整齐地剪掉的地上绿色植株部分，标记后带回实验室，称取鲜重后置于烘箱中用 105 ℃杀青 1.5 h，再在 75 ℃下烘干 48 h 至恒重得到地上部分生物量。对应的地下根部分在测定土壤呼吸速率之后即进行根生物量取样，取样深度为

0～50 cm,取样面积同土壤环面积,用600～700目尼龙筛网盛装并用水冲洗漂根,烘干后得到根生物量。

4.2.2.4　遥感数据的采集与处理

冠层反射测量数据来自多角度高光谱自动遥感平台,安装在铁塔上,高度为4 m。使用的Jaz-Combo2光谱仪(Ocean Optics,USA),光谱范围200～850 nm,光谱分辨率为1.5 nm,有2个观测探头。一个探头向上固定安装,并装配余弦接收器cc-3(Ocean Optics,USA),光谱范围350～1150 nm,用来测量来自天空的辐射;另一个探头向下观测冠层反射,它搭载于旋转平台PTU (FLIR,USA)上。PTU可实现水平360 °和垂直－80°至＋30°范围内旋转并精确记录位置。程序设定搭载的光谱探头对周围330°视角(另30°视角范围为铁塔构架)进行旋转观测以获取冠层反射数据,探头每30 s间隔转动11°,每15 min完成330°范围反射测量,每完成一个扫描,PTU快速旋转回到原始观测位置。每天太阳高度角大于10°时开始观测,小于10°时结束。观测数据自动存储记录。

观测数据收集后,再对辐射数据进行白板校正,校正按以下公式进行(Hilker et al.,2010;John et al.,2006):

$$\rho = \frac{\rho_{\text{canopy}}\rho'_{\text{irradiance}}}{\rho_{\text{irradiance}}\rho'_{\text{control}}} \tag{4.6}$$

式中:ρ_{canpony}表示传感器观测到的冠层辐射;$\rho'_{\text{irradiance}}$表示同一时刻所观测到的太阳绝对辐射;$\rho_{\text{irradiance}}$表示标准白板上测量的辐射值,$\rho'_{\text{control}}$表示在同一时刻测量得到的太阳辐射。

通过标准白板的订正,可以去除噪声等信息,可以减小光谱反射率在某些波段波动的情况,校正后的光谱反射率的数量级更加接近于真实情况。

高质量的数据是研究分析的必要条件,由于实验条件限制,为保证研究必须对数据进行相应的质量控制。在研究中,要先分析可能对数据影响的因子,事先做好数据处理的准备。要根据不同研究目的制定相应的筛选标准,以便更好地进行相应的科学研究。

4.3　水稻光能利用率的计算分析

在生态系统研究中,计算LUE通常用总初级生产力与总入射的光合有效辐射所得的比率来获得,这种方法所得的LUE不仅反映了单个植物的生理生化特征,还反映了生态系统水平的特征如植物种群密度、地上生物量以及叶面积指数。LUE为光合初级生产力(Gross Primary Production ,GPP)占植物截获光合有效辐射(photosynthetic Active Radiation ,PAR)的百分比。

$$\text{LUE} = \frac{\text{GPP}}{\text{PAR}} \times 100\% \tag{4.7}$$

式中:植物截获的光合有效辐射由冠层顶部测定的PAR值(Q)和基部测定的PAR确定(Q_0)。

$$\text{PAR} = Q - Q_0 \tag{4.8}$$

光合初级生产力GPP为地面和涡度相关测量仪器之间,空气中柱CO_2储存的变化量的总和,即CO_2的变化量(F_c)、植物自养呼吸(R_a)和土壤异养呼吸(R_{soil})三部分之和。

$$\text{GPP} = F_c + R_a + R_{\text{soil}} \tag{4.9}$$

植物自养呼吸分为维持性呼吸和生长性呼吸。植物自养呼吸可以通过各器官生物量、呼吸系数、空气温度这些要素来估算。土壤异养呼吸由土壤动物呼吸、根呼吸、土壤微生物呼吸组成。土壤异养呼吸主要受土壤温度和湿度影响。实验中，根据实际情况，对相关数据进行整理处理，得到最贴近实际的拟合曲线，同时还要注意剔除其中存在特殊天气影响的数据以及可能存在的错误数据，尽量保证数据的准确性。

4.3.1　CO_2 通量变化 Fc

呼吸作用是分解有机物质、释放 CO_2 的过程。生态系统的呼吸包括了植物（叶、茎秆）呼吸和土壤呼吸（植物根系、微生物和土壤动物等）。它是陆地生态系统碳循环的一个十分重要的组成部分，也是生态系统与大气间碳交换的主要输出途径（Valentini et al.，2000；Rosenzweig et al.，2000）。大量的研究认为温度和水分是影响生态系统呼吸的重要环境因素（Dong et al.，2005）。一直以来，人们根据近地层大气中气体传输的机制和陆地生态系统排放（或吸收）主要痕量气体的基本特征，采用过多种通量测量的方法。本研究主要采用的是涡度相关法。质量守恒方程和雷诺法则是涡度相关技术的理论基础（Paw et al.，2001）。根据通量定义的物理含义，通常只要观测到某物理属性的湍流脉动量，即可计算出该物理属性的通量平均值（刘允芬 等，2004）。

采用涡度相关系统观测得到的 CO_2 通量表示仪器观测面以下土壤一植被系统与大气间 CO_2 交换状况，它是植物光合过程与呼吸过程（自养呼吸和异养呼吸）综合作用的结果。CO_2 通量的大小可以直接反映这种综合作用的方向和强度。

从经过阴雨天数据剔除、WPL 气体校正、坐标轴旋转、异常数据剔除、奇点剔除、缺失数据插补后的 CO_2 通量与未处理前数据的 1∶1 对比图（图 4.3）可以看出，数据总体改变较小，仅小部分数据存在较大的误差。

根据碳通量具有明显的日变化的特点，实验挑选 10 月 14 日晴好天气的通量数据进行分析处理得到当日稻田 CO_2 通量（图 4.4），由图可以看出，CO_2 通量具有明显的日变化，白天植物进行光合作用，从大气吸收 CO_2，因此，CO_2 通量显示为负，且 CO_2 通量值随着光合作用的增强而持续降低，在午后达到最低值。期间在正午时分略有减少，这是由于正午太阳辐射强烈，蒸腾量较大，易造成植株缺水，植物为了减少水分蒸发而关闭气孔产生“午睡”现象，由于气

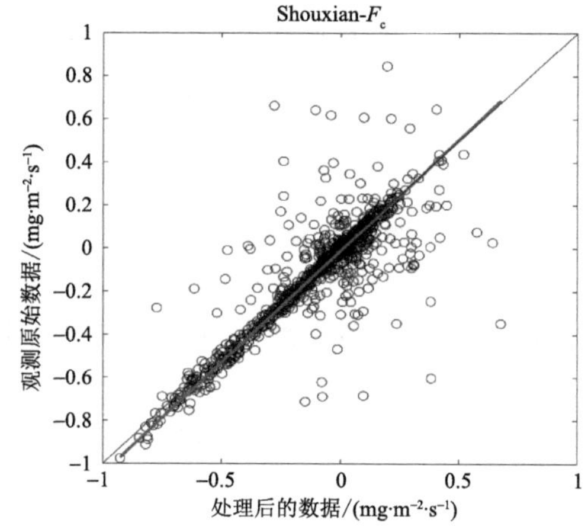

图 4.3　处理前后的 CO_2 通量 1∶1 对比

孔关闭，植物减缓了光合作用的进行，从而减少了对 CO_2 的吸收。夜间植物进行呼吸作用，向大气释放 CO_2，故 CO_2 通量表现为正。

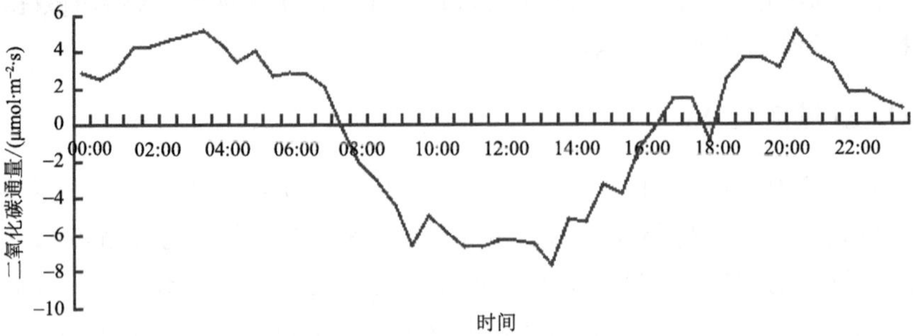

图 4.4　2013 年 10 月 14 日 CO_2 通量随时间的变化关系

4.3.2　植物自养呼吸 Ra

植物通过自养呼吸(autotrophic respiration，R_a)为代谢过程以及生命活动提供能量，同时向大气释放 CO_2，按照自养呼吸的生理功能通常将其分为维持性呼吸(maintenance respiration，R_m)和生长性呼吸(growth respiration，R_g)。生长性呼吸与植物的生长有关，维持性呼吸则取决于植物群落的大小、植物含氮量和环境温度。即：

$$R_a = R_m + R_g = \sum_i (R_{m,i} + R_{g,i}) \tag{4.10}$$

式中(孙文娟 等，2005)：R_a 为自养呼吸；R_m 为维持性呼吸；R_g 为生长性呼吸。$i=1,2,3,4$ 分别代表水稻的叶片、茎、根和穗。

$$R_{m,i} = M_i r_{m,i} Q_{10}^{(T-25)/10} \tag{4.11}$$

式中：M_i 是水稻器官 i 的生物量；$r_{m,i}$是器官 i 的维持性呼吸系数或者基温(25 ℃)时的呼吸速率；Q_{10}是土壤呼吸对温度变化的敏感程度，即温度每升高 10 ℃，土壤呼吸增加的倍数。一般陆地生态系统土壤呼吸的 Q_{10} 值变化在 1.3～5.6 之间，此处取值 2(盛浩 等，2006)。T 是空气温度。叶片、茎、根和谷粒的维持性呼吸系数一般取 0.002，0.001，0.001，0.001，单位为 $g \cdot g^{-1} \cdot d^{-1}$。得到叶片、茎、根和穗的干重，由于干重中含有 C、H、O 物质，因此，在计算生物量时需要乘以碳分配系数 0.45，测得叶片生物量 0.16～0.21，茎的生物量 0.52～0.94，根的生物量 0.09～0.13，穗的生物量 0.22～0.46，单位为 $kg \cdot C \cdot m^{-2}$。

根据公式(4.11)可以看出，随着温度的升高，维持性呼吸速率也相应增加，由于受时间限制实验无法得知在高于一定温度后维持性呼吸速率是否会下降，但根据前人研究，超过一定温度界限后植物的生长将会受到影响，植物的光合作用和呼吸作用都会受到抑制。所以可以推测随着温度增加至一定高度时，植物的维持性呼吸速率将会减缓甚至停止。

$R_{g,i}$一般认为与温度无关，而与总第一性生产力 GPP 成正比(Bonan et al.，1995)。

$$R_{g,i} = R_g \times GPP_{(i)} \tag{4.12}$$

式中：R_g 表示生长性呼吸系数($g \cdot g^{-1} \cdot d^{-1}$)，此处取值 0.25 (张雪松，2009)。

4.3.3　土壤异氧呼吸

土壤呼吸是土壤中生物与周围环境之间一个相互作用的过程(马秀梅 等，2004)。它可以被看作是一个生态系统，对于了解影响该土壤生态系统里面生物和环境要素、相互作用过程以及其对该系统所排放出二氧化碳的影响有着非常重要的意义（王庚辰 等，2004）。土壤呼吸是土壤新陈代谢作用释放出二氧化碳的过程，该过程包括三个生物化学过程（土壤动物呼吸、土壤微生物异氧呼吸以及植物根系呼吸）和一个非生物过程（即少量土壤有机质氧化产生二氧化碳），其中土壤根系呼吸和微生物异氧呼吸影响最大。土壤呼吸本身是一种极为复杂的生物化学过程，不仅受到土壤温度、土壤湿度、土壤有机质和氮含量以及生物因子的影响，而且还受到人类生产生活活动的综合影响，所以要弄清土壤呼吸作用机制首先要明白各种影响因子是如何作用且相互关联的。

在本研究中，拟直接使用前人研究来计算土壤呼吸速率。土壤呼吸速率关于气温、土壤温度和土壤相对含水量的模型为：

$$\ln R = -1.714 + 0.878\ln T_s + 0.147\ln\theta + 0.088\ln T_a \quad (4.13)$$

即：

$$R = 0.180 \times T_{s5}^{0.878} \times T_a^{0.088} \times \theta^{0.147} \quad (4.14)$$

式中：R 为土壤的呼吸速率（$\mu mol \cdot m^{-2} \cdot s^{-1}$）；$T_a$ 为气温（℃）；T_{s5} 为 5 cm 深土壤温度（℃）；θ 为 5 cm 层土壤相对含水量（%）（Kemanian et al.，2004）。

研究表明，随着土壤温度的升高，土壤呼吸速率也会逐渐增加。因为温度的升高，会使土壤微生物呼吸作用加强，植物根呼吸速率也会相应增加。但随着温度升高至一定温度后，土壤呼吸速率反而会开始下降，与高温会抑制植物生长一样，过高的温度也会杀死一部分土壤微生物，导致土壤呼吸速率下降。

根据公式（4.14）求得呼吸速率与土壤温度进行的数据拟合，采用 Excel 计算得到土壤呼吸速率（y）与土壤温度（x）间的相关关系，得到 $y = 0.2092x + 1.3509$，$R^2 = 0.8965$，可以看出二者相关性很好。如图 4.5 所示。

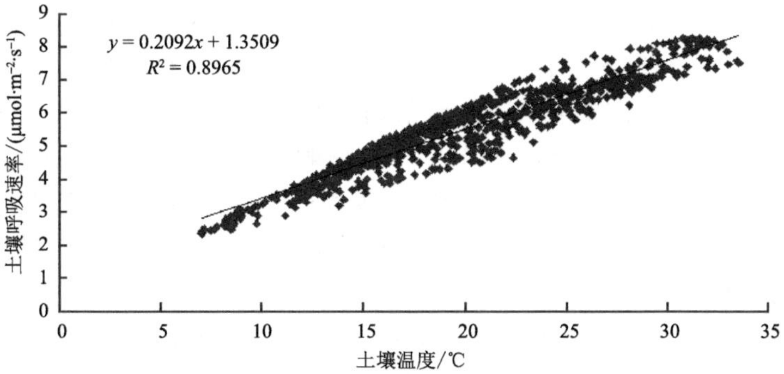

图 4.5　土壤呼吸速率与土壤温度的相关关系

土壤异氧呼吸主要受土壤温度和湿度影响。研究表明，在土壤湿度比较适宜的情况下，土壤异氧呼吸（R_{soil}）只受温度的影响。本次实验中，我们假设土壤水分合适，只考虑温度的影响，使用 Lloyd 和 Taylor（1994）提出的函数关系估算：

$$R_{soil} = R_{10e^{308.56(1/56.02-1/(Ts5+46))}} \quad (4.15)$$

式中：R_{10} 为土壤温度为 10 ℃时的土壤呼吸（$\mu mol \cdot m^{-2} \cdot s^{-1}$），由图 4.5 可以模拟计算得到，取值 3.4429，T_{s5} 为 5 cm 土壤温度（℃）。

4.3.4 冠层光合有效辐射(PAR)

前人研究早已证明作物产量的高低主要由光能资源的质量和光能利用率的大小来决定,光能利用率由光截获能力和光能转化效率决定,而冠层结构是影响作物群体光能利用的主要因素。叶面积会随着生育期变化而变化,叶面积指数也会随之变化,由于本研究历时较短,只有 20 d,故假设水稻在这段时间内叶面积并无较大的变化,故采用抽样检测中叶面积指数的平均值来进行模拟计算。

水稻冠层截获的光合有效辐射由冠层顶部测定的 PAR 值和基部测定的 PAR 值确定,由于本研究中并没有直接仪器测定的 PAR 值,故只能用常规数据来模拟,这也对结果有一定的影响,产生存在一定的误差。首先根据 9 月 27 日、10 月 3 日、10 月 10 日以及 10 月 20 日测定的水稻叶片的长(L_{ij})与宽(B_{ij}),以及提供的叶面积系数得到水稻的叶面积,在实验中每平方米共有 20 穴水稻,由此可以得到种植密度,根据公式:

$$\mathrm{LAI} = 0.7\rho_{种} \frac{\sum_{i=1}^{m}\sum_{i=1}^{n}(L_{ij} \times B_{ij})}{m} \tag{4.16}$$

式中:n 为第 j 株的总叶片数;m 为测定的株数;ρ 为种植密度(株/m^2),由 9 月 17 日,9 月 25 日,10 月 3 日,10 月 10 日,10 月 20 日五日抽样求得的 LAI(叶面积指数)值分别为 6.6,5.2,4.2,4.5,1。利用内插法可以求的 10 月 1 日至 20 日的每日 LAI 变化。由于实验不能测定冠层底部的 PAR 值,故只能用水稻叶片的消光系数来模拟冠层对太阳辐射的截获量,根据比尔定律:

$$\mathrm{LAI} = \frac{1}{k}\ln(Q_0/Q) \tag{4.17}$$

即:

$$Q = \frac{Q_0}{e^{k \cdot \mathrm{LAI}}} \tag{4.18}$$

式中:LAI 为叶面积指数;Q_0 和 Q 分别为冠层上下部的太阳辐射(μmol · m^{-2} · s^{-1});k 为特定的植物冠层的消光系数,随着生育进程的推进呈增加趋势,一般在 0.13~1.15 变化,本节取值 0.57(黄耀 等,2006)。冠层的光合有效辐射通过 Q_0-Q 得到。

从水稻在不同天气状况下每半小时光合有效辐射变化曲线(图 4.6)可以看出,冠层截获的光合有效辐射在太阳升起后开始逐渐增加,随着太阳高度角增大,光强增加到正午时分达到最大,午后随着太阳落下光合有效辐射逐渐减小,总体符合正弦曲线的变化特征。阴雨天条件下,冠层截获的光合有效辐射整体符合日出升高日落减少规律,但由于云量等变化,导致出现无规律波浪状曲线。比较而言,晴天冠层截获的光合有效辐射较大,最大值为 1405.21 μmol · m^{-2} · s^{-1},出现在 10 月 1 日的正午 12 时,最小值均出现在日出前后。

4.3.5 光能利用率(LUE)

根据前面的分析,LUE 为光合初级生产力占植物截获光合有效辐射(PAR)的百分比,由每半小时尺度水稻光能利用率随时间的变化图 4.7a 和图 4.8a 可以看出,水稻光能利用率具有明显的日变化。

如图 4.7a、图 4.8a 所示,光能利用率曲线呈现两头高、中间低的特点,早晨与傍晚的光能利用率相对比较高,中午时分为一天中的最低值。晴朗天气时,由于天空云层覆盖少太阳辐射

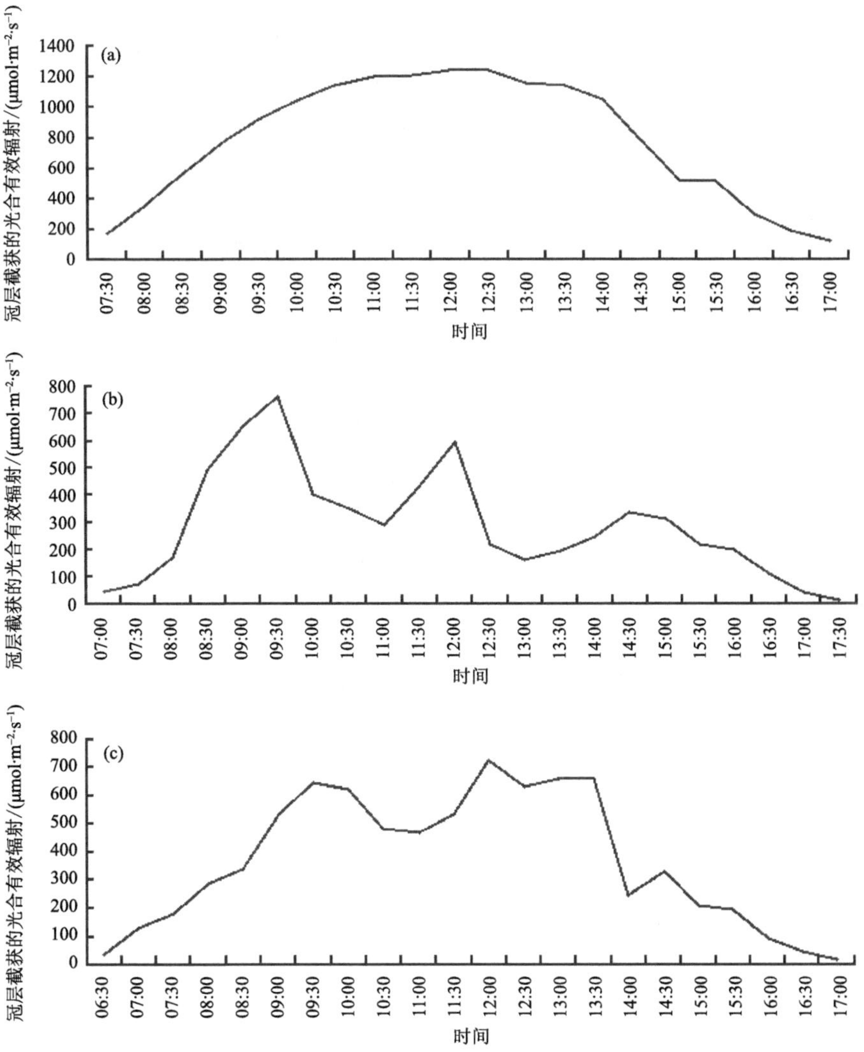

图 4.6 (a)晴天(10 月 2 日);(b)雨天(10 月 17 日);(c)阴天(10 月 18 日)每半小时冠层截获的光合有效辐射的变化规律

对环境因子影响十分明显。清晨水稻叶片受光线影响气孔张开,开始进行光合作用,而且早晨的温湿度适宜,气孔开度大,加之一整夜的呼吸作用,此时 CO_2 浓度较高,水稻的生理因子和环境因子达到最为适宜的状态,使得水稻的光能利用率很高,在 10 点前处于较高水平;10 时后水稻光能利用率显著降低,这是因为随着光合有效辐射的增加,而水稻冠层对散射辐射的利用率比直接辐射的高,也由于 CO_2 浓度也随光合作用的持续又明显减低,因此,在正午前后 LUE 达到日最低水平,即晴天的 LUE 有“午休”现象;14 时后随着光合有效辐射的减少光能利用率又开始增加。

图 4.7b、图 4.8b 中 10 月 1 日、10 月 2 日每半小时截获的光合有效辐射 PAR 随时间变化曲线代表了光合有效辐射 PAR 在晴天时段变化的趋势,早上日出后开始增加,直到 12 时最大,随后就会逐渐减少,日落后又减少致接近于 0。

然而从晴天10月1日(图4.7c)、10月2日(图4.8c)白天每半小时GPP随时间变化曲线可以看出,表征光合作用的GPP基本上也是早上日出后开始增加,直到12时最大,随后就会逐渐减少,总的变化和光合有效辐射PAR的变化趋势相类似;只是GPP的变化过程多了一些波动,例如在正午12时以后GPP常常会出现一个相对的低值,亦即光合作用的"午休"现象,说明光合作用是一个复杂的过程,不仅仅随辐射的变化而变化,很多因素(例如温度和水分条件)影响了光合作用的过程和结果。

晴天中光能利用率LUE在本研究中表现出了和光合有效辐射PAR、GPP随时间变化相反的走势。

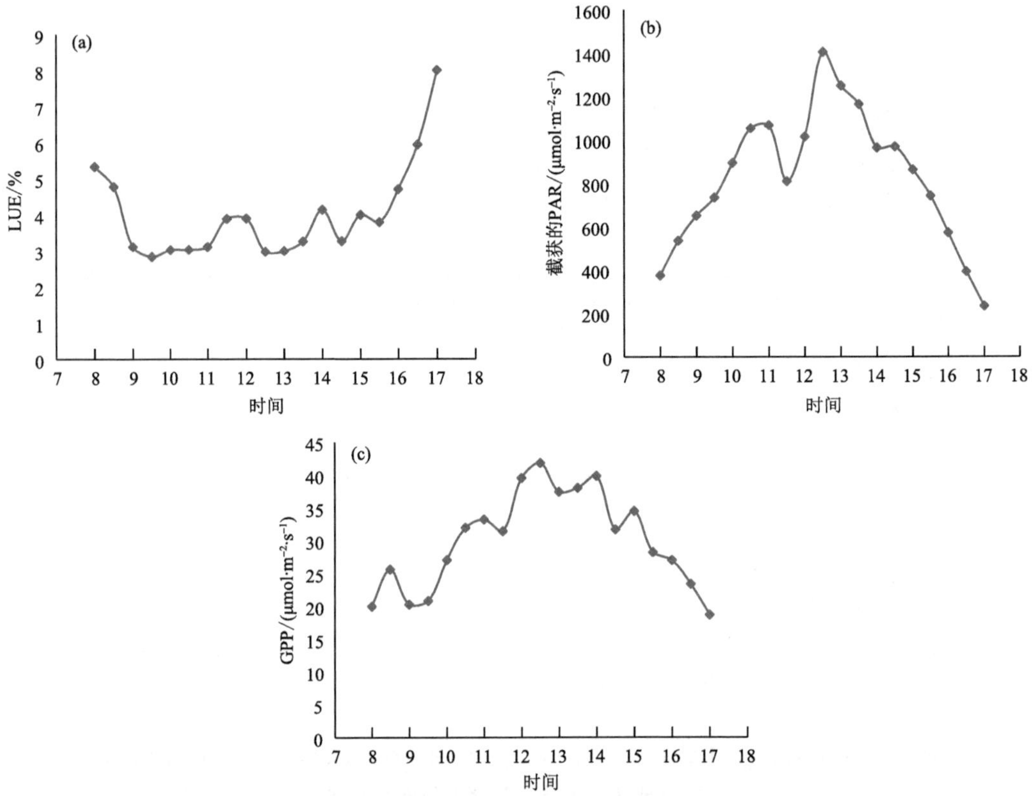

图4.7　白天(10月1日晴天)每半小时LUE(a)、截获的PAR(b)、GPP (c)随时间变化曲线

不同于晴天的情况,阴天天气条件下每半小时LUE随时间变化曲线又有自身的变化特点,从图4.9a(10月7日)、图4.10a(10月8日)可见:LUE随时间变化有较大的波动,变化规律性不如晴天的规律性明显,尤其10月7日的波动变化更大,在这2个阴天中总体的光能利用率较晴天有所升高,很有可能由于阴天环境温度和叶温不会很高,由于环境中湿度大蒸腾作用被抑制,植物体内供水状况良好,气孔阻力小、开度大,导致光能利用率的可能增加;由于水稻对散射辐射的利用率一般比直接辐射的利用率高,而阴天中散射辐射所占比例比在晴天要大得多,所以阴天中光能利用率反而比晴天更高。

对比10月7日截获的PAR(图4.9b)、GPP(图4.9c)随时间变化的曲线、图4.10中10月8日截获的光合有效辐射PAR(b)、GPP(c)随时间变化的曲线发现:阴天中GPP、光合有效辐射PAR随时间序列变化曲线相似的走势,二者与天空云状况的变化密切相关,而且其同步性

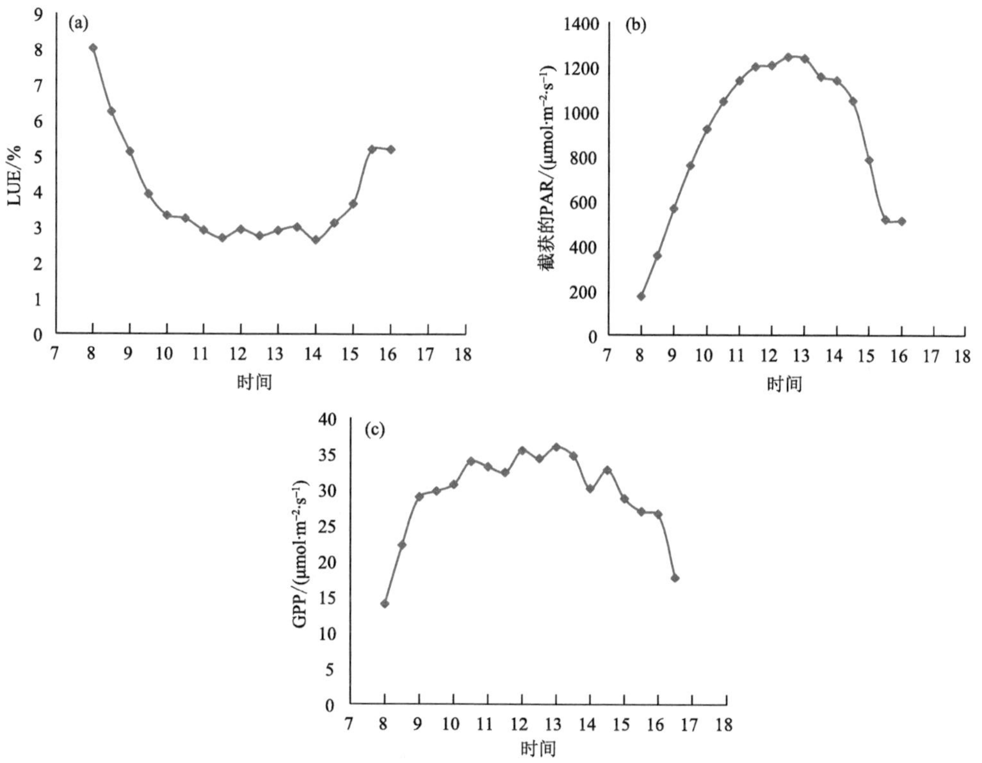

图 4.8　白天(10 月 2 日晴天)每半小时 LUE(a)、截获的 PAR(b)、GPP(c)随时间变化曲线

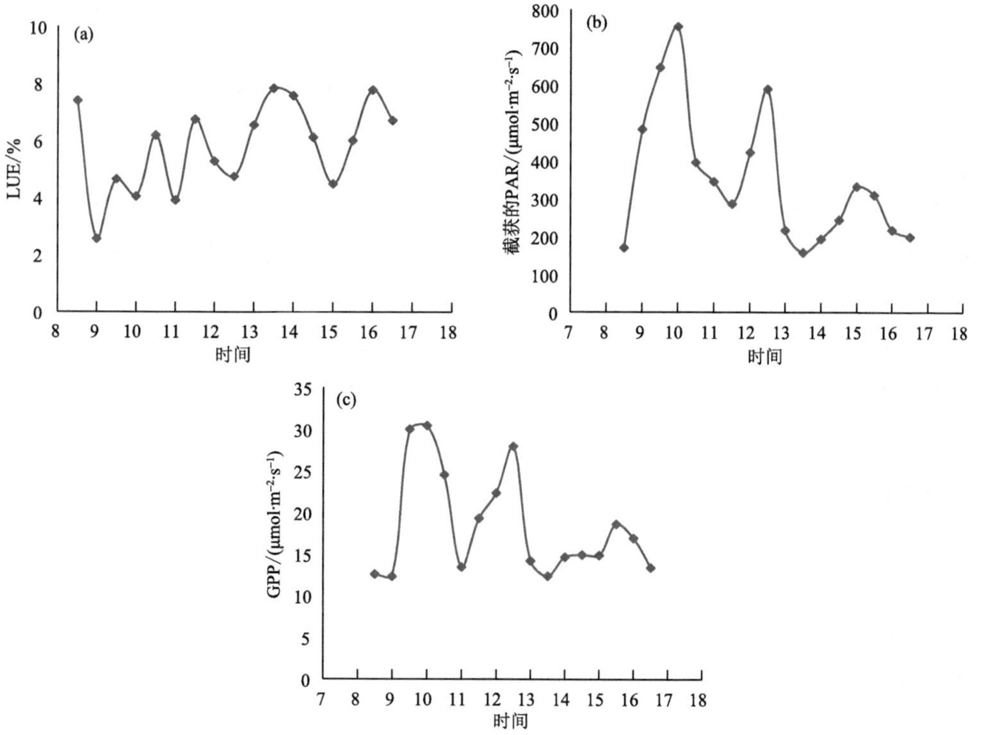

图 4.9　白天(10 月 7 日阴天)每半小时 LUE(a)、截获的光合有效辐射 PAR(b)、GPP(c)随时间变化曲线

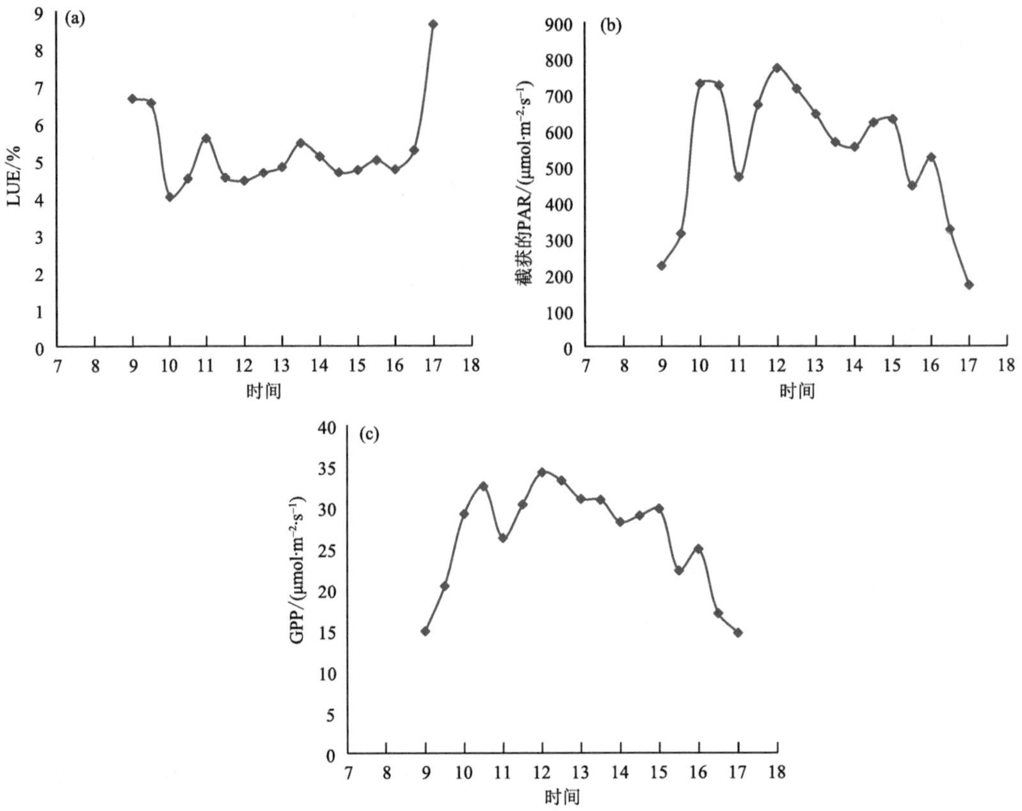

图 4.10 白天(10 月 8 日阴天)每半小时 LUE(a)、截获的 PAR(b)、GPP(c)随时间变化曲线

相当好,说明阴天光合有效辐射的数量是决定光合作用的最重要因素,阴天的光合有效辐射因其具有更多的间接辐射而能更好地被植被光合作用所利用。晴天 10 月 1—2 日的 LUE 平均值接近 3.9%,而阴天 10 月 7—8 日的 LUE 平均值接近 5.3%。

阴天中光能利用率 LUE 在本研究中表现出了和光合有效辐射 PAR、GPP 随时间序列变化曲线相似的走势;而在晴天时表现出来的是相反的趋势。上述研究说明 LUE 与 PAR、GPP 密切相关。

水稻的光能利用率一般在 1%～7%,天气状况的变化、温湿度的变化都可能导致 LUE 波动。尽管在计算中也存在各项的误差,但从研究结果变化趋势来看,符合一般规律,因此本方法具有一定的合理性。

4.3.6 小结

利用安徽省寿县地区 2013 年 10 月 1 日至 10 月 20 日涡度数据、梯度数据、常规气象数据等,利用涡度相关法估算出该地区水稻的光能利用率,有以下几个特点:

(1)光能利用率具有明显的日变化,但在晴天、阴天条件下有很大的不同。

(2)晴天光能利用率 LUE 曲线呈现两头高、中间低的特点,早晨与傍晚的光能利用率比较高,在中午一般可达到一天的最低值。早晚的温湿度适宜,气孔张开,CO_2 浓度较高,水稻的生理因子和环境因子达到最为适宜的状态,使得水稻的光能利用率很高,在 10 时前处于较高水平；10 时以后往往减小。晴天中光能利用率 LUE 在本研究中表现出了和光合有效辐射 PAR、GPP 随时间序列变化曲线相反的走势。该变化也说明水稻对散射辐射的利用率一般比直接辐射的利用率高。

(3)阴天天气条件下 LUE 随时间变化与晴天的 LUE 变化有很大的不同，受云量的影响较大，所以随时间变化有较大的波动，变化规律性不如晴天的规律性明显；阴天中总体的光能利用率较晴天有所升高，由于植物体内供水状况良好，且阴天中散射辐射所占比例比在晴天要大得多，所以阴天中光能利用率晴天更高。阴天中光能利用率 LUE 表现出和光合有效辐射 PAR、GPP 随时间序列变化曲线相似的走势；而在晴天时表现出来的是相反的趋势。

(4)这些变化规律说明 LUE 与 PAR、GPP 密切相关，研究结论支持水稻对散射辐射的利用率一般比直接辐射的利用率更高。水稻的光能利用率一般在 1%～7%，晴天的 LUE 平均值接近 3.9%，而阴天的 LUE 平均值接近 5.3%。

4.4　光谱观测资料与 PRI 计算

前面我们用总初级生产力与总入射的光合有效辐射所得的比率获得 LUE。在进行通量观测和大田试验的同时，对水稻进行了高光谱遥感观测，对遥感资料计算的光化学植被指数 PRI 与 LUE 的关系进行了探讨。

4.4.1　水稻光谱的空间变化规律分析

在进行空间分析时，时间取在 10 月 4 日 12 时和 10 月 7 日 10 时，10 月 4 日为晴好天气，风力微弱，日照时数可达 10 h 以上，可以很好地代表晴天条件下的光谱数据，10 月 7 日为阴天，早晨 08 时记录有雨，08:30 以后为全天阴天，日照时数仅为 1.3 h，可以极好地代表阴天条件下的光谱数据。数据分析时，观测方位角分别取定为 150°、100°、50°、0°、−50°、−100°、−150°，观测天顶角分别取定为 15°、30°、45°、60°，观测方位角与观测天顶角的组合可以实现对水稻光谱的多角度分析。

图 4.11 为晴天条件下(10 月 4 日 12 时)固定观测方位角时，随着观测天顶角的变化水稻光谱反射率的变化趋势。从总体上可以看出，随着天顶角的增加，光谱反射率是增加的，由于所观测的下垫面是水稻，为一均匀的表面，所以反射率的总体变化幅度不大。当观测天顶角发生改变时，表示冠层上部的植被结构所占比例发生改变，下部植被结构所造成的阴影部位的比例也在变化，即“阴影效应”造成冠层反射率发生变化。当观测天顶角增加时，植被冠层上部比例增加，冠层下部形成的阴影部位所占比例减小，所以冠层的反射率增加。

图 4.12 表示晴天时(10 月 4 日 12 时)，在固定观测天顶角时，随着观测方位角的改变，水稻光谱反射率的变化趋势。由图可看出，随着观测方位角的变化，冠层的反射率变化趋势趋于一致，且变化幅度不是很大，说明在下垫面为均一表面时，可见光波段对观测方位角的变化敏感性不是很高，数据采集时以正东为 0°，此时为正午 12 时，太阳正处于正南方位置，则太阳在观测体系中的方位角约为 90°，从图中大致可以看出在后向散射方向(即太阳同侧，迎着太阳光观测)存在反射率的大值，即观测方位角为 −100°的位置，同时也可以发现在前向散射方向(即太阳异侧，对着太阳光观测)存在反射率的小值，即观测方位角约为 100°的位置，这种现象是由于“热点效应”和“暗点效应”(Hammer et al.，1989；Bell et al.，1994；Kumar et al.，1996)

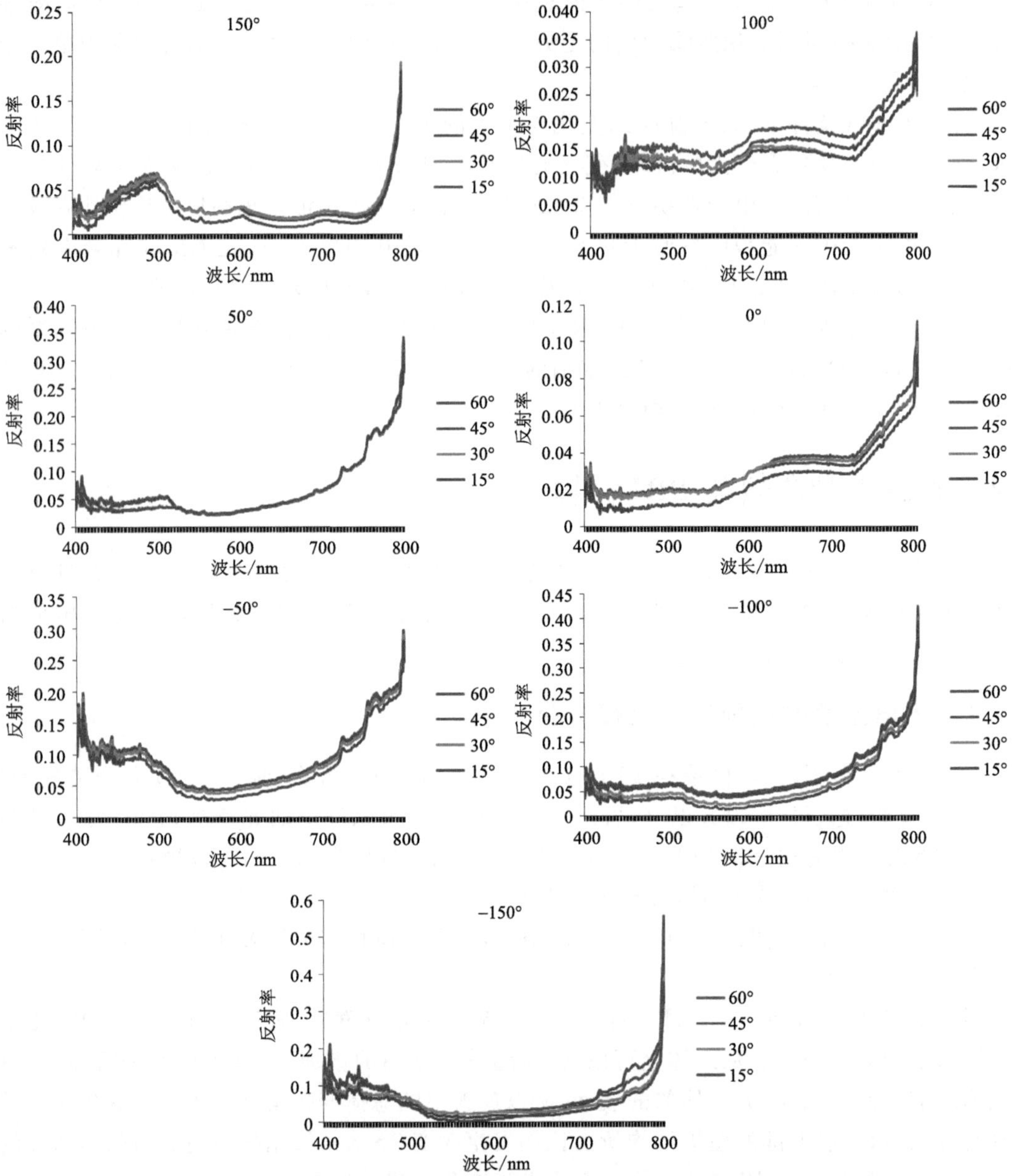

图 4.11　晴天条件下(10 月 4 日 12 时),固定观测方位角时,随观测天顶角变化的光谱反射率变化曲线(附彩图)

引起的。热点是指当观测方向与太阳入射光线在同侧时,即后向散射区域存在冠层反射率的最强点,也即观测方位角为－100°时,此时太阳方位角为 90°左右,与观测方位角大约在同侧;暗点是指当观测方向与太阳入射光线在异侧时,即前向散射区域的冠层反射率的最低点,即冠层方位角为 100°左右的位置,位于太阳光线的异侧。在后向散射方向,反射率的最大值出现在热点位置附近,且离热点处越远反射率越小,分析原因是离热点越远,光照成分不断在减小,而阴影部分却在增加,此时冠层反射率越来越小。

图 4.13 表示阴天时(10 月 7 日 10 时),固定观测方位角时,随着观测天顶角的变化光谱反射率的变化趋势。由于可以看出,阴天的光谱反射率较比晴天波动性大,这主要是因为阴天

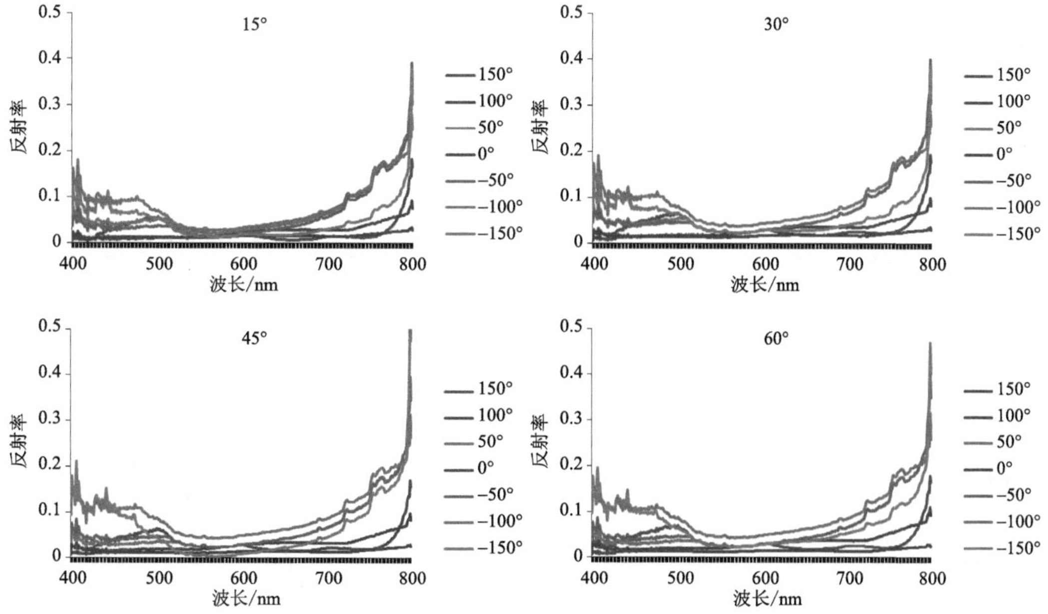

图 4.12　晴天条件下(10 月 4 日 12 时)，固定观测天顶角时，随观测方位角变化的光谱反射率变化曲线(附彩图)

天气状况多变，受天气影响，导致部分数据不稳定，但是从大体趋势可以得到与晴天相同的结论，随着观测天顶角的增加，由于存在“阴影效应”，植被冠层反射率也在增加。

图 4.14 表示阴天时(10 月 7 日 10 时)，固定观测天顶角时，随着观测方位角的改变冠层反射率的变化趋势。除了个别情况下(-150°、150°)数据代表性差，随着观测方位角的变化，冠层反射率也基本趋于一致。由于农田下垫面均一，观测方位角的变化对可见光部分冠层反射率的影响比较小，但是受天气状况多变的影响，太阳辐射受水汽与云的散射与吸收，使得“热点”效应和“暗点”效应在阴天并没有很好地体现出来，阴天条件下冠层反射率随观测方位角的变化情况比较复杂。

图 4.15 表示在固定观测天顶角和太阳天顶角时，随着相对方位角的变化，冠层反射率的变化曲线。此时是上午 10 时，太阳方位角约为 50°(以正东方向为 0°)，由图可以看出当相对方位角为 0°时，冠层的反射率最小，此时观测方向与太阳光线正处于异侧，该位置正是前向散射方向的“暗点”的位置，当相对方位角为-150°和-200°时，两处的位置最接近“热点”位置，即相对方位角为-180°处，由图可看出在这两个位置处的冠层反射率也是比较大的，且除“暗点”位置以外，其他相对方位角处的冠层反射率在 500 nm 至 700 nm 处的光谱反射率几乎趋近，说明在此波段处冠层反射率对相对方位角的变化不敏感。

4.4.2　水稻光谱的时间变化规律分析

植被冠层的反射率是受多因素影响的，一天中冠层中的光合有效辐射随着时间不断变化，则导致植被冠层反射率不断发生变化，随着植被各生长期中体内水分含量、叶绿素含量、叶面积指数以及干物质含量等生物物理参数的改变，反射率也是不断变化的，因此研究植被冠层的反射率的时间变化规律对熟悉作物的生理生命过程是十分重要的。由于在晴天条件下，太阳到达地面的辐射随时间变化明显，因此本节选择 10 月 1 日、10 月 3 日、10 月 6 日和 10 月 12

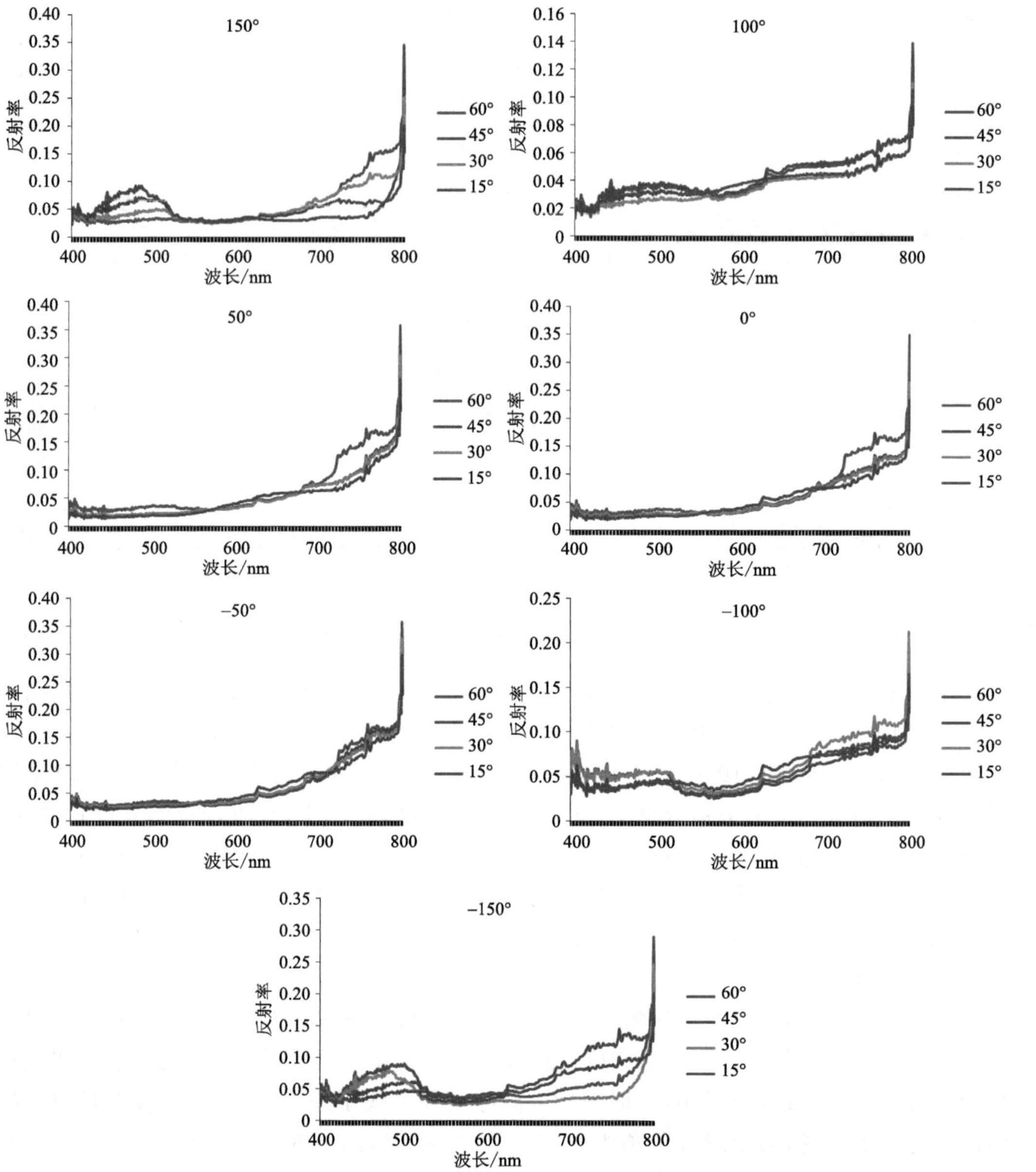

图 4.13　阴天条件下(10 月 7 日 10 时),固定观测方位角时,随观测天顶角变化的光谱反射率变化曲线(附彩图)

日四个晴好天气数据为代表分析时间变化规律,一天中选取 08 时、10 时、12 时和 14 时等四个整点时刻分析一天中水稻冠层的反射率变化规律,当时间变化时,太阳的位置也在不停变化,因此冠层反射率的日变化规律也能够代表太阳的天顶角和方位角在变化时,冠层光谱反射率的变化情况。

图 4.16 表明一天四个时刻(08 时、10 时、12 时、14 时)的水稻光谱反射率的日变化曲线(即随太阳天顶角和太阳方位角变化时的冠层反射率变化曲线),并分别在四个不同日期分别做出了分析。由图可看出,在一天中早晨 08 时的反射率是最高的,而在中午 12 时左右光谱的反射率是最低的,日变化幅度不是很大。在早晚时太阳高度角较小,太阳的天顶角较大,入射

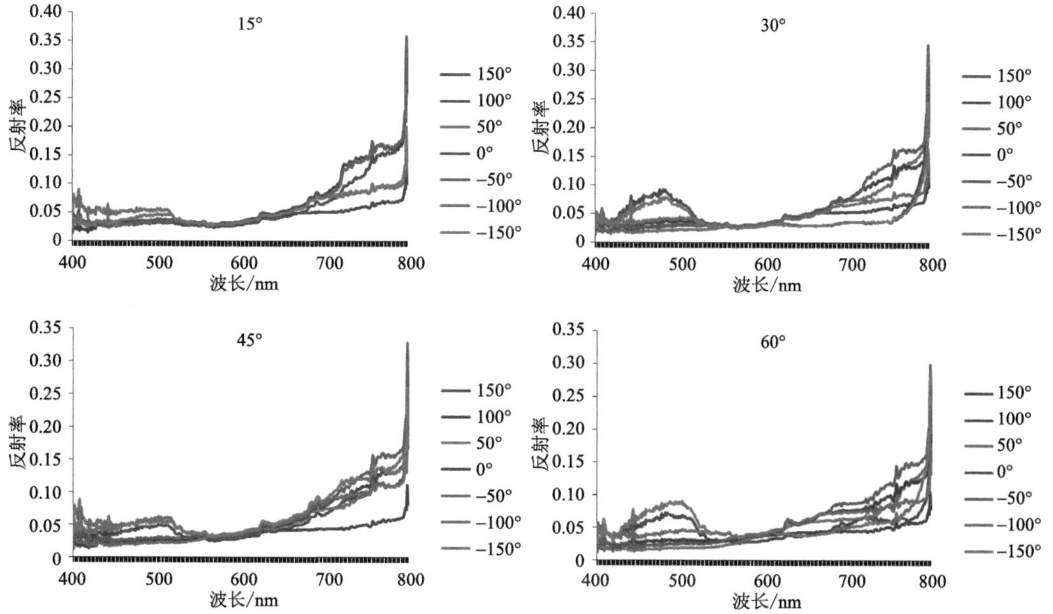

图 4.14　阴天条件下(10 月 7 日 10 时),固定观测天顶角时,随观测方位角变化的光谱反射率变化曲线(附彩图)

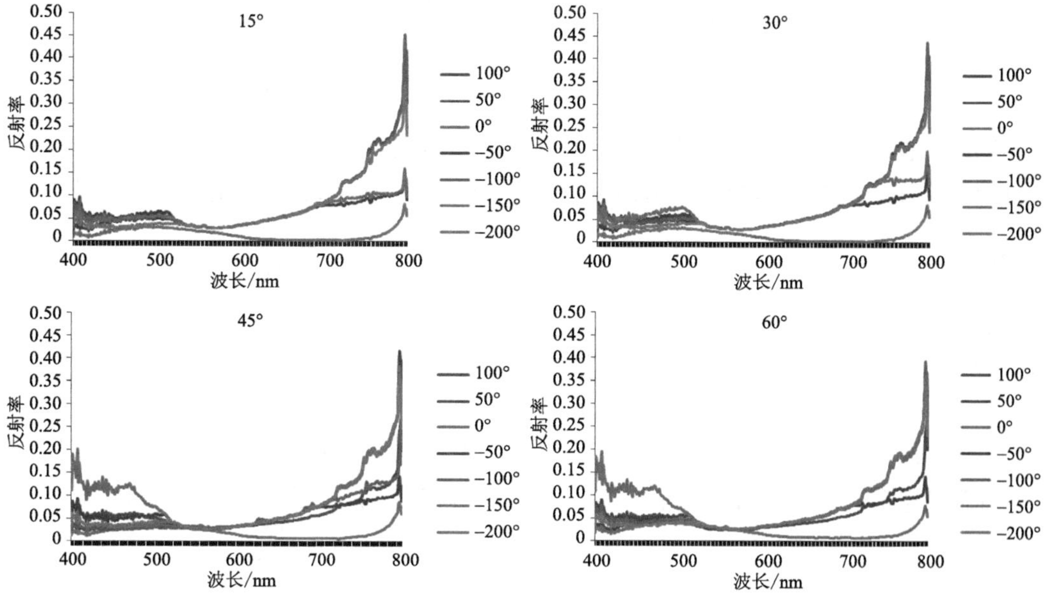

图 4.15　晴天(10 月 3 日 10 时)固定观测天顶角和太阳天顶角时随相对方位角变化光谱反射率变化曲线(附彩图)

的太阳辐射中直接辐射所占的比例较小,而散射辐射所占的比例大,所以冠层光谱的反射率大,而随着太阳高度角的逐渐增加,太阳的天顶角在减小,太阳辐射中直接辐射所占的比例也逐渐增加,则导致光谱反射率逐渐减小,到达中午太阳高度角达到最大值,此时太阳天顶角最小,直射辐射更加容易穿透冠层,致使水稻冠层的光谱反射率最低,且在中午,由于水稻自身的生理因素会产生“午休”现象，导致作物的光合能力减弱，对植被冠层的反射率的减小也会产生影响。由此可以总结得出：冠层反射率随着太阳天顶角的增大而增大，这是因为当太阳斜射入冠层时，冠层对太阳辐射的截获以及散射辐射随着太阳天顶角的增加而增加，且光在冠层中的传播路径也在发生改变，导致冠层反射率随太阳天顶角的增大而增大。

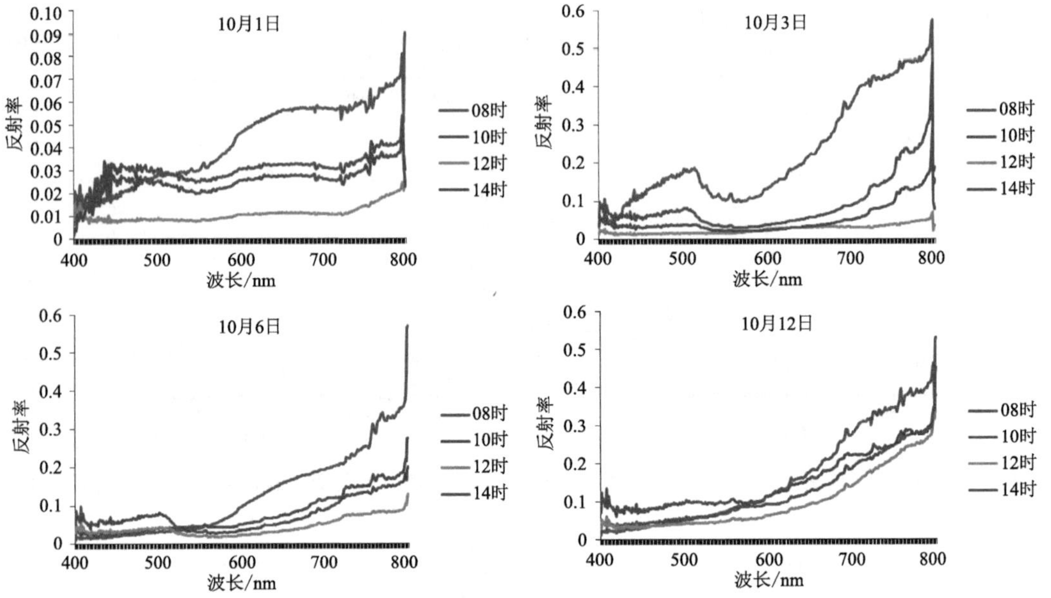

图 4.16　一天四个时刻的光谱反射率变化曲线(附彩图)

图 4.17 表示在水稻的生长过程中冠层光谱反射率的变化情况，并分别在四个时刻(08 时、10 时、12 时、14 时)做出分析。由图可看出，1 日的反射率是最低的，随着生长天数的增加，

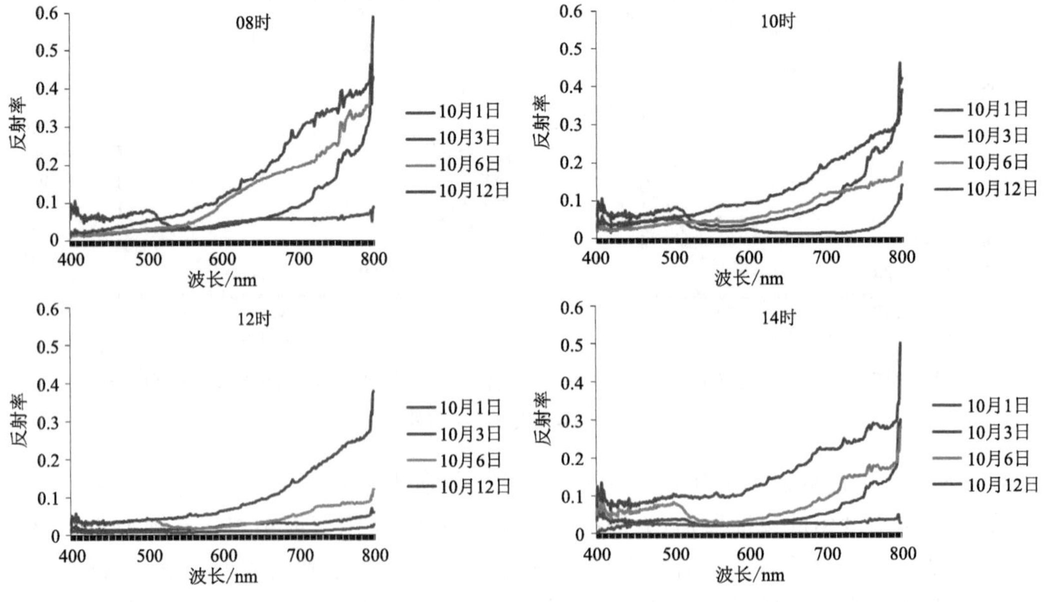

图 4.17　水稻生长过程中光谱反射率变化曲线(附彩图)

冠层光谱反射率也在增加，在 12 日冠层光谱的反射率最大，由于日期较为接近，可以看出反射率的变化幅度不是很大。由于我们的数据采集在 10 月，此时水稻处于生长后期，体内的叶绿素含量、叶面积指数和叶片的干物质含量都处于变化当中，影响可见光部分的生物物理参数主要为叶绿素含量和叶片内部的结构参数，在水稻的成熟后期其体内的叶绿素含量和叶片水分含量是不断降低的，则导致水稻对太阳辐射的吸收不断减弱，反射率不断增加，因此在水稻的生长后期，随着生长天数的增加，水稻冠层的反射率不断增加。

4.4.3 PRI 与 LUE 关系探讨

图 4.18 是常常用到的植被反射光谱曲线。在图 4.18 中：①对绿光(0.55 μm)有一小的反射峰值，反射率大致为 20%，这是绿色植物呈现绿色的原因。这里也正是太阳光的光能峰值；②在红光处(0.68 μm)有一吸收谷，这是光合作用吸收谷。注意此处太阳光能仍很大，若吸收谷减小，则植被发黄、红。③在 0.7～1.4 μm 有很高红外反射峰，反射率可高达 70%以上，峰与前边红光波谷是植被光谱的特征。

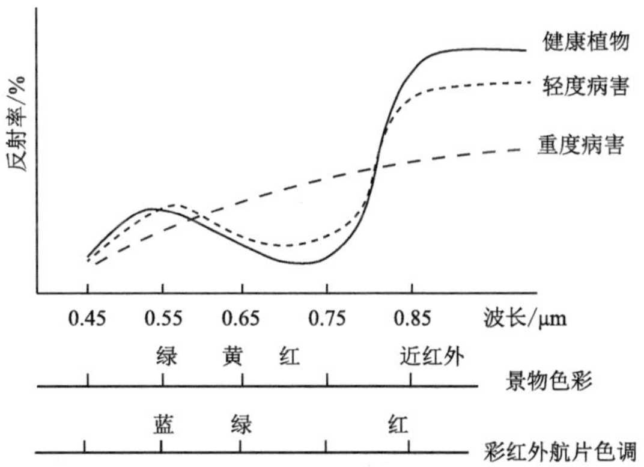

图 4.18　健康植株的反射率光谱

通过本研究资料对比分析，发现本研究使用的光谱仪的精度与稳定性有一定的差距，表现在观测的光谱曲线与图 4.17 有一些不同，而且研究发现上述分析发现观测角度和光照角度的变化能使得观测到的光谱曲线有相当的变化，亦即观测数据的稳定性比较容易受到影响。

将计算的 PRI 与 LUE 进行拟合，得到图 4.19、图 4.20。

图 4.19a 为 10 月 8 日 PRI 与 LUE 拟合结果，PRI 与 LUE 相关系数呈正相关关系；图 4.19b 为 10 月 7 日 PRI 与 LUE 拟合结果，PRI 与 LUE 相关系数呈正相关关系；二者都呈正相关关系，然而从散点分布来看，相对集中，表现出线性拟合度不高，相关系数也不大。

在其他天内的拟合结果比较分散，既有正相关的，也有负相关的，如 10 月 1 日的 PRI 与 LUE 拟合结果，见图 4.20。

从拟合效果来看，不能达到通过 PRI 指数完成对 LUE 反演，而前人的研究和本课题组过去的研究发现，可以通过 PRI 指数反演 LUE。郑腾飞等(2014)、郭建茂等(2022)的研究指出，LUE 和 PRI 的相关曲线，R^2 为 0.909。观测角度为前向观测天顶角 30°时和后向观测天顶角 30°时的二者相关曲线，R^2 取值分别为 0.685 和 0.925。该试验观测光谱仪为 ASD 携带式光谱仪(FS-2500，ASD，USA)，价格昂贵，仪器较为准确。本次研究采用的仪器相对廉价，使用范围往往受到限制。在试验结束后送审检测发现这台仪器没能满足用户的要求，将比用户提

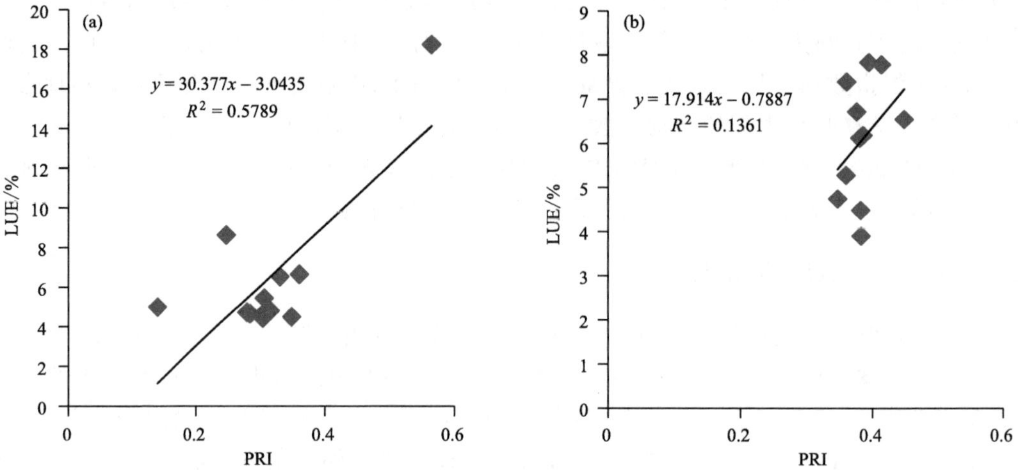

图 4.19　PRI 与 LUE 拟合结果

(a)10 月 8 日;(b)10 月 7 日

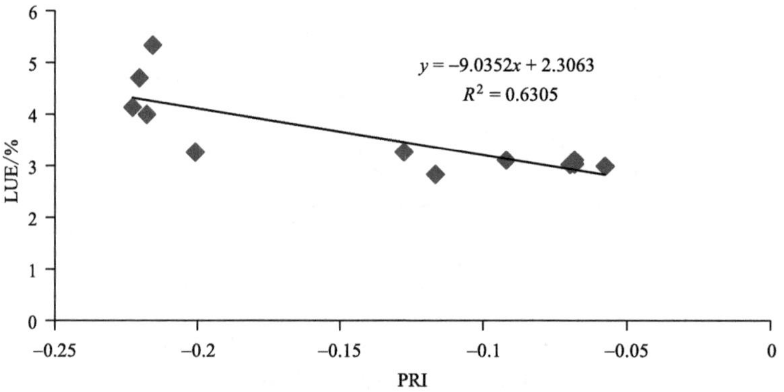

图 4.20　PRI 与 LUE 拟合结果(10 月 1 日)

出的设计要求整整降了 10 ℃。

在试验观测中发现,本研究使用的 Jaz-Combo 2 光谱仪,在温度较低的时期,可以正确使用,在高温情况下,不能稳定工作,甚至中止观测或开机异常。尤其光谱仪自动观测时,因连续观测计算存储,仪器本身的温度会上升很多,明显高于周围空旷环境的气温。事后的试验发现,当室外温度为 30 ℃时光谱仪温度可达 40 ℃,且长时间不能自动降温,会严重影响到观测数据的准确性和稳定性。厂方销售方的失误给本研究带来了很大的损失,这也是研究工作中的一个经验和教训。

正因为厂方仪器使用温度上限设置不达要求,导致在温度低的阴天的观测数据相比较高温度的晴天数据而言数据质量要好一些,10 月 7—8 日为阴天,温度相对较低,观测数据基本正确,所以 10 月 7—8 日的 PRI 反演 LUE,相对而言,从趋势和相关性来看是可以信赖的。而由于此段时间高温,光谱仪温度过高常常超出温度上限,大量数据存在一定的误差。

4.4.4　小结

(1)在可见光波段,随着观测天顶角的增加,冠层反射率增加,但是变化幅度不大;随着太阳天顶角的增加，冠层反射率也在增加；随着观测方位角的变化，冠层反射率因为观测的几何位置与太阳的位置关系发生改变，在“热点”位置出现冠层反射率的大值，在“暗点”位置出现反射率的小值，但是由于下垫面均一，总体变化幅度不大，可见光波段（尤其是 500～700 nm）对相对方位角的变化不敏感。

（2）一天中，早晚时刻因太阳高度角较小冠层反射率较高，而在正午 12 时左右，太阳高度角最大且伴有植物午休现象，冠层反射率最低；在水稻的生长后期，随着生长后期其体内的叶绿素含量和叶片水分含量是不断降低的，水稻对太阳辐射的吸收不断减弱，导致冠层反射率逐渐增加。

（3）在阴天，光谱仪正常工作状况下，PRI 与 LUE 呈正相关关系，研究认为可以通过 PRI 进行 LUE 的估算；而在高温天气，因光谱仪本身温度已达工作上限，影响了获取数据的准确性和稳定性，PRI 与 LUE 关系不明显。

4.5　结论

本研究通过水稻田间试验观测获取大量生长发育数据，结合安徽寿县的气象观测数据、通量观测数据、梯度观测数据，对水稻光能利用率 LUE 进行估算；同时通过多角度高光谱自动遥感平台获取的太阳辐射和冠层反射光谱数据，分析水稻反射光谱特征，利用遥感数据计算得到 PRI，探讨通过 PRI 对 LUE 的进行估算的方法。主要研究结论如下：

（1）LUE 具有明显的日变化。但在晴天、阴天条件下有很大的不同。在研究时段内，晴天 LUE 曲线呈现早晚高、中午低的特点，晴天 LUE 在本研究中表现出了和 PAR、GPP 随时间序列变化相反的走势；阴天中 LUE 随时间的变化波动较大，其变化规律性不如晴天的规律性明显，阴天 LUE 表现出和 PAR、GPP 随时间序列变化曲线相似的走势；水稻的光能利用率一般在 2%～7%，晴天的 LUE 平均值接近 3.9%，而阴天的 LUE 平均值接近 5.3%，阴天的 LUE 数值较晴天的有所升高；这些变化规律说明 LUE 与 PAR、GPP 密切相关，研究结论支持水稻对散射辐射的利用率一般比直接辐射的利用率更高。

（2）在可见光波段，随着观测天顶角的增加，冠层反射率增加，但是变化幅度不大；随着太阳天顶角的增加，冠层反射率也在增加；随着观测方位角的变化，冠层反射率随观测的位置与太阳的相对位置的不同而发生改变，在“热点”位置出现冠层反射率的大值，在“暗点”位置出现反射率的小值，但是由于植被比较均一，下垫面总体变化幅度不大，使得可见光波段（尤其是 500～700 nm）对相对方位角的变化不敏感。

（3）一天中，早晚时刻因太阳高度角较小冠层反射率较高，而在正午 12 时左右，太阳高度角最大且伴有植物午休现象，冠层反射率最低；在水稻的生长后期，随着生长后期其体内的叶绿素含量和叶片水分含量是不断降低的，水稻对太阳辐射的吸收不断减弱，导致冠层反射率逐渐增加。

（4）在阴天，光谱仪正常工作状况下，PRI 与 LUE 呈正相关关系，研究认为可以通过 PRI 进行 LUE 的估算；而在高温天气，因光谱仪本身温度已达工作上限，影响了获取数据的准确性和稳定性，PRI 与 LUE 关系不明显。

参考文献

陈晋,唐艳鸿,陈学泓,等,2008. 利用光化学反射植被指数估算光能利用率的研究进展[J]. 遥感学报,12:331-332.

黄耀,王彧,张稳,等, 2006. 中国农业植被净初级生产力模拟(I)[J]. 自然资源学报, 21(5):790-801.

黄振英,董学军,蒋高明,等,2002. 沙柳光合作用和蒸腾作用日动态变化的初步研究[J]. 西北植物学报,22(4):817-823.

李春,何洪林,刘敏,等,2008. ChinaFLUX CO_2 通量数据处理系统与应用[J]. 地球信息科学(5):557-565.

刘允芬,宋霞,孙晓敏,等,2004. 千烟洲人工针叶林 CO_2 通量季节变化及其环境因子的影响[J]. 中国科学 D辑, 34(增刊Ⅱ):109-117.

马秀梅,朱波,韩广轩,等,2004. 土壤呼吸研究进展[J]. 地球科学进展, 19(S1):492-494.

牛书丽,蒋高明,高雷明,等,2003. 内蒙古浑善达克沙地 97 种植物的光合生理特征[J]. 植物生态学报,27(3):318-324.

盛浩,杨玉盛,陈光水,等. 2006. 土壤异养呼吸温度敏感性(Q10)的影响因子[J]. 亚热带资源与环境学报, 1(1):74-83.

苏培玺,赵爱芬,张立新,等,2003. 荒漠植物梭梭和沙拐枣光合作用、蒸腾作用及水分利用效率特征[J]. 西北植物学报,23(l):11-17.

孙文娟,黄耀,陈书涛,等,2005. 稻麦作物呼吸作用与植株氮含量，生物量和温度的定量关系[J]. 生态学报,25(5): 1152-1158.

王春林,周国逸,王旭,等,2007. 复杂地形条件下涡度相关法通量测定修正方法分析[J]. 中国农业气象, 28(3): 233-240.

王庚辰,杜睿,孔琴心,等,2004. 中国温带典型草原土壤呼吸特征的实验研究[J]. 科学通报, 49 (7):692-695.

王介民,王维真,奥银焕,等,2007. 复杂条件下湍流通量的观测与分析[J]. 地球科学进展, 22 (8): 791-797.

王勤学,渡边正孝, 欧阳竹,等,2004. 不同类型生态系统水热碳通量的监测与研究[J]. 地理学报, 59(1):13-24.

王秋凤,2005. 陆地生态系统水一碳祸合循环的生理生态机制及其模拟研究[D]. 北京:中国科学院地理科学与资源研究所:12-20.

王森,郝占庆,姬兰柱,等,2002. 高 CO_2 浓度对温带三种针叶树光合光响应特性的研究[J]. 应用生态学报,13(6):646-650.

温胜国,王林和,张国盛,2004. 臭柏的光合速率与生态因子的关联分析[J]. 福建林学院学报,24(3):206-210.

吴朝阳,牛铮,汤泉,2008. 利用光化学植被指数估算叶片的光能利用率[J]. 兰州大学学报,44(2):28-32.

吴朝阳,牛铮,汤泉,等,2009. 不同氮、钾施肥处理对小麦光能利用率和光化学植被指数(PRI) 关系的影响[J]. 光谱学与光谱分析,29(2):455-458.

于贵瑞,孙晓敏,2006. 陆地生态系统通量观测的原理与方法[M]. 北京:高等教育出版社.

张雷明,于贵瑞,孙晓敏,等,2006. 中国东部森林样带典型生态系统碳收支的季节变化[J]. 中国科学 D 辑,2006, 36 (增Ⅱ): 45-59.

张雪松,2009. 冬小麦农田生态系统碳，水循环特征及冠层上方碳通量的模拟[D]. 南京:南京信息工程大学.

赵育民,2007. 内蒙古温带典型草原光能利用率初步研究[D]. 北京:北京林业大学.

郑腾飞,于鑫,包云轩,2014. 多角度高光谱对光化学反射植被指数估算光能利用率的影响探究[J]. 热带气象学报,30(3):577-584.

周卫军,朱良枝,郝金菊,等,2007. 红壤丘陵区晚稻生长期间 CO_2 的排放与固定规律[J]. 生态与农村环境学报,23(1):7-11.

朱咏莉,吴金水,童成立, 等,2008. 稻田 CO_2 通量对光强和温度变化的响应特征[J]. 环境科学,33(04):

1040-1044.

祖元刚,1990. 能量生态学引论[M]. 长春:吉林科学技术出版社.

ADAMS J M, FAURE H, FAURE-DENARD L, 1990. Increases in terrestrial carbon storage from the last glacial maximum to the present[J]. Nature, 348: 711-714.

ANDRADE F H, UHART S A, CIRILOA, 1993. Temperature affects radiation use efficiency in maize[J]. Field Crops Research, 32: 17-25.

AWAL M A, IKEDA T, 2003. Effect of elevated soil temperature on radiation-use efficiency inpeanut stands [J]. Agricultural and Forest Meteorology, 118: 63-74.

BARTON C V M, NORTH P R J, 2001. Remote sensing of canopy light Use efficiency using the photochemical reflectance index modeland sensitivity analysis [J]. Remote Sensing of Environment, 78: 264-273.

BELL M J, ROY R C, TOLLENAAR M, et al, 1994. Importance of variation in chilling tolerance for peanut genotypic adaptation to cool, short-season environments[J]. Crop Science, 34: 1030-1039.

BERBIGIER P, BONNEFOND J M, MELLMANN P, 2001. CO_2 and water vapour fluxes for 2 years above euroflux forest site [J]. Agricultural and Forest Meteorology, 108: 183-197.

BONAN G B, 1995. Land-atmosphere CO_2 exchange simulated by a land surface process model coupled to an atmospheric general circulation model[J]. J Geophys Res, 100: 2817-2831.

BROWN H E, MOOT D J, TEIXEIRA E I, 2006. Radiation use efficiency and biomass partitioning of Lucerne (Medicago sativa)in a temperate climate[J]. European Journal of Agronomy, 25: 319-327.

CHOUDHURY B J, 2001. Estimating gross Photosynthesis using satellite and ancillary data: Approach and preliminary results[J]. Remote Sensing of Environment, 75: 1-21.

CRAMER W, KICKLIGHTER D W, BONDEAU A, 1999. Comparing global models of terrestrial net primary productivity (NPP) : Overview and key results [J]. Global Change Biology, 5: 1-15.

DEMMIG ADSMS B, ADAMS B, 1994. The role of xanthophyll cycle carotenoids in the protection of photosynthesis[J]. Trends in Plant Science, 1: 21-26.

DROLET G G, HUEMMRICH K F, HALL F G, 2005. A MOD IS-derived photochemical reflectance index to detect inter-Annual Variations in the photosynthetic light-use efficiency of a boreal deciduous forest [J]. Remote Sensing of Environment, 98: 212-224.

FALGE E, BALDOCCHI D, OLSON R, et al, 2001. Gap filling strategies for defensible annual sums of net ecosystem exchange[J]. Agric For Meteorol, 107: 43-69.

FARQUHAR G, RODERICK M, 2003. Pinatubo, diffuse light and the carbon cycle[J]. Science, 299: 1997-1998.

FILELLA I, AMARO T, ARAUS J L, 1996. Relationship between photosynthetic radiation use efficiency of barley canopies and the photochemical reflectance index (PRI) [J]. Physiological Planetarium, 96: 211-216.

FILELLA I, PENUELAS J, LLORENSL, 2004. Reflectance assessment of seasonal and annual changes in biomass and CO_2 Uptake of a mediterranean shrubland submitted to experimental warming and drought[J]. Remote Sensing of Environment, 90: 308-318.

GALLAGHER J N, BISCOE P V, 1978. Radiation absorption, growth and yield of cereals[J]. Journal of Agricultural Science, 91: 47-60.

GAMON J A, PENUELAS J, FIELD C B, 1992. A narrow 2 waveband spectral index that tracks Diurnal changes in photosynthetic efficiency [J]. Remote Sensing of Environment, 41: 35-44.

GAMON J A, SERRANO L, SURFUS J S, 1997. The photochemical reflectance index: an optical indicator of photosynthetic radiation use efficiency across apecies, functional types, and nutrient levels [J]. Oecologia, 112: 492-501.

GAMON J A, FIELD C B, FREDEEN A L, 2001. Assessing photosynthetic downregulation in sunflower standswith an optically based Model[J]. Photosynthesis Research, 67: 113-125.

GOETZ S J, PRINCE S D,1999. Modelling terrestrial carbon exchange and storage: evidence and implications of functional convergence in light-use efficiency[J]. Advances in Ecological Research,28:57-92.

GOWER S T, KUCHARIK C J,NORMAN M,1999. Direct and indirect estimation of leaf area index, fAPAR, and net primary production of terrestrial ecosystems[J]. Remote Sensing of Environment,70:29-51.

GREEN D 5, ERICKSON J E, KRUGER E L,2003. Foliar morphology and canopy nitrogen as predictors of light-use efficiency in terrestrial vegetation[J]. Agricultural and Forest Meteorology,115:163-171.

GU L, BALDOCCHI D, VERMA S B, et al,2002. Advantages of diffuser adiation for terrestrial ecosystem productivity[J]. Journal of Geophysical Research, 107, doi: 10. 1029/2001JD001242.

GUO J M, TROTTER C M,2004. Estimating photosynthetic light use efficiency using the photochemical reflectance index: Variations among Species[J]. Functional Plant Biology, 31: 255-265.

HAMMER G L, VANDERLIP R L,1989. Genotype-by-environment in teraction in grain sorghum. I. Effects of temperature on radiation use efficiency[J]. Crop Science, 29:370-376.

HARDACRE A W, TURNBULL H L,1986. The growth and development of maize(Zeamays L.) at five temperatures[J]. Annals of Botany, 58:779-787.

HEALEY K D, RICKERT K G, HAMMER G L,1998. Radiation use efficiency increases when the diffuse component of incident radiation is enhanced under shade[J]. Australian Journal of Agricultural Research, 49:665-672.

HILKER, THOMAS, NESIC, et al,2010. A new, automated, multiangular radiometer instrument for tower-based observations of canopy reflectance (amspec II)[J]. Instrumentation Science & Technology,38(5): 319-340.

JARVIS P G, JAMES G B, LANDSBERG J J,1976. Coniferous forest// Monteith J L, ed. Vegetation and the Atmosphere. London: Academic Press.

JOHN A. GAMON, YUFU CHENG, et al, 2006. A mobile tram system for systematic sampling of ecosystem optical properties[J]. Remote Sensing of Environment ,103:246-254.

KEMANIAN A R, STÖCKLE C O, HUGGINS D R,2004. Variability of barley radiation-use efficiency[J]. Crop Science, 44:1662-1672.

KOOMAN P L, FAHEM M, TEGERA P, et al,1996. Effects of climate on different potato genotypes. 1. Radiation interception, total and tuber dry matter production[J]. European Journal of Agronomy, 5:193-205.

KUMAR P V, SRIVASTAVA N N, VICTOR U S, et al,1996. Radiation and water use efficiencies of rain fed castor beans(Ricinus communis L.)in relation to different weather parameters[J]. Agricultural and Forest Meteorology, 81:241-253.

LARCHER W,1980. Physiological Plant Ecology. (2nded)[M]. Berlin: Springer-Verlag.

LECOEUR J, NEY B,2003. Change with time in potential radiation-use efficiency in field pea[J]. European Journal of Agronomy,19:91-105.

LLOYD J, TAYLOR J A,1994. On the temperature dependence of soil respiration[J]. Functional Ecology. 8: 315-323.

LONG S P, EAST T M, BAKER N R,1983. Chilling damage to photo synthesis in young Zeamays. I. Effects of light and temperature variation on photo synthetic CO_2 assimilation[J]. Journal of Experimental Botany, 34(139):177-188.

LOUIS J, OUNIS A, DUCRUET J M,2005. Remote sensing of sunlight-induced chlorophyll fluorescence and reflectance of scots pine in the boreal forest during spring recovery[J]. Remote Sensing of Environment, 96:

37-48.

MEDLYN B E,1998. Physiological basis of the light use efficiency model [J]. Tree Physiology, 18: 167-176.

NAKAJI T, OGUMA H, FUJINUMA Y,2006. Seasonal changes in the relationship between photochemical reflectance index and photosynthetic light Use efficiency of Japanese larch needles[J]. International Journal of Remote Sensing, 27: 493-509.

NICHOL C J, HUEMMRICH K F, BLACK T A,2000. Remote sensing of photosynthetic light use efficiency of boreal forest[J]. Agricultural and Forest Meteorology, 101: 131-142.

NICHOL C J, LLOYD J, SHIBISTOVA O,2002. Remote sensing of photosynthetic-light-use efficiency of a Siberian boreal forest[J]. Tellus, 54B: 677-687.

PANEK J A, GOLDSTEIN A H,2001. Response of stomatal conductance to drought in ponderosa pine: Implications for carbon and ozone uptake[J]. Tree Physiology, 21:337-344.

PAW U K, BALDOCCHO D D, MEYERS T, et al,2000. Corrections of eddy covariance measurements incorporating both advective effects and density fluxes[J]. Boundary-Layer Meteorology, 97: 487-511.

PENUELAS J, FILELLA I, GAMON J A,1995. Assessment of photosynthetic radiation-use-efficiency with spectral reflectance [J]. New Phytol, 131: 291-296.

PENUELAS J, LLUSIA J, FILELLA I,1997. Photochemical reflectance index and leaf photosynthetic radiation use efficiency assessment in mediterranean trees [J]. International Journal of Remote Sensing, 13: 2863-2868.

PENUELAS J, INOUE Y,2000. Reflectance assessment of canopy CO_2 up take [J]. International Journal of Remote Sensing, 21:3353-3356.

PLÉNET D, MOLLIER A, PELLERIN S,2000. Growth analysis of maize field crops under phosphorus deficiency. Ⅱ. Radiation-use efficiency, biomass accumulation and yield components[J]. Plantand Soil, 224: 259-272.

POTTER C S, RANDERSON J T, FIELD C B,1993. Terrestrial ecosystem production: A process model-based on global satellite and surface data[J]. Global Biogeochemical Cycles,7: 811-841.

PUNFELE,BILGER W,1994. Regulation and possible function of the violaxanthin cycle[J]. Photosynthesis Research,42:89-109.

RAHMAN A F, CORDOVA V D, GAMON J A,2004. Potential of MODIS ocean bands for estimating CO_2 flux from terrestrial vegetation: A novel approach [J]. Geophysical Research Letters, 31: L10503.

RODERICK M L, FARQUHAR G D, BERRY S L, et al,2001. On the direct effect of cloud sand atmospheric particles on the productivity and structure of vegetation[J]. Oecologia, 129:21-30.

RUNNING SW, JUSTICE C O, SOLOMONSON V,1994. Terrestrial remote sensing science and algorithms planned for EOS/MODIS[J]. International Journal of Remote Sensing,15:3587-3620 .

SQUIRE G R, MARSHALL B, TERRY A C, et al,1984. Response to temperature in a stand to pearl millet [J]. Journal of Experimental Botany,35:599-610.

STRACHAN I B, PATTEY E, BOISVERT J B,2002. Impact of nitrogen and environmental conditions on corn as detected by hyperspectral reflectance [J]. Remote Sensing of Environment,80:213-224.

TRAPANI N, HALL A J, SADRAS V O, et al,1992. Ontogenetic Changes in radiation use efficiency of sunflower(*Helianthus Annuus L.*) crops[J]. Field Crops Research, 29:301-316.

TROTTER C M, LEATHWICK J R, PAIRMAN D,2001. Spatial information for ecosystem classification, analysis, and forecasting [A]. Spatial inform ation and the environment [C]. London, Taylor Francis.

TROTTER C M, WHITEHEAD D, PINKNEY E J,2002. The Photo chemical Reflectance index as a measure of photosynthetic light use efficiency for plants with varying foliar nitrogen contents[J]. Remote Sensing,23:

1207-1212.

TURNER D P, URBANSKI S, BREMER D,2003. A cross biome comparison of daily light use efficiency for gross primary production [J]. Global Change Biology,9:383-395.

URBAN O, JANOU D, ACOSTA M, et al,2007. Ecophysiological controls over the net ecosystem exchange of mountain spruce stand. Comparison of the response in direct vs. diffuse solar radiation[J]. Globle Change Biology,13:157-168.

VALENTINI R, MATTEUCCI G, DOLMAN A J,et al,2000. Respiration as the main determination of carbon balance in European forests[J]. Nature,404:861-865.

WARING R H,WARNNING S W,1998. Forest Ecosystems: Analysis at Multiple Scales[M]. San Diego. Academic Press.

第 5 章　基于田间温度和台站温度的水稻高温热害评判研究

水稻是我国三大主粮(小麦、玉米、水稻)之一,水稻种植最重要的生长时期主要集中在夏季,经常出现高温天气,为了及时判断稻田高温热害的发生状况,以利于及时采取应对措施以避免或减轻高温热害的损失,本章提出了用台站气温推算稻田温度的思路和方法。利用寿县气象站 2016 年 7—10 月和 2017 年 6—9 月台站气象数据和同步水稻田间温度数据,分析水稻田实测不同高度的温度变化规律,以及高温条件下不同处理对水稻的温度影响,通过多元回归分析分别建立昼夜时段台站与稻田冠层温度和红外温度的模拟关系式,选择最优推算方法,进行检验,并在当年的高温时段对推算方法进行了试用。同时下载水稻田两年试验期间内的 MODIS 过境遥感数据提取出地表 LST(地表)温度,挑选出相应时段的地面红外温度数据建立模型关系式,进行地面红外温度的推算,同时提取出安徽省水稻种植区域进行水稻冠层红外温度的快速反演。主要研究结果如下：

(1)水稻田实测冠层温度最大,红外温度和地面温度整体略低于冠层温度,与其温度差平均值约为 0.9 ℃,地下土壤温度最低,比起其他高度温度的波动范围显著降低,与水稻冠层温度差均值为 3～4 ℃。

(2)在高温条件下对水稻进行喷淋灌水等降温处理能有效缓解水稻高温热害,其中喷水效果最好,其次为喷施叶肥,然后是灌水处理,均能降低水稻生长环境温度,缓解水稻高温,提高水稻产量。

(3)利用经过 S-G 滤波的时间序列植被指数,提取出 2016 年安徽省的水稻种植区域为 222.96 万 hm^2,与统计年鉴数据对比整体偏差为 1.58%,地面水稻红外温度与遥感地表温度 LST 相关系数达到 0.8 左右,可用来较好反演水稻红外温度。

(4)稻田温度的推算分成昼夜时段模拟效果总体较好,在夜间用以台站温度和台站湿度作为自变量的二元线性模型推算稻田温度精度最高,在白天则是以台站温度作为自变量的幂函数模型推算温度效果最好,分别在两年高温时段对推算方法进行了试用,研究发现推算温度均比台站温度更接近稻田实测温度,依据推算温度判断的水稻高温热害情况也比利用台站温度的判断更符合稻田实际受害的情况。

5.1　引言

5.1.1　研究背景

水稻是我国重要的粮食作物之一,其种植面积占全国粮食作物的 21.3%,而其产量则占 20.8%。除此之外,水稻也是我国重要的经济作物,长江中下游地域包含湖北、湖南、安徽、江西以及江苏等地，是我国最大的水稻种植区，水稻种植面积占全国水稻总面积的70%左右（包云轩 等，2011），然而这些区域所种植的水稻包括单季稻以及双季早稻其重要的生长时期——抽穗开花期以及灌浆期主要集中在盛夏高温时节，水稻常经受高温热害，导致其光合能力降低，造成水稻产率下降及稻谷品质变劣，严重影响水稻生产（Peng et al.，2004；赵海燕，2006；Yao，2007），高温热害是水稻所遭受的主要农业气象灾害之一。水稻高温最容易出现的时间是在每年7月下旬—8月中旬之间（包云轩 等，2011；杨炳玉 等，2012；褚荣浩 等，2015），随着全球变暖，水稻的高温热害开始增多并越演越烈。

目前，水稻高温热害已成为我国重大的农业气象灾害之一。据统计，2003年夏季江淮平原爆发的水稻高温热害，仅安徽一省受高温热害的水稻栽植面积就高达500万亩，平均减产3～7成，有些田块平均结实率仅为10%，水稻基本绝收，给当地农民带来巨大的经济损失（杨太明 等，2007）。2003年武汉市种植水稻516万 hm^2，其中有217万多公顷呈现大量空壳，占中稻面积的48%以上，其空壳率一般在60%左右，更有严重田块甚至超过90%，产量损失在5成以上（王前和 等，2004）。2013年7月、8月，我国南方8省遭受有气象记录（1951年）以来最严重的高温干旱天气，对农业生产构成极大的危害，而7月、8月正是水稻抽穗开花的关键阶段，对水稻的影响最为严重，导致南方一季稻和中晚籼稻减产明显，据部分地区调查和统计，水稻减产20%以上，一些地区甚至高达30%～50%。

气温是各种植物生理、水文、气象、环境等模式或模型中的一个十分重要的近地表气象参数输入因子（Prihodko et al.，1997），气温对于干旱、霜冻等灾难天气的发生发展起到重要的作用（盛裴轩 等，2003），往往是判断农业受灾害状况的重要指标（薛志磊 等，2012）。近年来，在农业气象相关试验研究中，相对于气象台站常规的观测资料，田间温度资料的获取更加复杂而繁琐，因而这方面数据比较缺乏，但田间温度是真实的作物环境温度，直接影响和决定了作物生长发育的过程，其对作物的生产更具有指导作用，如果能用气象台站气温估算出田间温度，对于调整农业构造、合理安排水稻播期、预测作物生长发育和科学防灾减灾等都具有重要的实践意义（姜会飞 等，2004），可为这些农业生产管理实践活动提供基本的数据支持，自然在水稻种植和管理上也有很大的应用价值，例如可用于水稻热害的判断和应对。

随着全球生态环境的持续变化，尤其是温室效应的加重，全球气温上升，世界种植业都面临着高温挑战。政府间气候变化专门委员会（IPCC）第五次报告指出，自20世纪50年代以来，地球气候系统观测到的很多变化在几十年乃至上千年时间里都是空前未有的，大气和海洋变暖，积雪和结冰减少，海平面上升，温室气体浓度增加。目前地球处于过去千年以来，温度最高的时期（IPCC，2013）。作物遭受极端高温天气的概率逐渐增加，水稻高温热害的发生发展也愈加频繁，影响到我国的粮食安全。因而，在全球气候变暖的背景下，开展水稻高温热害的监测评判研究对于实现水稻的稳产高产，维护我国粮食安全和农业可持续发展意义重大。

5.1.2 国内外研究进展

5.1.2.1 农田生态系统对全球变暖的响应研究

2015年和2016年被称为有记载以来的最热年（截至2017年）（祝叶华，2017）。全球变暖成为这个时代绕不开的科学议题。2017年12月，美国加利福尼亚州卡内基科学研究所研究人员在Nature（《自然》）期刊上发表的一篇文章中称，21世纪末全球变暖的预估值可能比政府间气候变化专门委员会（IPCC）最大排放情景下的结果还要高15%左右，也就是说，全球变暖可能在进一步加重。尽管对于气候变化存在许多争议性和分歧性的问题(Singer,2008),特别是其驱动因素是人类活动还是自然过程尚有很多争论,但全球气候系统正发生着以温暖化主要特征的变化则是客观事实(方精云 等,2011)。

全球变暖会引起植物以及农作物个体水平上生理生态过程的变化,也会改变种群、群落和生态系统水平上物种组成和构造的变化,最终可能引起一个地区生态系统类型的改变,并导致其生态系统性能产生转变。同时,生态系统的这种改变又会对全球变化产生反馈作用,减缓或者加剧气候变化的爆发(方精云 等,2018)。

目前许多观测和研究已经证实植物的生长发育特征对全球变化表现得十分敏感。一方面,在全球变暖的作用下,植物个体形态首先发生明显的变化,特别在极地等一些对全球变化响应敏感的地区表现得更为显著,如随着温度升高,苔原植物的枝条显著变长,且叶片增大(Hudson et al. ,2011)。全球变暖对物种的生长发育过程会起到一定程度的促进作用。其中,最为显著的影响就是物候的变化:随着气温的升高,植物春季物候期提前、秋季物候期推迟,导致植物的生长季延长(Piao S L et al. ,2006)。再者,气温升高能够通过改变土壤环境促进植物生长(Chen et al. ,2016),但也将打破物种原有的休眠节奏规律,抑制喜冷物种而促进喜温物种的生长(Walther et al. ,2002)。另外,全球变暖的可能诱因之一——大气二氧化碳其浓度的升高,在一定程度上可以起到"施肥作用",促进植物的生长,但对不同植物的影响效果则有所不同(Bazzaz et al. ,1990;Fang et al. ,2014)。全球变暖也会影响植物的化学计量特征,例如,升温能促进植物叶片氮利用效率及 C∶N 比的增加(An et al. ,2005;Niu et al. ,2010)。另一方面,全球变暖显著影响物种的分布(Chapin et al. ,2000;Hamann et al. ,2006),不少地区物种分布的"暖化"(thermophilization)现象就是明显的证据。例如,在欧洲山地的研究中发现不同物种的数量有所变化,适应温暖环境的物种增加,而适应低温环境的物种显著减少(Gottfried et al. ,2012);在中国内蒙古草原地区,草原群落的组成呈现"暖化"现象,C4 植物的比例显著增加(Wittmer et al. ,2010)。全球变暖对农田生态系统组成的影响,例如,通过改变农作物种的生长发育进程和分布,会导致生态系统的物种组成和构造发生显著变化,最终可能改变一个地区的农田生态系统类型,引起生态系统功能的变化。温度升高和干旱的加剧,更有利于喜温、耐旱植物的扩散和入侵(Gates,1993),全球变暖导致的干旱已引起了大面积的森林衰退,如中国、北美、澳大利亚等,并造成了生产力的大幅度下降(Zhao,2010)。这些都将深刻影响与人类社会可持续发展息息相关的能源、粮食和环境问题。

5.1.2.2　高温对水稻生长危害的研究进展

近年来,众多专家学者为了了解高温对水稻的生长影响,分别做了大量相关试验研究,郑建初等(2015)在田间条件下采用增温设备在水稻的抽穗期对 6 个水稻品种进行 40 ℃的高温处理,剖析了水稻产量构成要素、稻米加工品质和外观品质对高温的响应特征及其基因型差别,为选育抗热品种、制定生态抗热措施和生理抗热技术提供理论依据。汤日圣等(2006)以四个不同品种水稻为材料,在水稻抽穗期用 35 ℃及其以上高温胁迫处理,研究了高温对不同种类花粉活力和籽粒结实的影响,以揭示高温影响不同水稻品种结实率的生理原因,为生产中抗御高温热害提供科学依据。谢晓金等(2009)以扬稻 6 号为试验对象,通过在人工气候箱中进行高温处理,研究了抽穗开花期高温胁迫对水稻剑叶生理特性的影响,深入讨论高温对水稻的伤害机理,为生产上采取有效措施,防御高温热害提供了理论依据。李萍萍等(2010)以扬稻 6 号和南粳 43 为研究材料,通过在 RXZ 型智能人工气候箱中进行不同梯度高温处理,探讨了抽穗开花期高温胁迫对水稻花粉活力、花粉萌发率以及剑叶有关理化特性的影响,以期深刻了解高温对水稻的伤害及水稻对高温的抗逆机理,为抗御水稻高温热害提供科学和理论依据。王强等(2017)在人工气候室采用盆栽模拟超级杂交水稻 Y 两优 1 号和常规优质稻桂育 9 号两个不同品种水稻生长发育阶段的高温胁迫热害,研究不同时期及不同持续时间的高温胁迫对水稻产量及产量特征的影响,探明水稻生育时期、灾害程度与产量损失的相关关系,为水稻高温热害气象灾害提供定量依据。田俊等(2013)利用 PRX-1500B 型多段可编智能人工气候箱对 3 个不同播期的水稻分别进行 34 ℃、35 ℃,36 ℃、37 ℃和 38 ℃、39 ℃各两个温度处理的高温控制试验,其中 34 ℃、35 ℃、36 ℃的处理时间为 3～6 d,37 ℃、38 ℃、39 ℃的处理时间为 1～4 d,结果显示不同水平的高温对早稻的影响不同,高温强度越大,持续时间越长,对早稻的危害越严重。盛婧等(2007)利用人工气候箱在水稻灌浆结实期不同时段进行温度试验,设置了 25 ℃、30 ℃、35 ℃和 40 ℃ 4 个不同的处理温度,相对湿度保持在 70% ,结果显示在水稻灌浆结实期 40 ℃高温处理后籽粒结实率显著降低,粒重下降,外观品质和食用品质变劣,此外,灌浆结实期不同时段的高温对水稻结实与稻米品质的影响也存在显著差异:结实率对高温最敏感的时期是开花后 1～5 d,粒重对高温最敏感的时期是开花后 11～20 d;而温度对稻米品质影响最大的时期主要在开花后 16～20 d,25 d 后的温度处理影响较小。史培华(2014)对水稻连续进行了三年的人工气候控温试验,设置了 4 个梯度温度水平,T_{min}/T_{max}分别为 22 ℃/32 ℃,25 ℃/35 ℃,28 ℃/38 ℃和 31 ℃ /41 ℃;同一温度水平下的持续时间处理设置为 2 d、4 d、6 d,研究结果表明,水稻花后生长天数随高温胁迫天数和持续时间的增加而缩短,高温度日每增加 1 ℃,开花期和灌浆期高温胁迫下水稻花后生长持续期分别缩短 0.49 d 和 0.39 d。

5.1.2.3 气象站气温推算研究进展

利用气象站气温来推算其他区域或其他类型的温度,目前国内用的相对较多的方法是气温预报订正,一般在数值预报和实时观测资料的基础上,利用多种数理方法解决模式预报误差(李莉 等,2011;邱学兴 等,2012)。Tu 等(1978)关于气温资料的短序列订正方法提出了用条件温差的两步订正法以及对非考察月平均气温订正值的谐波内插法。除此之外,通常采用的方法还有差值订正法、比值订正法、一元回归订正法、逐步回归订正法等(Tu et al.,1984;Weng et al.,1990;Yao et al.,1990),如李若楠等利用等差值方法模型制作新宾县各乡镇州里温度订正预报,并利用异差值方法模型进行完善和补充;李孟伟等(2015)对辽宁省西丰县 18 个乡镇区域自动站 2010—2014 年县观测站最低、最高气温的差异进行统计剖析,利用计算偏差模拟订正辽宁省西丰县级乡镇观测点的最低、最高气温预报;周继先等(2016)结合思南县 25 个乡镇区域自动站和思南国家站的气温数据及地理分布,选取数据最为完好的思南国家站作为代表站,利用最小二乘法得出各乡镇观测站点与思南国家站气温关系式,创建预报方法;张敏等(2005)利用聊城市 1981—2000 年的日平均地面温度和气温资料,分析了地气温差值的逐日、逐月变化规律,建立了以日平均气温为基础的日平均地温逐日预报模型,结果表明:全年 2/3 的时间地面平均温度高于气温;年平均地气温差 2.4 ℃ ,农作物生长季平均地气温差为 2.9 ℃ ;地气温差 6 月 19 日最大,为 6.2 ℃ ,12 月 19 日最小,为－0.8 ℃ ;用地温预测模型估算 2001—2004 年作物生长季逐日地面温度,误差多在 1.7～1.8 ℃;姜会飞等(2004)运用气象统计学和气候学的原理和方法,分析北京市海淀地面气象观测站 1955—1999 年的逐日平均气温资料和 1981—1999 年逐日地面温度资料,创建了以气温为基础的地温预测模型,并探索地气温差的年变化规律,用地温预测模型估算 1999 年作物生长季逐日地温,相对误差＜2.9%。

吴振玲等(2004)针对精细到乡镇站点的天津精细化预报订正业务，提出了客观划分小气候订正区域的思路和方法，对 2012 年最高、最低气温订正预报试验表明，该种预报订正方法效果好，准确率高。模式误差是温度预报误差的主要来源，目前的模式误差订正大体可分为两种(任宏利 等,2007)：一种是后验订正，另一种是 Schemm 等(1986)提出的过程订正，在许多业务预报单位成功运用的 MOS 方法就是一个后加工的典型，Klein 等(1974)利用数值预报的输出结果通过回归方程来预报局地天气要素。宋超辉等(1995)采用一元线性回归订正法、逐步多元线性回归订正法、综合订正法和差值订正法对散布在全国 25 省区的 35 个台站进行了各方法气温资料订正效果等方面的试验研究，结果表明，四种方法以逐步多元线性回归订正法的拟合误差值最小，其次是一元线性回归订正法，再其次是综合订正法和差值订正法。李有宏等(2015)利用统计学等方法统计分析青海省 43 个气象站点 2010—2015 年逐日逐时气温、最低气温以及出现的时间等资料后以旬为时间单位做统计分析，根据温度间的线性关系做气温订正预报，统计发现该线性差值也有显著的季节变化，冬季偏大，夏季偏小。陈伟等(2015)采用最小二乘法运用线性回归方程建立站点气温预报模式，并对一段时期的历史时间段样本计算结果进行检验，依据结果来检验订正效果。李超等(2009)研究了合肥站草地下垫面的地表温度(辐射测温法)和近地面气温的年变化、季节变化和日分布特征，讨论两者差值的变化情况以及两者的相关性，提出了基于近地面气温的地表温度的经验计算方法，研究结果可为卫星资料的地面验证提供参考。Prata(1993)研究提出区域性地表温度的日分布反映了太阳辐射对地球表层和低层大气的作用，与地表短波反照率、宽带比辐射率以及地球—生物系统的热惯量和地气界面的热交换等密切相关。

5.1.2.4　基于作物冠层温度的抗热性研究进展

许为钢等(1999)研究发现，小麦品种间耐热性存在着较大的遗传差异，耐热性与品种叶片的叶绿素、丙二醛含量及冠层温度显著相关；叶片细胞膜热稳定性和冠层温度可以作为小麦抗热性育种的选择指标。肖世和等(2000)认为，可将作物耐热灌浆与冠气温差结合起来用于品种的筛选，可选出籽粒前期充实快、较早形成较高粒重基础，同时耐热性能好，在后期仍能维持高灌浆速率的基因型。但以水稻为对象的这方面的研究目前未见报道，前人研究主要集中在气温对育性的影响(闫浩亮 等,2015)，较少涉及器官体温，但是受相对湿度的影响，不同器官体温与大气温度之间仍有所区别，人工气候室耐热性鉴定通常控制在固定的湿度范围内，与大田自然条件相差较大。Gautam 等(2015)选用 102 个小麦品种控制播种时间使其抽穗期、乳熟期遭受高温胁迫，研究发现小麦冠层温度与籽粒产量、生物量均呈显著负相关，冠层温度可作为筛选耐热小麦基因型的重要指标。Rajendran 等(2016)认为大田条件下，利用剑叶叶片温度或者穗温要优于气温分析高温胁迫程度，小穗不育率与叶温和穗温均呈极显著正相关。

5.1.3　研究目标

当前，对水稻高温热害的指标研究，水稻在不同高温下的受害情况以及对水稻气温的反演等方面都有比较详尽的研究工作，但是他们的研究成果之间相互独立，将他们的研究成果联合起来用于水稻高温热害的监测和评判工作还没有开展。近年来水稻高温热害的频繁发生给粮食生产安全产生了影响，迫切需要能够快速准确地评判水稻田高温热害的方法，并在生产和业务上进行引用。有鉴于此，本节结合前人的研究成果，利用气象台站的观测数据和同步水稻田间温度数据，基于统计回归方法，建立一种稻田温度的推算模式，并在水稻的高温热害判断上进行应用。

5.1.4　研究内容与技术路线

本研究使用了 2016 年和 2017 年的 MODIS 遥感 LST 数据，寿县台站气象数据和同步的水稻田间温度数据，分析了水稻田的不同层次温度变化情况，以及高温条件下不同试验处理对水稻生长温度的影响，提取出安徽省水稻种植面积反演水稻冠层红外温度，并利用台站气温建立温度推算模型推算稻田冠层温度，应用于水稻的高温热害评判。具体内容包括如下：

(1)收集安徽省寿县气象站 2016 年和 2017 年水稻种植试验期内的田间温度数据，分析同一水稻田间不同高度的温度数据变化规律以及高温条件下不同处理水稻田间同一高度的温度变化规律，完成不同高度温度数据的关系分析。

(2)分别对两年的温度数据进行处理，建立多元回归关系式拟合台站温度与稻田实测田间温度的关系式，并对所得方程做显著性检验，为提高模型精度，减小估算误差，区分出昼夜时段的温度数据分别建模，分别得到不同温度间最优的推算的关系式。

(3)利用 IDL 编程语言以及 ENVI 遥感软件对 MODIS 系列数据产品，包括地表反射率数据，地表温度数据，土地利用类型产品等遥感图像进行投影变换，镶嵌合成，去云等处理，进行安徽省水稻种植区域提取，并利用提取出的 LST 温度与水稻红外温度建立的模型关系式，完成对安徽省水稻红外温度快速反演。

(4)依据高温天气的指标分别筛选出 2016 年和 2017 年的高温天气，并代入所得的最优温度推算模型进行高温天气的推算，依据水稻高温热害的指标筛选出水稻所受高温热害的天气时段，将所得模型应用于水稻高温热害的判断。

技术路线图如图 5.1 所示。

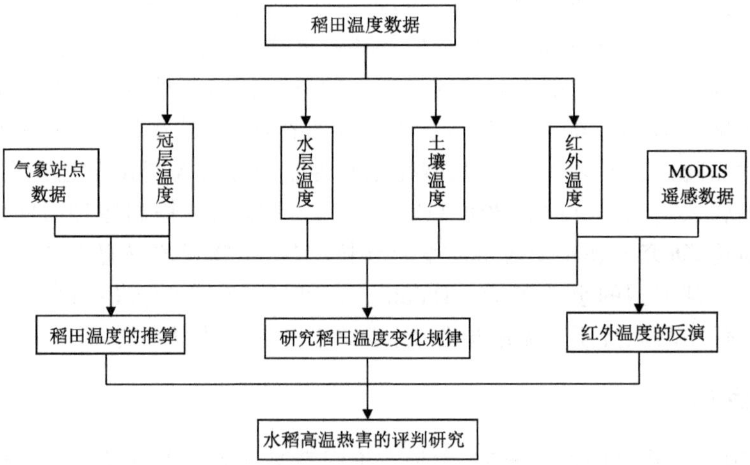

图 5.1　水稻高温热害评判模型技术路线

5.2 数据与方法

5.2.1 研究区与数据来源

5.2.1.1 研究区概况与实验设计

寿县位于安徽省中部，地处淮河两岸，位于中国南北气候过渡带之中，属亚热带半湿润季风气候(吴琼，2009)，受东亚季风区影响，天气复杂多变，四时分明，气候温和，雨量适宜，光照充实，无霜期长。寿县 24 个节气平均气温的时间序列呈准正态单峰分布，大暑全年最热，平均气温为 28.3 ℃，小寒全年最冷，平均气温为 1.3 ℃，从 20 世纪 80 年代后期开始，各节气均有明显的变暖趋势；降水量最大出现在夏至，历年平均为 117.5 mm，最小出现在冬至和大雪，仅为 8.4 mm；平均日照时数最大值出现在大暑，历年平均为 8.0 h，最小值在冬至和小寒，为 4.6 h(朱长乐 等，2016)。寿县属淮河流域，淮河流域是我国的重要农业区之一，地势平坦的农田是下垫面的最主要成分，农业开发历史久远，农作物种植面积大、作物种类多，受气候影响显著。该地区代表了东亚季风区的主要气候条件和生态环境状况，是我国农业生产经营活动的典型区域之一(陈琛，2016)。寿县气象站始建于 1955 年，积累了长期、连续、稳定的地面和通量等气象观测数据，经历了国家基本站、基准气候站、国家气候观象台的发展历史，现占地 300 亩，位于稻麦轮作的基本农田保护区内，是基于全球气候观测系统和中国气候观测系统框架，以开展淮河流域能量与水分循环过程长期系统监测以及灾害性天气野外科学试验为目的而建立的国家气候观象台。

水稻高温热害试验田位于寿县国家气候观象台内(如图 5.2，红线标识方框为水稻试验田区)，与寿县气象局观测场水平相距不足 50 m，地势平坦、长方形、面积 0.657 hm^2，海拔高度约 25 m、黏土、中性、肥力中等，仪器安装地点位于观测场正东 200 m 处。

2016 年试验水稻品种为皖稻 121，水稻 4 月 27 日播种，6 月 13 日移栽，8 月 11 日抽穗，9 月 2 日乳熟，9 月 22 日成熟。在稻田中离地面 75 cm，50 cm，10 cm 和 5 cm 分别放置一个 HOBO 探头，测定 75 cm 和 50 cm 的水稻冠层温度以及距离地面 10 cm 和 5 cm 的水层温度(或没有地面水时的气温)，同时给每个探头配备一个防辐射罩，阻挡自然条件下的紫外线照射，防止探头在田间条件下快速老化，减小因光线强烈造成的测量误差，每 5 min 获取一次数据，用笔记本电脑与数据采集器相联进行数据下载，同时将测量地下 10 cm 和 20 cm 土壤温度以及距地面 125 cm 处红外温度的探头接口连接在 CR1000 的控制端口，同样设置每 5 min 获取一次数据。高温期间在观测田内选取长势均一的三个田块作为不同处理小区进行降温处理，分为对照小区，喷淋小区和灌水小区，每个小区设置三个重复。对照小区，不做处理；喷淋小区，以喷水器均匀喷洒自来水的形式模拟自然降雨，直到整个稻株叶片都被淋湿，每天 10 时及 15 时喷淋两次；灌水小区，为深水处理(即田面保持 10 cm 以上的水层)，日灌夜排，每日 10 时前完成灌水，17 时之前将灌水排出，其余均按常规大田生产管理。

2017 年的试验设计与 2016 年基本一样，水稻于 4 月 25 日播种，5 月 28 日移栽，8 月 7 日抽穗，8 月 24 日乳熟，9 月 25 日成熟。其区别一是 2017 年没有测量 50 cm 的冠层温度，而是 125 cm 的冠层温度；二是在高温期间对水稻田做了四个处理，分为对照小区，喷肥小区(以喷水器均匀喷施浓度为 0.2%的磷酸二氢钾叶面肥，每天 10 时及 15 时喷洒两次)，喷水小区和灌水小区，每个小区设置三个重复，处理内容同 2016 年相同。田间测量温度装置如图 5.3 所示。

图 5.2　寿县国家气候观象台模型

图 5.3　稻田试验设计装置

5.2.1.2　数据来源

本节使用的数据：MODIS 遥感数据，寿县台站的气象资料，稻田温度资料和水稻种植面积数据。

(1)MODIS 遥感数据：MOD09A1 8 d 合成地表反射率产品，MYD11A1 逐日地表温度产品，以及 MCD12Q1 土地利用类型产品。遥感数据免费下载自美国 NASA 网站(http://ladsweb.nascom.nasa.gov)，数据逐日影像时间为 2016 年的 7 月 25 日至 10 月 6 日和 2017 年的 6 月 26 日至 9 月 30 日，8 d 合成产品的时间为 2016 年 3 月 25 日至 10 月 31 日。

(2)寿县气象台站的气象资料包括:台站逐时气温和相对湿度,用于推算稻田田间气温,时间段为 2016 年的 7 月 25 日 00 时至 10 月 6 日 23 时和 2017 年的 6 月 26 日 06 时至 9 月 30 日 20 时。

(3)稻田实测温度资料:主要包括水稻生长期间的稻田红外温度(125 cm),冠层温度(50 cm,75 cm 和 125 cm),地面水层温度(地面 5 cm 和 10 cm)以及土壤温度(地下 10 cm 和 20 cm),由 HOBO 温湿度记录仪和 CR1000 数采仪获取,本节仅使用了稻田所测温度值。冠层温度和水层温度由 HOBO 温湿度记录仪获取,该仪器原产地为美国,仪器型号为 U23～002,温度测量范围为－40～70 ℃,其温度测量精度为±0.21 ℃(0～50 ℃时),温度测量分辨率为 0.02 ℃(25 ℃时);稻田土壤温度和红外温度用 CR1000 数采仪获取,仪器原产地为美国,具备提供传感器的测量、时间设置、数据压缩、数据和程序的储蓄以及控制功能,由一个测量控制模块和一个配线盘组成,具有强大的网络通信能力,其标准工作温度范围为－25～50 ℃,拓展工作温度范围为－55～85 ℃。由于台站数据为整点记录,需筛选出稻田整点温度数据与台站数据相对应。

(4)水稻种植面积数据:2016 年安徽省种植水稻面积数据,数据来源于安徽省统计年鉴(安徽统计局,2017)。

5.2.2　数据处理

5.2.2.1　MODIS 数据介绍

美国国家航空航天局(NASA)继 1999 年 12 月 18 号成功发射了 EOS 地球观测系统(Earth Observation System)卫星的第一颗极地轨道环境遥感卫星 TERRA 之后,又于 2002 年 5 月 4 日发射了另外一颗极地轨道卫星 AQUA,两颗星相互配合每 1～2 d 可重复观测整个地球表面,得到 36 个波段的观测数据。中分辨率成像光谱仪 MODIS 是搭载在 TERRA 和 AQUA 卫星上的一个重要的传感器,是卫星上唯一将实时观测数据通过 X 波段向全世界直接广播,可免费接收数据并使用的星载仪器,全球许多国家和地区都在接收和使用 MODIS 数据,对于地球实时观测和长期的全球系统观测等研究方面都具有重要的服务价值。

MODIS 标准数据产品根据内容的不同分为 0 级、1 级数据产品,在 1B 级数据产品之后,划分 2～4 级数据产品,包括:陆地标准数据产品、大气标准数据产品和海洋标准数据产品等三种主要标准数据产品类型,共计分解为 44 种标准数据产品类型。所用的 MODIS 数据产品详情见表 5.1。

表 5.1　所用 MODIS 数据产品

产品	数据集名称	空间分辨率/m
MOD09A1	TERRA8 天合成地表反射率产品	500
MYD11A1	AQUA 逐日陆地表面温度产品	1000
MCD12Q1	土地覆盖类型产品	1000

5.2.2.2　MODIS 数据预处理

MRT(MODIS Reprojection Tool)是美国 NASA 官方开发的一款专门用于批量处理 MODIS 数据产品的软件,软件处理速度块,精确度高,并可实现自动无缝拼接和重投影功能,使用方便。对 MODIS 数据的处理首先利用 MRT 软件对下载的影像数据进行几何纠正、投影变换、和镶嵌拼接等处理，再对处理过后的产品进行去云处理。云是遥感中重要的干扰因素之一，本节研究区域位于长江中下游流域，常出现多云天气，在云覆盖地区卫星所获取的地表反射率数据会被云干扰导致数据无效，无法准确反映地表真实信息，因此需要对数据进行去云处理。本节根据 MODIS 数据中自带 QA(Quality Assessment)信息进行去云处理。

5.2.2.3 时序植被指数曲线构建和曲线滤波

本节中所需的植被指数为归一化植被指数(NDVI)、增强植被指数(EVI)和地表水分指数(LSWI)。

NDVI 的计算公式为：

$$\mathrm{NDVI}=\frac{\rho_{\mathrm{NIR}}-\rho_{\mathrm{RED}}}{\rho_{\mathrm{NIR}}+\rho_{\mathrm{RED}}} \tag{5.1}$$

其中 ρ_{NIR} 和 ρ_{RED} 分别代表近红外波段和红光波段的反射率，NDVI 能反映出植物冠层的背景影响，与植被覆盖有关，值介于−1 和 1 之间。

EVI 的计算公式为：

$$\mathrm{EVI}=2.5\times\frac{\rho_{\mathrm{NIR}}-\rho_{\mathrm{RED}}}{\rho_{\mathrm{NIR}}+6.0\times\rho_{\mathrm{RED}}-7.5\times\rho_{\mathrm{BLUE}}+1} \tag{5.2}$$

其中 ρ_{NIR}、ρ_{RED} 和 ρ_{BLUE} 分别代表近红外波段、红光波段和蓝光波段反射率。

LSWI 的计算公式为：

$$\mathrm{LSWI}=\frac{\rho_{\mathrm{NIR}}-\rho_{\mathrm{SWIR}}}{\rho_{\mathrm{NIR}}+\rho_{\mathrm{SWIR}}} \tag{5.3}$$

其中 ρ_{NIR} 和 ρ_{SWIR} 分别代表近红外和短波红外的反射率，LSWI 能探测地面水体信息，可用来辅助探测水稻移栽期。

MODIS 的地表反射率 MOD09A1 数据产品在生产过程中会不可避免地受到气溶胶、水汽或传感器噪声等因素影响，使得数据发生偏差，影响水稻种植区域的提取精度。本研究采用 S-G 滤波方法平滑时间序列植被指数，进行水稻生长周期中的植被指数重建。图 5.4 分别为安徽省寿县国家观象台水稻的 NDVI、EVI 以及 LSWI 经过 S-G 滤波前后对比曲线，可以看出三种指数曲线在经过处理后都明显趋于平滑，符合水稻生长规律。

5.2.2.4 稻田温度推算模型的建立

用台站气温推算稻田温度所用到的数据为安徽寿县观象台温湿度资料和同步观测的稻田冠层温度和红外温度资料。在建立推算模型前，首先通过 Python27 软件编程从所有数据中随机挑选出 4/5 的数据用于建立推算模型，剩下 1/5 的数据作为推算模型的验证数据。

区分试验期间内稻田昼夜时段的温度数据时，为了便于统计，对于 2016 年的温度数据从 7 月 25 日至 8 月 31 日这段时间一天的 05:00 至 19:00 为白天时段，夜晚时段为当天 19:00 到第二天的 05:00；9 月 1 号到 10 月 6 号这段时间的白天时段为一天的 06:00 到 18:00，夜间时段为当天 18:00 到第二天的 06:00。2017 年 6 月 26 日至 8 月 26 日这段时间一天的 05:00 至下午 19:00 为白天时段，夜晚时段为当天 19:00 到第二天的 05:00；8 月 27 日到 9 月 30 日这段时间的白天时段为一天的 06:00 到 18:00，夜间时段为当天 18:00 到第二天的 06:00。在建立模型前，依然是分别从白天(或夜间)温度数据中随机挑选出 1/5 的数据作为模型的验证数据，剩下 4/5 的数据用于建立回归模型。

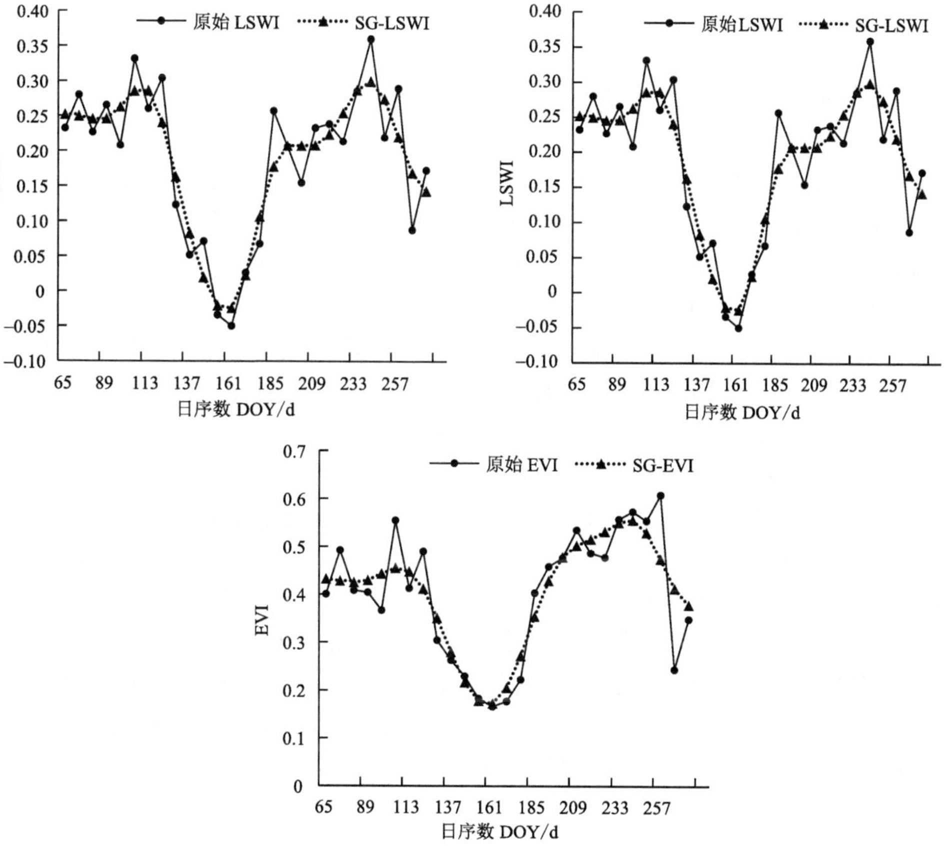

图 5.4　安徽省寿县国家气候观象台种植水稻三种植被指数 S-G 滤波前后曲线变化

利用台站气温推算稻田的气温，需先建立多元回归拟合台站温度与稻田实测温度的关系式，把台站温度选作自变量，并引入台站相对湿度作为另一自变量来建立拟合方程作为比较方案，并对所有回归方程作显著性检验（F 检验，=0.001）。

5.2.2.5　温度推算模型的验证

本节中稻田温度拟合模型的检验方法参照中国气象局下发的《中短期天气预报质量检验方法（试行）》（2005）的方法，推算温度检验内容有以下几项：

平均绝对误差（MAE）：

$$T_{\text{MAE}} = \frac{1}{N}\sum_{i=1}^{N} | F_i - O_i | \tag{5.4}$$

均方根误差（RMSE）：

$$T_{\text{RMSE}} = \sqrt{\frac{1}{N}\sum_{i=1}^{N} (F_i - O_i)^2} \tag{5.5}$$

推算准确率：

$$TT_K = \frac{Nr_K}{Nf_K} \times 100\% \tag{5.6}$$

其中，F_i 为第 i 次推算温度；Q_i 为第 i 次实际温度。K 可取 1、2，分别代表≤1 ℃、≤2 ℃，Nr_K

为推算正确的次数，Nf_K 为推算的总次数，推算准确率的实际含义是温度推算误差≤1 ℃(2 ℃)的百分率。

5.3 水稻田不同高度温度变化规律分析

2016 年的水稻试验有三个不同处理的观测小区，分别是 CK 小区，灌水小区和喷水小区，2017 年有四个不同处理水稻小区，分别为 CK，喷水，喷肥和灌水小区。每块稻田实测了七个不同高度的温度，2016 年的测量温度从上到下依次为距离地面 125 cm 红外温度(接近叶温)、75 cm 冠层温度、50 cm 中部温度，10 cm 水层温度，5 cm 水层温度(无水存在时所测为地面气温)以及地下 10 cm 和 20 cm 的土壤温度；2017 年的数据具体分为距离地面 125 cm 红外温度(接近叶温)、125 cm 高处温度、75 cm 冠层温度，10 cm 水层温度，5 cm 水层温度以及地下 10 cm 和 20 cm 的土壤温度。

稻田不同高度的温度大小不一样，总体分析稻田冠层所测温度偏高，作物冠层温度是作物茎、叶、穗表面温度平均值(刘瑞文 等，1993)，是作物与周围环境能量交换的结果。地下土壤温度值偏低，与稻田 75 cm 处冠层的温度值平均相差 3～4 ℃，地面水层温度和红外温度值介于两者之间，与 75 cm 处冠层温度差均值在 0.9 ℃左右。地上不同高度的温度曲线日变化规律基本相同，地下土壤温度日变化曲线平缓，温度变化幅度小于地上各层次温度。

在高温条件下对水稻试验田进行不同降温处理对水稻的生长有不同影响，做了处理的试验小区水稻生长情况均要优于未做降温处理的 CK 对照小区，做喷淋处理的试验田水稻长势最好，产量最高，其次为灌水处理的水稻田，在高温条件下均能有效缓解水稻高温热害，提高水稻产量。

5.3.1 水稻田各层温度与气象台站温度比较分析

5.3.1.1 水稻田红外温度与台站温度变化分析

2016 年做 CK 处理的水稻试验田生育期间内 125 cm 处红外温度与气象台站记录温度变化比较如图 5.5a～c 所示，分别为水稻孕穗期(抽穗前 5～10 d，即 8 月 4—9 日)、抽穗期(8 月 14—24 日)和乳熟期(抽穗后 15～20 d，即 8 月 29 日—9 月 3 日)不同时期的温度变化。

分析可知，无论处于水稻哪个生长时期，台站温度总体都略高于稻田红外温度，在水稻孕穗期两者温度相差均值约为 0.8 ℃，最大可达到 3.66 ℃；在水稻抽穗期两者温度相差均值约为 1.3 ℃，温差最大值可达到 3.93 ℃；在水稻乳熟期两者温度相差均值约为 2.2 ℃，最大可达到 5.98 ℃。台站所记录温度最高值为 36.5 ℃，最小值为 12.0 ℃。不同处理稻田的红外温度大小基本一致，CK、灌水和喷淋小区在试验期间的红外温度最大值分别为 35.26 ℃，35.82 ℃和 34.78 ℃，最小值分别为 10.78 ℃，10.79 ℃和 10.59 ℃，均值分别约为 24.4 ℃，24.3 ℃和 24.3 ℃。

5.3.1.2 水稻田冠层温度与台站温度变化分析

2016 年做 CK 处理的水稻试验田冠层温度与台站记录温度变化比较如图 5.6 所示，依然分为三个不同生长时期进行分析。由图可知，在水稻生育期内其白天的冠层温度要高于台站百叶箱所记录的空气温度，在其孕穗和抽穗期间尤其是出现高温天气时冠气温差尤为显著，夜

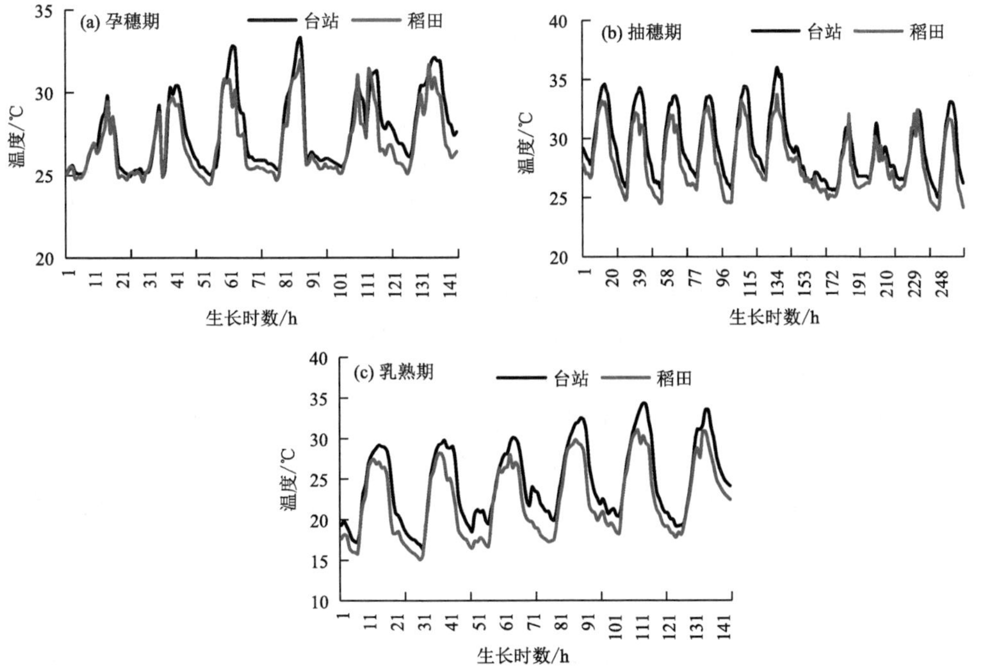

图 5.5 2016 年 CK 小区红外温度与台站温度变化折线图

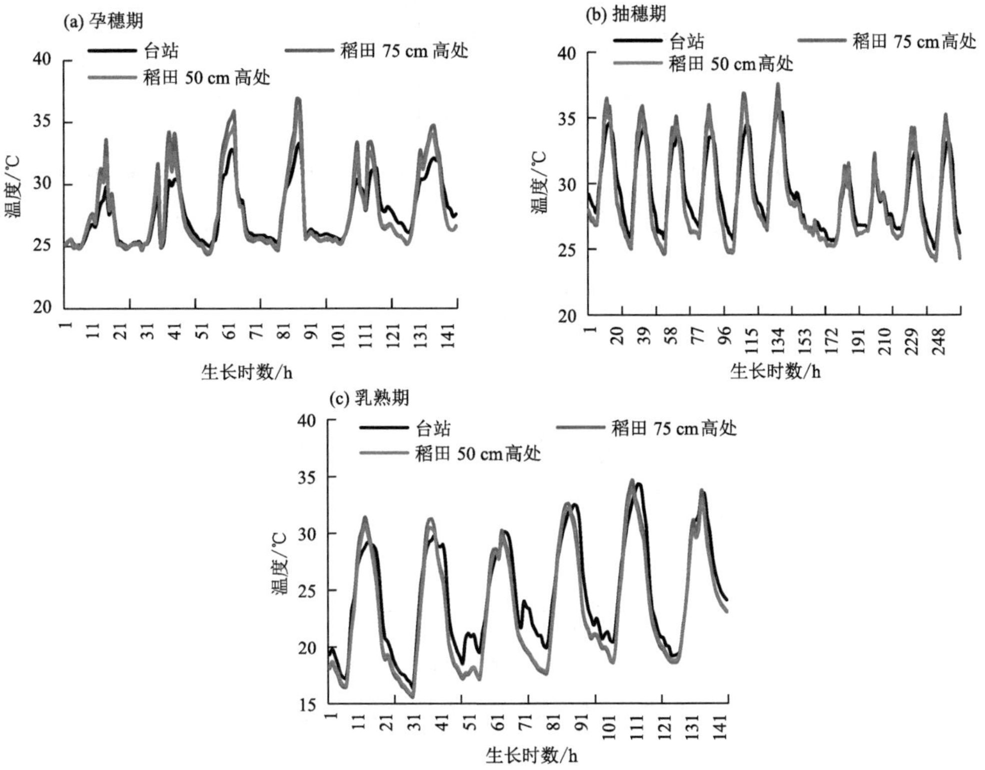

图 5.6 2016 年 CK 小区冠层温度与台站温度变化折线图(附彩图)

晚和凌晨时分其冠层温度要略低于空气温度，总体来说，水稻冠层温度的变化范围要大于台站温度，因为作物冠层温度受环境因素影响较大，时间和空间上的变化往往会引起冠层温度的较大起伏(程旺大 等,2001)。在水稻孕穗期内台站温度与 CK 田块 75 cm 处的冠层温度差值最大可达 3.95 ℃，平均值为 0.9 ℃；在水稻抽穗期内台站温度与 CK 田块 75 cm 处冠层温度差值最大可达 3.34 ℃，平均值为 1.0 ℃；在水稻乳熟期内台站温度与 CK 田块 75 cm 处的冠层温度差值最大可达 4.56 ℃，平均值为 1.6 ℃。两处冠层温度比较可知，50 cm 的冠温略低于 75 cm 的冠温，温度差均值 0.2～0.3 ℃。

2017 年做 CK 处理的水稻试验田 75 cm 处和 125 cm 处冠层温度与台站记录温度变化比较如图 5.7 所示，同样分为三个不同生长时期，分别为水稻孕穗期(抽穗前 5～10 d，即 7 月 26 日—8 月 1 日)、抽穗期(8 月 7—17 日)和乳熟期(抽穗后 15～20 d，即 8 月 22—27 日)。不同时期的温度变化规律与 2016 年冠层温度变化类似，在水稻生育期内台站温度整体略低于水稻冠层温度，且温度变化幅度也较小，与 CK 田块冠层温度差值最大可达 6.76 ℃，平均值约为 1.2 ℃。两处冠层温度做比较，125 cm 的冠温要略高于 75 cm 高度的冠温，温度差值大约为 0.7 ℃。

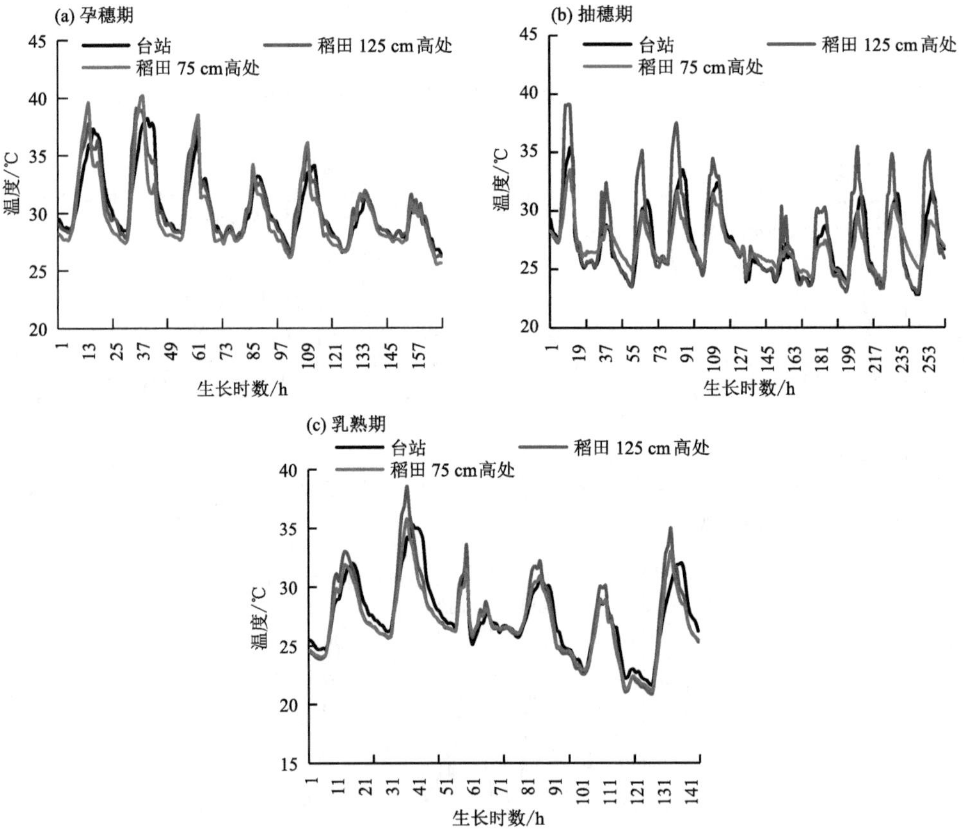

图 5.7　2017 年 CK 小区冠层温度与台站温度变化折线图(附彩图)

5.3.1.3　水稻田地面水层温度与台站温度变化分析

2016 年做 CK 处理的水稻试验田地面 5 cm 和 10 cm 的气温与台站记录温度变化比较如

图 5.8 所示，在水稻拔节孕穗、抽穗开花等重要生长发育时期，稻田地面的水层温度在白天要低于台站记录的空气温度，夜间略高于台站温度，尤其在高温天气出现时温差尤为明显；在水稻抽穗开花后至乳熟过程中高温天气逐渐减少，稻田中的地面气温无论白天黑夜都要低于空气温度，白天的温差要大于夜晚的温差，白天均温差为 4～5 ℃，夜间均温差为 2～3 ℃。CK 稻田的地面 5 cm 处温度最高值为 38.84 ℃，最小值为 11.78 ℃，均值约为 24.3 ℃。

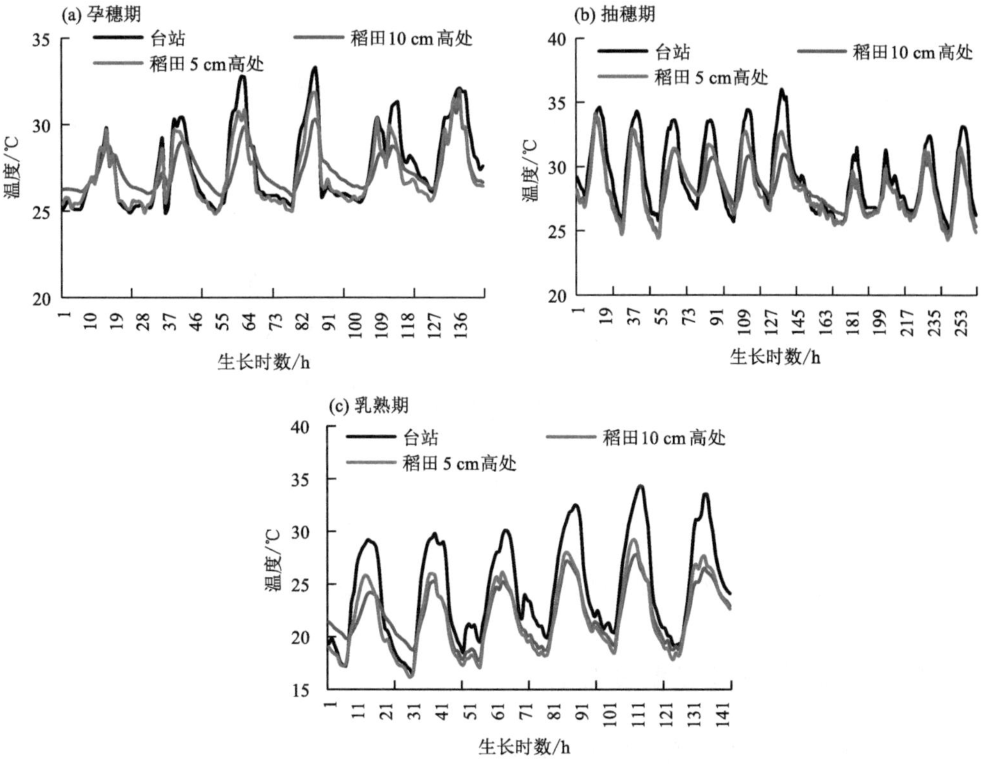

图 5.8　2016 年 CK 小区水层温度与台站温度变化折线图(附彩图)

5.3.1.4　水稻田地下土壤温度与台站温度变化分析

2016 年做 CK 处理的水稻试验田地下 10 cm 和 20 cm 的土壤温度与台站记录温度变化比较如图 5.9 所示，无论在水稻哪一生长时期稻田地下的土壤温度在白天都明显低于台站所记录的温度，而在夜间又高于空气温度，稻田土壤温度变化曲线平缓，波动幅度小。10 cm 的土壤温度与气象台站的温度差均值约为 2.5 ℃，在白天温度相差最大可达到 9.15 ℃，夜间温差最大为 5.09 ℃；20 cm 的土壤温度与台站温度的均差值约为 2.9 ℃，白天最大温差为 9.88 ℃，夜间最大也达到 5.33 ℃。地下 10 cm 的土壤温度略高于 20 cm 处的温度，两处温度差均值约为 0.6 ℃。

两年试验期间内做其他处理小区的各层温度与台站温度的比较分析同 CK 小区的水稻温度分析结果基本遵循同一规律。

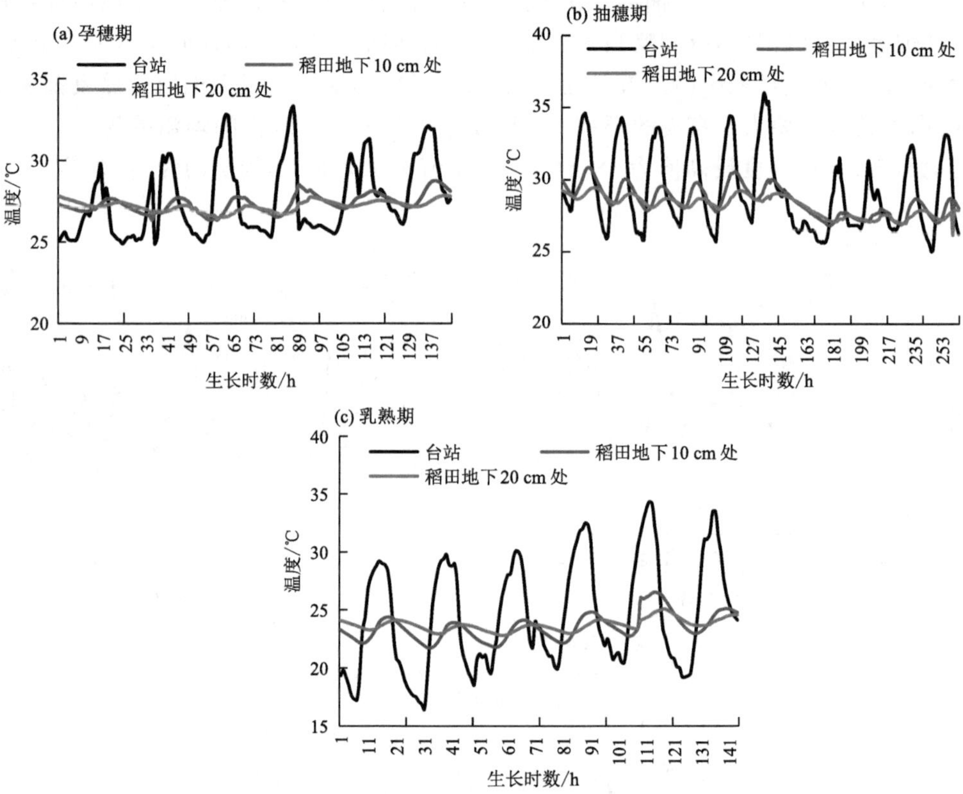

图 5.9　2016 年 CK 小区土壤温度与台站温度变化折线图(附彩图)

5.3.2　2016 年水稻试验田温度分析

5.3.2.1　2016 年稻田不同高度温度的变化规律分析

2016 年做 CK 处理的水稻试验田总共 7 层的温度变化规律如图 5.10 所示。从水稻的整个生长发育期内来看,水稻两处冠层温度总体偏高,温度变化幅度最大,75 cm 处冠温最大值为 38.98 ℃,温度最小值为 11.60 ℃,50 cm 处冠温最大值为 37.94 ℃,温度最小值为 11.77 ℃,75 cm 的冠层温度要略高于 50 cm 处,温度差均值约为 0.2 ℃;其次是红外温度和地面气温,温度变化幅度与冠层温度大体相同,地上 10 cm 处的温度略高于 5 cm 处的温度,但相差很小,在整个温度变化过程中可忽略不计,红外温度最大值为 35.26 ℃,比起冠层温度值有降低,与 75 cm 处温度差均值约为 0.9 ℃,最大相差 6.23 ℃;最后是两层土壤温度,比起其他几层温度明显降低,且温度变化幅度最小,地下 10 cm 处最高温度为 33.58 ℃,最低温度为 15.98 ℃,20 cm 处最高温度为 31.07 ℃,最低温度为 15.89 ℃,其温度变化明显特征是在白天土壤温度值显著低于其他层次温度,而夜间太阳落山地面失去太阳辐射以后地上其他高度温度降低明显,土壤温度成为温度最高值。

由图 5.10d 可知,随机挑取一晴天数据分析其温度日变化规律,水稻田所测地面上的温度一天中在日出前后温度处于最低值,日出之后温度慢慢上升,最大值位于午后 14 时左右,温度出现波峰值之后就处于下降的趋势,至太阳落山前后出现另一温度波谷值,直至第二天太阳出现如此交替循环。冠层温度的波动幅度最大，而稻田所测的地下土壤温度变化曲线则趋向平缓，温度无显著的升温降温变化，在日出之前和太阳落山以后这段没有太阳辐射的时间内土壤温度值要明显高于其他高度的温度，而在白天地上的温度升温明显，要显著高于地下的温度，并且在白天依然是稻田的冠层温度处于最大值。

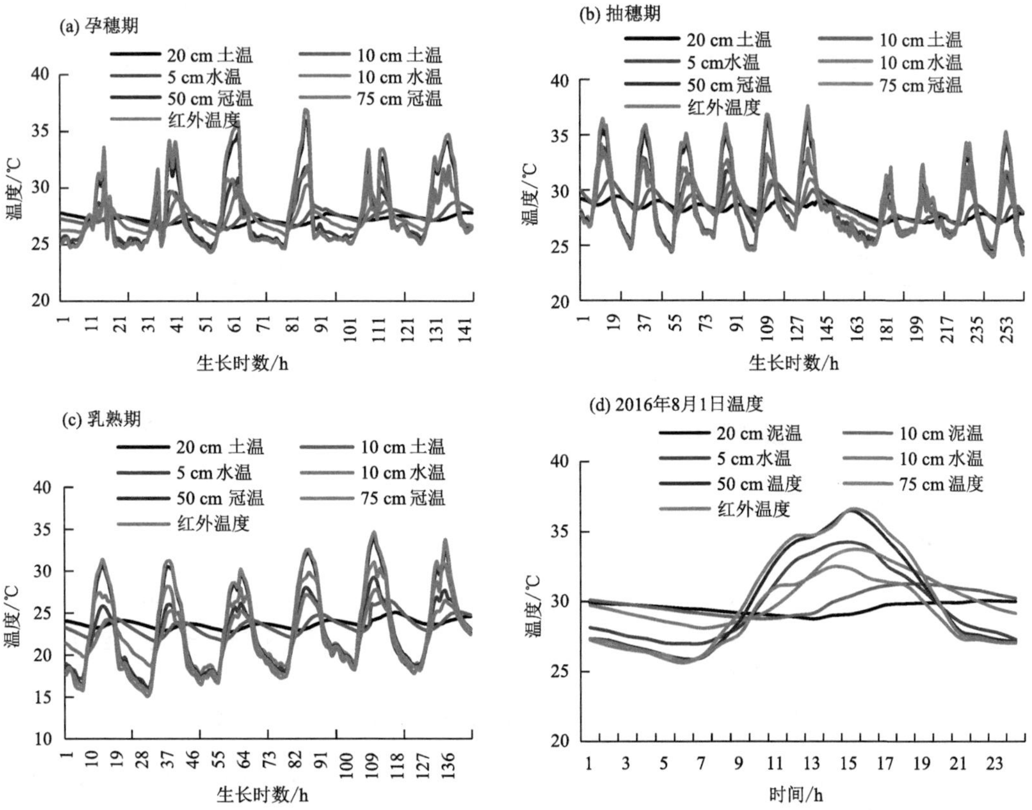

图 5.10　2016 年 CK 水稻田不同高度的温度变化折线图(附彩图)

灌水处理和喷水处理的小区其不同高度的温度变化规律同 CK 稻田基本一致，冠层温度最高，其次为红外温度和地面气温，土壤温度值最低，温度日变化规律也基本一致。

5.3.2.2　2016 年高温条件下不同处理小区温度变化分析

2016 年水稻试验日期为 4 月 27 日播种，6 月 13 日进行水稻移栽，8 月 11 日水稻开始抽穗。8 月 11—19 日为水稻抽穗盛期也正值高温热害，对这段时间内进行不同降温处理的水稻小区的同一层温度变化进行比较分析。

水稻的喷淋处理主要喷洒在水稻的冠层叶片上，影响的主要是水稻的冠层温度，而对稻田的灌水处理则影响最大的是所测量的田间气温，分析不同处理小区同一高度的冠层温度和地面水层温度变化有助于了解在不同处理之下水稻是否发生了降温。

在试验田进行处理期间内对每天的 CK 小区和喷水小区的水稻冠层温度以及 CK 小区和灌水小区的地面水层温度分别进行比较。做图分析可知，不同处理小区之间每天的温度变化规律大致相同，故本节中只给出随机挑选的两天的温度变化比较图，不做一一赘述，如图 5.11 和图 5.12 为随机挑选的 8 月 15 日和 8 月 18 日的不同温度变化比较图。图 5.11 为 CK 处理和喷淋处理各小区 75 cm 和 50 cm 的冠层温度变化比较图，和分别表示稻田 75 cm 和 50 cm 的冠层温度，由图分析可知做喷淋处理的稻田冠层温度在水分喷淋时温度显著降低，喷水后温度瞬间降低大约 1.5 ℃，喷水处理后 1～2 h 稻田温度相对于 CK 小区降温约为 1.0 ℃。

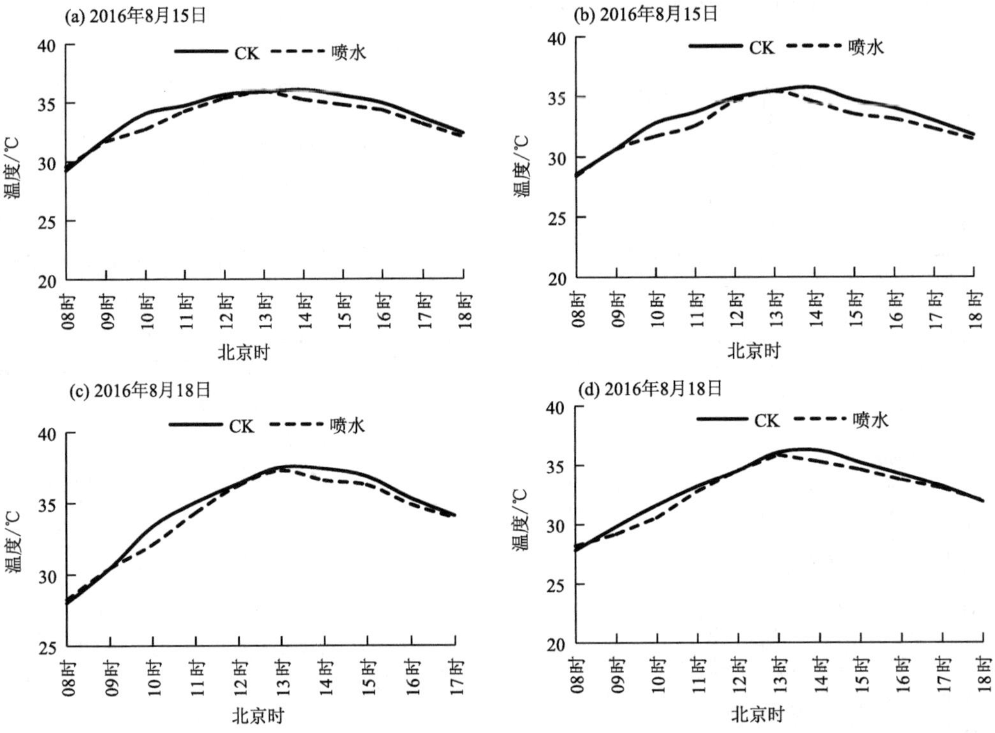

图 5.11　2016 年 CK 与喷淋不同处理小区同层冠温变化比较

图 5.12 为 CK 和灌水各处理小区 10 cm 和 5 cm 的地面温度变化比较图，和分别表示稻田距离地面 10 cm 和 5 cm 的水层温度(无水时为地面气温)，由图可知，做灌水处理的稻田在进行水分灌溉时地面气温明显降低。

在水稻移栽后每隔 7 d 对水稻进行生物量观测，观测分蘖动态、株高、叶面积、叶干重、茎秆干重、穗重等，取样为两点，每点连续取 10 穴，共 20 穴，按农气观测规范，选 50 穗进行产量结构分析。对试验地块水稻生物量进行整理可做图 5.13。由图可知三个不同处理的小区喷水小区产量最高，为 894.10 $g \cdot m^{-2}$，其次为灌水小区，产量为 855.37 $g \cdot m^{-2}$，CK 处理小区产量最低为 836.89 $g \cdot m^{-2}$，做喷水处理的小区水稻长势最好，千粒重、株穗数、穗粒数、穗结实粒数等产量结构均高于其他两个小区，其次为做灌水处理的水稻小区，效果虽不如喷淋处理，但比起 CK 小区对水稻增产效果显著。这与前人研究结果类似(Oteguiet al.，1995；Pamplona，1995；Peng et al.，2004；徐银萍 等，2007；樊廷录 等，2007)，稻谷产量和结实率与抽穗开花期的冠层温度呈极显著负相关，一定温度范围内，冠层温度升高，水稻产量下降。研究表明，作物的冠层温度或冠气温差与作物产量密切相关，在高温灌溉以及干旱条件下，冠气温差都与小麦产量呈正相关，特别在灌浆中后期对产量影响较大(Balota et al.，2008)。灌浆中期、中后期冠层温度同千粒重、生物产量呈显著的负相关，且随灌浆进程的推移相关性呈上升趋势(李向阳 等，2004；樊廷录 等，2007；崔新菊 等，2010)。

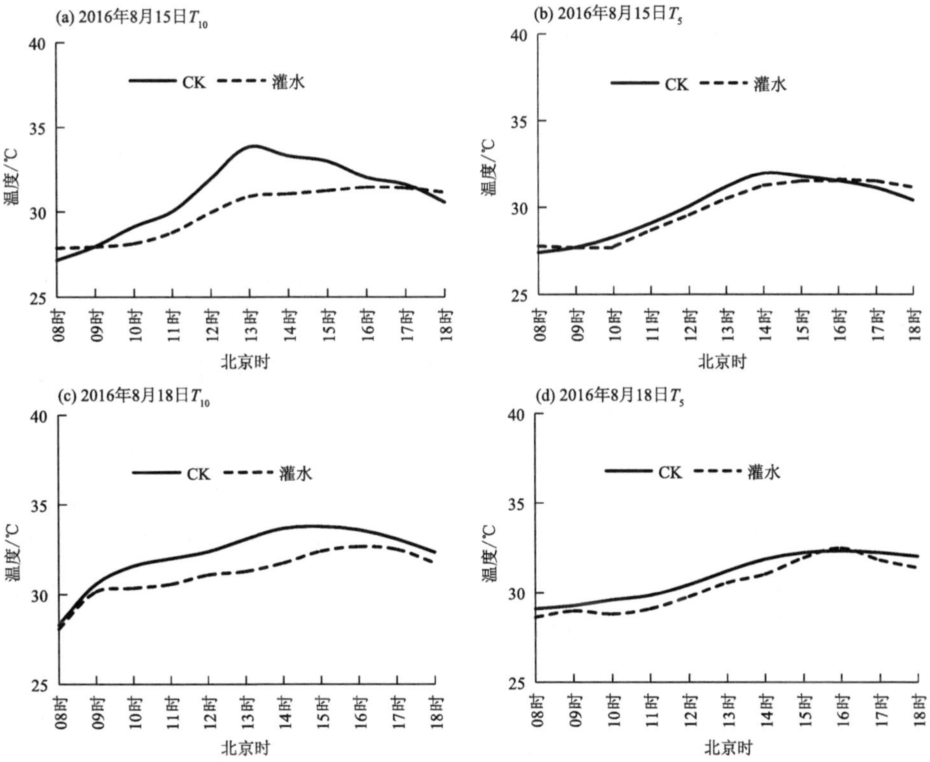

图 5.12　2016 年 CK 与灌水不同处理小区同层水温变化比较

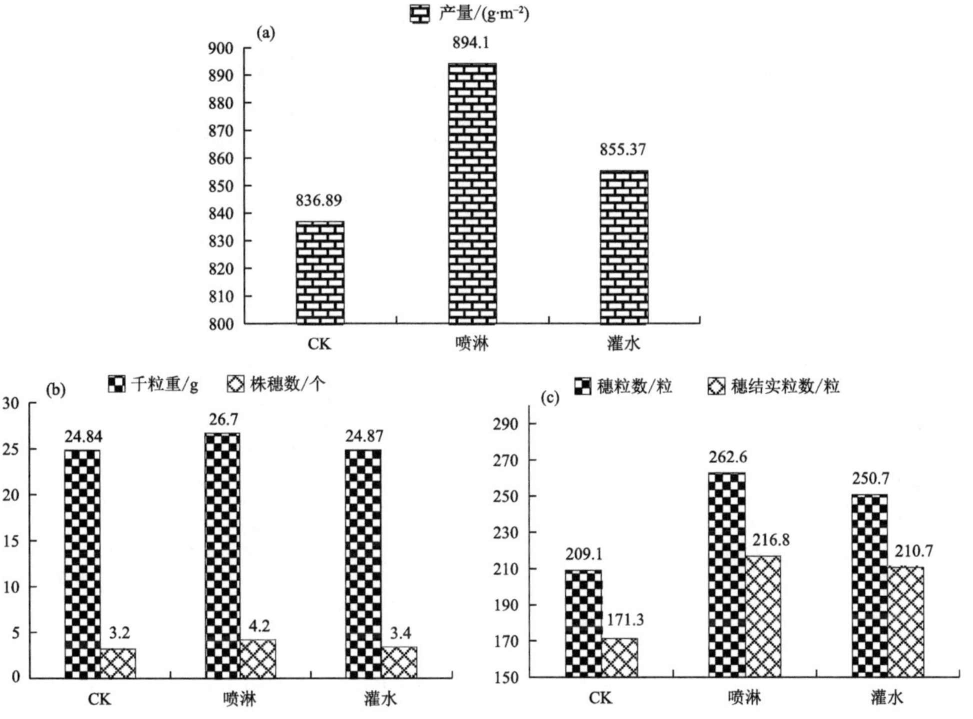

图 5.13　2016 年水稻试验地不同处理小区产量结构分析

(a)产量;(b)千粒重、株穗数;(c)穗粒数、穗结实粒数

5.3.3　2017 年水稻试验田温度分析

5.3.3.1　2017 年稻田不同高度温度的变化规律分析

图 5.14 为 2017 年的 CK 处理小区的稻田各层温度变化规律，由图 5.14a～c 可知，无论水稻处于哪一生长时期，其各层温度变化都基本遵循白天冠层温度最高，其次为红外温度和地面的水层温度，最后是土壤温度；夜间土壤温度最高，其次是红外温度和地面温度以及冠层温度这一规律。75 cm 冠层温度与红外温度均差约为 1 ℃，与地下 10 cm 的土壤温度均差约为 5.3 ℃。125 cm 处的冠层温度略高于 75 cm 处的冠层温度，两层温度相差均值为 0.7 ℃。

由图 5.14b 可知，随机挑取一晴天数据分析其温度日变化规律，水稻田所测地面上不同高度的温度一天中在日出前后处于最低值，之后温度慢慢上升，最大值位于 14 时左右，温度出现波峰值之后就处于下降的趋势，至太阳落山前后出现另一温度波谷值，直至第二天太阳出现，如此交替循环。冠层温度的波动幅度最大，而所测稻田地下的土壤温度变化曲线则趋向平缓，温度无显著的升温降温变化，在日出之前和太阳落山以后这段没有太阳辐射的时间内土壤温度值要明显高于其他高度的温度，而在白天地上温度升温明显，要显著高于地下土壤温度，并且在白天依然是稻田的冠层温度处于最大值。

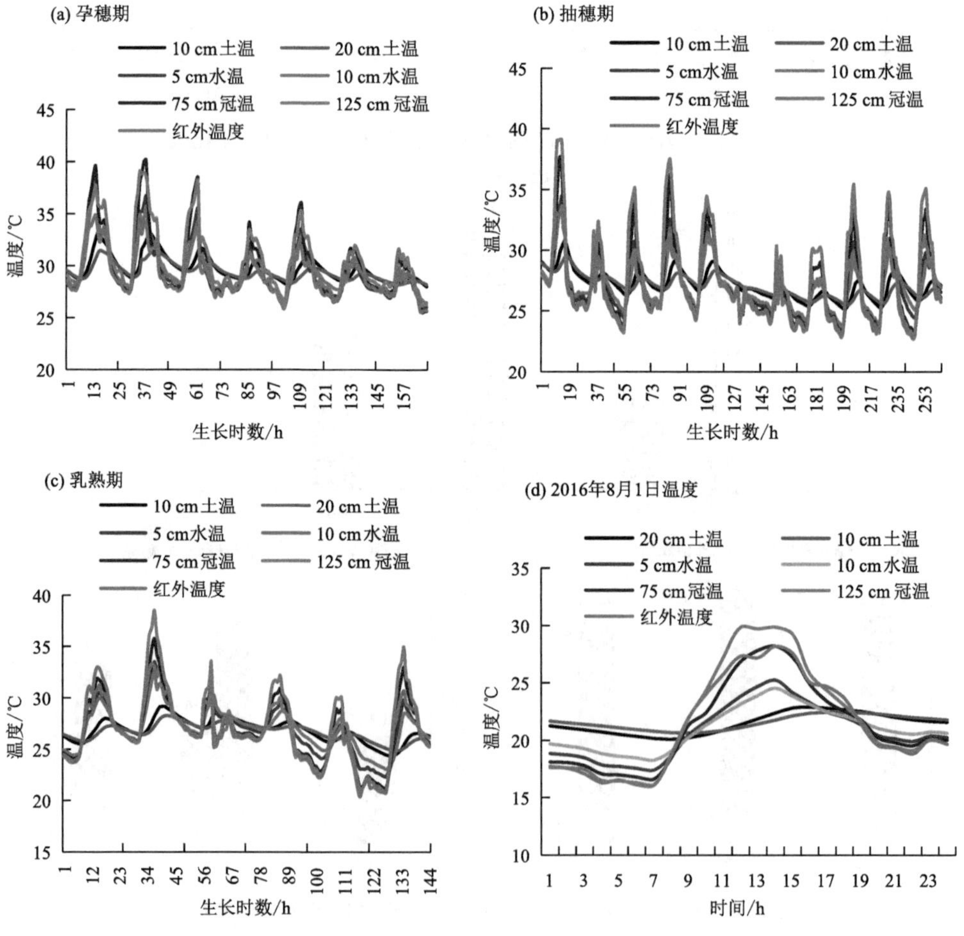

图 5.14　2017 年 CK 稻田不同高度的温度变化折线图(附彩图)

进行不同处理的小区其各层温度变化规律同 CK 稻田基本一致，冠层温度最高，其次为红外温度和地面气温，土壤温度值最低，温度日变化规律也基本一致。

5.3.3.2　2017 年高温条件下不同处理小区温度变化分析

2017 年水稻试验日期为 4 月 25 日播种，5 月 28 日进行移栽，8 月 7 日水稻开始抽穗。8 月 4—7 日水稻即将抽穗时期遇上高温，对这段时间内进行不同降温处理的水稻小区的同一层温度变化进行比较分析。

由于 2017 年进行灌水处理的水稻小区其测量地面 5 cm 和 10 cm 温度的 HOBO 探头发生故障，在试验期间内并未测量到两处的温度，故灌水处理的稻田水层温度缺失。在处理期间内对四个小区每天的水稻冠层温度进行比较，分析可知不同处理小区之间每天的温度变化规律大致相同，图 5.15 和图 5.16 分别为 8 月 4—7 日每天四个不同处理小区的 75 cm 和 125 cm 不同高度处的冠层温度变化。T_{75} 和 T_{125} 分别表示稻田 75 cm 和 125 cm 的冠层温度，由图分析可知，做喷淋处理的稻田冠层温度在水分喷淋时温度显著降低，喷肥后温度瞬间降低大约 1.8 ℃，喷水后温度瞬间降低约为 1.9 ℃，喷淋处理后 1～2 h 稻田温度相对于 CK 小区大约降低 1.4 ℃。

水稻移栽之后依然每隔 7 d 对水稻进行生物量观测，观测分蘖动态、株高、叶面积、叶干重、茎秆干重、穗重等，取样为每个处理两点，每点连续取 10 穴，共 20 穴，每个处理的 3 个重复求平均值，按农气观测规范，选 50 穗进行产量结构分析，对试验地块水稻生物量进行整理可做

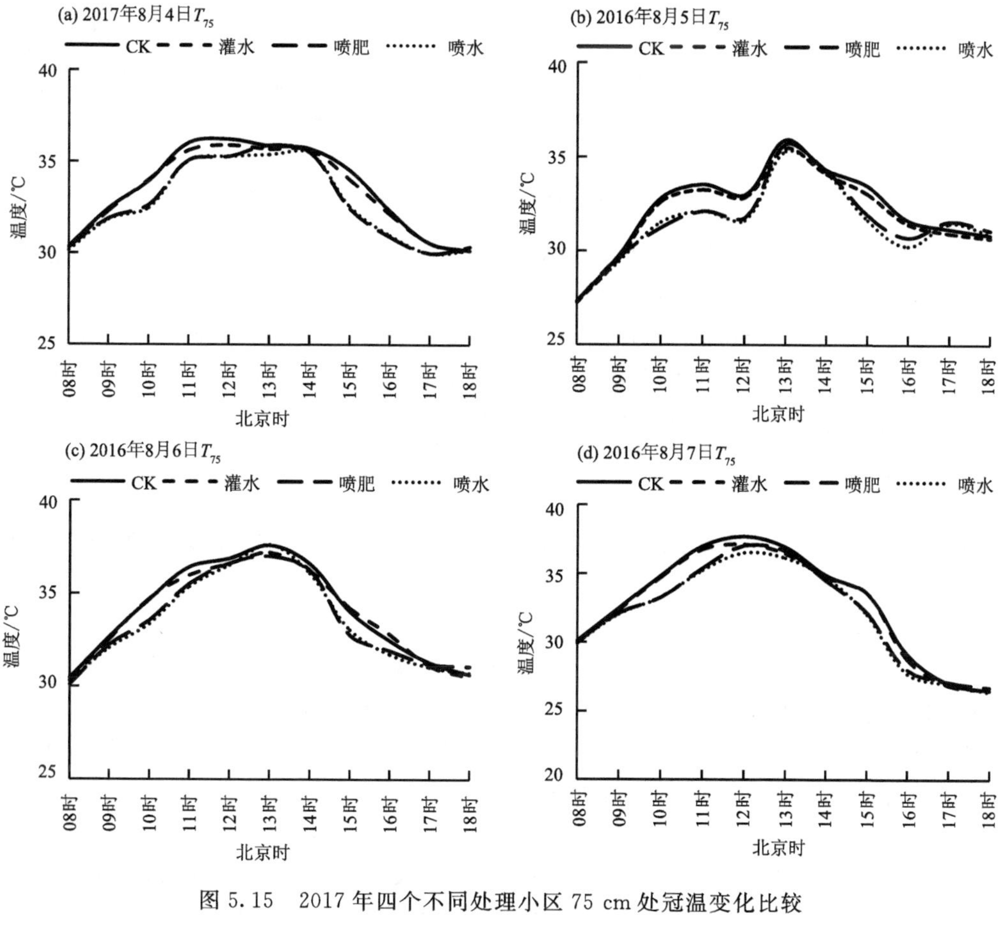

图 5.15　2017 年四个不同处理小区 75 cm 处冠温变化比较

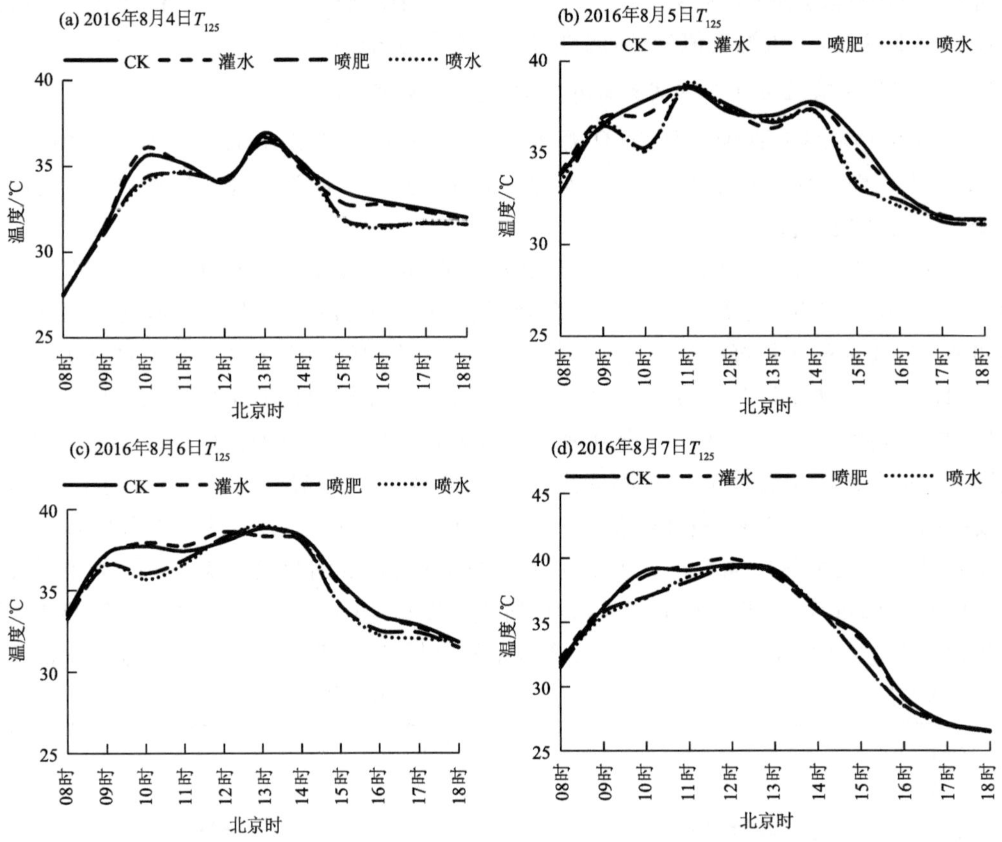

图 5.16　2017 年四个不同处理小区 125 cm 处冠温变化比较

图 5.17。由图可知，四个不同处理的小区喷水小区产量最高，为 716.50 g·m^{-2}，其次为喷药小区，产量为 693.00 g·m^{-2}，接着是灌水小区，其产量为 686.33 g·m^{-2}，CK 处理小区产量最低为 676.93 g·m^{-2}。做喷淋处理的小区水稻长势最好，干物重、千粒重、株穗数、穗粒数、穗结实粒数均高于其他处理小区，其次为做灌水处理的水稻小区，效果虽不如喷淋处理，但比起 CK 小区能有效缓解高温，对水稻增产效果明显。

5.3.4　小结

通过对 2016 和 2017 两年不同的水稻田实测温度数据以及相应的同步气象台站温度数据变化比较，得到结论规律如下：

(1)稻田不同高度的温度和气象台站温度比较

①125 cm 红外温度：两年试验期内的气象台站温度都略高于稻田实测的红外温度，温度差平均在 1 ℃左右，不同处理间的稻田红外温度变化无明显差别。

②75 cm 处及其上下的水稻冠层温度：两年试验期内的台站温度数据都整体低于水稻实测冠层温度，水稻生育期内两者的温度差值为 1～2 ℃，最大可达到 5.03 ℃，高处的冠层温度平均略高于低处的温度 0.3 ℃左右，做喷淋处理的水稻小区冠层温度要低于未处理小区。

③距离地面 5 cm 以及 10 cm 的水层温度：该层温度最接近气象台站所记录的温度，地面无水存在时所测气温与台站温度基本无太大差别，有灌水存在时所测水层温度比台站温度平

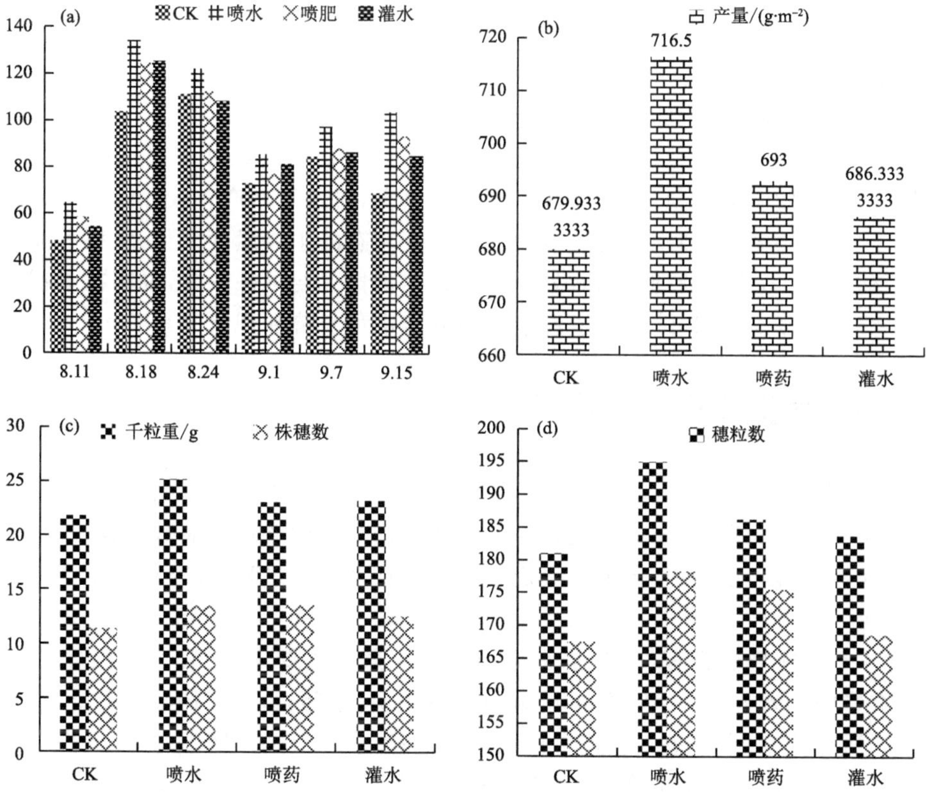

图 5.17　2017 年水稻试验地不同处理小区产量结构分析

(a)干物重;(b)产量;(c)千粒重、株穗数;(d)穗粒数

均降低 1 ℃,灌水处理的水稻该处温度小于 CK 稻田,喷淋小区温度介于两者之间。

④地下 10 cm 以及 20 cm 处的土壤温度:两年的气象台站温度都明显高于水稻田的土壤温度,温度变化波动幅度也明显大于土壤温度,温度差最大可达到 9.88 ℃,平均温差 2～3 ℃,不同处理间的稻田温度变化幅度基本一致。

(2)同一处理稻田间不同高度的温度比较

任意一年的任一水稻田其实测的不同高度的温度在水稻重要生长发育时期内整体基本上保持一个冠层温度＞水层温度和红外温度＞土壤温度的变化规律。

①2016 年:水稻田实测冠层温度最高,且 75 cm 高度温度略高于 50 cm 处,两处的温度相差均值在 0.3～0.4 ℃范围内;红外温度和地面温度整体略低于冠层温度,与其温度差保持在 0.9 ℃左右;最后是稻田土壤温度,比起其他高度温度波动范围显著降低,与 75 cm 处的冠层温度差均值为 3～4 ℃,其变化特点是在白天土壤温度值明显低于其他层次温度,而夜间太阳落山地面失去太阳辐射以后其他高度温度降温明显,而土壤温度并无显著降温,温度值变成最高。

②2017 年:水稻田两处实测冠层温度总体偏高,温度变化幅度最大,且总体看来在水稻开始分蘖拔节至孕穗期间 75 cm 处温度略高于 125 cm 处温度,在水稻孕穗后 125 cm 处的水稻温度又逐渐升高至略高于 75 cm 处的冠层温度,两处温度差均值在 0.5～0.8 ℃范围内变化;红外温度和地面温度整体略低于冠层温度,与冠层温度平均相差 1 ℃左右;最后是土壤温度,

比起其他高度温度明显降低，与 75 cm 处的冠层温度差均值为 2～4 ℃，其变化特点同 2016 年变化规律大体一致。

(3)高温期间对水稻进行不同的降温处理能有效缓解水稻高温热害，喷淋处理效果最好，其次为灌水处理，降温处理过的水稻田块长势以及产量，干物重，千粒重，株穗数，穗粒数，穗结实粒数等产量结构均比未处理的 CK 对照小区要好，说明在高温条件下对水稻进行喷淋与灌水等降温处理能有效降低水稻温度，缓解水稻高温热害，对水稻增产有较好的效果。由于喷淋主要影响了水稻冠层温度，灌水主要影响地面 10 cm 左右的水层温度，而在水稻其他生长条件保持一致的前提下，做喷淋处理比灌水处理的水稻生长情况要更好一些，说明在水稻生长发育过程中冠层温度的影响相对较大，冠层温度的高低与水稻长势和产量关系密切。

5.4 台站温度推算稻田温度研究

气温是判别农业受灾害状况的一个重要指标。近年来，在农业气象相关试验研究中，相对于气象台站常规的观测资料，田间温度资料的获取更加复杂而繁琐因而数据较缺乏，但田间温度是真实的作物环境温度，直接影响和决定了作物生长发育的过程，其对作物生产更具有指导作用。

叶片是水稻最重要的光合器官，是水稻干物质积累的主要来源，在水稻温度敏感发育阶段，叶温还会影响到颖花结实率(森谷国男，1992；黄英金 等，2004； Prasd et al.，2005)。另外，还有学者研究认为，水稻进入生殖生长期后，对高温表现得越发敏感，温度升高会加剧水稻的高温热害，往往引起结实率下降、稻谷产量降低(徐云碧 等，1989；李太贵 等，1995；Peng et al.，2004；曹云英 等，2008)。相关试验表明，水稻抽穗开花期叶温与稻谷产量和结实率呈显著负相关(Mackiil et al.，1982；Mortta et al.，2005；张桂莲 等，2005；陈旭 等，2008)。陈金华等(2011)利用合肥 2008 年一季稻孕穗抽穗期叶温观测资料及同期气象资料，对水稻叶温、叶气温差与气象条件的关系进行分析。结果表明，同时刻水稻阴阳面叶温仅有微小差别，而不同时刻叶温是随环境条件变化而变化的，叶温与气温有很好的线性相关性。

据水稻气象专家观察，水稻冠层温度比百叶箱内温度可能要高出 4 ℃(王才林 等，2004)，当水稻的环境温度或叶温而并非气象站的百叶箱所记录的温度达到一定高温时，水稻就发生了高温热害。所以要对稻田温度进行推算，推算出水稻的环境温度或叶温(水稻的叶温接近于稻田实测得的红外温度)。如果能用台站气温推算出田间温度，并用于水稻热害的判断和应对，有鉴于此，本节提出了用台站气温推算稻田温度进而评判高温热害的思路和方法，利用寿县气象站 2016 年 7—10 月和 2017 年 6—9 月台站气象数据和同步水稻田间温度数据，通过多元回归分析分别建立昼夜时段台站温度与稻田冠层温度和红外温度的模拟关系式，分别选出两年的最优推算方法并进行检验，结果表明模拟效果总体较好。

研究表明，在昼夜不同的天气时段根据相应的温度推算方法利用寿县台站温度可快速计算稻田的温度，同时利用卫星遥感技术对安徽省水稻种植区域进行识别提取，利用同步时间段的地面红外温度和卫星遥感 LST 温度建立统计关系式，完成对水稻红外温度由点到面的快速反演。

5.4.1　2016 年稻田冠层温度的推算

5.4.1.1　2016 年稻田冠层高度 75 cm 处温度的推算

对稻田冠层高度 75 cm 处的温度与台站温度数据做回归分析，做了线性回归和曲线拟合分析，结果见表 5.2，其中 T 为台站温度，φ 为台站湿度，T_{75} 为稻田该处实测温度，对回归方程作显著性检验(F 检验)，所有方程均能通过 $\alpha=0.001$ 显著性检验，回归效果显著。比较不同拟合方程的相关系数发现：精度最高的是幂函数方程，其为 0.961；其次是二次多项式拟合方程和二元线性方程，其均为 0.956；最后是一元线性方程，为 0.954。加入台站湿度作为自变量做二元线性回归对结果没有明显的帮助，仅比台站温度做自变量的一元线性回归分析效果稍好。

表 5.2　稻田冠层高度 75 cm 处温度拟合方程的比较

回归方程	R^2	F
$T_{75}=1.037T-0.018\varphi-0.612$	0.956	15282.787
$T_{75}=1.096T-2.752$	0.954	29673.796
$T_{75}=0.009T^2+0.668T+2.357$	0.956	15528.493
$T_{75}=0.707T^{1.102}$	0.961	35279.76

5.4.1.2　2016 年稻田冠层高度 50 cm 处温度的推算

同样，对稻田冠层高度 50 cm 处的温度数据与台站温度数据做拟合分析，得到了类似结果，见表 5.3，其中 T 为台站温度，φ 为台站湿度，T_{50} 为稻田 50 cm 处实测温度，对回归方程作显著性检验(F 检验)，所有方程均能通过 $\alpha=0.001$ 显著性检验，回归效果显著。比较相关系数，相对来说幂函数的精度稍高一点，其为 0.967；其次是二次多项式拟合方程，其为 0.962；然后是二元线性方程和一元线性方程，均为 0.961；而加入台站湿度作为自变量做二元线性回归对结果没有明显的帮助。

表 5.3　稻田冠层高度 50 cm 处温度拟合方程的比较

回归方程	R^2	F
$T_{50}=1.052T-0.008\varphi-1.039$	0.961	17603.646
$T_{50}=1.063T-2.032$	0.961	34949.813
$T_{50}=0.006T^2+0.747T+1.740$	0.962	18015.147
$T_{50}=0.767T^{1.076}$	0.967	42724.486

5.4.1.3　2016 年稻田温度拟合模型的验证

基于验证数据，利用前文所述稻田温度拟合模型检验方法(公式(5.4)～(5.6))，可计算最优温度推算模型的平均绝对误差、均方根误差和推算准确率。

冠层 75 cm 处高度温度的均方根误差(RMSE)为 1.193 ℃，绝对平均误差(MAE)为 0.911 ℃，温度模拟的绝对误差≤1 ℃的推算准确率为 63.662%，≤2 ℃的准确率为 90.986%；50 cm 处高度温度的均方根误差(RMSE)为 1.065 ℃，绝对平均误差(MAE)为 0.799 ℃，气温模拟的绝对误差≤1 ℃的推算准确率为 67.887%，≤2 ℃的准确率为 92.394%。两处结果相差不大，相对来说冠层高度 50 cm 处的温度拟合精度更高一些。图 5.18 为冠层高度 75 cm 处和 50 cm 处模拟得到的温度值与实测值构建的散点图。

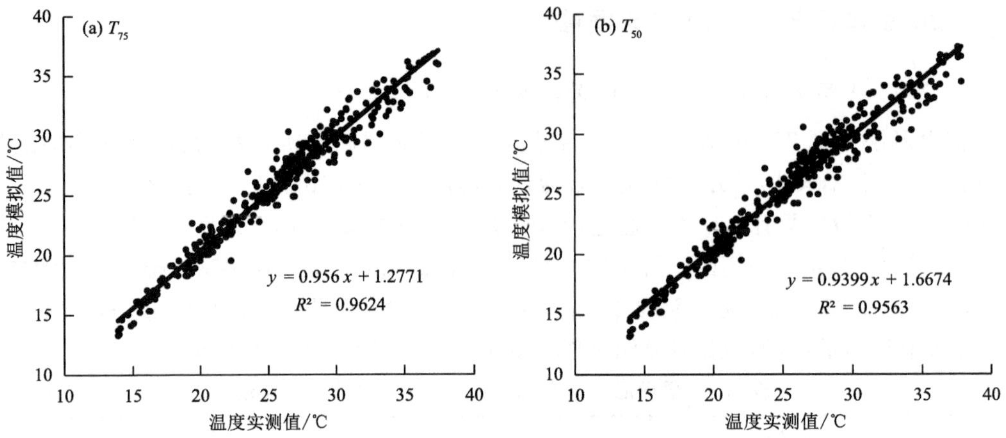

图 5.18　稻田实测温度与模拟温度散点图

因为气温状况受太阳辐射的影响最大，为了进一步减小估算温度的误差，将已有的数据分为白天和夜间，在建立模型前，依然是分别从白天(或夜间)温度数据中随机挑选出 4/5 的数据用于建立回归模型，剩下 1/5 的数据作为模型的验证数据。

5.4.2　2016 年区分昼夜时段的冠层温度推算

5.4.2.1　2016 年稻田高度 75 cm 和 50 cm 处昼夜温度的推算

在夜间分别对稻田冠层高度 75 cm 处和 50 cm 处的温度数据做回归分析，同前文一样做了线性回归和曲线拟合分析，比较相关系数结果可知，相对来说两处的温度都是二元线性方程的拟合效果最好。对于 75 cm 处高度温度的推算为加入了台站湿度作为自变量的二元线性方程拟合精度最高，其为 0.987，其次为台站温度作为自变量的一元线性方程和二次方程，其为 0.975；对于 50 cm 处高度温度的推算结果规律同 75 cm 处的温度类似，最优拟合方程的为 0.989，其次为 0.977。表 5.4 和表 5.5 分别为夜间两处温度的几种不同拟合方程的比较。

表 5.4　夜间稻田冠层高度 75 cm 处温度拟合方程的比较

回归方程	R^2	F
$T_{75}=1.000T+0.089\varphi-9.556$	0.987	22144.778
$T_{75}=0.992T-0.963$	0.975	23050.149
$T_{75}=0.002T^2+0.915T-0.110$	0.975	11532.730
$T_{75}=0.827T^{1.044}$	0.973	21123.662

表 5.5　夜间稻田冠层高度 50 cm 处温度拟合方程的比较

回归方程	R^2	F
$T_{50}=0.999T+0.089\varphi-9.370$	0.989	26514.863
$T_{50}=0.991T-0.816$	0.977	25316.866
$T_{50}=0.002T^2+0.903T+0.159$	0.977	12679.945
$T_{50}=0.853T^{1.036}$	0.976	23816.680

同样，利用白天数据分别对稻田冠层高度 75 cm 处和 50 cm 处进行温度回归，由相关系数可见幂函数的方程拟合精度最高。冠层高度 75 cm 处温度的推算在如表 5.6 的 4 种类型的模型中以台站温度作为自变量的幂函数模型推算效果最好，精度最高，其为 0.956，其次为一元线性方程，为 0.946，而另外 2 种拟合方程没有通过显著性为 0.1 的检验；高度 50 cm 处温度的推算结果得到类似结果，其幂函数拟模型拟合精度最优，为 0.960，其次为一元线性方程，为 0.951，而另 2 个模型的较小。表 5.6 为白天两处温度的不同拟合方程的比较。

表 5.6　白天稻田冠层高度 75 cm 和 50 cm 处温度拟合方程的比较

回归方程	R^2	F
$T_{75}=1.089T-2.197$	0.946	14658.414
$T_{75}=0.778T^{1.078}$	0.956	18160.578
$T_{50}=1.055T-1.549$	0.951	16112.521
$T_{50}=0.831T^{1.055}$	0.960	20135.934

5.4.2.2　2016 年夜间冠层温度拟合模型的验证

利用夜间的验证数据，根据前文的检验方法和所选择的最优温度拟合模型，计算得到夜间稻田冠层高度 75 cm 处和 50 cm 处的温度订正的平均绝对误差、均方根误差和推算准确率，并对温度的模拟值和实测值做散点图(图 5.19)。与图 5.18 作对比，两处的温度数据变高，均方根误差和绝对平均误差均有明显下降，冠层 75 cm 处高度温度的均方根误差(RMSE)为 0.456 ℃，绝对平均误差(MAE)为 0.328 ℃；50 cm 处高度温度的均方根误差(RMSE)为 0.423 ℃，绝对平均误差(MAE)为 0.307 ℃，两处温度模拟的绝对误差≤1 ℃的推算准确率均为 97.297%，≤2 ℃的推算准确率均为 99.324%，误差有了明显降低。

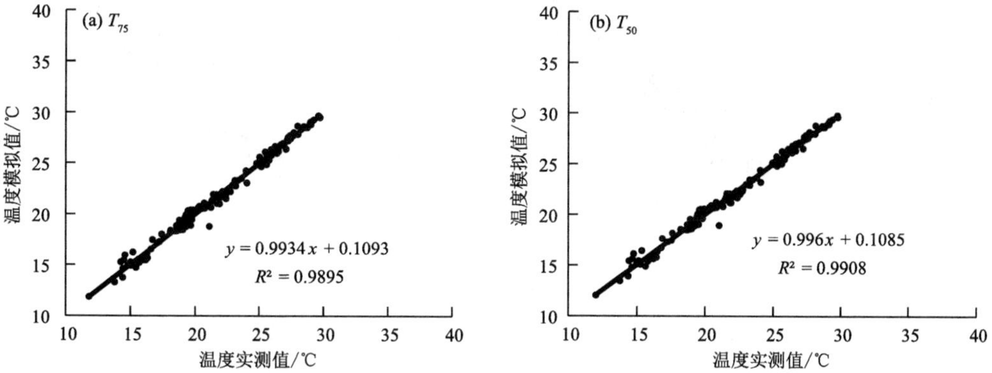

图 5.19　夜间稻田实测温度与模拟温度散点图

5.4.2.3　2016 年白天冠层温度拟合模型的验证

基于验证数据，根据前文检验方法和所选择的幂函数模型，可计算白天稻田中冠层高度 75 cm 处和 50 cm 处的温度订正的平均绝对误差、均方根误差和推算准确率，并将温度的模拟值和实测值做散点图(图 5.20)，对比图 5.18 可知结果没有显著差异，然而拟合变差了，冠层 75 cm 处高度温度的均方根误差(RMSE)为 1.383 ℃，绝对平均误差(MAE)为 1.058 ℃；50 cm 处高度温度的均方根误差(RMSE)为 1.296 ℃，绝对平均误差(MAE)为 0.983 ℃。当把这些白天的温度验证数据再分别代入未区分昼夜的表 5.2 与表 5.3 不同高度相应的最优温度模拟方程进行同样的检验，然后做散点图（图 5.21），与图 5.20 对比可知均方根误差（RMSE）和绝对平均误差（MAE）均增大，冠层高度 75 cm 处温度的均方根误差（RMSE）为 1.454 ℃，绝对平均误差（MAE）为 1.156 ℃；高度 50 cm 处温度的均方根误差（RMSE）为 1.327 ℃，绝对平均误差（MAE）为 1.038 ℃，这表明区分昼夜的温度模拟其白天温度模拟的误差也是降低的，精度也有所提高。对于白天的模拟，冠层高度 75 cm 处温度模拟的绝对误差≤1 ℃的推算准确率为 55.769%，≤2 ℃的推算准确率为 86.538%；高度 50 cm 处温度模拟的绝对误差≤1 ℃的推算准确率为 59.135%，≤2 ℃的推算准确率为 87.981%。

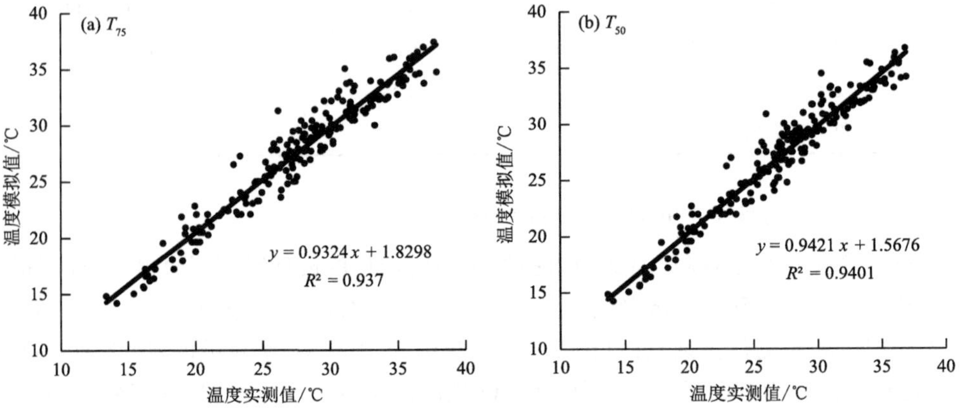

图 5.20　白天稻田实测温度与模拟温度散点图

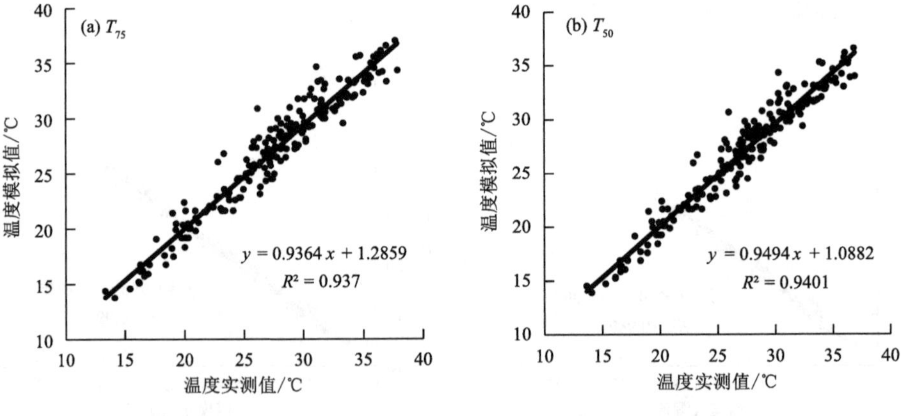

图 5.21　采用表 5.2 与表 5.3 最优模型的白天稻田模拟温度与实测温度散点图

5.4.3　2016 年稻田红外温度的推算

根据前文对稻田冠层温度的推算方法，同样对未区分昼夜的全部数据和区分出昼夜的气象台站温度和稻田红外温度数据做线性回归和曲线拟合分析，并对回归方程做显著性检验，挑选出精度最高，效果最好的推算模型，结果见表 5.7。其中 T 为台站温度，φ 为台站湿度，T_r 为稻田实测红外温度。结果表明，稻田的红外温度推算模型以台站温度作为自变量的幂函数拟合方程效果最好，精度最高，其为 0.946，区分出昼夜温度后夜间的温度推算模型以加入了台站湿度作为自变量的二元线性方程拟合精度最高，其为 0.982，白天的温度推算模型以幂函数模型的精度最高，为 0.927。

表 5.7 2016 年不同条件下稻田红外温度最优拟合方程的比较

	回归方程	R^2	F
全部	$T_r=0.872T^{1.027}$	0.946	24701.530
夜间	$T_r=1.018T+0.119\varphi-13.057$	0.982	15768.973
白天	$T_r=1.682T^{0.834}$	0.927	10590.316

按照前文检验方法对所选择的温度模拟模型进行检验，分别计算得到不同条件下稻田中红外温度订正的平均绝对误差、均方根误差和推算准确率，并对温度的模拟值和实测值做散点图(图 5.22)，未区分昼夜条件下的红外温度的均方根误差(RMSE)为 1.242 ℃，绝对平均误差(MAE)为 0.957 ℃，模拟的绝对误差≤1 ℃的推算准确率为 62.253%，≤2 ℃的准确率为 90.704%；夜间条件下的温度推算其变高，均方根误差和绝对平均误差均有明显下降，分别为 0.585 ℃和 0.417 ℃，温度模拟的绝对误差≤1 ℃的推算准确率均为 91.837%，≤2 ℃的准确率均为 98.639%，误差有了明显降低；白天的温度数据结果图 5.22b 对比图 5.22a 可知结果没有显著差异，然而拟合变差了，温度的均方根误差(RMSE)为 1.222 ℃，绝对平均误差(MAE)为 0.934 ℃，模拟的绝对误差≤1 ℃的推算准确率为 63.768%，≤2 ℃的准确率为 91.304%。

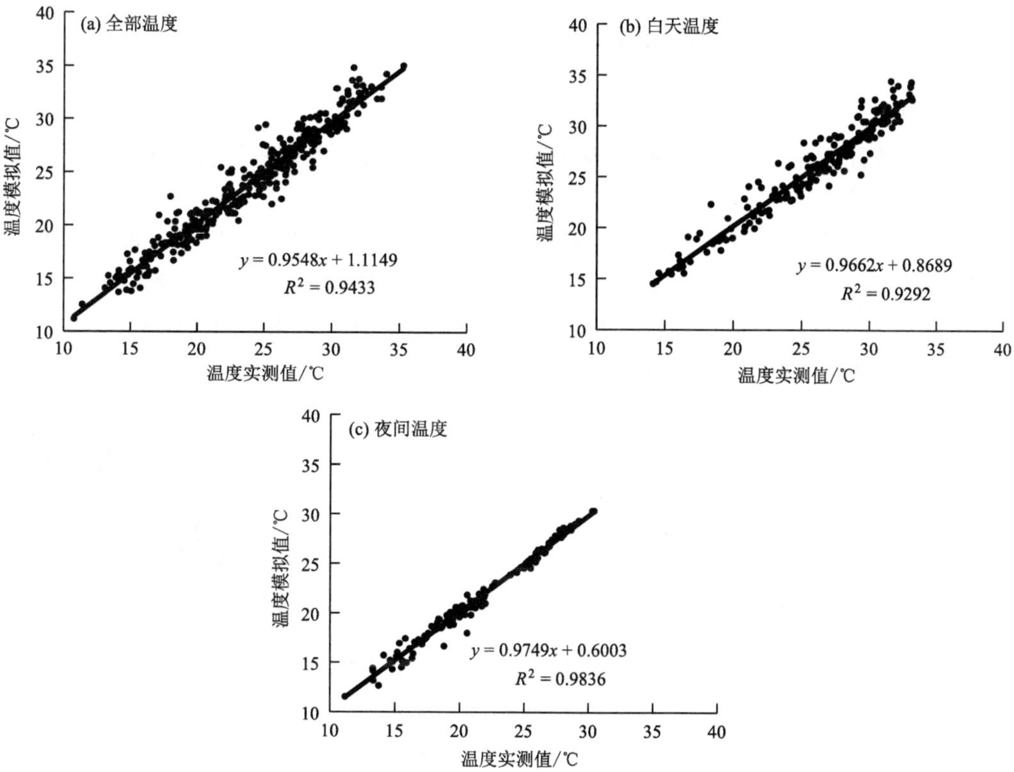

图 5.22 2016 年不同条件下稻田红外实测温度与模拟温度散点图

5.4.4　2017 年稻田冠层温度的推算

5.4.4.1　2017 年稻田冠层高度 75 cm 和 125 cm 处温度的推算

同样对稻田冠层高度 75 cm 和 125 cm 处的温度与台站温度数据做线性回归和曲线拟合分析，结果见表 5.8，其中 T 为台站温度，φ 为台站湿度，T_{75} 为稻田 75 cm 处实测温度，T_{125} 为稻田 125 cm 处实测温度，并对回归方程作显著性检验（F 检验）。结果表明，冠层高度 75 cm 处温度的推算模型以台站温度作为自变量的幂函数模型效果最好，精度最高，为 0.923，其次为其一元线性方程，为 0.894，而另外 2 种拟合方程二元线性和二次多项式方程没有通过显著性为 0.1 的检验；高度 125 cm 处温度的推算方程均能通过 $\alpha=0.001$ 显著性检验，回归效果显著，比较不同拟合方程的相关系数发现：精度最高的是幂函数方程，为 0.937，其次是二元线性方程，为 0.918；最后是一元线性方程和二次多项式拟合方程，其均为 0.917。加入台站湿度作为自变量做二元线性回归对结果没有明显的帮助，与台站温度做自变量的一元线性回归分析效果无明显差别。

表 5.8　稻田冠层高度 75 cm 和 125 cm 处温度拟合方程的比较

回归方程	R^2	F
$T_{75}=0.960T+0.882$	0.894	14726.659
$T_{75}=1.136T^{0.959}$	0.923	20845.140
$T_{125}=0.993T-0.0234\varphi+2.435$	0.918	9790.229
$T_{125}=1.034T-0.660$	0.917	19188.128
$T_{125}=-0.003T^2+1.214T-2.917$	0.917	9627.966
$T_{125}=0.924T^{1.027}$	0.937	25743.717

5.4.4.2　2017 年稻田温度拟合模型的验证

同样基于验证数据，利用前文所述模型检验方法计算最优温度推算模型的平均绝对误差、均方根误差和推算准确率。

冠层 75 cm 处高度温度的均方根误差（RMSE）为 1.448 ℃，绝对平均误差（MAE）为 0.908 ℃，模拟的绝对误差≤1 ℃的推算准确率为 73.793%，≤2 ℃的准确率为 87.356%；125 cm 处高度温度的均方根误差（RMSE）为 1.326 ℃，绝对平均误差（MAE）为 0.905 ℃，气温模拟的绝对误差≤1 ℃的推算准确率为 69.655%，≤2 ℃的推算准确率为 87.586%。两处

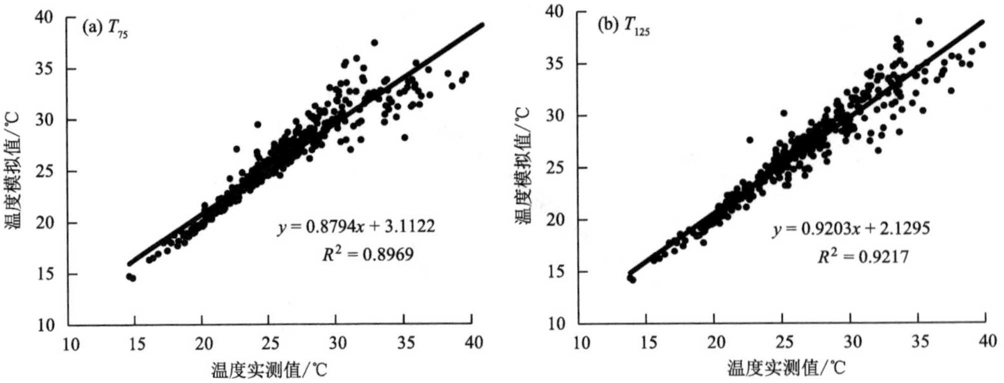

图 5.23　稻田实测温度与模拟温度散点图

结果相差不大，相对来说冠层高度 125 cm 处的温度拟合精度更高一些。图 5.23 为冠层高度 75 cm 处和 125 cm 处模拟得到的温度值与实测值构建的散点图。

同样将已有的温度数据分为白天和夜间建立模型以研究精度是否提高，依然是分别从白天（或夜间）温度数据中随机挑选出 4/5 的数据用于建立回归模型，剩下 1/5 的数据作为模型的验证数据。

5.4.5　2017 年区分昼夜时段的冠层温度推算

5.4.5.1　2017 年稻田高度 75 cm 和 125 cm 处昼夜温度的推算

分别对稻田冠层高度 75 cm 处的白天和夜间温度数据做回归分析，比较相关系数结果可知，相对来说白天的温度以幂函数的拟合效果最好，其为 0.890，其次是加入了台站湿度作为自变量的二元线性方程和二次方程，为 0.856，最后是以台站温度作为自变量的一元线性方程，其为 0.854；夜间温度的推算为加入了台站湿度作为自变量的二元线性方程拟合精度最高，其为 0.981，其次为幂函数、以台站温度作为自变量的一元线性方程和二次方程，其分别为 0.980，0.978 和 0.979。表 5.9 和表 5.10 分别为 75 cm 处白天温度和夜间温度的不同拟合方程的比较。

表 5.9　白天稻田冠层高度 75 cm 处温度拟合方程的比较

回归方程	R^2	F
$T_{75}=1.012T+0.024\varphi-2.245$	0.856	3100.015
$T_{75}=0.963T+1.123$	0.854	6100.596
$T_{75}=0.963T+1.123$	0.856	3101.182
$T_{75}=1.141T^{0.961}$	0.890	8417.630

表 5.10　夜间稻田冠层高度 75 cm 处温度拟合方程的比较

回归方程	R^2	F
$T_{75}=0.889T+0.04\varphi-1.558$	0.981	17884.302
$T_{75}=0.867T+2.732$	0.978	30550.540
$T_{75}=-0.009T^2+1.303T-2.305$	0.979	16567.374
$T_{75}=1.406T^{0.887}$	0.980	34886.744

同样地分别对稻田冠层 125 cm 高度处的白天和夜间温度数据进行回归分析，由相关系数可见其推算结果同 75 cm 处温度类似。在如表 5.8 和表 5.9 的四种类型的模型中白天温度以台站温度作为自变量的幂函数推算模型效果最好，精度最高，其为 0.909，其次为二次方程，为 0.888，而另外 2 种拟合方程没有通过显著性为 0.1 的检验；对于夜间的温度则是二元线性方程的拟合效果最好，为 0.989，其次为台站温度作为自变量的二次方程，为 0.988，以台站温度作为自变量的一元线性方程和幂函数的同为 0.987。表 5.11 为 125 cm 处温度昼夜不同拟合方程的比较。

表 5.11 昼夜稻田冠层高度 125 cm 处温度拟合方程的比较

	回归方程	R^2	F
白天	$T_{125}=-0.011T^2+1.608T-7.563$	0.888	4141.929
	$T_{125}=1.041T^{0.995}$	0.909	10413.165
夜间	$T_{125}=0.985T+0.0324\varphi-2.991$	0.989	31343.886
	$T_{125}=0.968T+0.445$	0.987	54379.870
	$T_{125}=-0.003T^2+1.124T-1.356$	0.988	27546.749
	$T_{125}=1.037T^{0.984}$	0.987	54425.735

5.4.5.2 2017 年夜间温度拟合模型的验证

同样利用夜间的验证数据，根据前文的检验方法和所选择的最优温度拟合模型，计算得到夜间稻田中冠层高度 75 cm 处和 125 cm 处的温度推算的平均绝对误差、均方根误差和推算准确率，并对温度的模拟值和实测值做散点图（图 5.24）。与图 5.23 作对比，两处的温度数据变高，均方根误差和绝对平均误差均有明显下降，冠层高度 75 cm 处的温度其均方根误差(RMSE)为 0.395 ℃，绝对平均误差(MAE)为 0.303 ℃；125 cm 处高度温度的均方根误差(RMSE)为 0.222 ℃，绝对平均误差(MAE)为 0.296 ℃，两处温度模拟的绝对误差≤1 ℃的推算准确率分别为 95.402%和 97.701%，≤2 ℃的推算准确率均为 100%，误差有了明显降低。

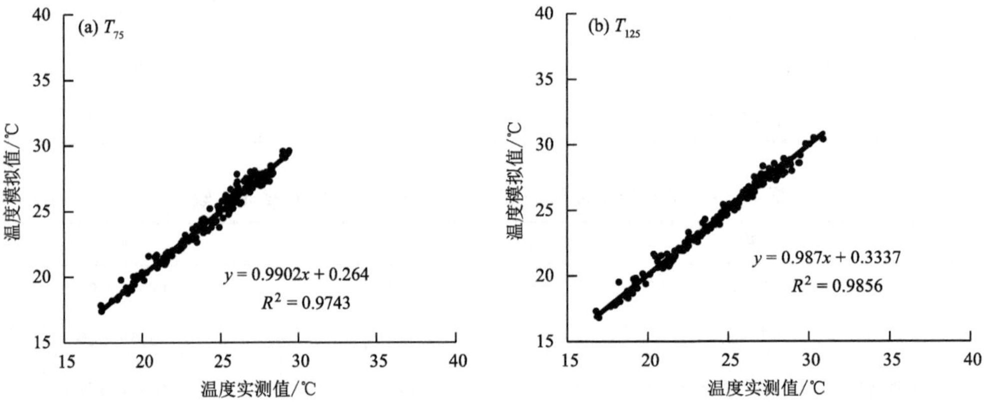

图 5.24 夜间稻田实测温度与模拟温度散点图

5.4.5.3 2017 年白天温度拟合模型的验证

基于验证数据，以及前文检验方法和所选择的幂函数温度模拟模型，可计算白天稻田中冠层高度 75 cm 处和 125 cm 处的温度订正的平均绝对误差、均方根误差和推算准确率，并对温度的模拟值和实测值做散点图（图 5.25），对比图 5.23 可知结果没有显著差异，然而拟合变差了，冠层高度 75 cm 处温度推算的均方根误差(RMSE)为 1.613 ℃，绝对平均误差(MAE)为 1.095 ℃；冠层高度 125 cm 处温度推算的均方根误差(RMSE)为 1.608 ℃，绝对平均误差(MAE)为 1.069 ℃。当把这些白天的温度验证数据再分别代入未区分昼夜的表 5.11 的不同高度的最优温度模拟方程进行同样的检验，然后做散点图（图 5.26），与图 5.25 对比可知均方根误差(RMSE)和绝对平均误差(MAE)均增大,冠层高度 75 cm 处温度的均方根误差(RMSE)为 1.624 ℃,绝对平均误差(MAE)为 1.118 ℃;冠层高度 125 cm 处温度的均方根误差(RMSE)为 1.642 ℃,绝对平均误差(MAE)为 1.149 ℃,这表明区分昼夜后白天温度模拟的误差也是降低的,精度也有提高。对于白天温度的推算,冠层高度 75 cm 处温度模拟的绝对误差≤1 ℃的推算准确率为 63.985%,≤2 ℃的准确率为 78.927%;冠层高度 125 cm 处温度模拟的绝对误差≤1 ℃的推算准确率为 59.771%,≤2 ℃的准确率为 81.226%。

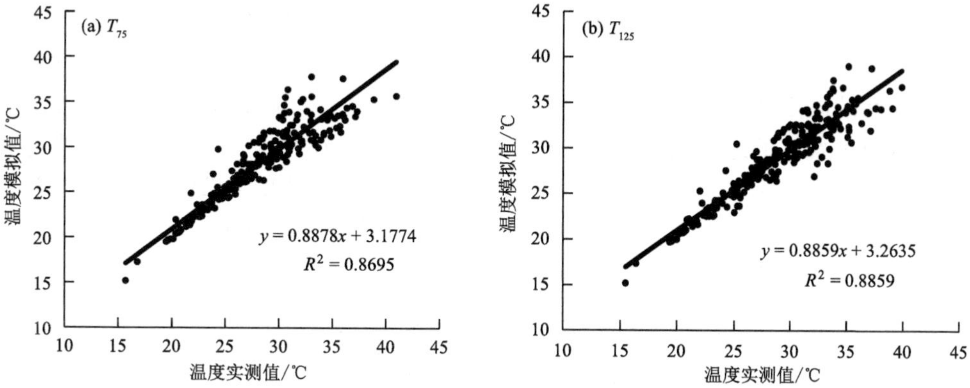

图 5.25 白天夜间稻田实测温度与模拟温度散点图

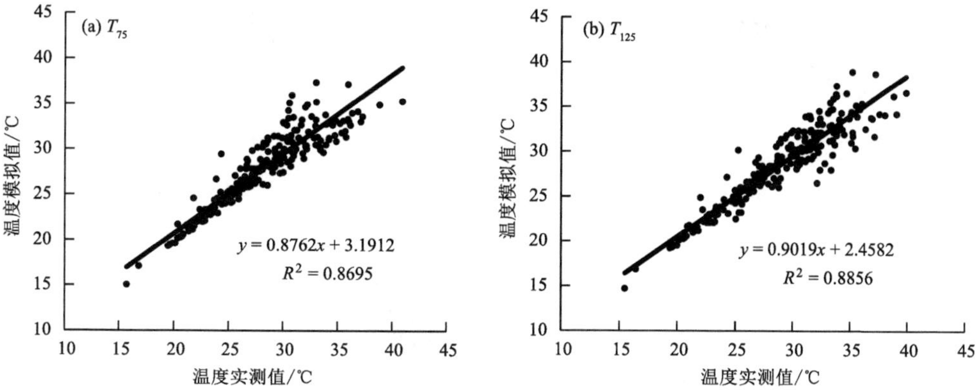

图 5.26 采用表 5.11 最优模型的白天稻田模拟温度与实测温度散点图

5.4.6 2017 年稻田红外温度的推算

同样对 2017 年未区分昼夜的全部数据和区分出昼夜的气象台站温度和稻田红外温度数据做线性回归和曲线拟合分析,挑选出精度最高,效果最好的推算模型,并对回归方程作显著性检验,结果见表 5.12,T 为台站温度,φ 为台站湿度,T_r 为稻田实测红外温度。结果表明,未区分昼夜温度时稻田的红外温度推算模型以台站温度作为自变量的幂函数拟合方程效果最好,精度最高,其为 0.936,区分出昼夜温度后夜间的温度推算模型以加入了台站湿度作为自变量的二元线性模型精度最高,其为 0.976,白天的温度推算模型以幂函数的精度最高,其为 0.910。

表 5.12　2017 年不同条件下稻田红外温度最优拟合方程的比较

	回归方程	R^2	F
全部	$T_r=1.364T^{0.895}$	0.936	25608.827
夜间	$T_r=0.937T+0.064\varphi-3.613$	0.976	14307.444
白天	$T_r=1.682T^{0.834}$	0.910	10546.036

同样按照前文检验方法分别对所选择的温度模拟模型进行检验，分别计算得到不同条件下稻田中红外温度推算的平均绝对误差、均方根误差和推算准确率，并对温度的模拟值和实测值做散点图（图 5.27），未区分昼夜时红外温度的均方根误差（RMSE）为 1.029 ℃，绝对平均误差（MAE）为 0.739 ℃，温度推算的绝对误差≤1 ℃的准确率为 76.552%，≤2 ℃的准确率为 92.414%；夜间的温度数据变高，均方根误差和绝对平均误差均有明显下降，分别为 0.542 ℃和 0.431 ℃，温度推算的绝对误差≤1 ℃的准确率均为 93.678%，≤2 ℃的准确率均为 100%，误差有了明显降低；白天的温度数据由图 5.27c 对比图 5.27a 可知结果没有显著差异，然而拟合变差了，温度模拟的均方根误差（RMSE）为 1.204 ℃，绝对平均误差（MAE）为 0.907 ℃，绝对误差≤1 ℃的推算准确率为 63.602%，≤2 ℃的准确率为 89.655%。

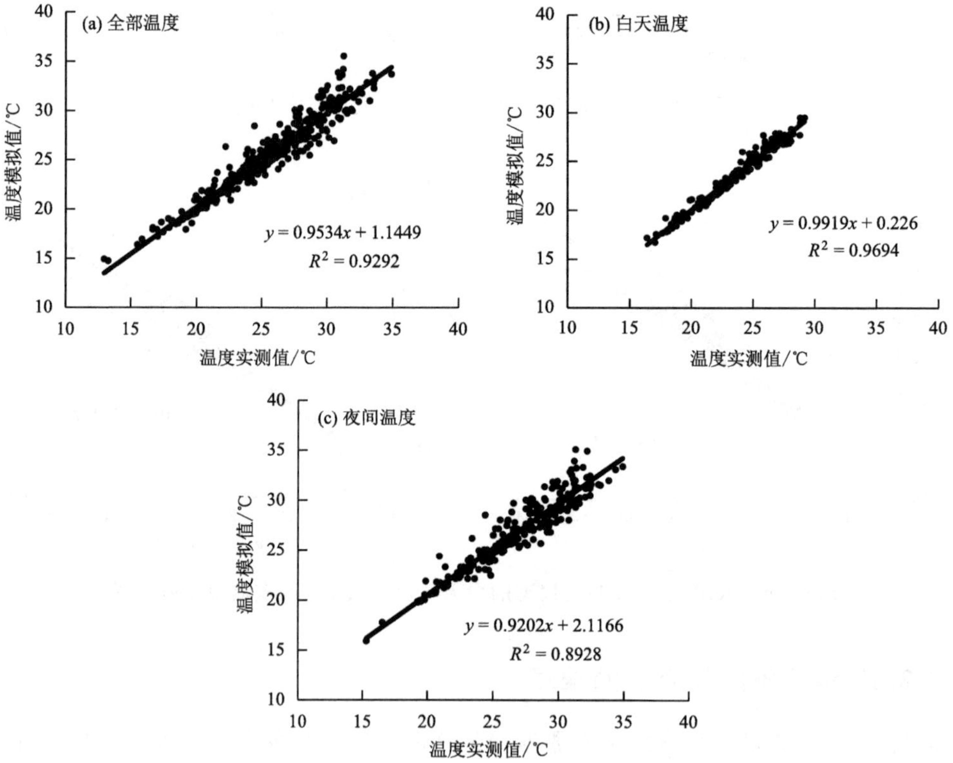

图 5.27　2017 年不同条件下稻田红外实测温度与模拟温度散点图

5.4.7　水稻种植区域提取和红外温度的反演

5.4.7.1　水稻种植区域识别

利用卫星遥感技术对水稻种植区域进行识别和提取比起常规方法具有独特的优势，遥感具有宏观性和综合性，以及时效性和动态性等特点，不仅可以和全球定位系统（Global Positioning System，GPS）相结合准确定位水稻种植区域，还可以与地理信息系统（Geographic Information System，GIS）结合估算水稻种植面积。本研究选用 8 d 合成地表反射率产品 MOD09A1 数据作为水稻种植区域识别主要数据，其空间分辨率为 500 m。

水稻在播种过程中与其他作物一个很大的差别是其在移栽前会先对稻田进行持续灌水，利用卫星遥感识别水稻种植区域的依据正是这一差别。因为水稻生长速度较快，当其冠层生长到覆盖住地面土壤时，水稻的光谱信息在 MODIS 数据上就和其他作物没有明显区别，无法进行识别了，因此，对于水稻种植区域的识别必须在水稻移栽初期进行，此时进行模拟的效果最好。另外，在移栽期对水稻进行识别时会受到水体等其他因素干扰，可以根据地物随时间变化而表现出的差异性在移栽后期的遥感图像中进行去除。

MODIS 的红光波段和近红外波段对植被变化敏感，常用的植被指数（NDVI）和专门针对 MODIS 数据构建的 EVI 指数均涉及这两个波段，且 EVI 指数还同时消除了大气气溶胶和土壤背景的影响（Huete et al.，2002）。研究发现，EVI 指数相比于 NDVI 在生物量较大的地区更不易出现饱和现象，所以 EVI 能够更好地反映生物量较大地区的差异。在有植被存在的情况下，NDVI 普遍高于 EVI，并且当 NDVI<0.7 时，两者基本呈线性相关关系，而当 NDVI>0.7 时，两者散点图趋势出现明显弯曲，呈现出非线性关系，说明此时 NDVI 开始出现饱和状态，此外，利用地表反射率产品计算的 NDVI 受土壤背景影响很大，而 EVI 指数在构建时就考虑到了土壤背景的影响，所以相比于 NDVI 受土壤背景的影响较小（孙华生，2009）。因此，本研究最终采用 EVI 而非 NDVI 的变化特征来识别水稻。由于短波红外波段对水分敏感，可以与近红外波段一起建立对植被水分或土壤湿度敏感的指数 LSWI 来识别水稻移栽期。

安徽全省不同地区的水稻轮作制度和生长发育时期在不同地区有较大差异，移栽期也就不完全统一，对于水稻种植区域识别提取有一定影响。根据 Xiao 等（2006）研究提出的 EVI≤LSWI+0.05 这一公式确定可能的水稻区，同时还需要剔除云、水体等非水稻像元，利用数据中自带 QA 数据集剔除云像元，使用 MCD12Q1 中的水体数据掩膜去除水体像元，并将在水稻生长发育期内 NDVI 指数值始终大于 0.7 的像元作为常绿植被进行掩膜剔除。基于以上数据，确定最终识别水稻区域公式为：

$$\begin{cases} \mathrm{EVI} \leqslant \mathrm{LSWI} + 0.05 \\ 0.5\,\mathrm{EVI_{MAX}} < \mathrm{EVI}_{(T_0-T_{40})} \\ 0.7 < \sim \mathrm{NDVI_{ALL}} \\ \mathrm{MODIS\_QA} \\ \mathrm{MCD12}Q1 \neq \mathrm{water} \end{cases} \tag{5.7}$$

式中，$\mathrm{EVI_{MAX}}$表示像元在水稻生长期内最大 EVI 指数值；$\mathrm{EVI}_{(T_0-T_{40})}$表示水稻移栽期后 40 d 内的 EVI 指数值；$\mathrm{NDVI_{ALL}}$表示研究期所有时相的 NDVI 指数值，～表示取反；MODIS_QA 表示 MODIS 云掩膜；≠MODIS≠water 表示去除水体掩膜。

安徽省主要以种植一季稻为主，水稻高温热害主要发生在一季稻抽穗开花期，晚稻很少受到热害，结合安徽省 2016 年农业气象试验站水稻生育期资料，利用编写好的程序依据大致移栽期提取出安徽省一季稻种植区域，如图 5.28 所示。提取出的 2016 年安徽省水稻种植面积为 222.96 万 hm^2，根据安徽省统计年鉴记录 2016 年全省水稻种植面积为 226.55 万 hm^2，相对偏差为 1.58%。因水稻种植年变化率不超过 5%，故 2017 年的水稻种植面积区域沿用 2016 年数据。

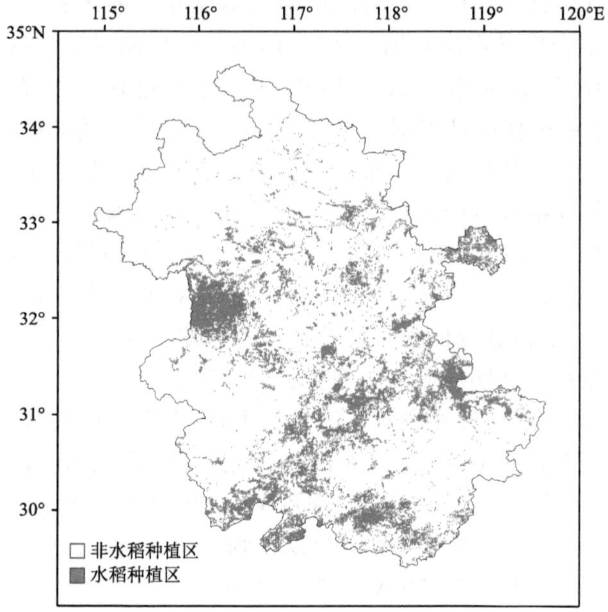

图 5.28　安徽省水稻种植区域提取结果

5.4.7.2　水稻红外温度的反演

本节研究的主要是水稻高温，水稻生长过程中一天中的最高气温出现在 13:00—14:00，故需下载 AQUA 下午星的遥感数据，该卫星每天过境时为当地 13:30 左右。利用 MRT 软件从下载的 MODIS 数据中提取出 LST_Day_1km 以及 Day_view_time 所需波段，然后用 IDL 编写程序分别提取出所需的寿县气象台站点温度数据以及数据获取的时间信息，然后挑选出 2016 年和 2017 年相应时间段的地面稻田红外温度数据分别与之建立两年不同的统计关系，并做散点图(图 5.29)。由图 5.29 可知，两年的温度其相关系数均超过 0.8，相关性较显著，2016 年遥感 LST 温度(地表温度)与水稻红外温度的均方根误差(RMSE)为 1.38 ℃，绝对平均误差(MAE)为 1.23 ℃；2017 年两者间的均方根误差(RMSE)为 1.59 ℃，绝对平均误差(MAE)为 1.38 ℃。

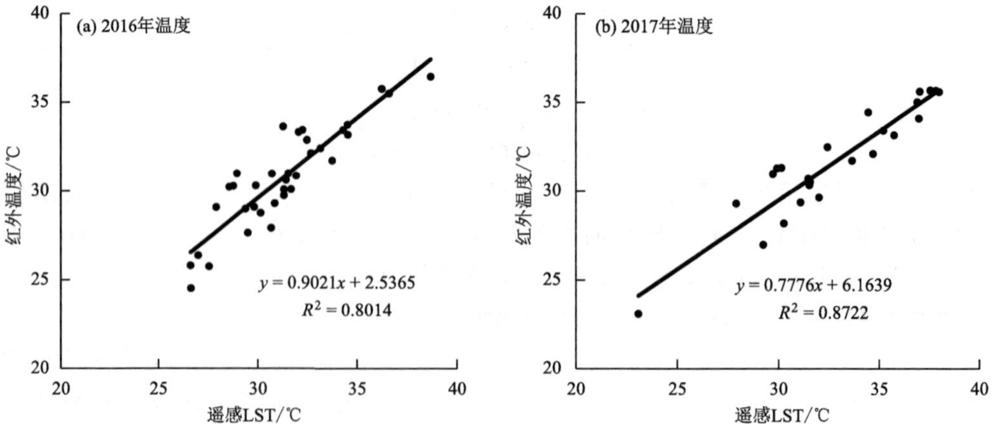

图 5.29　卫星遥感 LST 与地面水稻红外温度散点图

利用 2016 年和 2017 年两年的不同温度拟合分别得到了两年不同的红外温度推算关系式，根据所得关系式，结合下载的 MODIS 数据中所提取的安徽省地表 LST 温度分别推算出安徽省这两年的地面红外温度，如图 5.30 所示，并与前文所提取出的水稻种植区域图像结合分别得到安徽省水稻红外温度的反演结果，如图 5.31 所示。

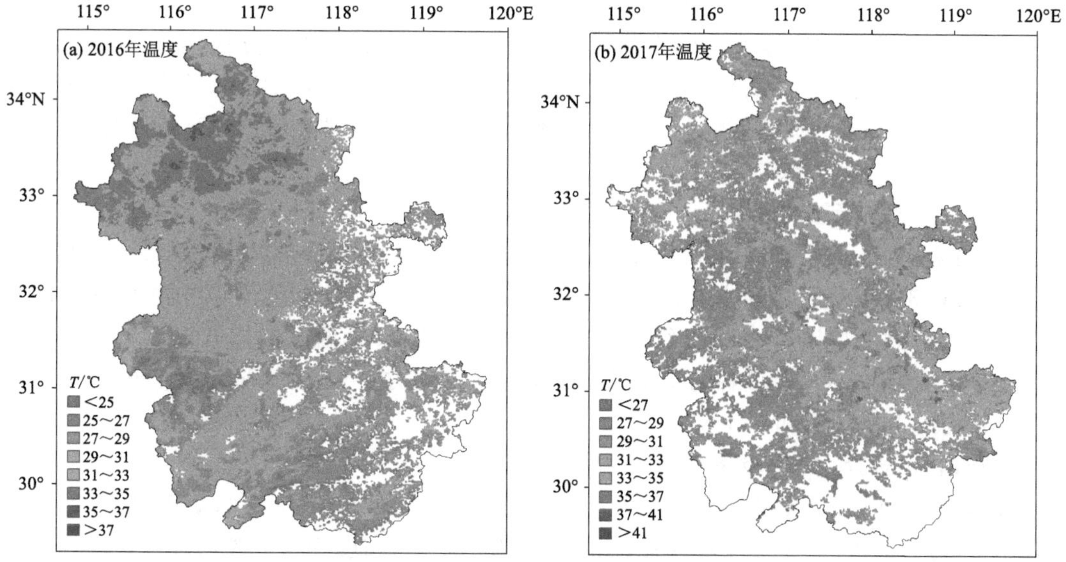

图 5.30 安徽省地面红外温度反演结果

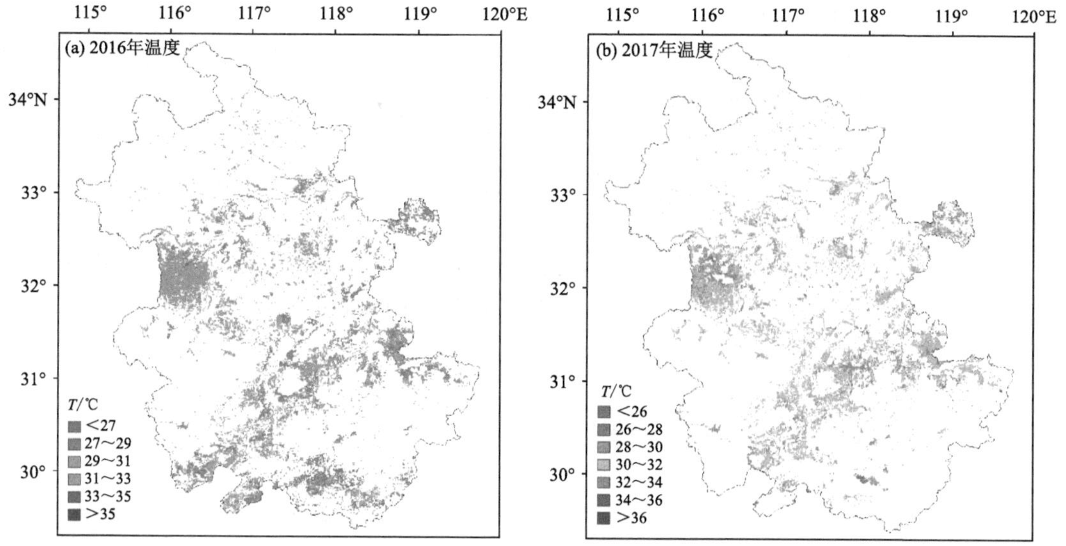

图 5.31 安徽省水稻红外温度反演结果（附彩图）

5.4.8 小结

本节基于夏季水稻生长时期寿县台站和水稻田实测的温度通过多元回归分析当地的台站气温与水稻田气温之间的关系。为了提高拟合精度分成昼夜时段分别进行研究。研究表明，在昼夜不同的天气时段根据相应的温度推算方法利用寿县台站温度可快速计算稻田的温度，且误差有降低。

(1)在夜间，用二元线性回归推算稻田温度精度最高

①2016 年水稻冠层高度 75 cm 处温度推算方程 $T_{75}=1.000T+0.089\varphi-9.566$；50 cm 处温度推算方程 $T_{50}=0.999T+0.0894-9.370$；红外温度的推算方程为 $T_r=1.018T+0.119\varphi-13.057$。用此回归方法推算出的水稻冠层高度 75 cm 处温度的均方根误差(RMSE)为约 0.5 ℃，绝对平均误差(MAE)约为 0.3 ℃；高度 50 cm 处温度的均方根误差(RMSE)约为 0.4 ℃，绝对平均误差(MAE)约为 0.3 ℃；红外温度的均方根误差(RMSE)和绝对平均误差(MAE)分别约为 0.6 ℃和 0.4 ℃。

②2017 年水稻冠层高度 75 cm 处温度推算方程 $T_{75}=0.889T+0.04\varphi-1.558$；125 cm 处温度推算方程 $T_{125}=0.985T+0.0324\varphi-2.991$；红外温度的推算方程为 $T_r=0.937T+0.046\varphi-3.613$。用此回归方法推算出的水稻冠层高度 75 cm 处温度的均方根误差(RMSE)约为 0.4 ℃，绝对平均误差(MAE)约为 0.3 ℃；高度 125 cm 处温度的均方根误(RMSE)约为 0.2 ℃，绝对平均误差(MAE)约为 0.3 ℃；红外温度的均方根误差(RMSE)和绝对平均误差(MAE)分别约为 0.5 ℃和 0.4 ℃。

(2)在白天，选择用幂函数推算稻田温度

①2016 年水稻冠层高度 75 cm 处温度推算方程为 $T_{75}=0.778T^{1.078}$，温度推算均方根误差(RMSE)约为 1.4 ℃，绝对平均误差(MAE)约为 1.1 ℃；高度 50 cm 处温度推算方程为 $T_{50}=0.831T^{1.055}$，推算温度的均方根误差(RMSE)约为 1.3 ℃，绝对平均误差(MAE)约为 1.0 ℃；红外温度推算方程为 $T_r=1.682T^{0.834}$，推算结果的均方根误差(RMSE)约为 1.2 ℃，绝对平均误差(MAE)约为 0.9 ℃。

②2017 年水稻冠层高度 75 cm 处温度推算方程为 $T_{75}=1.141T^{0.961}$，温度推算均方根误差(RMSE)约为 1.6 ℃，绝对平均误差(MAE)约为 1.1 ℃；高度 125 cm 处温度推算方程为 $T_{125}=1.041T^{0.995}$，推算温度的均方根误差(RMSE)约为 1.6 ℃，绝对平均误差(MAE)约为 1.1 ℃；红外温度推算方程为 $T_r=1.682T^{0.834}$，推算结果的均方根误差(RMSE)约为 1.2 ℃，绝对平均误差(MAE)约为 0.9 ℃。

(3)在高温时用遥感 LST 温度反演水稻红外温度，2016 年两种温度均方根误差(RMSE)为约 1.4 ℃，绝对平均误差(MAE)约为 1.2 ℃；2017 年两者间的均方根误差(RMSE)约为 1.6 ℃，绝对平均误差(MAE)约为 1.4 ℃。

5.5 温度推算在水稻高温热害上的应用

水稻高温热害研究的一个重要问题就是对高温热害指标问题的研究，即对水稻生长环境温度的研究，研究表明(岳伟 等，2009；郑建初 等，2015；王强 等，2017)水稻高温热害是由水稻所处环境温度过高引起的，气象站的百叶箱温度显然并不等同于水稻所处环境温度，大部分时候两个温度差距还是比较显著的。

本研究的研究对象是水稻，水稻是我国三大主粮之一，水稻的旺盛生长时期正值夏季，常遭遇高温天气而受害，为水稻生产的主要农业气象灾害之一。为了及时掌握稻田高温热害的发生状况，以利于迅速采取应对措施以避免或减轻损失，本节提出了用台站气温推算稻田温度

进而评判高温热害的思路和方法。在当年的高温时段对前文的推算方法进行了试用，研究发现推算温度均比台站温度更接近稻田实测温度，依据推算温度判断的水稻高温热害情况也比利用台站温度判断的更符合稻田实际受害的情况，表明本方法在水稻高温热害的判断应用上很有必要，具有较好的推广价值和应用前景。

5.5.1 高温条件下的推算及分析

通常以日最高气温≥35 ℃或日平均气温≥30 ℃来定义高温天气，2016 年寿县夏季 7 月 25 日—8 月 1 日、8 月 11—19 日有两段高温时段，2017 寿县夏季有 7 月 15—28 日和 8 月 5—7 日两段高温时段。利用高温时段数据进行推算模型的效果分析，把数据也分成白天和黑夜两部分，分别代入上面选出的相对应的最优模型进行验证。

5.5.1.1 2016 年高温条件下的推算及分析

以夜间温度的模拟值和实测值构建散点图(图 5.32)，稻田冠层高度 75 cm 处温度推算的均方根误差(RMSE)为 0.285 ℃，绝对平均误差(MAE)为 0.212 ℃；冠层高度 50 cm 处温度的均方根误差(RMSE)为 0.291 ℃，绝对平均误差(MAE)为 0.232 ℃，两处温度模拟的绝对误差≤1 ℃的准确率均达到很高，为 99.346%。

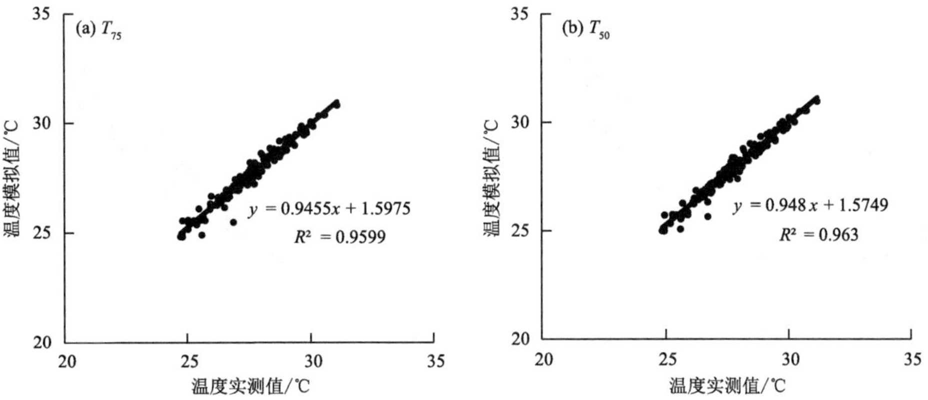

图 5.32 2016 年高温期间夜间稻田实测温度与模拟温度散点图

同样，对白天温度模拟并与实测值构建散点图(图 5.33)，验证结果表明，冠层高度 75 cm 处温度模拟的均方根误差(RMSE)为 1.345 ℃，绝对平均误差(MAE)为 1.127 ℃，温度绝对误差≤1 ℃的推算准确率为 47.843%，绝对误差≤2 ℃的准确率为 84.706%；冠层高度 50 cm 处温度的均方根误差(RMSE)为 1.246 ℃，绝对平均误差(MAE)为 1.040 ℃，绝对误差≤1 ℃的推算准确率为 53.726%，绝对误差≤2 ℃的推算准确率为 88.236%。

根据图 5.33 所得到的结果，气温推算的绝对误差≤2 ℃(≤1 ℃)的准确率高于 60%(40%)，这对于气温预报来说是可以接受的结果(李国翠 等，2009)，但对于田间温度的推算来说并不算很高，因此在高温条件下也可考虑直接采用台站温度和稻田实测温度做散点图(图 5.34)得到直线拟合方程，利用该拟合方程推算相应的温度，求出温度模拟值与实测值在冠层高度 75 cm 处的均方根误差(RMSE)为 1.282 ℃，绝对平均误差(MAE)为 1.026 ℃，绝对误差≤1 ℃的推算准确率为 56.471%，绝对误差≤2 ℃的推算准确率为 85.490%；在冠层高度

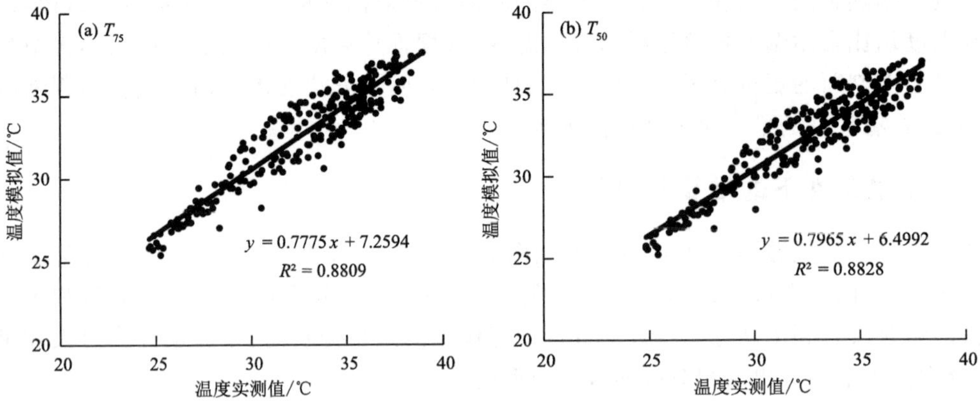

图 5.33　2016 年高温期间白天稻田实测温度与模拟温度散点图

50 cm 处的均方根误差(RMSE)为 1.201 ℃,绝对平均误差(MAE)为 0.973 ℃,绝对误差≤1 ℃的推算准确率为 57.647%,绝对误差≤2 ℃的推算准确率为 90.588%,与图 5.33 相比模拟的误差降低,准确率有所提高,因此,在台站温度到达一定高温时也可以直接采用该计算模型推算稻田冠层温度。

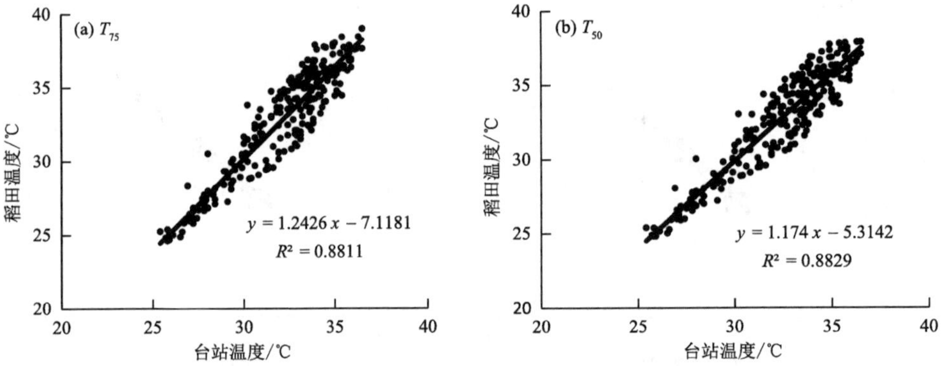

图 5.34　2016 年高温期间白天台站温度与稻田实测温度散点图

5.5.1.2　2017 年高温条件下的推算及分析

同样,以夜间温度的模拟值和实测值构建散点图(图 5.35),稻田冠层高度 75 cm 处温度模拟的均方根误差(RMSE)为 0.378 ℃,绝对平均误差(MAE)为 0.289 ℃;冠层高度 125 cm 处温度模拟的均方根误差(RMSE)为 0.325 ℃,绝对平均误差(MAE)为 0.249 ℃,两处温度模拟的绝对误差≤1 ℃的准确率均达到很高,分别为 98.765%和 100%。

对白天温度进行推算并与实测值构建散点图(图 5.36),结果表明冠层高度 75 cm 处温度模拟的均方根误差(RMSE)为 1.134 ℃,绝对平均误差(MAE)为 1.352 ℃,推算绝对误差≤1 ℃的准确率为 48.235%,绝对误差≤2 ℃的准确率为 85.098%;冠层高度 125 cm 处温度模拟的均方根误差(RMSE)为 1.247 ℃,绝对平均误差(MAE)为 1.045 ℃,温度推算绝对误差≤1 ℃的准确率为 53.333%,绝对误差≤2 ℃的准确率为 89.019%。

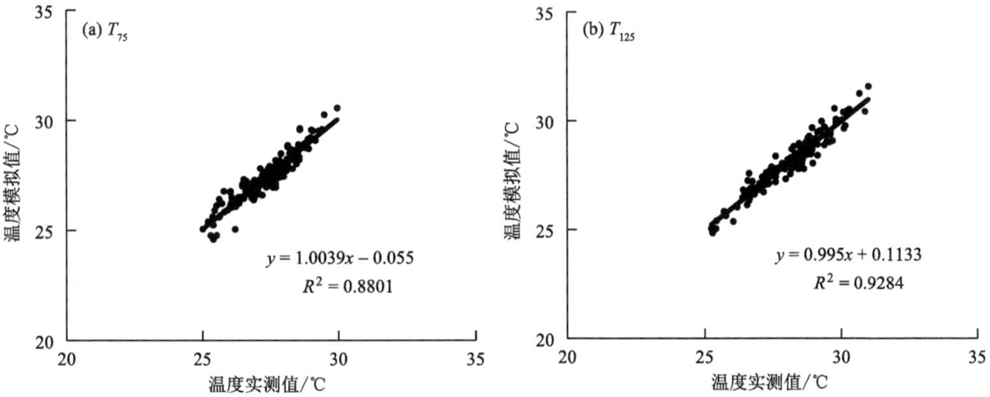

图 5.35 2017 年高温期间夜间稻田实测温度与模拟温度散点图

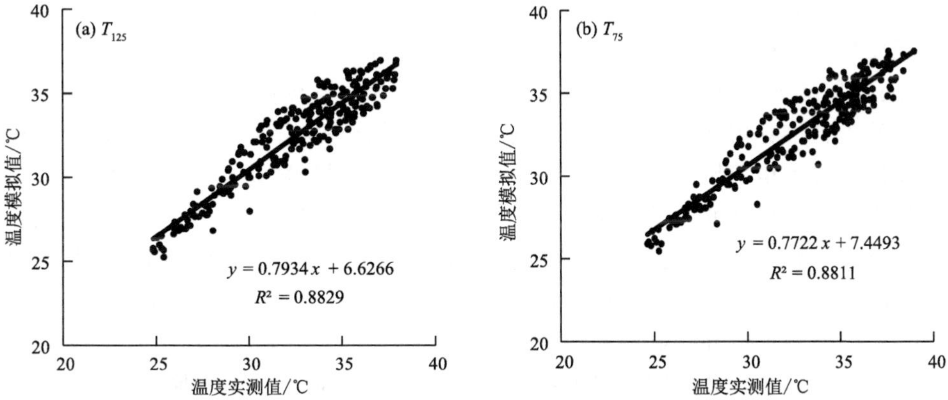

图 5.36 2017 年高温期间白天稻田实测温度与模拟温度散点图

5.5.2 温度推算在水稻高温热害上的应用

水稻抽穗开花和灌浆期是水稻产量形成的关键时期，尤其抽穗开花期对温度等环境因素最敏感，可能会通过影响颖花发育、花粉育性、柱头活性和干物质转运，而直接导致花粉败育和子房受精受阻，结实率下降。正常情况下花粉寿命只有 5 min 左右，高温下花粉寿命大大减少，持续 5 min 43 ℃的高温就可将籼稻花粉完全杀死(王才林 等，2004)。目前在判断水稻高温热害或其他农业气象灾害时往往只能利用气象站温度而非作物环境温度，气象台站测定的标准温度为 1.5 m 高度百叶箱内部温度，而大量研究表明，水稻高温热害是由水稻所处环境温度过高引起，气象站的百叶箱温度显然并不等同于水稻所处环境温度，大部分时间两个温度差距还是比较显著的。在水稻生长后期，试验田水稻的功能叶片基本以 75 cm 高度为中心上下分布，故选该处温度代表稻田冠层温度，以其判断是否达到高温热害的标准，而水稻高度 50 cm 处的温度为稻田中部温度，125 cm 处的温度为稻田高处温度。

根据中华人民共和国农业部 2016 年发布的《水稻高温热害鉴定与分级》行业标准，江淮地区一季稻开花、灌浆期高温热害指标为连续 3 d 日最高气温 $T_{max} \geqslant 35$ ℃或日平均气温 $T_{ave} \geqslant 30$ ℃，并且每天高温持续时间≥5 h，从水稻生育期、连续日数、温度指标 3 个方面进行了界定。对 2016

年寿县台站气温先仅依据温度指标进行筛选，选出的达到指标的天气时段分别为7月25—26日、7月28—30日、8月13—19日，再考虑连续3 d的要求，则只有7月28—30日达到高温热害的标准，而再考虑发育期，则由台站数据判断2016年并没有水稻的高温热害。

对同步的稻田75 cm高度处温度同样先仅依据温度要求进行筛选，得到7月25日—8月1日、8月11—19日两段达到温度指标要求的高温天气，再考虑连续3 d的要求，此两段高温也符合要求形成高温热害天气，而再考虑发育期，因2016年8月11—19日时间段正值该年水稻抽穗开花期，因此判断2016年从8月11—19日发生了水稻高温热害。而2017年的水稻抽穗开花期没有和高温相遇，此处省略温度的推算过程。气象台站数据和稻田实测数据两种不同温度数据在水稻高温热害的判断上产生了明显的分歧，当然应该以稻田冠层气温的结果为准，因为稻田冠层气温反映的是水稻所处环境真实的温度，而台站气温是1.5 m高度的百叶箱内部气温。寿县气象局对此次高温热害的农业气象灾害记录了水稻受害的症状：水稻抽穗受阻，有60%稻穗出现小穗退化变白现象，退化的小穗占整穗的8%，由此判断高温热害减产应为4.8%，这个结果也显示出高温热害的程度与稻田实测温度反映的状况比较一致，也说明利用稻田温度判断水稻受害情况比直接用台站温度更好。

然而，通常情况下，可以获取的是气象台站的气温观测资料，并非同步的田间温度资料，则应该利用台站资料推算田间温度。将高温时段台站温度分别代入由图5.36所选出的相对应的最优模型计算得到稻田推算温度，表5.13为2016年水稻抽穗开花期间台站温度、稻田实测温度和最优模型推算温度的比较。从表5.13可知，无论是水稻冠层高度75 cm处或是50 cm处，用方程拟合后的推算温度均比台站温度更接近稻田实测温度，当然利用推算温度判断高温热害的发生状况也比利用台站温度更好，相比较前者更符合稻田的实际情况，表明该温度推算方法具有一定的使用价值和较好的利用前景。

表5.13 2016年水稻抽穗开花期间台站温度，稻田实测温度和最优模型推算温度的比较 单位：℃

日期	台站		实测值				推算值			
			冠层高度75 cm处		冠层高度50 cm处		冠层高度75 cm处		冠层高度50 cm处	
	平均温度	最高温度	平均温度	最高温度	平均温度	最高温度	平均温度	最高温度	平均温度	最高温度
8月11日	30.2	33.9	30.3	37.9	30.1	36.9	30.0	35.0	29.8	34.5
8月12日	30.1	33.9	29.8	36.0	29.6	35.7	29.8	35.0	29.6	34.5
8月13日	31.0	35.0	31.1	38.0	30.7	36.9	30.7	36.4	30.6	35.8
8月14日	30.9	34.6	30.3	36.5	30.2	36.1	30.6	35.9	30.4	35.3
8月15日	30.0	34.3	29.6	35.9	29.4	35.3	29.6	35.5	29.4	35.0
8月16日	29.7	33.6	29.2	35.1	29.1	34.4	29.4	34.6	29.3	34.1
8月17日	29.8	33.6	29.4	36.0	29.2	35.4	29.4	34.6	29.3	34.1
8月18日	29.7	34.4	29.6	36.8	29.5	36.2	29.2	35.6	29.1	35.1
8月19日	31.4	36.0	31.0	37.6	30.8	36.4	31.4	37.6	31.2	36.9

5.5.3 小结

当水稻的环境温度或叶温而并非气象站的百叶箱所记录的温度达到一定高温时，水稻就发生了高温热害，利用高温时段的台站资料推算田间温度及时预测水稻是否发生高温热害。

(1)2016年根据高温天气指标筛选出高温天气代入所选的温度推算模型进行检验，得到在高温条件下夜间两处温度模拟的绝对误差≤1 ℃的推算准确率均为99.346%，白天水稻冠层高度75 cm处温度推算的绝对误差≤1 ℃的推算为47.843%，绝对误差≤2 ℃的准确率为84.706%；50 cm高处温度推算的绝对误差≤1 ℃的准确率为53.726%，绝对误差≤2 ℃的准确率为88.236%。

(2)2017年同样根据指标筛选出高温天气代入所选的温度推算模型进行检验，得到在高温条件下夜间75 cm和125 cm处温度模拟的绝对误差≤1 ℃的准确率分别为98.765%和100%，白天75 cm处温度推算绝对误差≤1 ℃的准确率为48.235%，绝对误差≤2 ℃的准确率为85.098%；冠层高度125 cm处温度推算的绝对误差≤1 ℃的准确率为53.333%，绝对误差≤2 ℃的准确率为89.019%，总体来说推算效果较为准确。

(3)将水稻抽穗开花期的台站温度代入所选择的相应模型得到的推算温度均比原台站温度更接近稻田实测温度，根据2016年8月11—19日水稻高温热害发生期的推算结果显示：无论是冠层高度75 cm处或是50 cm处，用方程拟合后的推算温度均比台站温度更接近稻田的实测温度，表明该温度推算方法可适用于高温热害判断，该判断与寿县气象局高温热害的农业气象灾害记录实况比较一致，也说明用推算温度比直接用台站温度更好，可用于水稻高温热害的及时判断，便于采取相应措施来预防和减轻高温热害的不利影响。

(4)比较而言，2016年用台站气温推算水稻田冠层高度50 cm处的温度比75 cm处温度的精度更高一些，2017年使用台站气温推算水稻田高度125 cm处的温度比75 cm处温度的精度更高一些，本节使用的稻田温度资料中冠层高度50 cm处的温度总体来说要比75 cm处的温度低，但是比较稳定。在水稻生长后期，株高变动不大，试验田水稻的功能叶片基本以75 cm高度为中心上下分布。冠层温度是由冠层的热量平衡决定的：主要是感热通量、潜热通量(ET)、净辐射、土壤热通量决定的，所有的气象因子和土壤水分都会影响冠层温度，而相对于冠层中部处于冠层上部为植物的活动面，这些因素的变化会更大而不稳定。

5.6 结论

本节分析了水稻田实测的不同层次温度的变化规律，研究了高温条件下不同降温处理对水稻生长的影响，提出了用台站气温推算稻田冠层温度以及利用卫星遥感数据反演水稻红外温度进而评判高温热害的思路和方法。利用寿县气象站2016年7—10月和2017年6—9月的台站气象数据和同步水稻田间温度数据，通过多元回归分析分别建立昼夜时段台站与稻田冠层温度和红外温度的模拟关系式，选出最优推算方法并进行检验，结果表明模拟效果总体较好，并利用下载的寿县过境AQUA卫星白天LST温度与同时段地面实测水稻红外温度建立统计关系进行红外温度反演。在当年的高温时段对推算方法进行了试用，研究发现推算温度均比台站温度更接近稻田实测温度，依据推算温度判断的水稻高温热害情况也比利用台站温度的判断更符合稻田实际受害的情况，表明本方法在水稻高温热害的判断的应用上很有必要，具有一定的推广价值和应用前景。主要结果分为以下几个方面：

(1)稻田不同高度的温度大小不一样，总体分析表明，稻田冠层所测温度偏高，土壤温度值偏低，与稻田75 cm处冠层的温度值平均相差3～4 ℃，地面水层温度和红外温度值介于两者之间，与75 cm处冠层温度差均值约为1 ℃。试验田所在的气象台站记录的温度最接近于稻田实测的地面温度。

(2)高温期间对水稻进行不同的降温处理能有效缓解水稻高温热害,其中对水稻做喷淋处理效果最好,喷水相比喷肥效果更好,其次为灌水处理,处理过的水稻田块长势以及产量结构均优于未处理水稻,水稻显著增产。由于喷淋主要影响了水稻冠层温度,灌水主要影响地面10 cm左右的水层温度,而在水稻其他生长条件保持一致的前提下,做喷淋处理比灌水处理的水稻生长情况要更好一些,说明水稻自身生长环境温度的高低密切影响水稻生长发育,冠层温度与水稻长势和产量关系密切。

(3)为了提高温度推算的精度,对温度数据区分昼夜分别进行研究。研究表明,在昼夜不同的天气时段根据相应的温度推算方法利用寿县台站温度可快速计算稻田的冠层温度和红外温度,且误差有降低。在夜间,用以台站温度和台站湿度为自变量的二元线性回归推算稻田温度精度最高,在白天,用以台站温度为自变量的幂函数推算稻田温度精度最高。

(4)将水稻抽穗开花期的台站温度代入所拟合出的最优模型得到的推算温度均比原台站温度更接近稻田实测温度。2016年8月11—19日水稻高温热害发生期的推算结果显示,用方程拟合后的推算温度均比台站温度更接近稻田的实测温度。该温度推算方法适用于水稻高温热害的判断,且判断结果与寿县气象局高温热害的农业气象灾害记录实况比较一致,也说明利用推算温度比直接用台站温度更好。

参考文献

安徽省统计局,2017. 安徽统计年鉴[M]. 北京:中国统计出版社.

包云轩,刘维,高苹,等,2011. 基于两种指标的江苏省水稻高温热害发生规律的研究[C]// 2011年第二十八届中国气象学会年会. 厦门:中国气象学会.

曹云英,段骅,杨立年,等,2008. 减数分裂期高温胁迫对耐热性不同水稻品种产量的影响及其生理原因[J]. 作物学报,34(12):2134-2142.

陈琛,2016. 淮河流域农田生态系统能量平衡与闭合研究[D]. 合肥:安徽农业大学.

陈金华,岳伟,杨太明,2011. 水稻叶温与气象条件的关系研究[J]. 中国农学通报,27(12):19-23.

陈旭,蒋晓英,雷开荣,等,2008. 水稻耐高温研究进展[J]. 安徽农业科学,36(33):14468-14470,14484.

陈伟,米孝惟,杨胜利,等,2015. 最小二乘法对乡镇预报温度订正研究[J]. 现代农业科技,22:335-336.

程旺大,赵国平,姚海根,等,2001. 冠层温度在水稻抗旱性基因型筛选中的应用及其测定技术[J]. 植物学通报,18(1):70-75.

褚荣浩,申双和,李萌,等,2015. 安徽省中季稻生育期高温热害发生规律分析[J]. 中国农业气象(4):506-512.

崔新菊,赵奇,尤明山,等,2010. 不同灌溉条件下冬小麦灌浆期冠层温度与产量相关性分析[J]. 作物杂志,06:51-54.

樊廷录,宋尚有,徐银萍,等,2007. 旱地冬小麦灌浆期冠层温度与产量和水分利用效率的关系[J]. 生态学报,11:4491-4497.

方精云,朱江玲,王少鹏,等,2011. 全球变暖、碳排放及不确定性[J]. 中国科学:地球科学,41:1385-1395.

方精云,朱江玲,石岳,2018. 生态系统对全球变暖的响应[J]. 科学通报,63(2):136-140.

黄英金,张宏玉,郭进耀,等,2004. 水稻耐高温逼熟的生理机制及育种应用研究初报[J]. 科学技术与工程,4(8):655-658.

姜会飞,廖树华,叶尔克江,等,2004. 地面温度与气温关系的统计分析[J]. 中国农业气象,25(3):1-4.

李超,刘厚通,迟如利,等,2009. 草地下垫面地表温度与近地面气温的对比研究[J]. 光学技术,35(4):635-639.

李国翠,连志鸾,赵彦厂,等,2009. 石家庄温度预报检验及影响因子分析[J]. 气象与环境学报,25(1):

15-18.
李莉，李应林，田华，等，2011. T213 全球集合预报系统性误差订正研究[J]. 气象，37(1)：31-38.
李孟伟，王海洋，李石，等，2015. 辽宁省西丰县级乡镇最高最低温度订正预报[J]. 北京农业(28)：166-167.
李萍萍，程高峰，张佳华，等，2010. 高温对水稻抽穗扬花期生理特性的影响[J]. 江苏大学学报(自然科学版)，31(2)：126-130.
李若楠，米雷，吴佳丽，等，2015. 基于差值方法的乡镇温度订正预报研究[J]. 新农业(19)：6-10.
李太贵，沈液，1995. 水稻品种开花期抗热性鉴定研究[J]. 作物品种资源(1)：34-35.
李向阳，朱云集，郭天财，2004. 不同小麦基因型灌浆期冠层和叶面温度与产量和品质关系的初步分析[J]. 麦类作物学报，2：88-91.
李有宏，韦淑侠，贾红莉，等，2016. 青海省冬季最低气温订正方法研究[J]. 青海农林科技，2：15-19.
刘瑞文，董振国，1993. 冠层温度和气温的差与冬小麦生长的关系[J]. 生态学报，13(4)：377-379.
邱学兴，王东勇，陈宝峰，等，2012. T369 模式预报系统误差统计和订正方法研究[J]. 气象，38(5)：526-532.
任宏利，丑纪范，2007. 数值模式的预报策略和方法研究进展[J]. 地球科学进展，22：376-385.
森谷国男，1992. 水稻高温胁迫抗性遗传育种研究概况[J]. 杂交水稻(1)：47-48.
盛婧，陶红娟，陈留根，2007. 灌浆结实期不同时段温度对水稻结实与稻米品质的影响[J]. 中国水稻科学，21(4)：396-402.
盛裴轩，毛节泰，李建国，等，2003. 大气物理学[M]. 北京：北京大学出版社：122-154.
史培华，2014. 花后高温对水稻生长发育及产量形成影响的研究[D]. 南京：南京农业大学.
宋超辉，孙安健，1995. 非均一性气温气候序列订正方法的研究[J]. 高原气象，14(2)：215-220.
孙华生，2009. 利用多时相 MODIS 数据提取中国水稻种植面积和长势信息[D]. 杭州：浙江大学.
汤日圣，郑建初，张大栋，等，2006. 高温对不同水稻品种花粉活力及籽粒结石的影响[J]. 江苏农业学报，22(4)：369-373.
田俊，聂秋生，崔海建，2013. 早稻乳熟初期高温热害气象指标实验研究[J]. 中国农业气象，34(6)：710-714.
王才林，仲维功，2004. 高温对水稻结实率的影响及其防御对策[J]. 江苏农业科学(1)：15-18.
王前和，潘俊辉，李晏斌，等，2004. 武汉地区中稻大面积空壳形成的原因及防止途径[J]. 湖北农业科学(1)：27-30.
王强，陈雷，张晓丽，等，2017. 水稻生殖生长阶段不同时期高温热害对产量损失的影响[J]. 中国稻米，23(4)：78-80.
吴琼，2009. 淮河流域农田近地层湍流通量特征研究[D]. 合肥：安徽农业大学.
吴振玲，张楠，徐姝，等，2014. 基于天津局地小气候分区的精细化气温订正预报方法[J]. 安徽农业科学，42(19)：6304-6308.
肖世和，阎长生，张秀英，等，2000. 冬小麦热灌浆与气—冠温差的关系[J]. 作物学报，26(6)：972-974.
谢晓金，李秉柏，申双和，等，2009. 高温胁迫对扬稻 6 号剑叶生理特性的影响[J]. 中国农业气象，30(1)：84-87.
许为钢，胡琳，盖钧镒，1999. 小麦耐热性研究[J]. 华北农学报，14(2)：1-5.
徐银萍，宋尚有，樊廷录，等，2007. 旱地冬小麦灌装期冠层温度与产量设水分利用效率的关系[J]. 麦类作物学报，27(3)：528-532.
徐云碧，石春海，申宗坦，1989. 热害对早稻结实率的影响[J]. 浙江农业科学(2)：51-54.
薛志磊，张书余，2012. 气温预报方法研究及其应用进展综述[J]. 干旱气象，30(3)：451-458.
闫浩亮，潘幸福，陈建珍，等，2015. 田间高温严重降低杂交水稻制种的异交结实[J]. 中国水稻科学，29(1)：106-110.

杨炳玉，申双和，陶苏林，等，2012. 江西省水稻高温热害发生规律研究[J]. 中国农业气象，33(4)：615-622.

杨太明，陈金华，2007. 江淮之间夏季高温热害对水稻生长的影响[J]. 安徽农业科学，35(27)：8530-8531.

岳伟，马晓群，2009. 高温对安徽省水稻汕优 63 结实率、千粒重的影响分析[J]. 中国农学通报，25(18)：399-402.

张桂莲，陈立云，雷东阳，等，2005. 水稻耐热性研究进展[J]. 杂交水稻，20(1)：1-5.

赵海燕，姚凤梅，张勇，等，2006. 长江中下游水稻开花灌浆期气象要素与结实率和粒重的相关性分析[J]. 中国农业科学，39(9)：1765-1771.

张敏，张荣霞，王新燕，2005. 聊城市地面温度与气温的相关分析[J]. 山东气象，25(4)：19-20.

郑建初，张彬，陈留根，等，2015. 抽穗期高温对水稻产量构成要素和稻米品质的影响及其基因型差异[J]. 江苏农业学报，21(4)：249-254.

周继先，聂云，2016. 思南县各乡镇气温分析及气温预报订正方法研究[J]. 贵州气象，40(1)：30-34.

朱长乐，王景权，朱学才，2016. 寿县 24 节气气候特征分析[J]. 现代农业科技(5)：250-252.

祝叶华，2017. 全球变暖被预测进一步加重[J]. 科技导报，35(24)：9.

AN Y, WAN S, ZHOU X, et al, 2005. Plant nitrogen concentration, use efficiency, and contents in a tall-grass prairie ecosystem under experimental warming[J]. Glob Change Biol, 11: 1733-1744.

BALOTA M, PAYNE W A, EVETT S R, et al, 2008. Morphological and physiological traits associated with canopy temperature depression in three closely related wheat lines[J]. Crop Science, 48: 1897-1910.

BAZZAZ F A, 1990. The response of natural ecosystems to the rising global CO_2 levels[J]. Annu Rev Ecol Syst, 21: 167-196.

CHAPIN Ⅲ F S, ZAVALETA E S, EVINER V T, et al, 2000. Consequences of changing biodiversity[J]. Nature, 405: 2034-2042.

CHEN L F, HE Z B, DU J, et al, 2016. Patterns and environmental controls of soil organic carbon and total nitrogen in alpine ecosystems of northwestern China[J]. Catena, 137: 37-43.

FANG J, KATO T, GUO Z, et al, 2014. Evidence for environmentally enhanced forest growth[J]. Proc Natl Acad Sci USA, 111: 9527-9532.

GATES D M, 1993. Climate Change and Its Biological Consequences [M]. Sunderland: Sinauer Associates, Inc.

GAUTAM A, SAI PRASAD SV, JAJOO A, et al, 2015. Canopy temperature as a selection parameter for grain yield and its components in durum wheat under terminal heat stress in late sownconditions[J]. Agricultural Ressrach, 4(3): 238-244.

GOTTFRIED M, PAULI H, FUTSCHIK A, et al, 2012. Continent-wide response of mountain vegetation to climate change[J]. Nat Clim Change, 2: 111-115.

HAMANN A, WANG T, 2006. Potential effects of climate change on ecosystem and tree species distribution in British Columbia[J]. Ecology, 87: 2773-2786.

HUDSON J, HENDRY G, CORWELL W, 2011. Taller and larger: Shifts in Arctic tundra leaf traits after 16 years of experimental warming[J]. Glob Change Biol, 17: 1013-1021.

HUETE A, DIDAN K, MIURA T, et al, 2002. Overview of the radiometric and biophysical performance of the MODIS vegetation indices[J]. Remoting Sensing of Environment, 83(1-2): 195-213.

IPCC, 2013. Summary for Policymakers/Climate Change 2013: The physical science basis[M]. In: Contribution of Working Group I to the Fifth Assessment Report of the Intergovernmental Panel on Climate Change. Cambridge: Cambridge University Press.

KLEIN W H, GLAHN H R, 1974. Foreacasting local weather by means of model output statistics[J]. Bulletin of the American Meteorological Society,55:1217-1227.

MACKIIL D J, COWMAN W R, RUTGER J N, 1982. Pollen shedding and combining Ability for high temperature tolerance in rice[J]. Crop Science,22:730-733.

MORTTA S, YONEMARU J, TAKANASHI J, 2005. Grain growth and endosperm cell size under high night temperature in rice (Oryza sativa L.)[J]. Annals of Botany,95:695-701.

NIU S, SHERRY R A, ZHOU X, et al, 2010. Nitrogen regulation of the climate-carbon feedback: Evidence from a long-term global change experiment[J]. Ecology, 91: 3261-3273.

OTEGUI M E, ANDRADE F H, SUERO E E, 1995. Growth, water use, and kernel abortion of maize subjected to drought at silking[J]. Field Crops Research,40:87-94.

PIAO S L, FANG J Y, ZHOU L M, et al, 2006. Variations in satellite-derived phenology in China's temperate vegetation[J]. Glob Change Biol, 12: 672-685.

PRASD P V V -V, BOOTE K J, ALEN L H, et al, 2005. Species, ecotype andcultivar diferences in spikelet fertility and harvest index of rice inresponse to high temperature stress[J]. Field Crops Research, 95: 98-411.

PRATA A J, 1993. Land surface temperature derived from the AVHRR and the ATSR, Part1 theory [J]. Journal of Geophysical Research,98:16689-16702.

PRIHODKO L, GOWARD S N, 1997. Estimation of air temperature from remotely sensed surface observations[J]. Remote Sensing of Environment,60(3):335-346.

RAJENDRAN S, RAJU B, MAHENDRAN R,et al, 2016. Capturing heat stress inducedvariability in spikelet sterility using panicle, leaf and air temperature under field conditions[J]. Field Crops Research,190: 10-17.

SCHEMM J E, FALLER A J, 1986. Statistical correation to numerical prediction[J]. Part IV. Monthly Weather Review,114:2402-2417.

SINGER S F, 2008. Nature, Not Human Activity, Rules the Climate: Summary for Policy Makers of the Report of the Nongovernmental Interna-tional Panel on Climate Change[M]. Chicago: The Heartland Institute.

TU Q P, WENG D M,1978. The discussion on the adjusting method of super-short series of meteorological materials [J]. Journal of Nan-jing Institutemeteorology(1):59-67.

TU Q P , WANG J D, DING Y G, et al, 1984. Probability Statistics of Meteorology Application [M]. Beijing: China Meteorological Press.

WALTHER G R, POST E, CONVEY P, et al, 2002. Ecological responses to recent climate change[J]. Nature, 416: 389-395.

WENG D M, LUO Z X,1990. Topographical Climate In Mountainous Areas [M]. Beijing: China Meteorological Press.

WITTMER M H, AUERSWALK K, BAI Y, et al, 2010. Changes in the abundance of C3/C4 species of Inner Mongolia grassland: Evidence from isotopic composition of soil and vegetation[J]. Glob Change Biol, 16: 605-616.

XIAO X M, BOLES S, FROLKING S, et al, 2006. Mapping paddy rice agriculture in South and Southeast Asia using multi-temporal MODIS images[J]. Remote Sensing of Environment,100(1):95-113.

YAO Z S, DING Y G,1990. Statistics of Climate [M]. Beijing: China Meteorological Press.

YAO F M, XU Y L, LIN E D, et al, 2007. Assessing the impacts of climate change on rice yields in the main rice areas of China[J]. Nature Climate Change, 80: 395-409.

ZHAO M, RUNNING S W, 2010. Drought-induced reduction in global terrestrial net primary production from 2000 through 2009[J]. Science, 329: 940-943.

第 6 章　水稻高温热害风险评价

苏、皖两省作为长江中下游稻区一季稻的主要产出省，在一季稻关键生长时期，常受到高温热害的危害。本章基于 1961—2015 年气象数据及 1993—2013 年生育期数据，根据高温热害等级指标，通过提取苏皖地区一季稻孕穗-抽穗期高温热害发生的站次比及高温热害发生频率，分析该区域内高温热害时空分布规律及周期变化特征。通过各台站高温热害发生次数构建高温热害危险性模型；以各市县一季稻种植面积与耕地面积之比作为暴露性评价指标；利用水稻生长模型 ORYZA2000，模拟了一季稻实际产量和常年产量，通过减产率变异系数，构建承灾体脆弱性模型；通过农民人均纯收入、农业机械总动力及农业化肥施用量作为一季稻防灾减灾评估模型因子。通过构建高温热害"四因子"模型，基于 ArcGIS 平台，将其分为低值区、次低值区、次高值区和高值区，对苏皖地区进行高温热害风险区划。主要结论如下：

(1)55 年来，苏皖地区一季稻孕穗-抽穗期内不同等级高温热害发生的影响范围大小表现为重度＞轻度＞中度。苏皖地区高温热害存在周期波动特征，以 13 年时间尺度为其第一主周期。不同等级高温热害发生频率及高温热害发生平均日数总体呈由西南向东北方向逐级递减，低值区位于江苏沿海地区。进入 21 世纪后，苏皖地区一季稻孕穗-抽穗期高温热害发生更加频繁。

(2)一季稻在苏皖地区具有一定的暴露性，高温热害危险性、脆弱性由沿海向内陆逐渐增加，而防灾减灾能力则表现相反的趋势。

(3)一季稻高温热害风险由沿海地区向内陆逐渐增加，不同等级风险区域具有连续性与成片性。风险高值区和次高值区主要位于安徽西部、西南部分地区及安徽南部，风险次低值区主要位于安徽中部、东部地区及江苏西部区域，低值区主要位于江苏省内。

6.1　引言

6.1.1　研究背景及意义

进入 21 世纪以来，随着全球气候变化，以增暖为主要变化特征对我国农业气象灾害的发生与变化规律产生了显著的影响。近年来农业作为受气候影响最为敏感的领域之一，农业灾损逐年上升，农业生产不确定性和粮食生产波动性进一步增强，这使得粮食生产安全问题日益严峻。有研究表明，随着气候变暖，农作物所需生长环境包括温度、降水等的变化将对作物生长发育及产量造成影响。水稻起源于低纬度地区，是世界各国特别是亚洲国家的主要粮食作物，全世界约有一半以上的人口以水稻作为主食，因此，水稻产量与品质对保障国家的粮食安全具有至关重要的作用(况慧云 等，2009)。中国是世界上最大的水稻生产国，在世界各国中稻谷总产居于首位，也是世界上最大的水稻消费国，在粮食生产中稻谷产量位居首位，在中国

60%以上的人口以水稻为主食(朱德峰 等,2010;袁隆平,2010;State Environmental Protection Administration,2013)。

水稻作为一种短日高温作物,在其生长发育过程高度依赖于环境,对水分、光照等外界环境都有一定要求,尤其对温度条件非常敏感(Sun et al.,2011;Teixeira et al.,2013)。水稻在生长发育各个阶段都有其最低适宜温度和最高临界温度,当外界环境温度过高或过低都不利于干物质的累积(Challinor et al.,2005;潘熙曙 等,2007)。无论是营养生长还是生殖生长,日平均气温在25～30 ℃被认为是水稻生长发育的最适温度。高温引起的热害是中国稻作的主要农业气象灾害之一,近年来高温热害愈演愈烈,已成为水稻生产及粮食安全上不可忽视的重大农业气象灾害之一,而且随着全球气候变暖还将可能进一步加剧。

水稻高温热害是指水稻在生长发育过程中,环境温度超过水稻适宜温度的上限,对水稻的生长发育造成危害,导致产量降低的自然灾害(中国农业科学院,1986)。IPCC第五次评估报告指出,近百余年,世界几乎所有地区都在经历了升温过程,1880—2012年的133年间,全球地表平均温度已升高0.85 ℃(0.65～1.06 ℃),而未来全球气候变暖仍将继续,21世纪末全球平均地表温度在1986—2005年基础上将升高0.3～4.8 ℃(沈永平 等,2013;秦大河 等,2014)。在全球气候变暖的背景下,中国水稻主要生产区高温热害发生的次数和强度均明显增加,特别是长江流域,高温热害已严重影响了该水稻产区粮食安全生产(高素华 等,2009);郑国光(2009)亦指出,全球气候变暖致使主要粮食作物生产潜力降低、不稳定性增强,若是不采取有效措施,到21世纪下半叶,主要农作物年产量可下降达到37%。如2003年夏季江淮和江汉平原因高温诱发的早稻大面积水稻败育造成的“花而不实”;武汉市种植516万 hm^2 中稻中有超过217万 hm^2 出现大量空壳,占中稻总面积的48%以上,其空壳率一般在60%左右,严重区域空壳率超过90%,产量损失在5成以上。

安徽省与江苏省位于长江中下游地区,该区域热量资源充足,河网密布。水稻是安徽主要粮食作物之一,水稻种植面积和单位面积产量均居安徽全省粮食作物首位,省内水稻生产虽多种熟制并存,但以种植一季稻为主;江苏省水稻种植面积、总产均在全国水稻中排第四位,20世纪90年代以来,江苏各地区主要以一季稻为主(高素华 等,2009)。由于苏、皖两省位于亚热带、暖温带气候过渡带,夏季受到副热带高压的控制,高温天气频发,而此时正值中稻孕穗-抽穗开花期,此时水稻对高温敏感,高温热害严重制约水稻安全与稳定。2003年夏季出现持续异常高温,据不完全统计,该年仅安徽一省受高温热害影响的水稻面积就多达30多万公顷,一般减产3～7成,有些水稻田块平均结实率仅10%,基本绝收,给当地农民造成了巨大损失;2013年7—8月,南方沪浙赣湘苏鄂等省遭受有气象记录(1951年)以来最严重的高温干旱天气,对农业生产造成极大的危害,其中以对水稻的影响最为严重,导致一季稻和中晚籼稻明显减产,据部分地区调查和统计,水稻减产20%以上,一些地区甚至高达30%～50%。

本研究通过深入分析苏皖地区历史气象资料对一季稻孕穗-抽穗期高温热害进行识别,利用水稻生长模型并结合防灾减灾能力,构建一季稻高温热害热害风险评估模型,初步对苏皖地区进行水稻热害风险评估和区划,为摸清高温热害发生规律、影响程度及为苏皖一季稻防灾减灾及实现稳产增收提供一定的科学依据。

6.1.2 国内外研究现状

6.1.2.1 高温热害对水稻生长发育的影响

水稻在不同的发育阶段对高温的响应表现不同，当水稻在营养生长期间遇 35 ℃以上高温，地上部和地下部的生长发育将受到抑制，会导致叶鞘变白及出现失绿等症状，分蘖将减少，株高增加缓慢(杨纯明 等,1994)。对于生殖生长期，若遭遇高温胁迫，其影响要远大于营养生长期，穗分化期若遇到 35 ℃以上高温，会使花药开裂率及花粉育性降低，从而导致结实率下降(王才林 等,2004;曹云英 等,2008)。温度的升高对水稻生育时长及产量均有影响。崔读昌(1995)研究认为，在不同气候条件下，气温每升高 1 ℃，我国水稻生育期平均将缩短 7～8 d。Peng 等(2004)研究表明，在水稻生长期间，若平均夜间最低温度每升高 1 ℃，水稻产量将下降 10%。

研究表明，幼穗分化期若遭受高温胁迫会使花粉活力减弱，花药中的正常花粉数减少，高温持续时间越长，其危害越重(王伟平 等,2005;Prasad et al.,2006;宋健 等,2009)。孕穗期高温主要影响水稻花器官生长发育，主要表现为花粉发育异常，花粉活力下降，花粉粒不充实，小花形成及生长发育受阻，最终导致花粉育性、花药开裂率、每穗颖花数和千粒重下降(曹云英 等,2008)。抽穗扬花期受到高温胁迫，主要影响水稻颖花授粉受精和籽粒灌浆结实过程，从而增加水稻空、秕粒率，而且这种伤害随胁迫时间的延续而加剧，表现出高温伤害的累加效应(Kobayashi et al.,2011)。灌浆期遭受高温将对籽粒灌浆、籽粒外形与充实度造成不利影响，最终表现为籽粒变小、粒重下降(吴超 等,2014)。

花期是高温影响水稻结实率最敏感的阶段，一般以开花当天或之后 1 d 对高温敏感度最高，随开花日序的后移其敏感度越低(Porch et al.,2001;张彬 等,2007)。Matsui(2007)和 Koti 等(2007)认为，花期高温对水稻花器的影响在于阻碍了花粉成熟与花药开裂，并影响花粉在柱头上发芽、花粉管伸长，从而影响受精，导致不育。张桂莲等(2008)和吴钿等(2002)的试验观察到水稻花期受高温胁迫会导致花药开裂率、花粉活力、花粉萌发率和柱头上花粉粒数显著下降，花粉粒直径增大，进一步分析发现，高温处理下花药壁的表皮细胞形状不规则，细胞间隙大，排列疏松，药隔维管组织受到很大程度破坏，维管束鞘细胞排列紊乱，形状异常，木质部和韧皮部界限不清，从而引起输导功能障碍，使花粉粒得不到充足的物质供应，导致花粉败育。

6.1.2.2 高温热害对水稻产量和品质的影响

水稻产量形成受到水稻源、库、流强弱及三者相互之间协调程度的影响，而高温主要通过以下两种途径影响水稻产量：一是高温影响花器官，主要表现为影响其分化、发育及花器官行为，即高温限制库容；二是高温下影响同化物合成、积累、转运及分配等过程，源供应和流转运能力受到阻碍(吴超 等,2014)。

灌浆期高温会影响水稻的产量和稻米的品质(马宝 等,2014)。Masahiko 等(1989)阐明高温缩短水稻有效灌浆期的机制主要是影响穗部对同化产物接受，使对同化物接受能力下降。灌浆期是形成垩白米的主要时期，而水稻垩白率和垩白面积作为稻米外观品质的两个主要衡量指标，温度越高，稻米垩白粒率、垩白度越大(陶红娟,2007)。水稻在灌浆期若遭受高温胁迫，将对籽粒灌浆、籽粒外形与充实度造成不利影响，最终表现为籽粒变小、粒重下降；从籽粒外形上分析，灌浆期遭受高温对水稻籽粒粒型的影响主要表现在降低了粒长和粒宽，使粒重下降(吴超 等，2014)。一般认为，抽穗至成熟阶段遇到高温，会加快灌浆速率，缩短灌浆的时间，从而使得籽粒光合产物不足，淀粉及其他有机物积累减少，因而籽粒的充实度受到影响，米粒垩白增加，透明度变差(Matsue，1995；孟亚利 等，2007；黎用朝 等，2007)。

6.1.2.3 水稻高温热害指标

20世纪70年代以来，国内外对于水稻高温热害划分指标进行了大量研究。上海植物生理研究所人工气候室(上海植物生理研究所人工气候室，1995)研究发现，籼稻花期在相对湿度为70%的条件下，若30 ℃高温处理5 d对开花结实已有明显影响，而38 ℃高温处理5 d则全部不能结实。谭中和(1995)在杂交籼稻开花期的研究中，通过人工气候箱控制水稻开花受精温度得出了当温度>35 ℃，水稻不实率随温度升高而急剧增加，通过研究自然高温条件下杂交籼稻开花受精试验，提出了日平均气温≥30 ℃，日最高温度≥35 ℃可作为高温的致害指标。森古国男(1992)研究认为，当温度处在30 ℃以下范围时，水稻灌浆速率随日平均气温的升高而增加，灌浆期也相应缩短，而千粒重会降低，而当温度超过35 ℃，水稻籽粒接受光合产物能力降低。汤日圣等(1992)对水稻不同品种在其抽穗期用35 ℃高温进行胁迫处理，结果表明35 ℃胁迫1 d，供试品种的花粉萌发率、花粉活力和结实率均下降。对于高温热害持续时间，魏丽(1991)认为，当日最高气温≥35 ℃时，粒重增长速度明显受到抑制；连续3 d最高气温≥35 ℃时，水稻千粒重明显下降；连续7 d最高气温≥35 ℃，水稻受害明显加剧；连续10 d以上千粒重降到最低值。汤昌本(2000)认为，连续5 d及以上日最高温度≥35 ℃可作为水稻抽穗至灌浆期高温热害指标。杨太明(2000)从安徽实际情况出发，将中稻抽穗开花期连续5 d及以上日最高气温≥35 ℃作为造成水稻大田空壳率发生的高温热害指标。

一般认为，高温对水稻花期的致害温度为日最高气温34～35 ℃，敏感期在乳熟期前后，即抽穗后6～15 d，该阶段最适宜的温度为25～30 ℃，日平均温度超过30 ℃就会产生不利影响(吕厚荃 等，2011)。

6.1.2.4 农业气象灾害风险区划方法

农业气象灾害风险是一种潜在的灾害或未来灾害损失的可能性，灾害则是风险变成现实的基础(张继权 等，2015)。风险度是农业气象灾害对农业生产影响程度的一种表征方法，可以度量气象灾害发生后给农业生产带来的危害大小，表征气候异常对农业生产的影响程度(谷晓平，2000；王春乙 等，2006)。由于对于灾害风险形成机理的认识不同，研究人员提出不同自然灾害风险评价体系。Maskrey(2000)提出自然灾害风险度可由“易损性＋危险性”来评价。Smith(2000)认为概率和损失的乘积可用来评价风险度。Okada等(2004)认为，自然灾害风险是由致灾因子危险性、承灾体暴露性和承灾体脆弱性相互作用形成的。史培军等(2004)认为，自然灾害是由孕灾环境、致灾因子和承灾体三者综合作用的结果。张继权等(2004)则认为，自然灾害风险度的评价指标可由危险性、暴露性、脆弱性、防灾减灾能力四个因子相互乘积来评定。

目前，常用的农业气象灾害对农业影响的定量评估方法归纳起来主要分为以下几种(王春乙 等，2015)：①指标评价法：利用灾害评估指标直接进行影响评估。目前，评估农业气象灾害影响的指标有受灾面积、成灾面积、粮食受损量、受灾率、成灾率、作物对灾害的敏感度等；②统计分析法：一般是将农业气象灾害指标与减产率或者产量建立统计关系，以此来评估该种农业气象灾害对农业的影响;③模型模拟法:借助经典作物模型来评价农业气象灾害对农业的影响。国内外农业气象灾害风险研究主要集中于以下 3 方面(高晓容 等,2014):一是基于农业气象灾害发生可能性或灾害频率进行的概率风险评价;二是研究农业气象灾害致灾因子危险性或承灾体脆弱性;三是根据自然灾害致灾机理利用合成法对影响灾害风险各因子进行组合建立灾害风险指数。目前基于自然灾害理论的研究,已取得较大研究进展,如薛昌颖等(2005)利用北方各市县冬小麦实际单产资料和气象资料,以历年平均减产率、灾年减产率变异系数、不同减产率及其发生的概率和抗灾指数构建北方冬小麦产量灾损综合风险指数,对其进行风险评价及区划;张星等(2009)通过计算不同灾害造成的粮食减产量得到的相对灾损量序列,通过模糊数学方法构建福建农业气象灾害产量灾损风险评估模型,从而进行产量灾损评价;刘小雪等(2013)利用河南省夏玉米实际产量资料,从产量灾损角度对河南夏玉米进行产量灾损风险区划;蔡大鑫等(2013)和刘少军等(2015)基于产量灾损序列,分别对海南省香蕉寒害及天然橡胶进行风险区划。王春乙等(2015)基于"四因子"理论对东北地区玉米干旱、冷害进行风险评价;秦越等(2013)也基于"四因子"说以河北承德为研究对象,对农业干旱进行区划。

6.1.2.5 水稻生长模型及其应用

(1)水稻生长模型简介

迄今为止,作物生长模拟模型在农业研究中被认为是一种非常有用的工具。水稻作为一种重要的粮食作物,对于其生长发育的模拟研究已超过 40 年。水稻生长模型是描述水稻生长发育过程中与环境、气候、栽培因子之间的数量关系,并采用计算机技术对水稻进行系统的动态模拟和预测(曹卫星 等,2003;李军,2006)。

20 世纪 80 年代中后期,作物模型进入应用阶段,作物模拟在深度和广度上得到发展,出现了许多作物专用模型,水稻模型也得到迅速发展(叶方毅 等,2009)。

CERES-Rice 模型是 CERES(Crop-environment resource synthesis,CERES)系列模型中的主要模型,是由美国国际农业技术转让基准点网络(IBSNAT)研制的大型作物计算机模拟模型(高亮之 等,1989)。CERES-Rice 模型是根据水稻的光温特性和群体光能利用等过程研制的大型水稻生长模拟模型,可较好地模拟天气、土壤、栽培管理和品种遗传特性对作物生长发育和产量的影响(叶方毅 等,2009)。CERES-Rice 模型应用广泛,不仅可以预测水稻产量,还可以分析施氮量和氮肥运筹对作物产量形成的影响,指导水稻氮肥管理,还能辅助决策作物新品种推广等(胡玉昆 等,2005;姚凤梅 等,2005;叶方毅 等,2009)。除此之外,荷兰的 ELCROS(Wit et al. ,1970)、SUCROS(Kenlen,1982)、MACROS(Penning et al. ,1989)等模型注重模型研究的理论性和假设模式,偏重于作物生长发育的基本原理,但就其应用而言还存在一些缺陷。

与国外相比,我国作物模型起步晚,发展规模小。目前,有影响且得到应用的主要是作物计算机模拟优化决策系统(Crop Computer Simulation,Optimization, Decision Making System,CCSODS)系列模型,该模型将作物模拟技术与作物优化原理相结合,具有较强的机理性、通用性和综合性,其中,水稻模型 RCSODS 是它最著名的模型(林忠辉 等,2003;叶方毅 等,2009)。RCSODS 发育期模型的特点是整个发育期以一个基本模型来描述,非光敏感阶段只需去掉日长效应,它用发育生理日来描述某个阶段所需的发育时间(石春林 等,2010)。

(2) ORYZA2000 模型简介

19 世纪中期,国际水稻研究所(IRRI)与荷兰瓦赫宁根大学(WUCR)联合研制 ORYZA 水稻模型系列来模拟热带地区水稻的生长和发育(Ten Berge et al.,1995)。2001 年,ORYZA2000 作为 ORYZA 系列的最新版本,改善和综合了所有 ORYZA 系列之前的版本(Bouman et al.,2001)。ORYZA2000 假设在病害、虫害及杂草情况下作物产量没有减少,它模拟了潜在生产、水分限制和氮限制状况下水稻的生长发育(Bouman et al.,2006),具体情境如下:a. 潜在生产:作物生长不受水分和养分限制,生长速率只由品种特性及天气条件决定;b. 水分限制:生长过程中,养分供应充足,但至少某一生长发育阶段内受水分供应不足而受到限制;c. 氮素限制:生长过程中,水分供应充足,至少某一生长发育阶段内受氮素供应不足而受到限制。ORYZA2000 以日为时间步长,可动态、定量模拟以上 3 种情境下水稻发育、干物质积累分配及产量形成。ORYZA2000 模型不仅可对不同水分和氮素水平的产量进行模拟和预测,同时还可自动模拟田间水分状况,分析不同水分条件和环境因素对稻田水量平衡及水稻水分生产率的影响,从而大大缩小试验规模,减少试验经费开支,并为节水灌溉条件下水稻的生产管理提供科学管理方案(薛昌颖 等,2005)。ORYZA2000 模型包含的模块主要有作物生长模块、蒸散模块、氮素动态运移模块、土壤水分平衡模块等,其中以作物模块为核心模块。模型中提供了 3 种不同土壤水分动态模式,分别为:PADDY、SAHEL 和 SAWAH。模型需要输入的数据包括气象数据、作物数据、土壤数据及田间管理数据。

ORYZA2000 模型将水稻从出苗至生理成熟分为 4 个阶段,并用变量 DVS(Development Stage)来定量表示。其中 4 个生育阶段分别为:0～0.4(基本营养阶段)、0.4～0.65(光周期敏感阶段)、0.65～1(穗形成阶段)及 1～2(籽粒灌浆阶段)。DVS＝0 表示出苗;DVS＝0.4 表示光周期敏感始;DVS＝0.65 表示幼穗分化;DVS＝1.0 表示抽穗开花;DVS＝2.0 表示水稻生理成熟。水稻前两个阶段由温度及光照决定,后两个生育阶段则由温度决定。在不考虑光周期现象时,逐日发育速率(Development Rate,DVR)主要由该日热效应与所处阶段的发育速率常数相乘决定,而 DVS 为 DVR 从出苗开始的逐日累积。

6.1.3　主要研究内容及技术路线图

本研究利用苏皖地区 1961—2015 年气象数据和 1993—2013 年一季稻生育期资料,根据高温热害等级指标,通过提取苏皖地区一季稻孕穗-抽穗期高温热害发生的站次比及高温热害发生频率,分析该区域内高温热害时空分布规律及周期变化特征。本研究基于南京信息工程大学农业气象试验站大田数据,对 ORYZA2000 模型进行调试、验证,并进行适应性检验。基于"四因子"说,通过各台站高温热害发生次数构建高温热害危险性模型;以各市县一季稻种植面积与耕地面积之比作为暴露性评价指标;通过利用已调试的水稻生长模型 ORYZA2000,根据各站逐年天气数据、一季稻发育期、生长参数数据及土壤数据,模拟了一季稻在有高温热害(灾年)和无高温热害(常年)两种天气条件下的产量,构建承灾体脆弱性模型;通过农民人均纯收入、农业机械总动力及农业化肥施用量作为一季稻防灾减灾评估模型因子;最后通过构建高温热害"四因子"模型,基于 ArcGIS 平台,将其分为低值区、次低值区、次高值区和高值区,对苏皖地区进行高温热害风险区划。

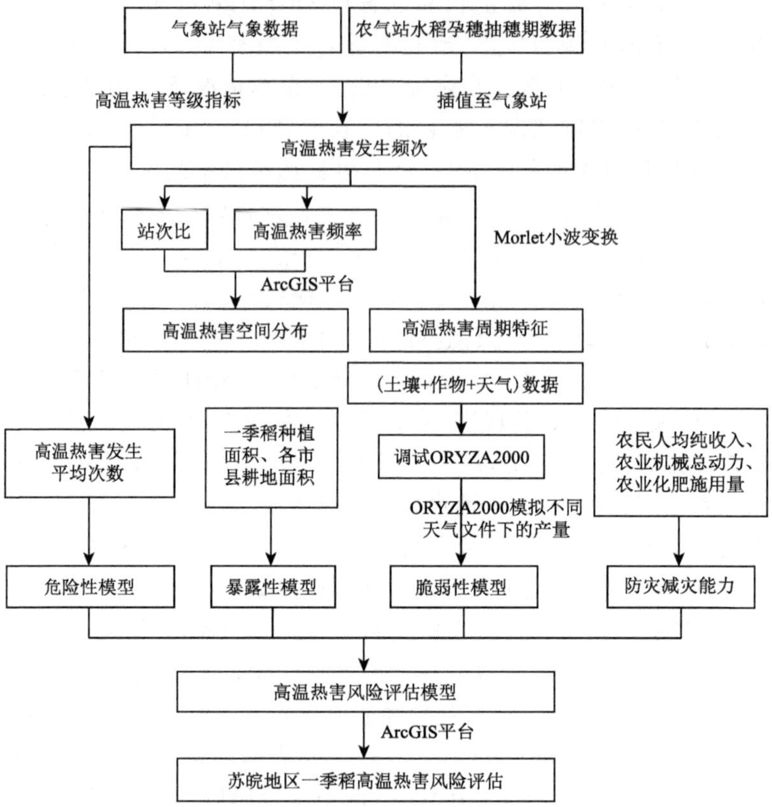

图 6.1　苏皖地区一季稻高温热害风险评估技术路线

6.2　研究数据和方法

6.2.1　数据与资料

研究资料包括气象资料、作物资料、土壤资料、社会统计资料四类。研究区域主要为江苏省与安徽省。由于安徽省淮北受温度和水分限制，不适宜种植水稻（高素华 等，2009），因此，本研究不包含安徽淮河以北区域。

6.2.1.1　气象资料

选用苏皖地区 1961—2015 年的 20 个气象台站（图 6.2a）逐日气象资料，包括日最高气温（℃）、日最低气温（℃）、平均气温（℃）、降水量（mm）、水汽压（hPa）、日照时数（h）等，数据主要用于高温热害历史分析及 ORYZA2000 模型模拟产量过程中天气文件的输入。

6.2.1.2　作物资料

（1）农业气象资料选用苏皖地区种植一季稻超过 10 a 的 13 个农业气象观测站（图 6.2b）全发育期数据。发育期资料包括 1993—2013 年期间各站一季稻播种、出苗、移栽、返青、分蘖、孕穗、抽穗、乳熟、成熟普遍期日期，主要用于一季稻孕穗-抽穗时段确定。

（2）大田实验数据来自 2013—2014 年南京信息工程大学农业气象观测站。数据包括农试站自动气象观测站 2013—2015 年气象数据、大田一季稻发育过程中全发育期数据、分阶段生物量等资料。其中，气象数据包括风速($m \cdot s^{-1}$)、气温(℃)、相对湿度(%)、降水量(mm)等气象要素，主要用于 ORYZA2000 调试过程中天气文件的输入；发育期数据用于 ORYZA2000 模型发育速率标定及模拟发育期日序验证；分阶段生物量包括叶面积指数、绿叶重($kg \cdot hm^{-2}$)、茎秆重($kg \cdot hm^{-2}$)、枯叶重($kg \cdot hm^{-2}$)、穗重($kg \cdot hm^{-2}$)及地上部总生物量($kg \cdot hm^{-2}$)等，主要用于 ORYZA2000 模型调试。本研究基于气象数据对高温热害的潜在影响进行风险区划，未考虑品种间抗热性区别。大田观测数据主要用于 ORYZA2000 模型定标，代表品种为宁 9108。

6.2.1.3　土壤资料

根据各气象站经纬度信息，采用世界土壤数据库(Harmonized World Soil Database, HWSD)获取各地土壤信息。土壤数据包括土壤层数、土壤质地、容重等。将土壤数据输入 ORYZA2000 模型 SoilHydrau 模块，估算了田间持水量 WCFC($m^3 \cdot m^{-3}$)、凋萎系数 WCWP($m^3 \cdot m^{-3}$)、饱和土壤体积含水量 WCST($m^3 \cdot m^{-3}$)以及饱和水传导系数 KST($cm \cdot d^{-1}$)和干燥空气下土壤含水量 WCAD($m^3 \cdot m^{-3}$)。

6.2.1.4　社会统计资料

主要来源于江苏、安徽省 2010 年统计年鉴，包括一季稻种植面积(hm^2)、耕地面积(hm^2)、农民人均纯收入(元)、农业机械总动力(万 kW)、农业化肥施用量(万 t)。

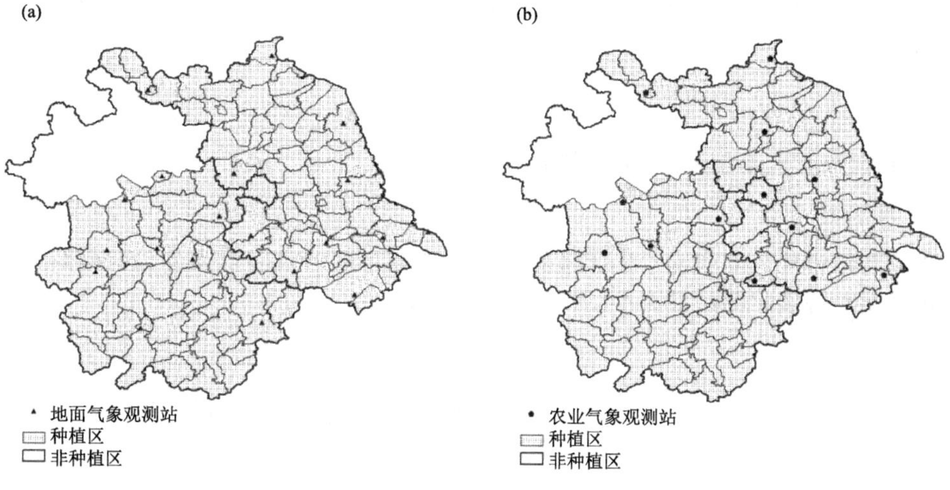

图 6.2　苏皖地区一季稻种植区(a)地面气象观测站和(b)农业气象观测站分布

6.2.2　数据处理

(1)气象数据：根据高温热害等级划分，利用 Matlab 编程，对水稻孕穗-抽穗期内 20 个气象台站逐日数据进行高温热害辨识，计算高温热害发生频次、累计天数等。

(2)发育期数据：对各站同一生育期内多年观测日期平均值作为当地该生育期的一般日期。对研究区域内 13 个农业气象观测站发育期数据插值至相应的 20 个气象台站作为其发育期。

(3)空间分析:采用 ArcGIS 技术,通过反距离权重法(IDW)对各指标进行空间插值,最后对分布图进行等级划分。

6.2.3 研究方法

6.2.3.1 高温热害等级划分及研究时段确定

长江中下游地区的水稻研究文献中,采用日平均气温界定高温热害指标的值多有不同,因此本节采用日最高气温≥35℃作为研究指标,并根据持续天数,划分一季稻高温热害等级,等级划分标准为:3～4 d 为轻度高温热害,5～7 d 为中度高温热害,≥8 d 为重度高温热害(陈端生 等,1990;刘伟昌 等,2009;陈丹,2009)。根据各地一季稻孕穗-抽穗普遍期资料,将孕穗-抽穗普遍期前后各 7 d 作为高温热害研究时段。

6.2.3.2 产量分解

作物产量(y)是在各种自然和非自然的综合影响下形成的,可以分解为趋势产量(yt)、气象产量(yw)和随机产量(Δy)(王馥棠 等,1990;江和文 等,2011)。因为各地影响增、减产的偶然因素并不经常发生,而且局部的偶然因素的影响也不大,因此,在实际产量的计算中随机产量可以忽略不计(王馥棠 等,1990)。这样,一季稻产量可进行分解为

$$y = y_t + y_w \tag{6.1}$$

式中,y 为一季稻实际产量($kg \cdot hm^{-2}$);y_t 为趋势产量($kg \cdot hm^{-2}$);y_w 为气象产量($kg \cdot hm^{-2}$)。趋势产量采用 5 a 滑动平均进行估算。气象产量与趋势产量的比值表示相对气象产量(y_a),即

$$y_a = \frac{y_w}{y_t} \times 100\% \tag{6.2}$$

当 y_a 为负值时表示一季稻减产,为正值时表示增产。

6.2.3.3 站次比

站次比是指研究区域内某一年满足条件发生高温热害的台站数占全部台站数的比例,可用来评价高温热害影响范围的大小(张梦婷 等,2016)。

$$B_i = \frac{m}{M} \times 100\% \tag{6.3}$$

式中,B_i(i 为下标表示年数)为站次比(%);m 为研究区域内某一年满足条件的台站数;M 为研究区域内全部台站数。

6.2.3.4 高温热害发生的频率

计算某一台站 1961—2015 年内发生不同等级高温热害的情况。

$$F_j = \frac{n}{N} \times 100\% \tag{6.4}$$

式中,F_j 为某等级高温热害发生的频率;n 为某台站发生某等级高温热害的年数;N 为资料总年数。

6.2.3.5 Morlet 小波分析

小波变换是将一个时间序列分解为具有时域和频域局部特征的小波。Morlet 小波是高斯包络下的复指数函数,在时域和频域都具有很好的局部性,它可以判别时间序列中所包含多

时间尺度周期性的大小及这些周期在时域中的分布，是常用的非正交小波（汤小橹 等，2008；李艳玲 等，2012）。

Morlet 小波函数的一般公式为：

$$\varphi(t) = e^{ict} e^{-\frac{t^2}{2}} \tag{6.5}$$

小波变换系数计算公式：

$$\omega f(a,b) = |a|^{-\frac{1}{2}} \int_R f(t) \varphi(\frac{t-b}{a}) dt \tag{6.6}$$

式中，$\omega f(a,b)$ 为小波变换系数；a 是尺度伸缩因子；b 是时间平移因子；$\varphi^{a,b(t)}$ 是由 $\varphi(t)$ 伸缩和平移而成的一族函数，即连续小波。即：

$$\varphi^{a,b(t)} = |a|^{-\frac{1}{2}} \varphi(\frac{t-b}{a}) \tag{6.7}$$

式中，$a,b \in \mathrm{R}, a>0$。

小波方差为小波系数的平方值在 b 域上积分，反映了波动的能量随尺度 a 分布，可用于确定一个时间序列中各种尺度扰动的相对强度（曹永强 等，2011；张彦龙 等，2015）。小波方差 $\mathrm{Var}(a)$ 计算公式为：

$$\mathrm{Var}(a) = \int_{-\infty}^{+\infty} |\omega f(a,b)|^2 db \tag{6.8}$$

6.2.3.6 层次分析法

层次分析法（AHP）是将待评价的各因素两两进行相对重要性比较，根据结果对所有因素进行排序，是一种新的定性与定量相结合的系统分析方法（彭锟 等，2004）。层次分析法对各指标间相对重要分析具有逻辑性，描述详细，它将决策者对复杂对象的决策思维过程化数量化，其过程主要包括：建立递阶层次结构、构造判断矩阵、层次单排序及一致性检验。对于高温热害风险评估，其层次结构由 g 一季稻高温热害风险评估指标、风险评估四因子及构成风险因子的各个指标组成。具体操作步骤以表 6.1 为例，首先构建层次结构，假定评价目标为 C，逐对比较 v_i 与 v_j 对目标 C 贡献大小，进而给出它们相对比重 k_{ij}，通过逐次确定各比重构建判断矩阵，为了检验层次分析法的合理性，需要对判断矩阵进行一致性检验，当通过一致性检验后，最后计算各因素的权重，其中 w_i 表示 v_i 对目标贡献的相对大小。AHP 的核心是利用九分位打分，即 1～9 及其倒数作为标度构造判断矩阵（其中，1 表示两因素重要性相同，其他奇数表示前者比后者的影响程度依次增加，偶数值表示相邻判断的中间值。若两因素 v_1 与 v_2 的重要性之比为 k，则倒数 $1/k$ 则表示因素 v_2 与 v_1 重要性之比）。

表 6.1 判断矩阵构建及相应权重

目标 C	v_1	v_2	…	v_n	权重
v_1	k_{11}	k_{12}	…	k_{1n}	w_1
v_2	k_{21}	k_{22}	…	k_{2n}	w_2
…	…	…	…	…	…
v_n	k_{n1}	k_{n2}	…	k_{nn}	w_n

6.2.3.7 标准化处理方法

为了消除量纲的影响，采用极差标准化变换进行处理，极差标准化公式为

$$x'_i = \frac{x_i - x_{\min}}{x_{\max} - x_{\min}} \tag{6.9}$$

式中，x'_i 为标准化处理值(0～1)；x_i为原序列的任意值；$x_{\min}$和 $x_{\max}$分别为原序列中最小值和最大值。

6.2.4 一季稻高温热害风险模型构建

6.2.4.1 危险性评估模型建立

气象灾害危险性是指气象灾害的异常程度，主要是由气象危险因子活动规模(强度)和活动频次(概率)决定，危险因子强度越大，频次越高，气象灾害的风险也越大(王春乙 等，2015；张继权 等，2007)。本研究采用各站点不同等级高温热害发生平均次数，建立高温热害危险性评估模型：

$$G = \sum_{i=1}^{n} w_i \times P_i \tag{6.10}$$

式中，G 表示高温热害危险性；n 表示不同等级高温热害，$n=1,2,3$ 分别代表轻度、中度及重度高温热害；w_i 表示不同等级高温热害权重；P_i 表示 1961—2015 年间不同等级高温热害发生平均次数。其中 w_i 根据以下公式进行确定：

$$w_i = \frac{\overline{d_i}}{\overline{d}} \tag{6.11}$$

式中，d_i表示不同等级高温热害发生的平均天数，其计算为某站点某等级发生高温热害总天数与对应等级高温热害发生次数之比；$\overline{d}$ 表示高温热害发生的平均天数。

6.2.4.2 暴露性评估模型建立

暴露性主要是指一季稻可能受到危险因素威胁的程度，一季稻暴露性越高，其所受潜在损失越大，风险就越高。本研究采用苏皖地区一季稻种植面积占耕地面积的比例，作为一季稻暴露性评估模型。

$$E = \frac{x_i}{X_i} \tag{6.12}$$

式中，E 表示承灾体的暴露性；x_i 表示某市县一季稻种植面积(hm^2)；X_i 表示相对应的市县耕地面积(hm^2)。

6.2.4.3 脆弱性评估模型建立

脆弱性是指由于潜在危险因素给承灾体可能造成的伤害或损失程度。本研究基于定标后的 ORYZA2000 水稻模型模拟不同天气文件下的水稻产量获得高温热害造成的灾损，通过减产率变异系数构建脆弱性模型，其主要的步骤为：①使用实际气象资料输入定标后的 ORYZA2000 模型中模拟的产量作为因高温热害的受灾产量 P_1；②若研究时段内(孕穗-抽穗期)发生高温热害，通过使用替换日最高气温(同一天 55 a 平均日最高气温替换实际情况发生高温热害的日最高气温)的天气文件输入定标后的模型中模拟的产量为常年产量 P_2；③ORYZA2000 模拟的受灾产量 P_1 与常年产量 P_2 的差值表示研究时段内受高温热害影响的产量 P_3；④受高温热害影响的产量 P_3 与常年产量 P_2 的比值作为产量变化率，当产量变化率小于 0 时为减产率。本节采用各市县 1961—2015 年减产率变异系数作为脆弱性评价指标，计算公式如下：

$$V = \frac{1}{\bar{y}} \sqrt{\frac{\sum_{i=1}^{n} (y_i - \bar{y})^2}{n-1}} \tag{6.13}$$

式中，V 表示承灾体脆弱性(减产率变异系数)；$\bar{y}$表示模型模拟发生高温热害时的平均减产率；n 为发生减产年数；y_i 表示第 i 年模型模拟一季稻受高温热害时的减产率。

变异系数的大小在一定程度上综合体现了某地产量受光、温、水等气象要素及其他生态条件影响的波动，变异系数大，说明生态环境相对脆弱，灾损风险大(刘荣花 等，2006)。

6.2.4.4　防灾减灾能力评估模型建立

防灾减灾能力是指人们通过防灾减灾措施从而减少灾害损失的能力，包括应急管理能力、减灾投入等，通常被认为是主观因素。防灾减灾能力最能体现风险的社会属性，在自然灾害影响条件下，农业现代化水平越高，防灾减灾能力越强，承灾体所受潜在影响越小。本研究选用能反映农业现代化水平及防灾减灾能力的农民人均纯收入、农业机械总动力及农业化肥施用量作为一季稻防灾减灾评估模型因子。

农民人均纯收入主要指农民从当年总收入扣除所支出的费用后收入的总和，可反映农村居民生活情况，其值越高，可支配资金越多，在选育良种、购置农业设备等防灾减灾措施可进行更优化选择；农业机械总动力是指用于农、林、渔、牧业的各种机械动力的综合，如农业耕作机械、收割机等，其值越高，代表该地区农业生产效率较高，若该地区发生灾害，对及时防灾减灾有着重要作用；农业化肥施用量是指当年实际用于农业生产化肥的总量，化肥的合理使用可提高作物品质，改善及促进作物生长，以增强其抵抗不良环境的能力。

由于防灾减灾能力各项指标量纲不统一，使得评价不具有统一性与可比性，本研究将农民人均纯收入(I)、农业机械总动力(M)及农业化肥施用量(F)进行归一化处理，从而构建防灾减灾能力评价模型：

$$R = w_{r1} \times I + w_{r2} \times M + w_{r3} \times F \tag{6.14}$$

式中，R 表示防灾减灾能力；I 表示农民人均纯收入；M 表示农业机械总动力；F 表示农业化肥施用量；w_{r1}、w_{r2}、w_{r3}分别表示农民人均纯收入、农业机械总动力、农业化肥施用量的权重。参考实际情况及文献(秦越 等，2013；王春乙 等，2015)，采用层次分析法构建判断矩阵，并进行权重计算。

6.2.4.5　高温热害风险模型的建立

根据自然灾害风险理论，建立苏皖地区高温热害风险评估“四因子”模型。在构成灾害风险时，灾害的危险性、暴露性、脆弱性与灾害风险生成作用方向是相同的，而防灾减灾能力作用则相反(王春乙 等，2015)，因此一季稻高温热害风险模型为：

$$A = w_g \times G \times w_e \times E \times w_v \times V \times w_r \times \frac{1}{R} \tag{6.15}$$

式中，A 表示一季稻高温热害风险指数；G、E、V、R 分别表示危险性、暴露性、脆弱性和防灾减灾能力；w_g、w_e、w_v、w_r 分别代表危险性、暴露性、脆弱性、防灾减灾能力对应的权重。参考现有研究成果(高晓容，2012；张晓峰，2013；王春乙 等，2015)，采用层次分析法确定权重系数。为便于分析，采用极差标准化变换对高温热害风险指数进行处理。

6.3 一季稻高温热害时空变化规律

6.3.1 一季稻高温热害时间变化

6.3.1.1 站次比

一季稻高温热害站次比的计算参看第2章。由图6.3可知,一般情况下,苏皖地区一季稻孕穗-抽穗期间不同等级高温热害发生范围,安徽>江苏。对于轻度高温热害站次比,2000年后呈现出先增加后下降趋势,即轻度高温热害影响范围呈逐渐增加后逐渐缩小趋势;对于中度高温热害,2000年呈现增加趋势,即中度高温热害影响范围逐渐增加;对于重度高温热害,20世纪80年代以前,重度高温热害影响范围较广,80—90年代影响范围缩小,21世纪后,影响范围逐渐增加。

由图6.3a可见,1961—2015年苏皖地区一季稻轻度、中度、重度高温热害站次比分别为0~60%、0~50%、0~65%,可见,重度高温热害影响范围>轻度>中度。对于安徽地区(图6.3b),过去55 a中,轻度、中度、重度高温热害站次比分别为0~88.9%、0~88.9%及0~100%,由此可见,安徽发生高温热害较为严重,且影响范围广。过去55 a江苏省(图6.3c),不同等级高温热害站次比分别为0~63.6%、0~27.3%、36.4%,发生范围轻度>重度>中度,进入21世纪后,不同等级高温热害站次比均呈增加趋势,且江苏一季稻孕穗-抽穗期发生重度高温热害较少,20世纪70年代初—90年代末几乎没有发生重度高温热害。

6.3.1.2 高温热害日数

统计各站点一季稻孕穗-抽穗期间高温热害发生过程中高温热害发生日数。由图6.4a可知,1961—2015年苏皖地区一季稻孕穗-抽穗期年均高温热害天数变化特征为20世纪80年代之前,高温热害发生天数较多;80年代中期—90年代为55 a来高温天数低值期;1989年以来高温热害发生天数呈显著增加趋势($p<0.1$),倾向率为0.0954 d/a,27 a间累计增加天数2.6 d;55 a中,高温热害发生天数较多的年份有1966年、1967年、1971年、1976年、1978年、1983年、2003年、2010年及2013年,天数超过55 a平均值的年份有19 a,占统计年份的34.5%(图6.4a)。

对于安徽高温热害天数变化特征表现为:1961—2015年间平均高温热害天数呈现出先增加,再减小,后增加变化趋势。20世纪80年代末—90年代初为高温热害天数低值期,进入21世纪后,平均每站高温天数呈增加趋势。

相对于安徽高温热害平均天数,江苏一季稻孕穗-抽穗期间高温热害天数(图6.4c)持续时间较短。20世纪80年代中期—90年代初期,全省几乎没有高温热害发生,1993年后,平均每站高温热害天数呈增加趋势。

6.3.1.3 一季稻高温热害年代际变化

(1)站次比

由图6.5可以看出,除江苏中度高温热害站次比外,不同等级高温热害站次比均为20世纪80年代为低值期,即80年代高温热害影响范围最小;除江苏重度高温热害站次比外20世纪60年代、70年代及21世纪初不同等级高温热害站次比均高于55 a平均值。由图6.5a可

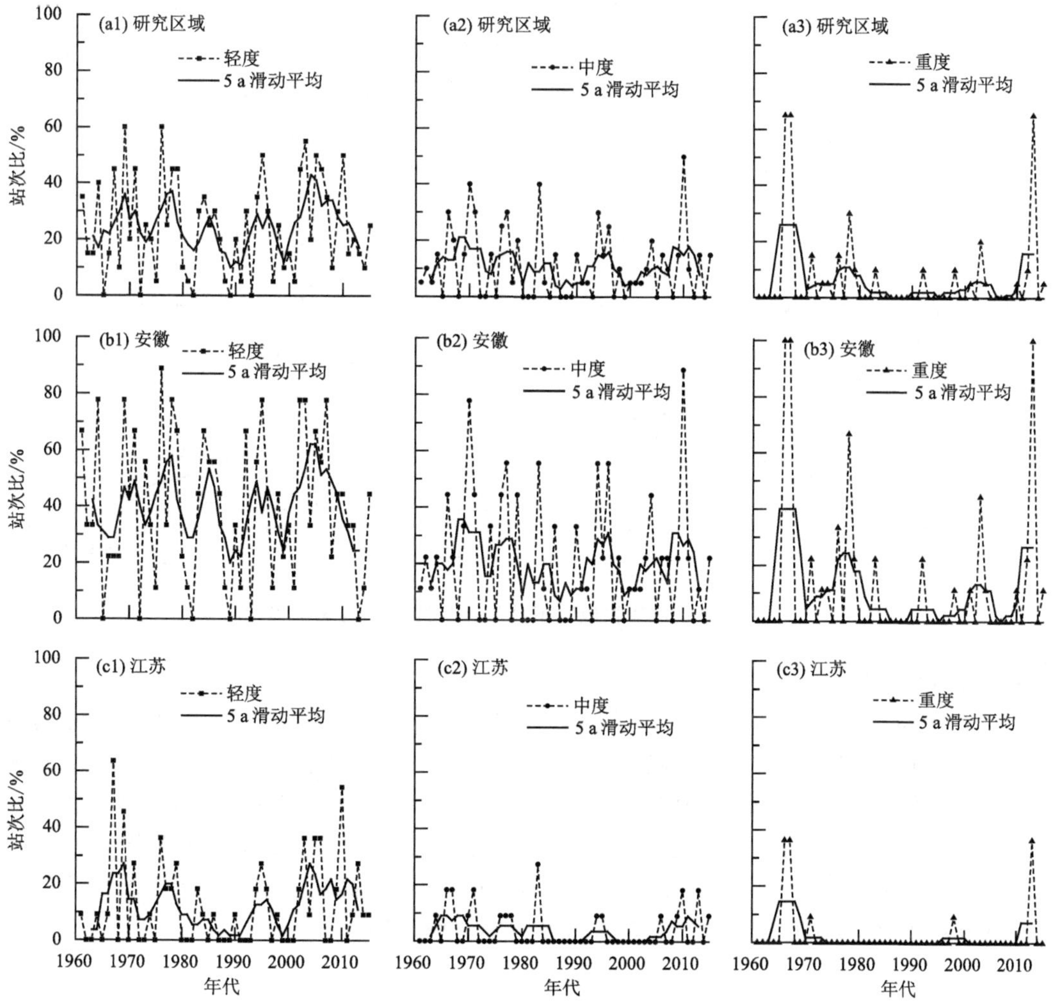

图 6.3　苏皖地区一季稻不同等级高温热害年际变化

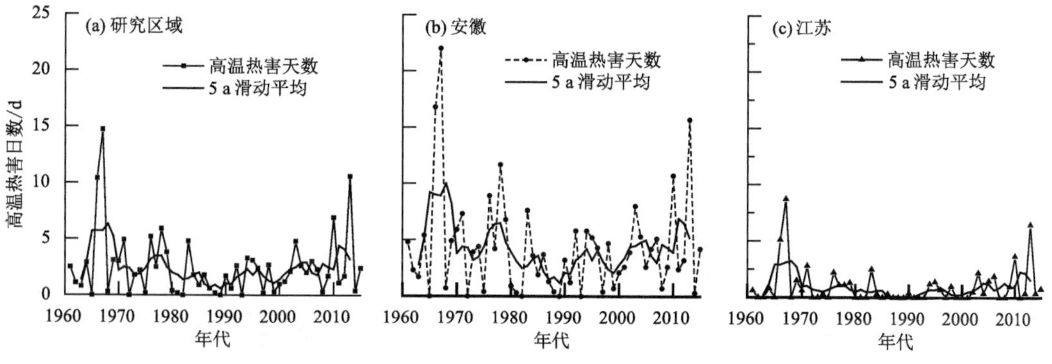

图 6.4　1961—2015 年苏皖地区一季稻孕穗-抽穗期平均每站高温热害天数

以看出，研究区域内，轻度高温热害站次比呈现出“增加—减小—增加”趋势，中度及重度高温热害站次比呈现“减小—增加”的“V”形趋势，并且 20 世纪 90 年代以来，轻度、重度高温热害站次比迅速增加，这说明轻度及重度高温热害的影响范围在扩大。图 6.5b 与图 6.5c 中，不同等级高温热害站次比变化趋势与图 6.5a 基本一致，安徽省(图 6.5b)内 20 世纪 80 年代以来，不同等级高温热害的影响范围均增加，尤其是 20 世纪 90 年代以来轻度及重度高温热害发生范围增加较为剧烈，对于江苏省(图 6.5c)，轻度高温热害发生范围迅速增加，中度及重度高温热害影响范围增加较为缓慢。

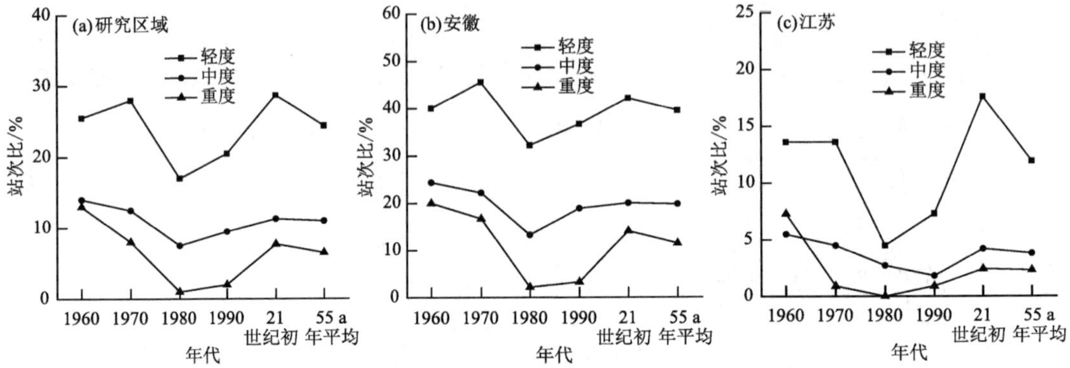

图 6.5　1961—2015 年苏皖地区不同等级高温热害站次比年代际变化

(2)高温热害日数

统计研究区域内孕穗-抽穗期发生高温热害过程时的高温日数，由图 6.6 可知高温热害天数均呈现出“减小—增加”的“V”形趋势，并且 20 世纪 80 年代高温热害发生天数最小。从图中可以看出，安徽一季稻孕穗-抽穗期内高温热害发生时间长，而江苏发生时间较短，这与两省一季稻种植制度有关。研究时段内，20 世纪 60 年代以来，一季稻高温热害发生严重性有所减缓，但 80 年代以来趋于严重化，自 20 世纪 90 年代以来，两省高温热害发生天数增加均较为明显，这说明一季稻孕穗-抽穗期内高温热害持续时间有所增加。

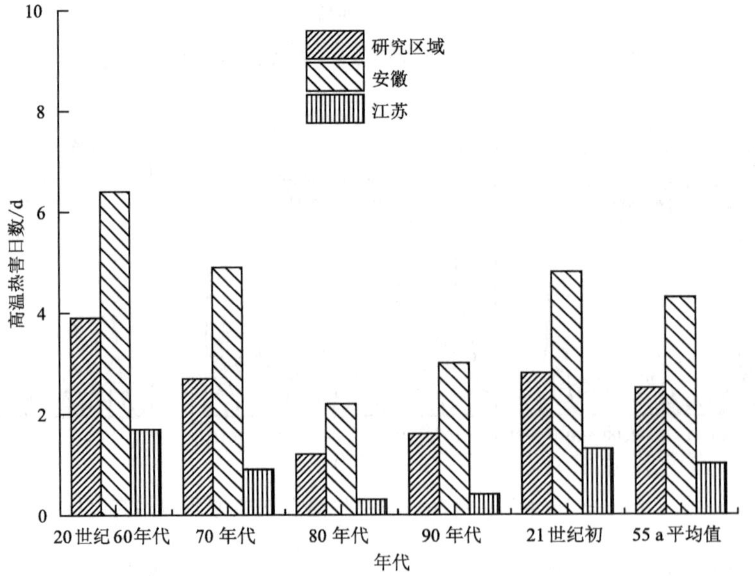

图 6.6　1961—2015 年苏皖地区高温热害年均天数年代际变化

6.3.2 一季稻高温热害周期变化

为了研究苏皖地区一季稻抽穗开花期高温热害周期变化，以每年 20 站不同等级高温热害次数的平均构成时间序列数据，利用 Morlet 小波变换进行研究，小波分析结果见图 6.7，其中图 6.7a、b、c 及 d 分别表示高温热害总次数、轻度、中度及重度高温热害次数。图 6.7 中，横坐标表示年份，纵坐标表示时间尺度，虚线表示负的小波系数实部等值线（表示偏少），实线表示正的小波系数实部等值线（表示偏多），分界线用标有 0 的实线表示。

由图 6.7a2 可以看出，高温热害总次数存在 3 个明显峰值，分别对应着 19 a、13 a 及 5 a 时间尺度，其中 13 a 时间尺度对应的峰值最大，表明其周期振荡最强，为苏皖地区一季稻孕穗-抽穗期高温热害变化的第一主周期。由图 6.7a1 可以看出，5 a 尺度周期信号在 1975 年后振荡信号减弱，1995 年后开始增强。13 a 时间尺度信号上在 1965 年后减弱，1975 年后增强，且振荡中心稳定，高温热害偏多期与偏少期交替出现。19 a 时间尺度分布于整个时域，但 1995 年后振荡信号减弱。

对于不同等级高温热害（图 6.7b～d），由图可见，轻度高温热害存在 4 a 和 13 a 时间尺度的周期变化。4 a 时间尺度信号振荡在 1968—1973 年及 1980—1990 年间信号均减弱，其他时段周期信号较强；13 a 周期信号全时域分布，且周期信号最强，为轻度高温热害第一主周期。中度高温热害存在 5 a、9～13 a 和 20 a 时间尺度周期振荡。4 a 时间尺度振荡信号在 1990 年后减弱，2003 年后信号增强；9～13 a 振荡信号表现为 1995 年之前以 9 a 时间尺度周期振荡，之后 9 a 时间尺度信号逐渐增大到 13 a 尺度。20 a 时间尺度分布于全时域内，周期振荡最强。重度高温热害存在 2 个时间尺度周期振荡信号，主要为 8 a 和 18 a 时间尺度。8 a 时间尺度在 1983 年后减弱，于 2003 年后增强。18 a 时间尺度周期变化分布于全时域，1985 年信号较强，且振荡中心稳定，之后振荡减弱，且 2015 年小波系数等值线（实线）未闭合，说明 2015 年后在该时间尺度下一季稻孕穗-抽穗期高温热害发生次数将继续偏多。

6.3.3 一季稻高温热害空间变化

6.3.3.1 一季稻高温热害发生频率

(1)轻度高温热害

由图 6.8a 可见，苏皖地区轻度高温热害频率由东北向西南逐渐增加。研究区域内 55 a 来，轻度高温热害发生频率最高值在安徽霍山，高达 52.7%。总的来说，安徽境内发生轻度高温热害频率高于江苏。发生频率低于 10%地区主要位于江苏沿海，主要有赣榆、连云港、灌云县、东台市、如东、启东、海门、通州、南通、太仓、常熟，大丰、苏州市区、吴江及海安部分地区，昆山、张家港、如皋，东海大部分地区；发生频率高于 40%主要位于安徽省内，主要有宿松、太湖、望江、东至、岳西、潜山、怀宁、安庆、贵池、石台、金寨、霍山、舒城、桐城、六安，寿县、祁门部分地区，霍邱、肥西、庐江、枞阳大部分地区。

图 6.8b～f 分别代表苏皖地区一季稻孕穗-抽穗期不同年代际轻度高温热害空间分布。由图可以看出，轻度高温热害发生频率不同年代际间空间分布仍由东北向西南逐渐增加，并且发生频率高于位于安徽，小于 10%发生频率主要位于江苏。由图可见，20 世纪 60—70 年代，频率高于 40%发生区域增加，70—80 年代，发生范围缩小，80 年代之后由西南向东北呈增加趋势，发生频率为 20%～30%至 21 世纪初亦迅速增加。

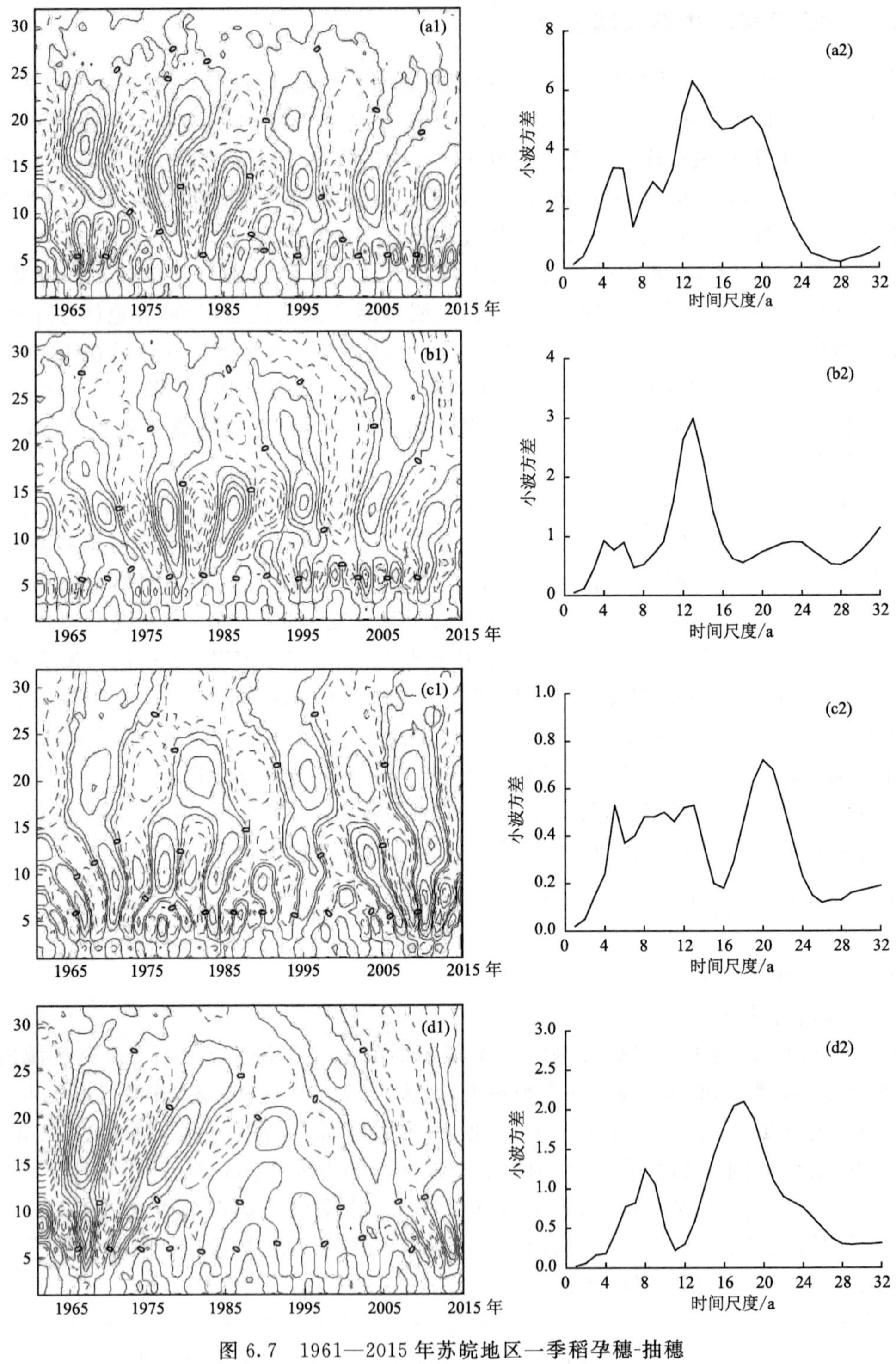

图 6.7　1961—2015 年苏皖地区一季稻孕穗-抽穗

(a)高温热害总次数,(b)轻度高温热害,(c)中度高温热害及(d)重度高温热害的

小波系数等值线(1)和小波方差(2)

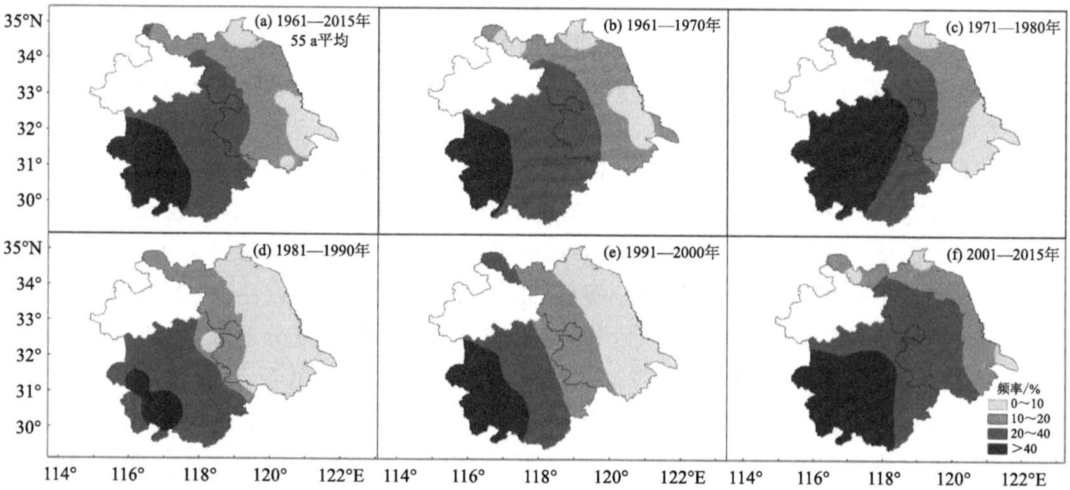

图 6.8　1961—2015 年苏皖地区各年代轻度高温热害频率空间分布

(2)中度高温热害

由图 6.9a 可以看出，研究区域 55 a 内一季稻孕穗-抽穗期中度高温热害发生频率高值区主要集中在安徽，江苏省内中度高温热害发生频率均较低，大部分地区频率均小于 10%。

图 6.9b～f 分别代表一季稻孕穗-抽穗期不同年代际中度高温热害空间分布。由图可以看出，20 世纪 60 年代，中度高温热害发生频率最大值出现在安徽霍山和宁国，频率达 40%。70 年代，中度高温热害主要发生在合肥，肥西大部分区域，长丰、肥东、居巢及庐江部分地区，频率均高于 30%。80 年代中度高温热害发生频率普遍较低，安徽大部分地区频率为 10%～20%，江苏几乎全省发生频率均低于 10%。90 年代，中度高温热害频率高于 30%的地区有霍山，六安、金寨大部分地区，舒城、岳西部分地区，其中霍山达到 40%发生频率。进入 21 世纪后，中度高温热害频率以安庆最高，达 40%。

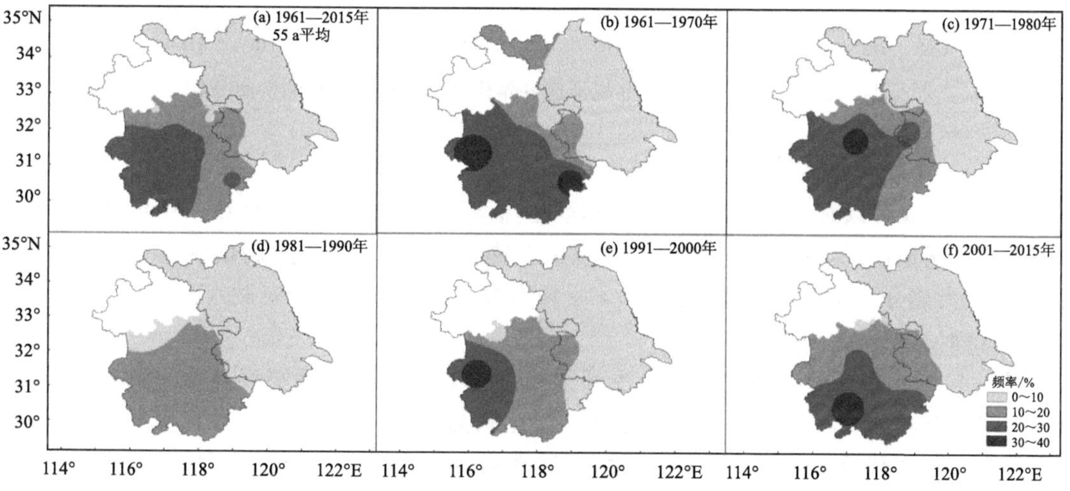

图 6.9　1961—2015 年苏皖地区各年代中度高温热害频率空间分布

(3)重度高温热害

由图 6.10a 可见,55 a 来一季稻孕穗-抽穗期内重度高温热害发生频率总体呈由西南向东北方向逐级递减,发生频率最高不超过 20%。重度高温热害发生频率低值区域主要位于江苏大部分地区,其值均小于 5%。

图 6.10b～f 分别代表苏皖地区一季稻孕穗-抽穗期不同年代际重度高温热害空间分布。20 世纪 60 年代,重度高温热害发生频率不超过 20%,其中除广德、郎溪部分区域外,安徽全省重度高温热害发生频率在 10%～20%,频率低于 5%地区主要位于江苏沿海地区。70 年代,重度高温热害发生频率高值区位于宿松、望江、东至、太湖、怀宁、潜山、岳西、霍山、安庆、宁国,金寨、六安、舒城、桐城、枞阳、贵池、石台、祁门、宣城、广德、绩溪大部分地区,霍邱、黟县、郎溪、泾县、旌德部分地区,发生频率均高于 20%,江苏大部分地区频率低于 5%。80 年代及 90 年代重度高温热害发生频率普遍较低,均低于 10%。进入 21 世纪后,重度高温热害发生频率总体呈西南向东北逐级递减,高值区位于金寨、六安、霍山、岳西,霍邱、舒城大部分地区,寿县、肥西、潜山部分地区。

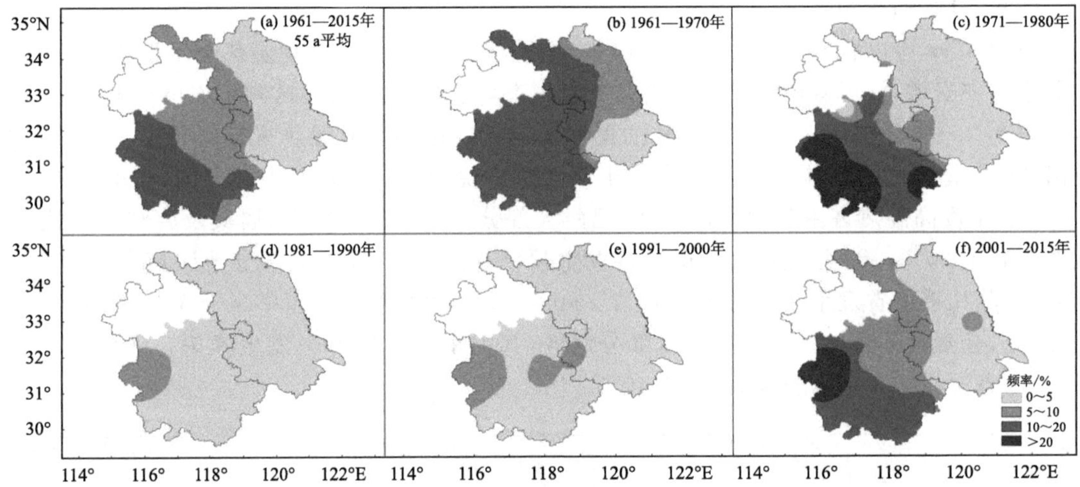

图 6.10 1961—2015 年苏皖地区各年代重度高温热害频率空间分布

6.3.3.2 一季稻高温热害发生日数

由图 6.11a 可以看出,苏皖地区一季稻孕穗-抽穗期高温热害平均日数(1961—2015 年)总体表现为西南地区平均高温日数多,并呈现由西南向东北递减趋势,高值区主要位于安徽境内,低值区大部分位于江苏沿海地区,55 a 平均高温日数最高值位于安徽六安、霍山,最低值位于江苏吕泗,高低值之间相差 63 倍。

图 6.11b～f 分别代表苏皖地区一季稻孕穗-抽穗期不同年代际高温热害平均日数空间分布。由图可以看出,20 世纪 60 年代高温热害发生较为严重,安徽大部分地区平均高温日数大于 6 d,较其他年代分布范围广。70 年代,高温平均日数大于 6 d 分布范围缩小,主要位于安庆,怀宁、东至部分地区。80 年代高温热害平均日数普遍较低均低于 4 d,高值区主要位于安徽西南部。90 年代,高温热害平均日数增加,六安、霍山平均高温日数高于 6 d。21 世纪初,高温热害平均日数大于 6 d、4～6 d 范围增加,这说明进入 21 世纪后,苏皖地区一季稻孕穗-抽穗

期高温热害发生更加频繁。

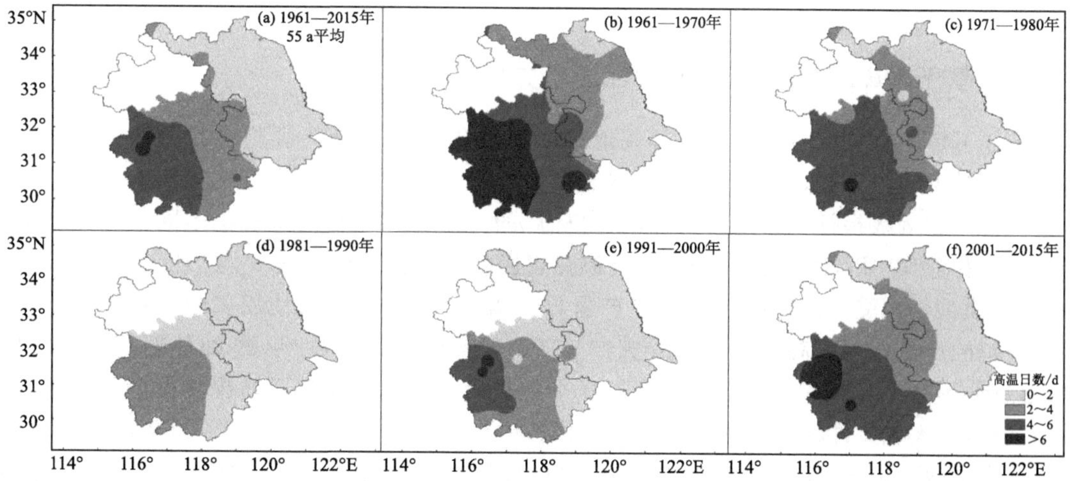

图 6.11　1961—2015 年苏皖地区一季稻孕穗-抽穗期各年代高温热害平均天数的空间分布

6.3.4　小结

1961—2015 年苏皖地区一季稻孕穗-抽穗期内高温热害发生影响范围大小表现为重度>轻度>中度，并且安徽发生高温热害较为严重，且影响范围广。进入 21 世纪后，安徽轻度高温热害影响范围呈下降趋势，但中度及重度高温热害站次比表现为增加趋势，这说明安徽中度、重度高温热害影响范围将增加。江苏一季稻孕穗-抽穗期间不同等级高温热害影响范围较小，进入 21 世纪后高温热害站次比均呈增加趋势。站次比不同年代际间表现为 80 年为低值期，即 80 年代高温热害影响范围最小，但 21 世纪初，高温热害影响范围增加。苏皖地区高温热害发生天数自 1989 年以来呈显著增加趋势，进入 21 世纪后，安徽及江苏平均高温热害天数呈增加趋势。高温日数年代际变化表明 20 世纪 90 年代以来，安徽、江苏一季稻孕穗-抽穗期内高温热害持续时间有所增加。进入 21 世纪后，安徽及江苏平均高温热害天数呈增加趋势，这说明高温热害将向更严重趋势发展。相比较之下，中度及重度高温热害往往是造成水稻显著减产，历来被人们所高度关注，从数据分析来看，近年来频繁发生的多次严重高温热害加之高温热害天数呈增加趋势，这更应该引起人们的高度警惕。

苏皖地区高温热害存在周期波动特征，以 13 a 时间尺度其第一主周期。轻度、中度及重度高温热害分别以 13 a、20 a 及 18 a 为第一主周期。

不同等级高温热害发生频率及高温热害发生平均日数总体呈由西南向东北方向逐级递减，并且频率高值区位于安徽省，低值区位于江苏沿海地区。20 世纪 80 年代为高位热害发生频率及平均高温日数低值期，之后高值区范围增加，这说明进入 21 世纪后，苏皖地区一季稻孕穗-抽穗期高温热害发生更加频繁。

6.4 基于 ORYZA2000 模型的脆弱性评价

6.4.1 基于 ORYZA2000 的脆弱性评价方案

基于 ORYZA2000 水稻模型对苏皖地区一季稻孕穗-抽穗期高温热害脆弱性模型进行评价。通过模型输入试验、作物、天气、土壤等数据输入模型中对模型进行定标和验证。结合一季稻高温热害等级指标及研究时段，基于定标后的 ORYZA2000 模型模拟不同天气文件下的产量，采用减产率变异系数作为一季稻高温热害脆弱性评价指标。其中，基于定标后的 ORYZA2000 模型模拟受灾产量(P_1)和常年产量(P_2)操作步骤如下：①使用实际气象资料输入模型中模拟的产量作为因高温热害的受灾产量 P_1；②若研究时段内(孕穗-抽穗期)发生高温热害，通过使用替换日最高气温(同一天 55 a 平均日最高气温替换实际情况发生高温热害的日最高气温)的天气文件输入定标后的模型中模拟的产量为常年产量(P_2)；③ORYZA2000 模拟的受灾产量(P_1 与常年产量 P_2)的差值表示研究时段内受高温热害影响的产量(P_3)；④受高温热害影响的产量(P_3 与常年产量 P_2)的比值作为产量变化率，当产量变化率小于 0 时为减产率。通过减产率变异系数构建承灾体的脆弱性模型，减产率变异系数计算公式参看第 2 章。一季稻高温热害脆弱性模型的构建见图 6.12。

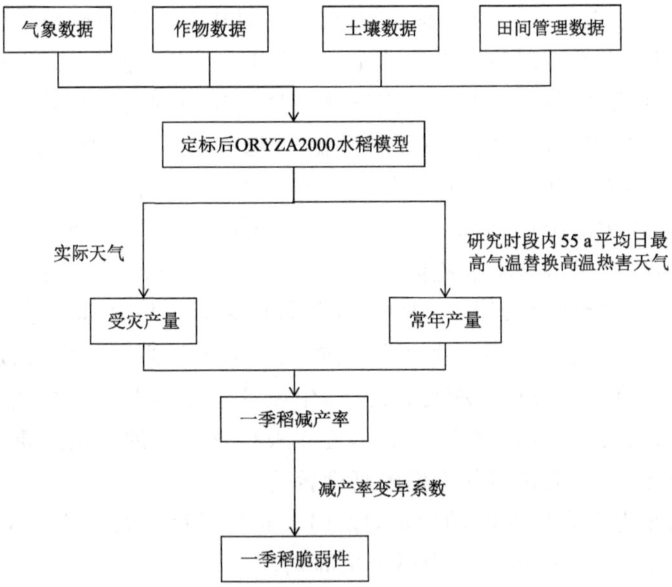

图 6.12 一季稻脆弱性模型构建

6.4.2 ORYZA2000 对作物生长发育过程的模拟

6.4.2.1 干物质积累

模型中逐日干物质生长率为：

$$G_p = (A_d \times (30/44) - R_m + R_t)/Q \tag{6.16}$$

式中，G_p 为逐日干物质生长量；A_d 为逐日冠层 CO_2 同化量（$kg \cdot hm^{-2} \cdot d^{-1}$）；$R_m$ 为维持呼吸消耗量（$kg \cdot CH_2O \cdot hm^{-2} \cdot d^{-1}$）；$R_t$ 为逐日生长可利用的茎储存物损失（$kg \cdot CH_2O \cdot hm^{-2} \cdot d^{-1}$）；$Q$ 为干物质生产的呼吸系数（$kg \cdot CH_2O \cdot kg^{-1}DM^{-1}$）。其中逐日冠层 CO_2 同化量涉及的参数主要有太阳辐射、初始光能利用率、叶面积指数、作物消光系数、CO_2 浓度等。维持呼吸消耗量受温度影响，其计算如下：

$$R_m = R_{mr} \times 2^{(T_{av}-T_r)/10} \tag{6.17}$$

$$R_{mr} = mc_{lv}W_{lv} + mc_{st}W_{st} + mc_{rt}W_{rt} + mc_{so}W_{so} \tag{6.18}$$

式中，T_r 为参考温度（25 ℃）；R_{mr} 为参考温度下维持呼吸消耗量；T_{av} 为白昼平均温度；W_{lv}、W_{st}、W_{rt}、W_{so} 分别为叶片、茎、根、贮存器官的干物质重量（$kg \cdot DM \cdot h^{-2}$）；mc_{lv}、mc_{st}、mc_{rt}、mc_{so} 分别是叶、茎、根、贮存器官在 25 ℃下的维持呼吸量（$kg \cdot CH_2O \cdot kg^{-1}DM^{-1} \cdot d^{-1}$），为模型输入参数。

生长呼吸系数由器官生长呼吸系数和器官间分配系数求得：

$$Q = \mathrm{FSH} \times (\mathrm{CRGLV} \times \mathrm{FLV} + \mathrm{CRGST} \times \mathrm{FST} \times (1-\mathrm{FSTR}) + \mathrm{CRGSTR} \times \mathrm{FSTR} \times \mathrm{FST} + \mathrm{CRGSO} \times \mathrm{FSO}) + \mathrm{CRGRT} \times \mathrm{FRT} \tag{6.19}$$

式中，FSH、FLV、FST、FSTR、FSO、FRT 分别为干物质分配到地上部分的植株、叶、茎、茎暂时储存物、贮藏器官和根的分配系数；CRGLV、CRGST、CRGSTR、CRGSO、CRGRT 分别为叶、茎、茎暂时储藏物、贮藏器官和根的生长呼吸参数。

6.4.2.2 叶面积增长

ORYZA2000 中模型叶面积变化分为指数增长和线性增长阶段。作物生长前期，叶片间相互独立没有遮挡，叶面积按指数规律增长，并只受温度限制：

$$\mathrm{LAI}_{ts} = \mathrm{LAI}_{to} \times \exp(R_1 \times ts) \tag{6.20}$$

式中，LAI 为叶面积指数，LAI_{ts} 为 ts 积温下的叶面积指数；LAI_{to} 为起始时的叶面积指数；R_1 为叶面积相对生长速（$(℃ \cdot d)^{-1}$）。

随着生长发育进程的进行，当叶面积增长到叶片相互间的遮挡阻碍下部叶片进行光合作用时，此时叶面积与叶重之间存在固定比例关系，即比叶面积 SLA（$m^2 \cdot kg^{-1}$），叶面积可根据比叶面积进行计算：

$$\mathrm{LAI} = \mathrm{SLA} \times W_{lvg} \tag{6.21}$$

式中，W_{lvg} 为绿叶重（kg），比叶面积 SLA 可通过下式求得：

$$\mathrm{SLA} = a + b \times \exp(c \times (\mathrm{DVS} - d)) \tag{6.22}$$

式中，a、b、c、d 为经验系数；DVS 为发育阶段。

6.4.2.3 产量形成

水稻最终产量由粒重和颖花数计算求得。水稻幼穗分化至开花期间形成的颖花数计算如下：

$$S_i = \sum_{i=P}^{F} (G_i \times \gamma) \tag{6.23}$$

式中，S_i 为颖花数；G_i 为干物质增量；γ 为单位干物质增量颖花形成系数；P、F 分别为幼穗分化至开花阶段的日期。ORYZA2000 模型中还考虑了低温与高温对颖花形成的影响：

$$S_c = 1 - (4.6 + 0.054 \times SQ_t^{\ 1.56})/100 \tag{6.24}$$

$$SQ_t = \sum(22 - T_d) \tag{6.25}$$

$$S_h = 1/(1 + \exp(0.853(T_{m,a} - 36.6))) \tag{6.26}$$

式中，S_c、S_h 分别表示低温与高温对颖花形成的影响系数；T_d 为平均温度；$T_{m,a}$为开花期平均日最高温度均值。

6.4.3 ORYZA2000 模型参数定标及验证方法

ORYZA2000 模型在运行之前需要建立试验参数文件、作物参数文件和土壤参数文件。试验参数文件根据实际方案或者假设试验情景设定，主要设置土壤水分动态模式（PADDY、SAHEL 和 SAWAH）、水稻种植方式（移栽或直播）、田间管理情况（如播种时间、移栽密度等）；作物参数文件中需要标定的参数主要有各发育阶段发育速率常数、干物质分配系数、相对叶面积生长速率、比叶面积参数及茎秆存留系数，这些系数可通过模型提供的 DRATES 和 PARAMS 程序优化得到。当运行模式为水分控制时，需要根据各站点土壤性质设置土壤参数文件。

本研究通过南京试验点一季稻品种宁 9108 在 2013—2014 年第 1 和第 3 播期试验资料运行 ORYZA2000 中 DRATES 确定生育期参数，并将确定参数值代入作物参数文件中运行 PARAMS 获取相对叶面积生长速率、干物质分配系数、比叶面积系数和茎秆存留系数获得最终标定参数，定标结果如表 6.2 所示。其中，作物文件中比叶面积可选用函数形式进行计算，函数中包含多个参数，参数获取主要通过最小二乘法进行公式拟合得到，具体操作为：将 2013—2014 年第 1 播期和第 3 播期比叶面积序列绘制成以 DVS 为横轴，比叶面积为纵轴的散点图，采用指定函数对散点进行基于最小二乘法进行公式拟合获得参数。对于干物质分配系数采用通过 PARAMS 得到的分配系数，绘制以 DVS 为横轴，分配系数为纵轴的散点图，采用线性拟合获得各 DVS 的分配系数值。对于相对叶面积生长速率和茎秆存留系数采用 PARAMS 定标后获得的第 1 和第 3 播期的最大值代替。最后利用第 2 播期资料对标定参数进行检验。

表 6.2 南京试验品种标定结果

品种	发育期参数		干物质分配系数				比叶面积参数		相对叶面积生长速率	茎秆存留系数
	发育期	发育速率	发育期	茎	叶	穗	发育期	比叶面积		
宁 9108	0～0.4	0.000685	0	0.485	0.515	0	0	0.0050	0.011	0.191
	0.4～0.65	0.000758	0.5	0.485	0.515	0	0.16	0.0050		
	0.65～1	0.000784	0.8	0.383	0.299	0.318	0.35	0.0026		
	1～2	0.001271	1	0.199	0.156	0.646	0.65	0.0018		
			1.2	0.014	0.012	0.974	0.8	0.0017		
			1.5	0	0	1	1	0.0017		
			2	0	0	1	2	0.0017		

模型验证选择相关系数 r、均方根误差 RMSE 及归一化均方根误差 NRMSE 作为评价指标，其中 RMSE 及 NRMSE 计算公式分别为：

$$\mathrm{RMSE} = \sqrt{\frac{\sum (d_{\mathrm{i}} - s_{\mathrm{i}})^2}{n}} \tag{6.27}$$

$$NRMSE = \frac{\sqrt{\sum (d_i - s_i)^2 / n}}{\sum d_i / n} \times 100\% \tag{6.28}$$

式中，d_i 表示实测值；s_i 表示模拟值；n 表示样本数。

回归系数越接近 1，截距接近 0，r 越接近 1，表示线性拟合度高；RMSE 与 NRMSE 能总体反映模拟误差大小。本研究根据验证数据观测值与模拟值，选用发育期、穗及地上部生物量进行验证。

6.4.4 模型的验证

将定标参数输入模型中，运行模型，得到发育期日序数、穗（WSO）及地上部生物量（WAGT）。对于发育期验证，本研究选用幼穗分化（DVS=0.65）、抽穗开花期（DVS=1）及成熟期（DVS=2）对应日序数（DOY）进行验证，各项验证结果如表 6.3 所示。由表可知，各变量线性回归系数均较高，且相关系数 r 均通过 0.001 水平显著性检验，说明模型能较好地模拟发育期、穗及地上部生物量变化趋势。此外，由 RMSE 和 NRMSE 可以看出，模型能够较好地模拟 3 个生育期，模拟地上部生物量误差小于模拟穗。总体来看，并且模型模拟 2013 年效果要高于 2014 年，这说明模型调试后能够模拟出高温热害对水稻的影响。

表 6.3　定标后发育期、穗及地上部生物量统计评价

年份	变量	样本数	线性回归系数	r	RMSE	NRMSE/%
2013	DOY	3	0.9412	0.9998**	2.1 d	0.87
	WSO	7	0.839	0.9930**	896.07 $kg \cdot hm^{-2}$	24.78
	WAGT	7	0.7271	0.9882**	3484.79 $kg \cdot hm^{-2}$	36.02
2014	DOY	3	1.0462	0.9984**	2.6 d	1.07
	WSO	6	1.3035	0.9774**	969.62 $kg \cdot hm^{-2}$	56.67
	WAGT	6	1.1993	0.9974**	1170.33 $kg \cdot hm^{-2}$	30.76

** 表示在 0.001 水平上显著相关。

图 6.13 为实际发育期观测值与 ORYZA2000 模拟发育期之间的关系。由图可以看出，ORYZA2000 的模拟效果较好，2013—2014 年模拟发育期差距范围为 −3～4 d。

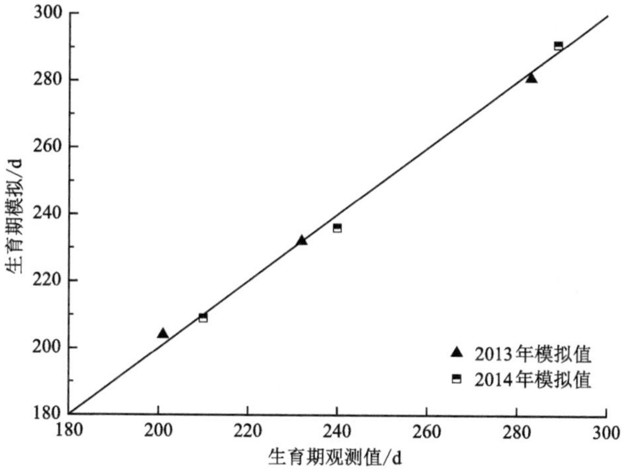

图 6.13　水稻生育期观测值与模拟值

（实线为 1∶1 参考线）

图 6.14 为实际水稻干物质观测值与模拟值之间的关系，由图可见，ORYZA2000 模拟对于该品种穗及地上部生物量模拟存在高估或者低估现象。由图 6.14a 可以看出，2013 年与 2014 年模拟值主要落在 1∶1 线下方或者上方，但模拟值变化趋势与实际值基本一致，能较好地反映该品种穗变化趋势。对于地上部生物量(图 6.14b)的模拟，总体上，2014 年模拟效果较 2013 年好，模型能较好地模拟地上部生物量动态变化趋势，而 2013 年发育前期，模型模拟效果较好，之后模拟效果偏低较大，这可能是由于 2013 年夏季出现高温热害，而实际过程中防灾减灾作用减缓了高温热害的危害。

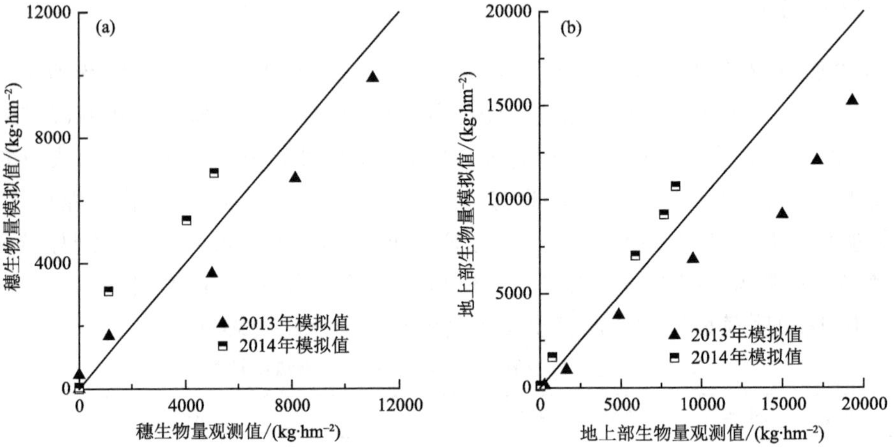

图 6.14　水稻穗(a)和地上部生物量(b)观测值与模拟值

(实线为 1∶1 参考线)

6.4.5　ORYZA2000 模型适应性

为检验定标模型适应性，本研究对安徽滁州 1996—2010 年统计产量进行验证，验证方法采用第 2 章中相对气象产量进行，验证结果如图 6.15。由图可以看出，在所检验的年份中，模拟的相对气象产量与实际相对气象产量变化趋势基本一致。但对于某年份，模拟效果与实际存在一定的差距，以 2003 年为例，该年一季稻生长发育阶段除受高温热害的影响外，还受到其

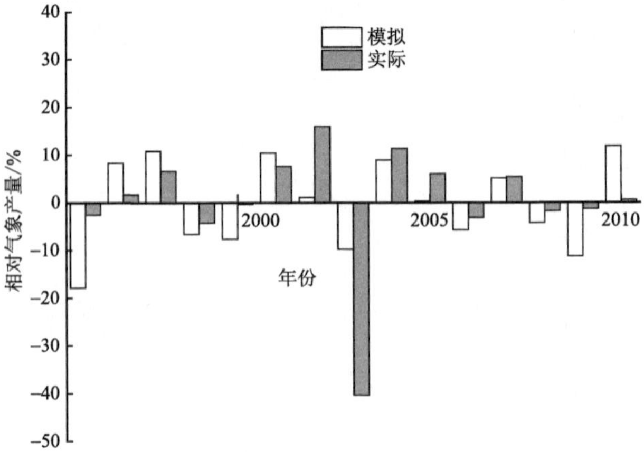

图 6.15　模型模拟相对气象产量与实际相对气象产量比较

他灾害的影响(如安徽 6 月下旬发生洪涝,此时水稻处于分蘖期;8 月中旬以来发生病虫害等),因而该年水稻受灾较为严重,模拟减产效果与实际差异较大。除此之外,人为因素(如栽培措施、防灾减灾对策)可减弱气象要素对水稻产量的影响,因而使模拟值与实际值存在差异。

6.4.6 ORYZA2000 模拟产量

以 2003 年为例,采用定标后的 ORYZA2000 进行产量模拟,使用实际气象资料输入模型中模拟的产量作为因高温热害的受灾产量 P_1,模型输出结果如图 6.16a 所示,若研究时段内(孕穗-抽穗期)发生高温热害,通过使用替换日最高气温的天气文件输入定标后的模型中模拟的产量为常年产量 P_2,如图 6.16b 所示。

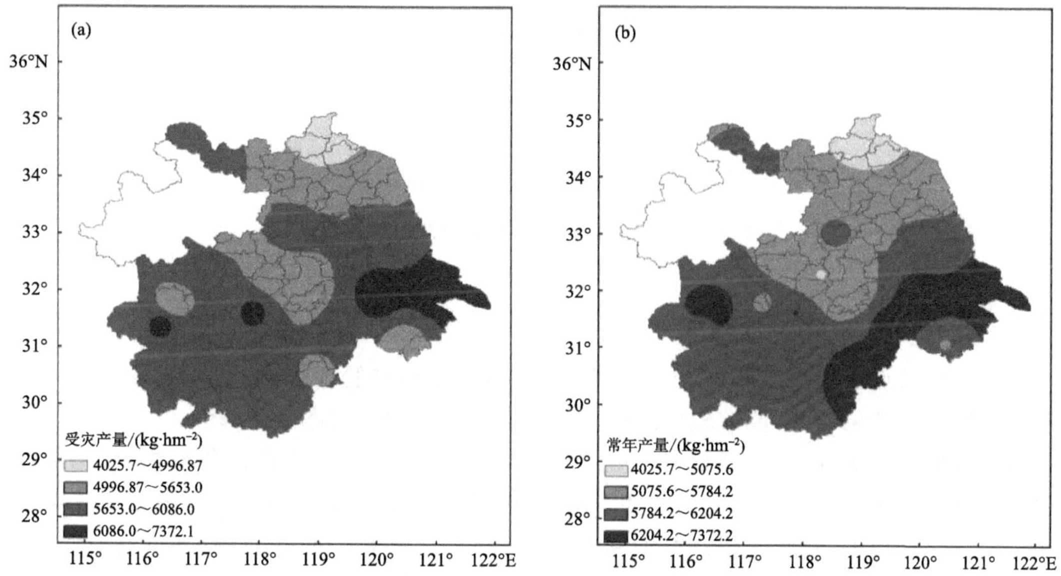

图 6.16　ORYZA2000 模拟 2003 年受灾产量(a)和常年产量(b)

6.4.7 基于 ORYZA2000 的一季稻脆弱性评价

通过结合定标后的 ORYZA2000 水稻模型模拟水稻产量获得一季稻高温热害造成的灾损。本研究主要通过计算减产率变异系数构建脆弱性模型,具体计算,参看 6.2.4 节。

通过计算 20 个气象站点脆弱性值,基于 ArcGIS 平台进行空间插值,如图 6.17 所示。由图可以看出,一季稻脆弱性空间分布特征表现研究区域内北部脆弱性高于南部由沿海向内陆地区脆弱性增大,并且安徽省变异系数较江苏省高,这说明研究区域由南至北,由沿海向内陆,一季稻产量受环境影响越来越大,潜在风险逐渐增加。脆弱性较高区域主要位于安徽西南地区及安徽沿淮地区,有淮南、长丰、定远、凤阳、明光、滁州、来安、宁国、安庆、东至、望江、怀宁、贵池,桐城、枞阳、石台、霍邱、寿县、宿松、肥东、全椒、潜山、泗洪、盱眙部分地区。脆弱性在 1.61～2.00 主要位于安徽研究区域中部、南部地区及江苏西北部分市县,一季稻脆弱性在 0.92～1.61 主要位于江苏东部、西南地区及中部部分市县。一季稻脆弱性低值区主要位于赣榆、连云港、如东、灌云、启东、海门、通州、南通、常熟、昆山、吴江、苏州、太仓,其他位于海东、如皋、张家港、锡山、江阴部分地区。

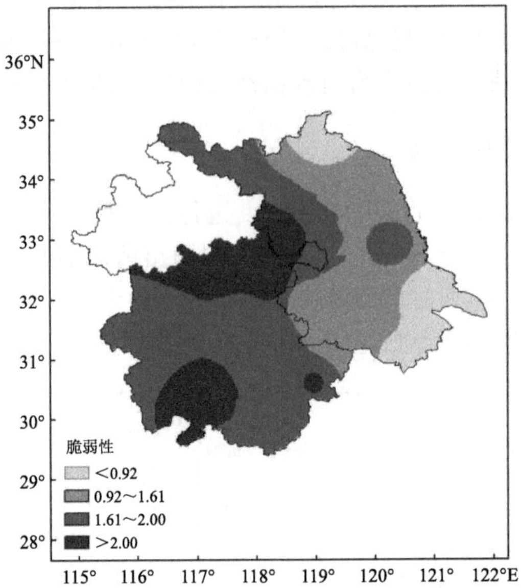

图 6.17 苏皖地区一季稻高温热害脆弱性

6.4.8 小结

利用南京试点水稻观测数据对 ORYZA2000 进行定标与验证,从结果看,ORYZA2000 对水稻发育期模拟效果较好,能够较好地模拟穗及地上部生物量动态变化趋势。

为检验模型适应性,对安徽滁州产量进行模拟,结果表明在所检验的年份中,模拟的相对气象产量与实际相对气象产量变化趋势一致,但模拟值与实际值之间还存在一定的差异。水稻在生长发育过程中,除受气候条件直接影响外,还受气候条件间接影响(如洪涝、病虫害)。此外,人为因素可减弱气象要素对水稻产量的影响,使得结果和理想值有所差别。

基于定标后的 ORYZA2000 进行一季稻脆弱性评价可知,苏皖地区一季稻脆弱性空间分布特征表现研究区域内北部脆弱性高于南部由沿海向内陆地区脆弱性增大,并且安徽省变异系数较江苏省高,这说明研究区域由南至北,由沿海向内陆,一季稻产量受环境影响越来越大,潜在风险逐渐增加。

6.5 苏皖地区一季稻高温热害风险评价

6.5.1 危险性评价

统计研究区域 20 个气象站点不同等级高温热害发生平均次数,根据公式(6.10)计算各站点危险性值,通过 ArcGIS 平台,将危险性值进行插值,危险性空间分布图如图 6.18 所示。由图 6.18a 可见,1961—2015 年间苏皖地区高温热害危险性以安徽霍山、六安、安庆为中心由东北向西南逐渐增加。总的来说,安徽省 55 a 来一季稻孕穗-抽穗期间高温热害危险性高于江苏。江苏省除南京、仪征、江宁、溧水、高淳、句容、睢宁及泗洪部分区域危险性在 0.4~0.8 外,全省高温热害危险性在 0~0.4 之间,其中以吕泗危险性最低。危险性高值区位于安徽六安、霍山、安庆、金寨、岳西、舒城、桐城、怀宁、望江、东至及贵池部分地区。由此可以看出，高温热害危险性由沿海向内陆逐渐增加。

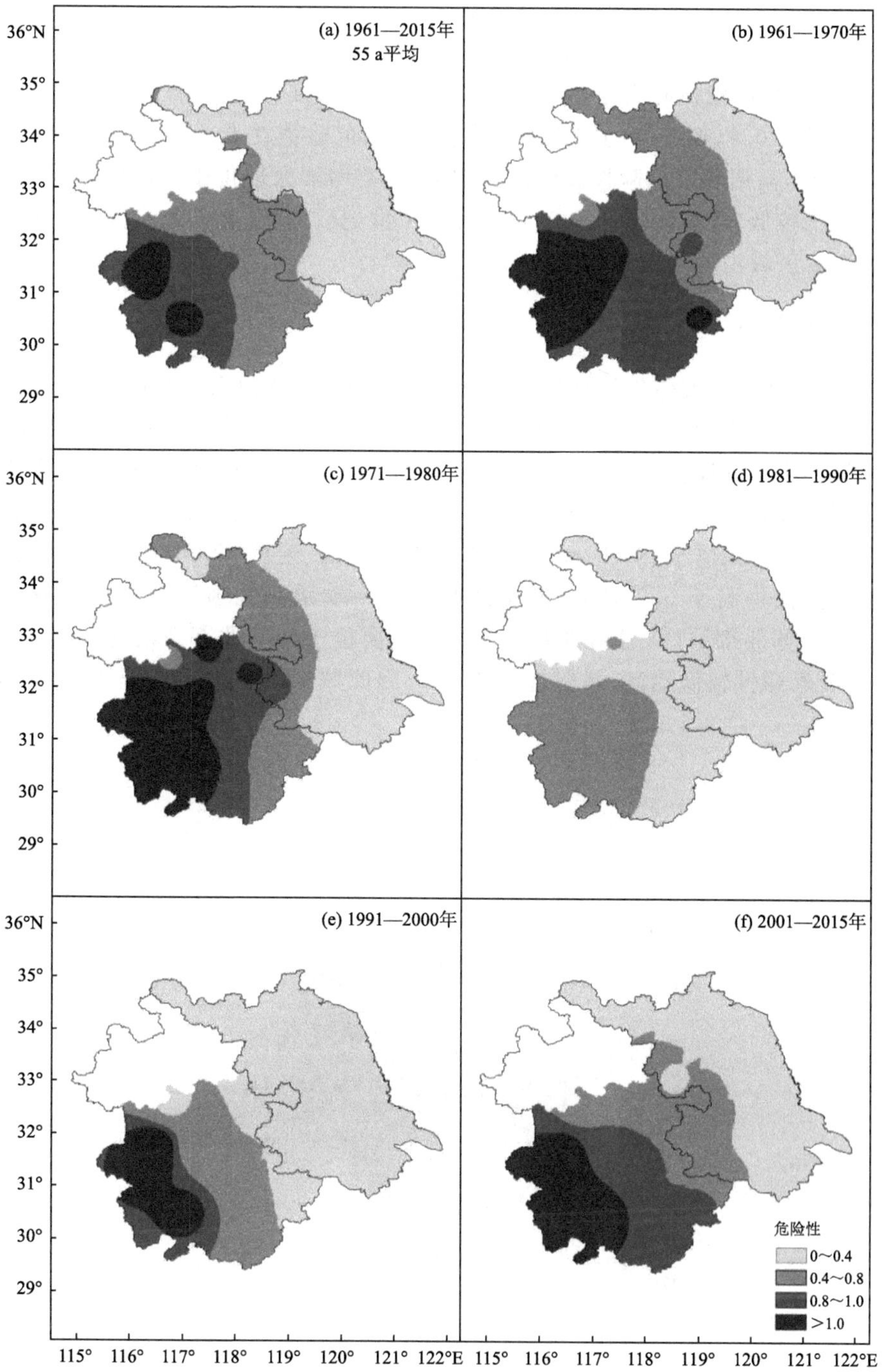

图 6.18　1961—2015 年苏皖地区各年代一季稻高温热害危险性

图 6.18b～f 分别代表苏皖地区一季稻孕穗-抽穗期不同年代际高温热害危险性空间分布。由图可以看出，不同年代际间高温热害危险性空间分布由东北向西南逐渐增加。20 世纪 60 年代，危险性高值区位于安徽西部，主要有金寨、六安、霍山、岳西、太湖、潜山、怀宁、桐城、舒城、肥西、合肥、宁国，霍邱、宿松及庐江大部分地区，寿县、长丰、肥东、居巢、枞阳及望江部分地区。70 年代危险性空间分布与 60 年代相似，但危险性在 1.0～1.5 区域较 60 年代增加。80 年代一季稻孕穗-抽穗期间高温热害高危险区域急剧缩减，危险性性普遍较低，江苏全省高温热害危险性低于 0.4，部分市(县)未发生高温热害，危险值在 0.4～0.8 主要位于安徽大部分地区。90 年代，高温热害危险性高值区域增加，主要增加区域位于安徽境内，但江苏全省高温热害危险性仍较低，危险值仍低于 0.4。进入 21 世纪后，高温热害危险性＞1.0 区域增加缓慢，但 0.8～1.0 区域由西南向东北呈扩张趋势。

6.5.2　暴露性评价

通过 2010 年江苏与安徽省统计年鉴统计各市县一季稻种植面积及耕地面积数据，根据公式(6.12)计算得到苏皖地区一季稻暴露性值，并基于 ArcGIS 平台，对各市县暴露性进行直接赋值以代表该各市县暴露性值，空间分布如图 6.19 所示。由图可见，苏皖地区暴露性较高区域主要集中于江苏省中部及安徽省研究区域北部。研究区域中，大部分区域一季稻暴露性均在 0.6 以上，其中昆山、涟水、洪泽、宝应、高邮、句容、肥西、天长、全椒、寿县、霍邱、金寨、广德、休宁等地区暴露性均高于 0.9 以上，说明这些地区一季稻潜在风险较高。暴露性在 0.4～0.6，主要位于江苏北部地区，暴露性在 0.4 以下主要位于江苏北部及沿海一些城市，其中丰县、海门一季稻暴露性较低地区，暴露性低于 0.1，因此该地区一季稻遭受高温热害潜在损失的可能性较小。

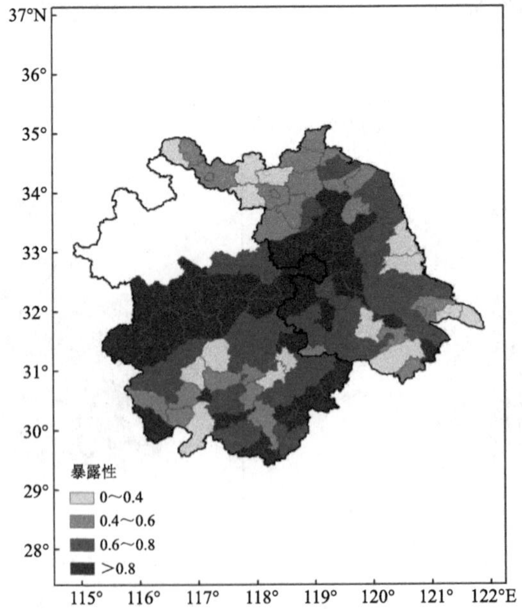

图 6.19　苏皖地区一季稻高温热害暴露性

6.5.3 脆弱性评价

本节基于定标后的 ORYZA2000 水稻模型模拟不同天气文件下的水稻产量，进而构建一季稻高温热害的脆弱性模型。模型构建及脆弱性评价结果见第 4 章。

6.5.4 防灾减灾能力评价

通过 2010 年江苏与安徽省统计年鉴统计各市县农民人均纯收入、农业机械总动力及农业化肥施用量，并通过公式(6.14)计算各市县防灾减灾能力值，最后通过 ArcGIS 平台对各市县进行直接赋值。

防灾减灾各指标权重计算方法参看第 2 章，所构建判断矩阵均通过一致性检验，判断矩阵及权重如表 6.4、6.5 所示。

表 6.4　防灾减灾各项指标判断矩阵

指标	农民人均纯收入	农业机械总动力	农业化肥施用量
农民人均纯收入	1	3	2
农业机械总动力	1/3	1	1/2
农业化肥施用量	1/2	2	1

表 6.5　防灾减灾能力各项指标权重

指标	农民人均纯收入	农业机械总动力	农业化肥施用量
权重	0.5396	0.1634	0.2970

6.5.4.1　防灾减灾各项指标评价

图 6.20 为苏皖地区农民人均纯收入空间分布图。由图可见，研究区域内南部农民人均纯收入高于北部，两省人均纯收入相比较，江苏收入明显高于安徽，并且以江苏省南部收入最高。江苏农民人均纯收入全省几乎高于 6000 元以上，多数区域均高于 8000 元以上。相比较之下，安徽全省人均纯收入几乎低于 6000 元，两省收入差异很大，说明在支配资金进行优化防灾减灾措施方面，江苏省更具有优势。

图 6.21 为苏皖地区农业机械总动力空间分布图。由图可以看出，研究区域内南北投入农业机械差异较大，北部农业机械总动力较高，说明这些区域投入农业机械进行生产较高。两省相比较，江苏投入机械总动力较高，如徐州、南通、连云港及盐城投入机械总动力高达 300 万 kW 以上。

图 6.22 为苏皖地区农业化肥施用量空间分布图。由图可见，研究区域内南北投入农业化肥量存在较大差异，北部投入农业化肥较高，说明这些区域投入化肥以促进、改善作物生长以提升作物抗灾能力的措施较为完备。江苏与安徽相比较，农业化肥施用量较高，其中盐城与徐州化肥施用量甚至高于 60 万 t。安徽化肥施用量较低，研究区域内化肥投入量低于 15.0 万 t，多数区域低于 8.0 万 t。

6.5.4.2　防灾减灾能力评价

对防灾减灾各项指标归一化处理，处理方法见第 2 章。通过层次分析法对各项指标进行权重赋值，构建苏皖地区防灾减灾能力空间分布图，如图 6.23 所示。由图可以看出，江苏省防

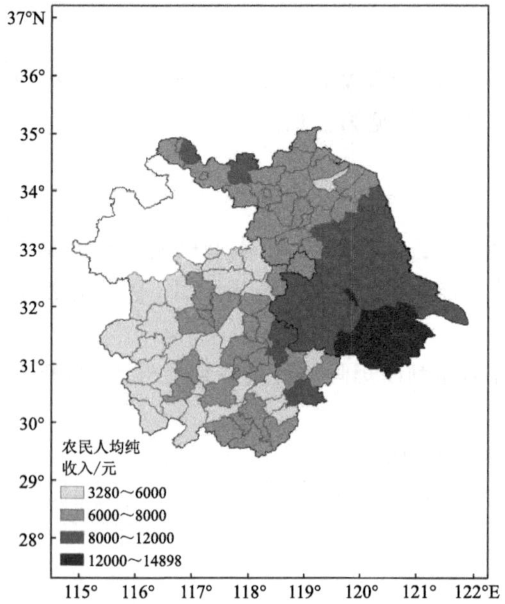

图 6.20　苏皖地区农民人均纯收入

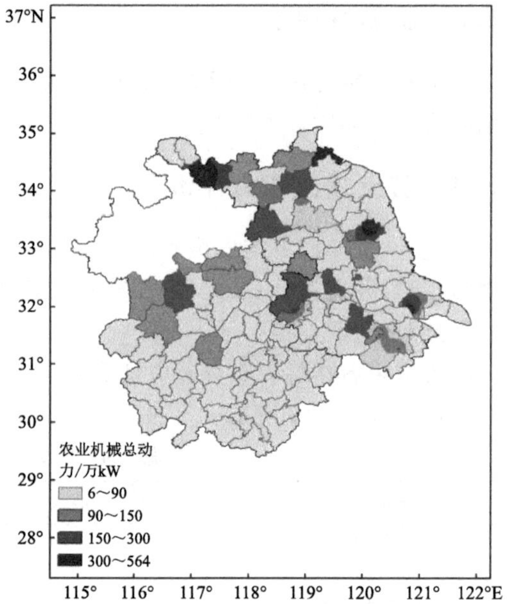

图 6.21　苏皖地区农业机械总动力

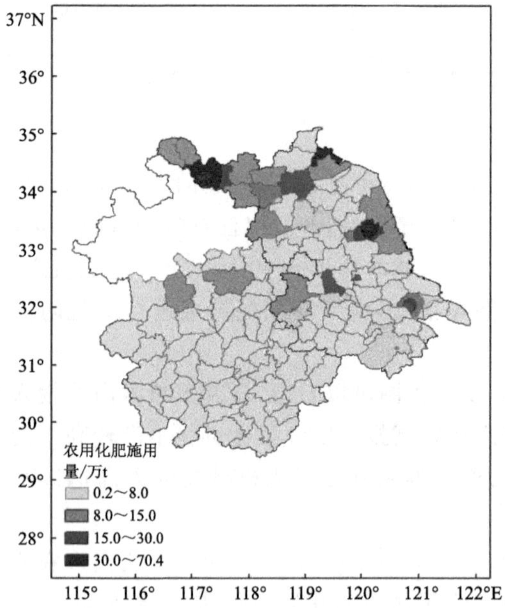

图 6.22　苏皖地区农业化肥施用量

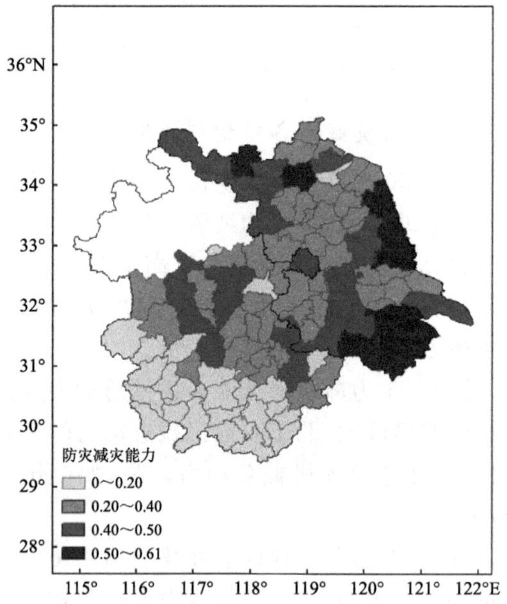

图 6.23　苏皖地区一季稻高温热害防灾减灾能力

灾减灾能力比安徽省强，并且防灾减灾能力较强地区主要位于江苏省沿海及南部区域，防灾减灾能力由沿海向内陆呈减小趋势。其中，防灾减灾能力在 0.5 以上的市县有江阴、昆山、常熟、太仓、张家港、吴江、宜兴、东台、大丰、射阳、邳州、沭阳。防灾减灾能力低于 0.2 以下的市县主要位于安徽省西部、西南及南部地区，尤其以石台和岳西防灾减灾能力最差。

6.5.5 高温热害风险区划及评价

根据公式(6.15)计算高温热害风险指数。通过ArcGIS平台,对各因子插值后进行空间相乘并赋值相应权重,最后其分为低值区、次低值区、次高值区和高值区,利用高温热害风险指数对苏皖地区一季稻进行风险区划。其中各因子权重采用层次分析法进行确定,具体方法参照第二章,所构建矩阵均通过一致性检验,判断矩阵如表6.6所示,相应权重如表6.7所示。

表6.6　一季稻高温热害风险评估模型各因子判断矩阵

风险评估因子	危险性	暴露性	脆弱性	防灾减灾能力
危险性	1	2	2	2
暴露性	1/2	1	1/3	1/2
脆弱性	1/2	3	1	1
防灾减灾能力	1/2	2	1	1

表6.7　苏皖地区一季稻高温热害风险评估模型各因子权重

风险评估因子	危险性	暴露性	脆弱性	防灾减灾能力
权重	0.3908	0.1264	0.2568	0.2261

由图6.24可见,一季稻高温热害风险由江苏沿海地区向安徽省内逐渐增加,并且安徽省一季稻孕穗-抽穗期高温热害风险要高于江苏,不同等级风险区域具有连续性与成片性。风险高值区和次高值区主要位于安徽西部、西南部分地区及安徽南部,其中风险高值区主要位于金寨、霍山、岳西、太湖、安庆,部分位于潜山、宿松、贵池、石台、祁门,风险次高值区主要位于霍邱、六安、舒城、肥西、合肥、怀宁、东至、望江、枞阳、青阳、黄山、黟县、休宁、绩溪、旌德、歙县、铜陵、蚌埠,部分位于凤阳、铜陵县、宁国、肥东、滁州、全椒、泾县、桐城、长丰。风险次低值区主要位于安徽中部、东部地区及江苏西部区域,低值区主要位于江苏省其余区域内。

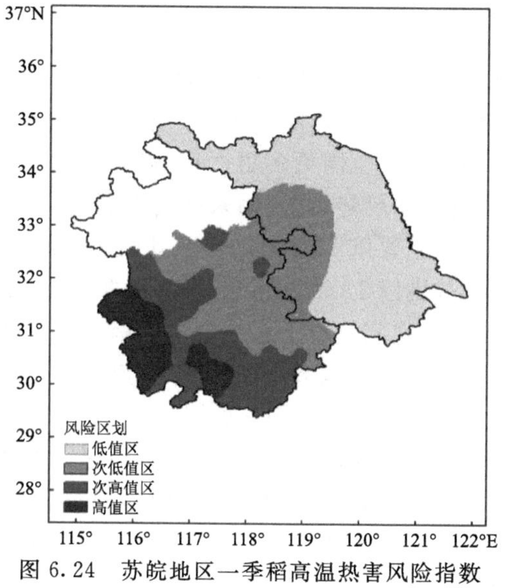

图6.24　苏皖地区一季稻高温热害风险指数

6.5.6 小结

本章主要基于自然灾害风险理论，采用“四因子”说构建苏皖地区一季稻高温热害风险评估模型。其中，对于承灾体脆弱性，本研究采用ORYZA2000使用实际气象资料模拟的产量作为因高温热害的受灾产量，通过使用同一天55 a平均日最高气温替换实际情况发生高温热害发生的日最高气温模拟常年产量，通过计算减产率变异系数构建脆弱性模型。

对于灾害危险性，通过高温热害发生频次构建灾害危险性模型，结果表明，1961—2015年安徽省一季稻孕穗-抽穗期间高温热害危险性高于江苏，并且高温热害危险性由沿海向内陆逐渐增加。不同年代际高温热害空间分布表明，20世纪80年代一季稻孕穗-抽穗期间高温热害危险性性普遍较低，自80年代以来，高温热害危险性空间分布区域增加。

暴露性在江苏省中部及安徽省研究区域北部较高，暴露程度在0.8以上。研究区域内大部分区域一季稻暴露性均在0.6以上，说明苏皖地区一季稻种植面积较高。

脆弱性在研究区域内北部较高，并且由沿海向内陆地区脆弱性增大，这说明研究区域由南至北，由沿海向内陆，一季稻产量受环境影响越来越大。

防灾减灾能力由沿海向内陆呈减小趋势，并且防灾减灾能力较强地区主要位于江苏省沿海及南部区域，安徽防灾减灾能力较差。

一季稻高温热害风险由沿海地区向内陆逐渐增加，不同等级风险区域具有连续性与成片性。风险高值区和次高值区主要位于安徽西部、西南部分地区及安徽南部，这些地区一季稻危险性、脆弱性均较高，而防灾减灾能力较弱，因此这些区域可合理规划水稻布局，调整一季稻播栽期，并选择合适的水稻抗热品种，提升栽培技术，兴修水利，增强防灾减灾能力。风险次低值区主要位于安徽中部、东部地区及江苏西部区域，这些地区脆弱性较高，危险性相对较低，而防灾减灾能力较风险高值区及次高值区强。相比较下江苏省一季稻危险性、脆弱性低，而防灾减灾能力高，因而风险低值区主要位于江苏省。

6.6 结论

苏皖地区一季稻孕穗-抽穗期内高温热害发生影响范围大小表现为重度＞轻度＞中度，相比江苏，安徽发生高温热害较为严重，且影响范围广。进入21世纪后中度、重度高温热害站次比呈增加趋势，这说明高温热害发生范围更多更严重，影响范围将更广。自1989年以来苏皖地区高温热害发生天数呈显著增加趋势，这说明未来高温热害将向更严重方向发展。苏皖地区高温热害存在周期波动特征，主要以13 a时间尺度其第一主周期。不同高温热害等级即轻度、中度及重度高温热害次数分别以13 a、20 a及18 a为第一主周期。不同等级高温热害发生频率及高温热害发生平均日数空间分布上总体呈由西南向东北方向逐级递减，并且频率高值区位于安徽省，低值区位于江苏沿海地区。进入21世纪后，苏皖地区一季稻孕穗-抽穗期高温热害发生更加频繁。

基于自然灾害风险理论，采用“四因子”说构建苏皖地区一季稻高温热害风险评估模型。对于灾害危险性，通过高温热害发生频次构建灾害危险性模型，结果表明1961—2015年来安徽省一季稻孕穗-抽穗期间高温热害危险性高于江苏，并且高温热害危险性由沿海向内陆逐渐增加。20世纪80年代一季稻孕穗-抽穗期间高温热害危险性性普遍较低，自80年代以来，高温热害危险性空间分布区域增加。暴露性在江苏省中部及安徽省研究区域北部较高，研究区域内大部分区域一季稻暴露性均在 0.6 以上，说明苏皖地区一季稻种植面积较高。脆弱性在研究区域北部较高，并且由沿海向内陆地区脆弱性增大，这说明研究区域由南至北，由沿海向内陆，一季稻产量受环境影响越来越大。防灾减灾能力由沿海向内陆呈减小趋势，并且防灾减灾能力较强地区主要位于江苏省沿海及南部区域，安徽防灾减灾能力较差。

一季稻高温热害风险由沿海地区向内陆逐渐增加，不同等级风险区域具有连续性与成片性。风险高值区和次高值区主要位于安徽西部、西南部分地区及安徽南部，这些地区一季稻危险性、脆弱性均较高，而防灾减灾能力较弱。风险次低值区主要位于安徽中部、东部地区及江苏西部区域，这些地区脆弱性较高，危险性相对较低，而防灾减灾能力较风险高值区及次高值区强。风险低值区主要位于一季稻危险性、脆弱性低，而防灾减灾能力高的江苏省内。

参考文献

蔡大鑫，王春乙，张京红，等，2013. 基于产量的海南香蕉寒害风险分析与区划[J]. 生态学杂志，32(7)：1896-1902.

曹卫星，罗卫红，2003. 作物系统模拟及智能管理[M]. 北京：高等教育出版社.

曹永强，张兰霞，郝晓博，等，2011. 基于小波分析的大伙房水库流域降水周期分析[J]. 水文水资源，37(4)：24-28.

曹云英，段骅，杨立年，等，2008. 减数分裂期高温胁迫对耐热性不同水稻品种产量的影响及其生理原因[J]. 作物学报，34(12)：2134-2142.

陈丹，2009. 农业气象[M]. 北京：气象出版社：95.

陈端生，龚邵先，1990. 农业气象灾害[M]. 北京：气象出版社.

崔读昌，1995. 气候变暖对水稻生育期影响的情景分析[J]. 应用气象学报，6(3)：361-365.

高亮之，金之庆，黄耀，等，1989. 水稻计算机模拟模型及其应用之一水稻钟模型-水稻发育的计算机模型[J]. 中国农业气象，10(2)：3-10.

高素华，王培娟，2009. 长江中下游高温热害研究[M]. 北京：气象出版社.

高晓容，2012. 东北地区玉米主要气象灾害风险评估研究[D]. 南京：南京信息工程大学.

高晓容，王春乙，张继权，等，2014. 东北地区玉米主要气象灾害风险评价模型研究[J]. 中国农业科学，47(21)：4257-4268.

谷晓平，2000. 气候异常对农业生产影响评估技术研究[J]. 气象，26(8)：31-35.

胡玉昆，李雁鸣，吕丽华，2005. 氮肥决策支持系统(CMDSSN)的研究[J]. 中国农学通报，21(9)：392-396.

江和文，张录军，曹士民，等，2011. 辽宁省主要粮食作物产量灾损风险评估[J]. 干旱地区农业研究，29(4)：238-244.

况慧云，徐立军，黄金英，2009. 高温热害对水稻的影响及机制的研究现状与进展[J]. 中国稻米(1)：15-17.

李军，2006. 农业信息技术[M]. 北京：科学出版社.

李艳玲，畅建霞，2012. 基于 Morlet 小波的径流突变检测[J]. 西安理工大学学报，28(3)：322-325.

黎用朝，李小湘，2007. 影响稻米品质的遗传和环境因素研究进展[J]. 中国水稻科学，12(s1)：58-62.

林忠辉，莫兴国，项月琴，2003. 作物生长模型研究综述[J]. 作物学报，29(5)：750-758.

刘荣花，朱自玺，方文松，等，2006. 华北平原冬小麦干旱灾损风险区划[J]. 生态学杂志，25(9)：1068-1072.

刘少军，张京红，蔡大鑫，等，2015. 海南岛天然橡胶产量灾损风险区划[J]. 自然灾害学报，24(2)：235-241.

刘伟昌，张雪芬，余卫东，等，2009. 长江中下游水稻高温热害时空分布规律[J]. 安徽农业科学，37(14)：

6454-6457.
刘小雪，申双和，刘荣花，2013. 河南夏玉米产量灾损的风险区划[J]. 中国农业气象，34(5)：582-587.
吕厚荃,等，2011. 中国主要农区重大农业气象灾害演变及其影响评估[M]. 北京：气象出版社.
马宝，李茂松，宋吉青，等，2014. 水稻热害研究综述[J]. 中国农业气象，30(S1)：172-176.
孟亚利，周治国，2007. 结实期温度与稻米品质的关系[J]. 中国水稻科学，11(1)：51-54.
潘熙曙，胡定汉，李迎征，等，2007. 水稻低温冷害和高温热害的发生特点及预防措施[J]. 中国稻米(6)：52-54.
彭锟，强茂山，2004. 模糊层次分析分析法在 Duber Khwar 项目风险评价和投标决策中的应用研究[J]. 水力发电学报，23(3)：44-50.
秦大河，Thomas Stocker，沈永平，等，2014. IPCC 第五次评估报告第一工作组报告的亮点结论[J]. 气候变化研究进展，10(1)：1-6.
秦越，徐翔宇，许凯，等，2013. 农业干旱灾害风险模糊评价体系及其应用[J]. 农业工程学报，29(10)：83-91.
森古国男，1992. 水稻高温胁迫抗性遗传育种研究概论[J]. 徐正进译. 杂交水稻(1)：47-48.
上海植物生理研究所人工气候室，1995. 高温对早稻开花结实的影响及其防治Ⅱ. 早稻开花期高温对开花结实的影响. 植物学报，18(4)：323-329.
沈永平，王国亚，2013. IPCC 第一工作组第五次评估报告对全球气候变化认知的最新科学要点[J]. 冰川冻土，35(5)：1068-1076.
石春林，冯慧慧，金之庆，等，2010. 水稻发育期模型的比较[J]. 中国水稻科学，24(3)：303-308.
史培军，2004. 三论灾害研究的理论与实践[J]. 自然灾害学报，11(3)：1-9.
宋健，乐明凯，符冠富，等，2009. 水稻高温胁迫伤害机理研究进展[J]. 中国稻米(6)：8-14.
谭中和，蓝泰源，任昌福，等，1995. 杂交籼稻开花期高温危害及其对策的研究[J]. 作物学报，11(2)：103-108.
汤昌本，林迢，简根梅，等，2000. 浙江早稻高温危害研究[J]. 浙江气象科技，21(2)：14-18.
汤日圣，郑建初，张大栋，等，1992. 高温对不同水稻品种花粉活力及籽粒结实的影响[J]. 江苏农业学报，22(4)：369-373.
汤小橹，金晓斌，盛莉，等，2008. 基于小波分析的粮食产量对气候变化的响应研究——以西藏自治区为例[J]. 地理与地理信息科学，24(2)：88-92.
陶红娟，2007. 灌浆结实期高温对水稻产量和品质的影响及其生理机制[D]. 扬州：扬州大学.
王才林，仲维功，2004. 高温对水稻结实率的影响及其防御对策[J]. 江苏农业科学(1)：15-18.
王春乙，蔡菁菁，张继权，2006. 基于自然灾害风险理论的东北地区玉米干旱、冷害风险评价[J]. 农业工程学报，31(6)：238-245.
王春乙，等，2015. 农业气象灾害影响评估与风险评价[M]. 北京：气象出版社.
王馥棠，李郁竹，王石立，1990. 农业产量气象模拟与模型引论[M]. 北京：科学出版社：40-41.
王伟平，杨塞，肖层林，2005. 幼穗分化后期异常温度对蜀恢 527 育性的影响及其生理机制[J]. 杂交水稻，20(6)：57-60.
魏丽，1992. "高温逼熟"和"小满寒"对江西早稻产量的影响[J]. 气象，17(10)：47-49.
吴超，崔克辉，2014. 高温影响水稻产量形成研究展望[J]. 中国农业科技导报，16(3)：103-111.
吴锢，高秀梅，张建中，2002. 光温敏核不育水稻的育性及花药的发育解剖学研究[J]. 西南农业大学学报，24(2)：138-140.
薛昌颖，杨晓光，BOUMANB AM，等，2005. ORYZA2000 模型模拟北京地区旱稻的适应性初探[J]. 作物学报，31(12)：1567- 1571.
薛昌颖，霍治国，李世奎，等，2014. 北方冬小麦产量灾损风险类型的地理分布[J]. 应用生态学报，16(4)：

620-625.

杨纯明，谢国禄，1994. 短期高温对水稻生长发育和产量的影响[J]. 国外作物育种(2)：4-5.

杨太明，陈金华，2000. 江淮之间夏季高温热害对水稻生长的影响[J]. 安徽农业科学报，35(27)：8530-8531.

姚凤梅，许吟隆，冯强，等，2005. CERES-Rice模型在中国主要水稻生态区的模拟及其检验[J]. 作物学报，31(5)：545- 550.

叶方毅，李忠武，李裕元，等，2009. 水稻生长模型发展及应用研究综述[J]. 安徽农业科学，37(1)：85-89.

袁隆平，2010. 发展杂交水稻，保障粮食安全[J]. 杂交水稻(S1)：1-2.

张彬，芮雯奕，郑建初，等，2007. 水稻开花期花粉活力和结实率对高温的响应特征[J]. 作物学报，33(7)：1177-1181.

张桂莲，陈立云，张顺堂，等，2008. 高温胁迫对水稻花粉粒性状及花药显微结构的影响[J]. 生态学报，28(3)：1090-1098.

张继权，冈田宪夫，多多纳裕一，2004. 综合自然灾害风险管理-全面整合的模式与中国的战略选择[J]. 自然灾害学报，15(1)：29-37.

张继权，李宁，2007. 主要气象灾害风险评价与管理的数量化方法及其应用[M]. 北京：北京师范大学出版社.

张继权，刘兴鹏，佟志军，等，2015. 农业气象灾害风险评价、预警及管理研究[M]. 北京：科学出版社：2.

张梦婷，刘志娟，杨晓光，等，2016. 气候变化背景下中国主要作物农业气象灾害时空分布特征[I]：东北春玉米延迟型冷害[J]. 中国农业气象，37(5)：599-610.

张晓峰，2013. 川渝地区农业气象干旱风险区划与损失评估研究[D]. 杭州：浙江大学.

张星，张春桂，吴菊薪，等，2009. 福建农业气象灾害的产量灾损风险评估[J]. 自然灾害学报，18(1)：90-94.

张彦龙，刘普幸，王允，2015. 基于干旱指数的宁夏干旱时空时空变化特征及其Morlet小波分析[J]. 生态学杂志，34(8)：2373-2380.

郑国光，2009. 科学应对全球气候变暖，提高粮食安全保障能力[J]. 求是(23)：47-49.

中国农业科学院，1986. 中国稻作学[M]. 北京：中国农业出版社.

朱德峰，程式华，张玉屏，等，2010. 全球水稻生产现状与制约因素分析[J]. 中国农业科学，43(3)：474-479.

BOUMAN B A M，KROPFF M J，TUONG T P，et al，2001. ORYZA2000：Modelling Lowland Rice[M]. International Rice Research Institute，Wageningen University and Research Centre，Los Baños，Philippines，Wageningen，Netherlands.

BOUMAN B A M，VAN LAAR H H，2006. Description and evaluation of the rice growth model ORYZA2000 under nitrogen-limited conditions[J]. Agricultural Systems，87(3)：249-273.

CHALLINOR A J，WHEELER T R，CRAUFURD P Q，et al，2005. Simulation of the impact of high temperature stress on annual crop yields[J]. Agricultural and Forest Meteorology，135(1)：180-189.

KENLEN H VAN，1982. Crop production under semi-arid conditions，as determined by nitrogen and moisture availability[J]. /In Penning de Vires，FWT &HH Van Laar.（ed.）Simulation of plant growth and crop production. Simulation Monographs，Pudos，Wageningen，234-249.

KOBAYASHI K，MATSUI T，MURATA Y，et al，2011. Percentage of dehisced thecae and length of dehiscence control pollination stability of rice cultivars at high temperatures[J]. Plant Prod Sci，14(2)：89-95.

KOTI S，REDDY K R，REDDY V，et al，2007. Interactive effects of carbon dioxide，temperature，and ultraviolet-bradiationon soybean(Glycinemax L.)flower and pollen morphology，pollen p roduction，germination，and tube lengths[J]. Journal of Experimental Botanyx，56(412)：725-736.

MASAHIKO TAMAKI, 1989. Physio-ecological studies quality formation of rice vernal: effects of nitrogen topdressed at fall reading time and air temperature during ripening period on quality of rice kernel[J]. Japan Journal Crop Sciencex, 58: 653-658.

MASKREY A, 2000. Disaster Mitigation: A Community Based Approach[M]. Oxford: Oxfamx.

MATSUE Y, 1995. Influence of abnormal weather in 1993 on the palatability and physicochemical characteristics of rice[J]. Japanese Journal of Crop Science, 64: 709-713.

MATSUI T, KOBAYASI K M, HASEGAWA T, 2007. Stablility of rice pollination in the field under hot and dry conditions in the Riverina region of New South Wales, Australia[J]. Plant Prod Sci, 10: 57-64.

OKADA N, TATANO H, HAGIHARA Y, et al, 2004. Integrated research on methodological development of urban diagnosis for disaster risk and its applications[J]. Disaster Prevention Research Institute Annuals, Kyoto University, 47(C): 1-8.

PENG S B, HUANG J L, SHEEHY J E, et al, 2004. Rice yields decline with high temperature from global warming[J]. PNAS, 101(27) : 9971-9975.

PENNING DE VRIES, F W T, 1989. Simulation of ecophysiological processes of growth in several annual crops[M]. Pudoc Wageningen.

PORCH T G, JAHN M, 2001. Effects of high -temperature stress on microsporogenesis in heat-sensitive and heat-tolerant genotypes of Phaseolus vulgaris[J]. Plant Cell and Environment, 24: 723-731.

PRASAD P V V, BOOTE K J, ALLEN L H JR, et al, 2006. Species, ecotype and cultivar differences in spikelet fertility and harvest index of rice in response to high temperature stress [J]. Field Crops Research, 95(2-3): 398-411.

SMITH K, 2000. Environmental Hazards: Assessing Risk and Reducing Disaster[M]. New York, Routledgex.

State Environmental Protection Administration. Progress Report of Trade Liberalization in the Agriculture Sector and the Environment, with Specific Focus on the Rice Sector in China [EB/OL]. http://www.unep.ch/etb/events/Events2003/pdf/Final Draft of China Study. pdf.

SUN W, HUANG Y, 2011. Global warming over the period 1961-2008 did not increase high- temperature stress but did reduce low temperature stress in irrigated rice across China[J]. Agricultural and Forest Meteorology, 151(9): 1193-1201.

TEIXEIRA E I, FISCHER G, VAN VELTHUIZEN H, et al, 2013. Global hot-spots of heat stress on agricultural crops due to climate change[J]. Agricultural and Forest Meteorology, 170(2): 206-215.

TEN BERGE H F M, KROPFF M J, et al, 1995. Founding a systems research network for rice. /In: Bouma, J. , Kuyvenhoven, A. , Bouman, B. A. M. , Luyten, J. C. , Zandstra, H. G. (Eds.), Eco-regional Approaches for Sustainable Land Use and Food Production. Kluwer Academic Publishers, Dordrecht, pp, 4: 263-282.

WIT C T D, BROUWER R, VRIES F W T P D, et al, 1970. The simulation of photosynthetic systems In: ISetlik(ed): prediction and measurement of photosynthetic productivity[C]//Proceedings international biological program/Plant production technical meeting trebon. Pudoc, Wageningen, 47-70.

第 7 章　基于 ORYZA2000 模型对江苏不同播期水稻高温热害的评估

水稻是我国重要的粮食作物，对于国家粮食安全稳定具有重要意义，但当前水稻面临着不同气象灾害的影响，尤其是高温热害。适宜播期的选择能有效地降低水稻遭受高温危害的程度，从而实现水稻的高产和稳产。因此，本章以两个高温指标（连续 3 d 及以上最高气温 $T_{max} \geqslant 35$ ℃和均温 $T_{ave} \geqslant 30$ ℃）对江苏 7 个站点 1966—2015 年高温热害的情况进行时间和空间上的分析；继而基于 2012 年和 2013 年两年的试验数据，分析播期对水稻生长发育及产量的影响，为适宜播期的选择提供理论上的支撑；在上述基础上，对原 ORYZA2000 模型进行光合、呼吸和穗干物质分配系数部分温度因子上的改进；最后，运用改进后的模型对南京和吴县东山两个高温发生比较严重的站点进行 4 个播期 1966—2015 年高温情况的模拟和评估，为适宜播期的选择提供参考。得到的主要结论如下：

(1)1966—2015 年间，江苏地区 $T_{max} \geqslant 35$ ℃和 $T_{ave} \geqslant 30$ ℃两个临界温度可能出现的时间基本都处在 125～250 d，其中 175～225 d 之间 $T_{max} \geqslant 35$ ℃发生概率主要以低于 T_{ave} 发生概率为主，并且除徐州站外，其余站点越接近 210 d，$T_{max} \geqslant 35$ ℃发生概率与 $T_{ave} \geqslant 30$ ℃相差越大；过去 50 a 水稻生长季内（4—10 月）各月连续 3 d 及以上 $T_{max} \geqslant 35$ ℃和 $T_{ave} \geqslant 30$ ℃的天数及积温的各月均值在同一站点的情况基本一致，最高值出现在 7 月；多年变化趋势整体以增温为主，但均温指标更明显。两个高温中心多年均处在江苏的西南部，并随着时间推移向东南方向移动，但最高气温对应的高温中心多年移动范围更大。

(2)播期的差异造成了生育阶段与气象因子配置的不同。两个高温指标显示各播期受高温危害的程度基本一致。在水稻高温敏感阶段内，2012 年第 1 播期出现 1 次轻度高温热害，2013 年第 2 和 3 播期均出现 1 次重度，第 4 播期出现 1 次轻度；而抽穗开花期仅 2013 年第 2 和 3 播期出现连续 7 d 的中度高温。而不同播期各生育阶段对应气象因子的差异又造成了生育阶段长度及产量的不同。相关分析结果表明，2012 年和 2013 年前两个播期产量均与后三个播期产量差异达到显著性水平（$p<0.05$）。分析各生育阶段长度和产量与各阶段平均日最高气温、均温、降水和辐射的关系发现，与温度因子的关系相对最紧密，尤其是平均日最高气温。

(3)调整最大光合速率与温度的关系，改进呼吸速率计算过程中的叶温和穗温，同时对穗干物质分配系数进行高温订正，以此对模型进行改进，并分别对改进前后模型的模拟结果与实际值进行比较。相比改进前，改进后模型模拟穗生物量、绿叶生物量、枯叶生物量、LAI 和产量与实测值的均方根误差（RMSE）和归一化均方根误差（NRMSE）都有所减小，其中产量和穗生物量的 NRMSE 减小较为明显，分别减小和 2.23%和 1.83%；而从模拟值和实测值的 1∶1 图（图略）来看，改进后模型对 2013 年地上部分总生物量的模拟效果有所提高，模拟值和实测值的线性回归系数更接近 1。运用改进后的模型分别对南京和吴县东山两个站点 1966—2015

年 120 d、130 d、140 d 和 151 d 四个播期在实际气象条件和常年气象条件下的产量进行模拟。从整个 50 a 高温对产量的影响来看，两个站点均表现为 120 d 播期受高温影响造成的减产年份最多，产量减少总体最明显；而 151 d 播期产量变化率波动最小，且减产都不明显，因此，认为选择 151 d 左右作为这两个站点的播期更有利于获得产量的稳定。

7.1 引言

7.1.1 研究背景及意义

水稻作为一种粮食作物对中国乃至整个世界都极其重要，它不仅关系到一个国家人民的温饱，同时关乎着国家的安全、稳定和发展，因此，适时、准确地评估水稻产量的特征和变化对制定合理的种植制度和管理方式具有重要的参考意义。

据相关报道指出，在气候变暖的全球变化背景下，中国大部分地区都出现温度升高（熊伟 等，2013），极端高温强度和频率增加、持续时间延长等情况（IPCC，2013），此外，根据 IPCC 第五次评估报告对未来气温的预估，全球平均气温在 2016—2035 年期间相较于 1986—2005 年可能还会上升 0.3～0.7 ℃，并且当地表均温上升，将意味着大多数地方在平日与季节性的时间尺度下出现更多高温日数（沈永平 等，2013），而作物在生长期所处的气温环境比适宜温度每高出 1 ℃，作物的收获量就会降低 10%（Peng et al.，2004）。

水稻的生长发育需要一定的适宜温度，超过最适温度将对水稻的生长造成不利影响。水稻的高温热害是指环境温度超过水稻适宜温度上限，对水稻的生长发育造成危害，从而导致水稻减产的自然灾害（霍治国 等，2009）。已有研究表明，水稻的生长过程中存在 3 个高温敏感期：一是花粉母细胞减数分裂期，该时期是造成颖花退化的重要时期，而颖花退化会导致水稻籽粒库容减小，干物质分配由穗向其他器官转移（王亚梁 等，2016）；二是抽穗开花期，开花期是水稻受高温影响最敏感的时期，也是高温危害最严重的时期，特别是开花当天若遇高温，最易诱发小花不育，从而造成受精障碍，进而导致结实率下降；三是灌浆初期和中期，灌浆期高温一方面使灌浆期缩短，光合速度和同化产物积累量降低，秕谷粒增多、粒重下降，导致水稻减产（姚萍 等，2012）。

水稻作为江苏省主要秋收作物和第一大粮食作物，在江苏的种植面积和总产均排在全国第四，占全省粮食生产总量的 56.2%，其中又以一季稻为江苏的主要种植品种（高素华 等，2009）。而当前随着高温天气的频繁发生，水稻受高温危害的程度和频率也不断加剧，尤其是一季中稻，由于生育期长，而其幼穗分化至开花期大多在 7—8 月，正是高温发生频率最高的时期，因而更容易出现高温导致的减产（任义方 等，2010；李朱阳，2011）。因此，本研究在分析江苏地区多年高温时空变化情况的基础上，通过改进 ORYZA2000 模型，并将其用于模拟江苏不同地区不同播期水稻在高温下的产量变化，从而为提高预测和评估水稻产量提供科学的依据和方法，为合理水稻生产布局，提高防灾减灾决策能力，保证水稻产量提供科学依据。

7.1.2 国内外研究进展

7.1.2.1 高温热害指标

当前，高温对水稻安全生产造成的危害已毋庸置疑，相关学者也对水稻高温热害的气象指标进行了大量的研究，但由于试验条件、方法、试验水稻播期、品种等因素的不同，还没有形成较为客观统一的高温热害指标（姚萍 等，2012）。夏本勇（2004）将日最高气温连续3 d以上达到或高于35 ℃作为水稻高温热害的气象指标；姚萍等（2012）认为，在恒温38 ℃的条件下，水稻将全部不结实；徐云碧等（1989）认为，抽穗后3 d的平均最高温度≥35 ℃是早稻结实率明显下降的临界指标；而王前和等（2004）、杨太明等（2007）分别将中稻抽穗开花期日最高气温≥37 ℃和日最高气温≥35 ℃、持续5 d以上作为大田空壳率发生的热害指标。在水稻的整个生长发育过程中，开花期对高温最敏感。汤昌本等（2000）的研究认为，连续5 d以上日最高温度≥35 ℃可作为早稻抽穗扬花期的高温伤害及灌浆期高温逼熟指标；王志刚等（2013）认为，水稻抽穗开花期日平均温度高于30 ℃或日最高气温高于35 ℃会造成结实率下降。在农业气象工作中，通常以日最高气温≥35 ℃作为早稻开花结实期受害的临界温度，并引用>35 ℃有效危害温度的“时积温”值表示影响灌浆的农业气象指标（张养才 等，1991）。

在高温热害的等级划分方面，刘伟昌等（2009）以日最高气温≥35 ℃为指标，根据持续时间将高温热害划分为3级：1级：3～5 d；2级：5～8 d；3级：≥8 d；包云轩等（2011）综合前人研究成果，把最高气温高于37 ℃作为江苏水稻热害的生理指标，按持续时间划分等级：2～3 d为轻度热害；4～5 d为中度热害；>5 d为重度热害。

7.1.2.2 高温对水稻造成的影响

（1）高温对水稻生长发育的影响

水稻的整个生长过程都会受到温度的影响，但不同生长阶段的临界温度不同，受温度危害的程度和反应也不同。营养生长期遇35 ℃高温，地上部和地下部生长会受到抑制，出现叶鞘发白和失绿等症状，造成分蘖减少，株高增加缓慢等特征（杨纯明 等，1994）；而李岩等（2016）研究进一步指出，营养生长期高温（日均温32.4 ℃）显著降低宁粳1号和扬稻6号孕穗期和抽穗期的抗冷能力，造成结实率下降，产量降低。但王啟梅等（2015）以扬稻6号和宁粳1号为材料研究营养生长期高温对水稻生长的影响，研究结果显示，营养生长期在平均温度达到32.4 ℃的高温情况下会促进水稻的生长，增温处理后植株株高、茎蘖数、叶面积、地上部分生物量均有明显的增加，并且相比粳稻品种宁粳1号，籼稻扬稻6号受高温的影响更为明显；此外，营养生长期高温还能加快叶片细胞分化和叶片伸长，提高叶面积指数等（Kanno，2009）。抽穗开花期是水稻对温度最敏感的时期，过高的温度会影响花粉育性、花粉管萌发、柱头活性等，最终导致花粉败育、子房受精受阻，结实率下降（郑建初 等，2005；Koti et al.，2005；Matsui et al.，2007；谢晓金 等，2009）；而一般来说，在水稻孕穗至抽穗扬花期若遭遇日均温度高于32 ℃，日最高温度高于35 ℃，会损害水稻花器官，造成花粉发育不良、活力下降，开花散粉和花粉管伸长受阻，形成空粒，最终造成水稻产量和品质下降（张彬，2006）。

（2）高温对水稻产量的影响

从水稻产量构成的角度来看，高温主要通过影响水稻的结实率、穗粒数、千粒重和株穗数等，造成水稻产量下降，其中高温对水稻结实率的影响最大（杨晓春 等，2006），而高温造成的水稻减产一方面是由于高温损害水稻开花受精，导致空粒率增加；另一方面，高温影响水稻灌浆，导致秕粒率增加，千粒重下降（农学系水稻栽培课题组，1984）。

张彬（2006）的研究表明，水稻抽穗期高温显著降低水稻结实率，高温处理下6个水稻品种的结实率平均比常温对照下降25%以上，但穗粒数和千粒重的变化不明显；森谷国男（1992）认为，气温在30 ℃以下，随着平均温度的升高，水稻灌浆的速率会随之上升，但灌浆时间、千粒重及整精米率会随之降低；曹云英等(2009)对 4 个水稻品种多个发育阶段进行 40 ℃高温处理，结果表明抽穗—灌浆早期高温处理对水稻产量的影响最大，其次是减数分裂期，灌浆中期影响最小；其中，减数分裂期高温处理减产主要是由每穗颖花数、受精率、结实率和千粒重降低造成的，抽穗—灌浆早期高温处理减产的原因在于受精率、结实率、充实率和千粒重降低；灌浆中期高温处理则是由于结实率和粒重的下降。

(3)高温对水稻生理生化特性的影响

李敏等(2007)以 5 个杂交水稻为材料，研究了开花期高温处理对水稻剑叶部分生理生化特性的影响，结果显示高温处理降低了水稻剑叶的光合速率和叶绿素含量，增加了可溶性糖、游离脯氨酸、MDA 及超氧化物歧化酶(SOD)、过氧化氢酶(CAT)和过氧化物酶(POD)的活性，其中叶绿素、游离脯氨酸、MDA 和 SOD 活性的变化幅度与品种的热敏感指数具有显著相关性；张桂莲等(2013)在花期对水稻花器官进行高温处理，分别设置高温(08：00—17：00，37 ℃；17：00—次日 08：00，30 ℃)和适温处理(08：00—17：00，30 ℃；17：00—次日 08：00，25 ℃)两个试验，结果显示，供试的两个水稻品种(耐热水稻品系 996 和热敏感水稻品系 4628)均表现出花药中 SOD、POD、CAT、As A-POD 活性在高温胁迫初期明显增加，尔后快速下降的情况。此外，高温还能降低各器官中玉米素和玉米素核苷(Z＋ZR)、生长素(IAA)含量，增加脱落酸(ABA)及各器官中游离精胺含量，导致叶片中蛋白质表达呈多样性(曹云英，2009)。高温还通过影响水稻光合作用相关酶进而影响光合作用。Crafts-Brandner 和 Law(2000)认为，活化酶有维持和促进 Rubisco 活性的作用。在 CO_2 浓度一定的情况下，当光合植物叶片温度超过 35 ℃时，温度会影响活化酶进而影响与光合作用有关的 Rubisco，导致光合作用减弱(李飞 等，2013)。

7.1.2.3 播期对水稻造成的影响

在一定的生态环境中，播期调整是改变作物生育期内气象因子的重要手段(明博 等，2013)，因此播期的调整会对水稻造成影响。王晓梅等(2016)针对陵两优 268 和两优培九进行 2 年 7 个播期的分期播种试验，结果显示，播期差异会影响水稻秧苗的形态特征、根冠比、茎粗/株高及叶面积；李朱阳(2011)对 9 个品种 3 个播期(5 月 16 日、5 月 26 日和 6 月 4 日)进行分期试验，试验结果表明，播期对水稻产量的影响存在品种差异，但对大多数品种而言，播期提前加快水稻植株生长、促进分蘖和干物质积累，但却不利于结实率和收获指数的提高；而许轲等(2013)在稻—麦两熟制下以 5 个类型共 20 个水稻品种为供试材料，探究分期播种(5 月 20 日—6 月 19 日，每 10 d 一个播期，共 4 个)对水稻产量、生育期及温光利用的影响，发现得到随着播期的推迟，5 个品种水稻产量逐渐下降，但程度不同，并且播期的推迟，还造成生育期缩短，全生育期内积温和光照时数下降。分期播种可以改变作物不同生育期内的气象条件(明博 等，2013)，实现了同年内同一作物不同生长条件下的对比，是缩短研究周期，充分利用自然资源(如高温)，降低土壤、农业措施等影响的有效方法，因此，当前被运用于确定水稻的适宜播期(陈林 等，2011；许轲 等，2013)。由此可见，播期的适当调整可以促使作物在天气因素上趋利避害，因此，也是生产上保证水稻产量的有效方法。

7.1.2.4 作物模型介绍

(1)作物模型的定义及特征

作物生长模拟模型是指应用系统分析和计算机技术，综合多种学科研究成果，将作物与其生态因子作为一个整体进行动态的定量化分析和生长模拟，从而定量地描述作物生长、发育、产量形成过程及其对环境的反应，具有系统性、动态性、机制性、预测性、通用性、便用性、灵活性和研究性等特点（丰庆河 等，2002）；而水稻生长模型是用于描述水稻生长发育等生理生态过程与环境、气候、栽培因子之间的数量关系，并采用计算机技术对水稻进行系统的动态模拟和预测的模型（李军，2006；曹卫星 等，2003），它不仅能够实现对水稻生长发育规律由定性描述向定量分析的转化，还可以对水稻个体或群体生长动态行为、产量及品质进行预测，从而促进水稻高产、优质、高效的发展（叶芳毅 等，2009）。

（2）国外作物模型的相关研究

作物生长模拟模型研究的思想源于积温学说与作物生长分析法（Mc Cree，1974）。从 20 世纪 60 年代开始，荷兰的 de Wit（1965）及美国的 Duncan 等（1967）相继发表了冠层光能截获与群体光合作用模型，开创了计算机模拟作物生长、生理生态过程的新纪元。到了 70—80 年代，作物模拟研究得到快速发展，从系统化、机理化，逐渐向综合化、应用化发展，作物模拟研究领域也逐渐分化为以荷兰和美国为代表的两大学派（张倩，2010）。

20 世纪 80 年代荷兰作物模型得到应用，由瓦赫宁根大学（Wageningen，WUCR）开发的 SUCROS 模型组得到广泛应用，之后又从中导出了 WOFOST（World Food Studies）模型；而国际水稻研究所（IRRI）与荷兰瓦赫宁根大学在 20 世纪 90 年代又联合研制了水稻作物生长模拟模型 ORYZA 系列，到 2001 年形成了由潜在生产水平下的 ORYZA1 模型，水分限制条件下的 ORYZA-W 模型，以及氮素限制水平下的 ORYZA-N 模型和 ORYZA1N 等模型综合而成的 ORYZA2000 模型，当前已被广泛运用于水稻生长发育及产量的模拟。

与荷兰作物模型相比，美国学者研发的模型更强调在实际中的应用。其中最具代表性、应用最为广泛的是 Ritchie 等（1985，1986）、Jones 等（1986）研制的适用于玉米、高粱、水稻、谷子、小麦、大麦等的 CERES（Crop Environment Resource Synthesis）系列模型，其中 CERES-Rice 是 CERES 系列模型中最主要的模型之一，它以帮助提高发展中国家的农业生产水平、小型农户的经济持续性、自然资源的有效利用以及环境保护为主要目标（叶芳毅 等，2009）；此外，CERES-Rice 模型还通过与农业技术推广决策支持系统 DSSAT（Decision Support System for Agrotechnology Transfer）相结合，在不受地域、气候和土壤类型等条件的限制，动态模拟作物在自然环境下的生长发育和产量形成，从而对作物产量进行预测，并为作物的水肥管理提供相关指导（叶芳毅 等，2009）。

（3）国内作物模型的相关研究

与国外作物模型研究相比，我国的研究工作起步较晚，规模也相对较小，在模型中主要注重光、温、水等气象因子与作物生长关系的模拟研究，针对的作物主要有水稻、小麦、棉花等（张倩，2010）。高亮之是我国最早开展作物模型模拟的学者之一，推出了我国首个独立的作物模型——水稻钟模型 RCSODS，继而又推出小麦栽培模拟优化决策系统 WCSODS 和玉米栽培管理信息系统 MCMIS（高亮之 等，1982，1989，2000）；而目前运用较多的是作物计算机模拟优化决策系统（Crop Computer Simulation，Optimization，Decision Making System，CCSODS）系列模型，该模型将作物模拟技术与作物优化原理相结合，具有较强的机理性、通用性和综合性（叶芳毅，2009）。2000 年，加拿大多伦多大学、中国科学院地理科学与资源研究所在应用瓦赫宁根大学有关作物产量模拟研究成果的基础上，推出了专门针对黄土高原水土流失与种植业发展问题的 YIELD 模型，该模型在综合考虑作物类型、生长过程中的光、温、水、土壤、地形等多种因素的基础上，对不同地块的作物产量、农田水文特征、泥沙流失等进行计算和模拟（徐勇 等，2005），发展到现在，已能模拟和预测包括水稻在内的 11 种作物的季节性产量、用水、生育期长度和相关生长特性，并已在一些国家成功应用于估计水稻产量及其与各生长相关参量的关系（Hayesjt et al.，1982；Jensen，1990；李忠武 等，2002）。

7.1.3 目前研究中存在的问题及研究内容和技术路线

7.1.3.1 目前研究中存在的问题

水稻高温热害的评价指标上一直存在着一些差异，这造成了高温危害评估结果的不同，也造成了一些研究结果可比性降低。因此，针对这个问题，本研究选择两种较为普遍的热害指标：连续 3 d 及以上最高气温 $T_{max}\geqslant35$ ℃和均温 $T_{ave}\geqslant30$ ℃对江苏地区高温情况进行分析和比较。

水稻模型 ORYZA2000 已被广泛运用于水稻生长发育与产量的模拟，并取得了很好的效果，但当前模型对高温影响水稻产量部分还不完善。因此，本研究结合高温对水稻的影响，对模型进行针对性的改进，以期提高模型对产量的模拟。

同一品种在同一地区会因为播期的调整而影响生育阶段与气象因子的配置情况，从而造成高温危害程度的不同。这同时也造成高温试验中，即使对水稻设定的高温条件相同，也无法保证其他气象因子一致，这就出现最终水稻产量上的差异不完全是高温引起的，而是多个气象因子综合作用的结果；此外，不同地区因为气象因子的差异存在最适合当地的播期范围，而实际进行分期播种试验不仅耗时，并且需要投入大量的人力和物力。因此，本研究尝试运用改进后的模型模拟不同地区不同播期水稻产量受高温的影响情况，从而为适宜播期的选择提供参考。

7.1.3.2 研究内容

研究内容可以分为以下几个部分：

(1)分析江苏 7 个站点两个高温指标对应临界温度（$T_{max}\geqslant35$ ℃和 $T_{ave}\geqslant30$ ℃）过去 50 a（1966—2015 年）发生概率的年变化特征；统计水稻生长季（4—10 月）内各月连续 3 d 及以上 $T_{max}\geqslant35$ ℃和 $T_{ave}\geqslant30$ ℃的天数及对应积温的月均值及年变化趋势；并以 10 a 为单位计算 1966—2015 年江苏 7 个站点以积温表征的高温中心的移动情况。

(2)比较 2012 和 2013 年两优培九各播期不同生育阶段内的光、温、水等气象条件及抽穗开花期和高温敏感时段内高温情况，分析不同播期水稻生育阶段长度、产量构成因子及产量的差异；同时分析各阶段气象因子与生育阶段长度和产量的关系。

(3)对 ORYZA2000 模型进行温度相关部分的改进，包括修改温度对最大光合速率的影响关系、订正呼吸作用中的叶温和穗温及引入高温对穗干物质分配系数的影响，从而提高模型对温度的反应特性。在此基础上，运用改进后的模型对历年高温发生较为频繁的南京和吴县东山站进行 50 年 4 个播期高温对水稻产量影响的评估。

7.1.3.3 技术路线

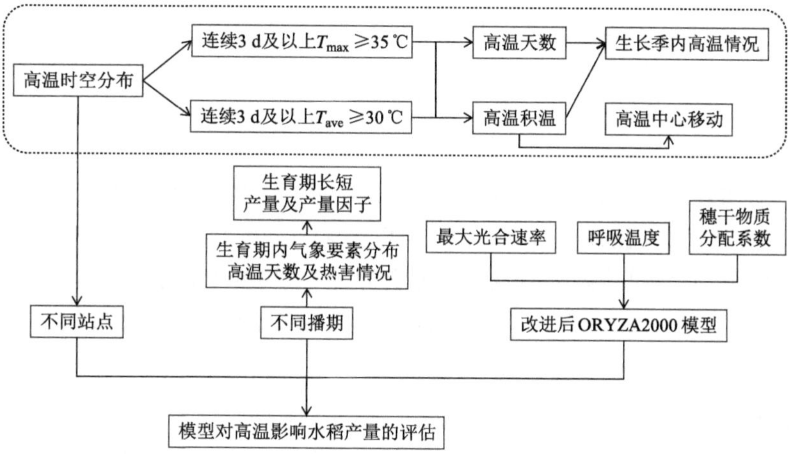

图 7.1 技术路线

7.2 江苏地区高温热害分析

7.2.1 材料与方法

7.2.1.1 研究区域气候概况

江苏位于北纬 30°45′—35°20′，东经 116°18′—121°57′之间，全省土地总面积 10.26 万 km^2，耕地面积 497.4 万 hm^2；地处中纬度亚洲大陆东岸，属东亚季风区，又属亚热带和暖温带的过渡区；在太阳辐射、大气环流和特定地理位置、地貌特征的作用下，江苏具有季风显著、四季分明、雨量集中、雨热同期、光能充足等特点(高素华 等，2009)。但一地多年的气候资源并不是稳定不变的，徐敏等(2016)采用估算模型和统计方法利用江苏省 60 个气象台站 1961—2012 年气象观测资料分析了江苏地区一季稻全生育期内农业气候资源的变化趋势：

辐射：1961—2012 年，江苏全省太阳辐射年总量在 4203～5079 MJ · m^{-2}，年日照时数在 1886～2456 h 之间，两者年代际的变化均呈现波动减少；空间分布特点表现为自西南向东北逐渐增加，其中宜兴最低，赣榆最高。

气温：江苏省近 60 a(1951—2010 年)平均气温为 15.02 ℃，并以变化倾向率为 0.29 ℃ $(10a)^{-1}$ 呈现波动上升的趋势，苏南大部地区升温较为明显(朱宝，2012)。由于一季稻属于典型的喜温作物，10 ℃是生长的起始温度，并且稳定≥10 ℃的活动积温可以代表一地的热量资源，是农业气候热量资源分析和区划、农作物种植规划和分析、引进和推广重要的温度指标(毛恒青 等，2000)。相关统计结果显示，1961—2012 年江苏≥10 ℃的活动积温在 4602～5486 ℃ · d 之间，其中前 30 a 呈现缓慢下降的趋势，而后 22 a 则表现为显著上升，到 21 世纪积温较 52 a 均值明显升高；在空间上，全省≥10 ℃活动积温主要呈现“北低南高”的特点，积温增速高值区位于镇江的扬中和苏州的昆山和吴江。≥10 ℃积温的年际间变化造成江苏地区≥10 ℃积温初日和终日的改变，其中初日在空间上表现为准经向型分布，即东北部最迟，西南部最早，而终日则大致呈纬向型分布，即西北部最早、东南部最晚；从年际间变化来看，10 ℃的初日在逐年代提前、终日在推迟。

降水量：全省年降水量呈现波动变化，波动范围为 509～1664 mm，总体变化趋势不明显；降水空间分布表现为南部多于北部，东部多于西部的特点，其中宜溧山区最多，丰、沛一带最少。从一年中降水的分布情况来看，夏季是降水的集中期，因此一季稻整个生育期降水也基本集中在夏季。

由此可见，在考虑安排作物生长布局时主要应对两方面的问题：一方面，江苏存在的客观上气象要素时空分布不均造成的调蓄容量有限，供需平衡矛盾的情况（高素华 等，2009）；另一方面，近年来江苏农业气候资源总体趋势表现为光能资源减少、热量资源增加的特点（徐敏 等，2016）。这些都会影响作物的生长发育，因此，也需要间接对江苏农业结构进行相应的调整。

7.2.1.2　江苏站点的选取和分布

为了更好地反映江苏省气象要素在空间上分布特征及变化情况，在选取站点的时候考虑涵盖江苏不同的经度和纬度，并结合江苏不同的地理位置特征，在此基础上选择江苏省 7 个气象站点作为研究区域的代表站点，分别为赣榆、南京、南通、射阳、吴县东山、盱眙和徐州（图 7.2）。其中赣榆、射阳和南通具有沿海地区城市气候特征，其余 4 个站点则用于代表江苏内陆城市特征；徐州、赣榆代表江苏高纬度区域气象要素特征、吴县东山、南通和南京则代表低纬度区域特征。

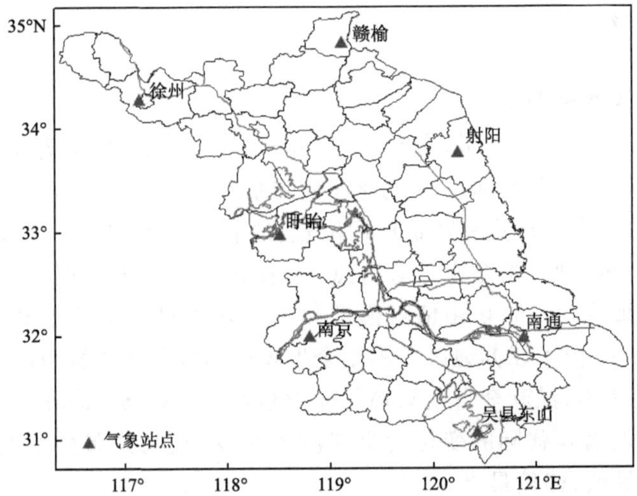

图 7.2　江苏地区气象站点空间分布

7.2.1.3　水稻高温热害评价因子

高温热害的发生一般有两种界定方法，一种是日最高气温 T_{max}≥35 ℃持续 3 d 及以上；另一种是日均温 T_{ave}≥30 ℃持续 3 d 及以上（王春乙 等，2010）。在此基础上分别统计对应的高温日数：①满足连续 3 d 及以上 T_{max}≥35 ℃的累积天数，用 HTD 表示；②满足连续 3 d 及以上 T_{ave}≥30 ℃的累积天数，用 ATD 表示。

而国外一些研究则选择采用高温积温作为对水稻高温热害的评价指标（Jagadish et al.，2007；Lobell et al.，2010；Butler et al.，2013）。根据冯灵芝（2015）对高温积温的计算，①满足连续 3 d 及以上 T_{max}≥35 ℃的情况下，T_{max}高于 35 ℃部分的和；用 HDD 表示；②满足连续 3 d 及以上 T_{ave}≥30 ℃的情况下，T_{ave}高于 30 ℃部分的和，用 ADD 表示。

$$\mathrm{HDD} = \sum_{i}^{N} (T_{max} - 35) \qquad T_{max}\text{ 连续 3 d 及以上} \geqslant 35\ ℃ \tag{7.1}$$

$$\mathrm{ADD} = \sum_{i}^{N} (T_{ave} - 30) \qquad T_{ave}\text{ 连续 3 d 及以上} \geqslant 30\ ℃ \tag{7.2}$$

式中，HDD 和 ADD 分别为某站点某一年最高气温和均温的积温(℃·d)；T_{max}表示日最高气温(℃)；T_{ave}表示日均温(℃)；N 表示满足 T_{max}连续 3 d 及以上≥35 ℃的天数(d)或 T_{ave}连续 3 d 及以上≥30 ℃的天数(d)。

7.2.1.4　高温热害时空变化特征分析方法

(1)临界高温发生概率的年变化特征

分别统计两个热害指标对应的临界温度：T_{max}≥35 ℃和 T_{ave}≥30 ℃在 50 a 中的发生概率，即统计对应日序下(1～366)，50 a 中达到临界高温的年份数在 50 a 中所占的比例，并绘制成年变化图。

(2)趋势分析法

趋势分析法：以多年气象要素和年份为坐标，构建线性方程得到的线性回归斜率的 10 倍即为该气象要素的气候倾向率(魏凤英，1999)。

$$y_i = a + bt_i \qquad i = 1,2,3,\cdots,n \tag{7.3}$$

式中，y_i 对应第 i 年的气象要素值；t_i 为时间序列的年份，a、b 均为常数项，其中 b 为回归系数，$10b$ 即为气候倾向率(气象要素平均每 10 a 的变化)。

(3)中心模型

中心模型是研究区域要素空间移动的重要分析工具，当前已被用于计算冬小麦和夏玉米潜在干旱中心(曹阳 等，2014a，2014b)、水稻种植面积和产量中心(刘珍环，2013)及高温中心(冯灵芝，2015)的移动情况。

在运用中心模型进行高温中心移动表征时，高温中心移动路径中，高温中心所处的位置可以反映高温强度在区域上的分布特征；移动方向可以反映高温强度在空间上的变化特征；而年代际移动幅度大小体现高温热害强度的变化幅度，移动幅度越大，则移动方向上高温热害强度相比其他地区增加幅度越大(冯灵芝，2015)。

高温热害中心的计算公式如下：

最高气温积温的热害中心：

$$\mathrm{Lon}_{35\ ℃} = \sum_{i}^{n} \frac{\mathrm{HDD}_i}{\sum \mathrm{HDD}} \times \mathrm{Lon}_i \tag{7.4}$$

$$\mathrm{Lat}_{35\ ℃} = \sum_{i}^{n} \frac{\mathrm{HDD}_i}{\sum \mathrm{HDD}} \times \mathrm{Lat}_i \tag{7.5}$$

均温积温的热害中心：

$$\mathrm{Lon}_{30\ ℃} = \sum_{i}^{n} \frac{\mathrm{ADD}_i}{\sum \mathrm{ADD}} \times \mathrm{Lon}_i \tag{7.6}$$

$$\mathrm{Lat}_{30\ ℃} = \sum_{i}^{n} \frac{\mathrm{ADD}_i}{\sum \mathrm{ADD}} \times \mathrm{Lat}_i \tag{7.7}$$

式中，$\sum$HDD 和 $\sum$ADD 分别表示某一年各站点最高气温和均温的积温；Lon_i 和 Lat_i 表示对应站点的经纬度；$Lon_{35\,℃}$、$Lat_{35\,℃}$ 和 $Lon_{30\,℃}$、$Lat_{30\,℃}$ 分别表示最高气温和均温积温的热害中心对应的经纬度；n 为站点数。

7.2.2 临界高温发生频率的年变化特征

图 7.3 为江苏 7 个站点过去 50 a(1966—2015 年)两种临界高温发生概率的年变化图(红色代表 T_{max}≥35 ℃的概率；黑色代表 T_{ave}≥30 ℃的概率)。从图中可以看出，7 个站点两种临界高温发生概率的年变化趋势基本都呈单峰型，除徐州站外，175～225 d(即 7 月、8 月)是各站点两个临界高温的易发时段。从全年来看，7 个站点中南京和吴县东山临界高温出现概率相对最大，其次是南通、盱眙和徐州，射阳和赣榆发生概率最小，并且这种大小趋势在两个指标中一致。

从图 7.3 中 $T_{ave}-T_{max}$ 年变化特征曲线可以看出，T_{ave} 发生概率在高温发生时段(125～250 d 之间)基本呈现两谷一峰的趋势，除徐州外，两个指标间的差异均表现为越接近 210 d，差异越大，其中吴县东山和南通 $T_{ave}-T_{max}$ 最大超过 15%，而徐州站两个指标相差最大出现在 150 d 附近，并且 $T_{ave}-T_{max}$ 最大超过 −14%。

结合站点的空间分布情况来看，越靠近江苏西南部，高温发生相对越明显，这与不同的地理纬度及周边环境有关。一方面，纬度越低，气温相对越高；另一方面，江苏东部临海，水的比热较大，夏季升温比较慢，会对当地气温有一定的降温作用，并且，夏季由于海陆热力差异的原因，盛行海风，也可以起到降温的作用。

7.2.3 水稻生长季内高温天数及高温积温分析

基于江苏 1966—2015 年 7 个气象站点的天气数据，分别计算各站点水稻生长季(4—10 月)连续 3 d 及以上 T_{max}≥35 ℃的天数(HTD)及积温(HDD)；连续 3 d 及以上 T_{ave}≥30 ℃天数(ATD)及积温(ADD)，并绘制成相应的气候倾向率和均值图(图 7.4)。

图 7.4 中左侧一列为 4—10 月各站点高温天数分布图，从图中可以看出，7 个站点 4 月、5 月和 10 月均未发生高温热害，而高温危害最严重的月份均出现在 7 月；此外，除盱眙和徐州个别月份外，ATD 各月天数均高于 HTD，差值最大也出现在 7 月。从 7 个站点 50 年的情况来看，南京和吴县东山站点水稻生长季内出现高温天数最多，ATD 的最大值分别达到 7.52 d 和 8.30 d，而 HTD 最大值分别为 5.72 d 和 4.84 d；而射阳和赣榆各月 ATD 天数最高仅 2.18 d 和 1.44 d，HTD 则均小于 1.5 d。

从高温天数的气候倾向率来看，不同站点过去 50 a 高温天数发生情况的变化具有很大的差异。其中存在明显增加趋势的三个站点分别为南通、南京和吴县东山，增加最明显的月份发生在 7 月，ATD 增率在 0.782～1.398 之间，HTD 在 0.570～1.126 之间，而这三个站点增加最明显的是南通站点，4—10 月高温天数均呈现增加的趋势；与此相反，赣榆 4—10 月高温天数基本呈现减少的趋势，虽然减少但并不明显，ATD 和 HTD 变率在 −0.149～0.003 之间；射阳站点 6—8 月 ATD 天数在过去 50 a 均呈现增加的趋势，而 HTD 则均呈现减少的趋势。综合各站点的情况来看，ATD 和 HTD 多年的变率不同，这可能与一天中高温持续时间不长有关。

积温具有结合高温强度和持续时间的优点。高素华等(2009)通过对长江流域高温热害的研究发现，高温日数和高温积温与水稻产量的关系优于高温频次和高温等级。结合同一站点

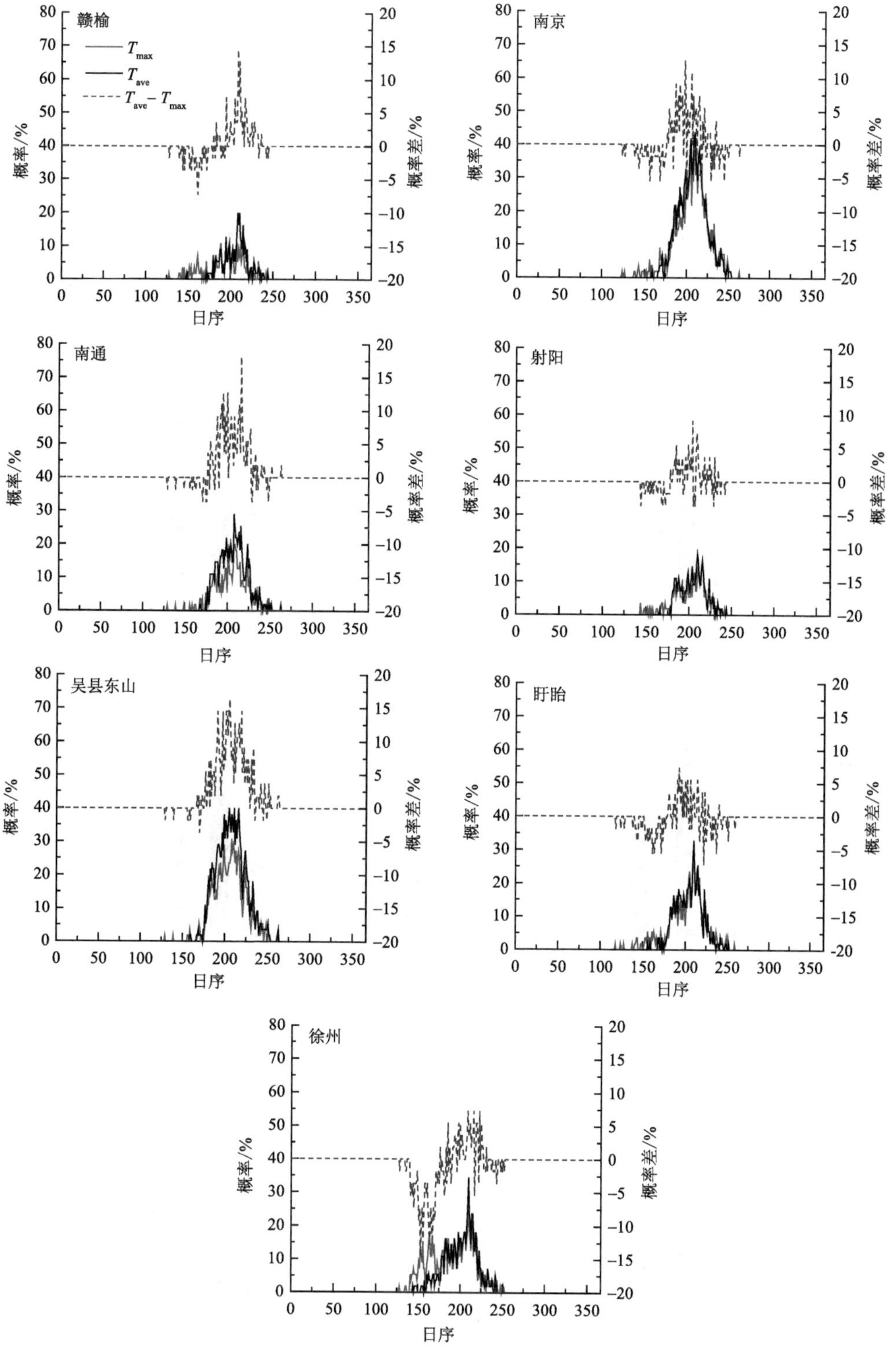

图 7.3　1966—2015 年江苏 7 个站点两个临界高温发生概率年变化(附彩图)

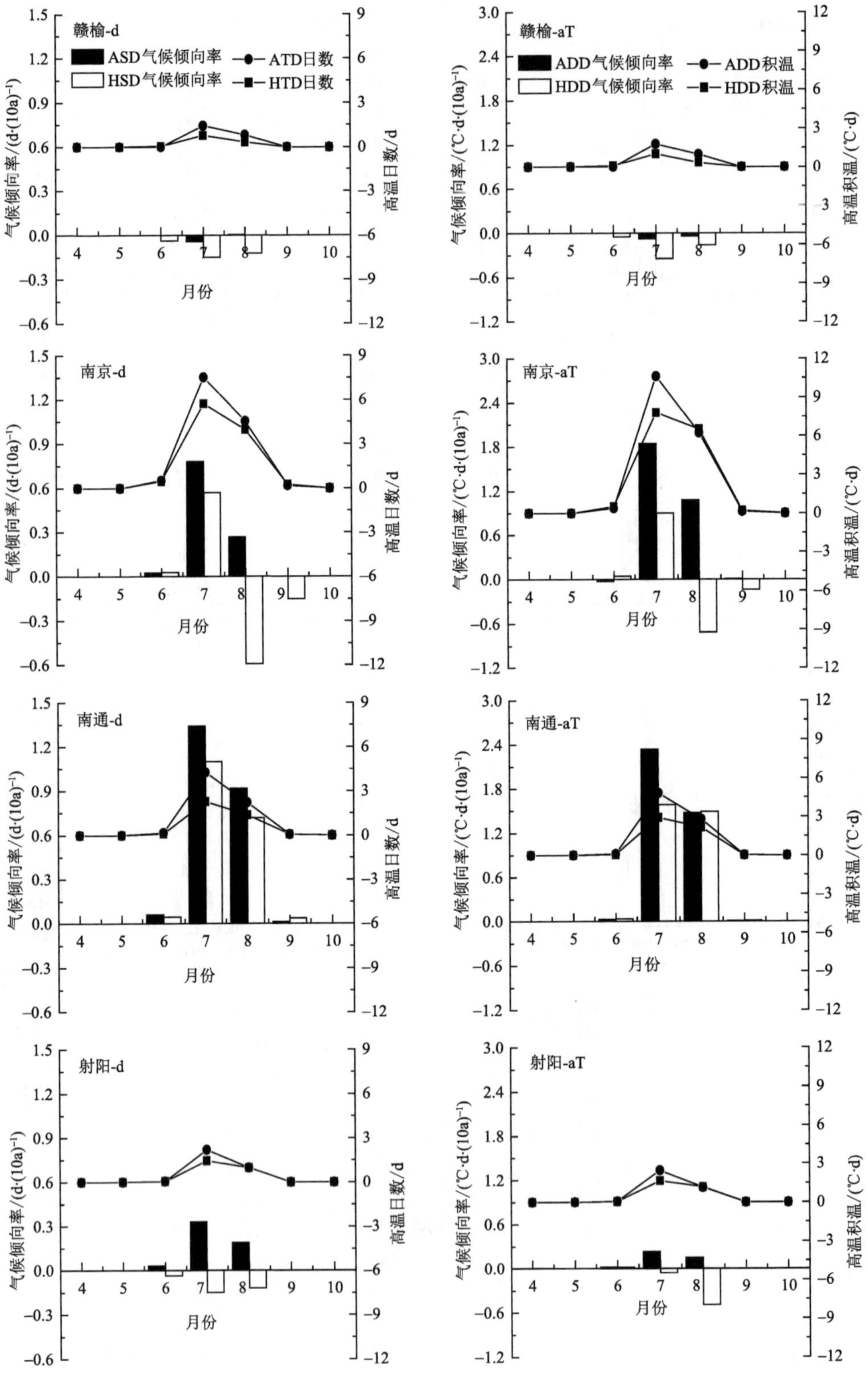
赣榆-d
ASD气候倾向率
HSD气候倾向率
ATD日数
HTD日数
赣榆-aT
ADD气候倾向率
HDD气候倾向率
ADD积温
HDD积温
南京-d
南京-aT
南通-d
南通-aT
射阳-d
射阳-aT
气候倾向率/(d·(10a)⁻¹)
气候倾向率/(℃·d·(10a)⁻¹)
高温日数/d
高温积温/(℃·d)
月份

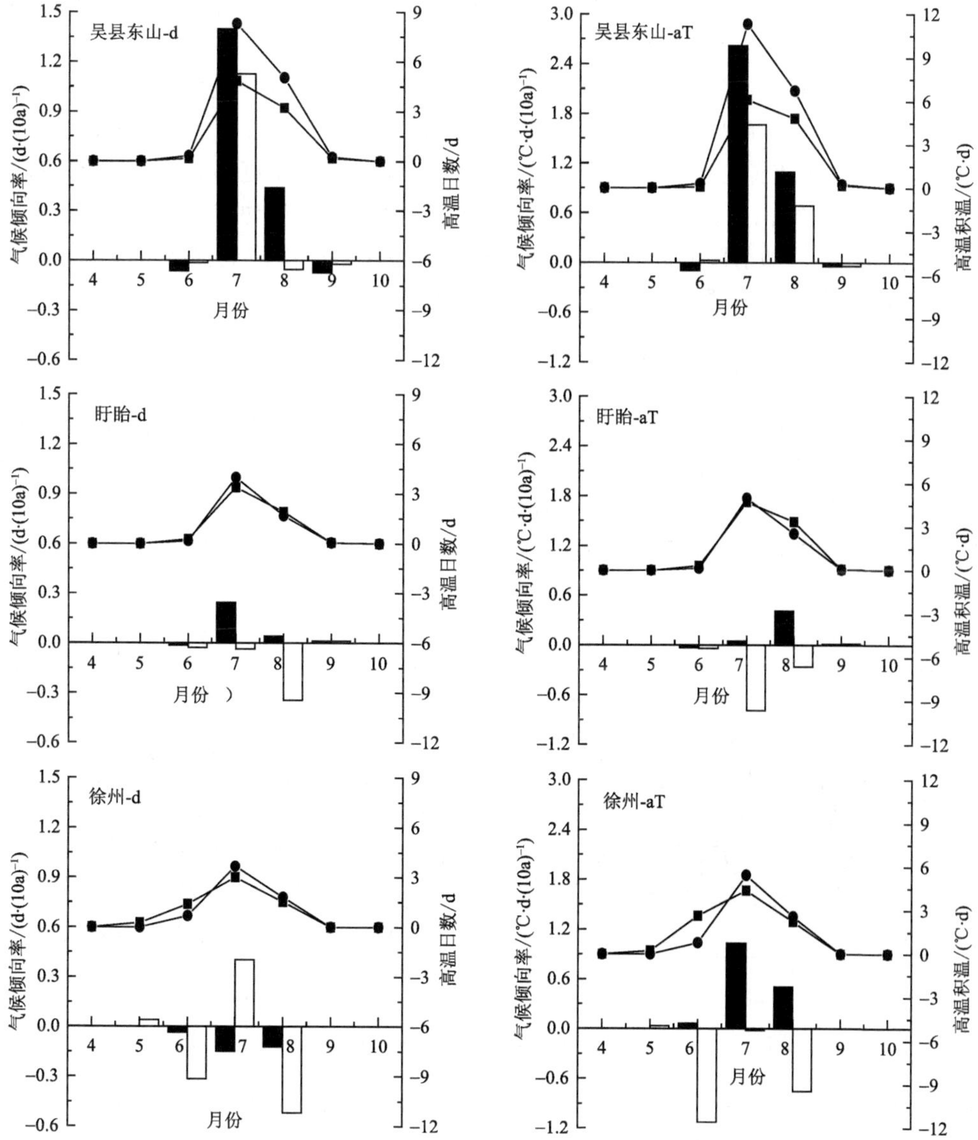

图 7.4 1966—2015 年江苏各站点 4—10 月高温天数(ATD 和 HTD)和积温(ADD 和 HDD)的均值及气候倾向率

注:ATD 和 HTD 分别表示满足连续 3 d 及以上 T_{ave}≥30 ℃的天数及 T_{max}≥35 ℃的天数;ADD 和 HDD 分别表示满足连续 3 d 及以上 T_{ave}≥30 ℃情况下超过 30 ℃的积温和连续 3 d 及以上 T_{max}≥35 ℃的积温;d 表示高温天数,aT 表示积温

高温天数和积温来看,同一站点的变化特征基本一致,吴县东山和南京站点 ADD 和 HDD 相对最高,ADD 在 7 月均达到 10 ℃·d 以上,而 HDD 也在 6 ℃·d 以上,而赣榆站 ADD 和 HDD 均小于 2 ℃·d;各月气候气候倾向率最大也出现在 7 月,其中吴县东山 ADD 和 HDD 的气候倾向率都是最大,分别为 2.62 ℃·d·$(10a)^{-1}$和 1.66 ℃·d·$(10a)^{-1}$,其次是南通,2.34 ℃·d·$(10a)^{-1}$和 1.59 ℃·d·$(10a)^{-1}$,赣榆两个气候倾向率都小于 0。但部分站点也存在高温天数多年特征与积温不一致的情况。其中,吴县东山 8 月,盱眙 7 月及徐州的 7 月、8

月均存在高温天数和积温多年变化趋势的差异，根据积温的计算可以推断造成这种情况的原因是高温天数指标中未考虑高温强度造成的。

综合 7 个站点 50 a 的高温情况来看，高温危害较为严重的地区主要分布在江苏省的西南侧，这与高温频率图显示的情况一致，而且高温主要集中在 7 月和 8 月，以 7 月最为明显。综合均值和气候倾向率两者可以发现均值大的地区气候倾向率往往更多表现为正值，即在过去 50 年间呈现增加的趋势，如吴县东山、南京和南通三个站点；相反，均值不高的地区，在过去 50 年却出现减少的趋势，如射阳和盱眙，高温的这种特点意味着受高温危害严重的地区还有加剧的可能，而高温本身不是很严重的地区却可能进一步减弱。

7.2.4　高温中心时空变化特征

ADD 和 HDD 高温中心在 1966—2015 年均表现出经度逐渐增加，纬度逐渐减小的趋势（图 7.5）。其中经度增加比纬度明显，HDD 中心变化比 ADD 明显。过去 50 a，HDD 经度共增加 1.02°，纬度减小 0.63°，ADD 经度增加 0.33°，纬度减小 0.02°。由此可见，两个高温中心在过去 50 a 均呈现向东南方向移动的趋势，但 HDD 高温中心相比 ADD 移动范围更大。

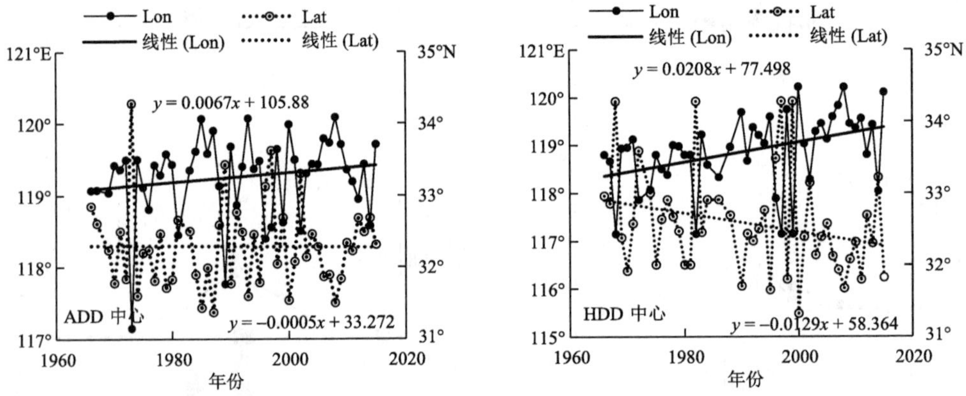

图 7.5　高温中心位置的经纬度在 1966—2015 年的变化情况

图 7.6 为江苏地区 1966—2015 年 ADD 和 HDD 高温中心空间位移图。从图上可以看出 ADD 高温中心在过去 50 a 集中在 119°2′—119°27′E，32°4′—32°32′N 之间，高温中心按西北—东南向在镇江和扬州之间来回移动，中心迁移范围不大，过去 50 a 间每 10 a 经度和纬度迁移最大量分别为 0.31°和 0.37°，均发生在 1976—1985 年和(1966—1975 年)两个 10 a 间，由此可见这 1966—1985 年气温差异较大。从 HDD 高温中心迁移图来看，HDD 高温中心在过去 50 a 中的移动范围和迁移路径长度均比 ADD 大，高温中心主要集中在东经 118°29′—119°27′E，32°12′—32°50′N 之间，相比 ADD，HDD 中心随年代的迁移范围更广。整个 50 a 间，HDD 高温中心主要在盱眙、扬州和镇江三市，也表现为来回移动，其中相邻两个 10 a 间经度和纬度的最大迁移量分别为 0.71°和 0.59°，均出现在 1996—2005 年和 2006—2015 年两个 10 a 间，说明 1996—2015 年时段是江苏 HDD 高温空间格局变化最剧烈的时期。综合 ADD 和 HDD 两幅图来看，过去 50 a 高温中心基本维持在江苏的西南部，但有向东南方向移动的趋势。

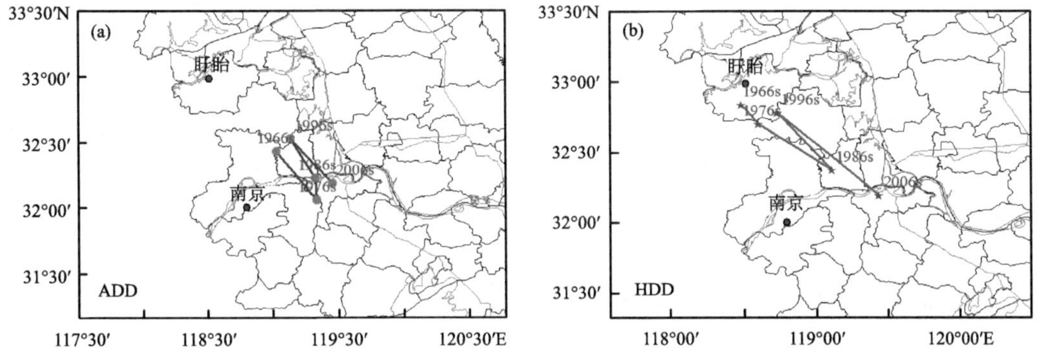

图7.6 1966—2015年江苏地区ADD(a)和HDD(b)高温中心移动情况(附彩图)
(1966s表示1966—1975年,1976s表示1976—1985年,1986s表示1986—1995年,
1996s表示1996—2005年,2006s表示2006—2015年)

7.2.5 结论与讨论

虽然当前多数针对水稻高温热害的研究在选取高温指标的时候都将高温持续时间设定在3 d及以上,但在实际状况中,有时仅是几小时的高温就足以对水稻造成损害(田小海 等,2007;Jagadish et al.,2007;马宝 等,2009);汤日圣等(2006)以杂交籼稻汕优63、特优559和常规粳稻武育粳3号、华粳1号为试材,在研究高温对水稻花粉活力和籽粒结实的影响中也发现高温35 ℃处理1 d就会造成水稻花粉活力、花粉萌发率和结实率下降。因此,本节就考虑高温持续时间和不考虑高温持续时间、高温天数和高温积温各两种评价指标对江苏地区过去50 a高温情况进行统计和分析,从而对江苏地区水稻高温发生情况及特点有一个初步的了解。

通过计算江苏地区7个站点过去50 a(1966—2015年)两个高温指标的临界温度($T_{max} \geq$ 35 ℃和$T_{ave} \geq 30$ ℃)发生概率的年变化特征可以发现,7个站点中,吴县东山和南京高温发生时段内(125~250 d)高温多年发生概率普遍比较高,赣榆和射阳比较低;除徐州站外,其余各站两个指标同一天内发生概率差异最大均出现在210 d附近,且表现为T_{ave}发生概率高于T_{max},其中吴县东山和南通最大达到15%以上,而徐州站两个临界温度概率差异最大出现在150 d附近,且$T_{max} \geq 35$ ℃概率高于$T_{ave} \geq 30$ ℃。根据两个临界温度发生概率的年变化特征可以看出,在水稻的生长过程中,临界高温的选取对于评估水稻的高温热害会造成一定的差异;此外,不同站点两个指标概率差的年变化特征可以反映一年内不同时段温度的情况:在高温发生时段的前期和后期$T_{ave}-T_{max}<0$,很可能与相应时段气温的日较差较大,造成T_{max}超过35 ℃但T_{ave}却低于30 ℃,由此也可以推测当日最高气温持续时间可能不长,对于这样的时段,一方面是气温日较差对水稻的影响,此外短时间高温及出现时段对水稻的影响。

统计了水稻生长季内(4—10月)各月连续3 d及以上$T_{max} \geq 35$ ℃天数和积温及$T_{ave} \geq 30$ ℃天数和积温的月均值和年变化趋势,发现相应站点高温天数和高温积温的月分布情况基本一致,最大均出现在7月;两个指标中,均温指标天数和积温的各月均值总体表现为比最高气温大;从多年变化趋势来看,天数和积温出现增加的情况下,积温指标增加趋势比最高气温明显,而减小的情况下则相反,因此,出现多年均温天数和积温减小趋势明显低于最高气温,这意味

着 T_{ave}≥30 ℃连续 3 d 及以上的情况在未来也可能有增加的趋势，并且比最高气温更为明显；7 个站点中，南京和吴县东山高温天数和积温相对最大，这与两个临界温度发生概率反映的情况一致，而南通是各月高温天数和积温总体增加趋势最明显，赣榆相反。

计算 50 a 两个积温对应高温中心的时间变化趋势和以每 10 a 为单位计算得到的空间移动路径发现，ADD 和 HDD 高温中心在过去 50 a 均呈现出经度增加和纬度减少的趋势，但总体上高温中心有向东南方向移动的趋势，其中 HDD 中心移动比 ADD 明显。

7.3 播期对水稻生长发育及产量的影响

在生态环境、作物品种及耕作措施等相对固定的情况下，调整播期是充分利用自然资源，实现作物高产稳产最有效的方式，但产量与播期之间的关系却并非简单的相关，获得适宜的播期需要考虑当地的实际天气状况，同时也要对作物不同生育阶段的与气象因子的关系有所了解，只有在最大限度地满足作物各阶段对气象要素的需求，又避免作物遭受气象灾害严重损失的情况下，才能保证作物的产量达到一个理想的水平。

7.3.1 材料与方法

7.3.1.1 试验设计

(1)作物数据

作物数据来自 2012—2013 年南京信息工程大学农业气象观测站，水稻品种选择两优培九，在长江中下游地区主要以一季晚稻种植。试验设置如下(表 7.1)。试验小区大小均为 4 m×4 m。大田氮肥施用量为 260 kg · hm^{-2}，基肥与追肥比 55 : 45，促花肥与保花肥比 30 : 20。在浸种催芽后进行旱育秧，为防早期播种时气温过低影响出苗，使用地膜覆盖秧田。其他田间管理同常规高产要求。

表 7.1 两优培九试验参数

年份	播期(月/日)	重复数
2012	4/15(1 播期)、4/30(2 播期)、5/10(3 播期)、5/20(4 播期)、5/31(5 播期)	3
2013	4/30(2 播期)、5/10(3 播期)、5/20(4 播期)、5/31(5 播期)、6/10(6 播期)	3

试验过程中记录各发育期对应的日序，主要包括播种、移栽、幼穗分化、抽穗开花(盛期)和成熟，并根据抽穗期往前、往后各推 3 d 作为抽穗始期和抽穗末期。对生物量的观测从移栽后 3 d 开始至成熟日结束，按每 10 d 观测一次(根据实际情况略有调整)，植株的选取注意避开田埂等容易干扰植株生长的位置，选择具有代表性的 2～5 株进行测定。测定项目包括茎、绿叶、枯叶、穗和叶面积。剪取的茎、叶和穗放置在恒温干燥箱中 80 ℃烘烤 48 h，并称量得到干重。在成熟期进行产量结构的测定，每区选取具有代表性的 10 穴用于考种，分别测定有效穗、穗粒数、结实率(实粒数/总粒数)和千粒重，并分小区实收计产。

(2)气象数据

试验期间的气象数据来自南京信息工程大学自动气象观测站 Watchdog 每 10 min 一次的观测数据，包括气温、降水、辐射等。

7.3.1.2　数据处理

(1)热害分析方法

水稻生长过程中易受到不利天气因素的影响而造成减产。当前，随着全球变暖趋势的加剧，高温对水稻生长发育及产量的影响也不断增大，许多相关的研究也对此进行了证明。而高温对水稻的影响与多种因素有关，包括高温发生的生育时段、高温持续天数、高温强度及开花当日高温出现的时间与开花时段的关系等。

水稻抽穗开花期是对高温最敏感的阶段，但其前后一段时间若出现高温也会对水稻造成危害。因此，本节以抽穗前后各 3 d 作为水稻高温热害的敏感阶段，分别就水稻抽穗开花期(抽穗始—抽穗末)和高温敏感阶段两个时段，进行水稻各播期高温天数(日最高气温≥35 ℃)的统计，并按表 7.2(王春乙 等，2010；吕厚荃，2011)进行高温热害等级的判定。

表 7.2　高温热害等级的划分

临界温度	高温持续天数/d		
	轻度	中度	重度
日最高气温≥35 ℃	3≤天数<5	5≤天数<8	天数≥8

(2)数据统计分析方法

播期间产量因子及产量差异的检验先进行方差齐次性检验，确定多重比较方法，对于方差齐次的采用 S-N-K 法，不齐次的采用 Dunnett T3 法进行；再根据单因素方差分析，判定不同因子播期间差异是否显著，确定是否需要进行多重比较。相关性分析采用 Pearson 相关，双侧检验进行。

7.3.2　不同播期下水稻各生育阶段气象因子的差异

7.3.2.1　不同播期水稻各生育阶段气象因子比较

图 7.7a 为播期对不同生育阶段平均日最高气温($\overline{T}_{max}$)的影响。从图中可以看出，2012 年和 2013 年，播种至移栽(S-T)和移栽至幼穗分化(T-PI)阶段均表现为随着播期的推迟，$\overline{T}_{max}$逐渐升高，但均未超过 35 ℃；而开花至成熟(F-M)阶段则基本呈现相反的趋势。幼穗分化至开花(PI-F)阶段，2012 年以第 2 播期 $\overline{T}_{max}$最高，从第 2～5 播期逐渐降低，但各播期 $\overline{T}_{max}$均低于 35 ℃；而 2013 年 PI-F 阶段的 $\overline{T}_{max}$在第 4 播期最高，且除第 6 播期，$\overline{T}_{max}$均超过 35 ℃。图 7.7b 和 c 各播期不同生育阶段的平均日最低气温($\overline{T}_{min}$)平均日均温($\overline{T}_{ave}$)的变化趋势与 $\overline{T}_{max}$基本一致，其中 2012 年第 2 播期 PI-F 阶段 $\overline{T}_{ave}$超过 30 ℃，而 2013 年除第 6 播期，其余播期 PI-F 阶段的 $\overline{T}_{ave}$均超过 30 ℃。

从图 7.7d 各播期平均日辐射($\overline{R}_a$)来看，2012 年播期间差异最大出现在 PI-F 阶段，第 1 和 2 播期明显大于其余三个播期；2013 年 $\overline{R}_a$ 在 T-PI 阶段随着播期的推迟 $\overline{R}_a$ 有上升的趋势而 F-M 阶段基本呈下降的趋势，播期间差异较大出现在 T-PI 和 PI-F 阶段。从图 7.7e 平均日降水量($\overline{P}_{re}$)分布图来看，2012 各播期降水都主要集中在 T-PI 和 PI-F 阶段，而 2013 年主要集中在 S-T 和 T-PI 阶段；在 S-T 阶段 2013 年各播期降水量明显大于 2012 年，且随着播期推迟基本呈上升趋势，而 PI-F 阶段相反，2012 年第 1～4 播期降水量明显大于 2013 年；F-M 阶段 2013 年降水量大于 2012 年的第 2～5 播期，而 2012 年第 1 播期 $\overline{P}_{re}$ 明显大于其他播期。

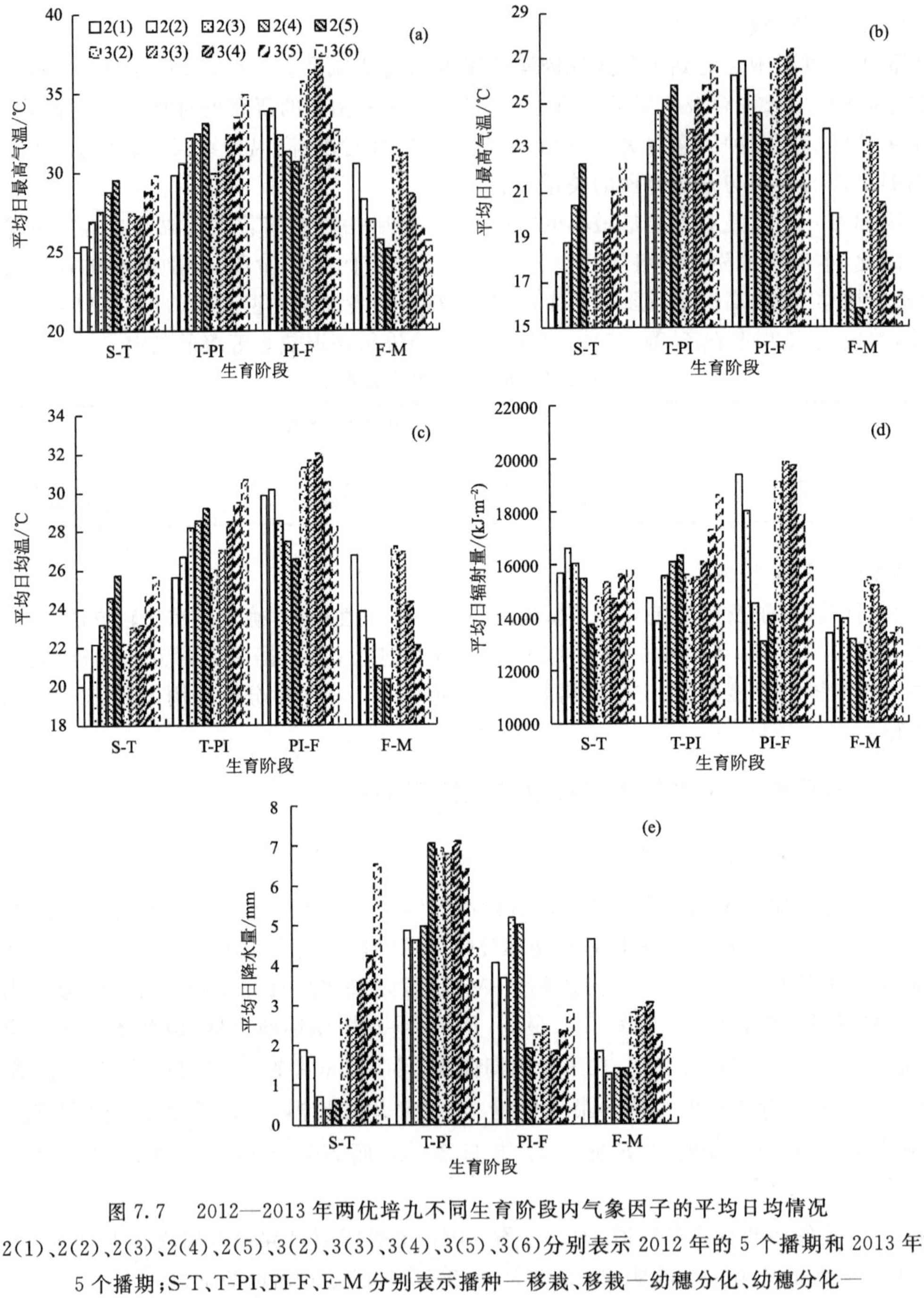

图 7.7　2012—2013 年两优培九不同生育阶段内气象因子的平均日均情况

(2(1)、2(2)、2(3)、2(4)、2(5)、3(2)、3(3)、3(4)、3(5)、3(6)分别表示 2012 年的 5 个播期和 2013 年的 5 个播期；S-T、T-PI、PI-F、F-M 分别表示播种—移栽、移栽—幼穗分化、幼穗分化—抽穗开花和抽穗开花—成熟四个生育阶段)

7.3.2.2　抽穗开花期及高温敏感阶段高温情况比较

表 7.3 为 2012 年和 2013 年水稻抽穗开花期和高温敏感阶段内日最高气温 $T_{max} \geq 35$ ℃出现天数及达到的高温热害等级。从抽穗开花期来看，2012 年 5 个播期均未出现高温热害情

况，相比 2012 年，2013 年第 2 和第 3 播期均出现连续 7 d 的中度高温热害，但后 3 个播期均未出现高温热害。从高温敏感阶段来看，2012 年仅第 1 播期出现 1 次轻度高温热害，而 2013 年第 2 和第 3 播期均出现 1 次重度高温热害(分别持续 13 d 和 11 d)，第 4 播期出现 1 次轻度高温热害。由此可见，同年内播期的差异对水稻抽穗开花期及高温敏感阶段内高温的发生情况影响很大；此外，比较两个统计时段可以发现，对水稻受高温危害时段的划分会直接影响对水稻受高温热害程度的判定。

表 7.3　2012 年和 2013 年不同播期水稻遭遇高温天数及热害情况统计

年份	播期	抽穗开花期		高温敏感阶段	
		T_{max}≥35 ℃天数/d	热害等级	T_{max}≥35 ℃天数/d	热害等级
2012	1	0	—	3	轻度 1 次(3 d)
	2	2	—	2	—
	3	0	—	1	—
	4	0	—	0	—
	5	0	—	0	—
2013	2	7	中度 1 次(7 d)	13	重度 1 次(13 d)
	3	7	中度 1 次(7 d)	11	重度 1 次(11 d)
	4	1	—	4	轻度 1 次(4 d)
	5	0	—	1	—
	6	0	—	0	—

注：高温敏感阶段：抽穗前后各 3 d。

7.3.3　不同播期水稻生长及产量的差异

播期对产量造成的影响可以通过产量四因子(有效穗、穗粒数、结实率和千粒重)反映。由图 7.8，2012 年，随着播期的推迟，有效穗基本呈现增加的趋势，而穗粒数则逐渐减少，方差分析结果显示，2012 年第 1 和第 5 播期有效穗分别与其他三个播期间的差异达到显著性水平($p<0.05$)，但第 2～4 播期有效穗差异不显著；结实率表现为第 1、2 和 5 播期与第 3、4 播期达到显著性差异($p<0.05$)；而穗粒数和千粒重各播期间差异均未达到显著性水平。

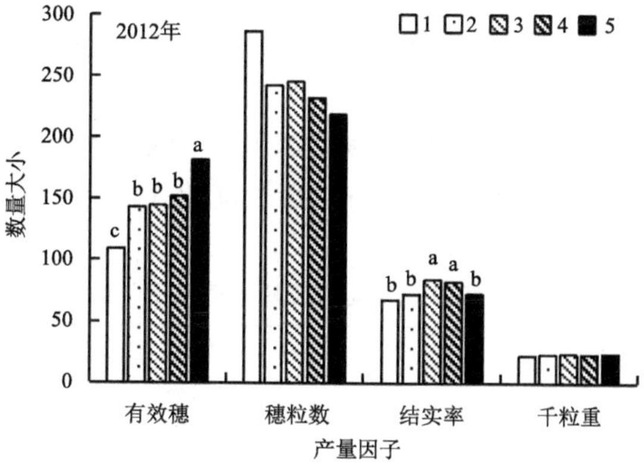

图 7.8　2012 年不同播期产量因子的比较
(由于 2013 年产量因子部分数据缺测，因此未进行比较)

图 7.9 为 2012 年和 2013 年各播期水稻的产量情况(仅对 2012 年进行了分析)。方差分析结果显示,2012 年第 1 和 2 播期与第 3～5 播期产量差异达到显著性水平($p<0.05$),其中第 1 和第 2 播期产量与其他三个播期相差 1700 kg · hm^{-2} 以上;2013 年第 2 和 3 播期与第 4～6 播期产量差异也达到显著性水平($p<0.05$),前两个播期与后三个播期产量相差在 1900 kg · hm^{-2} 以上。两年相同播期的比较情况来看,2012 年第 2～4 播期的产量均高于 2013 年对应播期,两年相同播期产量差异都在 1400 kg · hm^{-2} 以上,其中第 3 播期差异最大,达到 3554.18 kg · hm^{-2}。

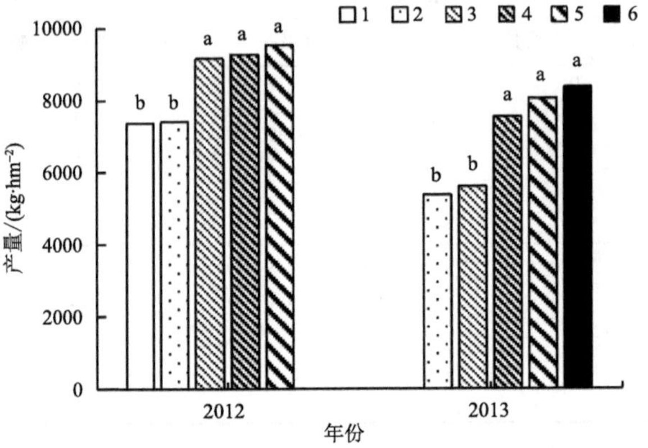

图 7.9 2012 年和 2013 年不同播期产量的比较

7.3.4 各生育阶段气象因子与水稻生长及产量的关系

7.3.4.1 各生育阶段长度与对应阶段气象因子的关系

相关分析结果表明,部分生育阶段长度受对应阶段气象因子的影响(表 7.4)。其中,2012 年 T-PI 阶段长度与 $\overline{T}_{min}$ 和 $\overline{P}_{re}$ 达到显著负相关关系($p<0.05$),而 F-M 阶段的长度与 F-M 阶段 $\overline{T}_{max}$、$\overline{T}_{min}$、$\overline{T}_{ave}$ 及 $\overline{P}_{re}$ 均达到显著负相关关系。相比 2012 年,2013 年各生育阶段长度与对应阶段气象因子之间的关系更明显,其中 S-T 阶段长度主要与三个温度因子及降水有关,其中温度因子的影响大于降水;T-PI 阶段长度与四个因子的关系均不显著;PI-F 阶段长度主要受到 $\overline{R}_a$ 的影响,两者之间达到极显著负相关($p<0.01$),其次是 $\overline{T}_{max}$ 和 $\overline{T}_{ave}$,$\overline{T}_{min}$ 的相关系数最小;F-M 阶段长度则与 $\overline{T}_{max}$ 和 $\overline{R}_a$ 均呈显著负相关。综合两年各因子来看,温度因子是影响生育进程最主要的因子,但各阶段影响生育阶段长度的气象因子存在差异,同时不同年份间也会有所不同。

表 7.4 各生育阶段长度与对应阶段气象因子的相关系数

年份	生育阶段	$\overline{T}_{max}$ /℃	$\overline{T}_{min}$ /℃	$\overline{T}_{ave}$ /℃	$\overline{R}_a$ /(kJ · m^{-2})	$\overline{P}_{re}$ /mm
2012	S-T					
	T-PI		−0.887*			−0.948*
	PI-F					
	F-M	−0.880*	−0.889*	−0.885*		−0.892*

续表

年份	生育阶段	$\overline{T}_{max}$ /℃	$\overline{T}_{min}$ /℃	$\overline{T}_{ave}$ /℃	$\overline{R}_a$ /(kJ · m^{-2})	$\overline{P}_{re}$ /mm
2013	S-T	−0.944*	−0.953*	−0.956*		−0.927*
	T-PI					
	PI-F	−0.933*	−0.892*	−0.932*	−0.974**	
	F-M	−0.886*			−0.912*	

注：S-T、T-PI、PI-F 和 F-M 分别表示播种至移栽、移栽至幼穗分化、幼穗分化至抽穗开花和抽穗开花至成熟阶段；$\overline{T}_{max}$、$\overline{T}_{min}$、$\overline{T}_{ave}$、$\overline{R}_a$、$\overline{P}_{re}$ 分布表示各生育阶段对应的平均日最高气温、平均日最低气温、平均日均温、平均日辐射量和平均降水量；* 和 * * 分别表示在 0.05 和 0.01 水平(双侧)上显著相关。

7.3.4.2 各生育阶段气象因子与产量的关系

不同播期水稻产量受各阶段气象因子的影响(表 7.5)。2012 年各播期产量受温度因子的影响最大，除 PI-F 阶段的 $\overline{T}_{min}$ 外，各阶段均达到显著水平以上，其中 S-PI 阶段产量均与温度呈正相关，而 PI-M 阶段则相反，这可能与这两个时段的温度范围差异有关，在一定温度范围内随着温度的升高有利于产量积累，而超过一定温度后则可能表现为负效应；此外，与两个阶段温度对产量的影响作用不同有关。$\overline{R}_a$ 主要通过 T-PI 和 PI-M 阶段影响产量，且不同生育阶段影响不同；而 $\overline{P}_{re}$ 仅 S-T 阶段会对产量造成影响。从 2013 年来看，T-PI 和 F-M 阶段三个温度因子均与产量呈极显著的关系，此外，F-M 阶段的 $\overline{Ra}$ 和 S-T 阶段的 $\overline{T}_{min}$ 也会影响产量。就抽穗开花期来看，产量仅受温度因子的影响。综上来看，温度因子，尤其是 $\overline{T}_{max}$ 对产量的影响相对最大；而从生育阶段来看，T-PI、F-M 阶段及抽穗开花期的温度与产量的关系最密切。

表 7.5 各阶段气象因子与产量的相关系数

年份	生育阶段	$\overline{T}_{max}$ /℃	$\overline{T}_{min}$ /℃	$\overline{T}_{ave}$ /℃	$\overline{R}_a$ /(kJ · m^{-2})	$\overline{P}_{re}$ mm
2012	S-T	0.893*	0.896*	0.902*		−0.975**
	T-PI	0.978**	0.942*	0.962**	0.934*	
	PI-F	−0.958*		−0.936*	−0.962**	
	F-M	−0.910*	−0.896*	−0.901*		
	抽穗开花期	−0.882*	−0.894*	−0.912*		
2013	S-T		0.904*			
	T-PI	0.962**	0.964**	0.965**		
	PI-F					
	F-M	−0.979**	−0.961**	−0.968**	−0.965**	
	抽穗开花期	−0.959*		−0.938*		

注：各项示意同表 7.3、7.4。

7.3.5 小结

利用农试站两优培九 2012 年和 2013 年各 5 个播期的分期播种试验，通过对不同年份不同播期各生育阶段对应气象因子（$\overline{T}_{max}$、$\overline{T}_{min}$、$\overline{T}_{ave}$、$\overline{R}_a$、$\overline{P}_{re}$）的比较发现，播期造成的气象因子的差异会影响生育阶段长短及产量，而温度因子，尤其 $\overline{T}_{max}$ 是造成差异最主要的气象因子。

除了光周期敏感阶段外，作物的生长主要受温度的影响（Hodges，1991），水稻的生长过程存在三基点温度，最低、最适和最高温度，在最低和最适温度之间，随着温度的升高，水稻生长发育加快，而在最适到最高之间，则随着温度的升高，生长逐渐减慢。本研究也发现与生育阶段长度关系最密切的是温度因子，且呈现显著的负相关关系，这与均温基本落在最低和最适温度之间，因此温度的升高加速水稻的生长。

对 2012 年和 2013 年产量的相关分析结果表明，两年均表现为前两个播期产量差异与后三个播期达到显著性水平（$p<0.05$）。而各阶段气象因子与产量的相关分析结果显示，温度是影响产量最主要的因子，尤其是 $\overline{T}_{max}$，在 T－PI 和 F－M 阶段更明显。从 2013 年各播期抽穗开花期受高温危害的程度及各播期产量的大小可以发现，两者之间具有很好的一致性。因此，播期调整造成的水稻抽穗开花期高温天数的差异很可能是造成产量差异的重要原因之一。研究表明，开花期是水稻对高温最敏感的时期，该时期出现高温会影响授粉和受精（Youhida，1981），从而影响产量。但 2012 年第 2 播期高温敏感阶段或抽穗开花期均未出现高温热害，但产量却显著低于第 3～5 播期。根据相关研究表明，一定程度的高温主要对正在开放的颖花造成影响，即高温对水稻颖花的影响具有"短暂效应"（田小海 等，2007）；而从统计的高温天数来看，第 2 播期在抽穗开花期有 2 d 最高气温≥35 ℃的情况，因此，那也可能是造成 2012 年第 2 播期减产的原因。

7.4 基于 ORYZA2000 模型的高温热害评估

作物生长模型作为一种有效工具，已被广泛应用于气候因子影响评价、产量预测、农业生产决策管理、气候变化影响评估、农业气象灾害预警、精确农业等多方面（McCown et al.，1996；Wolf et al.，1996；刘布春 等，2002；陈振林 等，2007）。相比传统的获得作物产量的方法，作物模型具有灵活、方便、有效、可大面积、长时间序列获取作物产量的优势；此外，模型可以模拟天气条件不同外其余因子均保持一致的情况，模拟产量间的差异完全取决于气象因子间的不同，因此，能够将气象因子对产量的影响提取出来进行评估。当前在全球气候变化趋势下，温度升高对作物的影响不能完全依靠田间试验的设定来完成，这时就可以通过作物模型来进行。因此，本章在改进 ORYZA2000 模型的基础上，对不同播期水稻产量进行长年高温影响的模拟，并根据不同播期水稻产量的变化情况为适宜播期的选取提供参考和依据。

7.4.1 模型对高温影响产量的评估

统计江苏地区一季稻播种时间，大致从 4 月底至 6 月初，结合 2012—2013 年大田试验，选择播期为 120 d、130 d、140 d 和 151 d 的进行模拟。根据第 2 章对江苏 7 个站点 50 a 高温情况的统计，选择多年受高温发生最为频繁的南京和吴县东山为研究站点，分别计算南京和吴县东山 1966—2015 年最低和最高气温的多年平均值，同时统计两个站点各 50 a 水稻生长季（4—10 月）内连续 3 d 及以上 T_{max}≥35 ℃对应的日序，并用对应站点多年平均最高和最低气温按照对应日序进行替换，替换后的天气文件作为各站常年气象条件下的天气文件。用改进后的 ORYZA2000 模型分别模拟 2 个站点 4 个播期实际天气和常年天气驱动下模型得到的产量，计算产量变化率(公式(7.8))，进而对两个站点不同播期历年产量受高温影响情况进行分析，为适宜播期的选择提供参考。

$$D = \frac{Y - Y'}{Y'} \times 100\% \tag{7.8}$$

式中，D 为产量变化率(%)；Y 为实际天气条件下模拟得到的产量(kg · hm^{-2})；Y'为常年天气条件下模拟得到的产量(kg · hm^{-2})。

7.4.2　ORYZA2000 模型

7.4.2.1　ORYZA2000 模型的介绍

ORYZA2000 在假定作物完全不受到病害、虫害以及杂草的影响而造成减产的情况下，可以模拟直播稻和移栽稻在潜在生产、水分限制和氮素限制条件下的生长和发育情况。模型由多个模块构成，包括作物生长和发育模块、蒸腾和水分胁迫模块，氮素动态模块和土壤水分平衡模块(Bouman et al., 2001)。

水稻发育过程的模拟主要取决于温度和日长，及水稻自身的生理感光和感温特性。其中水稻的发育期可以划分为四个阶段：基本营养阶段、光周期敏感阶段、穗形成阶段、籽粒灌浆阶段，其中光周期敏感阶段的生育进程由温度和光照共同决定，而其余三个生育阶段的生育进程则仅取决于温度。各生育期对应的生长发育阶段分别为 0～0.4、0.4～0.65、0.65～1、1～2，其中 0 代表出苗，0.65 代表幼穗分化开始，1 代表开花，2 代表生理成熟，四个阶段对应的生长发育速率分别为 DVRJ、DVRI、DVRP 和 DVRR。根据不同发育阶段发育速率常数、日热量单位(HU; ℃ · d · d^{-1})增量和光周期变化，计算物候发育速率，这个发育速率代表完成某一发育阶段所需有效热(以℃ · d 表示)的倒数。发育期是时间对发育速率的积分。若为移栽稻，则存在一个移栽停滞期(TSHCKD, ℃ · d)，满足 TSHCKD＝SHCKD×TSTR(其中，SHCKD 为移栽停滞系数，在 ORYZA2000 中默认为 0.4；TSTR 为播种到移栽期间的积温，℃ · d)，停滞期过后水稻继续生长。

ORYZA2000 中对水稻叶面积的模拟可以分为两个阶段，指数增长阶段和线性增长阶段。在指数生长阶段，即作物生长前期，叶片之间没有相互遮荫，叶面积的增加不受可获得同化产物的限制(Horie et al., 1979)。此时，叶面积生长满足：$LAI_{ts} = LAI_{t0} \times \exp(R_l \times ts)$ (其中，LAI_{ts} 表示积温为 ts 情况下的叶面积指数，LAI_{t0} 表示积温为 0 的情况下的叶面积指数，R_l 为相对叶面积生长速率((℃ · d)$^{-1}$)；在水稻生长发育后期，当叶面积增长到一定程度，由于叶片间的相互遮蔽阻碍了叶片获得充足的阳光进行光合作用，此时叶片的生长只取决于叶片可利用碳水化合物的量(Penning et al., 1989)，在这个线性阶段，水稻绿叶面积(LAI)与绿叶干重(W_{lvg}, kg · hm^{-2})之间存在固定的比例关系，即比叶面积(SLA; m^2 · kg^{-1})，此时的叶面积可表示为：$LAI = SLA \times W_{lvg}$ (其中，SLA 可以通过试验数据进行线性内推得到，也可根据公式 $SLA = a + b \times \exp(c \times (DVS - d))$ 计算获得，式中 a、b、c、d 为经验系数，DVS 为发育阶段)。

ORYZA2000 中每天累积的净光和产物取决于水稻冠层光合作用的累积量减去呼吸的消耗量。在计算水稻冠层 CO_2 同化量时考虑直射辐射和散射辐射，并将考虑接收到的太阳辐射时将阳叶和阴叶分开考虑，最后利用高斯积分法在时间和空间上对叶片瞬时 CO_2 同化率进行积分，得到冠层一天总的 CO_2 同化量，减去维持性呼吸消耗量，再加上茎干存留量，最终得到每天可用于作物器官生物量积累的干物质(GCR),并按照一定的分配系数分配到水稻的地上部分(茎、叶、穗)和地下部分(根)。其中,从 DVS>0.95 开始的穗重最终累积形成产量。但模型中产量的累积过程受到籽粒库容的限制,籽粒库容是最大粒重和籽粒数乘积的函数 PWRR=NGR×WGRMX(其中,PWRR 为籽粒库容大小,$kg \cdot hm^{-2}$;NGR 为籽粒数,粒数·hm^{-2};WGRMX 为最大粒重,kg·粒$^{-1}$),其中,NGR 受到温度因子的影响,包括 DVS 在 0.96~1.20(花期)的高温和 DVS 在 0.75~1.20 的低温。若模拟过程中产量累积达到籽粒库容上限,产量将不再增加(Bouman et al., 2001)。

7.4.2.2 ORYZA2000 模型的改进

ORYZA2000 模型中作物生长发育及产量形成部分的模拟大多是针对实际气象条件下进行的,当某些气象因子(如温度)出现不适宜作物生长时,模拟的准确性可能会受到抑制,造成模拟效果的偏差。因此,结合部分试验及文献,对模型中水稻生长受温度影响部分进行适当的改进,以期提高模型在高温条件下对水稻生长的模拟。

7.4.2.2.1 光合作用温度影响因子的调整

光合作用是将无机物转化为有机物并储存成能量用于水稻各器官生长及产量形成的关键,而光合作用极易受到各种环境因素的影响,尤其是温度。作物光合作用速率与温度之间的关系是非线性的,近似于抛物线(孙卫国,2008),而 ORYZA2000 模型中对最大光合速率(A_{max})响应温度的关系则采用分段线性的方法,并且在 20~37 ℃之间温度影响因子(REDFT)都为 1,这造成了模型中光合作用对温度的响应比较迟钝。根据气候控制试验获取两优培九不同叶片温度下的光合数据,并提取最大光合速率与叶温的响应曲线,同时结合叶温与气温之间的关系(陈斐,2014),最终得到 A_{max}归一化后关于气温的关系式,其中光合作用的上下限温度采用模型默认:

$$\text{REDFT}=\begin{cases}0 & T\leqslant 10\ ℃\\ -0.000065T^3+0.003362T^2-0.002446T-0.24672 & 10<T<43\ ℃\\ 0 & T\geqslant 43\ ℃\end{cases} \tag{7.9}$$

$$T=\frac{T_{max}+(T_{min}+T_{max})/2}{2} \tag{7.10}$$

式中,REDFT 为温度对最大光合速率的影响因子;T 为白天的气温(℃);T_{max}和 T_{min}分别为一天中的最高和最低气温(℃)。

7.4.2.2.2 呼吸速率的温度订正

水稻植株呼吸分为两部分:维持性呼吸和生长呼吸,其中维持性呼吸主要用于维持植株生物结构,是水稻各器官干重、温度的函数。

$$R_m=(mc_{lv}W_{lv}+mc_{st}W_{st}+mc_{rt}W_{rt}+mc_{so}W_{so})\cdot \text{TEFF}\cdot \text{Mndvs} \tag{7.11}$$

$$\text{TEFF}=2^{(Tav-Tr)/10} \tag{7.12}$$

$$\text{Mndvs}=W_{lv}/(W_{lv}+W_{lvd}) \tag{7.13}$$

式中,R_m 为实际温度下的维持性呼吸速率($kg\ CH_2O \cdot hm^{-2} \cdot d^{-1}$);$W_{lv}$,$W_{lvd}$、$W_{st}$,$W_{rt}$,$W_{so}$分别为绿叶,枯叶、茎,根和储存器官的干物质重($kg \cdot hm^{-2}$),$mc_{lv}$,$mc_{st}$,$mc_{rt}$,$mc_{so}$分别为叶,茎,根和储存器官的维持性系数($CH_2O\ kg^{-1} \cdot d^{-1}$),模型中一般为确定常数;TEFF 为温度对维持性呼吸的影响因子;Mndvs 表示新陈代谢活动对维持性呼吸的影响;T_{av}为日均温(℃),实际

代表器官温度；T_r 为参考呼吸温度(25 ℃)。

原模型在计算水稻各器官维持性呼吸速率的过程中采用的是气温作为呼吸温度进行各部分呼吸速率的计算，而实际状况下，水稻不同器官的温度与气温之间是存在差异的。因此，在改进模型的过程中考虑构建不同器官温度与气温的关系，以此调整呼吸速率方程中不同器官的温度。

叶温的调整

温度与植物的关系，通常采用气温进行分析，但在研究植物光合、呼吸、蒸腾等过程时，需要考虑叶温(郭仁卿，1989)。由于受到多种气象要素的影响，叶温与气温往往存在差异，根据陈金华等(2011)研究发现，叶温与气温存在很好的线性关系。针对两优培九的试验研究也发现气温和叶温之间存在线性相关关系($r<0.984$，$p<0.01$)(陈斐，2014)：

$$T_{\text{leaf}} = 0.8365T_{\text{air}} + 5.5122 \tag{7.14}$$

式中，T_{air}为气温(℃)；T_{leaf}为叶温(℃)。

(2)穗温的调整

水稻穗部的温度除了受到气温的直接影响外，相对湿度也是很重要的一个影响因素。Oort 等(2014)指出，蒸腾是造成穗温和气温之间差异主要的驱动力，并且两者之间的差异在相对湿度较低的环境中更明显，进一步的数据显示，蒸腾与相对湿度具有很好的线性关系。基于上述，Oort 等(2014)根据多项研究数据(涉及粳稻和籼稻、不同品种，不同环境)，得到穗温关于气温和相对湿度的关系($R^2=0.80$)，并且该方程在其后对一些未参与方程建立并且独立的数据进行了穗温的模拟，也获得了较好的结果。因此，在改进穗温中引入该方程：

$$T_p = 0.78T_{\text{air}} + 0.073RH(T_{\text{air}}) \tag{7.15}$$

式中，T_p 表示穗温(℃)；T_{air}表示气温(℃)，RH(T_{air})为对应 T_{air}时的相对湿度(%)。

根据上述得到改进后的水稻维持性呼吸速率的计算公式

$$R_m = (mc_{\text{lv}}W_{\text{lv}} \cdot \text{TEFFL} + mc_{\text{st}}W_{\text{st}} \cdot \text{TEFF} + mc_{\text{rt}}W_{\text{rt}} \cdot \text{TEFF} + mc_{\text{so}}W_{\text{so}} \cdot \text{TEFFP}) \cdot \text{Mndvs} \tag{7.16}$$

$$\text{TEFFL} = 2^{(T_{\text{leaf}}-T_{\text{r}})/10} \tag{7.17}$$

$$\text{TEFF} = 2^{(T_{\text{av}}-T_{\text{r}})/10} \tag{7.18}$$

$$\text{TEFFP} = 2^{(T_{\text{p}}-T_{\text{r}})/10} \tag{7.19}$$

式中，TEFFL、TEFF、TEFFP 分别表示叶片、茎和根、穗温度对其维持性呼吸的影响因子；其他各项含义同前。

7.4.2.2.3　干物质分配系数温度影响因子的引入

干物质分配系数是指不同生长发育阶段对应不同器官的干物质分配情况，而生长发育阶段直接受到温度的影响，因此干物质分配系数与温度之间也存在相互关系(张立桢 等，2004)。温度会造成穗干物质分配系数的改变，从而影响穗和籽粒的发育和生长(孟亚利 等，2004)，而高温胁迫会减少穗部干物质积累(孙诚，2014)。Tang 等(2009)在考虑高温和低温对干物质分配系数的影响后，将高温和低温影响因子及品种特定的遗传参数引入模型，从而对穗干物质增长进行温度因子上的调整，模拟效果得到了提高。

抽穗开花期是水稻对高温最敏感的阶段，高温会造成结实率下降，而结实率的降低也意味着穗重的减少。因此，将高温影响结实率的影响因子用于调整穗干物质分配系数因高温造成的影响(孟亚利 等，2004)，以此对最优条件下的穗重分配系数进行温度因子上的调整。考虑到一般来说 DVS 在 0.96～1 之间(花期)叶片的干物质分配基本已经接近 0，因此，将 DVS 在 0.96～1.2 之间高温引起的穗干物质分配系数的减少转为茎干物质分配系数的增加。根据 Horie 等(1993，1995)研究结果得到如下公式：

$$S_h = 1/(1 + \exp(0.853 \times (T_{max} - 36.6))) \quad (7.20)$$

式中：S_h 为抽穗开花期日最高气温对应的影响因子；T_{max} 日最高气温(℃)。

7.4.2.3 模型参数定标及改进效果的验证

7.4.2.3.1 模型的定标

ORYZA2000 模型在对水稻的生长过程进行模拟时，涉及很多与品种有关的参数，其中包括生育期参数、相对叶面积生长速率、比叶面积、干物质分配系数、相对叶片死亡系数、茎干存留系数等，这些参数需要根据不同品种的观测资料在模型运行前进行确定。为对模型进行高温因子的调整，选择相对最优的条件进行模型的定标。考虑到两优培九两年各播期受不利温度影响的大小及高温敏感阶段内受高温危害的程度，最终选择 2012 年第 3、4 播期和 2013 年第 5 播期数据进行模型的定标，剩余播期用于验证(表 7.6)。

表 7.6 作物数据在模型运用中的说明

品种	定标播期	验证播期 (LAI、茎、叶、穗及地上部分总生物量)	验证播期 (生育期和产量)
两优培九	2012 年： 第 3 播期(131 d)； 第 4 播期(141 d) 2013 年： 第 5 播期(151 d)	2012 年： 第 1 播期(106 d)；第 2 播期(121 d)；第 5 播期(152 d) 2013 年： 第 2 播期(120 d)；第 3 播期(130 d)；第 4 播期(140 d)； 第 6 播期(161 d)	两年 10 个播期

(1)确定生育期参数

将用于参数定标的播期不同生育阶段(包括播种、移栽(若为移栽稻)、幼穗分化、抽穗中期、成熟期)对应的日序进行整理，并将整理结果带入试验参数文件(EXP. DAT)。逐次运行模型自带的计算生育期参数的程序 DRATES，确定各播期的生育期参数(DVRJ，DVRI，DVRP，DVRR)，然后取平均值作为定标得到的最终参数。

(2)确定其他生长参数

将各定标生育期参数分别代入作物参数文件(CROP. DAT)；并将对应播期水稻茎、绿叶、枯叶、穗、地上部分总生物量和 LAI 按生长日序对应生物量(或叶面积指数)进行整理，然后改进试验参数文件(EXP. DAT)中相应的部分。运行模型自带程序 PARAMS，得到对应播期的相对叶面积生长速率、干物质分配系数、相对叶片死亡系数、比叶面积系数和茎干存留系数。

其中，SLA、干物质分配系数和相对叶片死亡系数是对应不同 DVS 的一系列数值。SLA 的确定采用拟合的方式：以 DVS 为横轴，SLA 为纵轴，得到一系列散点图，再根据模型自带函数进行拟合，确定不同生长阶段的 SLA；水稻茎、叶、穗干物质分配系数和相对叶片死亡系数的确定，均采用线性拟合的方法得到不同发育阶段的分配系数。各品种水稻相对叶面积生长速率从定标数据中选择最大和最小值作为最大和最小相对叶面积生长速率，茎干存留系数采用定标得到的各播期的最大值，最终得到表 7.7 各定标参数。

表 7.7　两优培九定标参数

品种	发育参数		干物质分配系数				比叶面积参数		相对叶片死亡系数	
	发育期	发育速率/((℃·d)$^{-1}$)	发育期	叶	茎	穗	发育期	比叶面积/(hm^2·kg^{-1})	发育期	相对死亡系数/d^{-1}
两优培九	0～0.40	0.000579	0	0.59	0.41	0	0	0.00424	0	0
	0.40～0.65	0.000758	0.25	0.59	0.41	0	0.3	0.00257	0.6	0.002
	0.65～1.00	0.000765	0.50	0.45	0.55	0	0.8	0.00199	1.0	0.009
	1.00～2.00	0.001377	0.75	0.31	0.56	0.13	1.0	0.00194	1.6	0.019
			1.00	0.18	0.29	0.53	1.2	0.00192	2.0	0.026
			1.25	0	0.07	0.93	1.7	0.00191	2.5	0.035
			1.60	0	0	1	2.0	0.00191		
0			2.00	0	0	1	2.5	0.00191		
		相对叶面积生长速率/(℃·d)$^{-1}$			0.013	0.008		茎干存留系数	0.315	

7.4.2.3.2　模型的验证及改进前后模拟结果的比较

考虑到用于定标的水稻数据是田间管理按照常规高产要求下获得的，因此在验证模型时将模型设定为潜在状况，分别对改进前后模型的模拟值与实测值进行比较。

(1)发育期的验证

图 7.10 为两优培九模拟和实测生育期的 1∶1 图，主要是对幼穗分化期(DVS=0.65)、抽穗中期(DVS=1)和成熟期(DVS=2)对应日序进行比较。从图中可以看出，2012 年各模拟生育期比实际生育期提前，而 2013 年则呈现相反的情况。综合两年不同生育期的模拟情况来看，前期模型模拟的吻合度较高，而后期偏差相对较大，这与模型模拟的误差具有累积作用，前期模拟的偏差会直接影响后期有关。总体来看，模拟和实测生育期的数据点基本均匀地落在 1∶1 线的两侧，趋势较为一致。

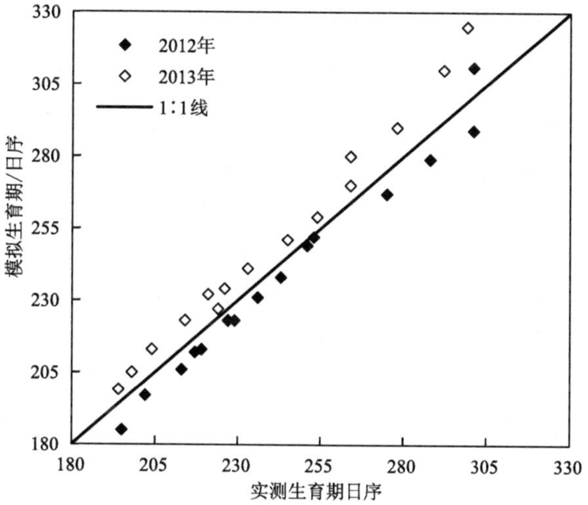

图 7.10　生育期模拟值与实测值的比较

(2)生物量和产量的验证及比较

模型模拟值和实测值的比较采用均方根误差(RMSE)和归一化均方根误差(NRMSE)来表示,并且两者的值越小说明模拟结果越好。当一组数据中模拟和实测值偏差较大时,RMSE可以做出敏感的反应,体现数据的精度;相比 RMSE,NRMSE 则通过归一化实现不同量级参数模拟效果之间的比较。计算公式如下:

$$\text{RMSE} = \sqrt{\sum_{i=1}^{n}(V_o - V_s)^2/n} \tag{7.21}$$

$$\text{NRMSE} = \frac{\text{RMSE}}{\bar{V}_o} \times 100\% \tag{7.22}$$

式中,V_o 表示观测值;$\bar{V}_o$ 表示观测值的平均值;V_s 表示模拟值;n 为样本数。

分别就改进前后模型的模拟值与实测值进行对比,得到表 7.8。从 RMSE 和 NRMSE 两个参数可以看出,改进后模型对绿叶生物量、枯叶生物量、穗生物量、叶面积指数和产量的模拟上都有所提高,其中提高较为明显的是枯叶生物量、穗生物量和产量,NRMSE 分别降低了1.37%、1.83%和 2.23%;但模型对茎生物量和地上部分总生物量的模拟效果有所变差,NRMSE 分别增加了 2.37%和 1.37%。

表 7.8　模型改进前后不同播期 LAI、生物量和产量模拟值和实测值的统计指标

品种	作物参量	样本数	RMSE		NRMSE/%	
			原模型	改进后模型	原模型	改进后模型
两优培九	绿叶生物量/(kg · hm^{-2})	106	917.91	916.22	69.55	69.42
	枯叶生物量/(kg · hm^{-2})	102	202.63	197.34	52.58	51.21
	茎生物量/(kg · hm^{-2})	105	1172.18	1231.26	47.08	49.45
	穗生物量/(kg · hm^{-2})	118	619.27	586.09	34.12	32.29
	地上部分生物量/(kg · hm^{-2})	79	1812.76	1891.02	31.72	33.08
	叶面积指数	105	1.85	1.83	72.45	71.85
	产量/(kg · hm^{-2})	10	2418.46	2245.02	31.14	28.91

图 7.11a 为模型改进前后穗生物量模拟值与实测值的 1∶1 图,从图中可以看出,对穗生物量的模拟,改进前模型的模拟值相比实测值有所偏大,而改进后相反;从改进前后模型模拟值与实测值的线性回归系数和决定系数来看,模型改进前的线性回归系数更接近 1,但改进后的决定系数(R^2)相比改进前有所提高。分别对 2013 年和 2012 年改进前后穗生物量的模拟值和实测值进行线性拟合,发现 2012 年改进后的模拟效果比改进前差,且均存在低估;而 2013年改进前模型对穗重的模拟存在高估而改进后有略微的低估,线性回归系数分别为 1.0307 和0.9747,而改进后模型的 R^2 相比改进前提高 0.0056。

从图 7.11b 模型对地上部分总生物量的模拟效果来看,改进前后模拟值相比实际值都有所偏小,相比之下,模型改进前的模拟效果更好。但分别就 2012 和 2013 年进行模型改进前后模拟效果的比较发现,模型改进后对 2013 年总生物量的模拟效果优于改进前,线性回归系数从 1.1108 变为 1.0684,R^2 由 0.9802 变为 0.9809,都与实际值更为接近。由此可见,模型的改进效果存在年际间的差异。

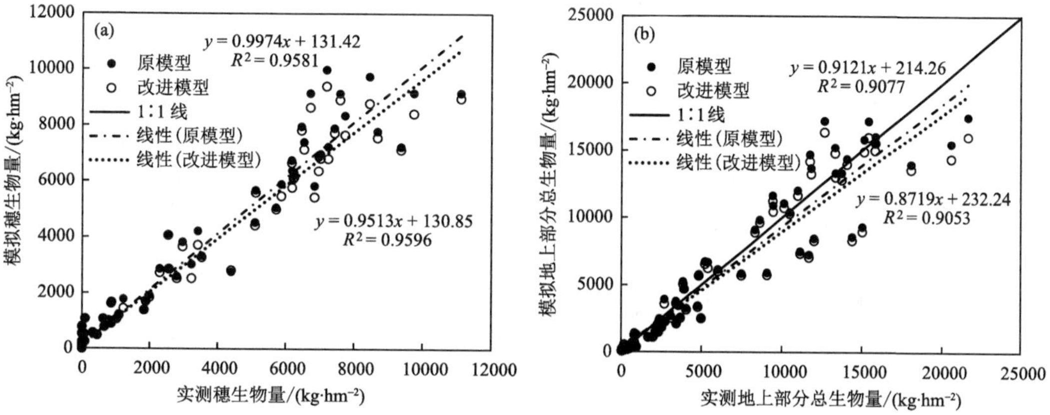

图 7.11　模拟和实测穗及地上部分生物量的比较

7.4.3　不同播期水稻高温影响评估

图 7.12a 为南京站点 1966—2015 年水稻生长季(4—10 月)内满足连续 3 d 及以上 $T_{max}\geqslant$ 35 ℃的天数，可以看出整个 50 a 南京地区 4—10 月高温天数均比较多，最明显的是 1966 年、1967 年、1971 年、1978 年、1994 年和 2013 年，全年高温危害的天数都达到 20 d 以上；而从50 a 的平均高温天数来看，也达到每年 10 d 以上。从图 7.12b，不同播期生长季内高温对水稻产量的影响存在不同。从整个 50 a 来看，120 d 播期减产年份最多，达到 31 a，其中 1967 年、1971 年、2006 年、2010 年和 2013 年都出现了 5%以上的减产，尤其是 1967 年和 2013 年，减产均达到 24%以上；其次是 151 d 播期，29 a 出现减产，但除 1967 年和 1976 年减产达到 9.44%和 7.52%外，其余年份减产很小，部分年份出现小幅增产(5%以内)；第 130 d 和 140 d 播期均在 1967 出现明显减产，分别达到 51.05%和 44.20%，其余年份减产不明显。

从图 7.13a 可以看出，吴县东山站 1966—2015 年 4—10 月达到高温热害的天数出现最多的年份主要发生在 1967 年、1971 年、1990 年和 2013 年，而 50 a 平均每年发生高温天数在 8 d 左右。从 4 个播期产量变化情况来看，随着播期的推迟，减产年份数逐渐减少，其中 120 d 播期产量受高温不利影响最大，1967 年、1971 年、1998 年和 2010 年减产相对比较明显，其中 1967 年、1971 年和 1998 年减产都达到 14%以上；其次是 130 d 播期，在 1967 年、1971 年和 2009 年有 4%以上的减产，尤其是 1967 年，减产达到 14.82%；140 d 播期除 1967 年有 17.96%的明显减产外，其余年份产量整体波动不大，比较稳定；而 151 d 播期仅 1966 年和 1994 年有 4.04%和 7.14%减产，其余减产年份，产量变化率小于 2%，并且从 1988 年往后甚至出现较为频繁的轻微增产(除 1992 年、1993 年和 2011 年外)，增产率在 4%以内。

7.4.4　结论与讨论

本章首先对 ORYZA2000 模型中温度对最大光合速率的影响、呼吸作用中叶温和穗温及干物质分配系数部分进行了适当的改进，并通过改进后的模型分别模拟南京和吴县东山站常年和实际气象条件下的产量，从而进行高温影响的评估，为最适播期的选择提供参考。

对模型改进前后模拟结果的比较发现，改进后模型对绿叶、枯叶、穗生物量及叶面积指数和产量的模拟精度(RMSE 和 NRMSE)都有所提高，尤其是产量，NRMSE 降低 2.23%，说明

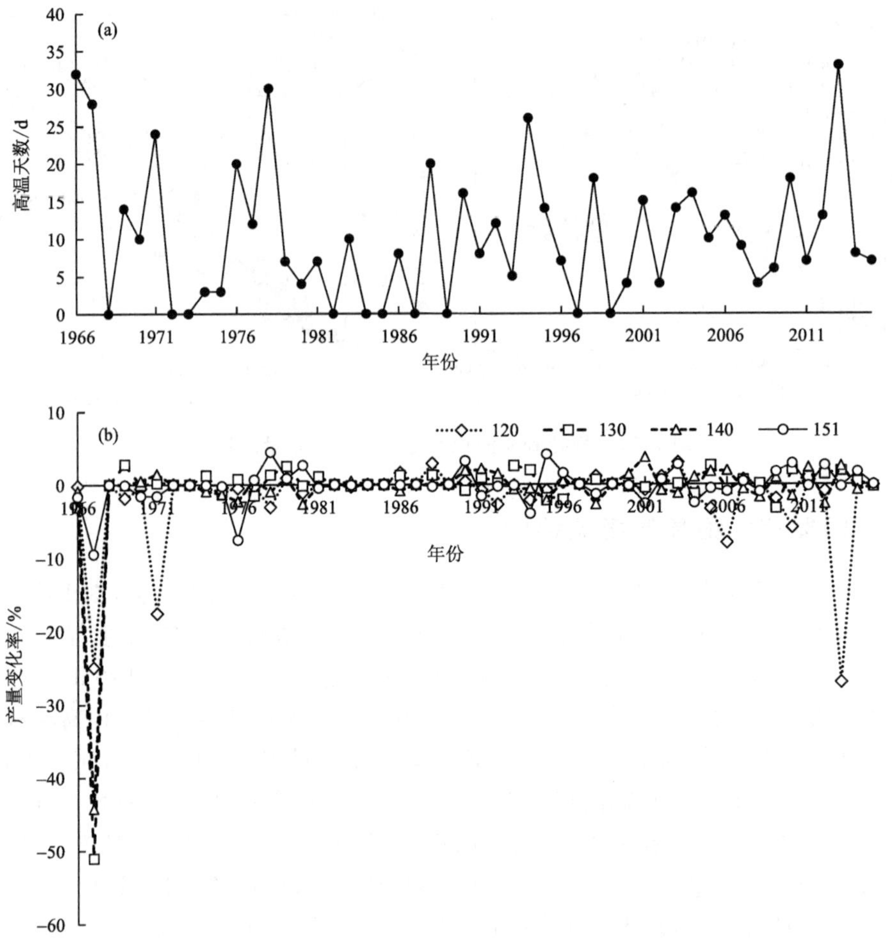

图 7.12　南京站 1966—2015 年水稻生长季内(4—10 月)持续 3 d 及以上 $T_{max}\geqslant 35$ ℃的天数(a)及 4 个播期高温影响下水稻的产量变化情况(b)

改进后模型对于提高产量的模拟精度是有效果的。虽然综合两年穗和地上部分总生物量的模拟值与实际值的 1∶1 图来看，模型改后并没有提高，但就 2013 年地上部分总生物量的模拟效果来看，在高温年改进模型能够更好地反映高温造成的总生物量的减少；而改进后模型对 2013 年穗生物量的模拟较实际值略低，这与改进前的情况相反，可能与 2013 年水稻生长时段内田间持续灌水具有降温作用，造成实际的田间温度低于气温，据相关研究表明，深水灌溉或活水套灌可降低穗层温度 1.4～4.4 ℃(IPCC，2001)，因此，2013 年虽然水稻生长过程中遭遇了高温但很可能未达到理论上的受害程度，因此，模拟得到的理论产量低于实际产量可能更符合实际情况。

综合南京和吴县东山不同播期多年产量受高温影响程度来看，120 d 播期产量是受高温不利影响相对最严重的，而 151 d 播期多年产量变化率波动最小，减产年份减产率不高，并且是高温造成小幅增产最明显；130 d 和 140 d 播期除个别年份减产较大外，产量变化不大，这些情况在两个站点基本一致。播期间产量受高温危害程度的差异主要与播期调整造成的水稻生育阶段与高温发生期配置关系的不同有关，而水稻对高温的响应在不同的生育阶段表现不同，

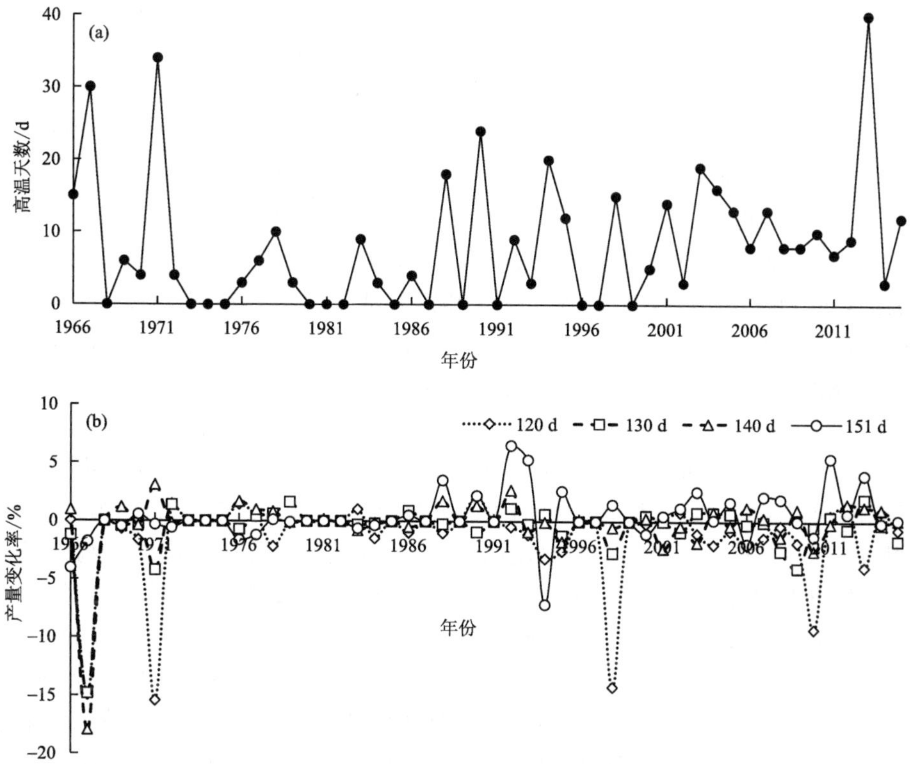

图 7.13　吴县东山站 1966—2015 年水稻生长季内(4—10 月)持续 3 d 及以上 T_{max}≥35 ℃的天数(a)及 4 个播期高温影响下水稻的产量变化情况(b)

同一作物不同生育期的耐热性也不同,甚至同一器官的不同发育阶段耐热性也会存在差异(张彬,2006),如抽穗开花期高温会影响水稻的光合、呼吸、籽粒库容(Bouman et al., 2001)及干物质分配系数从而影响水稻产量,而其余时段的高温主要通过光合和呼吸影响干物质积累实现,因此,高温时段在水稻生长过程中出现的时段决定了高温对水稻产量影响的机理和程度,也由此造成高温对水稻产量影响的差异。此外,实际 35 ℃高温天气条件往往超过水稻生长发育速率的最适温度 30 ℃(Gao et al., 1992),这也是 ORYZA2000 模型中发育速率的最适温度,因此会降低水稻生长速率,延长生育期长度,这在一定程度上部分地补偿了高温造成的减产,因此,也会造成部分播期高温减产不明显。

由于高温发生时段会随不同年份不同站点而改变,这也造成了不同条件下高温减产最严重的播期会有波动,因此,对于一个地区来说完全适宜的播期并不存在,但综合两个站点过去 50 a 的情况来看,选择 151 d 左右作为播期总体上更有利于缓解高温造成的减产,保证产量稳定。王晓梅等(2016)在播期对水稻秧苗素质影响研究的基础上,得出两优培九的最佳播期在 5 月 31 日(151 d)左右。

7.5　结论

1966—2015 年水稻生长季(4—10 月)各月高温天数均值和多年变化趋势均以 7 月最明显;两个高温指标中,均温指标高温天数和增温趋势都比最高气温严重;江苏 7 个站点中,吴县东山、南京和南通高温相对最严重，赣榆和射阳多年高温不明显。高温中心时间变化趋势和空间移动路径显示，过去 50 a 均温有效积温中心（ADD）和最高气温有效积温中心（HDD）主要维持在江苏的西南部，有向东南方向移动的趋势，并且 HDD 中心移动较 ADDK 中心明显。

播期的调整会改变水稻生育期内的光、温、水资源。2013 年除第 6 播期，幼穗分化至抽穗开花（PI－F）阶段平均日最高气温（$\overline{T}_{max}$）均≥35 ℃，平均日均温（$\overline{T}_{ave}$）均≥30 ℃；而 2012 年 PI－F 阶段仅第 2 播期 $\overline{T}_{ave}$ ≥30 ℃。2012 年仅第 1 播期高温敏感阶段内达到 1 次轻度高温危害；而 2013 年第 2 和第 3 播期分别出现持续 13 d 和 11 d 的重度高温危害，第 4 播期出现 1 次轻度高温危害；抽穗开花期，仅 2013 年第 2 和第 3 播期抽穗开花期出现 1 次中度高温危害（7 d）。而播期调整造成不同生育阶段与气候资源配置的差异又改变了不同播期生育阶段长度、产量因子及产量的差异。2012 年第 1 和第 5 播期有效穗分别与其他三个播期间的差异达到显著性水平（$p<0.05$），结实率表现为第 1、2 和 5 播期与第 3、4 播期差异达到显著性差异（$p<0.05$）；而 2012 年和 2013 年前两个播期产量与后三个播期均达到显著差异（$p<0.05$）。分析各气象因子与生育阶段长度和产量的关系发现，温度因子，尤其与 $\overline{T}_{max}$ 关系最密切。

对 ORYZA2000 模型光合作用与温度的关系，呼吸速率计算中的叶温和穗温及高温对干物质分配系数的影响进行了改进。改进后模型在穗生物量、绿叶和枯叶生物量、LAI 及产量的模拟精度上有所提高，主要表现为 RMSE 和 NRMSE 的减小，其中产量和穗生物量的 NRMSE 是几个参数中降低最明显的，分别降低了 2.23％和 1.83％；其次是枯叶生物量，NRMSE 降低 1.37％。就 1∶1 图而言，改进模型的模拟效果并没有得到改善；但分别对 2012 和 2013 年进行改进前后模拟效果的检验发现，改进模型在 2013 年地上部分总生物量的 1∶1 图上有所提高。运用改进后的模型分别模拟南京和吴县东山各 4 个播期（120 d、130 d、140 d 和 151 d）1966—2015 年实际天气和常年天气下的产量，产量变化率结果显示，两个站点均表现为 120 d 播期产量受高温危害相对最严重，而 151 d 播期产量多年受高温减产不明显且产量变化率比较稳定。鉴于此，认为两个地区以 151 d 左右作为播期更有利于保证当地水稻的高产和稳产。

参考文献

包云轩，刘维，高苹，等，2011. 基于两种指标的江苏省水稻高温热害发生规律的研究[A]. 中国气象学会. 第 28 届中国气象学会年会——S11 气象与现代农业[C]. 中国气象学会，7.

曹卫星，罗卫红，2003. 作物系统模拟及智能管理[M]. 北京：高等教育出版社.

曹阳，杨婕，熊伟，等，2014a. 1961-2010 年潜在干旱对我国夏玉米产量影响的模拟分析[J]. 生态学报，34(2)：421-429.

曹阳，杨婕，熊伟，等，2014b. 1962-2010 年潜在干旱对中国冬小麦产量影响的模拟分析[J]. 农业工程学报，30(7)：127-139.

曹云英，2009. 高温对水稻产量与品质的影响及其生理机制[D]. 扬州：扬州大学.

陈金华，岳伟，杨太明，2011. 水稻叶温与气温条件的关系研究[J]. 中国农学通报，27(12)：19-23.

陈林，王芬，费永成，等，2011. 播期对水稻产量及构成因素的影响分析[J]. 安徽农业科学，39(30)：18448-18450.

陈振林，张建平，王春乙，2007. 应用模型模拟低温与干旱对玉米产量的综合影响[J]. 中国农业气象，28(4)：440-442.

丰庆河，张建平，王向东，等，2002. 作物模拟研究的进展[J]，河北农业大学学报，25(s1)：17-20.

冯灵芝,熊伟,居辉,等,2015. RCP 情景下长江中下游地区水稻生育期内高温事件的变化特征[J]. 中国农业气象,36(04):383-392.

高亮之，金之庆，李林，1982. 中国不同类型水稻生育期的气象生态模式及其应用[J]. 农业气象，3(2)：1-8.

高亮之，金之庆，黄耀，等，1989. 水稻计算机模拟模型及其应用之一水稻钟模型——水稻发育动态的计算机模型[J]. 中国农业气象，10(3)：3-10.

高亮之，金之庆，郑国清，等，2000. 小麦栽培模拟优化决策系统(WCSODS)[J]. 江苏农业学报，16(2)：65-72.

高素华，王培娟，等，2009. 长江中下游高温热害及对水稻的影响[M]. 北京：气象出版社.

郭仁卿，1989. 植物叶温与气温的关系[J]. 生物学通报(9)：9.

国家统计局，1998. 中国统计年鉴[M]. 北京:中国统计出版社.

霍治国，王石立，郭建平，等，2009. 农业和生物气象灾害[M]. 北京：气象出版社：73.

李飞，卓壮，U A Kapila Siri Udawela，等，2013. 水稻高温热害发生机理与耐高温遗传基础研究[J]. 植物遗传资源学报，14(1)：97-103.

李军，2006. 农业信息技术[M]. 北京：科学出版社：7-10.

李敏，马均，王贺正，等，2007. 水稻开花期高温胁迫条件下生理生化特性的变化及其与品种耐热性的关系[J]. 杂交水稻，22(6)：62-66.

李岩，刘明，王高鹏，等，2016. 营养生长期高温胁迫对水稻生育后期耐冷性的影响[J]. 南京农业大学学报，39(1)：10-17.

李忠武，蔡强国，唐政洪，2002. 基于侵蚀条件下的土地生产力模型研究评述[J]. 水土保持学报，16(1)：51-54.

李朱阳，2011. 播期和昼夜高温对水稻产量和稻米品质的影响及其生理机制[D]. 武汉:华中农业大学.

刘布春，王石立，马玉平，2002. 国外作物模型区域应用研究进展[J]. 气象科技，30(4)：194-203.

刘伟昌，张雪芬，余卫东，等，2009. 长江中下游水稻高温热害时空分布规律研究[J]. 安徽农业科学，37(14)：6454-6457.

刘珍环，李正国，唐鹏钦，等，2013. 近 30 年中国水稻种植区域与产量时空变化分析[J]. 地理学报，68(5)：680-693.

吕厚荃，2011. 中国主要农区重大农业气象灾害演变及其影响评估[M]. 北京：气象出版社：182.

马宝，李茂松，宋吉青，等，2009. 水稻热害研究综述[J]. 中国农业气象，30(s1)：172-176.

毛恒青，万晖，2000. 华北、东北地区积温的变化[J]. 中国农业气象，21(3)：1-5.

孟亚利，曹卫星，柳新伟，等，2004. 水稻地上部干物质分配动态模拟的初步研究[J]. 作物学报，30(4)：376-381.

明博，朱金城，陶洪斌，等，2013. 黑龙港流域玉米不同生育阶段气象因子对产量性状的影响[J]. 作物学报，39(5)：919-927.

农学系水稻栽培课题组，1984. 高温对杂交水稻开花结实的影响[J]. 西南农学院学报(1)：25-30.

任义方，高苹，王春乙，2010. 江苏高温热害对水稻的影响及其成因分析[J]. 自然灾害学报，19(5)：101-107.

森谷国男，1992. 水稻高温胁迫抗性遗传育种研究概况[J]. 徐正进译. 杂交水稻(1)：47-48.

沈永平，王国亚，2013. IPCC 第一工作组第五次评估报告对全球气候变化认知的最新科学要点[J]. 冰川冻土，35(5)：1068-1076.

孙诚，2014. 白天增温和夜间增温对水稻氮素积累及利用效率的影响[D]. 武汉：华中农业大学.

孙卫国，2008. 气候资源学[M]. 北京:气象出版社：124.

汤昌本,林迢,简根梅,等,2000. 浙江早稻高温危害研究[J]. 浙江气象科技,21(02):15-19.

汤日圣，郑建初，张大栋，2006. 高温对不同水稻品种花粉活力及籽粒结实的影响[J]. 江苏农业学报，22(4)：369-373.

田小海，松井勤，李守华，等，2007. 水稻花期高温胁迫研究进展与展望[J]. 应用生态学报，18(11)：2632-2636.

王春乙，赵艳霞，张雪芬，2010. 农业气象灾害影响评估与风险评价[M]. 北京：气象出版社：222.

王敀梅，李岩，刘明，等，2015. 营养生长期高温对水稻生长及干物质积累的影响[J]. 中国稻米，21(4)：33-37.

王前和，潘俊辉，李晏斌，等，2004. 武汉地区中稻大面积空壳形成的原因及防止途径[J]. 湖北农业科学(1)：27-30.

王晓梅，江晓东，杨沈斌，等，2016. 不同播期对水稻秧苗素质的影响[J]. 江苏农业科学，44(1)：102-105.

王亚梁，张玉屏，朱德峰，等，2016. 水稻器官形态和干物质积累对穗分化不同时期高温的响应[J]. 中国水稻科学，30(2)：161-169.

王志刚，王磊，林海，等，2013. 水稻高温热害及耐热性研究进展[J]. 中国稻米，19(1)：27-31.

魏凤英，1999. 现代气候统计诊断预测技术[M]. 北京：气象出版社.

夏本勇，2004. 水稻高温热害的发生与防御措施[J]. 安徽农业(4)：23-23.

谢晓金，李秉柏，申双和，等，2009. 抽穗期高温胁迫对水稻花粉活力与结实率的影响[J]. 江苏农业学报，25 (2)：238-241.

熊伟，杨婕，吴文斌，等，2009. 中国水稻生产对历史气候变化的敏感性和脆弱性[J]. 生态学报，33(2)：509-518.

徐敏，徐经纬，徐乐，等，2016. 水稻农业气候资源变化特征及影响分析——以江苏稻区为例[J]. 中国农学通报，32(18)：142-150.

徐勇，甘国辉，王志强，2005. 基于 WIN-YIELD 软件的黄土丘陵区作物产量地形分异模拟[J]. 农业工程学报，21(7)：61-64.

徐云碧，石春海，申宗坦，1989. 热害对早稻结实率的影响[J]. 浙江农业科学(2)：51-54.

许轲，孙圳，霍中洋，等，2013. 播期、品种类型对水稻产量、生育期及温光利用的影响[J]. 中国农业科学，46(20)：4222-4233.

杨纯明，谢国禄，1994. 短期高温对水稻生长发育和产量的影响[J]. 国外作物育种(2)：4-5.

杨太明，陈金华，2007. 江淮之间夏季高温热害对水稻生长的影响[J]. 安徽农业科学，35(27)：8530-8531.

杨晓春，林瑞坤，吴振海，2006. 水稻高温热害的研究进展[J]. 福建农业科技(2)：68-69.

姚萍，杨炳玉，陈菲菲，等，2012. 水稻高温热害研究进展[J]. 农业灾害研究，2(4)：23-25＋38.

叶芳毅，李忠武，李裕元，等，2009. 水稻生长模型发展及应用研究综述[J]. 安徽农业科学，37(01)：85-89.

张彬，2006. 抽穗开花期高温对水稻产量和品质的影响及生态避热技术途径[D]. 南京：南京农业大学.

张桂莲，张顺堂，肖浪涛，等，2013. 花期高温胁迫对水稻花药生理特性及花粉性状的影响[J]. 作物学报，(1)：177-183.

张立桢，曹卫星，张思平，2004. 棉花干物质分配和产量形成的动态模拟[J]. 中国农业科学，37(11)：1621-1627.

张倩，2010. 长江中下游地区高温热害对水稻的影响评估[D]. 北京：中国气象科学研究院.

张养才，何维勋，李世奎，1991. 中国农业气象灾害概论[M]. 北京：气象出版社：272-282，348-353.

郑建初，张彬，陈留根，等，2005. 抽穗期高温对水稻产量构成要素和稻米品质的影响及其基因型差异[J]. 江苏农业学报，21(4)：249- 254.

朱宝，2012. 近 50 年江苏农业气候资源的变化特征分析[A]. 江苏省气象学会、浙江省气象学会、上海市气象学会. 第九届长三角气象科技论坛论文集[C]. 江苏省气象学会、浙江省气象学会、上海市气象学会：8.

BOUMAN B A M，KROPFF M J，TUONG T P，et al，2001. ORYZA2000：Modelling Lowland Rice[M].

International Rice Research Institute, Los Ba? os, Philippines, Wageningen University and Research Centre, Wageningen, Netherlands.

CRAFTS-BRANDNER S J, LAW R D, 2000. Effects of heat stress on the inhibition and recovery of ribulose-1, 5-bisphosphate carboxylase oxygenase activation state[J]. Planta, 21(2): 67-73.

DE WIT C T,1965. Photosynthesis of leaf canopies[R]. Agricultural Research Report, 663: 1-56.

DUNCAN W G, LOOMIS R S, WILLIAMS W A, et al, 1967. A model for simulation photosynthesis in plant communities[J]. Hilgardia, 38(4): 181-205.

GAO L Z, JIN Z Q, HUANG Y, et al,1992. Rice clock model: a computer model to simulate rice development[J]. Agric Forest Meteorol, 60(s1-2):1-16.

HAYES J T, O'ROURKE P A, TERJUNG W H,et al, 1982. Yield: A numerical crop yield model of irrigated and rainfed agriculture[J]. Climatology, 35: 2.

HODGES T,1991. Temperature and water stress dffect on phenologu. In: Hodges T(ed) Predicting crop phenology. CRC Press, Boca Raton: 7-13.

HORIE T ,1993. Predicting the effects of climatic variation and effect of CO_2 on rice yield in Japan[J]. Jpn Agric Meteorol (Tokyo), 48: 567-574.

HORIE T, DE WIT CT, GOUDRIAAN J, BENSINK J,1979. A formal template for the development of cucumber in its vegetative stage[J]. Proceedings of the Koninklijke Nederlandse Akademie van Wetenschappen. Series C, 82(4):433-479.

HORIE T, NAKANO J, NAKAGAWA H, et al, 1995. Temperature gradient chambers for research on global environment change. Ⅲ. A system designed for rice in Kyoto, Japan[J]. Plant, Cell and Environment, 18(9): 1064-1069.

IPCC Fourth Assessment Report: Synthesis[R]. http://www. ipcc. ch/pdf/assessment-report/ar4/syr/ar4_syr. pdf. Accessed 14 June 2013.

IPCC, 2001. Climate change 2001-the scientific basis[M]. Cambridge UK: Cambridge University: 101-125.

JAGADISH S V K, CRAUFURD P Q, WHEELER T R,2007. High temperature stress and spikelet fertility in rice(Oryza sativa L.)[J]. Journal of Experimental Botany, 58(7): 1627-1635.

JANSEN D M, 1990. Potential rice yields in future weather conditions in different parts of Asia[J]. Neth JAgric Sci, 38(4): 661-680.

JONES C A,KINIRY J R,DYKE P T,1986. CERES - Maize: A Simulation model of maize growth and development[M]. College station, USA: Texas A&M Univ. Press.

KANNO K, MAE T, MAKINO A, 2009. High night temperature stimulates photosynthesis, biomass production and growth during the vegetative stage of rice plants[J]. Soil Sci & Plant Nutri, 55(1): 124-131.

KOTI S, REDDY K R, REDDY V, et al, 2005. Interactive effects of carbon dioxide, temperature, and ultraviolet- radiation on soybean flower and pollen morphology, pollen production, germination, and tube lengths [J]. J Experiment Botany, 56(412): 725-736.

LOBELL D B, BURKE M B, 2010. On the use of statistical models to predict crop yield responses to climate change [J]. Agr Forest Meteorol, 150(11): 1443-1452.

MATSUI T, KOBAYASI K, YOSHIMOTO M, et al, 2007. Stability of rice pollination in the field under hot and dry conditionsinthe Riverina regionof New South Wales[J]. Australia Plant Prod Sci, 10(1): 57-63.

MC CREE K J, 1974. Equation for rate of dark respiration of white clover and grains or ghumas function of dry weight[J]. Photosyn the Ticrate and Temperature. Crop Science, 14(4): 509-514.

MCCOWN R L, HAMMER G L, HARGREAVES J N G, et al, 1996. APSIM: a novel software system for model development, model testing and simulation in agricultural systems research[J]. Agricultural systems,

50(3): 255-271.

OORT P A J V, SAITO K, ZWART S J, et al, 2014. A simple model for simulation heat induced sterility in rice as a function of flowering time and transpirational cooling[J]. Field Crops Research, 156(156): 303-312.

PENG S, HUANG J, J E SHEEHGS, et al, 2004. Rice yields decline with higher night temperature from global warming[J]. PANS, 101(27): 9971-9975.

PENNING DVFWT, JANSEN DM, BERGE HFMT, et al, 1989. Simulation of ecophysiological process of growth in several annual crops[J]. Simulation Monographs, Wageningen (Netherlands): Pudoc, 36(2): 244-258.

RITCHIE J T, OTTER S, 1985. Description and performance of CERES-Wheat: A user-Oriented wheat yield model. In: Willis W O(Ed). ARS wheat yield project[M]. Department of Agriculture, Agricultural Research Service, ARS: 159-175.

RITCHIE J T, ALOCILJA E C, SINGH U, et al, 1986. IBSNAT and the CERES-Rice model[J]. Weather and rice, Manila: IRRI: 271-281.

TANG L, ZHU Y, HANNAWAY D, et al, 2009. RiceGrow: A rice growth and productivity model[J]. NJAS-Wageningen Journal of Life Science, 57(1): 83-92.

WOLF J, EVANS L G, SEMENOV M A, et al, 1996. Comparison of wheat simulation models under climate change. Ⅱ. Model calibration and sensitivity analysis[J]. Climate Research, 7(3): 253-270.

WOPEREIS M C S, BOUMAN B A M, TUONG T P, et al, 1996. ORYZA_W: rice growth model for irrigated and rainfed environments[M]. SARP Research Proceedings. Wageningen (Netherlands): IRRI/AB-DLO: 159.

YOUHIDA S, 1981. Foundationals of rice crop science[Z]. Malina: IRRI: 77-83.

第 8 章　基于卫星遥感与气象站数据的水稻高温热害监测和评估模型研究

水稻是重要粮食作物，随着全球气候变暖，水稻高温热害的发生愈加频繁。因此，监测、预警及抗热逆研究对实现水稻的稳产高产尤为重要。在尚无任何水稻高温热害大区域监测和评估研究的情况下，本章在前人研究成果的基础上，开展了水稻高温热害监测和评估模型研究。首先利用卫星遥感数据反演逐日最高气温和平均气温，云覆盖区域则以相应站点处的气温数据插值后补充，生成"卫星—插值"气温时间序列数据。同时提取水稻种植区域并判别其是否在高温热害的关键期——抽穗开花期。然后基于以上数据，依据水稻高温热害指标展开水稻高温热害监测和评估，对热害进行等级划分与统计。模型可在研究区域范围内，选择任意时段，对这段时间内正处于抽穗开花期水稻的高温受害情况进行监测和评估。主要研究结果如下：

(1)最高气温反演过程中，对比了多元回归法和温度—植被指数法；平均气温反演过程中，对比了多元回归法和 DTVX 法(一种改进的植被指数估算温度的方法)。最终多元回归法在两个过程中精度都最高，因此最高气温和平均气温反演采用多元回归方程进行。

(2)利用经过 S-G 滤波的时间序列植被指数，较好地提取了江苏、安徽两省的水稻种植区域。江苏省种植水稻 211.22 万 hm^2，安徽省种植早稻和一季稻共 203.04 万 hm^2，与统计年鉴数据对比，江苏、安徽两省整体偏差为 8.2%。

(3)水稻抽穗开花期识别采用常用的 EVI 最大值对应算法，利用经过 HANTS 滤波后的光滑时序 EVI，较好地识别了江苏、安徽两省的水稻抽穗开花期；对比江苏、安徽两省共 11 组农试站实测数据，有 8 组数据在±4 d 以内。

(4)以 2013 年 8 月 5—12 日持续高温时段为例，运用模型表明，在此阶段处于抽穗开花期并受灾的水稻面积为 79.15 万 hm^2，处于抽穗开花期但未受灾的面积仅 0.50 万 hm^2，由此可见，当年该时段的高温热害极为严重。

(5)对 2013 年度全研究区抽穗开花期水稻高温热害监测与评估表明，江苏、安徽总受灾面积为 252.48 万 hm^2，未受灾面积为 158.97 万 hm^2，水稻受灾率达 61.3%，可见，2013 年水稻抽穗开花期高温热害极为严重。

8.1　引言

8.1.1　研究背景

水稻是世界主要粮食作物之一，其在中国的播种面积占全国粮食作物的 1/4，而产量则占一半以上，此外，水稻也是我国的重要经济作物。通常认为，水稻是喜温作物，生长发育需要较高的温度条件，然而，根据长期的栽培种植经验，过高的温度会对水稻的生长发育、开花结实造成伤害，降低水稻产量。

水稻高温热害是在抽穗结实期，当气温超过水稻正常生育温度上限，影响正常开花结实，造成空秕粒率上升而减产甚至绝收的一种农业气象灾害。目前，水稻高温热害已成为重大农业气象灾害。据统计，2003 年夏季江淮和江汉平原发生的水稻高温热害，仅安徽一省受高温热害的水稻种植面积就多达 500 万亩，一般减产 3～7 成，有些田块平均结实率仅 10%，基本绝收，给当地农民带来了巨大损失(杨太明 等，2007)。2003 年武汉市种植中稻 516 万 hm^2，其中有 217 万多 hm^2 出现大量空壳，占中稻面积的 48%以上，其空壳率一般在 60%左右，严重田块超过 90%，产量损失在 5 成以上。2013 年 7—8 月，南方 8 省遭遇有气象记录(1951 年)以来最严重的高温干旱天气，对农业生产造成极大的危害，其中对水稻的影响最为严重，导致一季稻和中晚籼稻明显减产，据部分地区调查和统计，水稻减产 20%以上，一些地区甚至高达 30%～50%。

随着全球生态环境的持续变化，尤其是温室效应的加剧，全球气温上升，世界种植业都面临高温挑战。联合国政府间气候变化专门委员会第五次评估报告的《综合报告》指出，全球气候变暖仍在加剧，且近几十年中的快速的变暖速度是前所未有的。气候模型预测显示，21 世纪全球平均气温增幅可能超过 1.5～2 ℃(IPCC，2013)。作物遭遇极端高温天气的概率逐步增加，水稻高温热害的发生也更加频繁，影响到我国的粮食安全。因此，在全球气候变暖的背景下，开展水稻高温热害的监测、预警及抗热逆研究对于实现水稻的稳产高产，维护我国粮食安全和农业可持续发展意义重大。

8.1.2 国内外研究进展

8.1.2.1 水稻高温热害分布规律及其风险评估研究进展

近年来，众多专家学者为了了解水稻高温热害的分布规律，分别采用多年气象资料对高温热害的发生做了统计，基本掌握了长江中下游热害的分布情况和发生频次，同时依据风险评估方法，对各地区热害发生风险进行评估，为农业保险，防灾减灾等提供理论依据。陈升孛等(2013)运用数理统计方法，分析了湖北省 1951—2010 年水稻高温热害的动态变化，探讨了气候变化背景下高温热害的演变趋势与规律，并用 ArcGIS 对湖北省的水稻高温热害变化趋势和风险程度进行了区划。包云轩等(2012)根据历史常规气象资料和水稻生育期资料，研究了江苏省不同地区的气候变暖特征，分析了江苏省热害的时空分布规律及其对产量的影响。李友信(2015)利用长江中下游地区的气象站点数据，运用数理统计方法和 GIS 技术，对各地区的高温热害发生的时空分布规律进行了分析，并构建了高温事件概率模型模拟各地区高温天气发生概率。沙修竹(2015)利用长江中下游地区常规气象资料和农气站生育期资料，统计各站逐年的高温热害发生情况，利用 ArcGIS 分析高温热害空间分布，采用小波分析法分析高温热害周期规律；使用 ORYZA2000 水稻模型提取灾损率，进而根据风险评估模型计算风险度，最后利用 ArcGIS 完成风险评估与区划。杨舒畅等(2016)利用长江中下游 83 个气象台站 1961—2012 年的气温资料和区域内 136 个县一季稻种植面积、产量等资料，分析了一季稻高温热害发生的时空变化特点，并对高温热害进行了风险评估。刘伟昌等(2009)利用 1961—2005 年最高气温数据，研究了长江中下游地区高温热害的时空分布规律，研究结果对宏观把我长江中下游水稻生长遭受高温热害概况及对水稻育种、生产管理、种植结构调整具有一定的参考价值。孟林等(2015)利用 1961—2011 年气象数据和 1981—2011 年一季稻生育期资料采用线性回归方法分析了一季稻高温热害危险性的时空分布及其对气候变化的响应,结论认为不同区域应根据各自危险性特征安排适宜的播种期,并选用合适的品种类型。金志凤等(2009)根据前人的研究成果,提出了浙江省水稻高温热害指标,并依据这个指标,结合历史气象资料分析了浙江省早稻高温热害发生规律及高温对产量的影响,结果可为水稻高温热害监测预警和影响评估提供参考。张菡等(2015)结合水稻生理特征和自然灾害系统理论,取灾害频率、地形、河网、农村经济等因子为主要评估指标,利用层次分析法建立灾害风险评估指标体系,在此基础上构建针对水稻的四川盆地高温热害风险评估模型,并计算风险指数。

8.1.2.2　气温遥感反演研究进展

近地层气温是下垫面辐射平衡和热量交换的综合反映,参与蒸腾、光合作用等许多生物物理过程,是农业生态环境、城市热岛效应等许多领域的关键指标(Nishida et al. ,2003;Klemen et al. ,2009;Hou et al. ,2013)。温度异常会导致众多农业气象灾害的发生。如干旱(孙灏等,2012)、低温冷害(张丽文 等,2015)、高温热害(Zhang et al. ,2011)等,同时也会影响农作物的生长发育,进而威胁粮食安全。目前,对气温的遥感反演算法主要可分为以下几种。

(1)简单统计法

大气对太阳的短波辐射吸收能力弱,而对地面长波辐射吸收能力强,地表是近地层气温热量的主要来源,因此,可以用地表温度和近地层气温建立简单的一元线性回归模型。Chen 等(1983)利用 GOES-VISSR 热红外数据反演冬季晴朗夜间地表温度,并与 1.5 m 气温建立了相关关系(相关系数 $R=0.87$,平均标准偏差为 1.3～2.0 ℃)。Kawashima 等(2000)用 Landsat TM LST 反演冬季晴空下的气温误差在 1.4～1.85 ℃。Davis 等(1983)用 NOAA 卫星数据分析建立了气温与地温的线性回归关系,标准差在 1.6～2.6 ℃之间。

(2)高级统计法

随着研究的深入,通过对气温热交换原理的分析,专家学着建立了高级统计模型来提高气温的估算精度。高级统计法主要通过多元统计模型加以实现。参与统计的因子有 LST(陆地表面温度)、地理因子(经度、纬度、高程、距海岸距离)、土地覆盖类型(NDVI、EVI)、反照率、太阳天顶角、儒略日等。Zhang 等(2013)对不同季节分开建模,提高了不同季节的精度。Cresswell 等(1999)根据太阳高度角变化带来的太阳辐射的变化,建立了 LST 和太阳高度角的气温估算模型。Jang 等(2004)在气温估算中对儒略日、太阳高度角、纬度等辅助数据进行重要性对比,发现儒略日重要性要高于太阳高度角和纬度。为了进一步提高气温估算精度,专家学者对高级统计模型进行算法改进,如,Ninyerola 等(2000)利用统计残差的空间插值对统计回归拟合值进行校正。Cristóbal 等(2009)认为把经纬度,距海岸距离和太阳天顶角、反射率、NDVI、LST 等变量结合起来,可以极大地提高估算精度。

(3)温度—植被指数法

温度—植被指数(TVX)反演法是一种利用地表温度(LST)和植被指数(NDVI)之间的负相关性从遥感数据中提取气温的空间邻域运算方法。TVX 方法只需要 LST 和 NDVI 就可估算气温,并不需要地表观测资料,有简单方便实用的优点。其原理是假定浓密植被的冠层表面温度等于冠层内的气温,通过某个像元邻域窗口的地表温度—植被指数空间计算出浓密植被冠层的温度,就可近似作为该邻域窗口中心像元的气温(Prihodko et al. ,1997)。因此,众多研究人员采用多种类型的传感器数据对气温进行反演,如 NOAA/AVHRR(Prihodko et al. ,

1997;Czajkowski et al. ,1997)、MSG/SEVIRI(Stisen et al. ,2007;Nieto et al. ,2011)、EOS/MODIS(Stisen et al. ,2007;徐永明 等,2011)、Landsat/ETM+(Carolin et al. ,2011) 等。但TVX方法存在两个局限,一是,假设的浓密植被覆盖不一定适合所有研究区。二是,邻域窗口内有大量水体、积雪、云覆盖、城镇建筑等非植被区域,会大大降低算法的可用性,影响算法的稳定性。针对以上两个局限, Czajkowski 等(1997)去除窗口内云和水体的"污染"以有效扩大TVX算法的适用范围;齐述华等(2005)和侯英雨等(2010)利用NDVI-LST特征空间外推法替代TVX算法对中高植被覆盖区的气温进行估算,不仅克服了TVX算法的不足,也提高了算法运算效率。

(4)最高气温、平均气温估算法

卫星接收的辐射具有瞬时性,因此,上述反演方法外推得到的结果都是瞬时气温,难以直接代表真实的最高气温和平均气温。有些学者根据气温的日变化模型,将反演得到的瞬时气温结果扩展到一天内任意时刻的气温,最终求得最高气温和平均气温(Ignatov et al. ,1998; Colombi et al. ,2007)。另外,有些研究者通过研究瞬时LST与最高气温和平均气温之间的相关性后,通过多元回归统计模型反演最高气温和平均气温。如Shen等(2011)利用Terra MODIS LST逐日数据反演日最高气温,MAE为2.4~3.2 ℃。Zhao等(2007)利用Landsat ETM+和LST逐日数据,应用神经网络法反演日最高气温RMSE为0.9 ℃。Huang等(2015)直接利用Terra、Aqua白天和夜间LST数据与平均气温建立简单回归模型,结果表明,Terra夜间LST与平均气温建立的回归模型精度最高,RMSE为2.0 ℃。Sun等(2014)基于改进的TVX方法,利用白天、夜间LST和EVI数据估算平均气温,RMSE为2.23 ℃。

8.1.2.3 水稻种植区域提取研究进展

对水稻高温热害的监测和评估,除了气温反演外,水稻种植区域提取也尤为重要,利用遥感技术和方法进行水稻种植面积的估算,国内外已有大量的研究。针对遥感数据空间分辨率和光谱分辨率的不同,提取方法也多样,如黄振国等(2013)基于SPOT5高空间分辨率卫星数据,采用非监督分类方法成功提取了湖南省株洲市区的水稻种植面积和种植区域,提取的种植面积精度达95.7%。Jang等(2007)利用非监督分类和监督分类相结合的方法,对朝鲜水稻种植区域进行识别、统计种植面积,结果与FAO(世界粮农组织)统计的面积数据高度一致。杨晓华等(2007)将概率神经网络算法(PNN)方法运用到水稻分类提取中,结果PNN水稻提取精度较BP神经网络分类精度高13%。杨沈斌等(2012)采用支持向量机法(SVM),结合EVI、LSWI等MODIS植被指数,对河南省水稻种植面积进行提取,取得较好效果,平均误差在6.56%。钟仕全等(2010)利用HJ-1B卫星CCD数据结合决策树分类法提取的广西宾阳县水稻精度高达94.9%。Xiao等(2005)基于多时相植被指数,建立了水稻移栽期识别模型,在中国南方及东南亚等地进行水稻种植区域空间提取,并取得较好的精度。

8.1.3 研究目标

当前,对气温反演、水稻种植区域提取等方面都有比较详尽的研究工作,但是这些研究成果之间都相互独立,将其研究成果联合起来用于水稻高温热害监测和评估的工作还没有开展。近年来,水稻高温热害的频繁发生给粮食生产安全产生了影响,迫切需要能够快速地对大区域水稻高温热害进行监测和评估的方法,并在生产和业务上进行引用。有鉴于此,本节结合前人的研究成果,结合水稻高温热害指标,构建基于卫星遥感数据结合地面站点数据的大区域水稻高温热害监测和评估模型。模型可在全研究区域范围内，实现全年内任意时段对处于抽穗开花期水稻的高温受害情况进行监测和评估，在 2013 年夏季高温条件下，对江苏、安徽抽穗开花期水稻高温热害进行了模型的应用。

8.1.4 研究内容与技术路线

本节使用 2013 年 MODIS 数据和地面数据提取了江苏、安徽两省水稻种植面积、确定水稻抽穗开花期、反演了平均气温和最高气温，结合水稻高温热害指标对江苏、安徽两省的水稻高温热害进行监测和评估。具体内容如下。

收集江苏、安徽 2013 年 MODIS 地表反射率数据(MOD09A1、MYD09GA)、地表温度数据(MOD/MYD11A1)、土地利用类型产品(MCD12Q1)、Landsat8 影像数据，地面气象站气温数据、农业气象站物候资料及辅助地理数据。在可视化编程语言 IDL 和遥感软件的支持下，完成试验区遥感图像的预处理，镶嵌合成、投影转换，并对地面数据进行归类处理。

对上述遥感数据进行波段运算，计算多时相的归一化植被指数(NDVI)、增强植被指数(EVI)、陆表水指数(LSWI)等植被指数。以多时相的植被指数为数据源，采用 Savitzky-Golay 滤波以去除云、气溶胶等噪声，构建光滑的植被指数曲线。

利用重新构建的植被指数，进行研究区的水稻种植面积和区域提取，并确定水稻的关键生育期——抽穗开花期；分别应用两种气温反演方法，对研究区的最高气温和平均气温进行反演，并进行精度验证，对比两种反演方法的优劣，选取较好的方法用于热害监测；对地面站点气温数据进行插值，用于补充云覆盖导致的 MODIS 气温反演数据的缺测，构建新的"遥感—插值"气温时间序列数据。

应用"遥感—插值"气温时间序列数据、水稻种植区域数据、水稻抽穗开花期数据，结合水稻高温热害指标对江苏、安徽水稻高温热害发生情况进行受灾等级划分、区域提取和面积统计，完成水稻高温热害的监测和评估。选用的水稻高温热害指标(张佳华 等，2011)如表 8.1 所示。

表 8.1　水稻高温热害等级指标(张佳华 等，2011)

高温热害等级	日平均气温/℃	日最高气温/℃	持续天数/d
1	≥30	≥35	3≤天数<5
2	≥30	≥35	5≤天数<8
	≥32	≥37	3≤天数<5
3	≥30	≥35	天数≥8
	≥32	≥37	5≤天数<8
4	≥32	≥37	天数≥8

通常，水稻高温热害发生的判定，依据的是水稻高温热害指标，大多数研究指出，水稻生育期中高温热害的最敏感期为抽穗开花期，其他生殖生长阶段出现高温也会对水稻造成危害。如表 8.1 所示，水稻抽穗开花期的日平均气温、日最高气温和持续天数是划分热害等级的指标，是模型的判定依据，表 8.1 中日平均气温和日最高气温是"或"的关系，即日平均气温达到持续天数的阈值或日最高气温达到持续天数的阈值可判定具体等级。根据水稻高温热害指标，定义水稻高温热害监测和评估模型。模型可以分为三部分：①由卫星遥感数据反演日平均

气温和最高气温，有云区域以站点气温数据插值补充，生成“卫星—插值”气温时间序列数据；②使用卫星遥感数据提取水稻种植区域，并判断水稻是否抽穗开花期处于高温敏感期；③基于前两步骤得到的数据，依据水稻高温热害指标给出水稻高温热害监测和评估结果，进行等级划分及受灾区域统计。模型可实现：①任意一段时间内的抽穗开花期水稻高温热害的监测与评估；②年度全研究区抽穗开花期水稻高温热害监测与评估。水稻高温热害监测和评估模型的技术路线如图 8.1 所示。

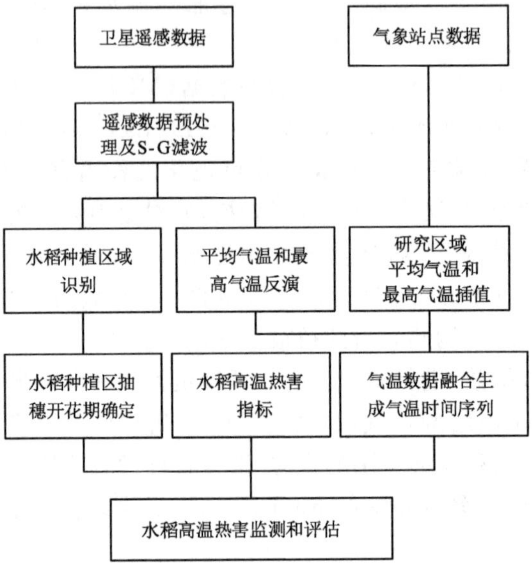

图 8.1 水稻高温热害监测和评估模型技术路线(数据与方法)

8.1.5 研究区与数据来源

8.1.5.1 研究区概况

江苏、安徽两省地处长江中下游地区，雨热同期，水热资源丰富，适合水稻种植，是我国水稻的主产区。根据近年的种植制度，江苏主要种植一季稻，安徽以一季稻为主，部分地区种植双季稻。在 7—8 月经常出现晴热高温天气，水稻又通常在这段时间内抽穗扬花，容易造成高温热害，严重影响了水稻的产量。如在 2013 年，长江中下游地区出现连续的高温天气，使江苏和安徽两省遭受了较为严重的水稻高温热害。图 8.2 为江苏、安徽 DEM 地形图及自动气象站位置。

8.1.5.2 数据来源

研究用到的数据有两类：遥感数据和非遥感数据。①遥感数据：MODIS 系列产品数据，MOD09A1 8 d 合成地表反射率产品、MYD09GA 逐日地表反射率产品、MOD/MYD11A1 逐日地表温度产品、MCD12Q1 土地利用类型产品，数据来自于美国 NASA（https://ladsweb. nascom. nasa. gov)，逐日影像时间为 2013 年 7 月 1 日—9 月 15 日，8 d 合成产品的时间为 4 月 1 日—9 月 30 日。还有同时期 Landsat8 影像数据和 90 m 分辨率 DEM(数字高程模型)数据，数据来源于地理空间数据云网站（http://www. gscloud. cn/）。②非遥感数据：

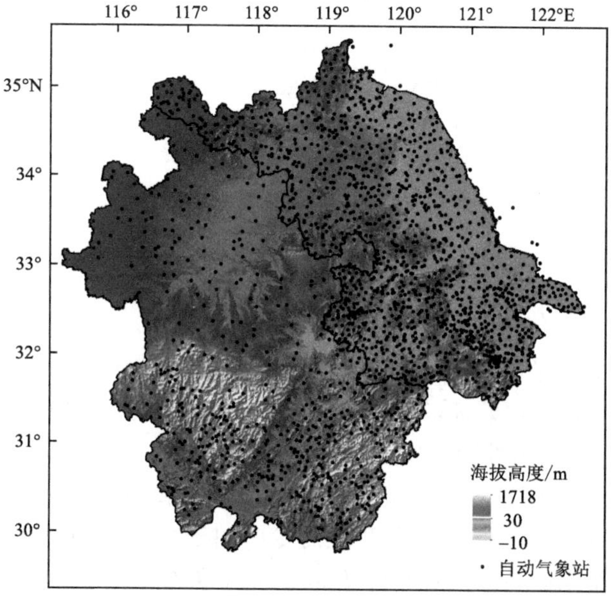

图 8.2　江苏、安徽 DEM 地形及气象站点分布(附彩图)

2013 年 7 月 1 日至 9 月 15 日江苏、安徽自动气象站实测逐小时气温数据，数据来源于江苏省和安徽省气象局；生育期数据：2013 年江苏、安徽农业气象站观测的水稻发育期资料，数据来源于中国气象局(http://data.cma.cn/)；种植面积数据：2013 年江苏、安徽省市水稻种植面积数据，数据来源于统计年鉴(江苏统计年鉴，2014；安徽统计年鉴，2014)。

8.1.6　MODIS 数据处理

8.1.6.1　MODIS 数据介绍

美国国家航空航天局(NASA)于 1999 年 12 月 18 日成功发射了地球观测系统(EOS)的第一颗先进的极地轨道环境遥感卫星 TERRA。这颗卫星是美国地球行星任务中总数 15 颗卫星的第一颗，也是第一个提供对地球过程进行整体观测的系统卫星(肖江涛，2011)。TERRA 卫星通常每天在当地 10:30 过境，因此，也把 TERRA 称作上午星。中分辨率成像光谱仪 MODIS 是搭载在 TERRA 卫星上的主要传感器之一。随着时代的发展和技术的进步，2002 年 5 月 4 日，NASA 发射了另一个载有 MODIS 传感器的卫星 AQUA，与 TERRA 不同的是，AQUA 星在当地时间 13:30 过境，也称作下午星。于是 TERRA 和 AQUA 双星相互配合可以提供时间分辨率更高的 MODIS 数据，这对地球实时观测和长期的全球系统观测等研究方面都有非常重要的服务价值。

美国国家航空航天局根据规范和数据分级标准对 MODIS 数据进行标准数据产品开发。MODIS 数据产品根据内容的不同分为 0 级未经处理的、包括全部数据信息在内的原始数据)、1 级(已赋予定标参数)，在 1B 级数据产品之后，划分 2～4 级数据产品包括：陆地标准数据产品、大气标准数据产品和海洋标准数据产品等三种主要标准数据产品类型，共有 44 种标准数据产品。本研究采用的 MODIS 产品种类较多，详见表 8.2。

表 8.2　所用 MODIS 数据产品

产品	数据集名称	空间分辨率/m
MOD09A1	TERRA 8 d 合成地表反射率产品	500
MYD09GA	AQUA 逐日地表反射率产品	500
MOD11A1	TERRA 逐日陆地表面温度产品	1000
MYD11A1	AQUA 逐日陆地表面温度产品	1000
MCD12Q1	土地覆盖类型产品	1000

8.1.6.2　MODIS 数据预处理

进行水稻高温热害的监测和评估需要进行气温的估算和水稻种植区域的提取，为此需要对获取的 MODIS 数据进行预处理，以方便地运用于气温反演、水稻种植区域提取和水稻抽穗开花期确定。MODIS 数据预处理主要分为以下 3 个步骤：

(1)本节利用 MRT(MODIS Reprojection Tool)对下载得到的影像数据进行拼接、重投影和几何校正。MRT 是美国 NASA 官方开发的专门用于处理 MODIS 数据产品的专用软件，软件处理速度块，精确度高，并可实现自动无缝拼接和重投影功能，使用非常方便。此外，MRT 软件还可实现命令行模式下的批处理功能，适用于本节需要的大量逐日数据处理工作，提高了工作效率。为此，先用 IDL 程序语言，根据研究区域所在的条代号，提取出同一日期为一组的 MODIS 数据(共 77 d，77 组，每组 3 景)；然后编写 MRT 批处理命令行所需要的脚本和各组 MODIS 数据对应的输入输出参数、投影坐标信息文件，投影信息如表 8.3；最后使用批处理命令即可得到所需的产品数据，重复上述过程即可对表 8.2 中的前 5 种数据产品进行批处理。

表 8.3　影像投影参数

投影	参数
投影类型	Albers 等积圆锥投影
椭球体	Krassovasky
投影基准	WGS-84
第一标准纬线	25°N
第二标准纬线	47°N
中央经线	115°E
中央纬线	0°
东向偏移量	0°
北向偏移量	0°

(2)对上述处理得到的各产品进行去云处理。云是光学遥感和热红外遥感中最重要的干扰因素之一。因本节研究区域地处长江中下游，经常出现多云、多雨天气，传感器获取的地表反射率和发射率数值被云取代，导致云覆盖地区数据不可用，也就不能反映地表的真实信息。因此，在计算各类植被指数之前需先对数据进行去云处理。去云处理主要通过一些方法识别出云信息，然后根据波段运算等方法，剔除云像元。对于不同的遥感数据，众多专家提出了许多去云算法，如有基于图像融合的方法(Li et al.，1986；Wang et al.，1999)，基于频域的同态滤波法(赵忠明 等，1996；谢华美 等，2005)：，基于多光谱信息的方法(Simpson et al.，1998；Meng et al.，2009)。

本节依据的是 MODIS 数据集中自带的 QA(Quality Assessment)信息进行去云处理。QA 是 MODIS 数据产品自带的关于数据质量和云覆盖等其他信息辅助波段,波段中每个像元与其他波段中的每个像元一一对应,并以二进制数值的不同位组合表示具体信息,表 8.4 是 MOD09A1 产品中关于 QA 波段二进制质量辅助信息。依据这些辅助信息,采用编写完成的 IDL 程序对逐日的数据进行掩膜处理,即可得到去云后的图像。表 8.2 中的其他产品同样依据其各自的 QA 信息进行去云处理。图 8.3 是 MOD09A1 原始图像和提取出的云像元。

表 8.4　MOD09A1 产品 QA 辅助信息

bits	名称	值	说明
1&0	云标识产品	00	清晰的
		01	有云的
		10	有混合云的
		11	未确定,假设清晰

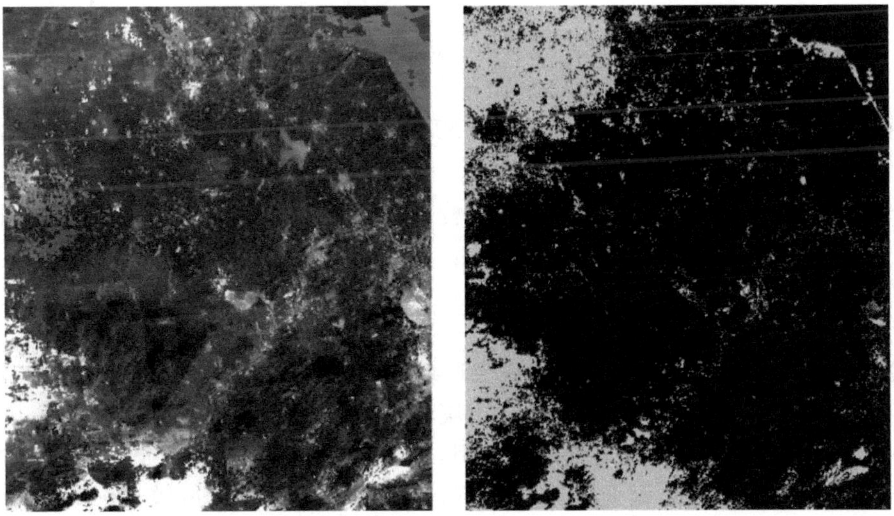

图 8.3　MOD09A1 第三波段原始图像(左)和提取的云像元(右侧白色)

(3)MODIS 数据定标

因 32 位浮点型数据比 16 位整型数据需要更多的存储空间,为了便于存储和压缩数据集体积,NASA 对各数据集中的像元值放大若干整数倍以 8 bit 字节型或 16 位整型存储。表 8.5 列出了本节用到的 MODIS 数据的定标系数。采用 IDL 语言对各所需影像进行定标处理。

表 8.5　部分数据集定标系数

数据集	波段	系数
MOD09A1	b1～b7	0.0001
MYD09GA	b1～b7	0.0001
MOD/MYD11A1	LST_Day/LST_Night	0.02
MCD12Q1	b1	NA

8.1.6.3 时序植被指数曲线构建

不同的地物具有不同的光谱特征曲线，光谱特征曲线作为地物的标识，可以用来识别不同地物。在遥感图像上，植被的光谱曲线和其他地物相比有非常明显的差别，可以将植被和非植被区分开来。同一种植被在不同的季节具有不同的光谱特征，在不同生长期的光谱特征也不同。对于复杂的植被遥感，对单个或多个波段的对比分析提取植被信息是相当局限的，因而往往用多光谱遥感数据经分析运算（加、减、乘、除等线性或非线性组合方式），产生某些对植被长势、生物量等有一定指示意义的数值，即为植被指数（赵英时，2003）。自从 1969 年 Jordan 提出最早的一种植被指数——差值植被指数（DVI）以来，国内外研究者已研究发表了几十种不同的植被指数模型。为了在影像上扩大水稻与其他地物的差异，研究采用植被指数法增强遥感影像的解译能力。根据前人的研究成果，及后续工作的需求，需要计算的植被指数有归一化植被指数 NDVI、增强植被指数 EVI、地表水分指数 LSWI。

NDVI 是由 Deering（1978）首次提出来的，定义为近红外波段与红光波段之差除以近红外波段与红光波段之和，即

$$\mathrm{NDVI}=\frac{\rho_{\mathrm{nir}}-\rho_{\mathrm{red}}}{\rho_{\mathrm{nir}}+\rho_{\mathrm{red}}} \tag{8.1}$$

式中，ρ_{red}为红光波段反射率；ρ_{nir}为近红外波段反射率，由公式可知，NDVI 的值在[－1，1]之内，避免了数据过大或过小给应用带来困难。NDVI 适于表达植被覆盖度，植被越茂密，NDVI 值越大，裸土、岩石等为 0，云、水、雪等为负值。

EVI 是综合考虑了土壤和大气的影响而构建的植被指数（Liu et al.，1995）。它由近红外、红光、蓝光波段的代数运算得到，可表示为：

$$\mathrm{EVI}=2.5\times\frac{\rho_{\mathrm{nir}}-\rho_{\mathrm{red}}}{\rho_{\mathrm{nir}}+6\times\rho_{\mathrm{red}}-7.5\times\rho_{\mathrm{blue}}+1} \tag{8.2}$$

式中，ρ 代表了反射率；nir、red、blue 分别代表近红外、红光和蓝光波段。EVI 可以减弱大气气溶胶对蓝色波段和红色波段的影响，并减弱土壤背景的影响（Huete et al.，1997）。

由于水体对短波红外波段具有强吸收作用，遥感影像中的短波红外波段对水体、植被含水量和土壤含水量都比较敏感，因此，有利于水稻田的动态监测。Xiao 等（2002）基于 SPOT-4 VEGETATION 数据的 SWIR 和 NIR 波段构建了陆地表面水分指数 LSWI，计算公式如下：

$$\mathrm{LSWI}=\frac{\rho_{\mathrm{nir}}-\rho_{\mathrm{swir}}}{\rho_{\mathrm{nir}}+\rho_{\mathrm{swir}}} \tag{8.3}$$

式中，ρ_{nir}、ρ_{swir}分别是近红外和短波红外的地表反射率。LSWI 可有效探测地面水分信息，水稻在不同的生长时期所需的水体含量不同，在不同时期的水体、水稻、土壤的比例也不同，因而可以采用多时相的 LSWI 来辅助探测水稻的移栽期。

根据上述 NDVI、EVI、LSWI 的计算公式，编写 IDL 程序计算所需时间段的植被指数，并组成时间序列。图 8.4 是 2013 年江苏、安徽两省的水稻三个不同生长时期的植被指数空间分布。由于没有去除水体、建筑等其他地物，植被指数在这些区域较小，但总体上植被覆盖较好。

8.1.6.4 时序植被指数曲线滤波

尽管 MOD09A1 数据产品在生产时已经进行了严格的数据筛选和去云处理，但不可避免地会受到气溶胶、水汽、传感器噪声等因素影响，使得地表反射率出现偏差，导致植被指数的时间曲线上出现锯齿现象，影响后续水稻种植区域提取和抽穗开花期识别的精度。平滑时间序

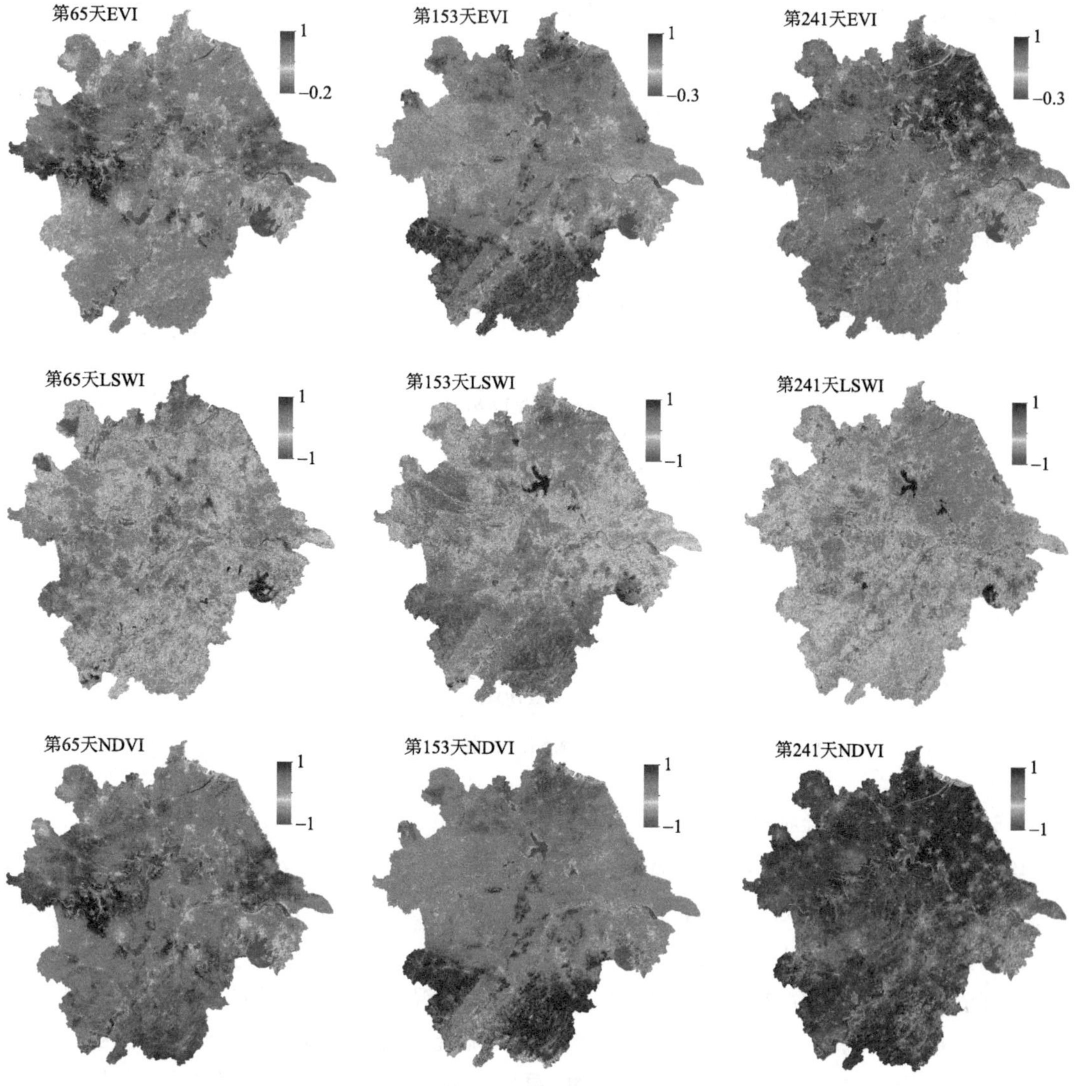

图 8.4　江苏和安徽三种植被指数空间分布(附彩图)

列植被指数的方法有很多,如滑动平均值法、Savitzky-Golay 滤波、小波算法、傅立叶平滑算法和时间序列谐波算法等。上述方法各有优缺点,Savitzky-Golay 滤波(简称 S-G 滤波)考虑了植被生长的周期性特点,适用于水稻生长周期中的植被指数重建。S-G 滤波最初是由 Savitzky 和 Golay 于 1964 年提出的一种基于最小二乘法的卷积拟合算法。S-G 滤波的结果取决于两个参数:半平滑窗口宽度(m)、拟合多项式的次数(d)。一般情况下,m 较大,d 较小,可以得到更为平滑的曲线,但会改变原始信息,结果不能令人满意;较大的 d 能够去除较多的异常值,但也会使结果加入较多的噪声信息,因此,m 和 d 值的确定需要对 m 和 d 多次组合试验,得到令人满意的结果。

图 8.5 分别是安徽省寿县国家观象台水稻 EVI、NDVI、LSWI 滤波前后对比曲线,经过 S-G滤波后,三种植被指数明都趋于平滑,去除了噪声,符合水稻的生长规律(前茬作物—移栽—分蘖—抽穗开花—收获)。根据试验确定的 m 和 d 编写 IDL 程序对上一节处理得到的三

种植被指数时间序列进行 S-G 滤波处理，得到新的、平滑的时间序列植被指数。

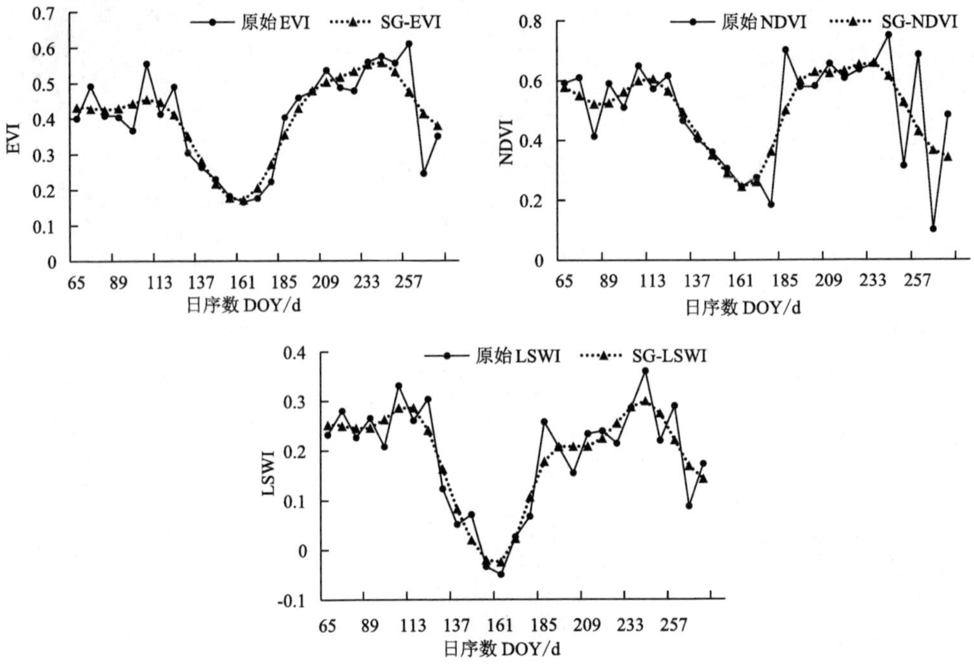

图 8.5　寿县国家观象台水稻三种植被指数滤波前后曲线

8.1.6.5　自动站气象数据预处理

从江苏省气象局和安徽省气象局获取的自动站数据，以站点为文件形式存储，一个文件中包含了该站点 7 月 1 日—9 月 15 日的逐小时气温数据，为使自动站数据符合本节需求，对自动站数据进行预处理，并进行质量控制。

江苏省自动站数据存储形式是：站号、观测时间、气温；安徽省自动站数据存储形式是：站号、纬度、经度、高程、年、月、日、时、气温。因两省存储形式不同，结合后续要求，把两省的数据存储形式都改为：站号、纬度、经度、月、日、时、温度。而后分别求取各个站点的逐日最高气温和平均气温，若一天中有大于 4 次以上的缺测，则这一天的最高气温和平均气温作无效处理。处理后，文件中的格式变为：站号、纬度、经度、高程、月、日、平均气温、最高气温，文件名为站号。此时，一个文件中仍旧是包含一个站点从 7 月 1 日—9 月 15 日的平均气温和最高气温。图 8.6 为站号 I1152 的数据存储形式展示。

I1152	3402N	11654E	35.6	2013	7	1	27.85	31.3
I1152	3402N	11654E	35.6	2013	7	2	30.65	36.2
I1152	3402N	11654E	35.6	2013	7	3	29.98	35.3
I1152	3402N	11654E	35.6	2013	7	4	30.54	32.2
I1152	3402N	11654E	35.6	2013	7	5	28.15	31.7
I1152	3402N	11654E	35.6	2013	7	6	28.68	33.5
I1152	3402N	11654E	35.6	2013	7	7	29.32	34.4
I1152	3402N	11654E	35.6	2013	7	8	29.79	35.1
I1152	3402N	11654E	35.6	2013	7	9	31.76	35.7
I1152	3402N	11654E	35.6	2013	7	10	32.21	36.9
I1152	3402N	11654E	35.6	2013	7	11	32.63	37.3
I1152	3402N	11654E	35.6	2013	7	12	31.52	37.7

图 8.6　I1152 站数据存储形式展示

最后，为了后续的气温遥感反演精度和气温空间插值，需要把文件改为以“天”为一个文件，即一个文件中包含了这一天所有站点的平均气温和最高气温数据。编写 Python 脚本语言，将上述文件重组为“天”为单位的存储形式，并把经纬度以度一分形式改为小数形式，即：站号、纬度、经度、平均气温、最高气温，文件名为日序数。图 8.7 为第 182 天(7 月 1 日)的数据存储形式展示。

M3185	34.379	119.332	25.8	32.2
M3186	34.285	119.368	26.43	31.2
M3187	34.561	119.309	26.38	32.4
M3395	32.294	119.523	29.4	34.6
M3401	32.593	119.361	29.63	33.6
M3403	32.232	119.379	29.63	34.2
M3404	32.382	119.386	29.85	35.4
M3415	32.279	119.113	29.3	35.3
M3551	31.941	118.619	29.6	35.6
M3552	32.123	118.811	29.78	35.5
M3553	32.074	118.790	30.1	34.8
M3554	32.108	118.906	28.9	35.3

图 8.7　第 182 天(7 月 1 日)的数据存储形式展示

8.2　气温反演与气象站点数据空间插值

水稻高温热害的监测和等级划分需要以气温的反演结果为基础。近年来，利用卫星遥感技术反演近地面气温的技术逐渐成熟，众多专家学者针对不同的卫星传感器，开发了许多反演算法，为空间区域上的水稻高温热害的监测提供坚实的技术和数据基础。本章针对最高气温和平均气温这两种气象指标，对每一种指标分别选取几种简便易行、精度可靠的气温反演算法，并对江苏、安徽 2013 年水稻生长季节的气温进行反演，同时选取精度较高的反演结果，用于作为高温热害等级划分的数据源。

8.2.1　最高气温反演及精度评价

最高气温的反演方法主要有以下几种：简单统计法、高级统计法和温度—植被指数法。简单统计法是指以 LST 为自变量、实测最高气温为因变量进行一元线性回归；高级统计法是指以 LST、EVI 和 NDVI 等为自变量，实测最高气温为因变量进行多元线性回归；温度一植被指数法是利用地表温度(LST)和植被指数(NDVI)之间的负相关性从遥感数据中提取气温的空间邻域运算方法。本节先使用高级统计法和温度—植被指数法进行最高气温反演。

MODIS 搭载在 Terra 和 Aqua 两颗卫星上，每颗卫星每天过境 2 次，因而可得到 4 次 LST 数据，EVI 和 NDVI 由 Aqua 星不同波段反射率计算得到。反演过程中所用到的数据及过程变量如表 8.6。

表 8.6　反演最高气温所需数据及过程变量

关键词	描述
LST	陆地表面温度
LSTTD	TERRA MODIS 白天 LST
LSTTN	TERRA MODIS 夜间 LST

续表

关键词	描述
LSTAD	AQUA MODIS 白天 LST
LSTAN	AQUA MODIS 夜间 LST
T_{max}	逐日最高气温
EVI	增强植被指数
NDVI	归一化植被指数

为了便于建立回归方程，先从 LST、EVI、NDVI 影像中提取出与各自动站地理位置相对应的像元值，并与自动站预处理结果整合，使数据一一对应。在去除云覆盖等无效数据后共有 4596 组有效数据，随机选取其中 3161 组用于多元逐步回归，其余 1435 组用于回归方程验证，逐步回归结果如表 8.7，逐步回归可以自动选出自变量输入个数相同时的最优选择。

表 8.7 最高气温多元逐步回归结果

序号	回归方程	R^2
1	T_{max}=0.839LSTTN+13.679	0.695
2	T_{max}=0.617LSTTN+0.328LSTTD+8.883	0.731
3	T_{max}=0.626LSTTN+0.319LSTTD+2.310EVI+7.908	0.737
4	T_{max}=0.624LSTTN+0.226LSTTD+2.424EVI+0.116LSTAD+6.964	0.742
5	T_{max}=0.521LSTTN+0.225LSTTD+2.373EVI+0.110LSTAD+0.109LSTAN+7.196	0.743
6	T_{max}=0.508LSTTN+0.223LSTTD+1.450EVI+0.109LSTAD+0.119LSTAN+0.857NDVI+7.216	0.743

从逐步回归的结果看，6 个自变量全部被回归方程接受，且 5 个或 6 个自变量同时输入时回归方程 R^2 最高，但后 3 个方程的 R^2 相比之前的回归方程并未优化较多。另外变量较多会使气温反演结果的无效值概率增加，若任意自变量的某一点像元是无效值，则在气温反演结果中这一像元就是无效值，这大大降低了回归方程的适用性。用剩余的 1435 组数据分别对 6 个回归方程进行精度验证，计算均方根误差（RMSE）和平均绝对误差（MAE），计算公式如式（8.4）和式（8.5），验证结果如表 8.8 所示，散点图如图 8.8 所示，图中 T_{max}后序号与表 8.8 中序号相对应。

$$\mathrm{RMSE}=\sqrt{\frac{\sum_{i=1}^{n}(X_{\mathrm{obs},i}-X_{\mathrm{model},i})^2}{n}} \tag{8.4}$$

$$\mathrm{MAE}=\frac{1}{n}\sum_{i=1}^{n}\left|X_{\mathrm{obs},i}-X_{\mathrm{model},i}\right| \tag{8.5}$$

式中，$X_{\mathrm{obs},i}$和 $X_{\mathrm{model},i}$分别是观测值与估算值；n 为样本数。

表 8.8 最高气温估算模型精度

序号	RMSE/℃	MAE/℃
1	2.212	1.519
2	2.076	1.409
3	2.064	1.388
4	2.059	1.376
5	2.054	1.364
6	2.049	1.363

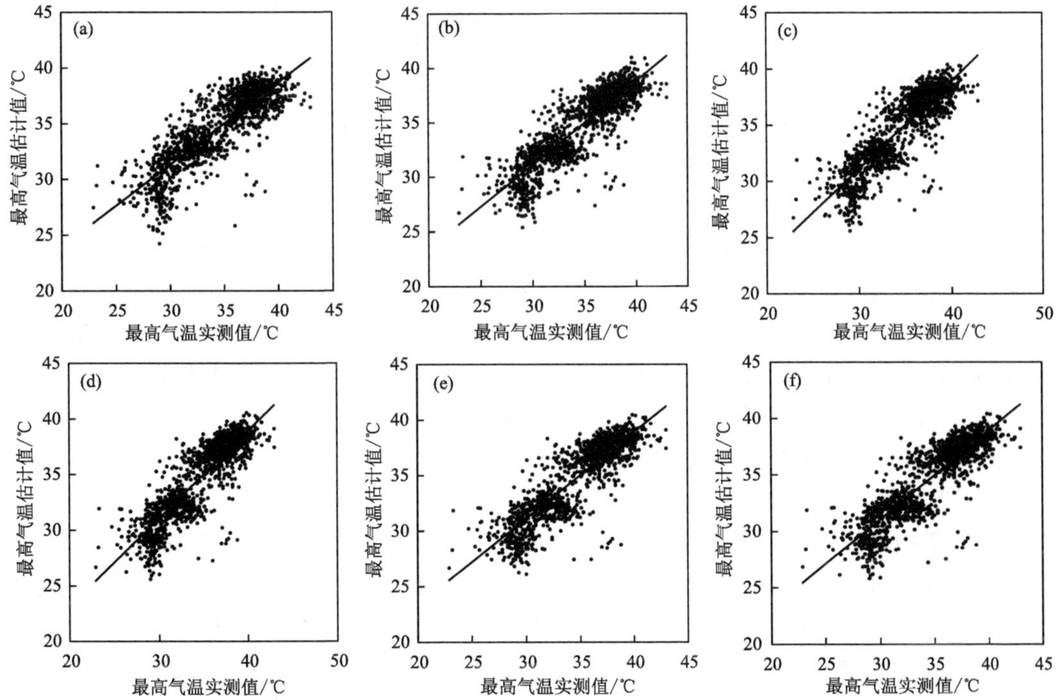

图 8.8　最高气温回归模型实测值与估计值散点图

为了统计估算值与实测值的偏离程度，分别对 6 种回归方程得到的估算值与实测值作差，并用箱线图（图 8.9）反映统计模型的优劣，箱线图是一种用作显示一组数据分散情况资料的统计图。

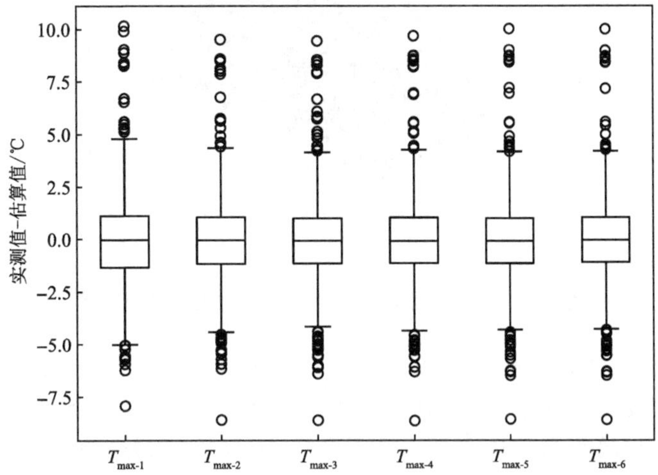

图 8.9　6 种最高气温回归模型的实测值与估计值之差箱线图

TVX 反演法（Prihodko et al.，1997）是一种利用地表温度 LST 和植被指数 NDVI 之间的负相关性从遥感数据中提取气温的空间邻域运算方法。TVX 方法只需要 LST 和 NDVI 就可估算气温，并不需要地表观测资料，有简单方便实用的优点。其原理是假定浓密植被的冠层表面温度等于冠层内的气温，通过某个像元邻域窗口的地表温度—植被指数空间计算出浓密植被冠层的温度，就可近似作为该邻域窗口中心像元的气温(Prihodko et al.，1996)。因空间邻域内不一定是浓密植被，以邻域内所有像元对应的 NDVI 和 LST 进行回归得到的形如式(8.6)的直线方程，然后由式(8.7)置换为浓密植被对应的地表温度即可作为该像元气温。

$$\mathrm{LST} = \mathrm{NDVI} \times S + I \tag{8.6}$$

$$\mathrm{TTVX} = \mathrm{NDVI_S} \times S + I \tag{8.7}$$

式(8.6)、(8.7)中，S、I 是回归求出的斜率和截距，TTVX 为使用 TVX 方法反演的卫星过境时的瞬时气温，$\mathrm{NDVI_S}$ 是浓密植被的 NDVI(饱和值)。根据前人的研究成果(齐述华 等，2005；Riddering et al.，2006)，$\mathrm{NDVI_S}$ 取值 0.86。Prihodko 等(1996)的研究表明气温在水平距离 6 km 范围内变化通常小于 0.6 ℃，而超出这个距离则变化剧烈，依此本节空间邻域的大小选择为 13×13 个像元。MODIS 下午星过境时间大致是研究区域每天 13:30，接近最高气温的出现时间，因此选择 LSTAD 进行 TVX 最高气温反演。

基于 TVX 算法反演 2013 年 7 月 1 日—9 月 15 日最高气温，可构成最高气温时间序列。根据站点气象数据所在的经纬度信息，提取出反演结果图对应像元的气温数据，与气象站点逐日实测最高气温进行对比，剔除云的覆盖数据和非植被区域后共有 15204 组有效数据，做散点图(图 8.10)，实测值与估算值之差的箱线图如图 8.11，其均方根误差(RMSE)为 3.515 ℃，平均绝对误差(MAE)为 2.839 ℃。

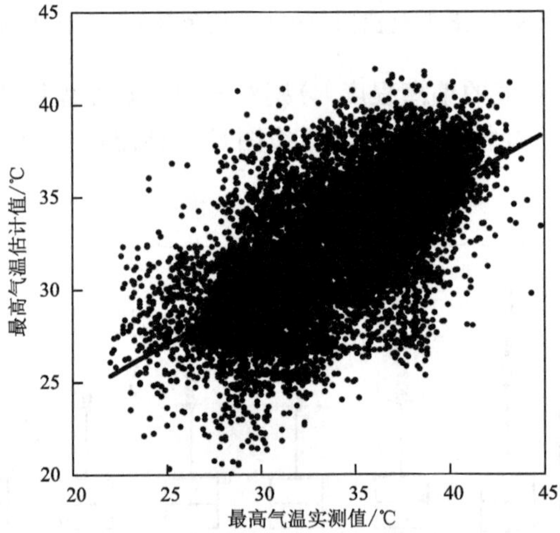

图 8.10　TVX 法最高气温估计值与实测值散点图

综合对比 6 个多元回归方程和 TVX 方法，RMSE、MAE、实测值与估计值的偏离程度等指标，多元回归法精度明显优于 TVX 法。然而多元回归法的后三个方程相比之前的回归方程优化的并不多，而且随着输入自变量数量的增多，因变量(气温)的无效值概率会大大增加。这是因为某一自变量中的某一像元被云覆盖，会使这一地域的气温变为无效值，随着自变量的加入，气温的无效值出现概率也会增加，最终使空间区域上的气温反演结果出现大片无效值，影响后续水稻高温热害监测和评估。因此本节选择第三个回归方程作为最高气温的反演方法，既保证了回归精度，又保证了回归结果的可用性。

采用 $T_{max}=0.626\mathrm{LSTTN}+0.319\mathrm{LSTTD}+2.310\mathrm{EVI}+7.908$，编写程序对 2013 年 7 月

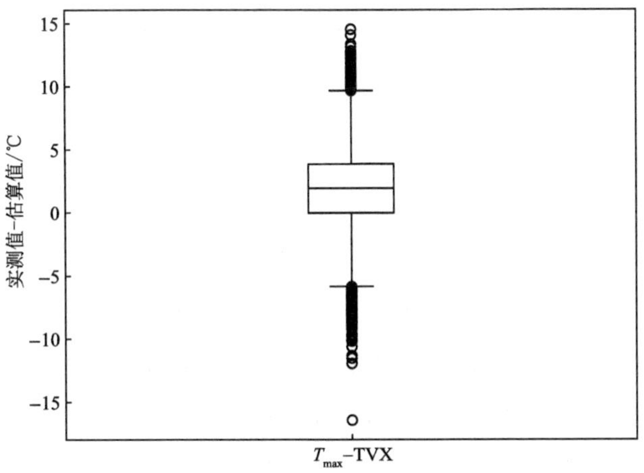

图 8.11　TVX 法实测值与估算值之差箱线图

1 日—9 月 15 日的逐日最高气温进行反演，并构成气温时间序列，图 8.12 是 2013 年 8 月 8 日最高气温反演结果。

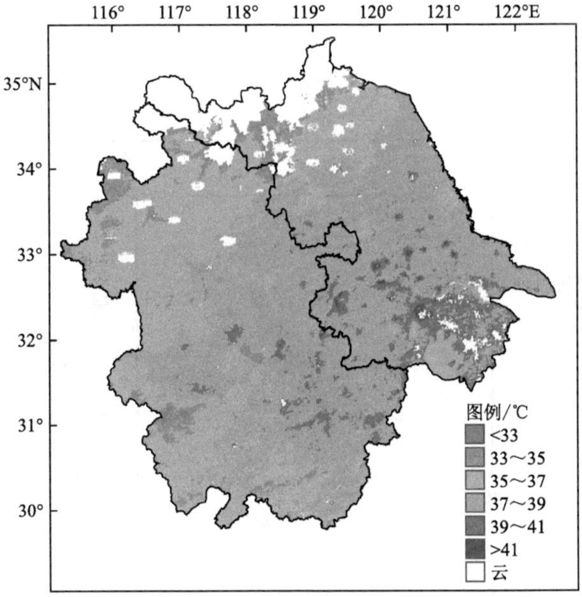

图 8.12　2013 年 8 月 8 日最高气温反演结果(附彩图)

8.2.2　平均气温反演及精度评价

平均气温的反演方法主要有：简单统计法、高级统计法、DTVX 法(Sun et al.,2014)。简单统计法、高级统计法与最高气温反演法相似，DTVX 法是一种改进的 TVX 方法，把 TVX 法中的 NDVI 改为 EVI，并加入白天和夜间的 LST 数据以替代原本单一时刻的 LST 数据。简单统计法、高级统计法与最高气温的反演步骤一样，随机选取 3161 组数据进行逐步回归，回归结果如表 8.9 所示。

表 8.9 平均气温多元逐步回归结果

序号	回归方程	R^2
1	$T_{mean}=0.869LSTTN+6.947$	0.804
2	$T_{mean}=0.784LSTTN+0.152LSTAD+3.999$	0.818
3	$T_{mean}=0.473LSTTN+0.132LSTAD+0.327LSTAN+4.603$	0.826
4	$T_{mean}=0.490LSTTN+0.133LSTAD+0.311LSTAN+2.024EVI+3.598$	0.831
5	$T_{mean}=0.531LSTTN+0.139LSTAD+0.279LSTAN+4.749EVI-2.523NDVI+3.562$	0.836
6	$T_{mean}=0.51LSTTN+0.112LSTAD+0.277LSTAN+4.723EVI-2.554NDVI+0.053LSTTD+3.328$	0.837

为了进一步检验回归方程的精度，用剩余的 1435 组分别计算 6 种回归方程的 RMSE 和 MAE，结果如表 8.10 所示。6 种回归方程的实测值与估计值的散点图如图 8.13 所示；实测值与估计值之差箱线图如图 8.14 所示。

表 8.10 平均气温估算模型精度

序号	RMSE/℃	MAE/℃
1	1.936	1.206
2	1.875	1.126
3	1.860	1.084
4	1.845	1.059
5	1.826	1.033
6	1.820	1.040

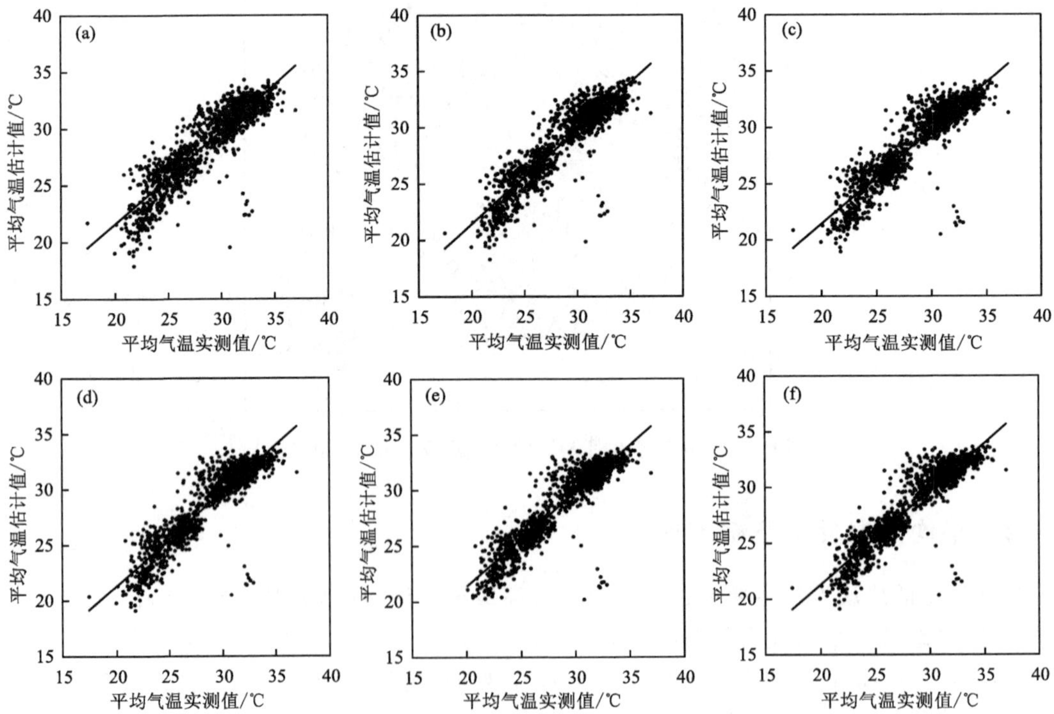

图 8.13 平均气温回归模型实测值与估计值散点图

(a)～(f)分别对应表 8.9 中的序号 1～6

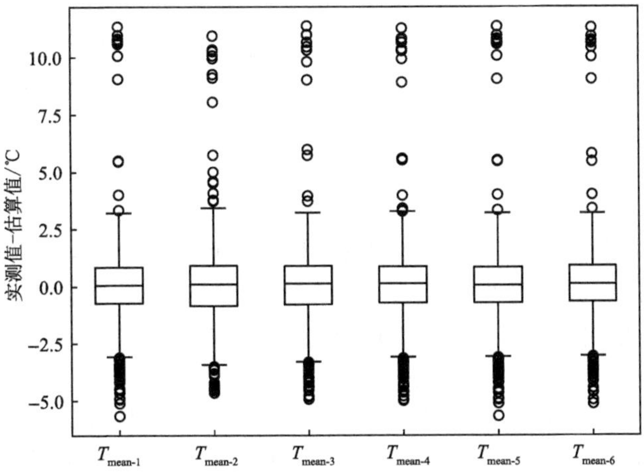

图 8.14　6 种平均气温回归模型的实测值与估计值之差箱线图

Sun 等(2014)利用白天—夜间 LST、EVI 等数据开发出了一种新的平均气温估算方法(DTVX 法)。图 8.15 展示的是一个假设的 DTs/SVI 空间，横轴代表植被指数(SVI)，纵轴代表 DTs，线 AB 对应低 SVI 的裸土，线 CD 代表浓密植被冠层，线 AD 是 DTs 最大值代表干边，线 BC 是 DTs 最小值代表湿边。线 AD、BC 相较于点 O。从 OA 到 OB 有许多倾斜的线，这些线叫做 DTVX 线，每根 DTVX 线分别代表了一种土壤含水量(Sandholt et al.，2002；Wang et al.，2006)。

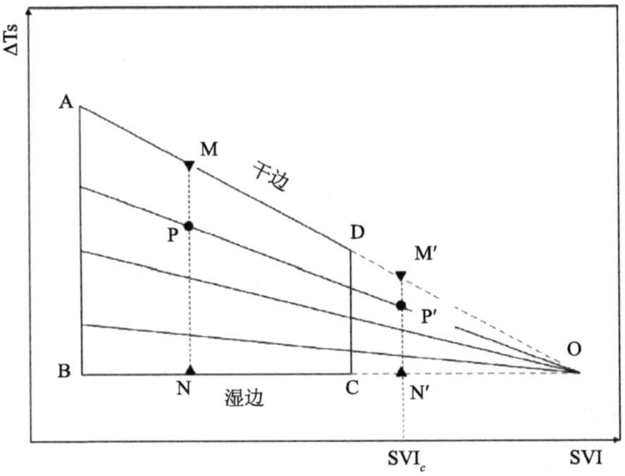

图 8.15　DTs/SVI 气温反演方法图解(Sun et al.，2014)

对于每一根 DTVX 线，都对应一个公式：

$$\Delta T_s = a \times \mathrm{SVI} + b \tag{8.8}$$

式中，ΔT_s 是 DTs，a 和 b 是 DTVX 的斜率和截距，等式表现出 T_s 和 SVI 之间的强负相关，而从理论和观测都可得出这强负相关(Prihodko L et al.，1997；Boegh E et al.，1999；Sandholt I et al.，2002)。这种相关性主要来源于植被覆盖度对 T_s 的综合影响，当把 SVI 解释为植被覆盖度(f_v)的一个指标，T_s 代表了土壤(T_{soil})和植被(T_v)的混合温度，并看作一个简单相加的等式：$T_s = f_v T_v + (1 - f_v) T_{soil}$(Boegh et al.，1999)。这个等式可以变形为 $T_s = (T_v - T_{soil}) \times$

$f_v + T_{soil}$，变形后的等式与式(8.8)的形式相一致。

P 是 DTs-EVI 空间中的一个点，M 和 N 分别是与 P 相关的在干边和湿边上的点，同样，M′和 N′分别是与 P′对应在干边和湿边上的点，SVIC 代表了 SVI 在无限光学厚度的浓密冠层时的值，根据几何相似三角形规则，可得到如下等式：

$$\frac{PN}{MN} = \frac{P'N'}{M'N'} \tag{8.9}$$

因为浓密冠层(SVIC)主要由细小的树枝和树叶并填充着空气，在卫星像元尺度上是相互遮挡的异质性以及阴影效果，浓密冠层处的 LST 应该与环境气温相接近(Prihodko et al.，1997；Stisen S et al.，2007)。基于这个假设，提出了如下的等式：

$$\frac{\Delta T_s - \Delta T_{s\_min}}{\Delta T_{s\_max} - \Delta T_{s\_min}} = \frac{\Delta T_a - \Delta T_{a\_min}}{\Delta T_{a\_max} - \Delta T_{a\_min}} \tag{8.10}$$

其中，ΔT_s 是 P 点的 DTs，ΔT_{s_max} 和 ΔT_{s_min} 是干边和湿边上 M、N 两点对应的 ΔT_s；ΔT_a 是白天和夜晚的气温差值，等于 P′上对应的 DTS；ΔT_{a_max} 和 ΔT_{a_min} 分别是 M′和 N′的 ΔT_a。因为浓密冠层(SVI=1)具有较高的热惯量，DTS 等于 0。因此在 DTs/SVI 空间有：

$$\begin{cases} \Delta T_{s\_min} = \Delta T_{a\_min} = 0 \\ a = -b \end{cases} \tag{8.11}$$

其中，a，b 是 DTVX 线的斜率和截距。结合 DTVX 线性公式，由等式(8.10)和(8.11)可以得到：

$$\Delta T_a = T_a^{day} - T_a^{night} = \frac{1 - SVI_C}{1 - SVI} \times (T_s^{day} - T_s^{night}) \tag{8.12}$$

其中，T_s^{day} 和 T_s^{night} 是 MODIS 白天和夜间过境时刻的 LST；T_a^{day} 和 T_a^{night} 是与 T_s^{day} 和 T_s^{night} 对应的气温。MODIS 提供 2 种 SVI：NDVI 和 EVI。EVI 在高生物量区域提供更好的敏感性以及更小的土壤和大气影响(Jiang et al.，2008)。为了满足当 SVI=1 时 DTs 接近于 0，把式 3.9 中的 SVI 替换为 EVI。

Kawashima 等(2000)研究了当地尺度上地表温度与气温的关系，结果表明，地表温度可以替代 80%的气温；齐述华等(2006)比较了 MODIS Terra 夜间过境时刻的地表温度和对应时刻的气温，结果表明，夜间气温可以由地表温度替代。考虑到他们的研究成果，以及夜间没有太阳辐射的影响，可以把 T_a^{night} 替换成 T_s^{night}。这样，LST 和 T_a 的瞬时关系就被联系起来了。为了反演逐日的平均气温，Sun 等(2014)受到其他专家的启发，通过改变 EVIS 的值来反演平均气温，使 EVIC 参数化，最终反演公式如下：

$$T_a^{mean} = \frac{1 - EVI'_C}{1 - EVI} \times (T_s^{day} - T_s^{night}) + T_s^{night} \tag{8.13}$$

式中，T_a^{mean} 是平均气温；EVI'_C 是参数化的 EVIC。为了确定参数 EVI'_C，通过实测平均气温和估测平均气温来确定最优值，即把 EVI'_C 值从 0.6 到 0.9 以步长 0.05 递进，逐个求出不同 EVI'_C 值时实测气温数据和估测气温数据之间的均方根误差(RMSE)，当 RMSE 最小时对应的 EVI'_C，就是最优 EVI'_C。图 8.16 是不同 EVI'_C 对应的 RMSE 分布图，当 EVI'_C=0.75 时对应的 RMSE 最小(2.069 ℃)，此时的 MAE 为 1.531 ℃。

对比多元回归方程法和 DTVX 法的精度验证结果，多元回归方程法的精度要明显优于 DTVX 法，与最高气温多元回归法类似，选 T_{mean} = 0.473LSTTN + 0.132LSTAD + 0.327LSTAN+4.603 作为最终反演方法，既降低了无效值出现的概率，又保证了回归精度较

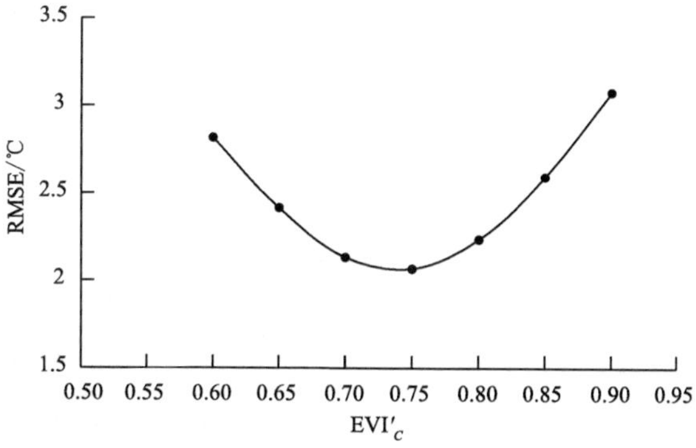

图 8.16　不同 EVI'_C 对应的 RMSE 分布

高。编写程序对 2013 年 7 月 1 日—2013 年 9 月 15 日的逐日平均气温进行反演，并构成气温时间序列，图 8.17 是 2013 年 8 月 8 日平均气温反演结果。

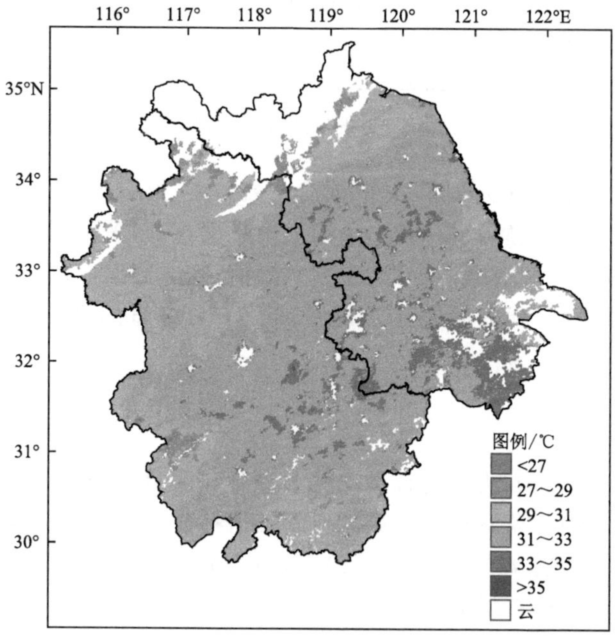

图 8.17　2013 年 8 月 8 日平均气温反演结果(附彩图)

8.2.3　气象站数据空间插值及与卫星气温反演结果嵌合

长时间尺度及大区域的气温遥感反演，势必会受到云覆盖的影响，从图 8.12 和图 8.17 的最高气温、平均气温反演结果也可以看出，部分区域由于云覆盖导致数据缺测。由于后续的水稻高温热害等级划分和监测评估，需要以逐日连续数据为基础，而部分地区的缺测会导致后续识别的不准确，为此，需要对 MODIS 反演的平均气温和最高气温结果的云覆盖区域进行数据的补充。先采用 8.1.6.5 节处理完成的逐日气象站点气温数据，编写 Python 脚本语言，在 ArcGIS 中用局部多项式法在空间区域上进行插值处理，得到逐日的平均气温和最高气温插值时间序列图像。随后，将插值的最高气温(平均气温)数据与对应时间的卫星反演最高气温(平

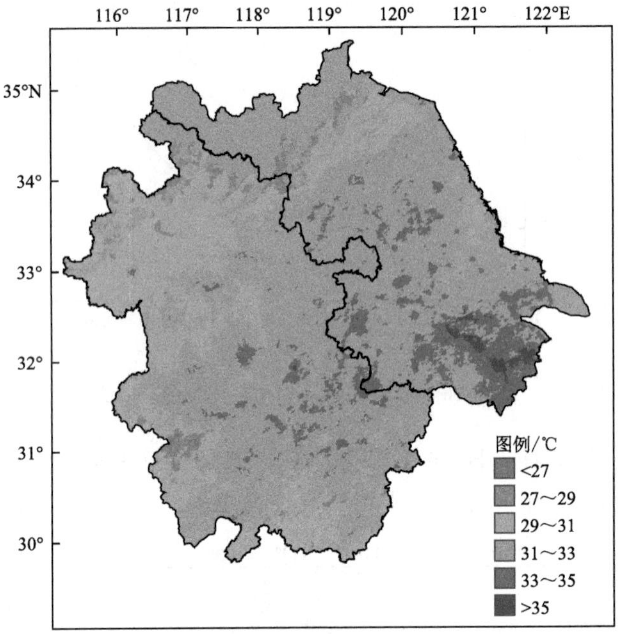

图 8.18　2013 年 8 月 8 日江苏、安徽平均气温“卫星－插值”嵌合结果(附彩图)

均气温)数据进行嵌合,具体方法如下:先根据 QA 数据集,提取出逐日的云覆盖区域和晴空区域;当卫星数据在晴空区域且质量较高时,采用卫星数据,否则采用同一天、同一地理位置的插值数据,构成卫星数据和插值数据结合的“卫星－插值”气温数据,后续的水稻高温热害监测将基于“卫星－插值”的时间序列数据进行。图 8.18 是 8 月 8 日的平均气温“卫星－插值”嵌合结果图。

8.2.4　本章小结

通过分别采用两种不同方法对逐日平均气温和逐日最高气温进行反演,并将反演结果中的云覆盖无值区域以自动气象站实测气温的空间插值补充,得到的结论如下:

①通过对比温度植被指数法(TVX、DTVX)与多元回归法的反演精度发现,多元回归法的反演精度明显高于温度植被指数法。

②在采用多元回归法的最高气温反演中,TERRA 夜间 LST、TERRA 白天 LST、EVI 依次是反演方程的最优自变量,所用反演方程的 R^2 是 0.737,反演精度中 RMSE 为 2.064 ℃,MAE 为 1.388 ℃。

③在采用多元回归法的平均气温反演中,TERRA 夜间 LST、AQUA 白天 LST、AQUA 夜间 LST 依次是反演方程的最优自变量,所用反演方程的 R^2 是 0.826 ℃,反演精度中 RMSE 为 1.860 ℃,MAE 为 1.084 ℃。

8.3　水稻种植区域识别和抽穗开花期确定

本研究的研究对象是水稻,因而剔除非水稻像元有利于后续的高温热害监测和评估更具有针对性,而且后续的受灾面积估算也需要以水稻种植区域的识别为基础。现在以卫星遥感为技术手段，对水稻种植区域识别具有独特优势，不仅可以与全球定位系统相结合，准确定位水稻种植地点，还可以与地理信息系统相结合估算种植面积，这是常规方法无法实现的，也是卫星遥感的优势所在。由于遥感具有综合性和宏观性的优势，本研究将采用遥感手段识别水稻种植区域。考虑到空间分辨率和时间分辨率的要求，选用 MODIS 数据作为水稻种植区域识别的主要数据，为了减轻云覆盖对识别效果的影响，采用 8 d 合成的 MOD09A1 数据。

8.3.1　水稻种植区域提取

水稻在移栽前需要先对稻田进行灌水、打烂泥土，随后插秧。在这段时间内灌水，水面会没过泥土，并且会持续灌水直到成熟前约一周，这是水稻与其他作物最大的差别，因而可以利用这一最大差别识别水稻种植区域。但是，水稻生长速度较快，大约 50 d 后水稻冠层就覆盖了下层的土壤信息。在 MODIS 数据上，此时水稻的光谱信息和其他植被几乎一致，而水稻冠层下的土壤和水体信息也就被覆盖了，无法识别出来，所以，水稻种植区域的识别必须在水稻田灌水，水稻移栽初期进行。另外，研究也表明，在灌水和移栽期识别水稻时会受到水体或其他非水稻种植区的干扰，可以根据地物随时间的变化而表现出的差异性，通过移栽期后的遥感图像进行去除。

MODIS 的红光波段和近红外波段对植被变化敏感，植被越健康、生物量越大，植被的反射光谱在近红外波段越高，而在红光波段越低。常用的植被指数 NDVI 和 EVI 的波段组合涉及红光波段和近红外波段（EVI 还涉及蓝光波段）。与 NDVI 相比，EVI 同时消除了大气气溶胶和土壤背景的影响（Huete et al.，2002）。而且，EVI 对比 NDVI 在生物量较大地区更不易出现饱和现象，因此 EVI 能够更好地反映生物量较大地区的差异。孙华生（2009）研究发现，在存有植被的情况下，NDVI 普遍高于 EVI，并且当 NDVI$<$0.7 时两者基本呈线性相关关系，而当 NDVI$>$0.7 时，两者呈现非线性相关关系，并且此时 NDVI 开始出现饱和状态。因此，本研究采用 EVI 而非 NDVI 的变化特征来识别水稻。另外，短波红外波段对水分含量比较敏感，而水稻移栽时稻田水分含量大，因此用含有短波红外波段的地表水分指数（LSWI）来识别水稻移栽期。

图 8.19 是典型水稻种植点的 EVI 和 LSWI 时间变化图，从图中可以看出，在日序数从 130 d 到 150 d 之间，LSWI 值高于 EVI 值，这段时间对应油菜或小麦成熟、收割、整地、灌水、播种（或移栽）。此后，水稻的根系和叶片迅速生长，进入分蘖期，EVI 值迅速增大；水稻经营

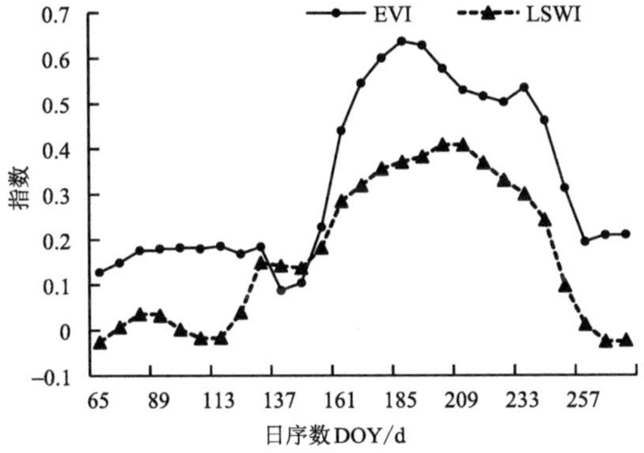

图 8.19　典型水稻田 EVI 和 LSWI 随时间变化

养生长阶段进入生殖生长阶段，EVI 达到较大值(Sakamoto et al.，2005)；水稻收获后 EVI 值快速下降。

因江苏、安徽的水稻轮作制度和生长发育时期在不同地区有较大差异，水稻移栽期也就不统一，这对水稻种植区域识别具有一定困难。Xiao 等(2006)在研究中利用 LSWI＋0.05≥EVI 这一条件表达式，确定可能的水稻种植区。水稻移栽后生长加快，EVI 值会快速增大，在移栽后 40 d 左右时间里，EVI 值往往超过 EVI 最大值的一半，Xiao 等(2006)据此条件排除了大部分非水稻像元。同时，为了确保提取的准确性，需要对云、常绿植被和水体等非水稻像元进行剔除。利用 QA 数据集剔除云像元的影响，将在水稻生长发育期内 NDVI 值始终大于 0.7 的像元作为常绿植被进行掩膜处理，使用 MCD12Q1 土地利用分类数据中的水体数据，掩膜去除常规水体。综上，水稻像元识别方法如下表述：

$$\text{EVI} \leqslant (\text{LSWI}+0.05) \text{ and } \text{EVI}(\text{T0}+40) > 0.5 \cdot \text{EVImax and MODIS\_QA and} \sim \text{NDVIall} > 0.7 \text{ and MCD12Q1} \neq \text{水} \tag{8.14}$$

其中，EVI(T0＋40)表示移栽期后 40 d 的 EVI 值；EVImax 表示该像元在水稻生长期内最大 EVI 值；MODIS_QA 表示 MODIS 云掩膜；～表示取反；NDVIall 表示研究期所有时相的 NDVI。

根据江苏、安徽两省的种植制度和 2013 年农业气象试验站生育期实测资料可知，江苏种植的为一季稻，抽穗开花期主要在 8 月 15 日—9 月 10 日之间；安徽以一季稻为主，少数双季稻，一季稻的抽穗开花期在 8 月 1 日—9 月 5 日之间、早稻在 6 月 20 日—7 月 5 日之间，晚稻抽穗开花期则在 9 月 15 日之后，因此江苏、安徽受到高温热害的水稻主要是早稻和一季稻，安徽晚稻很少受到热害，本节暂不予考虑。结合农试站移栽期资料，利用编写好的程序依据大致移栽期，分区域提取出早稻和一季稻种植区域。图 8.20 是 2013 年江苏、安徽早稻和一季稻提取结果。

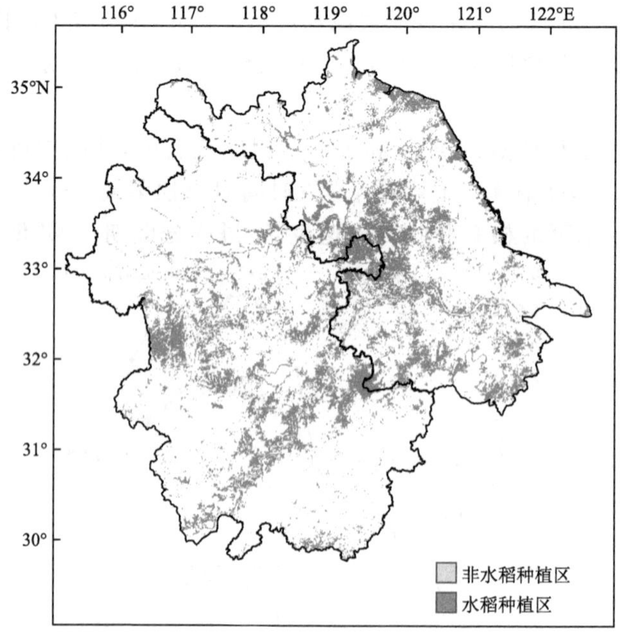

图 8.20　江苏和安徽水稻种植区提取结果

8.3.2　水稻种植区域提取验证与误差分析

为了验证提取的 MODIS 水稻种植区域空间匹配情况，选择分辨率较高的 Landsat 8 卫星影像作为对比数据，以检验 MODIS 提取结果在不同地区的适用性。对于 Landsat 8 影像数据，研究采用计算机分类的方法。计算机分类的方法可按是否需要训练样本分为监督分类和非监督分类。监督分类需要以先验知识选择训练样本，对训练样本进行提纯后分析判别，确定各已知像元类型对应的判别函数，然后根据判别函数对其他未知像元进行分类。常用的监督分类方法有平行算法、最小距离法、最大似然法、光谱角分类法、二进制编码法、神经网络法和支持向量机法等。非监督分类是以不同的地物影像特征的差别为依据，通过计算机对图像进行聚类统计的一种方法，常用的分类算法有回归分析、趋势分析、等混合距离法、集群分析、主成分分析、K-均值和图形识别等。

由于在一个生长季节内，水稻的生长天数一般不大于 150 d，并且受 Landsat 8 卫星时间分辨率、水稻最佳分类时相和云覆盖的限制，利用 Landsat 8 卫星影像进行大范围的验证是难以实现的。但为了能够验证 MODIS 水稻种植区域空间匹配度，选择具有代表性的试验样区进行匹配验证。选取的样区要保证无云，或云相对较少，而且要便于对影像进行分类，不受其他地物的干扰。另外，由于 MODIS 数据分辨率较低，部分地区混合像元严重，还需要对不同纯度的像元进行验证，因此，所选样区既要有大面积的水稻种植，也要有零碎的水稻种植。通过比较，选择了 2013 年 8 月 9 日安徽省来安县周边区域作为验证样区。

对上述区域的 Landsat 8 影像进行几何精校正、辐射定标、大气校正、投影转换后，利用监督分类法对其进行计算机自动分类。研究对比了多种分类算法，结果表明，各种监督分类算法的分类结果与目视解译的结果基本相同，各种复杂的分类法对分类精度的效果提高很有限。最终选择最大似然法对研究区图像进行分类。图 8.21 为 MODIS 水稻样区水稻提取结果和 landsat8 样区水稻提取结果的对照，图 8.21(a)为 MODIS 提取结果，(b)为 Landsat 8 分类结果，绿色部分代表水稻像元，白色部分为其他像元。从图 8.21 可见，二者尽管在细节上有一些区别，但是总的分布情况是比较接近的，从 MODIS 样区中提取的水稻种植面积为 100400

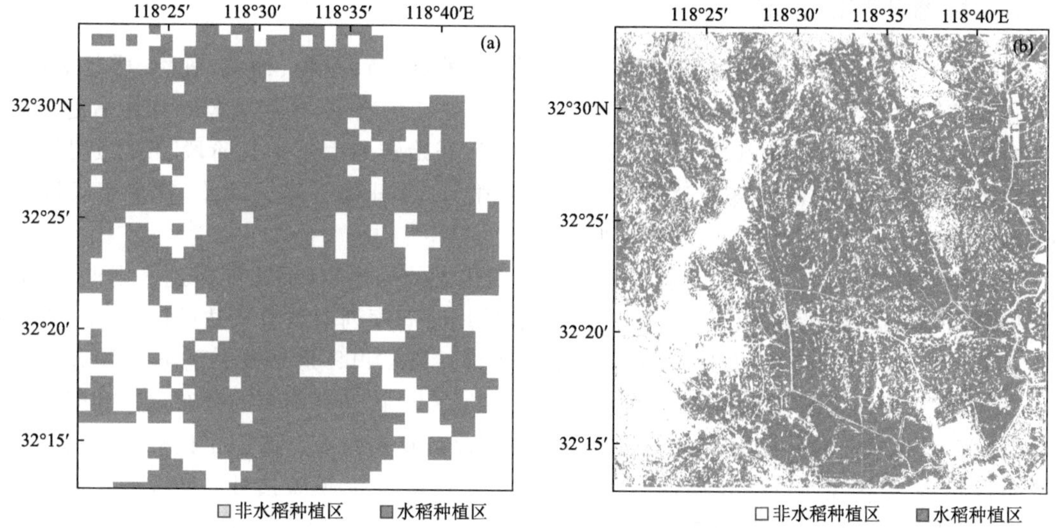

图 8.21　安徽来安县周边区域样区水稻分布对比

hm^2，Landsat 8 样区中提取的水稻种植面积为 84740 hm^2，两者相对偏差为 15.6%。

根据江苏省统计年鉴(2014)数据，江苏全省共种植水稻 254.47 万 hm^2；淮安市共种植水稻 29.41 万 hm^2；安徽省早稻和一季稻共种植 196.56 万 hm^2。本节 MODIS 提取的水稻种植面积为江苏省 211.22 万 hm^2、淮安市 30.50 万 hm^2、安徽省 203.04 万 hm^2，相对偏差分别为 17.0%、3.7%、3.3%，江苏安徽两省整体相对偏差为 8.2%。

利用 MODIS 时序植被指数提取水稻种植区，通过上述的空间匹配到验证和面积精度验证，研究所采用的识别算法是有效的，尽管在识别算法的设计时尽可能降低水稻识别的不确定性，但在提取结果中仍然存在较大的误差。第一，水稻种植区域提取以 MOD09A1 为数据源，MOD09A1 是 8 d 合成的数据产品，在预处理过程中采用了 S-G 滤波算法，以最大限度降低云覆盖影响，在云覆盖较少地区去噪效果良好，但在云覆盖严重地区还存有大量云覆盖像元，这是无法进行修复的。为了去除严重区域云覆盖带来的提取错误，提取算法使用 QA 云检测数据集剔除被云覆盖及其阴影覆盖区域，而这些被剔除的区域可能存在水稻像元，造成水稻种植区域的漏划。第二，尽管 MODIS 前两个波段的空间分辨率是 250 m，但提取算法中需要使用以短波红外波段构建的地表水分指数 LSWI，而短波红外波段的空间分辨率为 500 m，因而最终 MODIS 提取的水稻种植区域的空间分辨率由短波红外波段决定(500 m)。在平原地区，田块一般相对较大，种植作物大致相同，相邻田块连成片，水稻像元相对纯净，提取精度较高；而在山区丘陵地带，由于受到地形限制，水稻田块相对较小，且相对分散，相对 MODIS 的 500 m 分辨率，容易产生较为严重的混合像元，错分和漏分的误差就比较大。另外，在江苏南部部分地区，降水充沛，田块小而分散，像元中混杂了许多人工建筑成分，大大降低了这些地区的提取精度。从样区水稻对比图中也可以看出，受地形或其他因素影响的田块破碎区域，提取的水稻种植区域的空间分布与实际空间分布匹配精度会有所降低。第三，水稻种植区域提取算法是基于水稻移栽期的特点而识别水稻的，尽管在算法设计时尽可能的去除其他地物的干扰，但如果在水稻移栽期恰好存在湿地或由于降水、灌溉而导致土壤含水量高，就会对水稻的识别造成干扰，从而过多的提取水稻种植区域，高估水稻种植面积。

8.3.3 抽穗开花期确定

水稻整个生长周期主要分为出苗、移栽、返青、分蘖、拔节、孕穗、抽穗、乳熟、成熟等阶段，而抽穗开花期对高温最为敏感(陈畅，2014)。抽穗开花期的确定，使后续监测和评估更具针对性。抽穗开花期时，水稻的营养生长已经达到顶峰，开始转为生殖生长阶段，EVI 达最大值；抽穗开花期以后水稻植株内养分逐渐转移到籽粒中，EVI 开始下降。因此，整个生长周期内 EVI 最大值出现的时期对应于抽穗开花期。

在数据预处理阶段，S-G 滤波可以去除局部变化大的噪声点，但不能得到平滑曲线，为了进一步降低云的影响和其他噪声，得到平滑曲线，采用时间序列谐波分析法(Harmonic Analysis of Time Series，HANTS)处理时间序列中的噪声。HANTS 是平滑和滤波两种方法的综合，它能够充分利用遥感图像存在时间性和空间性的特点，将其空间上的分布规律和时间上的变化规律联系起来。时间序列谐波分析法进行时间序列重构时充分考虑了植被生长周期的变化特征，能够重新构建不同生长周期的植被指数变化曲线，真实反映植被周期性变化规律。并且，时间序列谐波分析法是对快速傅里叶变换的改进，它不但可以去除云污染点，而且时序图像可以是不等时间间隔，从而得到平滑的植被指数变化曲线。图 8.22 是典型水稻田时序 EVI

的 HANTS 滤波前后对比图。

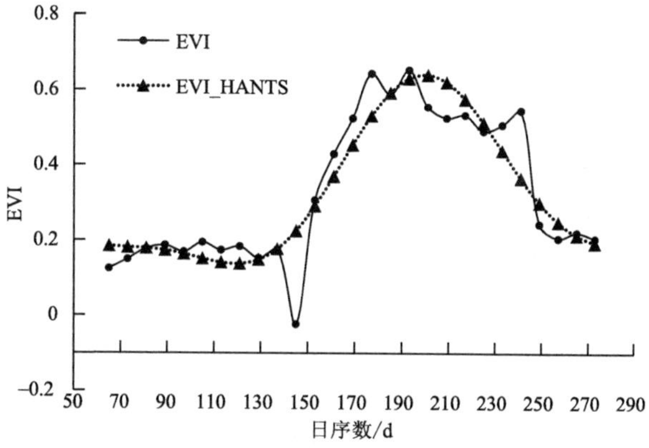

图 8.22　典型水稻田时序 EVI 的 HANTS 滤波对比

另外，由于安徽部分地区种植双季稻，整个夏季会出现 2 个最大值高峰点，因此结合安徽各农试站的相关记录，分早稻和一季稻确定水稻抽穗开花期，然后把早稻和一季稻的提取结果综合，得到整个江苏、安徽早稻和一季稻抽穗开花期分布图，如图 8.23 所示。

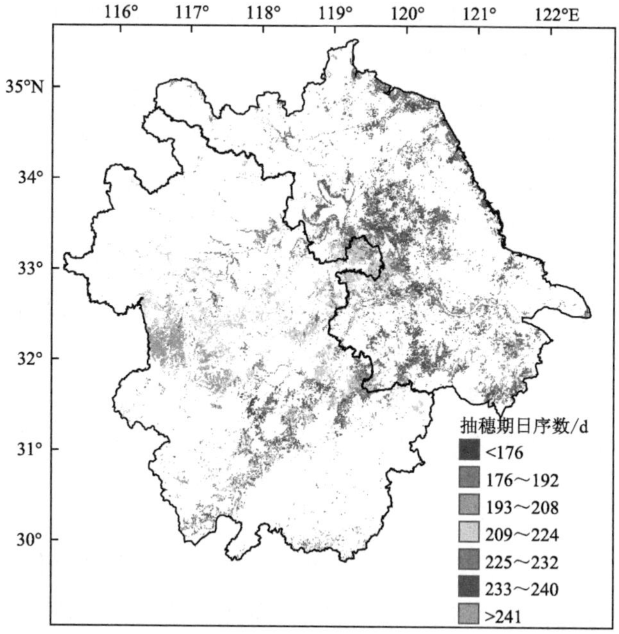

图 8.23　江苏安徽抽穗开花期日序数提取结果(附彩图)

8.3.4　抽穗开花期验证与误差分析

为了验证利用 MODIS 时序 EVI 对水稻抽穗开花期提取结果的精度，将提取结果与农试站实测资料进行对比。图 8.24 是 MODIS 提取结果与农试站实测数据散点图，图中 3 条虚线分别是 1∶1 和偏差 8 d 的边界线。

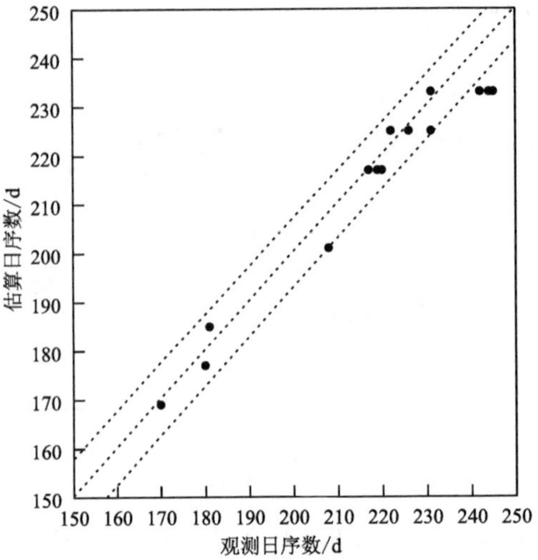

图 8.24　农试站观测结果与 MODIS 识别结果比较

从图 8.24 看出，除 3 个点在 8 d 误差边界线外，其余 11 个点都在 8 d 误差边界线内。为了进一步比较 MODIS 识别结果与农试站观测结果的相关性，对它们进行相关性分析，结果表明，在 $p<0.01$ 显著性水平上表现出 0.978 的相关性。另外，将 MODIS 识别结果与农试站观测结果作对比，均方根误差(RMSE)为 5.53 d，平均绝对误差为 4.19 d。

研究利用经过 HANTS 滤波平滑后的 EVI 时间序列，确定了空间区域上的水稻抽穗开花期分布，表明算法是有效的，但是，结果中仍然存在着不可避免的误差。误差的来源主要是：第一，本研究采用的是 8 d 合成的 MOD09A1 数据，用这 8 d 中某一天的 DN 值来表示图像中的 DN 值，所以会导致±4 d 以内的误差，而图 8.26 中有 11 个点的误差在±4 d 以内也说明了这个问题。第二，MOD09A1 数据 500 m 的分辨率在山区、丘陵地带，以及稻田破碎地区产生了高比例的混合像元，进而导致 EVI 最大值出现的时间发生偏差，最终带来识别误差。第三，由于农试站的实测数据是采用抽样方式统计的，这样获取的水稻抽穗开花期数据即使在同一个较小的区域，因选取的田块不同，统计的结果也会有所偏差。另外，杨浩等(2011)、王鑫等(2013)、肖江涛(2011)等都采用该方法识别提取水稻抽穗开花期，本节的精度与他们大致相同。

8.3.5　本章小结

利用 MOD09A1 的 8 d 合成反射率数据，计算不同植被指数，利用 S-G 滤波和 HANTS 滤波平滑方法重构时序植被指数，并用重构的时序植被指数提取水稻种植区域和识别水稻抽穗开花期，得到的结论如下：

(1)通过 MODIS 数据提取到的江苏省一季稻种植面积为 211.22 万 hm^2，江苏省淮安市为 30.50 万 hm^2，安徽省早稻和一季稻共种植 203.04 万 hm^2，与下一年度出版的统计年鉴相比，相对偏差分别为 17.0%、3.7%、3.3%，江苏、安徽两省整体相对偏差为 8.2%，与前人的研究精度相近。

(2)通过 MODIS 数据确定的抽穗开花期在江苏安徽两省范围内从西南向东北逐渐延后，安徽省一季稻抽穗开花期主要在第 193～232 d 之间，江苏省一季稻抽穗开花期主要在 209～

240 d 之间，与农试站实际观测数据对比 RMSE 为 5.53 d，MAE 为 4.19 d，14 处农试站中有 11 处偏差在±4 d 以内。

8.4　水稻高温热害监测与评估

8.4.1　任一时间段的抽穗开花期水稻高温热害监测与评估

为了监测和评估大范围持续性高温出现时水稻的受灾状况，特别开发了任一时间段的处于抽穗开花期水稻高温热害监测与评估模块。该模块可总结这一时段处于抽穗开花期的水稻高温热害受灾状况、划分受灾等级和统计受灾面积(阶段法)。方法如下：根据水稻种植区域和水稻抽穗开花期遥感资料提取方法，筛选出处于抽穗开花期的水稻分布，根据“卫星－插值”气温时间序列数据提取出高温持续时段的最高气温时间序列和平均气温时间序列；再结合水稻高温热害指标，对这一时间段内的水稻高温热害受灾状况进行监测并给出评估。在水稻高温热害发生时进行监测和评估，可为决策部门和生产单位提供区域实时热害灾情分布，掌握灾情利于针对性地制定防灾减灾措施，提高应对效率。

本节以 8 月 5—12 日持续性高温为例，展示模块的具体应用流程。第一步，提取出 8 月 5—12 日的“卫星－插值”时间序列图像备用。第二步，根据水稻种植区域分布图，判断图像中的每一个像元是否为水稻像元。第三步，若是水稻像元则进一步判断是否处于抽穗开花期，若是水稻像元且处于抽穗开花期则进行下一步；若不是水稻像元则把像元值设为 0；若是水稻像元但不在抽穗开花期则把像元值设为 6。第四步，对上一步既是水稻像元，又处于抽穗开花期，则按照表 8.11 的高温热害指标进行等级划分，受灾等级 1、2、3、4，分别对应像元值 1、2、3、4，未受灾的像元值设为 5。另外，表 8.1 中的指标较为复杂，在受灾等级划分时可能会出多种复杂情况，在对表 8.1 深入分析后，为了便于描述，将其简化为表 8.11。

表 8.11　水稻高温热害指标简化

高温热害等级	日平均气温层次	日最高气温层次	持续天数/d
1	1	1	3≤天数<5
2	1	1	5≤天数<8
	2	2	3≤天数<5
3	1	1	天数≥8
	2	2	5≤天数<8
4	2	2	天数≥8

表 8.11 中 1 层代表满足表 8.1 中 30 ℃≤T_{mean}<32 ℃或 35 ℃≤T_{max}<37 ℃；2 层代表满足表 8.1 中 T_{mean}≥32 ℃或 T_{max}≥37 ℃。下面结合表 8.1 和表 8.11 分析高温热害等级划分时可能出现的多种复杂情况：①前几天满足 1 层或 2 层，1 层或 2 层对应的时间尺度上达到受灾标准，中间间隔若干天均不满足 1 层或 2 层，之后若干天满足 1 层或 2 层且在对应时间尺度上受灾，此时这个像元出现 2 种热害等级。②前几天出现满足 1 层中间穿插着出现 2 层，但 2 层持续天数并未达到受灾标准，此时把 2 层降低到 1 层看待，联系前后 1 层根据热害指标确定热害等级；③连续 8 d 满足 2 层，之后几天满足 1 层，此时以 4 层记；④连续 1 层 4 d，后连续 2

层 4 d,此时看作 3 级热害。总之,热害等级的判断遵从先高后低的原则。

从上述多种情况中看出,一段时间的持续性高温,若持续时间较长,某地可能出现多次的某一等级热害,或 2 种甚至 3 种热害等级,但是在一张图像上不能同时表示受灾等级以及该等级受灾次数,也不能在同一像元上表示多种热害等级。为了能够优化和展示上述几种情况,决定用多幅图像表示监测和评估结果:第 1 幅,水稻高温热害受灾分布图,只要在这段时间内水稻处于抽穗开花期且发生过热害,不论受灾等级和受灾次数,就把该位置表示为受灾地点(图 8.25a);第 2 幅,最高等级水稻高温热害发生分布图,展示位置上所发生过的最高等级热害(图 8.25b);第 3 幅到第 6 幅,1、2、3、4 级热害发生次数分布图,分别展示 1、2、3、4 级热害受灾次数分布情况(图 8.25c,8.25d,8.25e,8.25f)。若连续高温出现时间较短,进行阶段监测和评估时高等级热害不会发生,则对不会发生的高等级热害发生次数图像进行省略。

对图中结果进行统计表明:8 月 5—12 日这个持续高温时段,图 8.25a 中,处于抽穗开花期并受灾的水稻面积为 79.15 万 hm^2,处于抽穗开花期但未受灾的水稻面积为 0.50 万 hm^2,而此时非抽穗开花期的水稻面积为 319.45 万 hm^2;图 8.25b 中,处于抽穗开花期最高受到 1 级热害的面积是 0.45 万 hm^2,最高受到 2 级热害的面积是 29.52 万 hm^2,最高受到 3 级热害的面积是 39.25 万 hm^2,最高受到 4 级热害的面积是 9.93 万 hm^2,处于抽穗开花期但未受灾的水稻面积为 0.50 万 hm^2,非抽穗开花期的水稻面积为 319.45 万 hm^2;图 8.25c 中,处于抽穗开花期受到 1 次 1 级热害的面积为 0.36 万 hm^2,受到 2 次 1 级热害的面积为 0.10 万 hm^2,处于抽穗开花期但未受到 1 级热害的面积为 79.19 万 hm^2;图 8.25d 中,处于抽穗开花期受到 1 次 2 级热害的面积是 29.52 万 hm^2,处于抽穗开花期但未受到 2 级热害的面积为 50.13 万 hm^2;图 8.25e 中处于抽穗开花期受到 1 次 3 级热害的面积是 39.25 万 hm^2,处于抽穗开花期但未受到 3 级热害的面积为 40.40 万 hm^2;图 8.25f 中处于抽穗开花期受到 1 次 4 级热害的面积是 9.93 万 hm^2,处于抽穗开花期但未受到 4 级热害的面积为 69.72 万 hm^2。另外,由于此次高温极高,受到 1 级热害的区域非常少,从而使图中 1 级热害分布位置不明显。

由于本节的研究内容是对水稻高温热害大范围监测和评估,研究内容较新,还处于初级阶段,尚无任何已有成果可供参考。此前对于受灾面积的统计,除了实地估算外很难得到较为准确的数据,且实地估算的受灾面积本身存在一定误差。为了检验模型的准确性,获得验证数据,查阅了大量文献和网站,并向相关部门了解灾情数据,但灾情数据极为有限。单宏业等(2014)对 2013 年淮安市水稻中后期高温热害进行调查分析,从他们的调查结果中得到 2013 年 8 月 6—17 日的 12 d 连续高温过程中共有 3.73 万 hm^2 水稻受灾。应用本模型对 8 月 6—17 日进行监测和评估,结果显示共有 4.09 万 hm^2 水稻受灾,本节研究结果略有偏高。

8.4.2 年度全研究区抽穗开花期水稻高温热害监测与评估

水稻高温热害的阶段监测与评估,虽然能够快速地提供高温发生时处于抽穗开花期水稻的大范围受灾情况,但不能提供这一监测时段不处于抽穗开花的水稻受灾状况。为了能够了解研究区域所有水稻在其各自抽穗开花期时所受高温热害的情况,开发了年度全研究区抽穗开花期水稻热害监测与评估模块。该模块可提供全研究区域所有水稻在其各自抽穗开花期时所受高温热害分布情况,各等级受灾次数分布情况,以及各等级受灾面积(年度法)。

具体方法如下:首先基于提取的水稻种植区域和水稻抽穗开花期数据,依据不同地点不同抽穗开花期时段,选择与当地抽穗开花期相对应的"卫星-插值"气温时间序列数据,再依据水

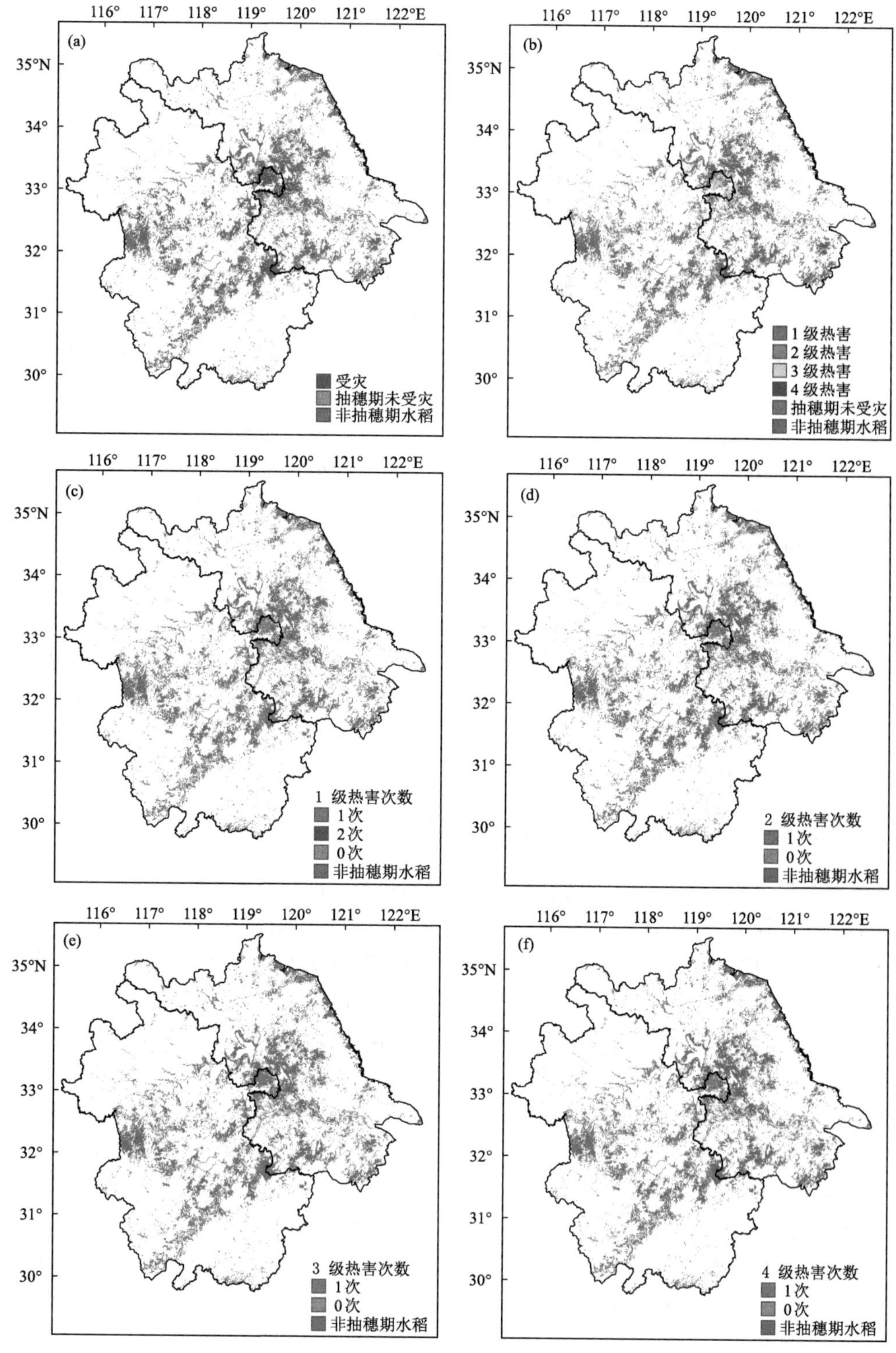

图 8.25　阶段法水稻高温热害受灾情况分布图和受灾次数分布统计(附彩图)

(a)水稻高温热害受灾分布；(b)最高等级水稻高温热害发生分布；(c)1 级热害受灾次数分布；(d)2 级热害受灾次数分布；(e)3 级热害受灾次数分布；(f)4 级热害受灾次数分布

稻高温热害指标对水稻热害进行判别，得到该像元的水稻热害监测评估结果。当将所有进入水稻抽穗开花期时段的对应像元全部进行监测和评估后，就可以生成整个研究区水稻高温热害综合监测及评估图。

与水稻高温热害的阶段监测与评估一样，全研究区水稻高温热害监测与评估模块采用6幅图像展示监测与评估结果：图8.26a，水稻高温热害受灾分布图，只要在抽穗开花期发生过热害，不论受灾等级和受灾次数，就把该位置表示为受灾地点；图8.26b，最高等级水稻高温热害发生分布图，展示位置上所发生过的最高等级热害；图8.26c，8.26d，8.28e，8.28f，1、2、3、4级热害发生次数分布图，分别展示1、2、3、4级热害受灾次数分布情况。

对图8.26中结果进行统计表明：全研究区抽穗开花期，图8.26a中，受灾面积为252.48万hm^2，未受灾面积为158.97万hm^2，受灾率达61.3%；图8.26b中，最高受到1级热害的面积为31.82万hm^2，最高受到2级热害的面积为129.18万hm^2，最高受到3级热害面积为72.76万hm^2，最高受到4级热害面积为18.72万hm^2，未受灾的面积为158.97万hm^2；图8.26c中，受到1次1级热害面积为37.83万hm^2，2次1级热害面积为2.66万hm2，未受到过1级热害面积为370.96万hm^2；图8.26d中，受到1次2级热害面积为128.68万hm^2，受到2次2级热害面积为0.50万hm^2，未受到过2级热害的面积为282.27万hm^2；图8.26e中，受到1次3级热害面积为72.76万hm^2，未受到过3级热害的面积为338.69万hm^2；图8.26f中，受到1次4级热害面积为18.72万hm^2，未受到过4级热害的面积为392.73万hm^2。

安徽省农业委员会在对2013年持续性极端高温天气背景下秋粮生产的调查中指出，全省约有120.00万hm^2不同程度地受到高温热害。本模型监测和评估结果的面积统计数据表明：2013年安徽省一季稻受灾面积是134.37万hm^2，早稻受灾面积是17.73万hm^2，与安徽省农业委员会的统计数据比相对偏差为11.98%。

8.4.3 水稻高温热害监测和评估模型误差分析

纵观整个模型的工作流程，从气温的反演，空间插值、水稻种植区域提取到水稻抽穗开花期确定都会产生误差，这些误差都直接影响模型最后的监测和评估。

(1)气温反演的精度对模型准确性的影响最为直接，高温热害的等级划分和判别需要以连续时间序列的气温数据为基础，气温反演精度直接影响了后续水稻高温热害等级和次数的识别精度。另外，当气温时间序列数据中某天的实际气温恰好处于指标边缘(假设满足指标)，而反演的气温偏差即便在误差允许的范围内，也可能会导致识别产生偏差。在指标边缘的气温一旦反演出错，可能使高温热害等级漏判、还可能使不同级别高温热害发生次数偏差，同时导致产生一种等级次数减少(或增加)，而另一种等级次数增加(或减少)的情况。这种指标边缘的误差目前还没有很好的解决办法。

(2)水稻种植区域提取的准确性对受灾面积的评估精度也起到了不可忽略的影响，受灾面积的提取以水稻像元为基础，在水稻像元上采用气温时间序列依据高温热害指标进行判别，因此，在混合像元严重的区域，导致水稻像元的误判或漏判，进而影响受灾面积估算的精度和受灾分布的空间匹配度。

(3)抽穗开花期的确定采用了8 d合成的MOD09A1数据，虽然该数据质量较好，定标和大气校正严格，便于后续的数据处理，但是数据时间分辨率被大大降低，进而导致水稻抽穗开花期的提取产生时间偏差。后续水稻高温热害监测和评估的气温时间序列截取需要依据抽穗

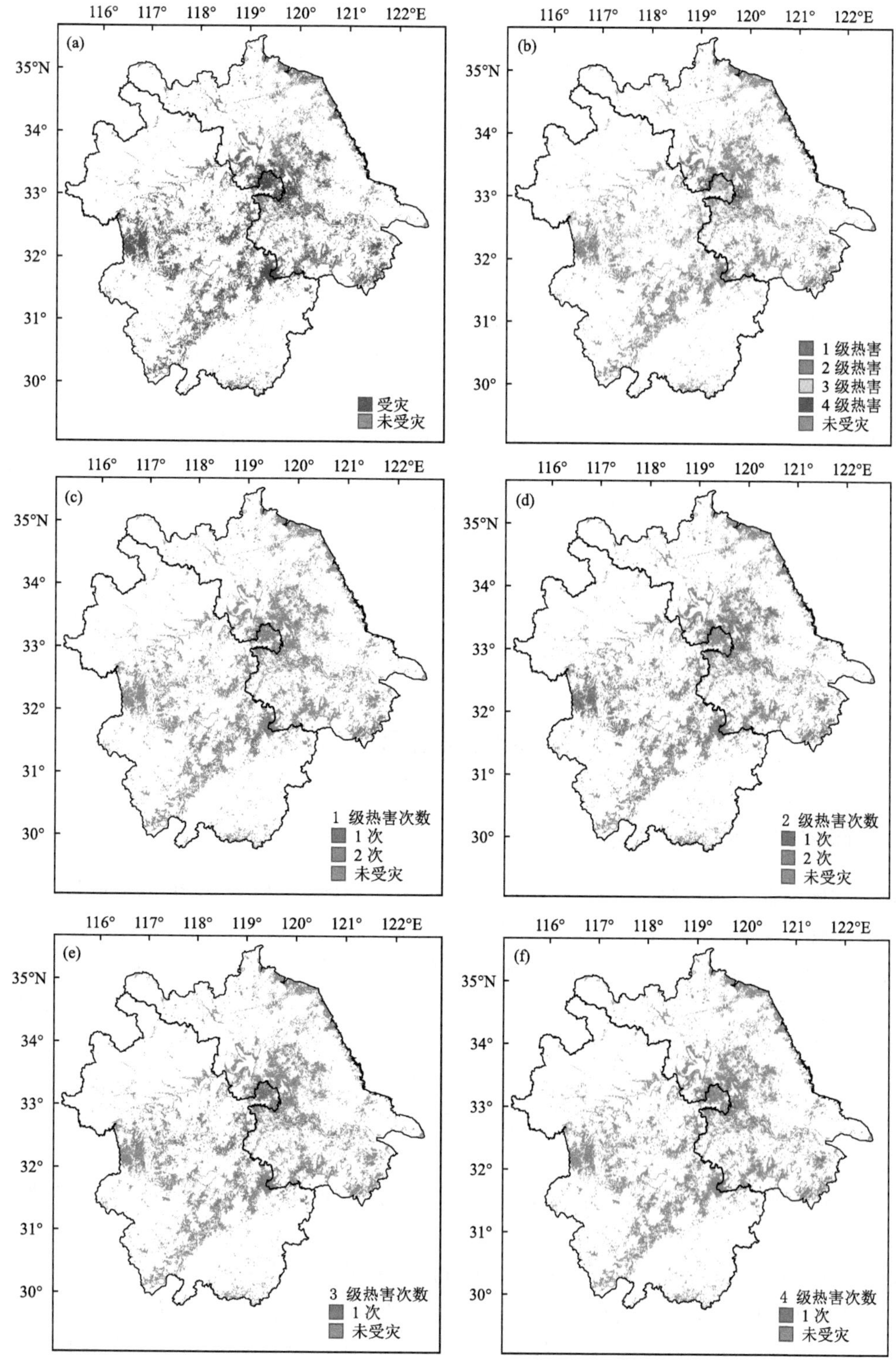

图 8.26　年度水稻高温热害受灾情况分布图和受灾次数统计图(附彩图)

(a)水稻高温热害受灾分布；(b)最高等级水稻高温热害发生分布；(c)1 级热害受灾次数分布；(d)2 级热害受灾次数分布；(e)3 级热害受灾次数分布；(f)4 级热害受灾次数分布

开花期而定，进而影响最终的监测和评估。

(4)水稻高温热害是一个复杂的过程，受到多种条件影响和制约，如当地的灌溉条件、水稻品种和施肥状况等。本节仅选取高温最敏感时期——抽穗开花期进行研究，而不少研究指出在其他发育阶段比如孕穗期、灌浆期也会受到高温的危害（丁四兵 等，2004；郑建初 等，2005；骆宗强，2016）。此外，模型并未考虑降水对高温热害发生的影响，实际上降水能够在一定程度上缓解高温热害的受灾程度，这在一定程度上影响了模型的精度。

8.4.4 小结

基于上述几节得到的气温时间序列数据、水稻种植区域数据和水稻抽穗开花期数据，结合水稻高温热害指标，对 2013 年江苏、安徽两省的水稻高温热害受灾状况进行监测和评估，得到结论如下：

(1)通过对 2013 年 8 月 5—12 日持续性高温时段应用任一时间段的抽穗开花期水稻高温热害监测与评估模块，所得结果表明：在这个时间段处于抽穗开花期并受灾的水稻面积为 79.15 万 hm^2，处于抽开花穗期但未受灾的水稻面积为 0.50 万 hm^2，而此时非抽穗开花期的水稻面积为 319.45 万 hm^2。

(2)对 2013 年年度全研究区抽穗开花期水稻高温热害监测与评估后表明：2013 年抽穗开花期高温使江苏、安徽两省共有 252.48 万 hm^2 水稻受灾，158.97 万 hm^2 未受灾，受灾率达 61.3%，与安徽农业委员会统计数据相比，相对偏差为 11.98%。

8.5 遥感信息和作物模型对水稻高温热害的监测和影响评估

8.5.1 研究内容和技术路线

为了准确地监测水稻高温热害和评估高温热害的影响，本研究选用波段丰富的 MODIS 数据作为遥感数据，我们首先将遥感数据应用于水稻种植区的提取，气温的反演以及对高温最敏感的抽穗开花期的识别中，然后利用遥感估算的气温结合高温热害指标进行水稻高温热害的监测，最后结合 ORYZA2000 作物模型模拟因高温热害受灾的水稻减产率来进行评估水稻高温热害影响。具体内容如下：

(1)用 MODIS 遥感数据提取安徽省的水稻种植区，并用水稻种植区上区域自动站气象数据与 MOD111A 和 MYD11A1 的每天两次 LST 数据进行逐步回归，从得到结果中选取最优的方程用于遥感估算气温。

(2)首先用遥感的方法提取对高温最敏感的抽穗开花期，再用抽穗开花期期间遥感估算气温是否连续 3 d 以上最高气温≥35 ℃或者平均气温≥30 ℃来定性地判断水稻受不受高温热害灾害，受灾的水稻结合高温热害等级指标来判断水稻的受害程度。

(3)用南京信息工程大学试验田的数据对 ORYZA2000 作物模型进行参数定标并进行精度检验，以定标好的参数作为基础，根据安徽省 12 个农业气象观测站的农气资料插值得到的安徽省 16 个代表站的资料，完成模型参数的调整。

(4)以 ORYZA2000 作物模型基于 2017 年各站点资料模拟受高温热害影响的单产，以遥感估算的最高气温替换站点最高温度资料模拟受高温热害影响的单产，比较两种方法模拟结果选出较好方法。

(5)利用2017年各站的气象数据和常年气象数据(用历史平均日最高气温代替发生高温热害的最高气温),基于上述精度较高的模型模拟方法,模拟2017年各站点因高温热害受灾的单产和常年单产,结合各地区水稻的水稻种植区面积计算2017年安徽全省各地因高温热害损失的产量并计算减产率,完成高温热害对水稻影响的定量评估。技术路线如图8.27。

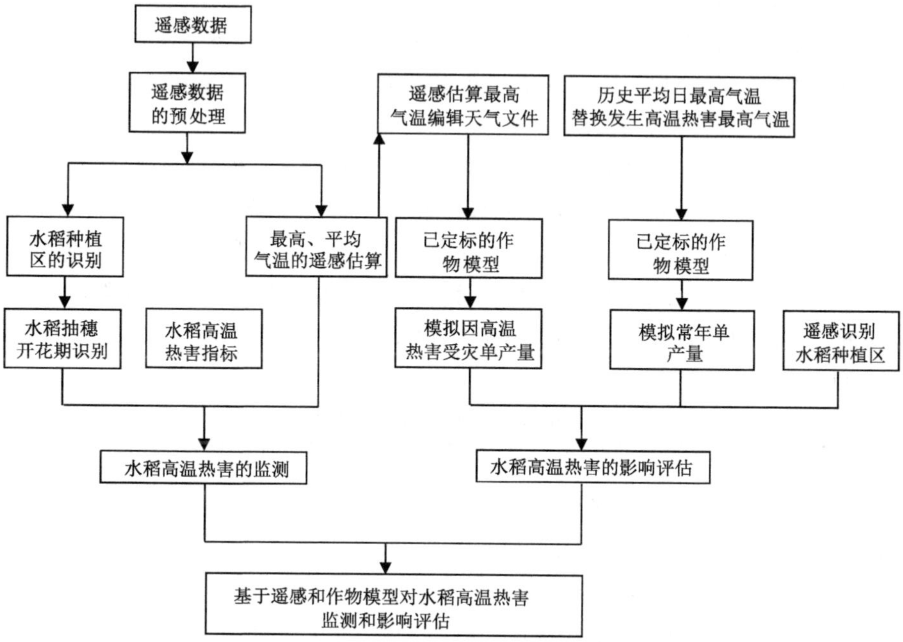

图8.27 基于遥感信息和作物模型对水稻高温热害监测及影响评估技术路线

8.5.2 ORYZA2000模型的定标

8.5.2.1 ORYZA2000模型适应性分析

(1)ORYZA2000模型的定标

ORYZA 2000水稻生长模型在运行之前需要气象文件、试验参数文件,作物参数文件和土壤参数文件,试验参数文件需要编辑模型模拟方式(潜在生长模型、水分平衡模型和氮素平衡模型),水稻种植管理(直播稻、移栽稻),田间管理情况(水稻出苗时间、种植密度等);作物参数文件中需要编辑发育阶段发育速度常数,相对叶面积生长速率、干物质分配系数、茎干存留系和比叶面积数据,可以通过调试模型自带的DRATE和PARAM两个程序获得;气象文件中有逐日辐射量、最高气温、最低气温、水汽压、平均风速和降水量数据,上述用来驱动模型的气象文件有一定的格式要求:第一行为观测气象数据地点的海拔高度、经度和纬度,第二行开始为站号、年份、日序、辐射量、最高气温、最低气温、水汽压、平均风速和降水量;土壤文件包括所有土壤特性和运行土壤模块所需的其他数据,ORYZA2000中所有土壤模块都需要土壤持水力曲线和土壤导水曲线与水稻相关的数据,本研究为潜在生长条件进行模拟的,所以土壤参数文件可以采用默认值。水稻生长模型ORAZY2000是国外来的模型,在运用前进行模型参数本地化调整以及可靠性检验,并通了过可靠性检验才能运用到研究区的研究。模型的本地化是通过农田试验数据调试输入到作物参数文件中的生育期参数和其他生长参数，并且多次调试使得调试过后的模型模拟试验区的产量与实际产量的差值最小，从而得到本地化模型。

用于调试模型的不同生育阶段(包括播种、出苗、移栽(若为移栽稻)、幼穗分化、抽穗中期、成熟期)农田试验数据，按日数整理并输入试验参数文件，并用模型自带的计算生育期参数的程序 DRATES 去计算不同发育阶段发育速度常数(包括 DVRJ、DVRI、DVRP、DVRR)。接下来把计算好的不同发育阶段发育速度常数输入到作物参数文件，并把水稻茎、绿叶、枯叶、穗、地上部分总生物量以及叶面积指数按日序进行整理输入到试验参数文件，结合模型自带计算其他生长参数的程序 PARAMS 计算并得到相对叶面积生长速率、干物质分配系数、相对叶片死亡系数、比叶面积系数以及茎秆存留系数。

本节利用南京信息工程大学农试站 2013 年两优陪九第 3(130 d)、4(140 d)播期的数据对模型进行定标，用第 5(151 d)播期对模型进行可靠性检验。用于定标和可靠性检验的数据有：水稻生育期的数据，每 8 d 一次(根据实际情况有所变动)、一次重复三次的生物量数据(包括茎重、绿叶重、枯叶重、穗重、地上总生物量以及叶面积指数)，田间管理记录等。用上述的数据结合模型自带的 DRATES、PARAMS 程序得出以下各生育期发育参数(表 8.12)和其他有关参数(表 8.13)。

表 8.12 各生育期发育参数

参数	定义	单位	值
DVRJ	基本营养阶段发育速率	℃·d^{-1}	0.000605
DVRI	光敏感阶段发育速率	℃·d^{-1}	0.000758
DVRP	穗形成阶段的发育速率	℃·d^{-1}	0.000765
DVRR	籽粒灌浆阶段的发育速率	℃·d^{-1}	0.001276

表 8.13 其他生长参数

干物质分配系数				比叶面积系数		相对叶片死亡系数	
发育期	茎	叶	穗	发育期	系数	发育期	系数
0.00	0.48	0.52	0	0	0.00709	0	0
0.25	0.48	0.52	0	0.3	0.00362	0.6	0
0.50	0.42	0.47	0.11	0.8	0.00253	1.0	0
0.75	0.32	0.35	0.33	1.0	0.00245	2.0	0.028
1.00	0.21	0.16	0.63	1.2	0.00242	2.5	0.037
1.25	0.06	0.09	0.85	1.7	0.00240		
1.60	0	0	1.00	2.0	0.00240		
2.00	0	0	1.00	2.5	0.00240		
相对叶面积生长速率		0.023			茎干存留系数	0.194	

(2)模型的可靠性检验

用上述得到的模型定标参数运行 ORYZA2000 模型，模拟出试验站的 LAI、叶、茎、穗各个植物器官生物量(结果在 op.dat、res.dat 文件中)，并与观测站实际观测值进行对比，如图 8.28～图 8.32 所示。

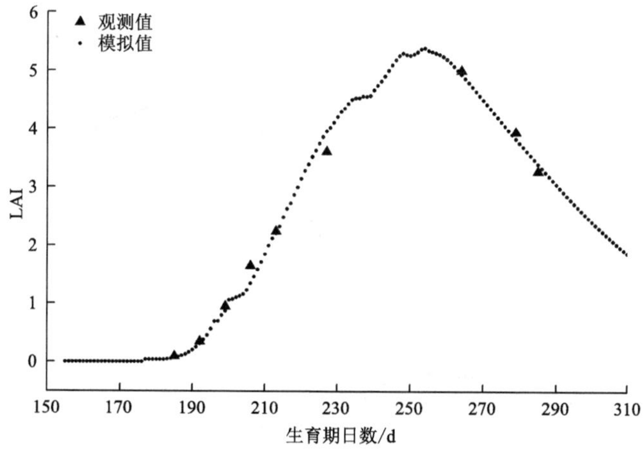

图 8.28　试验站 LAI 观测值和模拟值

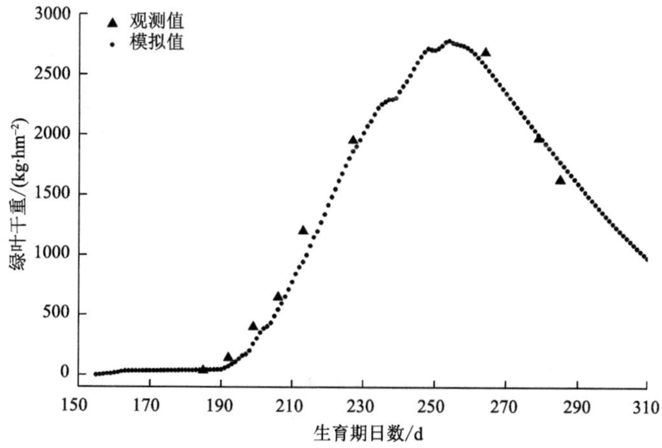

图 8.29　试验区内绿叶干重观测值和模拟值

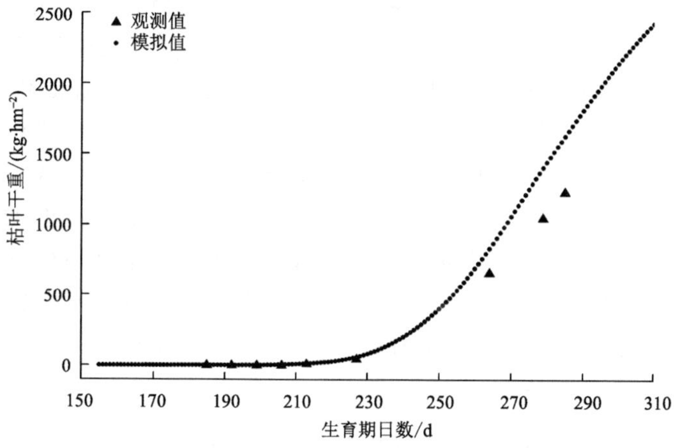

图 8.30　试验区内枯叶干重观测值和模拟值

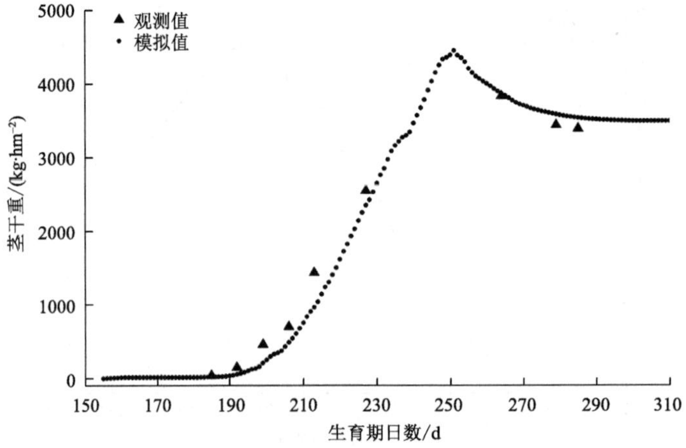

图 8.31　试验区内茎干重观测值和模拟值

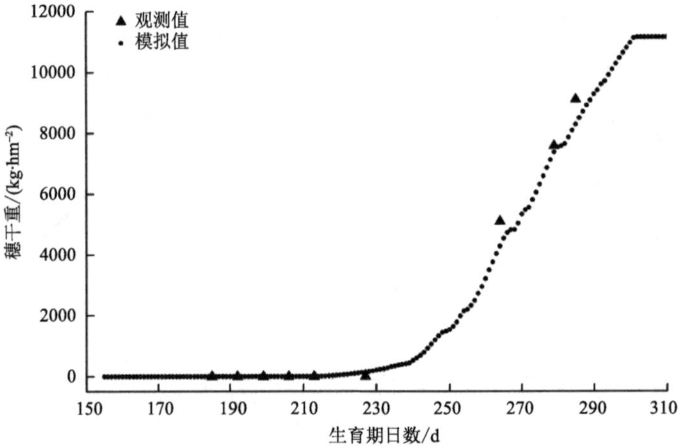

图 8.32　试验区内穗干重观测值和模拟值

试验站 LAI、叶、茎、穗生物量的观测值与 ORYZA2000 模拟出来的模拟值对比发现，移栽前 LAI、各植物器官的生物量比较小，而且变化不大，移栽后植株从根部吸收水分和矿物质等营养成分使得 LAI、茎、绿叶的生物量迅速增加并达到最大，随后随着植株体内的养分转移到籽粒当中，使得穗和枯叶的生物量增加、同时 LAI、茎、绿叶的生物量逐渐减小。整体上看，叶、茎、穗生物量和 LAI 模拟效果较好，为了进一步检验模型的精度，我们计算均方根误差(RMSE)和平均绝对误差(MAE)，分别计算 LAI、绿叶、枯叶、茎、穗的生物量模拟值的 RMSE、MAE 得到下表 8.14，从表中可以看出 LAI、各个植物器官的生物量模拟情况，其中 LAI 模拟效果最好，RMSE 和 MAE 分别为 0.61 和 0.46，而茎的模拟较差一些，RMSE 和 MAE 分别为 1154.53 和 787.48，整体上看各项目的模拟效果较好。

8.5.2.2　对安徽省各地级市的定标

由于试验经费、试验条件等原因，没有在安徽省内广泛开展水稻田间试验，然而由于江苏南京和安徽省同处于长江中下游并接壤，具有相类似的耕种制度、种植条件、水稻田间管理方式，

表 8.14　LAI、叶、茎、穗干重的观测值和模拟值统计指标

名称	RMSE	MAE	样本数/个
LAI	0.61	0.46	9
绿叶干重	220.18	169.03	9
枯叶干重	197.25	131.25	9
茎干重	1154.53	787.48	9
穗干重	836.70	445.12	9

而且安徽省当地气象部门的农业气象观测站对当地水稻进行作物数据的观测和统计，所以我们用上述田间试验定标的参数为蓝本，结合安徽省各地区的农业气象观测站的观测数据，对安徽省各站点进行生育期参数的定标。

由于安徽省只有 12 个观测水稻生育期的农业气象站，而且其站点分布（图 8.33）比较集中在安徽中部地区，安徽省南部、北部站点分布较少，所以我们先用局部多项式插值法将安徽省 12 个农业气象站生育期数据（播种期、出苗期、移栽期、幼穗分化期、成熟期）插值到整个安徽省区域，并用 ArcGIS 中的自然断点法将各生育期分成 7 个区间并展示，得到安徽省水稻各生育期差值结果图 8.34。

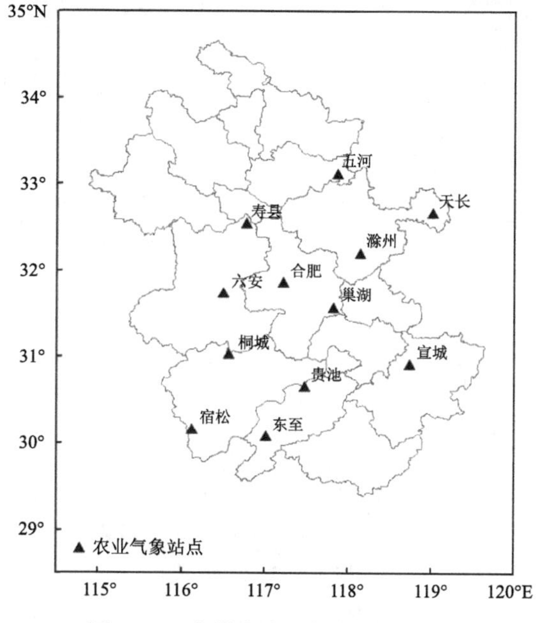

图 8.33　安徽省农业气象站点分布

从上面图中可以看出，安徽省水稻各生育期的空间分布都表现出安徽省南部早、北部晚，并且各水稻生育期的日数从安徽省西南部向安徽省北部逐渐变大的趋势。我们选取 16 个站点代表安徽省 16 个地级市各市区域内作物生长发育状况，然后用这几个站点的经纬度信息从安徽省水稻各生育期的差值结果中提取各站点的播种期、出苗期、移栽期、幼穗分化期、成熟期的日序，再根据各站点的经纬度信息从遥感识别的抽穗开花期结果中提取抽穗开花期，一起整理得表 8.15。

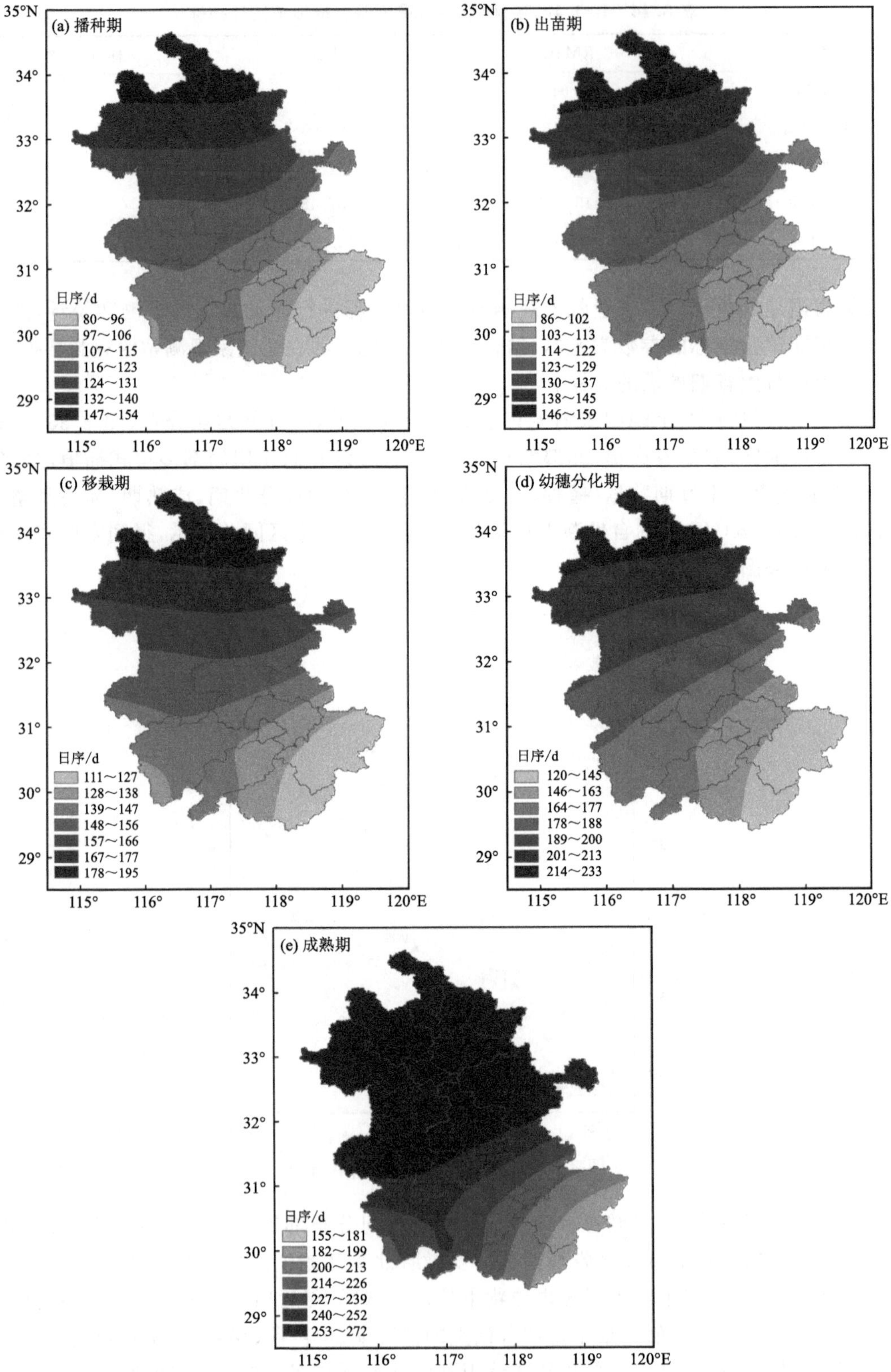

图 8.34　安徽省各水稻生育期的差值结果

表 8.15 安徽省 16 个站点的生育期情况

代表地区	站名	播种期 /d	出苗期 /d	移栽期 /d	幼穗分化期 /d	抽穗期 /d	成熟期 /d
阜阳市	颍上站	129	136	164	199	241	281
亳州市	亳州站	144	151	182	221	263	307
淮北市	淮北站	146	151	185	220	259	304
宿州市	萧县站	148	152	189	223	262	307
蚌埠市	五河站	137	139	174	205	237	278
淮南市	淮南站	129	135	165	195	237	276
六安市	六安站	112	118	140	182	222	261
合肥市	合肥站	126	130	158	183	225	265
滁州市	天长站	104	110	155	177	221	273
马鞍山市	马鞍山站	109	114	144	163	203	239
芜湖市	芜湖站	105	110	138	157	196	230
铜陵市	铜陵站	107	112	138	161	199	231
池州市	贵池站	88	92	116	141	174	203
安庆市	宿松站	95	108	124	167	177	201
黄山市	黄山站	96	102	126	145	182	209
宣城市	宣城站	91	97	121	135	170	199

我们利用南京信息工程大学试验站数据得到的作物参数数据作为基础，以上述选取的安徽省各站的气象数据结合上述得到 16 个站点的生育期数据驱动 ORYZA2000 作物模型，模拟安徽省各地级市的不同发育阶段发育速度常数(表 8.16)，结果在参数定标程序 DRATES 中。

表 8.16 安徽省各站各生育期发育参数的定标

地区	站点	DVRJ/(℃ · d^{-1})	DVRI/(℃ · d^{-1})	DVRP/(℃ · d^{-1})	DVRR/(℃ · d^{-1})
阜阳市	颍上站	0.000871	0.000758	0.001427	0.001823
亳州市	亳州站	0.000743	0.000758	0.001499	0.001962
淮北市	淮北站	0.000632	0.000758	0.000996	0.002048
宿州市	萧县站	0.000686	0.000758	0.001376	0.001811
蚌埠市	五河站	0.000819	0.000758	0.001332	0.001695
淮南市	淮南站	0.000831	0.000758	0.001274	0.001667
六安市	六安站	0.000710	0.000758	0.000938	0.001522
合肥市	合肥站	0.000874	0.000758	0.001034	0.001686
滁州市	天长站	0.000770	0.000758	0.000908	0.001164
马鞍山市	马鞍山站	0.000735	0.000758	0.000840	0.001486
芜湖市	芜湖站	0.000798	0.000758	0.000706	0.001258
铜陵市	铜陵站	0.000851	0.000758	0.001583	0.001643
池州市	贵池站	0.008840	0.000758	0.001653	0.001948
安庆市	宿松站	0.000895	0.000758	0.001511	0.002304
黄山市	黄山站	0.000851	0.000758	0.001284	0.001643
宣城市	宣城站	0.000580	0.000758	0.000600	0.001998

8.5.3 模拟各站点的单位面积产量

模型模拟水稻产量需要试验文件、作物文件、土壤文件和气象文件，本研究运用的是潜在生长模拟，所以不需要更改土壤文件，用默认的土壤文件即可。我们获取各站点的气象文件中的最高气温的方法有两种，一是可以用常规气象站的最高气温的记录来获得，二是可以通过我们第 3 章遥感估算最高气温分布图中获得。我们先后用这两种数据源获得最高气温与其他数据一起编辑气象文件，再结合其他参数文件驱动作物模型模拟各站点的单位面积产量，并进行两种方法精度对比。

8.5.3.1 ORYZA2000 模型模拟水稻单位面积产量

首先用各站点的播种期、出苗期、移栽期、幼穗分化期、成熟期等生育期和田间管理数据编辑试验文件、其次用上述已定标的各站点的各生育期发育参数编辑作物文件，再次，用气象站的最高气温、最低气温、辐射量、水汽压、平均风速、降雨量数据编辑气象文件，最后，用已经编辑好的试验文件、作物文件在气象文件的驱动下完成 ORYZA2000 作物模型对各地区水稻单位产量的模拟，并得到模拟结果表 8.16。

为了检验模型模拟的精度，各地区的模拟值与安徽省统计年鉴值进行对比(表 8.17)，我们从表中的统计结果可以看出，各地区误差在 3.01%～13.32%之间，平均误差为 7.43%，其中模型在阜阳、淮南、铜陵、宣城等地的模拟效果较差，误差分别为 11.18%、12.62%、12.95%、13.32%。

表 8.17 模型模拟水稻值与实际值对比

地级市	气象站点	实际水稻产量 /(kg · hm^{-2})	模型模拟水稻产量 /(kg · hm^{-2})	误差 /%
阜阳市	颍上站	6338.9	7047.4	11.18
亳州市	亳州站	6169.7	6456.5	4.65
淮北市	淮北站	8188.2	8434.9	3.01
宿州市	萧县站	7551.9	7899.4	4.60
蚌埠市	五河站	6494.3	6759.0	4.08
淮南市	淮南站	7884.7	8879.4	12.62
六安市	六安站	6227.4	5227.4	6.69
合肥市	合肥站	7414.0	8414.0	5.79
滁州市	天长站	6493.2	5966.5	8.11
马鞍山市	马鞍山站	7508.4	7024.1	6.45
芜湖市	芜湖站	7118.0	6455.4	9.31
铜陵市	铜陵站	5613.0	6340.0	12.95
池州市	贵池站	6521.5	6496.5	5.95
安庆市	宿松站	6675.8	6655.8	3.30
黄山市	黄山站	7255.0	7750.6	6.83
宣城市	宣城站	6314.8	7155.8	13.32

8.5.3.2 遥感信息结合 ORYZA2000 模拟各站点水稻单位面积产量

我们选用研究时段(2017 年 7 月 1 日—9 月 15 日)内的遥感反演最高气温作为纽带,遥感信息结合水稻作物模型进行单位面积产量模拟,具体的做法如下:我们用各站点的经纬度信息从遥感估算最高气温数据的影像中提取各站点研究时段内的日最高气温序列数据,一年中其余日期的最高气温由站点记录的日最高气温数据补齐,结合各站点的每日最低气温数据、辐射量、水汽压、平均风速、降雨量编辑气象文件,其他文件的编辑跟上一节编辑方法一样,我们用已经编辑好的试验文件、作物文件在气象文件的驱动下完成遥感信息结合 ORYZA 2000 模型对各地区水稻单位面积产量进行模拟,得到遥感信息结合作物模型模拟结果表 8.18。

为了检验遥感信息结合模型模拟结果的精度,各地区的模拟值与安徽省统计年鉴的值进行对比,如表 8.18 所示,我们从表中可以看出,各地区单位面积的模拟产量都高于实际统计产量,这是由于本研究运用的遥感信息结合模型模拟是在潜在生长条件下完成的,未考虑氮肥、水分、病虫害以及倒伏等影响等的造成水稻的减产,从而导致模拟产量比实际产量较高。各个地区的误差大小不一,误差分布在 0.74%～12.94%之间,平均误差 4.89%,其中除了模拟误差最大的铜陵市以外其余地区的误差都小于 10%,模拟达到了较好的效果。

表 8.18 模型和遥感信息结合模型模拟水稻单位面积产量统计

地级市	气象站点	实际水稻产量 /($kg \cdot hm^{-2}$)	遥感信息结合模型模拟水稻产量 /($kg \cdot hm^{-2}$)	误差 /%
阜阳市	颍上站	6338.9	6649.2	4.90
亳州市	亳州站	6169.7	6350.7	2.93
淮北市	淮北站	8188.2	8375.1	2.28
宿州市	萧县站	7551.9	7872.4	4.24
蚌埠市	五河站	6494.3	6698.3	3.14
淮南市	淮南站	7884.7	8314.0	5.44
六安市	六安站	6227.4	6839.1	2.48
合肥市	合肥站	7414.0	7288.2	3.99
滁州市	天长站	6493.2	6977.2	7.45
马鞍山市	马鞍山站	7508.4	7564.1	0.74
芜湖市	芜湖站	7118.0	7434.8	4.45
铜陵市	铜陵站	5613.0	6339.3	12.94
池州市	贵池站	6521.5	6499.6	5.59
安庆市	宿松站	6675.8	6662.8	3.10
黄山市	黄山站	7255.0	7670.7	5.73
宣城市	宣城站	6314.8	6968.5	8.77

8.5.3.3 两种模拟方法的精度对比

从遥感信息结合模型模拟和上一节的模型单独模拟结果看,遥感信息结合模型模拟水稻产量比模型单独模拟各个地区的水稻产量误差小,16 个地区平均误差减小 2.54%,其中淮安、阜阳的模型误差分别减小 7.17%、6.28%,所以遥感信息结合模型比模型单独对安徽省水稻各地区单位面积产量的模拟效果更好。

为了进一步判断遥感信息结合模型模拟和模型单独模拟结果优劣，做遥感信息结合模型和模型单独模拟水稻单位面积产量与实际值的 1∶1 图。我们从图中可以看出，除了四个地区的模型模拟产量被低估以外，其他地区的模型模拟值都大于实际值。模型单独模拟值中有几个点模拟值和实际值有较大的差距，模拟效果不佳；相比于模型模拟值，遥感信息结合模型模拟值分布在 1∶1 线附近，与实际值的差距不大，而且模拟产量比实际产量有略微的高估，我们再计算决定系数(R^2)发现，模型单独模拟水稻产量的决定系数为 0.621，遥感结合模型模拟水稻产量的决定系数为 0.994，后者决定系数更接近 1。综上可知，遥感信息结合模型模拟水稻产量比直接用模型模拟更接近真实值，同时也解决了单独用模型模拟水稻单产量精度低的问题，本节后续的研究中用遥感信息结合模型来评估水稻高温热害的影响。

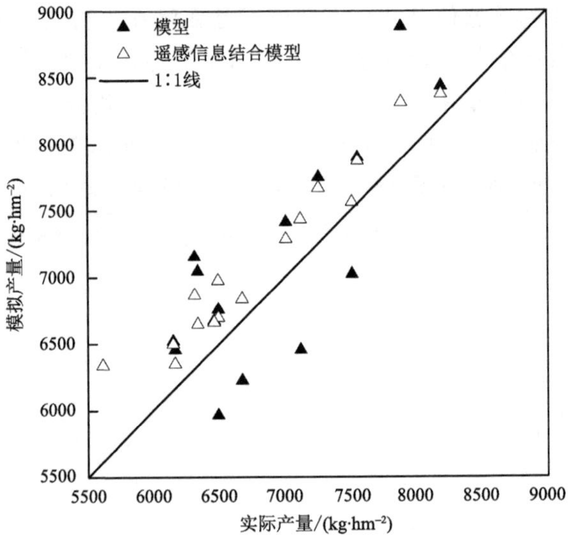

图 8.35　遥感信息结合模型和模型单独模拟值与实际值的 1∶1 图

8.5.4　水稻高温热害对产量的影响评估

我们用研究时段内(2017 年 7 月 1 日—9 月 15 日)遥感反演出来的最高气温作为纽带，遥感信息结合和作物模型来评估水稻高温热害的影响，具体的做法为：先用上一节遥感信息结合模型模拟各站点因高温热害受灾的单位面积产量，结合第 3 章获取的水稻种植区来整理各地区早稻、一季稻的因高温热害受灾的产量，从而实现区域上的早稻、一季稻水稻产量模拟；再用最高气温的历史数据(1981—2016 年)计算出日最高气温的平均值去代替研究时段内水稻抽穗开花期发生高温热害的(遥感估算最高气温连续 3 d 最高气温大于等于 35 ℃)日最高气温并编辑到气象文件，结合各地区作物文件、试验文件驱动作物模型模拟单位面积常年产量，根据各地区水稻种植面积来整理各地区早稻、一季稻常年产量；最后用遥感信息结合作物模型模拟出来得早稻、一季稻因高温热害受灾的产量和常年产量的差值除以早稻、一季稻常年产量得出各地区因高温热害受灾的减产率。

我们用上述步骤整理出安徽省早、一季稻到因高温热害受灾的产量和常年产量，如表 8.19，从表中可以看出，无论是因高温热害受灾的产量还是常年产量的高值区都落在滁州、合肥、六安为首的安徽省长江和淮河中间区域，而低值区主要落在亳州、淮北、宿州为首的安徽省淮河以北的区域，这与各地区的气候条件、自然因素、种植制度等有关，长江和淮河中间区域气候条件湿热，而且由于靠近长江和淮河有充足的水分供应，从而有大范围的水稻种植和生产，而淮河以北的区域由于气候条件、水分供应、种植制度等的限制没有大范围水稻种植和生产。

表 8.19　遥感信息结合模型模拟产量统计

地区	模拟受灾年的产量/($\times10^7$kg)	模拟常年产量/($\times10^7$kg)	地区	模拟受灾年的产量/($\times10^7$kg)	模拟常年产量/($\times10^7$kg)
阜阳	490.71	499.68	滁州	2400.85	2514.61
亳州	25.34	25.52	马鞍山	835.83	888.15
淮北	1.59	1.6	芜湖	1115.22	1216.73
宿州	63.37	63.97	铜陵	428.54	438.78
蚌埠	693.27	698.81	池州	1026.29	1058.15
淮南	1573.84	1581.36	安庆	1521.12	1635.27
六安	2397.79	2810.87	黄山	286.88	290.18
合肥	2050.17	2143.59	宣城	880.54	920.01

用上述第 3 步骤计算出各地区因高温热害受灾的减产率，再结合 ArcGIS 软件将其整理到安徽省地图上，得到安徽省遥感信息结合作物模型对水稻高温热害的影响评估图。

从图 8.36 可以看出，安徽省水稻减产率高值区落在六安、芜湖、安庆、马鞍山等地，减产率分别为 14.70%、8.34%、6.98%、5.89%，而低值区主要落在淮南、淮河、亳州、蚌埠、宿州等地，减产率分别为 0.48%、0.50%、0.72%、0.79%、0.94%，可见，安徽省水稻减产率分布在 0.48%～14.70%之间，并且整个安徽省的减产率平均为 3.80%。

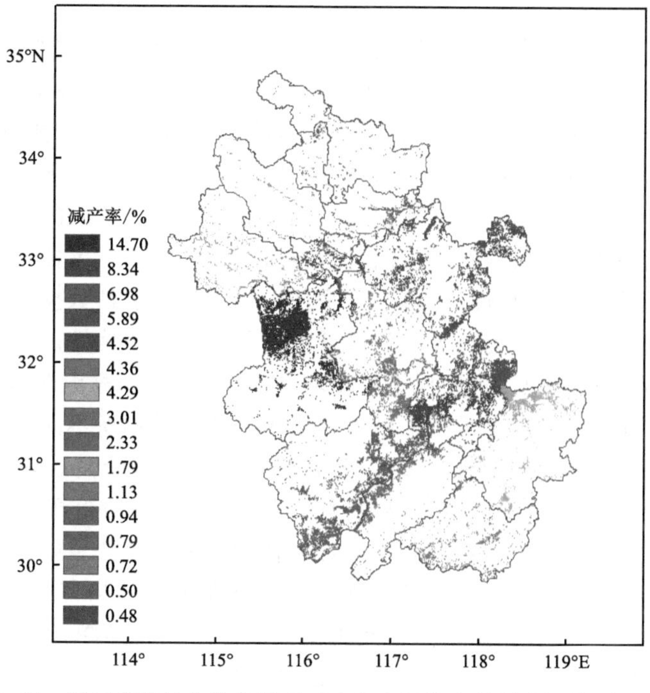

图 8.36　遥感信息结合作物模型对水稻高温热害的影响评估(附彩图)

8.6　结论

8.6.1　主要结论

本节以 MODIS 产品为数据，通过波段运算提取 NDVI、EVI、LSWI 等植被指数，并采用 S-G 滤波法、HANTS 滤波法重构时序植被指数，根据重构的植被指数进行水稻种植区域提取和水稻抽穗开花期确定。然后根据 MODIS 陆地表面温度产品反演逐日平均气温和逐日最高气温，对于云覆盖区域则采用自动气象站点实测气温空间插值进行补充，组成“卫星－插值”气温时间序列。最后依据上述数据，结合水稻高温热害指标，分别用阶段法和全年评估法对江苏、安徽两省的早稻和一季稻进行高温热害的等级划分、受灾次数统计、受灾面积估算等工作，完成水稻高温热害的监测与评估。主要成果分为以下几个方面：

(1)在气温反演中，最高气温和平均气温的反演都分别采用了两种不同的方法，最高气温 TVX 法的 RMSE 为 3.5 ℃，MAE 为 2.8 ℃，多元回归法的 RMSE 为 2.1 ℃，MAE 为 1.4 ℃；平均气温 DTVX 法的 RMSE 为 2.1 ℃，MAE 为 1.5 ℃，多元回归法的 RMSE 为 1.7 ℃，MAE 为 1.1 ℃。相比而言，多元回归法的反演精度都明显优于其他方法，这与参与回归建模的点数量足够多有关。

(2)在水稻种植区域识别中，采用 Xiao 等(2005)提出的时序识别法，对江苏、安徽两省的早稻和一季稻进行识别提取。结果表明，通过 MODIS 提取的江苏省一季稻面积为 211.22 万 hm^2；淮安市一季稻面积为 30.50 万 hm^2；安徽省早稻与一季稻面积共为 203.04 万 hm^2，与下一年出版的统计年鉴相比，相对偏差分别为 17.0%；3.7%；3.3%，江苏、安徽两省整体偏差为 8.2%。

(3)在最终的水稻高温热害监测和评估中，本研究开发了任一时间段的水稻高温热害监测与评估(阶段法)以及年度全研究区抽穗开花期水稻高温热害监测与评估(年度法)，并在江苏、安徽 2013 年高温天气过程中应用。应用结果表明，阶段法和年度法均能较好地监测和评估江苏、安徽 2013 年水稻高温热害的发生情况，在空间区域上给予直观的展示。

(4)基于卫星遥感结合地面气象站数据对水稻高温热害开展监测的方法，有诸多优势。与单一的采用卫星数据来监测水稻高温热害相比，本研究弥补了由于云覆盖导致的数据缺测，提高了整个空间上进行监测的可行性；与单一的采用地面常规气象站数据相比，利用卫星遥感数据可以提供较好的空间异质性，提高了空间区域上的气温反演准确性。并且，利用卫星遥感数据可对水稻种植区域和水稻的发育进程进行提取和判断，对水稻高温热害的发生发展的监测和评估更直观和更具针对性，这也是只采用地面常规气象站数据所不能做到的。

(5)以 ORYZA2000 作物模型基于 2017 年各站点资料模拟受高温热害影响的单产，以遥感估算的最高气温替换站点最高温度资料模拟受高温热害影响的单产，基于统计资料对两种方法模拟的精度进行比较发现，遥感最高气温代入作物模型的方法更好。利用 2017 年各站的气象数据和常年气象数据(用历史平均日最高气温代替发生高温热害的最高气温)，基于遥感结合模型方法，模拟 2017 年各站点因高温热害受灾的单产和常年单产，结合各地区水稻的水稻种植区面积计算 2017 年安徽全省各地因高温热害损失的产量并计算减产率，整理形成安徽省 2017 年高温热害影响评估图，完成高温热害对水稻影响的定量评估。结果显示，安徽省水稻减产率为3.80%,减产率高值区落在六安、芜湖、安庆、马鞍山等地,其中六安减产率最高,为14.70%;而低值区主要落在淮南、淮河、亳州、蚌埠、宿州等地,淮南减产率最低,为0.03%,与统计年鉴的情况比较接近。

8.6.2 存在问题与展望

(1)利用MOD/MYD11A1数据产品反演逐日最高气温和平均气温中,MODIS数据空间分辨率较低,混合像元较为严重,降低了反演精度;另外,气温反演算法目前还没有可靠、简便易操作的算法,在对多种算法加以比对后发现精度相差不大。

(2)利用时序植被指数提取水稻种植区域和抽穗开花期识别中,MOD09A1产品是8 d合成的MODIS产品,时间分辨率较低;另外,由于云覆盖和空间分辨率较低的原因,混合像元较为严重。在后续研究中可以尝试应用逐日的MODIS反射率数据,以提高时间分辨率,提高抽穗开花期识别的准确度;尝试混合像元分解,构建水稻种植丰度图,以便提高水稻种植区域提取和面积估算的准确度。

(3)水稻高温热害的监测和评估模型以气温反演和水稻种植区域提取为基础,因此他们的误差都直接导致了模型监测和评估产生误差。水稻高温热害本身是一个复杂的过程,受到当地的降水、灌溉条件、水稻品种和施肥状况等因素影响,本节仅选取高温最敏感时期——抽穗开花期进行研究,而不少研究指出,在其他发育阶段比如孕穗期、灌浆期也会受到高温的危害。后期将尝试在模型中加入其他对高温敏感的发育阶段,加入更多影响高温热害发生的因素,相信模型的精度会进一步提高。以后还可考虑将监测评估模型与作物模型相耦合,讨论水稻高温热害成灾情况。

(4)随着遥感技术的不断发展,卫星的空间分辨率和时间分辨率都在进一步提高,模型的数据源更为精确。同时,众多专家学者对气温反演、水稻种植区域提取等方面运用的算法也在不断开发和完善,以后只要将更成熟、稳定、精度良好的算法模块代入模型中,模型的监测和评估精度会进一步提高。

(5)遥感结合作物模型的方法具有更好的机理,但是对数据的要求也更高,受到试验数据和地面具体基础数据如各网格点的气象数据、土壤数据、作物管理数据等的限制,其精度受到一定程度的影响,这也需要今后加以改进。

参考文献

安徽省统计局,2014. 安徽统计年鉴[M]. 北京:中国统计出版社.

包云轩,刘维,高苹,等,2012. 气候变暖背景下江苏省水稻热害发生规律及其对产量的影响[J]. 中国农业气象,33(2):289-296.

陈畅,2014. 水稻生殖生长期不同时段高温对产量和稻米品质影响的研究[D]. 武汉:华中农业大学.

陈升孛,刘安国,张亚杰,等,2013. 气候变化背景下湖北省水稻高温热害变化规律研究[J]. 气象与减灾研究,36(2):51-56.

丁四兵,朱碧岩,吴冬云,等,2004. 温光对水稻抽穗后剑叶衰老和籽粒灌浆的影响[J]. 华南师范大学学报(自然科学版)(1):117-121,128.

侯英雨,张佳华,延昊,等,2010. 利用卫星遥感资料估算区域尺度空气温度[J]. 气象,36(4):75-79.

黄振国,陈仲新,刘芳清,等,2013. 利用SPOT5影像提取水稻种植面积的研究——以湖南株洲市区为例[J]. 湖南农业大学学报:自然科学版,39(2):137-140.

江苏省统计局，2014. 江苏统计年鉴[M]. 北京：中国统计出版社.
金志凤，杨太明，李仁忠，等，2009. 浙江省高温热害发生规律及其对早稻产量的影响[J]. 中国农业气象，30(4)：628-631.
李友信，2015. 长江中下游地区水稻高温热害分布规律研究[D]. 武汉：华中农业大学.
刘伟昌，张雪芬，余卫东，等，2009. 长江中下游水稻高温热害时空分布规律研究[J]. 安徽农业科学，37(14)：6454-6457.
骆宗强，石春林，江敏，等，2016. 孕穗期高温对水稻物质分配及产量结构的影响[J]. 中国农业气象，37(3)：326-334.
孟林，王春乙，任义方，等，2015. 长江中下游一季稻高温热害危险性特征及其对气候变化的响应[J]. 自然灾害学报(6)：80-89.
齐述华，王军邦，张庆员，等，2005. 利用 MODIS 遥感影像获取近地层气温的方法研究[J]. 遥感学报，9(5)：570-575.
齐述华，骆成凤，王长耀，等，2006. 气温与陆地表面温度和光谱植被指关系的研究[J]. 遥感技术与应用，21(2)：130-136.
沙修竹，2015. 长江中下游地区一季稻高温热害风险评估与区划[D]. 南京：南京信息工程大学.
单宏业，黄在进，王金城，2014. 2013 年淮安市水稻中后期高温热害调查分析[J]. 现代农业科技(6)：93-93.
孙灏，陈云浩，孙洪泉，2012. 典型农业干旱遥感监测指数的比较及分类体系[J]. 农业工程学报，28(14)：147-154.
孙华生，2009. 利用多时相 MODIS 数据提取中国水稻种植面积和长势信息[D]. 杭州：浙江大学.
王前和，潘俊辉，李晏斌，等，2004. 武汉地区中稻大面积空壳形成的原因及防止途径[J]. 湖北农业科学(1)：27-30.
王鑫，冯建东，王锐婷，等，2013. 基于 SPOT-NDVI 的川西平原水稻生育期监测分析[J]. 中国农学通报，29(36)：39-46.
肖江涛，2011. 基于 MODIS 植被指数的水稻物候提取与地面验证[D]. 成都：电子科技大学.
谢华美，何启翱，郑宁，等，2005. 基于 ERDAS 二次开发的遥感图像同态滤波薄云去除算法的改进[J]. 北京师范大学学报(自然科学版)，41(2)：150-153.
徐永明，覃志豪，沈艳，2011. 基于 MODIS 数据的长江三角洲地区近地表气温遥感反演[J]. 农业工程学报，27(9)：63-68.
杨浩，黄文江，王纪华，等，2011. 基于 HJ-1A/1B CCD 时间序列影像的水稻生育期监测[J]. 农业工程学报，27(4)：219-224.
杨沈斌，景元书，王琳，等，2012. 基于 MODIS 时序数据提取河南省水稻种植分布[J]. 大气科学学报，35(1)：113-120.
杨舒畅，申双和，陶苏林，2016. 长江中下游地区一季稻高温热害时空变化及其风险评估[J]. 自然灾害学报(2)：78-85.
杨太明，陈金华，2007. 江淮之间夏季高温热害对水稻生长的影响[J]. 安徽农业科学，35(27)：8530-8531.
杨晓华，黄敬峰，2007. 概率神经网络的水稻种植面积遥感信息提取研究[J]. 浙江大学学报(农业与生命科学版)，33(6)：691-698.
张菡，郑昊，李媛媛，等，2015. 针对水稻的四川盆地高温热害风险评估[J]. 江苏农业科学，43(12)：406-409.
张佳华，姚凤梅，李秉柏，等，2011. 星-地光学遥感信息监测水稻高温热害研究进展[J]. 中国科学：地球科学，41(10)：1396-1406.
张丽文，王秀珍，姜丽霞，等，2015. 用 MODIS 热量指数动态监测东北地区水稻延迟型冷害[J]. 遥感学报，

19(4):690-701.

赵英时，2003. 遥感应用分析原理与应用[M]. 北京：科学出版社：372.

赵忠明，朱重光，1996. 遥感图像中薄云的去除方法[J]. 遥感学报(3):195-199.

郑建初，张彬，陈留根，等，2005. 抽穗开花期高温对水稻产量构成要素和稻米品质的影响及其基因型差异[J]. 江苏农业学报，21(4)：249-254.

钟仕全，莫建飞，陈燕丽，等，2010. 基于 HJ-1B 卫星遥感数据的水稻识别技术研究[J]. 遥感技术与应用，25(4):464-468.

BOEGH E, SOEGAARD H, HANAN N, et al, 1999. A Remote Sensing Study of the NDVI- T s, Relationship and the Transpiration from Sparse Vegetation in the Sahel Based on High-Resolution Satellite Data[J]. Remote Sensing of Environment, 69(3):224-240.

CAROLIN W, ERIK B, RUDOLF R, et al, 2011. Estimation of instantaneous air temperature above vegetation and soil surfaces from Landsat 7 ETM+data in northern Germany[J]. International Journal of Remote Sensing, 32(2011):9119-9136.

CHEN E, ALLEN L H, BARTHOLIC J F, et al, 1983. Comparison of winter-nocturnal geostationary satellite infrared-surface temperature with shelter—height temperature in Florida[J]. Remote Sensing of Environment, 13(4):313-327.

COLOMBI A, MICHELE C D, PEPE M, et al, 2007. Estimation of daily mean air temperature from MODIS LST in Alpine areas[J]. Earsel Eproceedings, 6(1):38-46.

CRESSWELL M P, MORSE A P, THOMSON M C, et al, 1999. Estimating surface air temperatures, from Meteosat land surface temperatures, using an empirical solar zenith angle model[J]. International Journal of Remote Sensing, 20(6):1125-1132.

CRISTÓBAL J, JIMÉNEZ MUÑOZ J C, SOBRINO J A, et al, 2009. Improvements in land surface temperature retrieval from the Landsat series thermal band using water vapor and air temperature[J]. Journal of Geophysical Research Atmospheres, 114(D8):1-14.

CZAJKOWSKI K P, MULHERN T, GOWARD S N, et al, 1997. Biospheric environmental monitoring at BOREAS with AVHRR observations[J]. Journal of Geophysical Research Atmospheres, 102(D24):29651-29662.

DEERING D W, 1978. Rangeland reflectance characteristics measured by aircraft and spacecraft sensors[D]. Ph.D. dissertation, Texas A and M University, College Station.

GOETZ S J, 1997. Multi-sensor analysis of NDVI, surface temperature, and biophysical variables at a mixed grassland site[J]. International Journal of Remote Sensing, 18(1):71-94.

HOU P, CHEN Y, QIAO W, et al, 2013. Near-surface air temperature retrieval from satellite images and influence by wetlands in urban region[J]. Theoretical & Applied Climatology, 111(1-2):109-118.

HUANG R, ZHANG C, HUANG J, et al, 2015. Mapping of daily mean air temperature in agricultural regions using daytime and nighttime land surface temperatures derived from TERRA and AQUA MODIS Data [J]. Remote Sensing, 7(7):8728-8756.

HUETE A R, LIU H Q, BATCHILY K, et al, 1997. A comparison of vegetation indices over a global set of TM images for EOS-MODIS[J]. Remote Sensing of Environment, 59(3):440-451.

HUETE A R, DIDAN K, MIURA T, et al, 2002. Overview of the radiometric and biophysical performance of the MODIS vegetation indices[J]. Remote Sensing of Environment, 83(1-2):195-213.

IGNATOV A, GUTMAN G, 1998. Diurnal cycles of land surface temperatures[J]. Advances in Space Research, 22(5):641-644.

IPCC, 2013. Climate change 2013: the physical science basis[M]. Cambridge: Cambridge University Pressx.

JANG J D, VIAU A A, ANCTIL F, 2004. Neural network estimation of air temperatures from AVHRR data [J]. International Journal of Remote Sensing, 25(25):4541-4554.

JANG M W, CHOI J Y, LEE J J, 2007. A spatial reasoning approach to estimating paddy rice water demand in Hwanghaenam-do, North Korea[J]. Agricultural Water Management, 89(3):185-198.

JIANG Z, HUETE A R, DIDAN K, et al, 2008. Development of a two-band enhanced vegetation index without a blue band[J]. Remote Sensing of Environment, 112(10):3833-3845.

JORDAN C F, 1969. Derivation of leaf area index from quality of light on the forest floor[J]. Ecology, 50 (4):663-666.

KAWASHIMA S, ISHIDA T, MINOMURA M, et al, 2000. Relations between surface temperature and air temperature on a local scale during winter nights[J]. Journal of Applied Meteorology, 39(9):1570-1579.

KLEMEN Z, MARION S H, 2009. Parameterization of air temperature in high temporal and spatial resolution from a combination of the SEVIRI and MODIS instruments[J]. Isprs Journal of Photogrammetry & Remote Sensing, 64(4):414-421.

LI Z R, MCDONNELL M J, 1986. Technical note Using dual thresholds for cloud and mosaicking[J]. International Journal of Remote Sensing, 7(10):1349-1358.

LIU H Q, HUETE A, 1995. A feedback based modification of the NDVI to minimize canopy background and atmospheric noise[J]. IEEE Transactions on Geoscience & Remote Sensing, 33(2):457-465.

MENG Q, BORDERS B E, CIESZEWSKI C J, et al, 2009. Closest spectral fit for removing clouds and cloud shadows[J]. Photogrammetric Engineering & Remote Sensing, 75(5):569-576.

NIETO H, SANDHOLT I, AGUADO I, et al, 2011. Air temperature estimation with MSG-SEVIRI data: Calibration and validation of the TVX algorithm for the Iberian Peninsula[J]. Remote Sensing of Environment, 115(1):107-116.

NINYEROLA M, PONS X, ROURE J M, 2000. A methodological approach of climatological modelling of air temperature and precipitation through GIS techniques[J]. International Journal of Climatology, 20(14): 1823-1841.

NISHIDA K, NEMANI R R, Glassy J M, et al, 2003. Development of an evapotranspiration index from Aqua/MODIS for monitoring surface moisture status[J]. Geoscience & Remote Sensing IEEE Transactions on, 41(2):493-501.

PRIHODKO L, GOWARD S N, 1997. Estimation of air temperature from remotely sensed surface observations[J]. Remote Sensing of Environment, 60(3): 335-346.

RIDDERING J P, QUEEN L P, 2006. Estimating near-surface air temperature with NOAA AVHRR[J]. Canadian Journal of Remote Sensing, 32(1): 33-43.

SAKAMOTO T, YOKOZAWA M, TORITANI H, et al, 2005. A crop phenology detection method using time-series MODIS data[J]. Remote Sensing of Environment, 96(s3-4):366-374.

SANDHOLT I, RASMUSSEN K, ANDERSEN J, 2002. A simple interpretation of the surface temperature/ vegetation index space for assessment of surface moisture status[J]. Remote Sensing of Environment, 79(2-3):213-224.

SHEN S, LEPTOUKH G G, 2011. Estimation of surface air temperature over central and eastern Eurasia from MODIS land surface temperature[J]. Environmental Research Letters, 6(4):67-81.

SIMPSON J J, STITT J R, 1998. A procedure for the detection and removal of cloud shadow from AVHRR data over land[J]. IEEE Transactions on Geoscience & Remote Sensing, 1998, 36(3):880-897.

STISEN S, SANDHOLT I, NØRGAARD A, et al, 2007. Estimation of diurnal air temperature using MSG SEVIRI data in West Africa[J]. Remote Sensing of Environment, 110(2):262-274.

SUN H, CHEN Y, GONG A, et al, 2014. Estimating mean air temperature using MODIS day and night land surface temperatures[J]. Theoretical & Applied Climatology, 118(118):81-92.

WANG B, 1999. Automated detection and removal of clouds and their shadows from landsat TM images[J]. IEICE Transactions on Information & Systems, E82-D(2):453-460.

WANG K, LI Z, CRIBB M, 2006. Estimation of evaporative fraction from a combination of day and night land surface temperatures and NDVI: A new method to determine the Priestley-Taylor parameter[J]. Remote Sensing of Environment, 102(3-4):293-305.

XIAO X M, BOLES S, LIU J, et al, 2002. Characterization of forest types in Northeastern China, using multi-temporal SPOT-4 VEGETATION sensor data[J]. Remote Sensing of Environment, 82(2):335-348.

XIAO X, BOLES S, LIU J, et al, 2005. Mapping paddy rice agriculture in southern China using multi-temporal MODIS images[J]. Remote Sensing of Environment, 95(4):480-492.

XIAO X M, BOLES S, FROLKING S, et al, 2006. Mapping paddy rice agriculture in South and Southeast Asia using multi-temporal MODIS images[J]. Remote Sensing of Environment, 100(1): 95-113.

ZHANG J H, YAO F M, BINGBAI L I, et al, 2011. Progress in monitoring high-temperature damage to rice through satellite and ground-based optical remote sensing[J]. Science China Earth Sciences, 54(12): 1801-1811.

ZHANG L W, HUANG J F, GUO R F, et al, 2013. Spatio-temporal reconstruction of air temperature maps and their application to estimate rice growing season heat accumulation using multi-temporal MODIS data [J]. 浙江大学学报(英文版)(b 辑:生物医学和生物技术), 14(2):144-161.

ZHAO D, ZHANG W, XU S, 2007. A neural network algorithm to retrieve near surface air temperature from Landsat ETM+ imagery over the Hanjiang river basin, china[C]. Geoscience and Remote Sensing Symposium, 2007. IGARSS 2007. IEEE International:1705-1708.

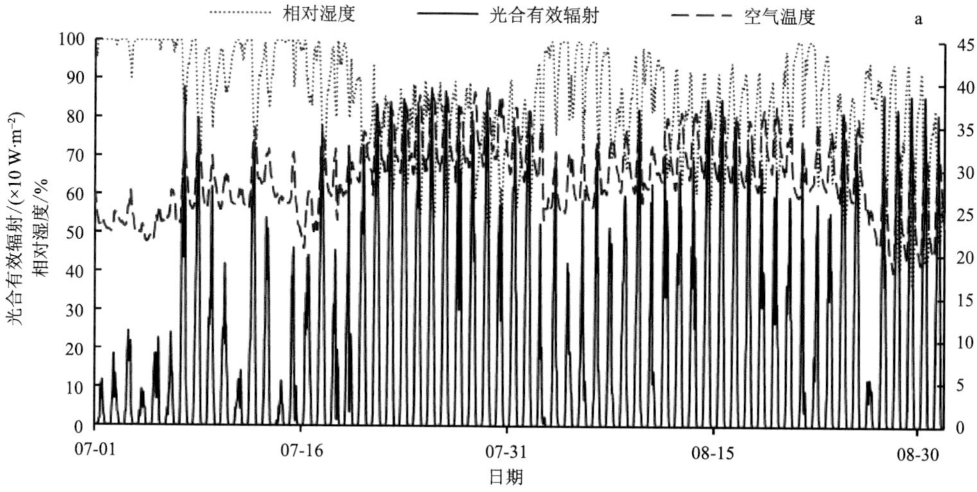

图 3.1 试验期间气象要素变化

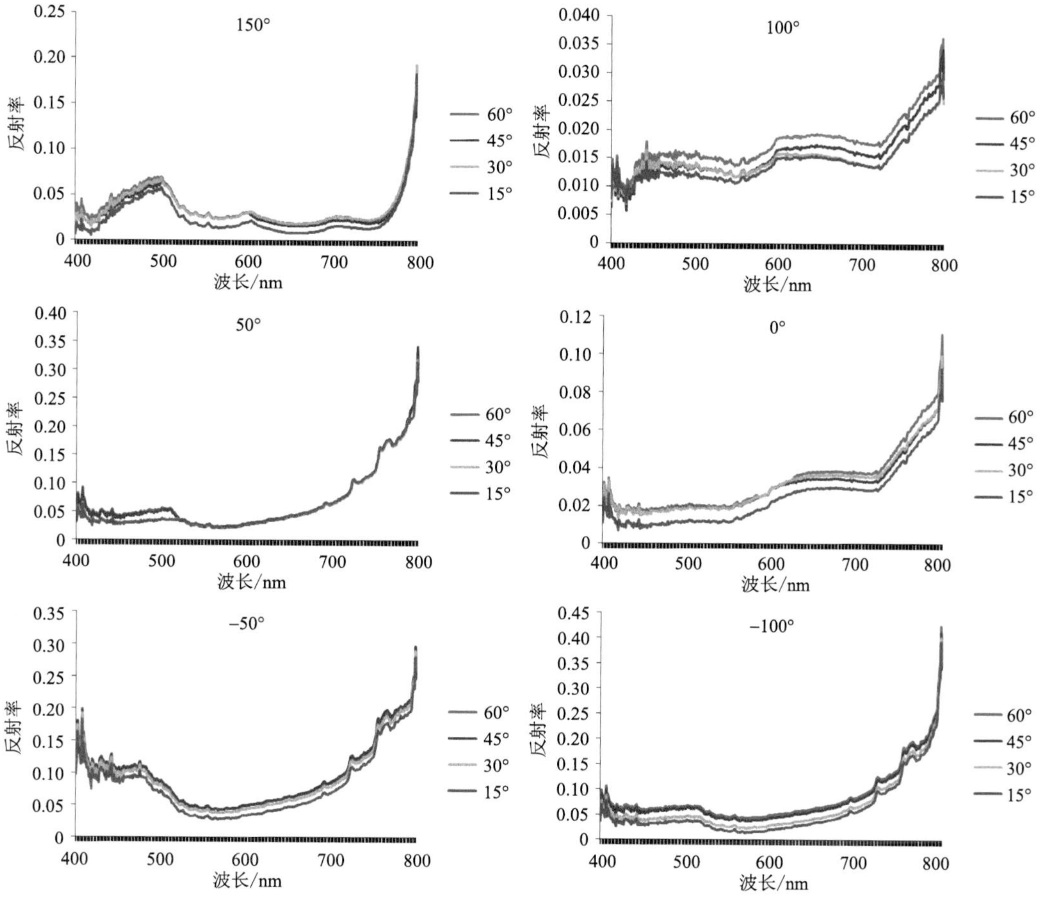

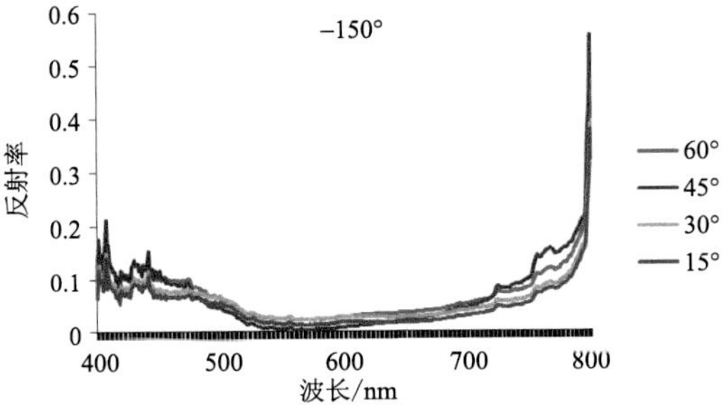

图 4.11　晴天条件下(10 月 4 日 12 时),固定观测方位角时,随观测天顶角变化的光谱反射率变化曲线

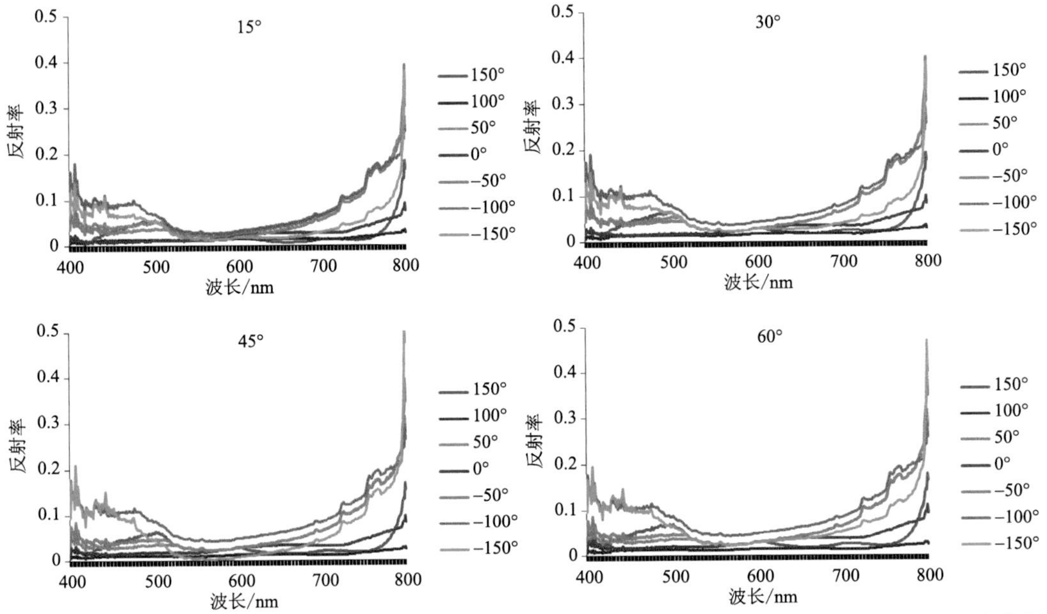

图 4.12　晴天条件下(10 月 4 日 12 时),固定观测天顶角时,随观测方位角变化的光谱反射率变化曲线

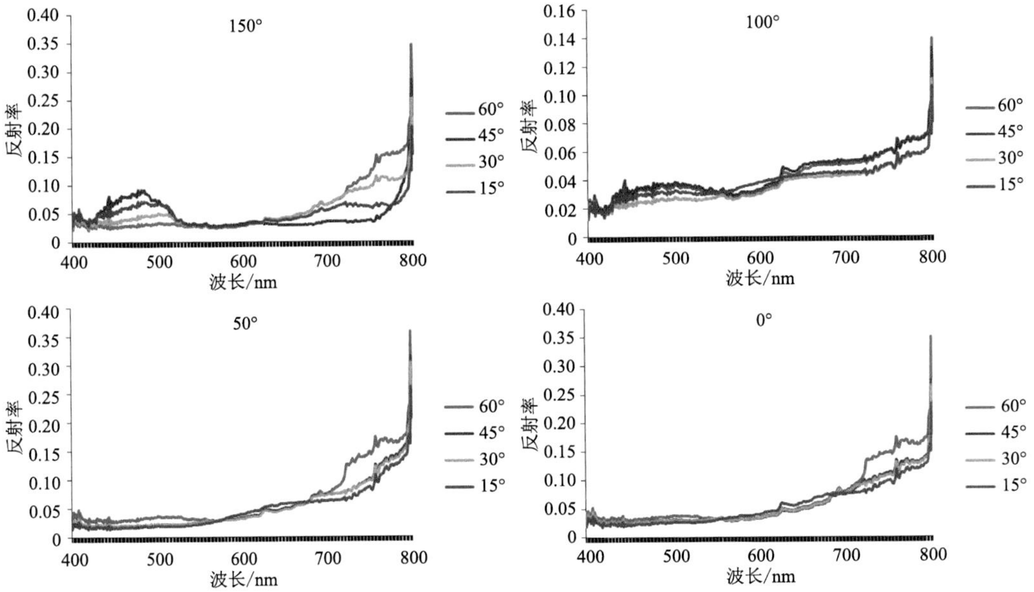

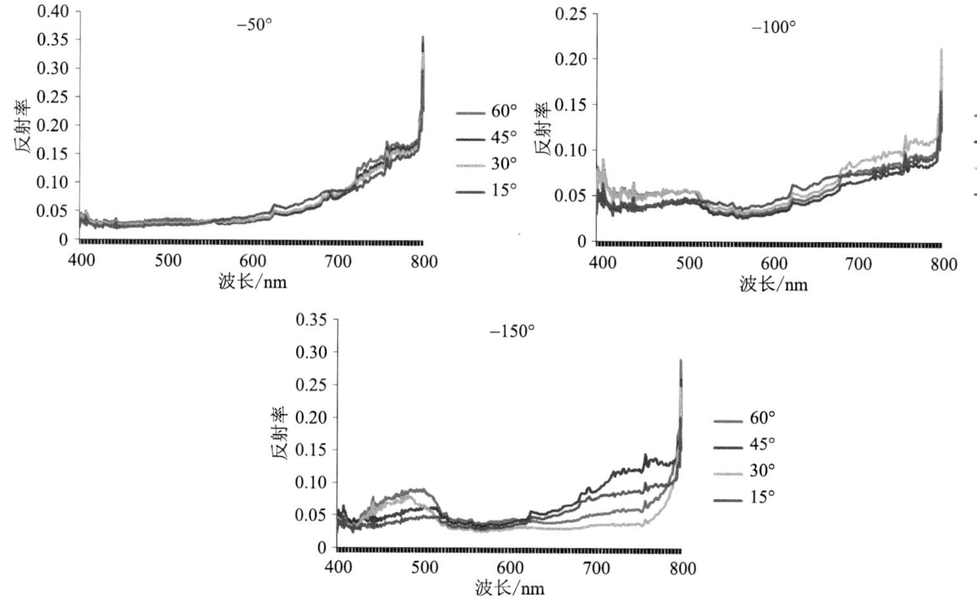

图 4.13　阴天条件下(10 月 7 日 10 时),固定观测方位角时,随观测天顶角变化的光谱反射率变化曲线

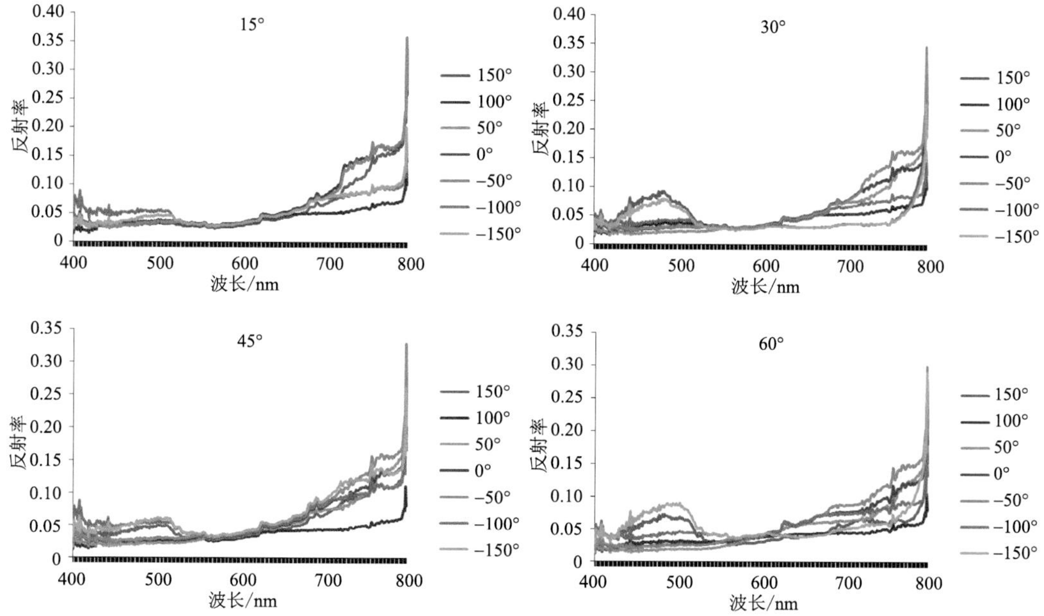

图 4.14　阴天条件下(10 月 7 日 10 时),固定观测天顶角时,随观测方位角变化的光谱反射率变化曲线

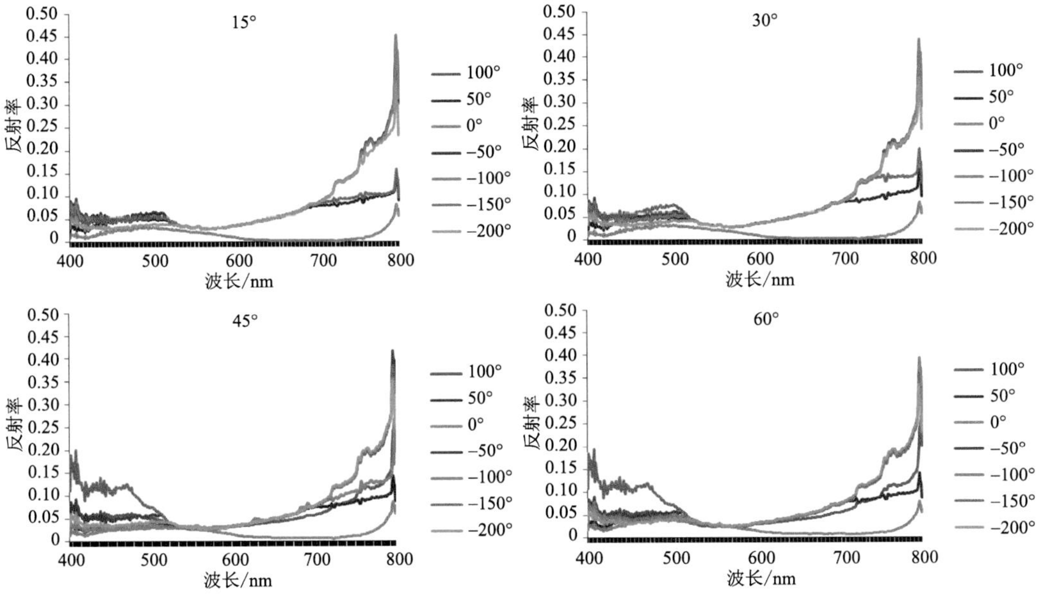

图 4.15 晴天(10 月 3 日 10 时)固定观测天顶角和太阳天顶角时随相对方位角变化光谱反射率变化曲线

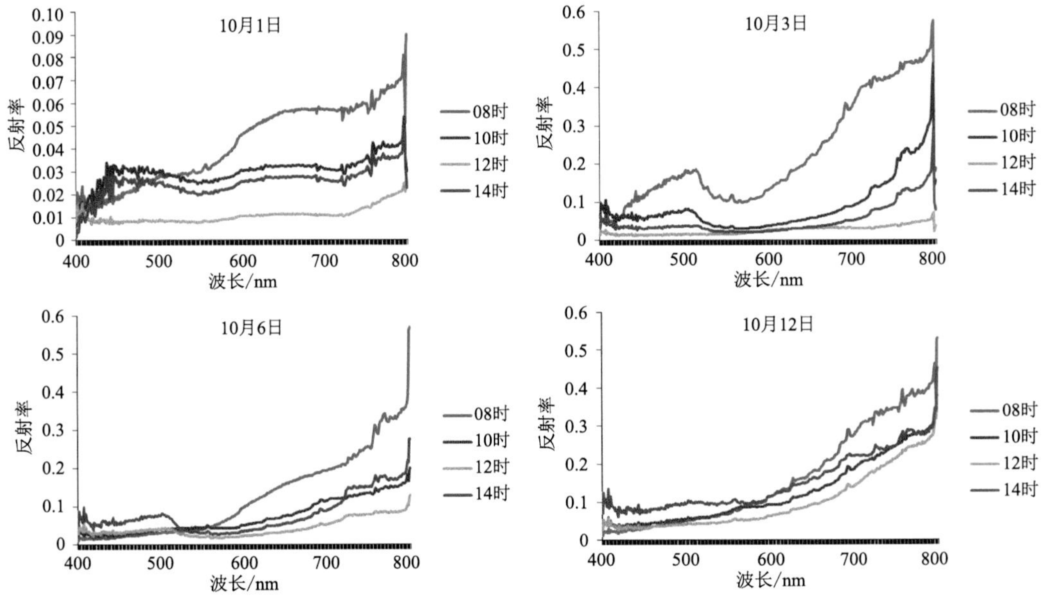

图 4.16 一天四个时刻的光谱反射率变化曲线

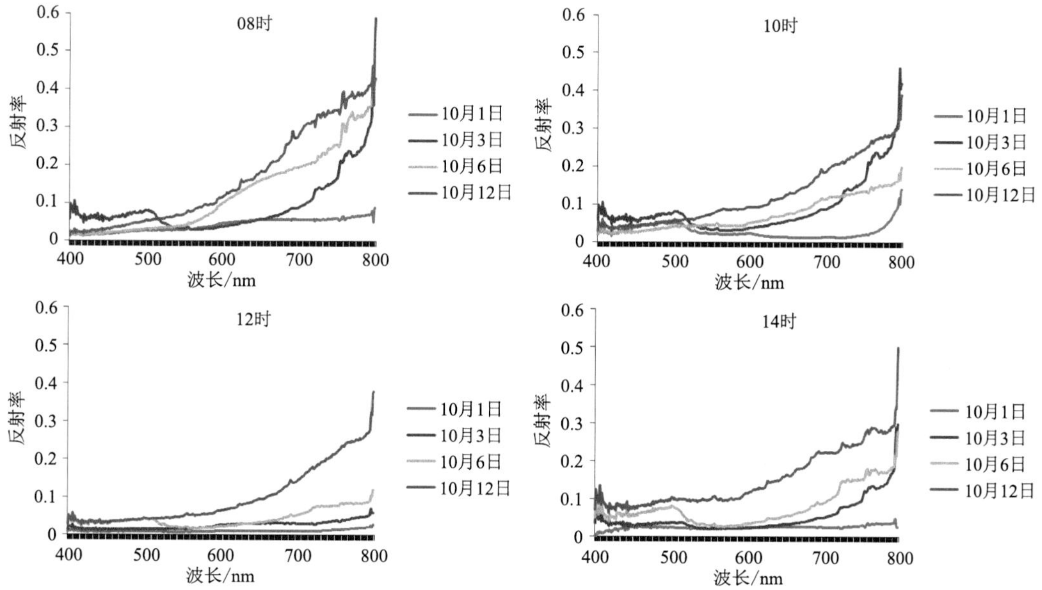

图 4.17　水稻生长过程中光谱反射率变化曲线

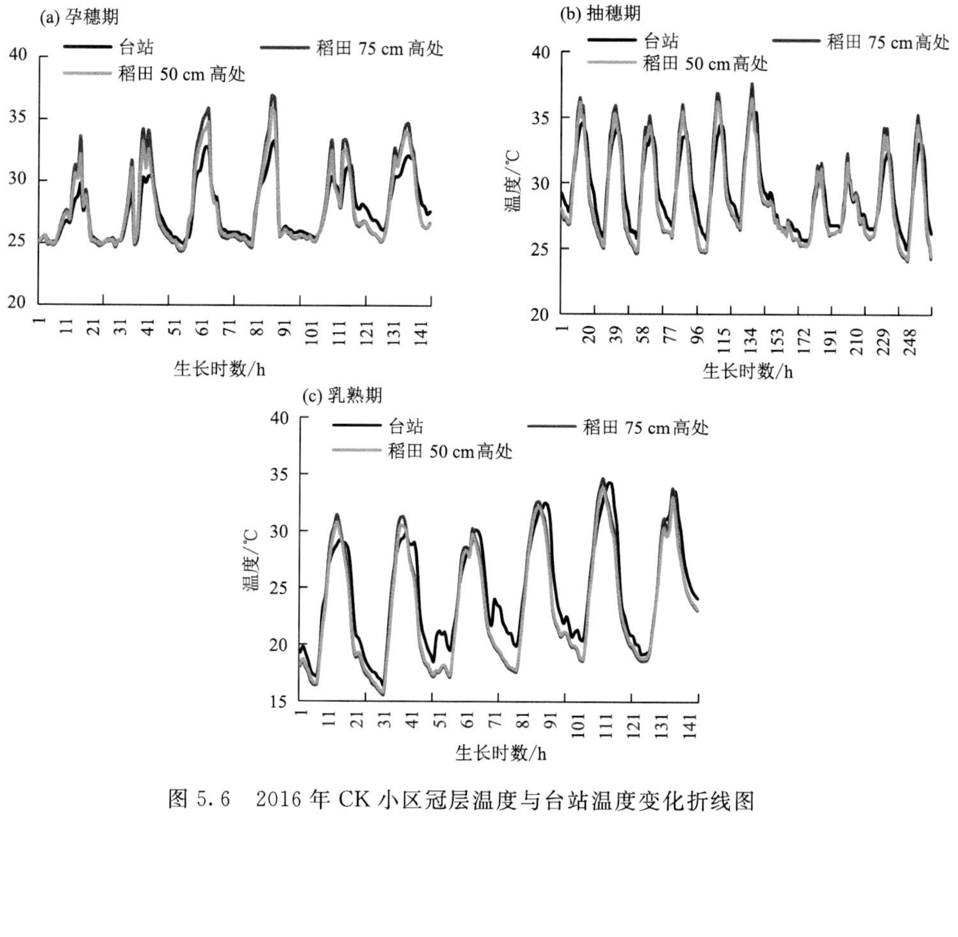

图 5.6　2016 年 CK 小区冠层温度与台站温度变化折线图

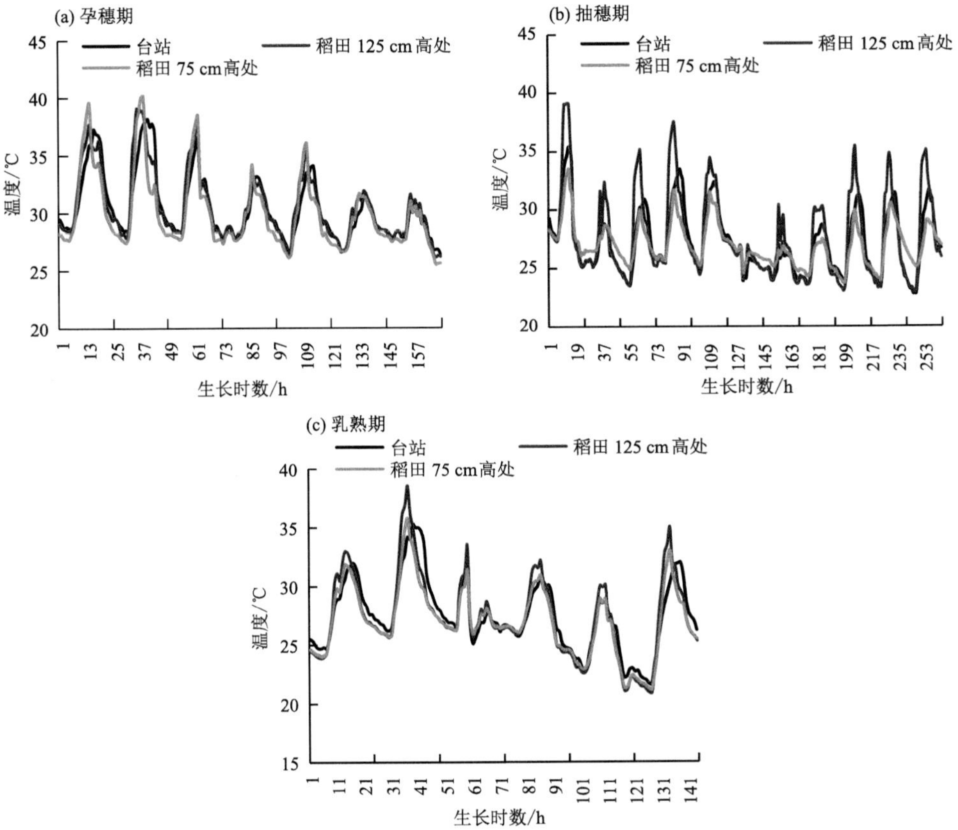

图 5.7　2017 年 CK 小区冠层温度与台站温度变化折线图

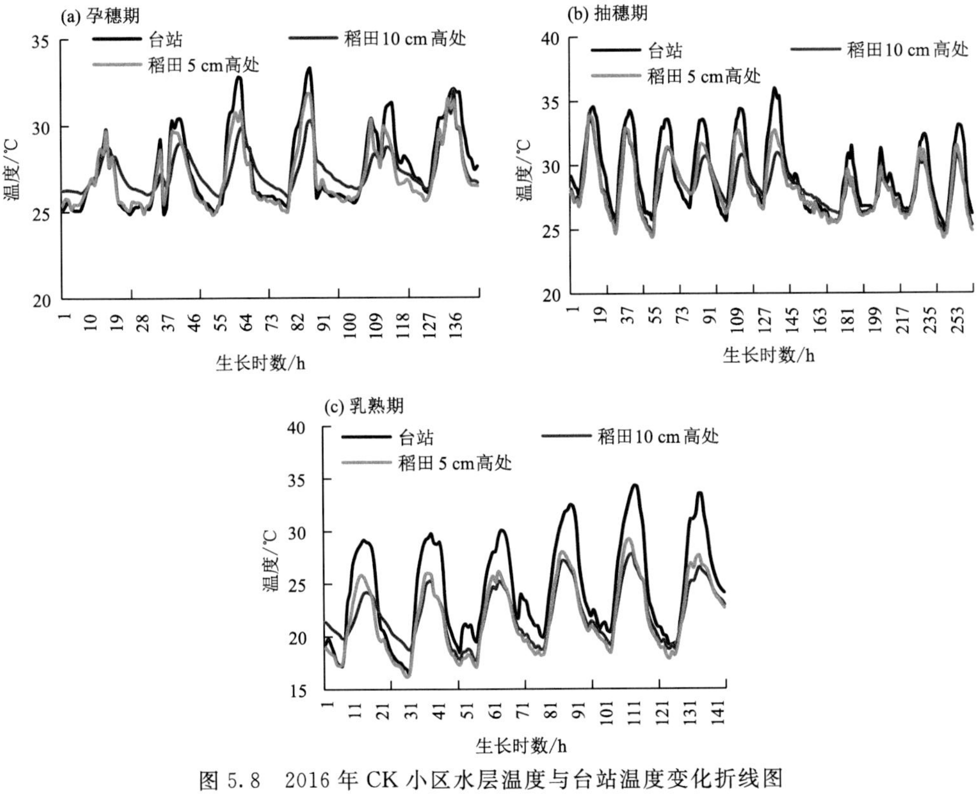

图 5.8　2016 年 CK 小区水层温度与台站温度变化折线图

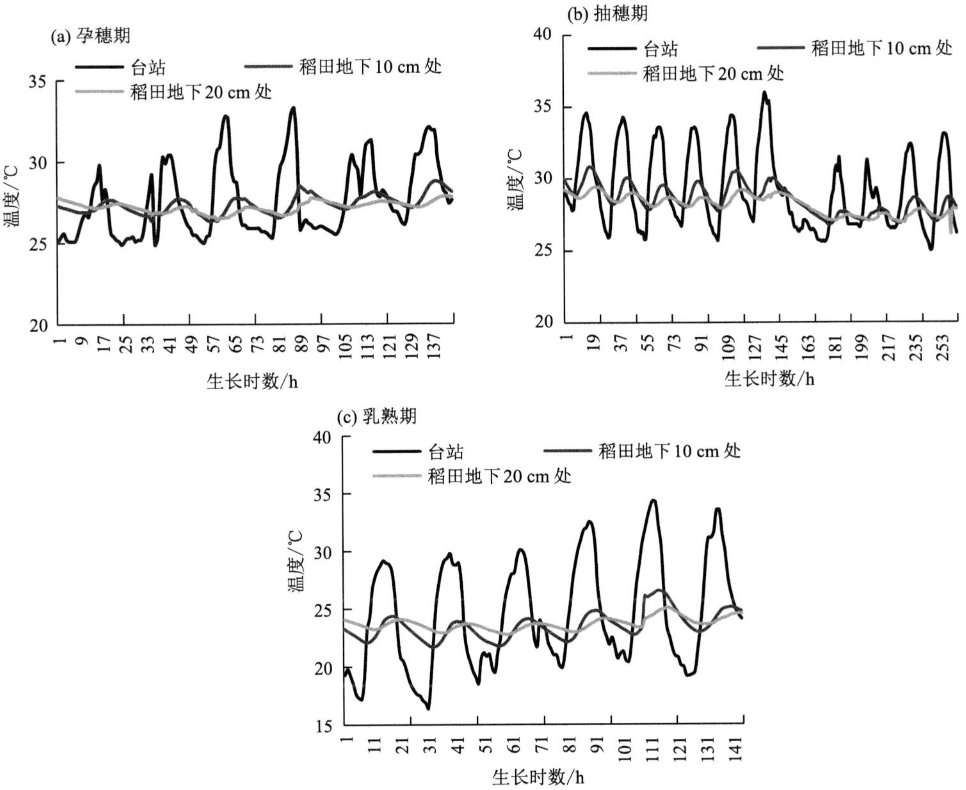

图 5.9　2016 年 CK 小区土壤温度与台站温度变化折线图

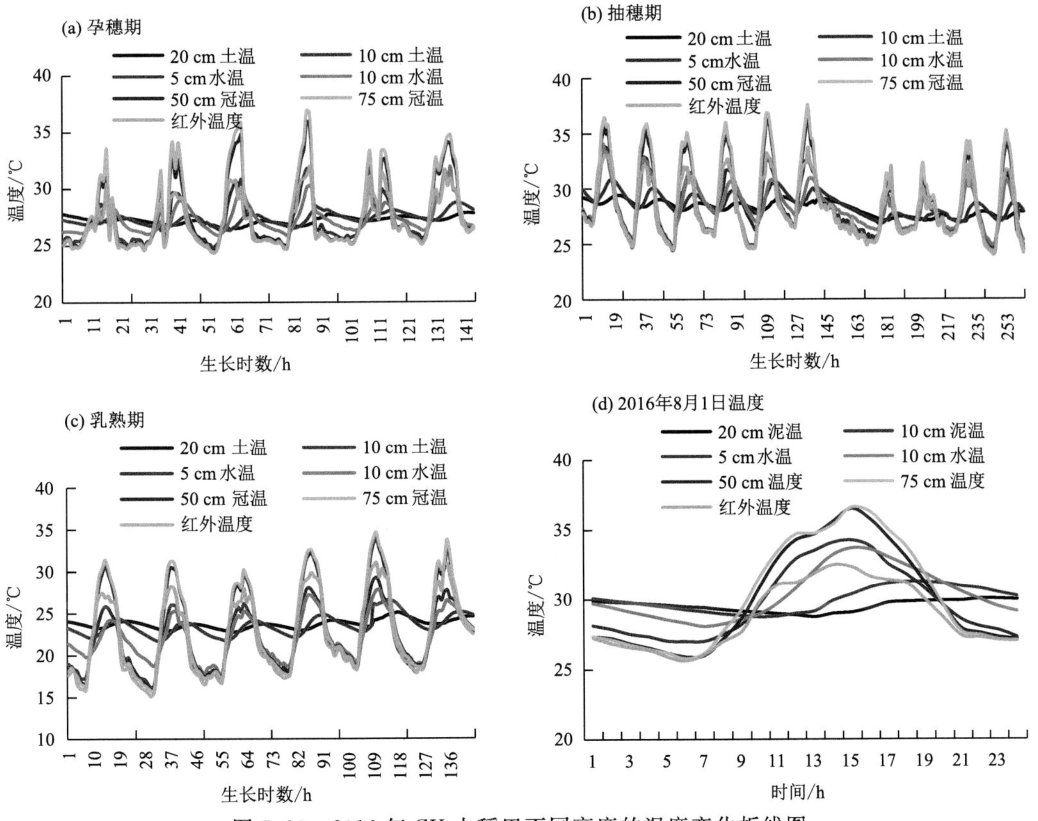

图 5.10　2016 年 CK 水稻田不同高度的温度变化折线图

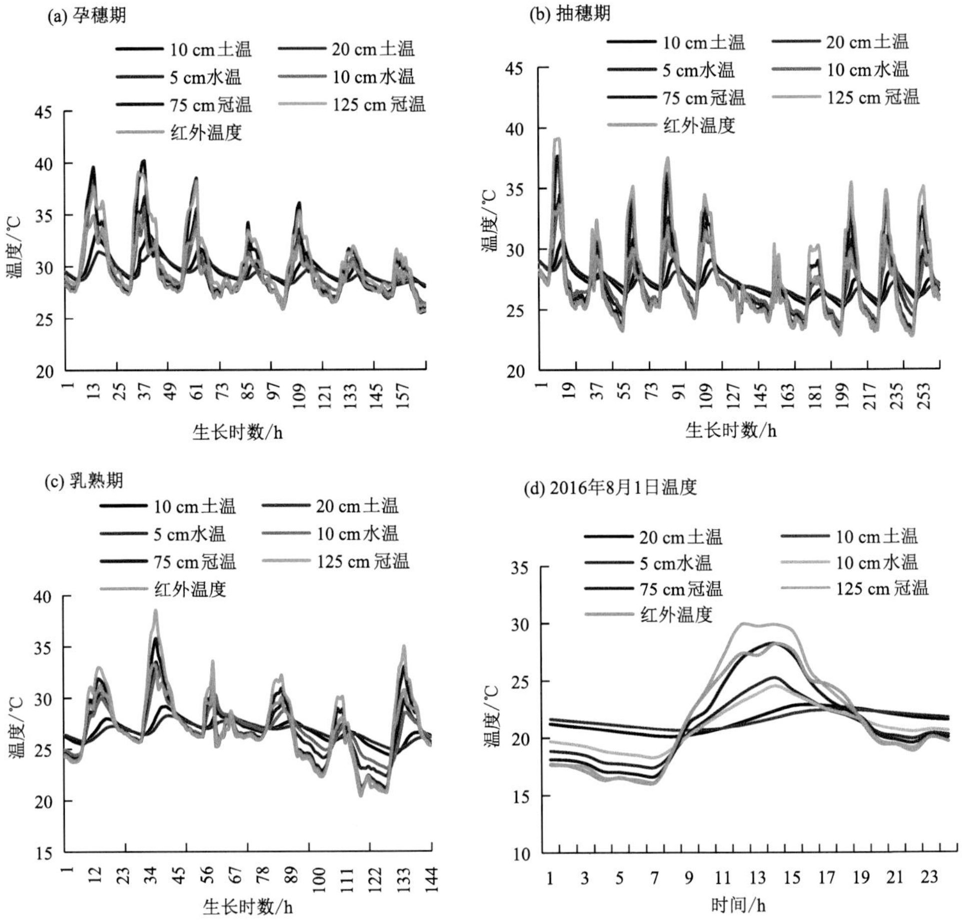

图 5.14　2017 年 CK 稻田不同高度的温度变化折线图

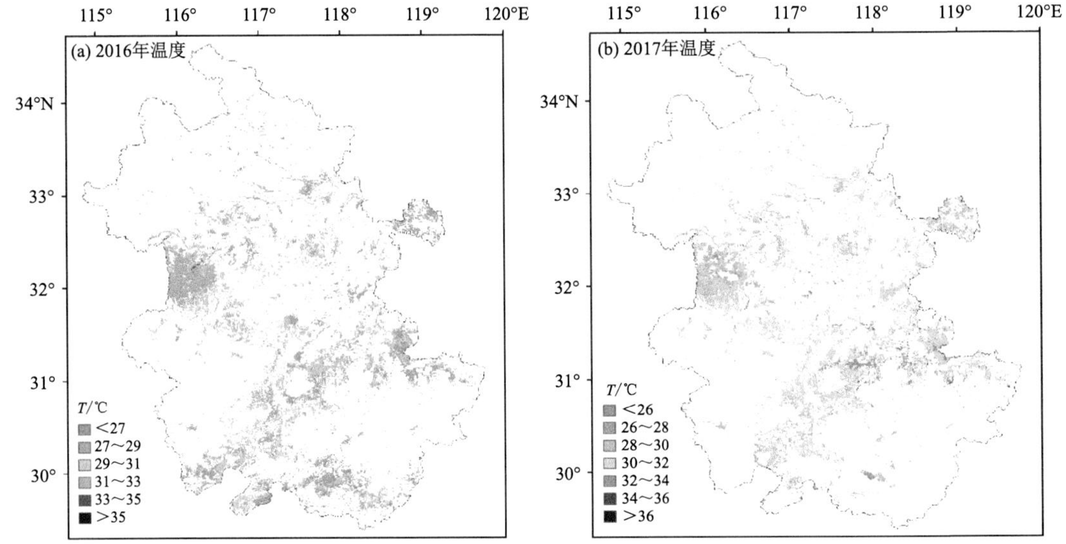

图 5.31　安徽省水稻红外温度反演结果

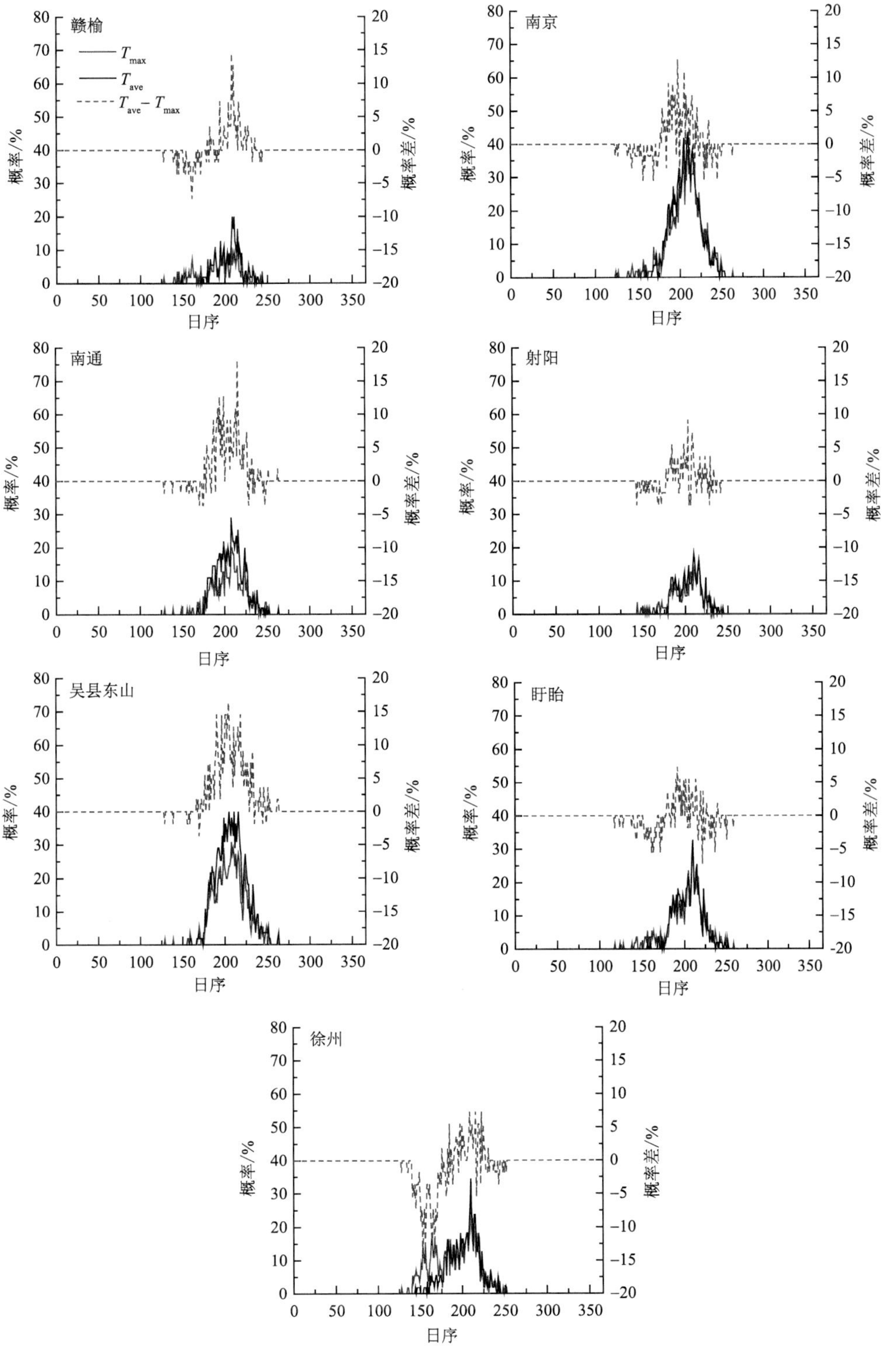

图 7.3　1966—2015 年江苏 7 个站点两个临界高温发生概率年变化

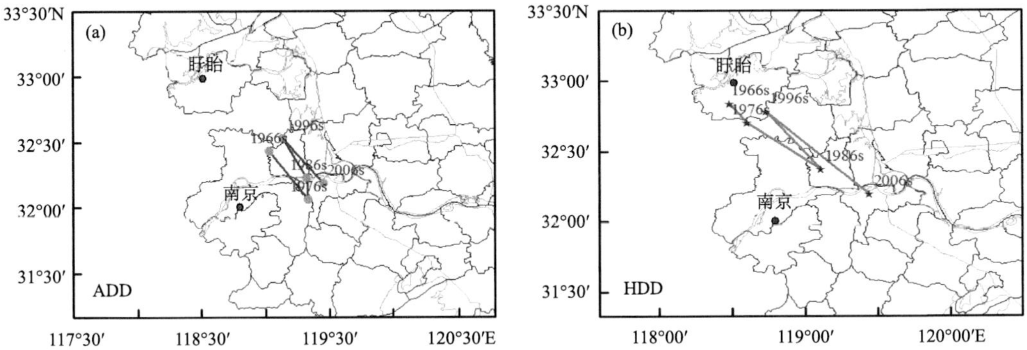

图 7.6　1966—2015 年江苏地区 ADD(a)和 HDD(b)高温中心移动情况
(1966s 表示 1966—1975 年,1976s 表示 1976—1985 年,1986s 表示 1986—1995 年,
1996s 表示 1996—2005 年,2006s 表示 2006—2015 年)

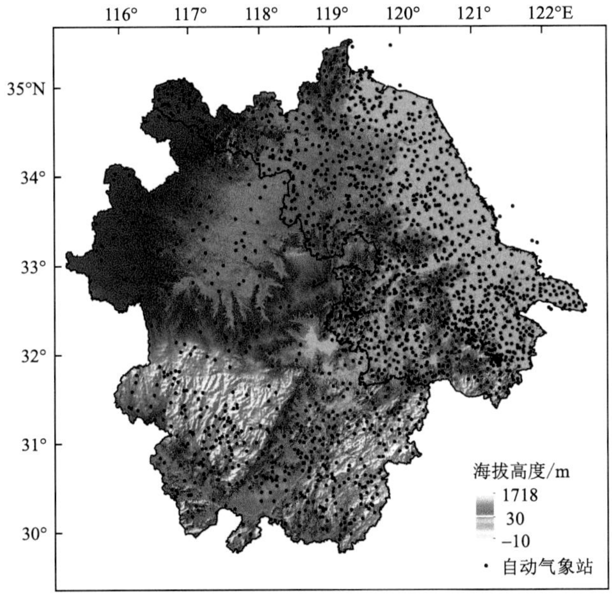

图 8.2　江苏、安徽 DEM 地形及气象站点分布

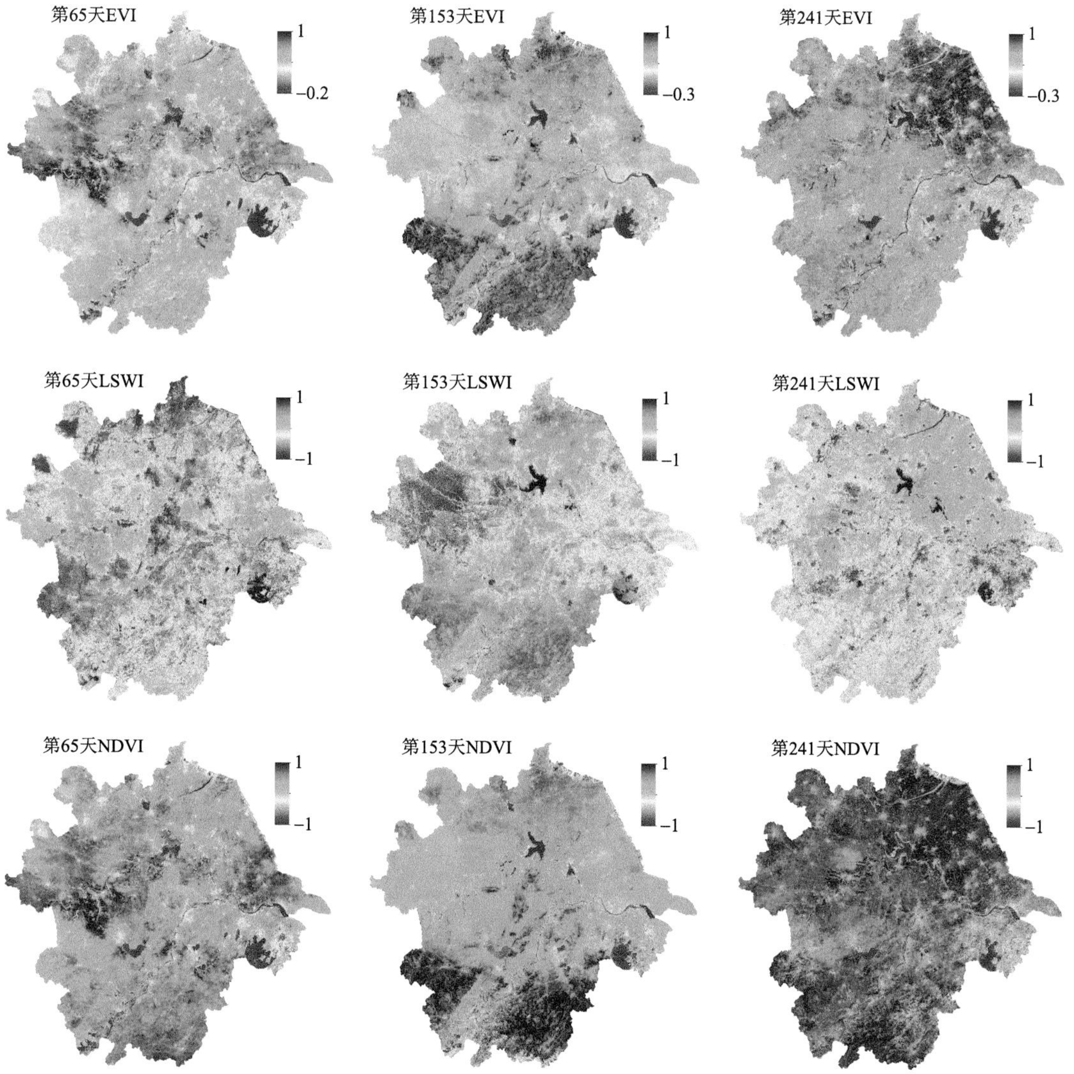

图 8.4　江苏和安徽三种植被指数空间分布

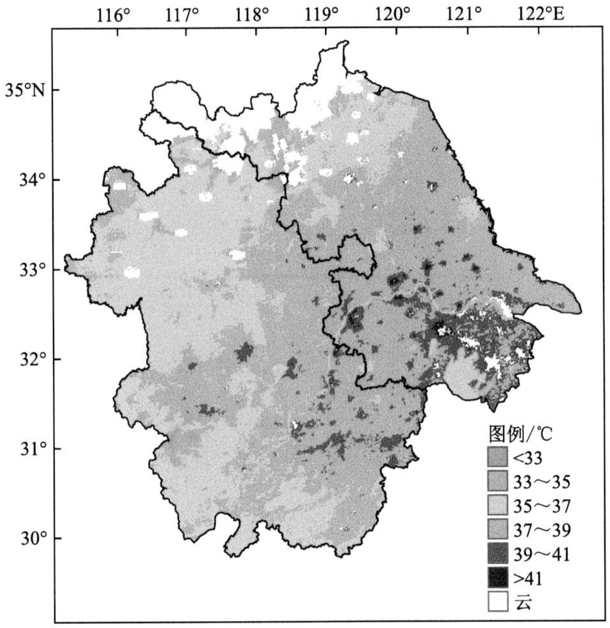

图 8.12　2013 年 8 月 8 日最高气温反演结果

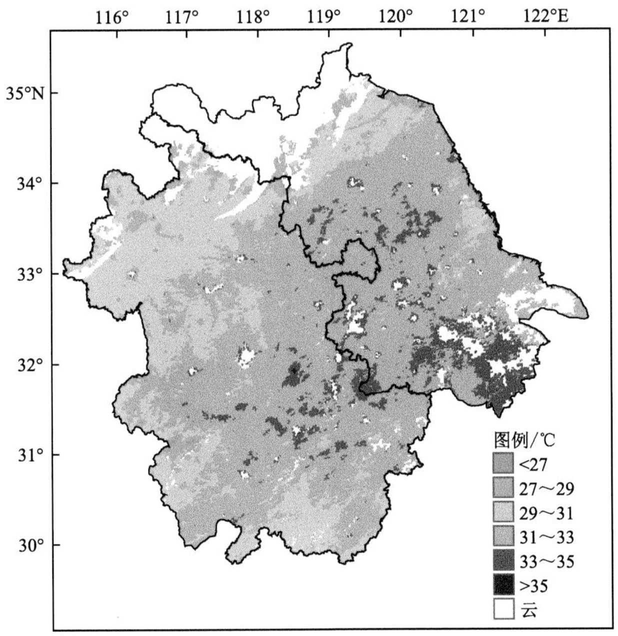

图 8.17　2013 年 8 月 8 日平均气温反演结果

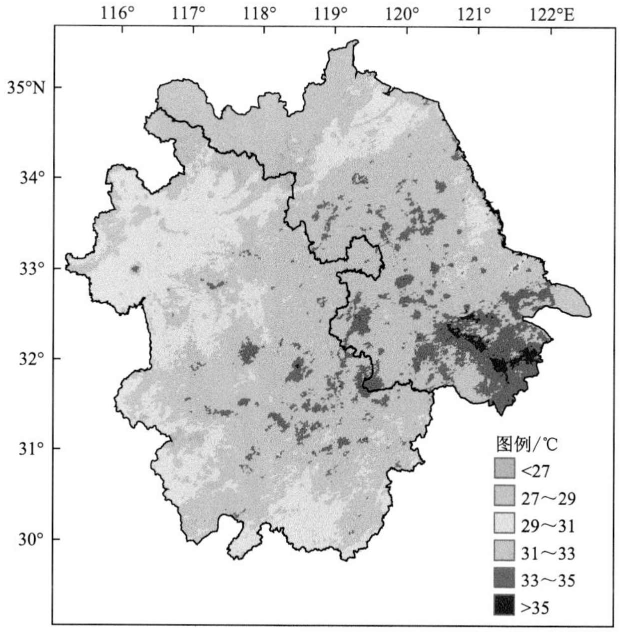

图 8.18　2013 年 8 月 8 日江苏、安徽平均气温“卫星一插值”嵌合结果

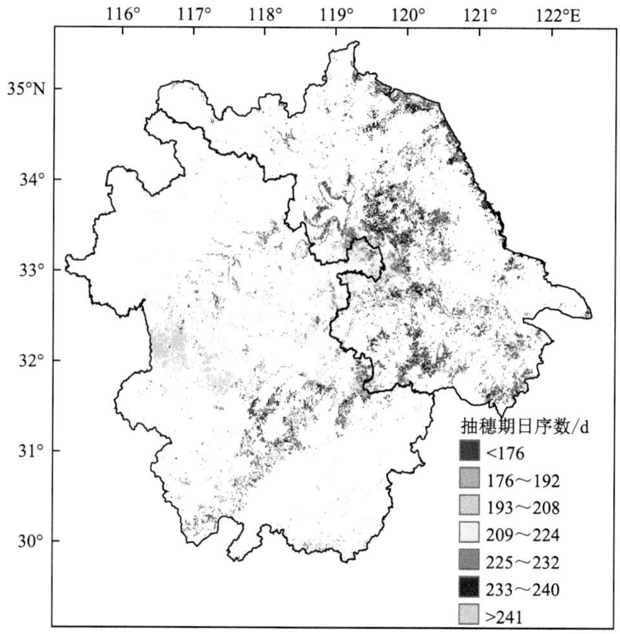

图 8.23　江苏安徽抽穗开花期日序数提取结果

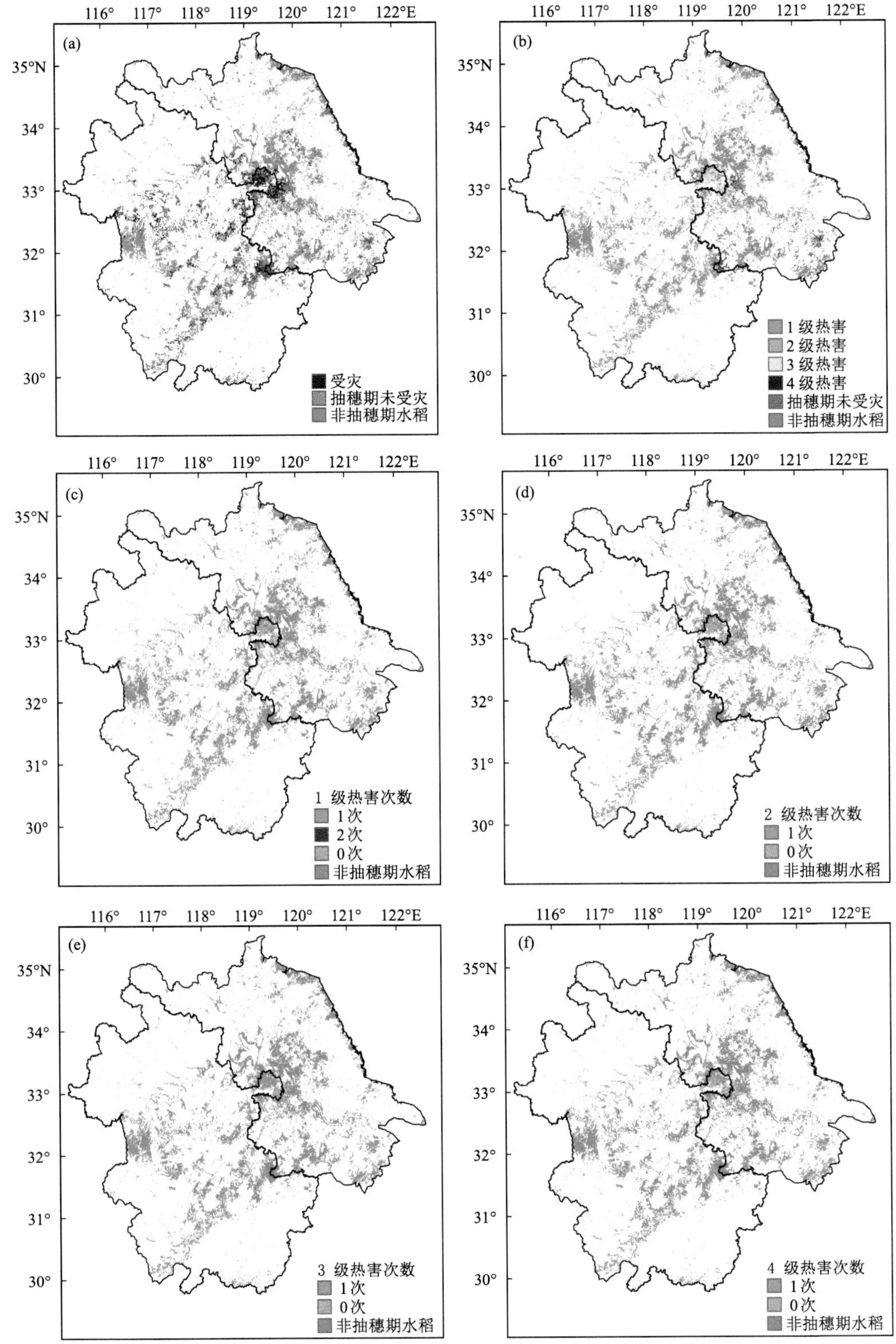

图 8.25 阶段法水稻高温热害受灾情况分布图和受灾次数分布统计

(a)水稻高温热害受灾分布;(b)最高等级水稻高温热害发生分布;(c)1 级热害受灾次数分布;(d)2 级热害受灾次数分布;(e)3 级热害受灾次数分布;(f)4 级热害受灾次数分布)

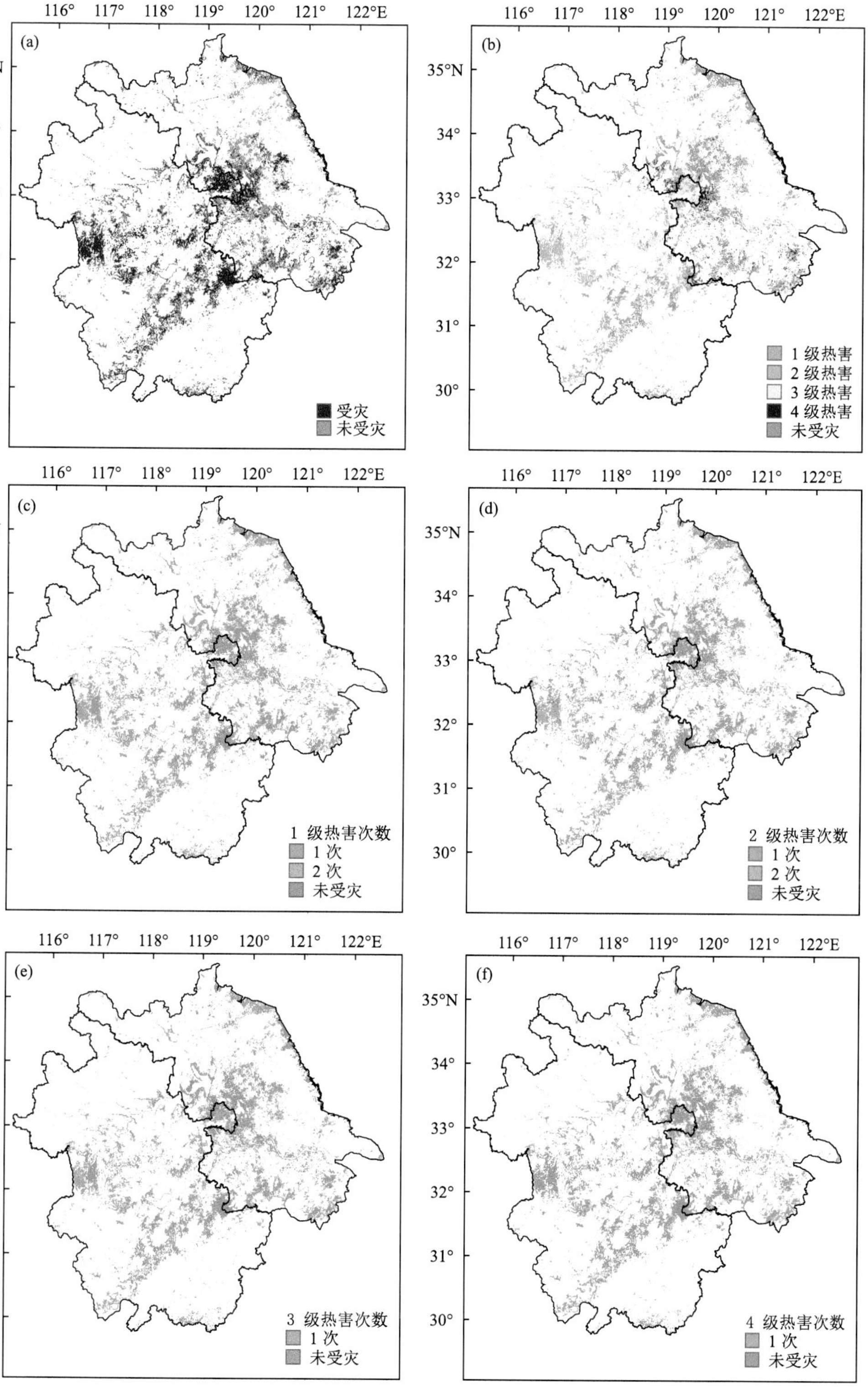

图 8.26 年度水稻高温热害受灾情况分布图和受灾次数统计图

(a)水稻高温热害受灾分布；(b)最高等级水稻高温热害发生分布；(c)1 级热害受灾次数分布；(d)2 级热害受灾次数分布；(e)3 级热害受灾次数分布；(f)4 级热害受灾次数分布

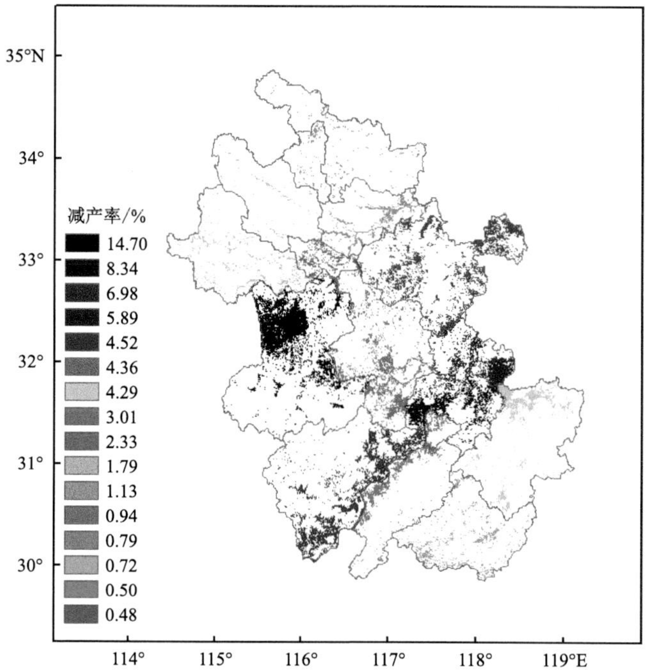

图 8.36　遥感信息结合作物模型对水稻高温热害的影响评估